디지털 시스템 설계 및 활용을 위한

Verilog HDL

Verilog HDL for
Digital System Design and Applications

최 훈 지음

도서출판 홍릉

저자소개

최 훈

동의대학교 공과대학 전자공학과 교수

디지털 시스템 설계 및 활용을 위한 Verilog HDL

인 쇄: 2025년 2월 11일 초판 1쇄
발 행: 2025년 2월 21일 초판 1쇄

저 자: 최 훈
발행인: 송 준
발행처: 도서출판 홍릉
주 소: 01093 서울시 강북구 인수봉로 50길 10
등 록: 1976년 10월 21일 제5-66호

전 화: 02-999-2274~5, 903-7037
팩 스: 02-905-6729
e-mail: hongpub@hongpub.co.kr
http://www.hongpub.co.kr
ISBN: 979-11-5600-262-8(93000)

정 가: 35,000원

이 책의 학습을 위한 실습 파일(5, 6, 7장)은 도서출판 홍릉 홈페이지(www.hongpub.co.kr)에서 내려받을 수 있습니다. 홈페이지에서 도서명 검색 후 보조자료를 다운로드하시기 바랍니다. (Chrome 웹브라우저 사용 권장)

머리말

우리는 일상생활에서 스마트폰, 네비게이션, 스마트 TV와 같은 다양한 디지털 시스템을 자주 접하고, 친숙하게 사용하고 있다. 이러한 디지털 시스템, 특히 고성능화·소형화된 휴대용 디지털 기기의 대중적 보급은 대규모의 복잡한 디지털 회로를 하나의 반도체 칩에 집적화(integration)하는 ASIC 기술이 빠르게 발전함으로써 가능해졌다.

하드웨어기술언어인 Verilog HDL은 그동안 시스템 IC 설계 전문 기업의 소수 전문가와 대학원 과정에서 반도체 설계를 전공하는 학생들만이 사용해왔다. 그러나 최근 가전제품, 통신기기, 산업 및 가정용 제어기기 관련 기업에서도 HDL의 사용이 보편화되면서 학부 과정에서 Verilog HDL 교육의 필요성이 점차 늘어나고 있다.

현재 다양한 Verilog HDL 관련 서적들이 출판되어 학부 교육 또는 산업체 실무에 활용되고 있다. 그러나 대부분의 교재는 초보자나 비전공자가 학습하기에 다소 어려운 문법 중심의 내용을 다루거나, 학습 키트를 이용한 예제 코드 실습을 목적으로 하고 있다.

이 책은 하드웨어 설계를 처음 접하는 학부 3학년 또는 4학년 대상으로 한 한 학기 강의 교재로 집필되었으며, 대학원생이나 산업체에 초보 연구원들이 혼자서도 Verilog HDL을 학습하고 실무에 활용할 수 있도록 다음과 같이 구성하였다.

1장부터 4장까지는 Verilog HDL의 학습에 필요한 기본적인 사항들을 다루며, 5장 이후의 학습에 필수적이거나 빈번히 참고해야 하는 내용들로 구성되어 있다.

- ◦ 1장 : 디지털 시스템과 디지털 데이터의 개념 및 표현 방법, 논리 연산 등 기초적인 내용을 다룬다.
- ◦ 2장 : Verilog HDL의 역사와 Verilog HDL 설계의 전반적인 내용을 다룬다.
- ◦ 3장 : Verilog HDL의 학습에 필요한 설계 도구로, Intel 사에서 무료로 배포하는 Quartus PRIME과 모델링한 내용을 검증하기 위한 시뮬레이터(ModelSim-Intel FPGA Starter Edition)의 설치 및 사용 방법을 자세히 다룬다.
- ◦ 4장 : Verilog HDL을 이용한 모델링에서 필요한 기본 문법과 4가지 추상화 수준의 모델링 방법, 효율적인 코딩을 위한 주의 사항 및 코딩 스타일을 다룬다.

5장부터 8장까지는 실제 디지털 시스템을 모델링할 때 공통적으로 요구되는 단위 회로를 모델링하는 방법과 이를 활용하여 보다 복잡한 응용 시스템을 모델링하는 방법을 다루고, 학습한 내용의 통합과 실전 경험을 위한 흥미로운 주제의 모델링 프로젝트를 제시한다.

◦ 5장 : 기본적인 조합회로를 모델링해 봄으로써 4장에서 학습한 기본 문법을 익히도록 하였다.

◦ 6장 : 다양한 순차회로를 Verilog의 여러 추상화 수준으로 모델링해 봄으로써, 시간 제어와 데이터 저장 등 복잡한 동작을 수행하는 디지털 시스템의 모델링에 익숙해지도록 하였다.

◦ 7장 : 유용한 기능을 갖는 실제 응용 시스템 구현에 필요한 요소 기술을 중심으로, 조합회로와 순차회로를 함께 활용하는 응용 회로의 모델링 방법을 학습할 수 있도록 하였다.

◦ 8장 : Verilog HDL을 사용한 디지털 시스템 모델링에 대한 실전 경험을 제공하고, 시스템 아키텍처, 회로 모델링, 시뮬레이션, 테스트 및 하드웨어 구현 등에 대한 통합 역량을 배양하기 위한 흥미로운 주제의 모델링 프로젝트를 제시하였다. Verilog HDL을 처음 접하는 학습자가 가장 많이 겪는 어려움은 설계 도구의 기능 및 사용자 인터페이스의 복잡함, 모델링 과정별 처리 순서의 혼란, 시뮬레이션 결과 파형을 분석에서의 생소함 등일 것이다. 이러한 어려움을 줄이기 위해, 실제 모델링할 때 접하게 되는 설계 도구 및 시뮬레이터의 화면을 중심으로 설명하였다. 또한 학습자가 혼자서도 Verilog HDL을 익힐 수 있도록 본문에서 다루는 모든 모델링 주제를 단계별로 상세히 제시하여 따라하기를 통한 학습이 가능하도록 하였다.

5장부터 8장까지의 모델링 주제별 학습 내용은 다음과 같은 순서로 구성하였다.

◦ 모델링 주제에 대한 주요 내용과 필요한 자료

◦ 다양한 추상화 수준으로 모델링한 주석이 포함된 기본 샘플 코드

◦ 시뮬레이션 수행을 위한 테스트벤치와 시뮬레이션 결과 및 해석

특히 6장과 7장의 연습문제에서는 학습한 내용을 참고하여 1 ~ 2주 동안 단기 과제를 수행할 수 있는 심화 학습 과제를 제시하였다. 또한 8장의 모델링 프로젝트 주제는 학습자가 스스로 문제를 해결할 수 있도록 구성하여 학습 성과를 종합적으로 살펴볼 수 있도록 하였다.

이 책은 반도체 설계 분야의 전공자뿐만 아니라 논리 회로를 처음 접하는 비전공자들 모두가 원하는 디지털 시스템을 모델링할 수 있도록 필요한 내용을 담으려고 노력하였다. 이를 위해 모든 예제의 회로도, 소스 코드, 시뮬레이션 결과 및 분석 등은 오류를 최소화하기 위해 여러 번의 검증과 교정 과정을 거쳤다. 또한 반도체 설계 분야의 전문가 자문을 통해 가능한 실무에서의 코딩 스타일을 적용하였다. 각 장에서 제시한 다양한 예제들의 모델링 학습 및 시뮬레이션뿐만 아니라 학습 키트를 활용한 실습을 수행한다면 Verilog HDL에 대한 이해도와 실무에서의 응용력 향상에 도움이 될 것이다. 이 책의 부족한 부분을 줄이는 데 도움을 주신 많은 분들께 감사드립니다. 특히, 오랜 집필 기간으로 많은 시간을 함께 보낼 수 없었던 사랑하는 가족들과 멀리서 고생하시는 어머니께 마음 깊이 죄송함과 감사함을 전합니다.

2025년 1월 저자 씀

차례

CHAPTER 01 디지털의 이해

CHAPTER 02 Verilog HDL

CHAPTER 03 설계 도구 설치 및 사용 방법

CHAPTER 04 Verilog HDL의 기본 문법

CHAPTER 05 조합회로 모델링

CHAPTER 06 순차회로 모델링

CHAPTER 07 응용회로 모델링

부록 Appendix

CHAPTER

01 디지털의 이해

디지털 시스템을 모델링하기 위해서는 디지털 시스템과 디지털 데이터에 대한 이해가 필요하며, 또한 디지털 데이터의 표현과 논리 연산 등 모델링에 필요한 기본적인 개념을 이해해야 한다. 디지털 시스템 및 디지털 데이터 관련 핵심적인 내용에 대해 알아보자.

학습목표

- 디지털 시스템과 디지털 데이터가 무엇인지 이해한다.
- 디지털 데이터의 표현과 단위를 이해한다.
- 2진수의 보수와 음수 표현을 이해하고, 보수를 이용한 뺄셈 연산을 할 수 있다.
- 2진수의 곱셈 연산을 할 수 있다.
- BCD 코드와 ASCII를 이해한다.
- 디지털 시스템의 기본 구성 요소인 논리 게이트[1]와 기본 논리식의 표현 방법을 이해한다.

1.1 디지털 기술과 디지털 시스템

디지털 기술(digital technology)은 0과 1을 사용하여 정보(information)를 표현하는 기술로, 정보를 저장하고 처리하는 방식을 의미한다. 디지털 기술은 컴퓨터와 모든 디지털 기기의 기반이 되며, 현대 사회에서의 기술 혁신과 밀접하게 연결되어 있다. 20세기 초 디지털 기술의 논리적 기초가 마련된 이후 트랜지스터(transistor)의 발명에 기반한 집적회로(IC: Integrated Circuit) 기술의 등장으로 디지털 시스템(digital system)은 더 작고 저렴해지며, 컴퓨팅 기술은 급속한 발전을 이루게 되었다.

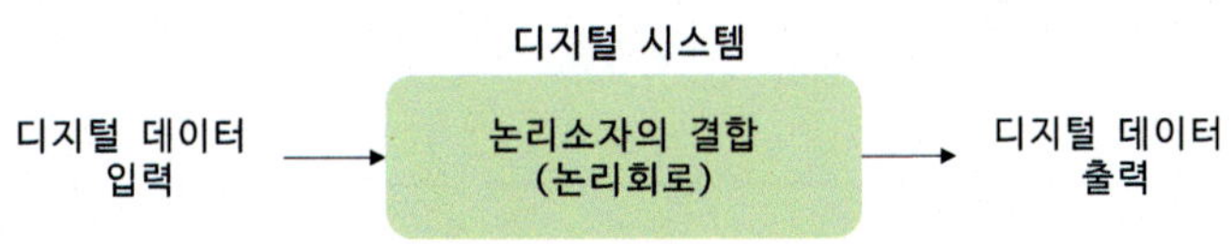

그림 1-1 디지털 시스템

시스템(system)이란 외부 입력에 대해 목적 달성을 위한 과정 또는 규칙에 따라 출력을 만들어 내는 실체나 장치를 말한다. 특히, 디지털 데이터(digital data)를 입출력으로 사용하여 저장, 연산, 통신 등의 다양한 처리를 할 수 있는 시스템을 디지털 시스템(digital system)이라 한다.

1) 논리 게이트(logic gate) : 하나 이상의 논리적 입력값에 대해 논리 연산을 수행하여 하나의 논리적 결과값을 출력하는 최소 단위의 전자회로를 말하며, 디지털 시스템에서 사용되는 논리값은 높은 상태(High)와 낮은 상태(Low) 또는 참(true)과 거짓(false)을 의미하는 이산적 요소로 1과 0으로 구성되는 2진수이다.

1.2 디지털 데이터

주변에서 자주 볼 수 있는 컴퓨터, 스마트폰, 전자계산기 등이 디지털 시스템의 응용 예시이다. 이들의 공통적인 특징은 정보(information)를 쉽게 처리하고 표현하기 위해 디지털 데이터(digital data)를 사용한다는 것이다. 데이터는 관찰이나 측정을 통해 수집된 가공되지 않은 원시 자료(raw data)를 의미하며, 소리, 색깔, 모양, 숫자 등 다양한 물리적 형태로 나타날 수 있다. 정보를 포함하는 다양한 형태의 물리량을 0과 1로 구성된 2진수로 표현한 것을 디지털 데이터라고 하며, 이를 쉽게 다루기 위해 전자기(전기 및 자기)의 크기 변화 형태로 변환하여 사용하는데 이를 신호(signal)라고 한다.

정보, 데이터, 신호는 어떤 차이가 있을까?

일반적으로 데이터(data)와 정보(information)를 구분하지 않고 사용하지만, 두 용어는 본질적으로 차이가 있다. 데이터는 인간 또는 컴퓨터 등에 의해 정보를 해석하거나 처리하기에 적합한 형태로 표현한 것으로 관찰이나 측정을 통해 수집한 상태나 수치[2]를 말하며, 정보는 어떤 목적이나 의도에 맞게 데이터를 가공 처리한 결과물을 말한다.

- 데이터 : 관찰이나 측정을 통해 수집한 가공되지 않은 상태나 수치
- 정보 : 데이터를 이용하여 어떤 목적에 맞게 분석 및 가공한 결과물로 데이터에 의미를 부여한 것
- 신호 : 데이터를 시간에 따른 전자기의 크기 변화로 변환한 것

신호는 측정 시간과 크기 변화의 연속성 여부에 따라 아날로그 신호(analog signal)와 디지털 신호(digital signal)로 구분되는데, 연속적인 시간(continuous time)에 대해 연속적으로 크기가 변하는 신호를 아날로그 신호라고 한다. 반면 불연속적 시간, 정확히는 이산적인 시간(discrete time)에 대해 이산적인 크기 변화를 2진수로 나타낸 신호를 디지털 신호라고 한다. 여기서 연속적인 시간이란 무수히 많은 시각[3]이 존재하는 시간, 이산적인 시간이란 개별적으로 분리되고 구분할 수 있는 유한한 수의 시각이 존재하는 시간을 말한다. 연속과 이산의 개념에 대해 시간을 예시로 살펴보자. 연속적인 시간의 0 ~ 1초 사이에는 0초, 0,1초, 0.11초, 0.111초, ... 와 같이 0초에서 시작하여 1초까지 셀 수 없이 많은 시각이 존재한다. 반면 0 ~ 1초 범위의 연속적인 시간을 0.5초 간격(일정한 간격)으로 분리한 이산적인 시간은 0초, 0.5초, 1초와 같이 유한한 수의 시각이 존재한다. 크기에 대한 연속적 변화와 이산적 변화도 같은 개념으로 이해하면 된다.

표 1-1 시간 및 크기 변화의 연속성에 따른 신호의 종류

신호의 종류	시간 변화	크기 변화
아날로그 신호	연속적	연속적
디지털 신호	이산적	이산적

그림 1-2는 아날로그 신호의 예시로 시간 0 ~ 2초 사이에 셀 수 없이 많은 시각이 존재하며, 각각의 시각에서는 0 ~ 5V 사이에 존재하는 셀 수 없이 많은 전압값 중 하나의 값을 갖는다. 즉, 아날로그 신호는 연속적인 시간에 대해 연속적으로 변화하는 크기 값을 갖는다.

2) 수치 : 숫자로 표현되는 어떤 값 또는 양을 가리키는 용어

3) 시각 : 시간의 어느 한 시점

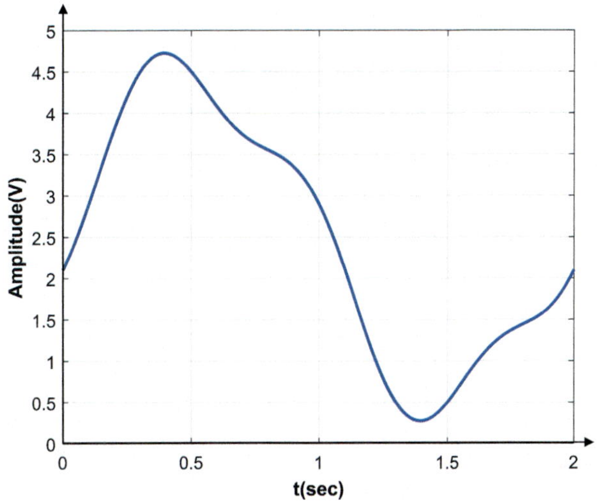

그림 1-2 아날로그 신호

관찰이나 측정을 통해 수집된 대부분의 신호는 아날로그 신호이므로, 디지털 시스템에서 처리하려면 디지털 신호로 변환해야 한다. 이를 위해 샘플링(sampling), 양자화(quantization), 부호화(coding)의 3단계를 순차적으로 거친다.

첫 번째 단계인 샘플링은 일정 시간 간격으로 아날로그 신호 값을 가져오는 과정이다. 그림 1-3은 그림 1-2의 아날로그 신호를 0.2초 간격으로 샘플링한 결과이다.

그림 1-3의 샘플링 결과에서 시간은 이산적이지만 크기 변화에 대해서는 여전히 연속적이다. 즉, 샘플링 과정을 통해 시간은 이산화되었지만, 각 샘플링 시점에서의 크기 값은 0 ~ 5V 사이에서 가질 수 있는 많은 전압값 중 하나이다. 따라서 시간을 이산화하는 샘플링 과정 이후 크기 변화를 이산화하는 양자화 과정이 필요하다.

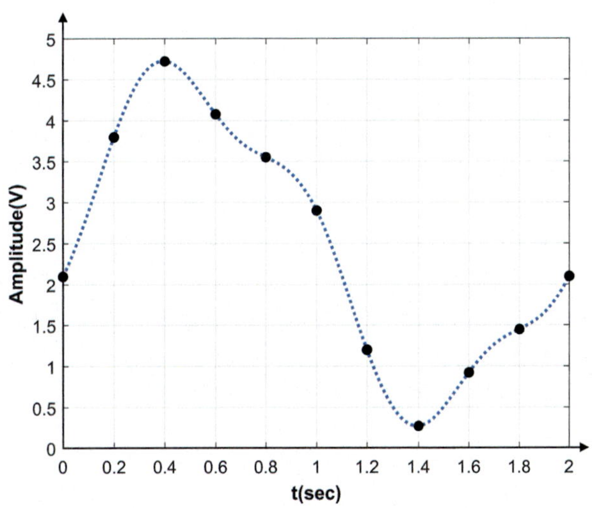

그림 1-3 아날로그 신호의 시간 이산화(샘플링)한 결과

두 번째 단계인 양자화는 신호가 변화하는 전체 범위를 2^m개의 레벨(level)로 나누고 각각의 샘플링 시점에서의 크기 값을 가장 가까운 레벨의 신호 값으로 근사화하는 과정이다. 이때 2^m의 승수 m은 양자화 비트 수로 디지털 신호를 표현하는 2진수 코드의 길이를 결정한다. 그림 1-4는 그림 1-3의 샘플링 과정 이후 양자화 비트 수를 $m = 3$으로 설정하여 양자화

과정을 수행한 결과이다. 양자화 과정에서 신호가 변화하는 전체 범위(0 ~ 5V)는 8(= 2^3)개의 레벨로 구분되며, 샘플링 시점에서의 크기 값은 가장 가까운 양자화 레벨에 해당하는 값으로 근사화된다. 즉, 샘플링 시점에서 신호의 값은 8개의 양자화 레벨에 해당하는 0, 0.714, 1.429, ..., 5중 하나의 값으로 대응(mapping)됨으로써 신호의 크기 변화는 이산화 된다. 예를 들어 그림 1-4의 t = 0.6초에서 샘플링된 신호 값은 4.079V로 양자화 과정에 의해 양자화 레벨 6에 해당하는 4.286V로 근사화된다.

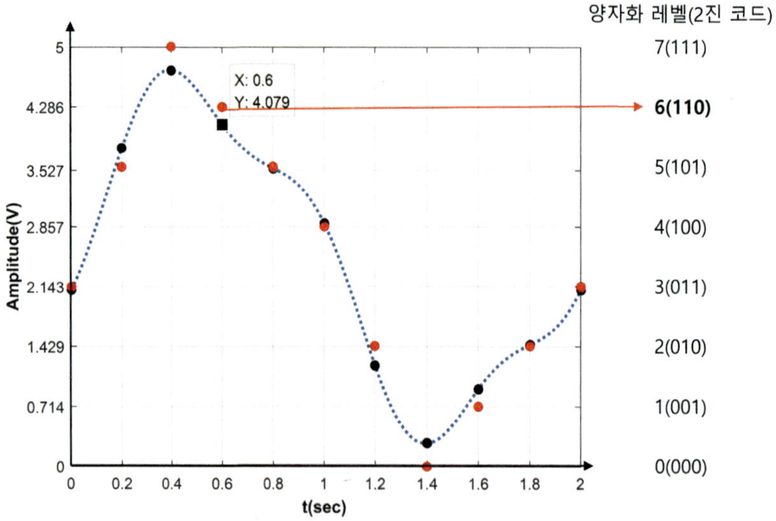

그림 1-4 샘플링된 신호의 양자화와 부호화 과정을 거친 결과

마지막 세 번째 단계인 부호화는 시간과 크기에 대해 이산화된 결과를 0과 1만으로 표현하는 2진수 코드로 변환하는 과정이다. 이때 2진수 코드의 길이는 양자화 과정에서 사용한 양자화 비트 수 m과 같다. 그림 1-4에서 양자화 비트 수는 m = 3이므로 3개의 0 또는 1로 표현되는 2진수 코드를 사용하여 신호 값 0V는 '000', 0.714V는 '001', ..., 5V는 '111'과 같이 표현된다. 그림 1-5는 0 ~ 1초 구간의 아날로그 신호를 디지털 신호로 변환한 최종 결과이다.

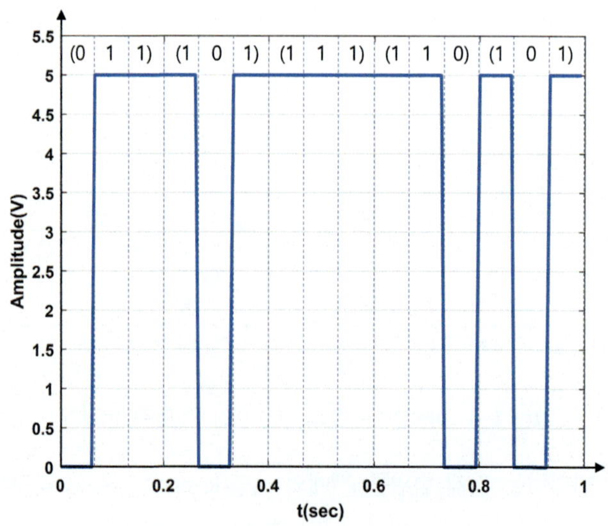

그림 1-5 디지털 신호(0 ~ 1초 구간)

1.3 디지털 데이터의 표현과 단위

정보를 담고 있는 데이터는 숫자, 문자, 소리, 사진 등 다양하지만, 일반적으로 수치 데이터(numerical data)로 표현한다. 사람은 10개의 숫자로 구성된 10진수를 사용하는 반면, 디지털 시스템은 0과 1로 구성되는 2진수를 사용한다. 디지털 시스템의 논리 게이트가 ON과 OFF라는 두 가지 상태만 존재하는 스위칭 회로로 구현되기 때문에, 디지털 데이터를 2진수로 표현하는 것은 타당하다.

> 2진수 : 0과 1 두 개의 숫자만으로 표현되는 수

1.3.1. 진수 표현과 변환

디지털 시스템은 기본적으로 2진수(binary) 데이터를 처리하지만, 표현을 간단하게 하거나 이해하기 쉽도록 8진수(octal), 10진수(decimal), 16진수(hexadecimal)를 사용하기도 한다. 이때 10진수를 제외한 다른 진수는 10진수와 구별하기 위해 진수 표현 뒤에 진수(base)[4] 또는 각 진수의 첫 영문자인 (전용문자)[5]를 아래 첨자로 추가하는 것이 일반적이다. 예를 들어 10진수 1의 2진수 표현은 $1_{(2)}$ 또는 $1_{(B)}$, 8진수 표현은 $1_{(8)}$ 또는 $1_{(O)}$, 16진수 표현은 $1_{(16)}$ 또는 $1_{(H)}$이다.

표 1-2 10진수 28에 대한 여러 진수 표현

진법	표현	10진수 값
2진수 (binary)	$11100_{(2)}$ 또는 $11100_{(b)}$	$11100_{(2)} = 1 \times 2^4 + 1 \times 2^3 + 1 \times 2^2 + 0 \times 2^1 + 0 \times 2^0$ $= 16 + 8 + 4 + 0 + 0$ $= 28$
8진수 (octal)	$34_{(8)}$ 또는 $34_{(o)}$	$34_{(8)} = 3 \times 8^1 + 4 \times 8^0$ $= 24 + 4$ $= 28$
16진수 (hexadecimal)	$1C_{(16)}$ 또는 $1C_{(h)}$	$1C_{(16)} = 1 \times 16^1 + C \times 16^0$ $= 16 + 12$ $= 28$

2진수의 각 자릿수는 0부터 1까지 표현할 수 있지만, 8진수는 0부터 7까지, 16진수[6]는 0부터 15까지 표현할 수 있으며, 표현 범위를 넘어갈 때는 자릿수가 증가한다. 예를 들어 10진수 2를 2진수로 표현하면 $10_{(2)}$과 같이 2자리로 표현해야 한다. 이때 각 자릿수의 값은 진수값 × base$^{(자릿수)}$이며, 가장 오른쪽 자릿수는 0이다. 즉, 2진수 $10_{(2)} = 1 \times 2^1 + 0 \times 2^0 = 2$이다. 8진수와 16진수도 같은 개념을 사용하여 8진수의 각 자릿수는 0부터 7까지, 16진수는 0부터 15까지 표현할 수 있다. 따라서 10진수 28을 2진수로 표현하면 5자리의 2진수 $11100_{(2)}$, 8진수로 표현하면 2자리의 8진수 $34_{(8)}$, 16진수로 표현하면 2자리의 16진수 $1C_{(16)}$이다. 각각의 진수를 표현할 때 10진수와 혼란이 없다면, 아랫 첨자로 표현하는 (base) 또는 (전용 문자)를 생략하기도 한다. 이러한 수의 표현 방법을 진법(numerical system)이라고 한다.

2진수, 8진수, 16진수는 서로 쉽게 변환할 수 있다. 8진수를 2진수로 바로 변환하려면 8진수의 각 자릿수 숫자는 3자리

---

4) 진수를 표현할 때 진수별 base는 숫자를 사용하며 2진수(binary)는 (2), 8진수(octal)은 (8), 16진수(hexa decimal)는 (16)을 아래 첨자로 표기한다.

5) 진수를 표현할 때 진수별 전용 문자로 영문자를 사용하며 2진수(binary)는 b 또는 B, 8진수(octal)는 o 또는 O, 16진수(hexa decimal)는 h 또는 H를 아래 첨자로 표기한다.

6) 16진수로 표현할 때 10부터 15까지는 영문자 A ~ F 또는 a ~ f를 사용한다. $13_{(16)} = D_{(16)} = d_{(16)}$

2진수로 표현되므로 8진수의 각 자릿수를 3자리의 2진수로 변환하면 된다. 예를 들어 $256_{(8)}$에서 8진수의 각 자릿수 숫자를 끊어서 $2_{(8)} \rightarrow 010_{(2)}$ / $5_{(8)} \rightarrow 101_{(2)}$ / $6_{(8)} \rightarrow 110_{(2)}$과 같이 3자리 2진수로 변환한 후 전부 붙여 $010101110_{(2)}$과 같이 쓰면 된다. 이때 여러 자릿수를 갖는 2진수를 쉽게 확인하기 위해 일반적으로 4자리씩 끊어서 $0\_1010\_1110_{(2)}$ 또는 $0000_1010_1110_{(2)}$와 같이 표현하는데, 가장 왼쪽의 밑줄(_)로 구분된 1~4자리 숫자가 모두 0이면 $1010_1110_{(2)}$와 같이 간단히 표현할 수 있다.

2진수를 8진수로 바로 변환할 수도 있다. 변환하는 방법은 2진수의 가장 오른쪽 0의 자리부터 3개씩 끊어서 8진수로 변환하면 된다. $010101110_{(2)}$에서 $010_101_110_{(2)}$로 구분하고, 각각 구분된 3자리 2진수를 $010_{(2)} \rightarrow 2_{(8)}$ / $101_{(2)} \rightarrow 5_{(8)}$ / $110_{(2)} \rightarrow 6_{(8)}$과 같이 각각을 8진수로 변환하면 $256_{(8)}$과 같은 결과를 얻을 수 있다.

다른 진수로의 변환 방법

- 8진수 ↔ 2진수
  8진수 → 2진수 : 8진수 각 자릿수 숫자를 3자리 2진수로 변환
  2진수 → 8진수 : 2진수를 오른쪽부터 3자리씩 끊어서 8진수로 변환
- 16진수 ↔ 2진수
  16진수 → 2진수 : 16진수 각 자릿수 숫자를 4자리 2진수로 변환
  2진수 → 16진수 : 2진수를 오른쪽부터 4자리씩 끊어서 16진수로 변환

비슷한 방법으로 16진수→2진수, 2진수→16진수로 변환할 수 있다. 16진수의 각 자릿수 숫자는 4자리 2진수로 표현되므로 $1F3D_{(16)}$는 $1_{(16)} \rightarrow 0001_{(2)}$ / $F_{(16)} \rightarrow 1111_{(2)}$ / $3_{(16)} \rightarrow 0011_{(2)}$ / $D_{(16)} \rightarrow 1101_{(2)}$와 같이 4자리 2진수로 변환한 후 전부 붙여 $0001_1111_0011_1101_{(2)}$과 같이 쓰면 된다. 반대로 2진수를 16진수로 변환할 때는 16진수의 가장 오른쪽 0의 자리부터 4개씩 끊어서 16진수로 변환하면 된다. $0001_1111_0011_1101_{(2)}$에서 $0001_{(2)} \rightarrow 1_{(16)}$ / $1111_{(2)} \rightarrow F_{(16)}$ / $0011_{(2)} \rightarrow 3_{(16)}$ / $1101_{(2)} \rightarrow D_{(16)}$와 같이 각각을 16진수로 변환하면 $1F3D_{(16)}$의 결과를 얻게 된다.

10진수를 2진수, 8진수, 16진수로 변환할 때, 10진수를 변환하고자 하는 진수로 더 이상 나누어지지 않을 때까지 나누고 몫을 포함한 나머지를 역순으로 표시하면 된다.

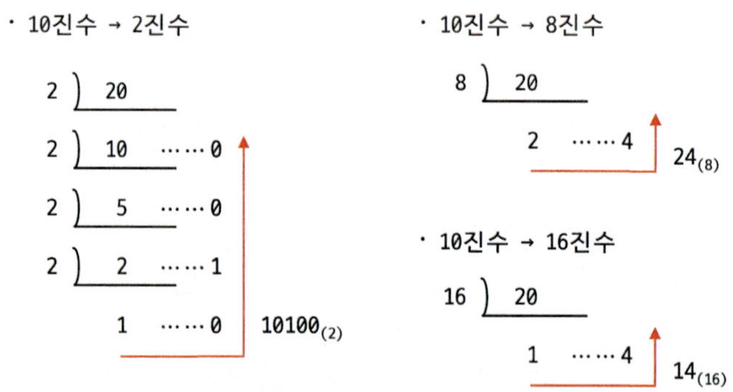

그림 1-6 10진수를 2진수, 8진수, 16진수로 변환 방법

이러한 진수 사이의 변환은 그림 1-7과 표현할 수 있다. 모든 진수의 중심은 2진수로, 먼저 2진수로 변환 후 다른 진수로 쉽게 변환할 수 있다. 따라서 8진수를 16진수 또는 16진수를 8진수로 변환할 때는 먼저 2진수로 변환 후 원하는 진수로 변환하면 된다.

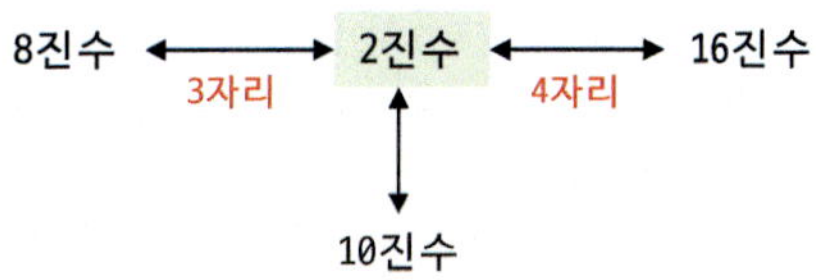

그림 1-7 진수 변환 체계

1.3.2. 디지털 데이터의 단위

디지털 데이터의 크기를 나타내는 가장 기본적인 단위로 비트(bit)를 사용하는데, 이 단위는 2진 숫자라는 'binary digit'에서 유래되었다. 1비트로 표현할 수 있는 수는 0 또는 1로 true/false, yes/no, +/−, on/off 등 다양한 논리적 상태를 나타낼 수 있다.

> 비트(bit) : 디지털 데이터의 크기를 나타내는 기본적인 단위로 2진수의 한 자리

1비트의 2진수로는 10진수의 0과 1까지의 수 또는 덧셈과 뺄셈이라는 두 가지 명령어만 표현할 수 있지만, 다수의 비트를 사용하면 더 큰 수 또는 다양한 명령어를 표현할 수 있다. 예를 들어 2비트의 2진수는 $00_{(2)}$, $01_{(2)}$, $10_{(2)}$, $11_{(2)}$과 같은 표현을 통해 10진수의 0, 1, 2, 3까지 4개의 수 또는 덧셈, 뺄셈, 곱셈, 나눗셈과 같이 4가지 명령어를 표현할 수 있다. 만약 m비트를 사용한다면 2^m개의 서로 다른 수 또는 명령어를 표현할 수 있다.

디지털 데이터는 일반적으로 8비트, 16비트, 32비트, 64비트, 128비트 등으로 표현하며, 8비트를 1바이트(byte)라고 부른다. 그리고 디지털 시스템에서 한 번에 처리할 수 있는 명령어나 연산의 기본 단위를 워드(word)라고 한다. 비트나 바이트는 모든 디지털 시스템에서 똑같이 취급되는 단위이지만, 워드 단위는 시스템마다 다를 수 있다. 만약 8비트로 데이터 연산을 하거나 명령어를 다루는 8비트 디지털 시스템에서 1워드는 8비트이며, 1바이트도 8비트이다. 그러나 16비트 디지털 시스템에서는 데이터를 연산하거나 하나의 명령어를 표현하기 위해서는 1워드는 16비트를 사용하므로 1바이트는 8비트이지만, 1워드는 2바이트(= 16비트)가 된다.

> • 바이트(byte) : 디지털 데이터를 처리할 때 사용하는 기본 단위로 초기 컴퓨터에서 단일 문자를 표현할 때 사용되는 8비트를 말함
> • 워드(word) : 디지털 시스템이 한 번에 처리할 수 있는 명령어나 연산의 기본 단위로 시스템 마다 크기(비트 수)는 다를 수 있음

1.4 보수와 음수 표현

앞서 10진수를 2진수, 8진수, 16진수로 표현하는 방법에 대해 살펴보았다. 이러한 디지털 데이터의 표현 방법에 아무런 문제가 없어 보이지만, 실제 우리가 사용하는 수는 양수(positive number)뿐만 아니라 음수(negative number)도 존재하므로 음수를 표현할 방법이 필요하다. 디지털 데이터의 기본이 되는 2진수 체계에서는 음수를 표현하기 위해 가장 왼쪽의 비트, 즉 최상위 비트(MSB: Most Significant Bit)[7)]와 보수(complement) 개념을 사용한다.

1.4.1. 보수

보수란 '상호 보완하는 수'로 임의 수를 보완해 주는 다른 수를 말한다. 즉, n에 대한 m의 보수는 m - n을 의미하는데 보수는 n에서 m을 만들기 위해 보충해야 하는 수인 m - n을 의미한다. 이러한 정의에 의해 2에 대한 10의 보수는

7) 2비트 이상의 2진수에서 가장 왼쪽의 비트를 최상위 비트(MSB: Most Significant Bit), 가장 오른쪽 비트를 최하위 비트(LSB: Least Significant Bit)라고 한다,

10 - 2 = 8이며, 1에 대한 10의 보수는 10 - 1 = 9이다. 그렇다면 0에 대한 10의 보수는 무엇일까? 보수의 정의에 의해 10 - 0 = 10(?). 이는 보수의 정의에 어긋나지 않지만 10진수 체계에서는 0부터 9까지의 숫자를 사용하므로 0에 대한 10의 보수가 10이라는 것은 적절하지 않다. 2진수 체계에서도 마찬가지이다. 2진수 $1_{(2)}$에 대한 2의 보수는 $1_{(2)}$이고 $0_{(2)}$에 대한 2의 보수는 $2_{(2)}$이므로 0과 1만으로 표현되는 2진수 체계에서 0에 대한 2의 보수가 $2_{(2)}$라는 표현은 문제가 있다. 따라서 r진수 체계에서 (r - 1)의 보수를 기본으로 하고 r의 보수는 먼저 (r - 1)의 보수를 구한 후 그 결과에 1을 더하여 구한 결과를 사용한다. 즉, 10진수 체계에서 0에 대한 10의 보수는 (0에 대한 9의 보수 + 1)과 같이 구할 수 있으므로 9 + 1 = 10이며, 2진수 체계에서 $0_{(2)}$에 대한 2의 보수는 ($0_{(2)}$에 대한 1의 보수 + 1)인 $1_{(2)} + 1 = 10_{(2)}$이다.

2진수 체계에서 1의 보수와 2의 보수

- 1의 보수(1´s complement) : 2진수 각 비트값을 0 → 1, 1 → 0으로 반전
- 2의 보수(2´s complement) : 1의 보수 + 1

4비트 2진수 체계에서 보수에 대해 조금 더 자세히 살펴보면, $1_{(2)}$에 대한 1의 보수는 $0_{(2)}$이고, $0_{(2)}$에 대한 1의 보수는 $1_{(2)}$이므로 $0000_{(2)}$의 1의 보수는 $1111_{(2)}$이다. 따라서 $0000_{(2)}$의 2의 보수를 구하면 $1111_{(2)} + 1 = 1_0000_{(2)}$이다.

1.4.2. 음수 표현

4비트 크기의 2진수는 $0000_{(2)}$부터 $1111_{(2)}$까지 15개의 서로 다른 수를 표현할 수 있다. 양수만을 표현한다면, 10진수 0 ~ 15까지 표현할 수 있다.

표 1-3 부호 없는 4비트 2진수

10진수	2진수	10진수	2진수
0	0000	8	1000
1	0001	9	1001
2	0010	10	1010
3	0011	11	1011
4	0100	12	1100
5	0101	13	1101
6	0110	14	1110
7	0111	15	1111

2진수 체계에서 음수를 표현하기 위해서는 앞서 살펴본 보수 개념과 함께 최상위 비트(MSB)를 사용하여 양수와 음수를 구분한다. 가장 직관적이고 쉬운 표현 방법은 부호절대값(signed magnitude) 표현법이다. 부호절대값 표현법은 MSB를 부호 비트(sign bit)로 사용하여 MSB가 0일 때 양수, 1일 때 음수로 취급하며, 나머지 하위 비트는 크기를 나타낸다. 예를 들어 부호절대값 표현법을 사용하는 $1100_{(2)}$은 최상위 비트가 1이므로 음수이며, 나머지 하위의 3개 비트는 절대값으로 10진수 4에 해당하므로 $1100_{(2)} = -4$이다. 음수를 표현하는 또 다른 방법으로 MSB를 부호 비트로 사용하고 나머지 하위 비트는 부호없는 2진수의 1의 보수를 사용하여 음수를 표현할 수도 있다. 예를 들어 1의 보수 표현법을 사용하는 $1100_{(2)}$은 최상위 비트가 1이므로 음수이며, 나머지 하위의 3개 비트는 10진수 3에 해당하는 $011_{(2)}$의 1의 보수이므로 $1100_{(2)} = -3$이다. 이와 같은 두 가지 방식의 음수 표현법은 간단하지만 +0과 -0이 존재하며, 뺄셈 연산이 복잡해지는 단점이 있다. 따라서 디지털 시스템에서는 일반적으로 음수를 표현할 때 하나의 0과 단순한 뺄셈 연산이 가능한 '2의 보수' 표현

법을 사용한다. 2의 보수 표현법은 MSB를 부호 비트로 하고 나머지 하위 비트는 2의 보수를 사용하여 크기를 나타냄으로써 음수를 표현한다.

2의 보수 표현법을 이용한 음수 표현 방법

- 최상위 비트(MSB) : 부호를 나타내는 비트로 0이면 양수, 1이면 음수
- 나머지 하위 비트 : 크기를 나타내는 양의 10진수에 대한 2의 보수 표현

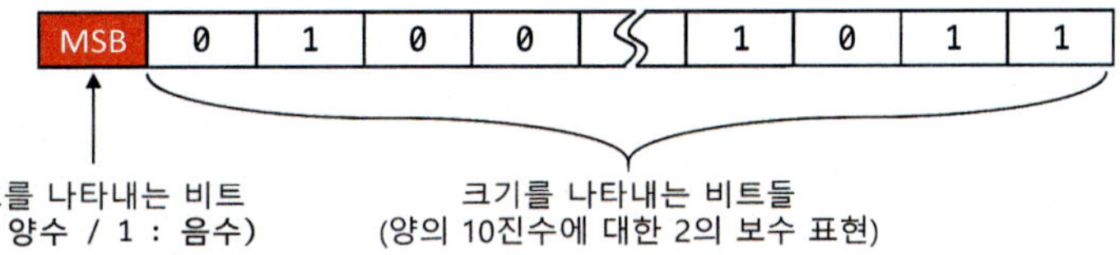

예를 들어 2의 보수 표현법을 사용하는 $1101_{(2)}$은 MSB가 1이므로 음수이며, 나머지 하위의 3개 비트는 10진수 3에 해당하는 $011_{(2)}$의 2의 보수인 $101_{(2)}$이므로 -3이다. 2의 보수 표현법과 1의 보수 표현법을 비교해 보면, 두 표현법 모두 양수 표현은 같지만, 음수 표현은 부호 비트(MSB)를 제외한 나머지 비트에 대해 보수 표현법이 다르다. 또한 1의 보수 표현법은 +0과 -0을 사용하지만, 2의 보수 표현법은 0이 하나이다. 따라서 음수 표현 범위가 1의 보수 표현법은 -7 ~ -1까지 표현하지만, 2의 보수 표현법은 -8 ~ -1까지 표현할 수 있다.

표 1-4 2진수의 음수 표현법

10진수	2의 보수 표현법	1의 보수 표현법	부호-절대값 표현법
+7	0111	0111	0111
+6	0110	0110	0110
+5	0101	0101	0101
+4	0100	0100	0100
+3	0011	0011	0011
+2	0010	0010	0010
+1	0001	0001	0001
+0	0000	0000	0000
-0	-	1111	1000
-1	1111	1110	1001
-2	1110	1101	1010
-3	1101	1100	1011
-4	1100	1011	1100
-5	1011	1010	1101
-6	1010	1001	1110
-7	1001	1000	1111
-8	1000	-	-

1.5 보수를 이용한 뺄셈 연산

초창기 컴퓨터는 가산기(adder)를 통해 덧셈 연산만 가능했기에 뺄셈 연산을 하는 방법이 필요했고, 이를 가능하게 한 것이 보수의 개념이었다. 현대의 컴퓨터도 내부에서 2의 보수 개념을 활용하여 덧셈 연산으로 뺄셈을 처리하고 있다.

1.5.1. 보수를 이용한 10진수의 뺄셈 연산

보수 개념을 사용하여 덧셈 연산만으로 뺄셈 연산을 수행할 수 있다. 보수를 이용한 뺄셈 연산을 하기 전에 먼저 10진수 543 - 128과 같은 뺄셈 연산을 직접 수행하면, 543 - 128 = 415라는 결과를 쉽게 구할 수 있다. 다음으로 보수를 이용한 뺄셈 연산을 위해 빼는 수 128의 각 자릿수 숫자의 9의 보수를 구하면 871이다. 이 결과에 1을 더하여 10의 보수(9의 보수 +1)를 구하면 871 + 1 = 872이다. 위의 10진수 543 - 128과 같은 뺄셈 연산의 결과는 543에 빼는 수에 대한 10의 보수 872를 더하여 구할 수 있다. 이때 덧셈 결과에서 가장 왼쪽 자릿수에 발생한 올림 수는 제거하면 된다.

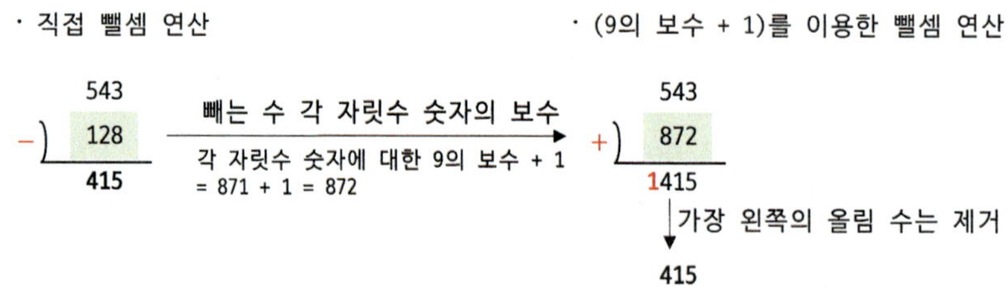

그림 1-8 각 자릿수 숫자에 대한 10의 보수(9의 보수 +1)를 이용한 뺄셈 연산

보수를 이용하여 덧셈만으로 뺄셈을 수행한 연산 과정을 수학적으로 표현하면 다음과 같다.

$$\begin{aligned} 543 - 128 &= 543 + (999 - 128 + 1) - 1000 \\ &= 543 + (872) - 1000 \\ &= 415 \end{aligned}$$

얼핏 생각해 보면 위의 보수를 이용하여 덧셈 연산만으로 뺄셈 연산을 하는 과정은 덧셈 결과에서 1000을 빼주기 때문에 뺄셈이 사용된 것처럼 보이지만 1000을 빼주는 것은 올림 수를 무시하는 것이므로 실제 뺄셈 연산을 하지 않은 것이다.

앞서 r진수 체계에서 (r - 1)의 보수를 기본으로 하고, r의 보수는 먼저 (r - 1)의 보수를 구한 후 그 결과에 1을 더하여 구한 결과를 사용했었다. 즉, 2진수 체계에서 음수를 표현할 때 1의 보수 보다 2의 보수를 사용한다는 것을 알아보았다. 위의 결과는 r = 10인 10진수 체계에서 뺄셈 연산을 할 때 빼는 수에 대한 (r - 1)의 보수, 즉 9의 보수를 구한 후 그 결과에 1을 더한 10의 보수를 사용하여 덧셈 연산만으로 뺄셈이 가능하다는 것을 보여준다. 일반적으로 r진수 뺄셈 연산에서 '(r - 1)의 보수 +1'을 이용한다.

r진수 체계에서 보수를 이용한 뺄셈 연산

A - B = A + 'B에 대한 (r - 1)의 보수 + 1'

1.5.2. 보수를 이용한 2진수의 뺄셈 연산

보수를 이용한 뺄셈 연산은 2진수일 때 특히 유용하다. 예를 들어 5비트 2진수 $0\_1011_{(2)}$ - $0_1000_{(2)}$을 생각해 보자. 10진수로는 + 11 - (+ 8)에 해당한다. 2진수로 표현된 빼는 수 $0_1000_{(2)}$에 대한 (r - 1)의 보수 즉, 1의 보수를 구하면 $1\_0111_{(2)}$

이다. 1의 보수 1_0111$_{(2)}$에 1을 더하여 2의 보수인 1_1000$_{(2)}$을 얻을 수 있다. 이렇게 구한 빼는 수 0_1000$_{(2)}$에 대한 2의 보수 1_1000$_{(2)}$를 0_1011$_{(2)}$에 더하면 6비트 10_0011$_{(2)}$를 얻게 된다. 이때 왼쪽 첫 번째 비트는 올림 수에 해당하므로 이를 제거하면 두 2진수의 뺄셈 결과는 0_0011$_{(2)}$이 된다. 이 결과는 MSB가 0이므로 양의 부호를 갖는 양수이며 크기는 0011$_{(2)}$이므로 10진수 +3으로, 즉 0_1011$_{(2)}$ - 0_1000$_{(2)}$ = +3이다.

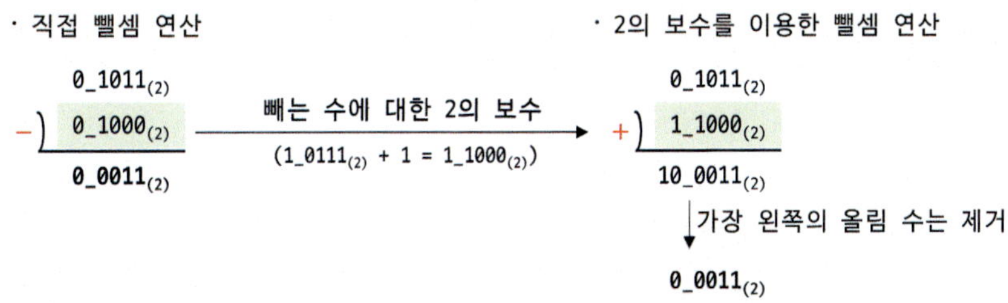

그림 1-9 2진수 체계에서 2의 보수를 이용한 뺄셈 연산

위의 결과는 양수 - 양수에 대해 2의 보수를 이용한 뺄셈 연산이었다. 양수 - 음수, 음수 - 양수, 음수 - 음수에 대해서도 2의 보수를 활용하면 덧셈 연산만으로 뺄셈 연산이 가능하다. 이때 부호 있는 5비트 2진수는 -16부터 +15까지 표현할 수 있으므로 연산 결과가 이 범위를 넘지 않도록 주의해야 한다.

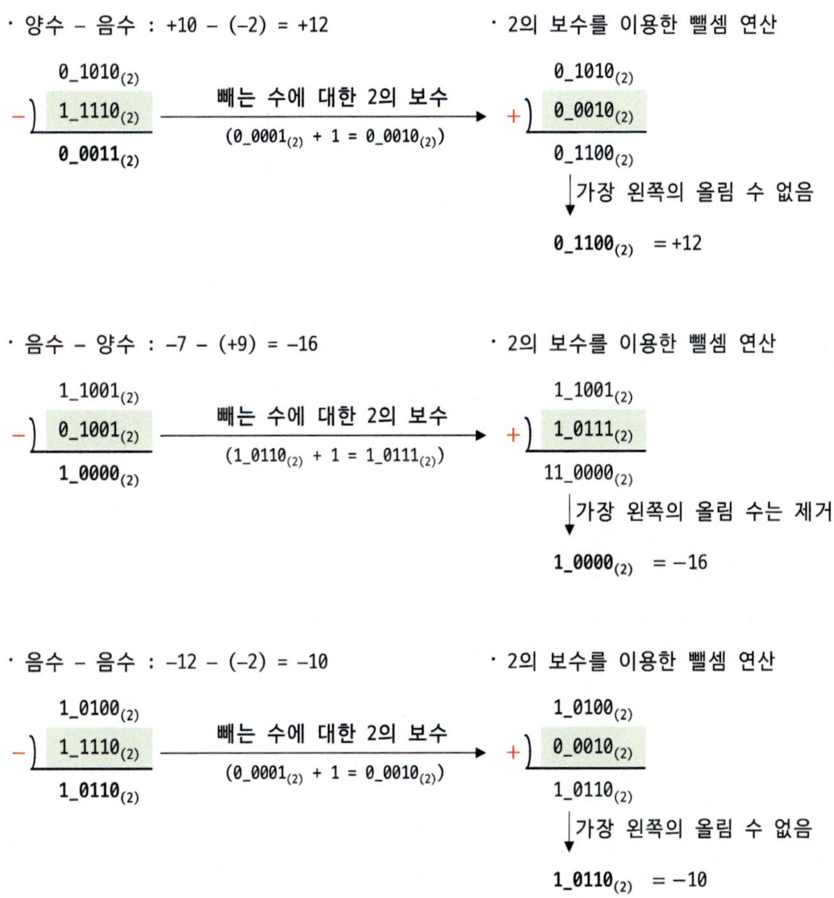

그림 1-10 양수와 음수에 대한 2의 보수를 이용한 뺄셈 연산

> **2진수 체계에서 보수를 이용한 뺄셈 연산**
>
> A - B = A + (B에 대한 1의 보수 +1)
> = A + (B에 대한 2의 보수)

만약 뺄셈 연산을 하려는 두 5비트 2진수가 -16부터 +15까지 범위의 수이더라도 연산 결과가 -16부터 +15의 범위를 벗어날 수 있다. 이를 오버플로우(overflow)가 발생했다고 하며, 잘못된 연산 결과를 얻게 된다. 오버플로우를 방지하기 위해서는 뺄셈 연산에 사용되는 2진수의 부호 비트값(MSB의 값)을 MSB의 왼쪽에 추가하고 원래 비트 수에 MSB를 추가한 비트 수에 대한 연산 결과로 해석하면 된다. 예를 들어 10진수 음수인 -16의 2진수 표현은 $1_0000_{(2)}$이지만 이를 6비트로 표현하면 $11_0000_{(2)}$이고 양수인 +15의 2진수 표현인 $0_1111_{(2)}$는 $00_1111_{(2)}$이 된다. $11\_0000_{(2)} - 00\_1111_{(2)}$ 연산을 수행하면 $01_1111_{(2)}$과 같은 결과를 얻게 되는데 MSB가 0이므로 양수이며, 크기는 $1_1111_{(2)}$이므로 +31이라는 정상적인 연산 결과를 얻을 수 있다. 이처럼 오버플로우를 방지하기 위해 부호 비트를 추가하는 것을 부호 확장(sign extension)이라고 한다.

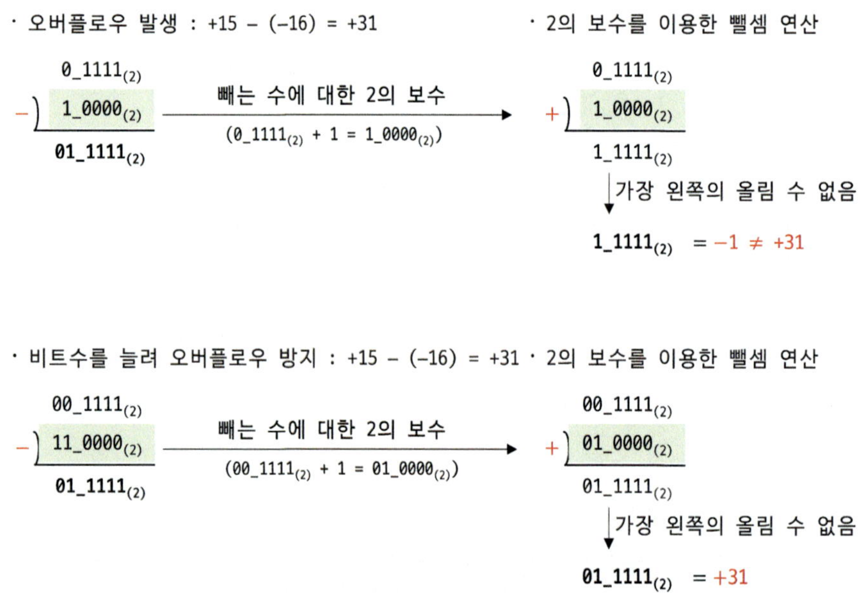

그림 1-11 부호 확장을 이용한 뺄셈 연산

> **2진수 체계에서 오버플로우 방지를 위한 부호 확장**
>
> 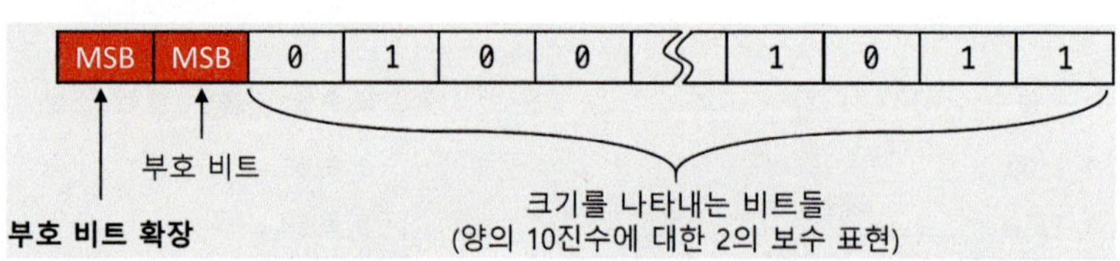
>

다수의 2진수에 대한 덧셈 또는 뺄셈 연산을 수행할 때 오버플로우 방지를 위해 일반적으로 부호 비트 4개를 확장하여 사용한다.

1.6 2진수의 곱셈 연산

부호 없는 2진수의 곱셈 연산은 10진수의 곱셈 연산과 같으므로 비교적 간단한 방식으로 수행할 수 있다. 반면, 부호 있는 2진수의 곱셈 연산의 경우는 부호 비트의 확인과 2의 보수로의 변환 등 곱셈 연산 과정에서 고려해야 할 사항이 있다.

1.6.1. 부호 없는 2진수의 곱셈

부호 없는 2진수의 곱셈 연산을 손으로 직접 수행하기 위해서는 곱하려는 두 2진수를 정렬해야 한다. 먼저 두 수 중 하나를 윗줄에 다른 수를 아랫줄에 위치시키고, 하위 비트를 일치시킨다. 이후 아랫줄의 각 자릿수와 윗줄의 각 자릿수를 곱하고, 그 결과를 아랫줄의 곱하는 수의 자릿수 위치에 맞추어 정렬한다. 마지막으로 모든 자릿수를 곱한 결과를 합한다. 예를 들어 10진수 5와 6에 해당하는 3비트 2진수 $101_{(2)}$과 $110_{(2)}$의 곱셈은 다음과 같이 계산할 수 있다.

```
      101(2)
×)    110(2)
-----------
      000
     101
+)  101
-----------
    11110(2)
```

그림 1-12 부호 없는 2진수의 곱셈 연산

부호 없는 2진수의 곱셈 연산 과정은 간단하지만, 곱셈 결과의 비트 폭에 주의해야 한다. 그림 1-12에서 두 3비트 2진수의 곱셈 결과는 $1_1110_{(2)}$로 5비트이지만 실제 2진수의 곱셈 연산 결과는 두 2진수의 비트 수를 합한 비트 폭을 갖는다. 즉, 두 개의 3비트 2진수의 곱셈 결과는 $101_{(2)} \times 110_{(2)} = 01_1110_{(2)}$과 같이 6비트로 취급한다. 이는 각 자릿수의 곱셈 결과의 덧셈 연산을 할 때 발생하는 올림 수를 고려해야 하기 때문이다. 예를 들어 3비트 $111_{(2)}$과 $111_{(2)}$의 곱셈 연산을 생각해 보자. 곱셈 결과는 $11_0001_{(2)}$로 비트 폭은 6비트이다. 이러한 곱셈 결과에 대한 비트 폭은 이후 Verilog HDL을 이용하여 곱셈 연산을 수행하고 결과를 저장하는 회로를 모델링할 때 반드시 고려해야 한다.

2진수 곱셈 연산 결과의 비트 폭

$$A \times B = C$$

C의 비트 폭 = A의 비트 폭 + B의 비트 폭

1.6.2. 2의 보수를 이용한 부호 있는 2진수의 곱셈 연산

부호 없는 2진수의 곱셈 연산과 달리 부호 있는 2진수의 곱셈 연산을 수행할 때는 단계적으로 고려할 사항이 있다. 첫 번째 단계에서는 곱셈 연산 결과의 부호를 결정한다. 두 2진수가 부호가 같으면 곱셈 결과의 최상위 비트(부호)는 0(양수)이 되며, 부호가 서로 다르면 최상위 비트가 1(음수)이 된다. 두 번째 단계에서는 두 2진수의 곱셈 결과의 크기를 계산한다. 이때 곱셈 연산을 하는 두 2진수 중 음수는 2의 보수로 변환하고 양수는 보수 변환을 하지 않는다. 이후 부호 없는 2진수의 일반적인 곱셈 연산을 수행하여 크기를 계산하며, 계산된 곱셈의 크기는 두 2진수의 비트 폭의 합에 해당하는 비트 폭을 갖도록 한다. 마지막 세 번째 단계에서는 1단계에서 결정한 최상위 비트(부호)가 1(음수)이라면 2단계에서 계산한 곱셈의 크기를 2의 보수로 변환하고, 최상위 비트가 0(양수)이라면 곱셈의 크기는 그대로 최종 곱셈 연산의 결과가 된다.

> **부호있는 2진수의 곱셈 연산 과정**
>
> [1단계] 곱셈 연산 결과의 부호 결정 : 두 수의 부호가 같으면 양수, 다르면 음수
> ※ 곱셈 연산 결과의 부호는 곱하려는 두 수의 MSB에 대한 배타적 논리곱(XOR) 연산을 통해 결정할 수 있다.
>
> [2단계] 두 수의 크기 결정 : 양수는 그대로, 음수(MSB = 1)면 2의 보수로 변환하고 부호 없는 2진수 곱셈 연산 수행
>
> [3단계] 곱셈 연산 결과 결정 : 1단계에서 결정한 부호가 양수면 2단계 결과가 최종 결과, 음수면 2단계 결과를 2의 보수로 변환

예를 들어 10진수 3과 -2에 해당하는 부호있는 4비트 2진수 $0011_{(2)}$과 $1110_{(2)}$의 곱셈 연산은 다음과 같이 계산할 수 있다.

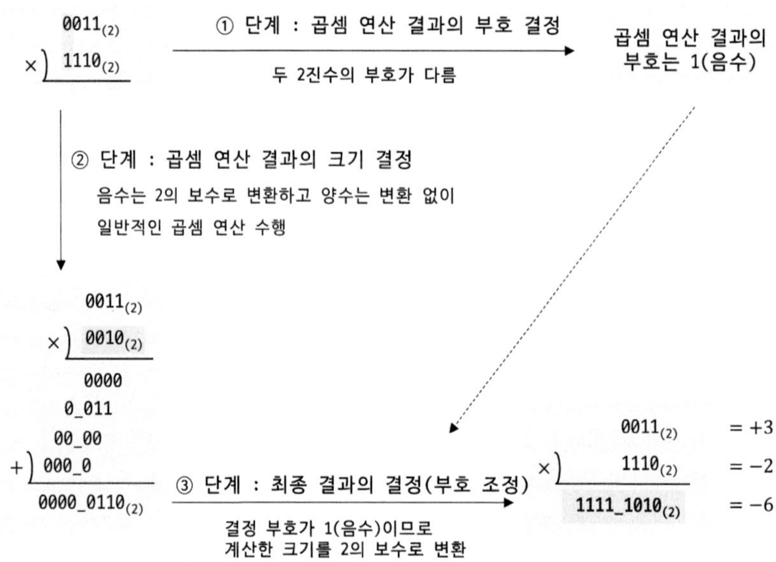

그림 1-13 부호 있는 2진수의 곱셈 연산 과정 예시

1.7 대표적인 2진 코드

컴퓨터와 같은 디지털 시스템에서는 2진수로 표현하는 2진 코드(binary code)를 기본적으로 사용한다. 2진 코드는 BCD 코드, ASCII, 3초과 코드(excess-3 code), 그레이 코드(grey code) 등 다양한 종류의 코드가 있으며, 그중 BCD 코드와 ASCII는 숫자를 표현하거나 통신을 위한 회로를 설계할 때 많이 사용하므로 조금 더 살펴보도록 한다.

1.7.1. BCD 코드

수를 표현할 때 사람은 0부터 9까지의 숫자를 사용하는 10진수를 사용하지만, 컴퓨터와 같은 디지털 시스템은 0과 1만을 사용하는 2진수를 사용한다고 했다. BCD(binary coded decimal) 코드는 사람이 사용하는 10진수를 2진수로 표현하는 여러 방법 중 하나로 10진수 숫자의 각 자릿수 숫자를 4비트 2진 코드로 표현한 것이다. BCD 코드는 0부터 9까지의 숫자에 해당하는 4자리 2진 코드인 $0000_{(2)} \sim 1001_{(2)}$ 범위만을 사용하며, $1010_{(2)} \sim 1111_{(2)}$의 범위를 사용하지 않기 때문에 일반적인 2진수(binary) 표현과 차이가 있다. 예를 들어 10진수 357을 BCD 코드로 표현하면 $0011_0101_0111_{(BCD)}$이지만,

일반적인 2진수로 표현하면 0001_0110_0101(2)이므로 BCD 코드를 다룰 때 주의해야 한다. BCD 코드는 7-세그먼트 표시장치(7-segment display)나 LCD에 숫자를 표현할 때 자주 사용된다.

BCD 코드 : 10진수 숫자의 각 자릿수 숫자를 4비트 2진수로 표현한 코드

10진수	3	5	7
BCD 코드	0011	0101	0111(BCD)
2진 코드	0001	0110	0101(2)

표 1-5 BCD 코드

10진수 숫자	4비트 2진 코드	BCD 코드
0	0000	0000
1	0001	0001
2	0010	0010
3	0011	0011
4	0100	0100
5	0101	0101
6	0110	0110
7	0111	0111
8	1000	1000
9	1001	1001
-	1010	사용하지 않음
-	1011	
-	1100	
-	1101	
-	1110	
-	1111	

1.7.2. ASCII

아스키(ASCII)는 미국 국가표준 협회(ANSI)에서 정보 교환을 위해 제시한 7비트 표준 코드 체계로서, 총 128개의 코드로 이루어져 있다. ASCII 코드라고도 부르는데 ASCII(American Standard Code for Information Interchange)에 코드(code)라는 용어가 포함되어 있으므로 ASCII 코드가 아닌 ASCII라고 부르는 것이 바른 표현이다. ASCII를 사용하면 33개의 출력이 불가능한 제어문자들과 공백을 비롯하여 영문자, 숫자, 특수문자 등 95개의 출력 가능한 문자들을 표현할 수 있다. ASCII는 그 체계가 매우 단순하므로 컴퓨터를 비롯하여 문자를 사용하는 많은 디지털 시스템에서 활용할 수 있으며, 특히 암호화 및 복호화 분야에서도 사용되고 있다. 특히, ASCII의 제어문자는 RS-232, UART, USART 등 직렬(serial) 통신이 적용된 응용에서 여전히 사용되고 있다. ASCII가 널리 사용되면서 다양한 문자 표현을 지원하기 위해 기존 7비트의 가장 왼쪽에 1비트를 추가하여 8비트로 정의된 코드를 확장 ASCII라고 하며, 총 256개의 문자를 표현할 수 있다.

표 1-6 출력 불가능한 33개의 제어문자 ASCII

10진수	2진수	16진수	문자	설명	
0	000_0000	0x00	NUL	Null Character	NULL
1	000_0001	0x01	SOH	Start of Header	헤더 시작
2	000_0010	0x02	STX	Start of Text	본문 시작, 헤더 종료
3	000_0011	0x03	ETX	End of Text	본문 종료
4	000_0100	0x04	EOT	End of Transmission	전송 종료, 데이터 링크 초기화
5	000_0101	0x05	ENQ	Enquiry	응답 요구
6	000_0110	0x06	ACK	Acknowledgment	긍정응답
7	000_0111	0x07	BEL	Bell	경고음
8	000_1000	0x08	BS	Backspace	백스페이스
9	000_1001	0x09	HT	Horizontal Tab	수평 탭
10	000_1010	0x0A	LF	Line feed	개행
11	000_1011	0x0B	VT	Vertical Tab	수직 탭
12	000_1100	0x0C	FF	Form feed	다음 페이지
13	000_1101	0x0D	CR	Carriage return	복귀
14	000_1110	0x0E	SOH	Shift Out	확장문자 시작
15	000_1111	0x0F	SI	Shift In	확장문자 종료
16	001_0000	0x10	DLE	Data Link Escape	전송 제어 확장
17	001_0001	0x11	DC1	Device Control 1	장치 제어 1
18	001_0010	0x12	DC2	Device Control 2	장치 제어 2
19	001_0011	0x13	DC3	Device Control 3	장치 제어 3
20	001_0100	0x14	DC4	Device Control 4	장치 제어 4
21	001_0101	0x15	NAK	Negative Acknowledgement	부정응답
22	001_0110	0x16	SYN	Synchronous idle	동기
23	001_0111	0x17	ETB	End of Transmission Block	전송블록 종료
24	001_1000	0x18	CAN	Cancel	무시
25	001_1001	0x19	EM	End of Medium	매체 종료
26	001_1010	0x1A	SUB	Substitute	치환
27	001_1011	0x1B	ESC	Escape	제어기능 추가
28	001_1100	0x1C	FS	File Separator	파일 경계 할당
29	001_1101	0x1D	GS	Group Separator	레코드 그룹 경계 할당
30	001_1110	0x1E	RS	Record Separator	레코드 경계 할당
31	001_1111	0x1F	US	Unit Separator	장치 경계 할당
127	111_1111	0x7F	DEL	Delete	삭제

표 1-7 출력 가능한 95개의 문자 ASCII

10진수	2진수	16진수	문자	10진수	2진수	16진수	문자	10진수	2진수	16진수	문자
32	010_0000	0x20	SP	64	100_0000	0x40	@	96	110_0000	0x60	`
33	010_0001	0x21	!	65	100_0001	0x41	A	97	110_0001	0x61	a
34	010_0010	0x22	"	66	100_0010	0x42	B	98	110_0010	0x62	b
35	010_0011	0x23	#	67	100_0011	0x43	C	99	110_0011	0x63	c
36	010_0100	0x24	$	68	100_0100	0x44	D	100	110_0100	0x64	d
37	010_0101	0x25	%	69	100_0101	0x45	E	101	110_0101	0x65	e
38	010_0110	0x26	&	70	100_0110	0x46	F	102	110_0110	0x66	f
39	010_0111	0x27	'	71	100_0111	0x47	G	103	110_0111	0x67	g
40	010_1000	0x28	(	72	100_1000	0x48	H	104	110_1000	0x68	h
41	010_1001	0x29	)	73	100_1001	0x49	I	105	110_1001	0x69	i
42	010_1010	0x2A	*	74	100_1010	0x4A	J	106	110_1010	0x6A	j
43	010_1011	0x2B	+	75	100_1011	0x4B	K	107	110_1011	0x6B	k
44	010_1100	0x2C	,	76	100_1100	0x4C	L	108	110_1100	0x6C	l
45	010_1101	0x2D	-	77	100_1101	0x4D	M	109	110_1101	0x6D	m
46	010_1110	0x2E	.	78	100_1110	0x4E	N	110	110_1110	0x6E	n
47	010_1111	0x2F	/	79	100_1111	0x4F	O	111	110_1111	0x6F	o
48	011_0000	0x30	0	80	101_0000	0x50	P	112	111_0000	0x70	p
49	011_0001	0x31	1	81	101_0001	0x51	Q	113	111_0001	0x71	q
50	011_0010	0x32	2	82	101_0010	0x52	R	114	111_0010	0x72	r
51	011_0011	0x33	3	83	101_0011	0x53	S	115	111_0011	0x73	s
52	011_0100	0x34	4	84	101_0100	0x54	T	116	111_0100	0x74	t
53	011_0101	0x35	5	85	101_0101	0x55	U	117	111_0101	0x75	u
54	011_0110	0x36	6	86	101_0110	0x56	V	118	111_0110	0x76	v
55	011_0111	0x37	7	87	101_0111	0x57	W	119	111_0111	0x77	w
56	011_1000	0x38	8	88	101_1000	0x58	X	120	111_1000	0x78	x
57	011_1001	0x39	9	89	101_1001	0x59	Y	121	111_1001	0x79	y
58	011_1010	0x3A	:	90	101_1010	0x5A	Z	122	111_1010	0x7A	z
59	011_1011	0x3B	;	91	101_1011	0x5B	[	123	111_1011	0x7B	{
60	011_1100	0x3C	<	92	101_1100	0x5C	\	124	111_1100	0x7C	|
61	011_1101	0x3D	=	93	101_1101	0x5D	]	125	111_1101	0x7D	}
62	011_1110	0x3E	>	94	101_1110	0x5E	^	126	111_1110	0x7E	~
63	011_1111	0x3F	?	95	101_1111	0x5F	_				

현재 ASCII를 사용하여 문자 또는 문자열을 표현할 때 일반적으로 확장 ASCII인 8비트 형식을 사용한다. 예를 들어 'Hi! HDL'이라는 문자열에 대응하는 ASCII 표현은 다음과 같다.

0100_1000	0110_1001	0010_0001	0010_0000	0100_1000	0100_0100	0100_1100
H	i	!	SP	H	D	L

그림 1-14 ASCII로 표현한 Hi! HDL

1.8 논리 게이트와 논리식

논리 게이트(logic gate)는 디지털 시스템에서 입력받은 디지털 데이터를 처리하기 위한 가장 작은 구성요소로, 디지털 시스템의 일정한 과정이나 규칙을 구현하는 데 사용되는 논리 소자(logic device)이다.

1.8.1. 논리 게이트와 논리회로

논리 게이트의 종류는 다양하지만 3개의 기본 논리 게이트인 AND(논리곱), OR(논리합), NOT(부정)의 조합으로 구현할 수 있다. 이러한 논리 게이트들의 조합으로 복합적인 논리 연산 기능을 수행할 수 있도록 구성한 것을 논리회로(logic circuit)라고 한다.

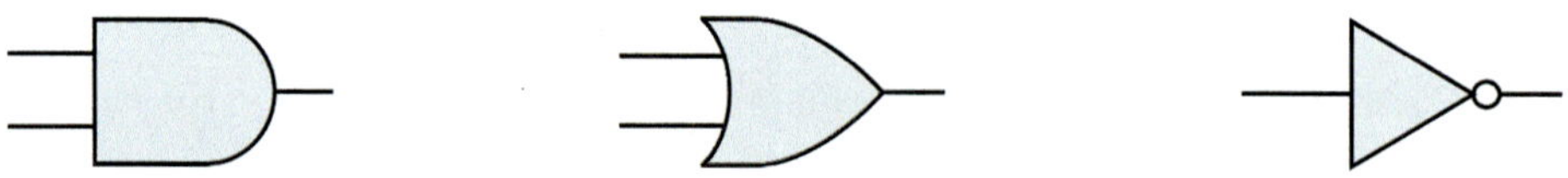

(a) AND(논리곱) (b) OR(논리합) (c) NOT(부정)

그림 1-15 기본 논리 게이트의 기호

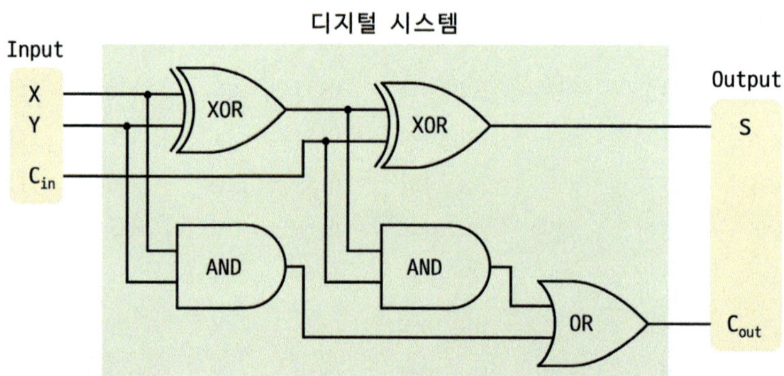

그림 1-16 디지털 시스템이 처리하는 규칙인 논리회로

1.8.2. 논리식과 진리표

논리 게이트는 디지털 데이터를 입력받아 디지털 데이터를 출력하는 디지털 소자로 입력에 따른 출력값을 수식으로 나타낸 것을 논리식(logical formula 또는 logical expression)이라고 한다. 논리식에서 논리 게이트의 입력과 출력은 기호로 표시하며, 일반적으로 알파벳 소문자 또는 대문자를 사용한다. AND 게이트와 OR 게이트는 2개 이상의 입력에 대해 출력이 1개이며, NOT 게이트는 입력과 출력이 모두 1개이다. 만약 2개 입력이 A와 B이고 출력이 Y일 때, AND 게이트의 논리식(AND 연산)은 $Y = A \cdot B$와 같이 출력을 두 입력의 곱셈으로 표현하며, OR 게이트의 논리식(OR 연산)은 출력이 두 입력의 덧셈으로 $Y = A + B$와 같이 표현한다. NOT 게이트의 논리식(NOT 연산)은 단일 입력에 대한 표현으로 입력

A에 대해 출력 $Y = \overline{A}$ 또는 $Y = A'$으로 표현하는데 앞으로 $Y = \overline{A}$의 표현을 사용한다. 이처럼 하나의 논리 게이트나 다수의 논리 게이트를 서로 연결한 논리회로의 논리식에 대해 입력이 가질 수 있는 모든 경우에 대한 출력을 표로 나타낸 것을 진리표(truth table)라고 한다.

표 1-8 기본 논리 게이트

논리 게이트	기호	논리식	진리표		
			A	B	Y
AND	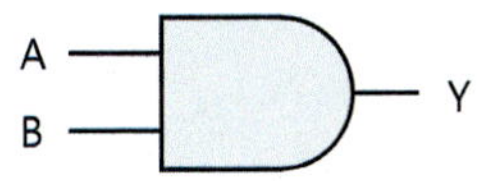	$Y = A \cdot B$	0	0	0
			0	1	0
			1	0	0
			1	1	1
OR	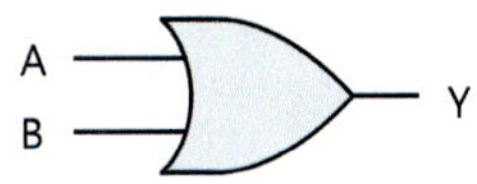	$Y = A + B$	0	0	0
			0	1	1
			1	0	1
			1	1	1
NOT	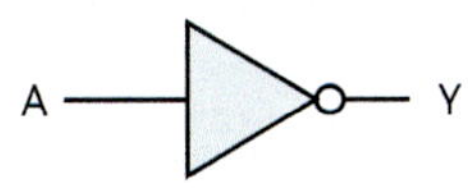	$Y = \overline{A}$	0	-	1
			1	-	0
			-	-	-
			-	-	-

논리회로를 구성할 때 표 1-8의 기본 논리 게이트 이외에도 자주 사용하는 논리 게이트들로 NAND, NOR, XOR 등이 있다. 이들은 AND, OR, NOT 게이트의 조합으로 생각하면 된다. NAND 게이트는 AND 게이트의 출력에 NOT 게이트를 연결한 것이며, NOR 게이트는 OR 게이트의 출력에 NOT 게이트를 연결한 것이다. XOR는 NAND와 NOR에 비해 다소 복잡한 구성이 요구된다. 표 1-9는 NAND, NOR, XOR 게이트의 기호 및 논리식과 진리표이다.

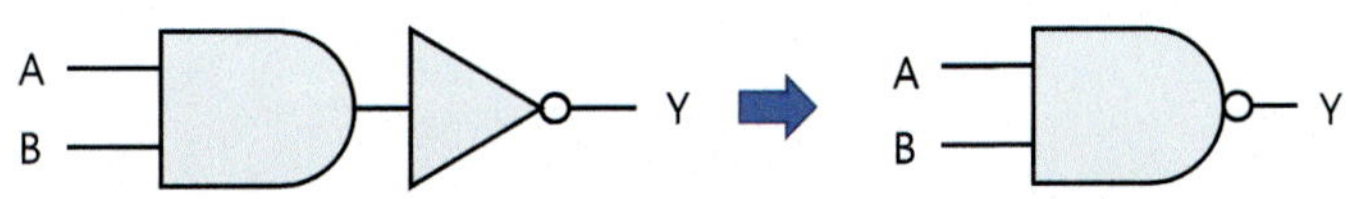

(a) AND 게이트와 NOT 게이트의 조합으로 구성되는 NAND 게이트

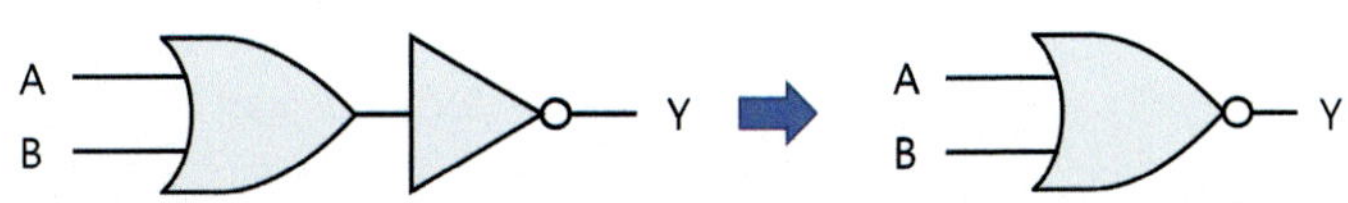

(b) OR 게이트와 NOT 게이트의 조합으로 구성되는 NOR 게이트

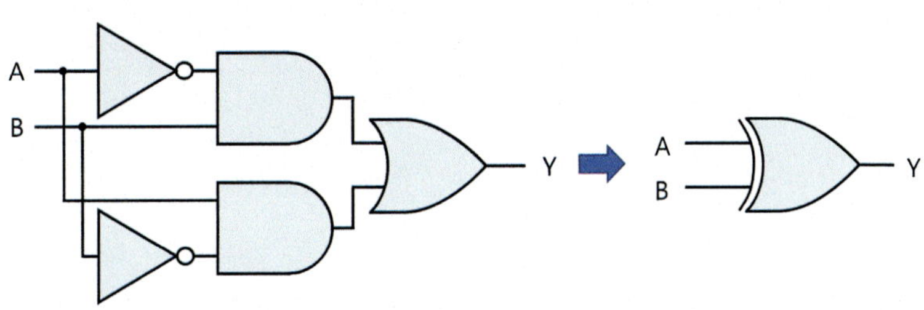

(c) AND, OR, NOT 게이트의 조합으로 구성되는 XOR 게이트

그림 1-17 NAND, NOR, XOR 게이트

표 1-9 기본 논리 게이트의 조합으로 구성되는 주요 논리 게이트

논리 게이트	기호	논리식	진리표		
			A	B	Y
NAND	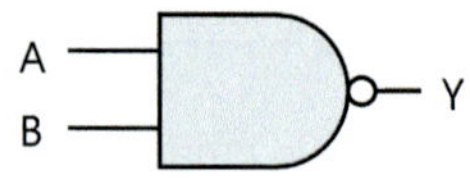	$Y = \overline{A \cdot B}$	0	0	1
			0	1	1
			1	0	1
			1	1	0
NOR	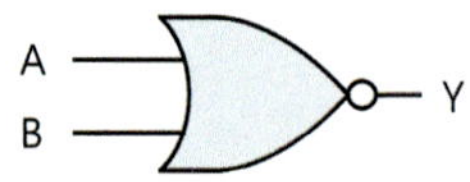	$Y = \overline{A + B}$	0	0	1
			0	1	0
			1	0	0
			1	1	0
XOR	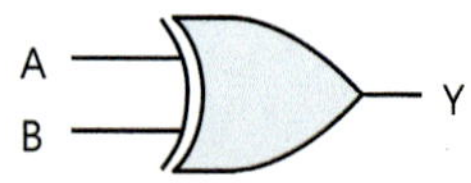	$Y = \overline{A}B + A\overline{B}$ or $Y = A \oplus B$	0	0	0
			0	1	1
			1	0	1
			1	1	0

표 1-8과 표 1-9의 여러 논리 게이트의 기호, 논리식, 그리고 진리표는 디지털 시스템을 설계할 때 꼭 필요하므로 기억해 둘 필요가 있다. 이외에도 논리회로를 분석하거나 모델링하기 위한 중요한 개념들이 있으나 여기에서는 다루지 않는다. 더 자세한 내용이나 추가적인 개념을 학습하고자 한다면 디지털공학 또는 논리회로 관련 전문서를 참고하면 된다.

연습문제

1.1 디지털 기술에 대해 설명하시오.

1.2 디지털 시스템에 대해 설명하시오.

1.3 데이터와 정보의 주요 차이점에 대해 비교 설명하시오.

1.4 아날로그 신호와 디지털 신호의 주요 차이점을 비교 설명하시오.

1.5 아날로그 신호를 디지털 신호로 변환하는 과정에 대해 설명하시오.

1.6 10진수 42를 다음의 진법으로 표현하시오.

(a) 2진수(binary)
(b) 8진수(octal)
(c) 16진수(hexadecimal)

1.7 다음 수의 진법을 변환하시오.

(a) 2진수 $101101_{(2)}$를 8진수로 변환
(b) 16진수 $3A9_{(16)}$를 2진수로 변환
(c) 10진수 87를 16진수와 8진수로 변환

1.8 다음에 대해 답하시오.

(a) 64비트 시스템에서 한 워드는 몇 바이트인가?
(b) 16비트 시스템에서 한 워드는 몇 비트인가?

1.9 다음을 구하시오.

(a) 4비트 2진수 $0101_{(2)}$의 2의 보수
(b) 4비트 2진수 $1100_{(2)}$의 1의 보수
(c) 2진수 $1001_{(2)}$의 1의 보수와 2의 보수

1.10 10진수 –5를 다음의 부호있는 2진수 표현 방식으로 나타내시오.

(a) 부호절대값 방식
(b) 1의 보수 방식
(c) 2의 보수 방식

1.11 다음과 같은 부호있는 5비트 2진수의 뺄셈 연산을 2의 보수를 사용하여 계산하시오.

(a) 0_1100 – 0_1111

(b) 0_1110 – 1_0011

(c) 1_1010 – 0_1011

(d) 1_0001 – 1_0111

1.12 10진수로 5와 –6의 곱셈을 수행하려고 한다. 각 숫자에 해당하는 부호있는 4비트 2진수를 구하고, 곱셈 연산의 과정을 단계별로 설명하시오.

1.13 BCD 코드와 일반적인 2진수(binary) 표현과의 차이점을 설명하시오.

1.14 10진수 357을 BCD 코드와 일반적인 2진수(binary)로 표현하시오.

1.15 문자열 'Welcome to the Verilog World!'를 확장 ASCII로 표현할 때 필요한 비트 수는?

1.16 다음 논리 게이트의 이름, 논리식, 진리표를 작성하라.

논리 게이트 이름	기호	논리식	진리표		
			A	B	Y
	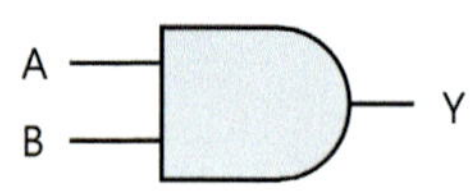				
	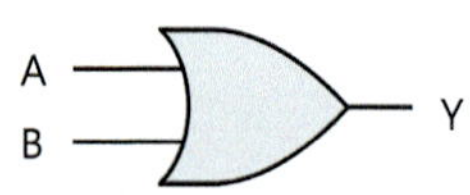				
	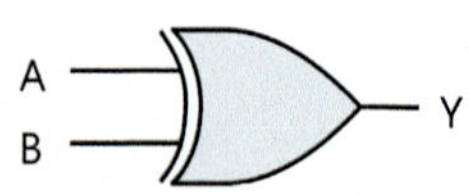				

1.17 AND, OR, NOT 게이트를 활용하여 XOR 게이트를 만드시오.

CHAPTER

02 Verilog HDL

Verilog HDL은 하드웨어기술언어(Hardware Description Language)의 한 종류로 주로 원하는 목적에 맞는 논리회로나 디지털 시스템을 ASIC(Application Specific Integrated Circuit)으로 구현하거나, 반도체 소자인 FPGA(Field Programmable Gate Array) 내에 모델링하는데 사용된다. 소프트웨어를 사용하여 하드웨어를 직접 모델링할 수 있는 Verilog HDL을 이용한 설계 및 설계 과정과 Verilog HDL이 갖는 특징에 대해 알아본다.

학습목표

- Verilog HDL의 개요를 이해한다.
- Verilog HDL을 이용한 구조적 모델링 및 4가지 추상화 수준의 모델링 개념을 이해한다.
- Verilog HDL을 이용한 모델링 과정을 이해한다.
- Verilog HDL의 특징을 이해한다.

2.1 Verilog HDL의 소개

HDL(Hardware Description Language)은 디지털 시스템, 특히 반도체 집적회로(IC: Integrated Circuit) 등을 개발하는 데 사용되는 하드웨어기술(표현)언어이다. 하드웨어 설계, 즉 디지털 시스템을 모델링하는 것은 'LOW(0)'와 'HIGH(1)'라는 두 가지 상태를 입출력으로 사용하는 디지털 논리 게이트들(AND, OR, NOT 등)을 이용하여 목표로 하는 논리회로의 동작을 기술(표현)하는 것이다.

HDL : 소프트웨어를 기반으로 디지털 시스템의 의도된 동작을 모델링(modeling)하는 데 사용하는 하드웨어기술언어

복잡한 회로의 설계가 요구되지 않았던 과거에는 논리회로를 설계하기 위해 논리 게이트들을 적절히 배치하고 연결하는 스키매틱(schematic) 기반의 설계 방법과 이렇게 설계된 회로의 기능을 검증하기 위해 CAD 도구(Computer Aided Design Tools)가 흔히 사용됐다. 그러나 갈수록 복잡해지고 고집적화되는 회로를 설계하고 검증하기 위해서는 새로운 설계 환경으로의 전환이 요구되었고, 이를 위해 하드웨어기술언어인 HDL을 이용한 설계 방법이 등장하게 되었다. 전통적인 도면 기반의 설계(회로도 또는 스키매틱 설계 등)와는 다르게 HDL을 사용한 설계 방법의 등장으로 회로를 빠르게 설계하고 효과적으로 기능을 검증할 수 있게 되었다. 이로써 전자공학 분야의 전문가뿐만 아니라 비전공자도 디지털 시스템을 설계할 기회를 얻게 되었다

HDL을 사용하여 설계된 결과물은 기능 검증 후 반도체 소자인 FPGA(Field Programmable Gate Array)나 CPLD(Complex Programmable Logic Device) 내에 직접 구현하거나 주문형 반도체인 ASIC(Application Specific Integrated Circuit)으로 제작하여 다양한 용도로 사용할 수 있다.

표 2-1 HDL 설계의 장단점

구분	내용
장점	• 설계의 효율화 - FPGA/CPLD 제조사와 관계없이 설계 가능 - 논리합성에 의한 설계 기간 단축 - 설계 자원(IP; Intellectual Property)의 재활용 - 설계 자원의 유지보수 용이 • 검증 정밀도의 향상 - 설계 도중 단계별로 테스트 가능 - 입력을 인가하고 출력 관측 및 비교 - 시스템 레벨에서 테스트 가능
단점	• 논리합성 시 단일 클록 사용 권장 • 고가의 논리합성 도구(학습용은 무료) • 설계 도구에 따라 FPGA/CPLD 논리합성이 불가능한 회로가 있음(지속적 해결 중)

FPGA vs CPLD

FPGA(Field Programmable Gate Array)와 CPLD(Complex Programmable Logic Device)는 모두 HDL을 이용하여 설계한 내용을 프로그래밍하여 하드웨어로 구현할 수 있는 비메모리 반도체 부품이다. 이 두 부품은 기본적인 구조와 저장 방법에서 차이가 있지만 속도, 가격, 집적도 등에서는 그 차이가 점차 줄어들고 있다.

표 2-2 FPGA vs CPLD

구분	FPGA	CPLD
저장 방법	기본적으로 휘발성인 SRAM에 저장 (외부의 EEPROM을 사용)	비휘발성인 EEPROM에 저장
구조	LUT(Loop-Up Table)과 D-FF(D-Flip Flop)로 구성된 기본 셀 집합	기본 논리 게이트(AND/OR/NOT) 집합
복잡도	높은 복잡도로 대규모 설계에 적합	낮은 복잡도로 간단한 로직에 적합
속도	빠름	느림
가격	높음	낮음
응용	클록에 의존하는 복잡한 로직 구현에 적합	간단한 로직 구현
집적도	높음	낮음

하드웨어기술언어(HDL)는 AHPL, CDL, IDL, IDL HiLo, VHDL, Verilog HDL 등 다양한 종류가 있었지만, 현재까지 널리 사용되는 대표적인 언어는 VHDL과 Verilog HDL이다. VHDL의 'V'는 고속의 집적회로(VHSIC: Very High Speed Integrated Circuit)를 의미하며, VHSIC 칩(chip)을 만들기 위해 미 국방성의 첨단 반도체 제조 계획에 따라 1981년 6월부터 Pascal 언어를 기반으로 개발이 시작되었다. VHDL은 설계하려는 하드웨어에 대한 다양하고 정확한 표현과 호환성 보장 등 여러 진보적인 특성이 있어서 여러 HDL 중 가장 먼저 1987년에 IEEE1076으로 표준화되었다, 이후 설계, 검증, 제작 등에 대한 공인된 개발 언어로 사용되고 있다. 반면, Verilog HDL은 1983년에 Gateway Design Automation 사에서

HiLo와 C언어의 특징을 기반으로 개발되어 VHDL에 비해 다소 늦은 1995년에 IEEE1364로 표준화되었다. 하드웨어 설계 능력에 있어 VHDL과 Verilog HDL은 모두 효율적이고 강력한 언어이므로 어떤 언어를 선택할지는 개인의 취향에 달려 있지만, 대부분의 하드웨어 설계자는 Verilog HDL을 선호하는 경향이 있다.

> **Verilog HDL**
>
> "IEEE 1364로 표준화된 Verilog(베릴로그)는 디지털 논리회로 및 시스템 설계에 사용되는 하드웨어기술언어로, 회로 설계, 검증, 구현 등 여러 용도로 사용할 수 있다. C언어와 비슷한 문법을 가져서 사용자들이 쉽게 접근할 수 있도록 만들어졌다. 'if'나 'while'과 같은 제어 구조도 동일하며, 출력 루틴 및 연산자들도 거의 비슷하다. 다만 C언어와 달리, 블록의 시작과 끝을 중괄호 기호를 사용하지 않고, 대신에 begin과 end를 사용하여 구분하고, HDL의 특징인 시간에 대한 개념이 포함되었다는 것 등 일반적인 프로그램과의 다른 점도 존재한다."
>
> \- 출처 : 위키백과

HDL을 이용하여 하드웨어 설계를 할 때 C언어나 Python의 화려한 코딩 스킬(skill)을 사용하는 것은 적절하지 않다. 가장 좋은 HDL 코딩 방법은 가능한 한 명확하고 간결하게 코드를 작성하여 논리 합성기(logic synthesizer)의 부담을 줄이는 것이다. 이런 측면에서 Verilog HDL은 VHDL에 비해 우위에 있으며, 동일한 하드웨어 표현을 Verilog HDL로 더 쉽고 간결하게 기술할 수 있으므로 현재 많은 하드웨어 설계 분야에서 Verilog HDL이 사용되고 있다. 또한 Verilog HDL은 C언어와 유사한 문법을 사용하므로 HDL을 처음 접하는 입문자 중에서 C언어를 학습한 경험이 있는 경우 좋은 선택이 될 수 있다. 다만 Verilog HDL은 하드웨어를 모델링하는 언어이므로 C언어를 사용한 소프트웨어 프로그래밍 방법과 차이가 있음을 주의해야 한다.

2.2 Verilog HDL을 이용한 설계

Verilog HDL은 하드웨어의 기능과 동작을 표현하는 하드웨어기술언어이다. Verilog HDL을 사용하여 능률적인 설계를 하려면 좋은 모델링 방법을 사용해야 한다.

2.1.1. 구조적 모델링

먼저 하드웨어 모델링의 기본적인 개념 중 하나인 구조적 모델링(계층적 모델링) 개념을 이해하는 것이 필요하다. 구조적 모델링 방법에는 top-down 모델링 방법과 bottom-up 모델링 방법이 있다. 먼저 top-down 설계 방법은 최상위 블록(top level block)을 정의하고, 최상위 블록을 만드는 데 필요한 하위 서브 블록(sub-block)을 계층적으로 구성한다. 하위 서브 블록은 필요에 따라 더 이상 나누어지지 않는 리프셀(leaf-cell)까지 세분화할 수 있다. 반면, bottom-up 모델링 방법은 먼저 필요한 하위 블록(또는 리프셀)을 만들고, 그들을 결합하여 상위 서브 블록들을 만들어 간다. 이러한 과정을 통해 최상위 블록이 완성된다. 일반적으로 top-down 설계 방법과 bottom-up 모델링 방법을 동시에 사용한다. 시스템 설계자는 최상위 블록을 정의하고, 논리 설계자는 필요한 기능을 하위 블록으로 세분화하여 모델링 대상을 구조화한다. 동시에 회로 설계자는 각 리프셀에 대한 최적화 회로를 모델링하고, 이러한 리프셀을 활용하여 상위 레벨의 블록을 구성한다. 그림 2-1은 구조적 모델링의 기본 개념을 나타내고 있다.

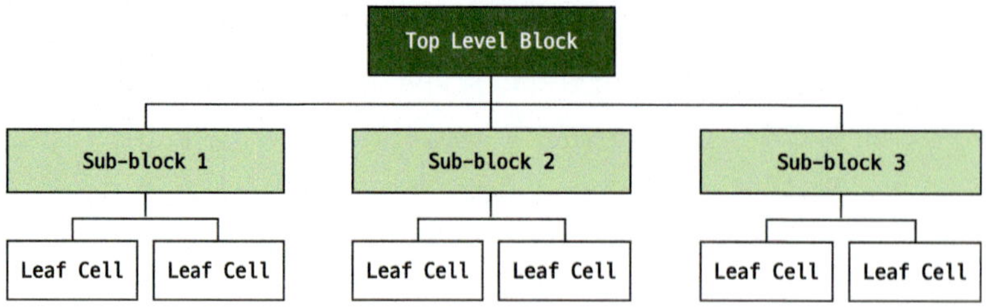

그림 2-1 구조적 모델링의 기본 개념

Verilog HDL은 설계하고자 하는 디지털 시스템을 모델링하는 데 사용하는 행위적[1]이고 구조적[2]인 언어로, 설계 목적을 달성하도록 내부 회로의 기능과 동작 상태를 요약하여 표현하거나 회로의 구조적 연결을 직접 표현할 수 있다.

설계 vs 모델링

- 설계(design) : 개발하려는 대상(시스템)의 요구사항에 맞게 구조화하고 기능의 정의와 이를 어떻게 구현할지 계획하는 것
- 모델링(modeling) : 설계 대상을 추상화[3]하여 실제로 구현하기 쉬운 형태로 변환하는 것, 즉 설계 단계에서 계획된 세부 사항을 구현하기 위해 시스템의 기능과 동작을 구체적으로 정의하고 표현하는 것

2.1.2. 4가지 추상화 수준의 모델링

Verilog HDL을 사용하여 하드웨어를 모델링하는 방법은 다음과 같은 4가지 추상화 수준(abstract level)의 방법이 있다. 각각의 추상화 수준은 하드웨어의 모델링뿐만 아니라 시뮬레이션 및 합성 등을 하는 데 사용할 수 있으며, 서로 다른 수준의 모델링 방법을 혼합하여 사용할 수도 있다. 서로 다른 방법으로 모델링한 하드웨어 사이의 상호작용을 하는 것은 실제로 신호(signal)이며, 상호작용을 위해서는 자료형 변환(data type conversion)이나 데이터 분해(data decomposition)와 같은 과정이 필요할 수 있다.

표 2-3 4가지 추상화 수준의 모델링 방법

추상화 수준	내용
행위 수준(behavioral level)	진리표(truth table)를 사용하여 기능 표현
데이터플로우 수준(dataflow level)	부울 대수(Boolean algebra)를 사용하여 기능 표현
게이트 수준(gate level)	컴포넌트(논리 게이트)의 연결을 이용하여 기능 표현
스위치 수준(switch level)	스위치 회로를 이용하여 리프 셀의 라이브러리 구성 후 top-down 방법으로 기능 표현

❑ 스위치 수준 모델링(switch level modeling)

스위치 수준 모델링은 4가지 모델링 중에서 하드웨어에 가장 가까운 하위 레벨[4]의 표현으로써 모든 컴포넌트[5]뿐만 아니라

1) 행위적 언어 : Verilog HDL의 설계 방법론을 의미하며, 디지털 시스템의 동작과 관련된 행위나 동작의 순서를 명시적으로 기술하는 것으로 디지털 시스템의 동작을 표현하고, 입력신호의 변화에 따른 출력 동작을 정의하는 데 사용된다.

2) 구조적 언어 : Verilog HDL의 설계 방법론을 의미하며, 시스템의 구조와 구성 요소 간의 상호 관계를 명시적으로 기술하는 것으로 디지털 시스템의 구성 요소와 그들 간의 연결 및 계층 구조를 표현하는 데 사용된다.

3) 추상화(abstraction) : 복잡한 시스템, 개념 또는 현상을 간결하고 이해하기 쉬운 형태로 단순화하는 과정을 말한다.

4) 하위 레벨 : 하드웨어에 가까울수록 낮은 수준(하위 레벨)이라고 한다.

이들의 상호 연결도 나타낸다. 즉, 스위치 회로의 연결을 통해 컴포넌트와 게이트(gate)들의 연결 상태를 나타낸다. 설계자가 합성을 고려하여 컴포넌트를 표현할 수 있으며, 레지스터와 버스[6]뿐만 아니라 게이트 수준의 모델링도 가능하다. 하나의 시스템을 모델링하는 데 필요한 컴포넌트(또는 서브 시스템) 및 이들의 인터페이스(interface)를 정의할 수 있으며, 이미 모델링한 컴포넌트를 가져와 사용할 수도 있다. 스위치 수준에 대한 전문 지식이 요구되어 모델링이 매우 복잡하므로, 이를 다루는 설계자는 극히 일부에 한정된다.

❑ 게이트 수준 모델링(gate level modeling)

게이트 수준 모델링은 논리 게이트들 사이의 연결 상태를 표현한다. 이 수준에서의 모델링은 게이트 수준 논리 다이어그램에 의해서 묘사하는 것과 유사하다. Verilog HDL 라이브러리에 정의되어 있는 논리 게이트를 호출해서 사용할 수도 있다.

❑ 데이터플로우 수준 모델링(dataflow level modeling)

데이터플로우 수준 모델링은 종종 행위 수준 모델링에 포함될 수 있지만 일반적으로 이보다 한 단계 낮은 수준으로 여겨지며, 용어 자체가 의미하는 바와 같이 데이터의 흐름 즉, 신호와 제어의 흐름을 나타낸다. 주로 부울 대수, 함수, RTL(Register-Transfer-Level) 또는 연산자(AND, OR 등)를 사용하여 입력부터 출력까지의 경로를 표현한다. 데이터 버스(data bus), 레지스터 등을 효과적으로 표현할 수 있으므로 행위 수준 모델링보다는 하드웨어에 가까이 접근할 수 있다.

❑ 행위 수준 모델링(behavioral level modeling)

행위 수준 모델링은 4가지 모델링 수준 중에서 가장 높은 추상화 수준으로 시스템의 내부 구조에 대한 고려 없이 기능적 또는 수학적인 알고리즘을 사용하여 원하는 시스템의 동작을 기술한다. 즉, 입력에 따른 출력 결과를 표현한다. 우리가 흔히 사용하는 C언어나 Python과 같은 고급 소프트웨어 프로그래밍 언어를 사용하는 프로그래밍 방법과 비슷하다. 하드웨어에 대한 지식이 별로 없는 사람이 회로를 모델링하거나 문서로 만들 때 좋으며, 빠른 시뮬레이션 결과를 얻을 수 있다.

그림 2-1의 구조적 모델링 개념은 디지털 회로(시스템)를 효율적으로 모델링하기 위한 좋은 접근 방법으로, Verilog HDL을 사용하여 하드웨어를 모델링할 때, 4가지 추상화 수준의 모델링 방법을 혼용할 수 있다. 일반적으로 상위 추상화 수준 모델링은 많은 융통성을 가지고 있으며 하드웨어 구현에 독립적이지만, 하위 추상화 수준 모델링은 하드웨어 구현에 직접적인 영향을 받으며 융통성이 떨어진다. 즉, 상위 추상화 수준의 모델링은 그림 2-1의 서브 블록 또는 리프셀을 수정하더라도 전체 설계에 영향을 주지 않는다. 그러나 하위 수준의 모델링은 많은 부분의 변경을 요구하게 된다. 이는 C 프로그래밍과 어셈블리 프로그래밍에서의 융통성 차이와 유사하다. C와 같은 고급 언어를 사용하면 프로그래밍하기가 쉽지만 어셈블리 언어를 사용하면 특정 기기에서만 작동하고 다른 기계에서 작동시키기 위해서는 많은 수정이 필요하다.

2.3 Verilog HDL의 설계 과정

디지털 회로 설계는 급속한 발전을 거듭해 왔다. 초기의 회로는 진공관과 트랜지스터로 설계되었지만, 최근엔 초대규모 집적회로(VLSI; Very Large Scale Integration)를 넘어 초고밀도 집적회로(UHDIC: Ultra High-Density Integrated Circuit) 기술이 등장하여 단일 칩 위에 수 억에서 수 조개의 트랜지스터가 포함될 수 있게 되었다. 이러한 대규모의 복잡한 회로를 효율적으로 설계하기 위해서는 기존의 도면 기반 설계 방법으로는 불가능하고 HDL 기반의 설계, 검증, 합성을 지원하는

5) 컴포넌트 : 하드웨어 모델링에서 하드웨어를 구성하는 각각의 구성 요소로 게이트, 플립플롭, 레지스터 등을 포함하며, 이들이 상호 연결되어 전체 시스템을 형성한다.

6) 버스(bus) : 디지털 시스템에서 정보를 전송하는 데 사용되는 통신 경로로 여러 개의 데이터 라인, 주소 라인, 제어 라인 등으로 구성되어 있다.

고성능 EDA(Electronic Design Automation)의 사용이 필수적이다. 그림 2-2는 HDL 기반의 설계 과정을 개략적으로 나타낸다. 실제 설계 과정에서는 각 단계를 여러 개의 작은 단계로 나눌 수 있으며, 오류가 발견되면 설계 흐름의 일부가 반복된다.

❑ 설계 사양(Design Specification)

설계하고자 하는 회로의 기능, 동작 성능, 동작 주파수 등 설계 목표를 정리한 설계 사양을 결정하는 단계이다. 목표 사양을 구체적으로 정확하게 정리함으로써 설계 과정에 발생할 수 있는 여러 문제를 해결하기 위한 타협 과정에서 올바른 결정을 할 수 있다. 구체화한 설계 사양에는 시스템의 구조, 분할, 적용할 알고리즘, 입출력 및 제어신호의 이름과 비트 폭, 타이밍 관계, 클록 신호 등에 대한 정의가 포함된다.

❑ 시스템 분석 및 분할(System Analysis & Partitioning)

시스템 수준의 검증을 위한 첫 번째 단계로서 하나 이상의 컴포넌트가 포함된 전체 시스템 측면에서 모델링한다. 이 단계는 상세한 설계를 시작하기 전에 FPGA/ASIC 사양을 검증할 수 있는 시스템의 전반적인 기능 목록을 작성하고 설명하는 기술(description) 단계이다. 동시에 시스템 성능에서 심각한 오류가 발생할 수 있음을 사전에 점검하기 위한 성능 모델(performance model)과 같이 시스템의 특성을 요약 설명하는 부분적 기술(partial description) 단계이다.

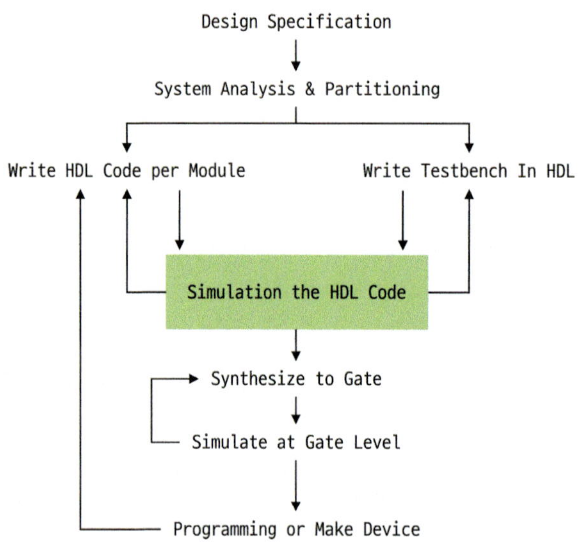

그림 2-2 HDL 기반 디지털 회로 설계 과정

❑ HDL 소스코드 및 테스트벤치 작성(Write HDL code and Testbench)

논리회로의 동작과 컴포넌트(논리 게이트, 서브 블록, 리프셀 등) 사이의 연결, 시뮬레이션의 수행 등을 상세히 표현하는 실질적인 모델링 단계로, RTL 모델링[7]과 테스트벤치[8]를 생성한다. 전체 시스템의 구조와 분할(partitioning)이 이루어진 후 상세한 모델링이 시작되며, 여기서는 레지스터 전달 레벨(RTL)에서 HDL로 모델링하고 테스트를 위한 각 상황을 수집한다. 이 두 작업은 동시에 상호 보완적으로 이루어지며, 팀을 이루어 각 팀이 부분적으로 모델링할 때 다른 팀이 설계 사양을 올바르게 해석할 수 있도록 수시로 이루어지기도 한다. 테스트를 위한 다양한 상황을 만드는 것은 체계적인 접근과 창의성이 있어야 하는 중요한 작업이며, 최종 FPGA/ASIC의 품질은 이 테스트의 적용 범위에 따라 달라질 수 있다.

---

7) 테스트벤치(testbench) : 모델링 결과를 검증하기 위해 사용되는 가상의 테스트 환경, 즉 시뮬레이션을 위한 HDL 코드를 말한다.

8) RTL(Register Transfer Level) 모델링 : 레지스터 전달 수준의 모델링으로, 디지털 시스템을 레지스터 사이의 데이터 전달과 연산 수행으로 모델링하는 것을 말한다. RTL 모델링은 논리회로의 동작을 기술하고, 각 레지스터 간의 데이터 전달 및 조합 논리 연산을 표현한다.

❑ HDL 소스코드 시뮬레이션(Simulate the HDL Code)

RTL 수준에서 모델링한 내용이 목표 사양을 충족하는지 기능 검증을 위한 시뮬레이션 단계이다. 논리합성 전에 수행되는 RTL 수준 시뮬레이션(RTL simulation)은 회로 내부의 지연을 고려하지 않고 기능 수준에서 이루어진다. 이때, 회로의 기능을 정확하게 검증할 수 있는 시뮬레이션 환경을 설정하는 것이 매우 중요하다. RTL 시뮬레이션은 일반적으로 게이트 수준 시뮬레이션보다 1 ~ 2배 더 빠르며, 시뮬레이션에 시간을 소비하지 않고 더 많은 시뮬레이션을 수행할 수 있다. 실제로 전체 설계 시간의 70 ~ 80%가 RTL 수준의 HDL 모델링과 검증하는데 소요되고, 게이트 수준의 합성과 검증에 20 ~ 30%의 시간이 소요되는 것이 일반적이다.

❑ 게이트로의 합성(Synthesize to Gates)

EDA의 합성 도구를 사용하여 RTL 수준에서 모델링된 HDL 소스코드를 게이트 수준의 논리회로로 변환하는 탐색 합성(Look-ahead synthesis) 단계이다. 합성에서는 동작 주파수, 면적, 클록 신호 사양, 입출력 신호 사양, 환경변수, 설계 규칙 등의 합성 조건을 제시하고, 특정 제조사의 FPGA 디바이스 또는 셀 라이브러리가 사용된다. 합성 단계는 목표 사양을 충족하도록 정확한 의사결정 및 구조(architecture) 결정에 도움이 되는 정확한 속도와 면적 데이터를 제공하여 설계자가 HDL 소스코드의 합성 방법을 확인할 수 있게 한다. 합성을 위한 표준은 제정되어 있지만, 모든 회사의 합성 도구가 이 표준을 엄격하게 준수하지는 않는다. 따라서 기능적으로 올바른 HDL 소스코드라 할지라도 합성 도구에 따라 결과가 달라질 수 있다. 따라서 이러한 탐색 합성 단계를 통해 설계자가 최적의 하드웨어를 개발할 수 있도록 HDL 소스코드의 작성과 합성 도구의 특성을 반영할 수 있다.

❑ 게이트 수준 시뮬레이션(Simulate at Gate Level)

합성이 완료되면 게이트 수준의 넷리스트(netlist)을 얻을 수 있고, 합성에 사용되는 합성 조건이 모델링한 회로에 반영된다. 이에 따라 합성 전의 RTL 수준에서 고려하지 않은 타이밍 분석을 통해 회로의 기능적 동작과 타이밍을 더욱 상세하게 검증한다. RTL 수준의 시뮬레이션은 설계 주기 승인을 위한 기본 요구사항이다. 최근에는 칩 제조의 마지막 단계로 들어가기 전에 RTL 수준의 시뮬레이션뿐만 아니라 게이트 수준 시뮬레이션(GLS: Gate Level Simulation)을 통한 검증 단계를 추가로 요구하는 경우가 늘고 있다.

❑ 프로그래밍 또는 디바이스 제조(Programming or Make Device)

게이트 수준 시뮬레이션(GLS)이 완료된 후 EDA 도구를 통해 레이아웃(layout) 도면 변환과 검증이 완료되고, 합성 결과를 FPGA 내에 프로그래밍(칩에 다운로드)하거나 ASIC 칩으로 제조하게 된다.

2.4 Verilog HDL의 특징

Verilog HDL은 다양한 특징이 있다. 첫 번째 특징으로 Verilog HDL은 표준화된 언어이므로 개발에 사용하는 대부분의 EDA(Electronic Design Automation) 소프트웨어를 사용하여 모델링, 합성, 시뮬레이션 등 설계 전 과정을 제한 없이 수행할 수 있다. 따라서 많은 설계자가 설계 언어로 Verilog HDL을 선호하는 경향이 있다. 두 번째 특징으로 Verilog HDL은 C언어와 비슷한 문법과 개념을 사용한다. 따라서 C언어를 사용해 본 경험이 있는 설계자라면 Verilog HDL을 학습하는 데 큰 어려움이 없다. 세 번째 특징은 C언어와 비슷한 문법과 개념을 사용하지만, 일반적인 소프트웨어 프로그래밍 언어와 달리 데이터(또는 신호)를 처리하는 데 있어 동시성(concurrency)이라는 시간적 개념을 갖는다는 것이다. 즉, 일반적인 소프트웨어 프로그래밍 언어는 데이터나 명령어를 처리하는 데 있어 순차적 실행에 기반하지만, Verilog HDL은 컴포넌트들의 다양한 동작을 동시에 수행하는 병렬적 실행이라는 하드웨어의 특징을 표현할 수 있다. 따라서 Verilog HDL을 이용하여 하드웨어를 모델링할 때 소프트웨어 프로그래밍적 사고로 접근하지 말고 하드웨어(회로)를 고려하여 작성해야 한다. 이러한 시간적 동시성은 Verilog HDL뿐만 아니라 모든 HDL이 갖는 특징이다.

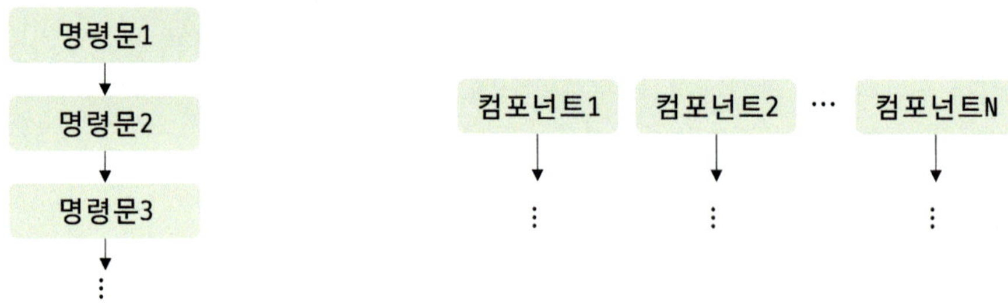

(a) 소프트웨어 프로그래밍 언어(순차적 실행)　　(b) 하드웨어기술언어(병렬적 실행)

그림 2-3 소프트웨어 프로그래밍 언어와 하드웨어기술언어의 실행(동작) 특성

네 번째 특징으로 Verilog HDL은 하드웨어를 모델링하는 데 있어 기술(표현) 능력이 유연하다. 즉, 하나의 동일한 회로를 모델링할 때 앞서 설명한 4가지 추상화 수준[9]의 기술 방법을 섞어서 사용할 수 있으며, 이들을 혼합하여 시뮬레이션과 합성을 할 수 있다. 따라서 설계자는 하드웨어 모델링과 시뮬레이션을 위해 Verilog HDL만을 학습하면 된다. 다섯 번째 특징은 모든 FPGA 디바이스 제조사가 논리 합성 시뮬레이션(게이트 수준 시뮬레이션)을 위한 Verilog HDL 라이브러리를 제공한다는 것이다. 따라서 Verilog HDL을 사용하여 하드웨어를 설계할 때 다양한 제조사의 FPGA 디바이스를 선택할 수 있는 장점이 있다. 여섯 번째 특징은 Verilog HDL의 PLI(Programming Language Interface)는 내부 데이터 구조와 상호 작용하는 사용자 C언어 코드를 사용할 수 있도록 한다. 이러한 PLI의 활용은 설계자가 Verilog HDL 시뮬레이터를 효율적으로 사용할 수 있도록 한다.

Verilog HDL의 특징

- 표준화된 하드웨어기술언어
- C언어 비슷한 문법과 개념 사용
- 하드웨어의 특징인 시간 동시성의 표현 가능
- 4가지 추상화 수준의 기술 방법을 혼합하여 모델링 및 시뮬레이션 가능
- 많은 FPGA 제조사의 Verilog HDL 라이브러리 제공으로 디바이스 선택도 넓음
- 시뮬레이터 사용 시 PLI를 이용하여 C언어 코드의 사용 가능

9) 4가지 추상화 수준 : 스위치 수준, 게이트 수준, 데이터 플로우 수준, 행위 수준

연습문제

2.1 HDL을 사용하는 목적은 무엇인가?

2.2 Verilog HDL의 4가지 추상화 수준 모델링에 대한 특징을 간단히 설명하시오.

2.3 다음과 같은 과정이 이루어지는 디지털 시스템(회로) 설계 단계는?

(a) 시스템의 목표 사양을 구체화하고, 시스템의 구조, 분할, 그리고 적용할 알고리즘 등을 정의
(b) 시스템의 동작과 컴포넌트 사이의 연결, 시뮬레이션을 수행하기 위한 상세 표현
(c) 모데링한 HDL 소스코드를 게이트 수준의 논리회로로 변환

2.4 Verilog HDL의 특징에 관한 다음 설명에 대해 O/X를 판별하라?

(a) C언어와 유사한 문법과 개념을 사용한다. (O/X)
(b) 하드웨어의 특징인 순차적 실행을 기반으로 데이터를 처리한다. (O/X)
(c) 하드웨어를 모델링하는 데 4가지 추상화 수준의 기술 방법을 혼합하여 사용할 수 있다. (O/X)
(d) 많은 FPGA 제조사에서 Verilog HDL 라이브러리를 제공하므로 다양한 FPGA 칩을 선택할 수 있다. (O/X)
(e) Verilog HDL로 표현한 모든 내용은 하드웨어로 합성이 가능하다. (O/X)

CHAPTER

03 설계 도구 설치 및 사용 방법

Verilog HDL을 이용하여 디지털 시스템을 모델링하기 위해서는 설계 도구의 설치 및 사용 방법에 대한 학습이 필요하다. 사용할 설계 도구는 Intel 사에서 공개한 Quartus Prime Lite 버전으로 무료 사용이 가능하다. 또한 Quartus Prime과 연동하여 모델링한 내용의 기능을 검증할 수 있는 시뮬레이터(ModelSim–Intel FPGA Starter Edition)의 사용 방법에 대해 알아본다.

학습목표

- 설계 도구인 Quartus Prime 및 ModelSim–Intel FPGA Starter Edition을 설치하고 사용할 수 있다.
- Quartus Prime을 사용하여 기본적인 디지털 시스템을 모델링할 수 있다.
- ModelSim–Intel FPGA Edition을 사용하여 모델링한 내용의 기능 검증을 할 수 있다.
- Quartus Prime을 사용하여 모델링한 디지털 시스템을 합성하고, FPGA를 사용하여 실제 하드웨어로 구현할 수 있다.

3.1 Quartus Prime Lite Edition 및 ModelSim–Intel FPGA Edition 설치

Intel 사에서 배포하는 Quartus Prime은 Verilog HDL, VHDL 등을 사용하여 디지털 시스템의 모델링이 가능하며, Mentor Graphics 사에서 개발하여 제공하는 ModelSim-Intel FPGA Starter Edition을 사용하여 모델링 내용의 입출력 파형 검증 등을 위한 시뮬레이션이 가능하다. Quartus Prime Lite와 ModelSim-Intel FPGA Starter Edition은 무료 라이선스(free license) 이용이 가능하며, 약간의 제한(설계 크기와 IP 사용 등)은 있지만 학습하는 데 지장이 없다. 여기서는 학습자들이 쉽게 구입할 수 있는 FPGA 학습 키트에 적용된 Intel 사의 FPGA 디바이스(MAX 시리즈, Cyclone IV 및 Cyclone V 시리즈 등)를 지원하며, Window 10 또는 Windows 11 OS에서 설치할 수 있는 Quartus Prime(ver.20.1.1) Lite Edition의 설치 및 사용 방법을 다룰 것이다. Quartus Prime(ver.20.1.1) Lite Edition은 무료로 사용할 수 있는 ModelSim-Intel FPGA Starter Edition[1)]이 함께 제공되는 마지막 버전이다. 최신의 FPGA 시리즈를 이용한 시스템 개발을 위해 가장 최근에 제공되는 버전을 선택할 수 있으며, 이때 설치 및 사용 방법은 유사하다.

3.1.1. Quartus Prime(ver.20.1.1) Lite Edition 내려받기

설치하고자 하는 Quartus Prime 프로그램은 웹브라우저를 사용하여 Intel 사 홈페이지에 접속하여 다운로드 센터(Download Center) > Intel® FPGAs 메뉴 > Intel® Quartus® Prime Design Software > Intel® Quartus® Prime Lite Edition > 20.1.1을 선택하면 설치 파일을 내려받을 수 있다. 설치 파일은 사용하는 컴퓨터의 OS에 맞게 선택하면 된다.

1) 가장 최신 버전의 Quartus Prime을 설치하고, Quartus Prime(ver.20.1.1)과 함께 제공되는 ModelSim-Intel FPGA Starter Edition만을 별도로 내려받은 후 설치하여 사용할 수도 있다.

Quartus Prime을 내려받을 수 있는 사이트

https://intel.com/

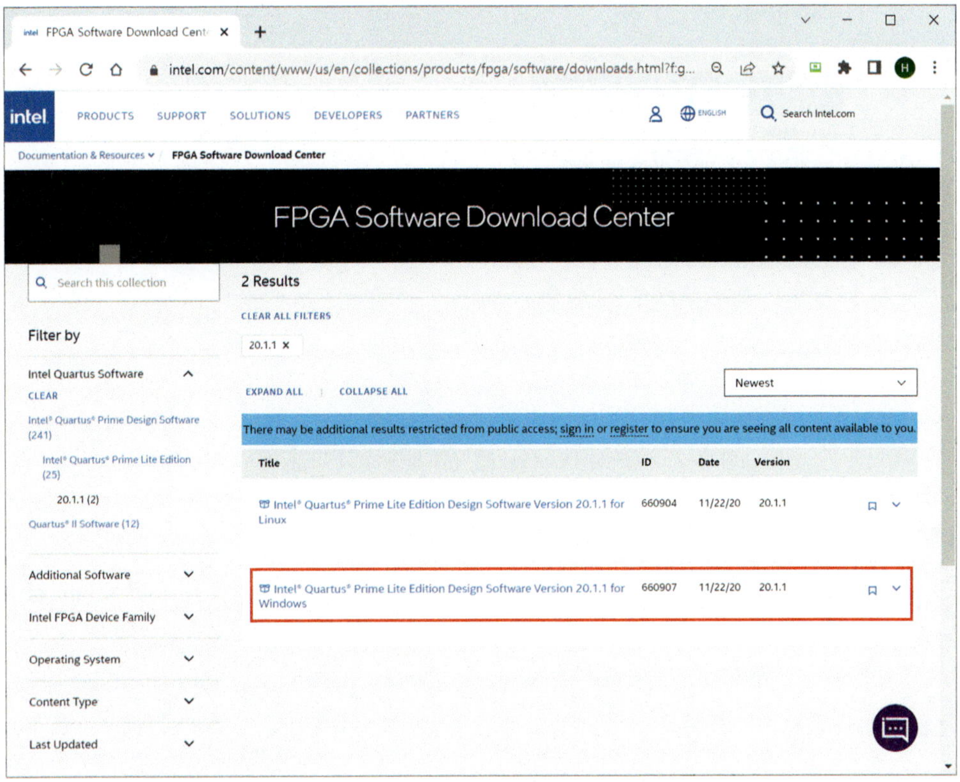

그림 3-1 Quartus Prime 다운로드 센터 페이지

설치 파일을 내려받는 데 있어 3가지 선택이 있다. 첫 번째, 'Multiple Download'를 선택하면 설치에 필요한 모든 구성요소를 포함하고 있는 통합 설치 파일을 내려받을 수 있다. 두 번째, 'Individual Files'를 선택하면 Quartus Prime 설치 파일과 ModelSim-Intel FPGA Starter Edition 파일, 그리고 지원하는 FPGA Device 관련 파일을 선택적으로 내려받을 수 있다. 마지막으로 그 외 'Additional Software'를 선택하면 Add-On 소프트웨어로 Quartus Prime Help 설치 파일과 Stand-Alone 소프트웨어로 Intel® Quartus® Prime Programmer and Tools 설치 파일을 선택적으로 내려받을 수 있다. Quartus Prime을 처음 사용하는 학습자라면 'Multiple Download'를 선택하면 된다.

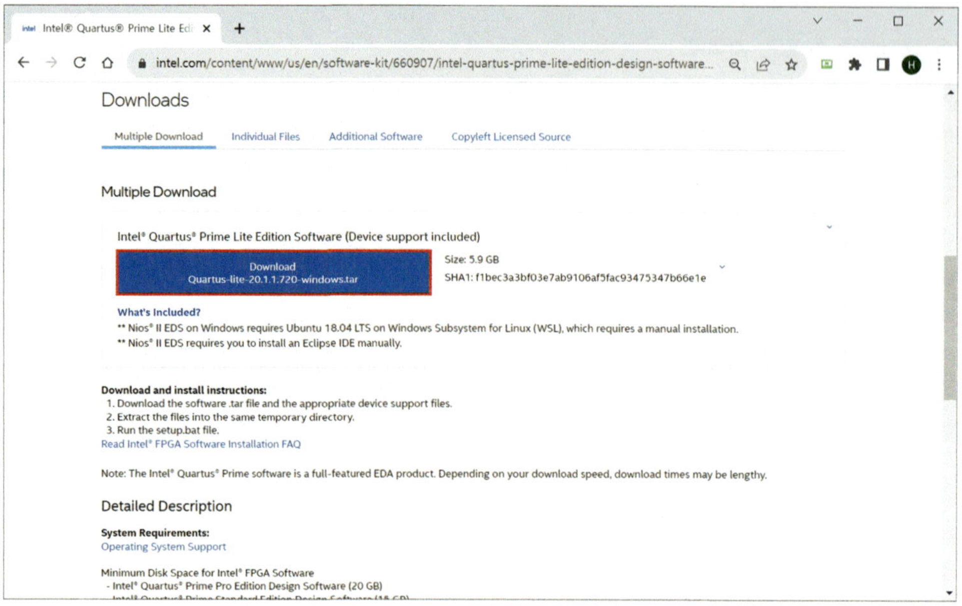

그림 3-2 Multiple Download를 선택하여 설치 파일 내려받기

3.1.2. Quartus Prime(ver.20.1.1) Lite Edition 설치

설치 파일을 모두 내려받았다면 설치 파일(Quartus-lite-20.1.1.720-windows.tar)의 압축을 풀고 setup.bat 파일을 실행하여 Quartus Prime을 설치한다.

Quartus Prime Lite Edition 설치

① 설치 파일의 압축을 해제하고 setup.bat 파일을 실행한 후 'Next' 클릭
② License Agreement 동의 후 'Next' 클릭
③ 설치 경로 확인 후 'Next' 클릭
④ 설치할 구성요소를 선택 후 'Next' 클릭

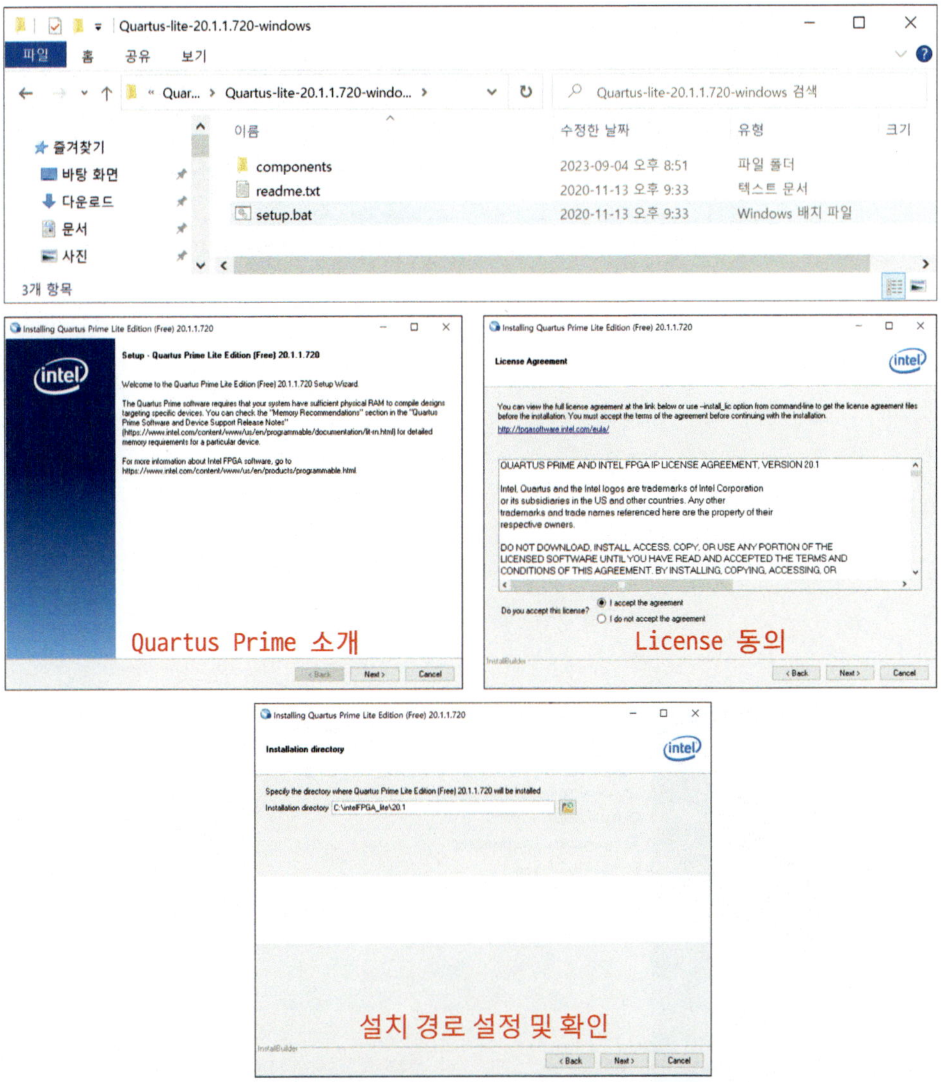

그림 3-3 설치 파일 실행 및 설치 경로 확인

설치할 구성요소 선택 창에서는 무료 라이선스 이용이 가능한 Quartus Prime Lite Edition(하위 요소 포함)과 ModelSim-Intel FPGA Starter Edition이 기본적으로 선택되어 있다. 하드디스크에 여유가 있다면 기본 선택 상태로 Next를 클릭한다. 선택한 설치 구성요소에 대한 요약(설치 지정 경로 및 하드디스크 용량[2])을 확인 후 Next를 클릭하면 설치가 진행된다. 설치 진행 시 PC 사양에 따라 다르지만 비교적 많은 시간이 필요하다.

2) 설치 경로를 지정할 때 하드디스크(C:\)의 여유가 약 16GB 이상이면 기본 설치 경로를 변경할 필요가 없다. 또한 서로 다른 버전의 설치 경로를 달리하여 설치하면, 버전에 따라 독립적으로 사용할 수 있다.

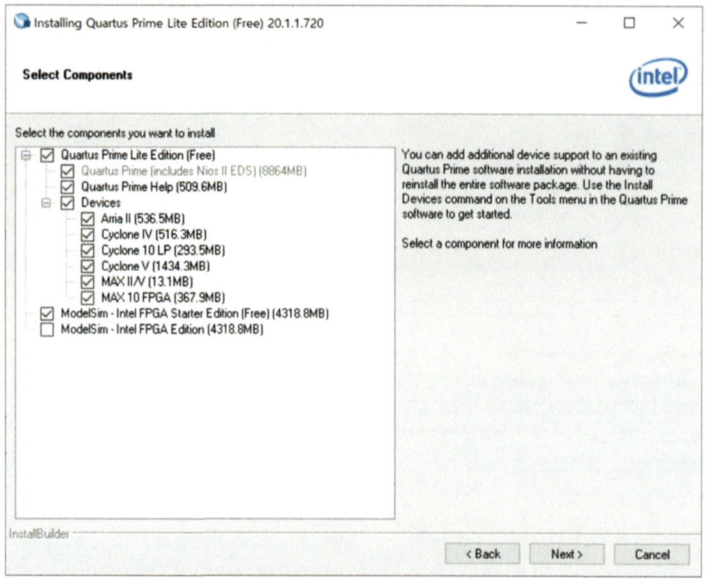

그림 3-4 설치할 구성요소 선택

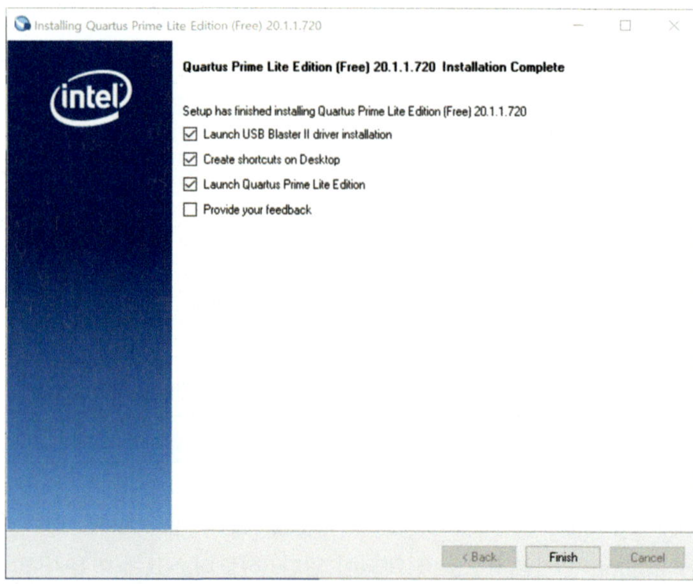

그림 3-5 Quartus Prime 및 ModelSim 설치 완료

3.1.3. USB Blaster 장치 드라이버 설치

Quartus Prime과 ModelSim 프로그램의 설치가 완료되면 HDL을 사용하여 모델링한 디지털 시스템(HDL 모듈 코드)을 합성(compilation)한 후 FPGA 또는 CPLD에 프로그래밍(FPGA 장치에 모델링한 내용의 구현)하는데 필요한 USB-Blaster 장치 드라이버를 설치해야 한다. 자동으로 실행되는 장치 드라이버 설치 마법사를 사용하여 장치 드라이버[3]를 설치한다.

---

3) Window 10 또는 Window 11에서 USB Blaster 드라이버 설치 시 오류가 발생한다면, https://www.terasic.com.tw/wiki/Altera_USB_Blaster_Driver_Installation_Instructions에 접속하여 USB Blaster Driver From Q16.1(Usb_blaster_q16.1.zip)를 내려받아 장치관리자의 드라이버 업데이트 기능을 이용하여 설치하면 된다.

USB Blaster 장치 드라이버 설치

① Quartus 설치 완료 후 자동으로 실행되는 장치 드라이버 설치 마법사에서 '다음(N)'을 클릭
② 장치 소프트웨어의 설치 여부를 물어보는 창이 열리면 '설치' 클릭
③ 드라이버 설치가 완료되면 '마침'을 클릭하여 설치 마법사를 종료

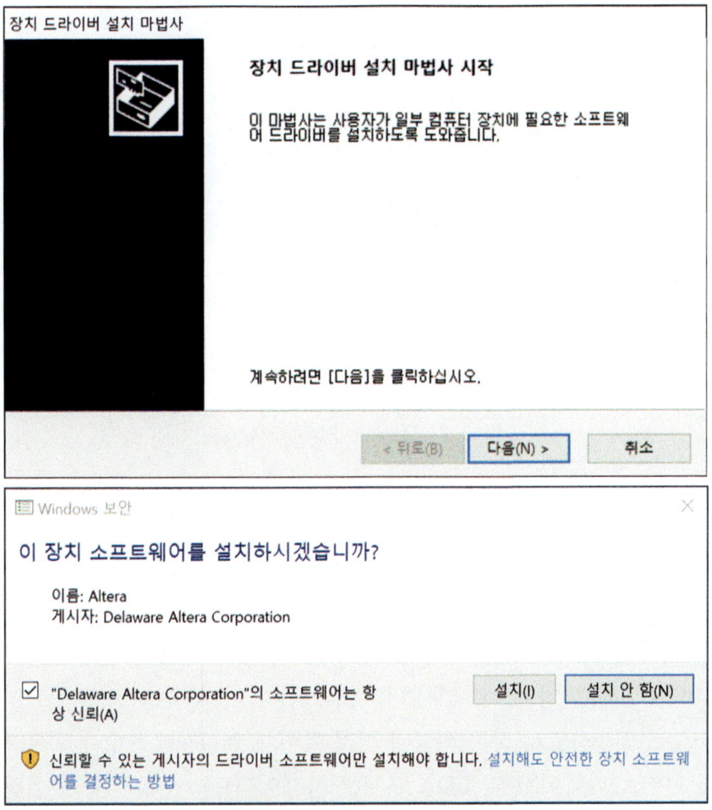

그림 3-6 USB Blaster 드라이버 설치

3.2 Quartus Prime 사용 방법

Verilog HDL을 사용하여 원하는 디지털 시스템을 모델링하기 위해서는 Quartus Prime에서 프로젝트를 생성하고 Verilog 모듈 코드 작성 및 컴파일, 시뮬레이션을 통한 기능 검증, 타겟(target) 디바이스 선정 및 핀(pin) 할당, FPGA에 프로그래밍하는 방법을 알아야 한다. 이러한 Quartus Prime을 이용한 설계 과정을 다루기 전에 Quartus Prime의 사용자 인터페이스에 익숙해질 필요가 있다. 앞서 설치한 Quartus Prime을 실행하면 그림 3-7의 시작 화면을 볼 수 있다. 빠른 시작 설정을 위해 'New Project Wizard'와 'Open Project'와 같이 두 가지 시작 모드를 선택할 수 있다. 모델링을 처음 시작한다면 'New Project Wizard'를 선택하면 된다. 'Open Project'는 기존에 모델링한 프로젝트를 열 때 사용한다.

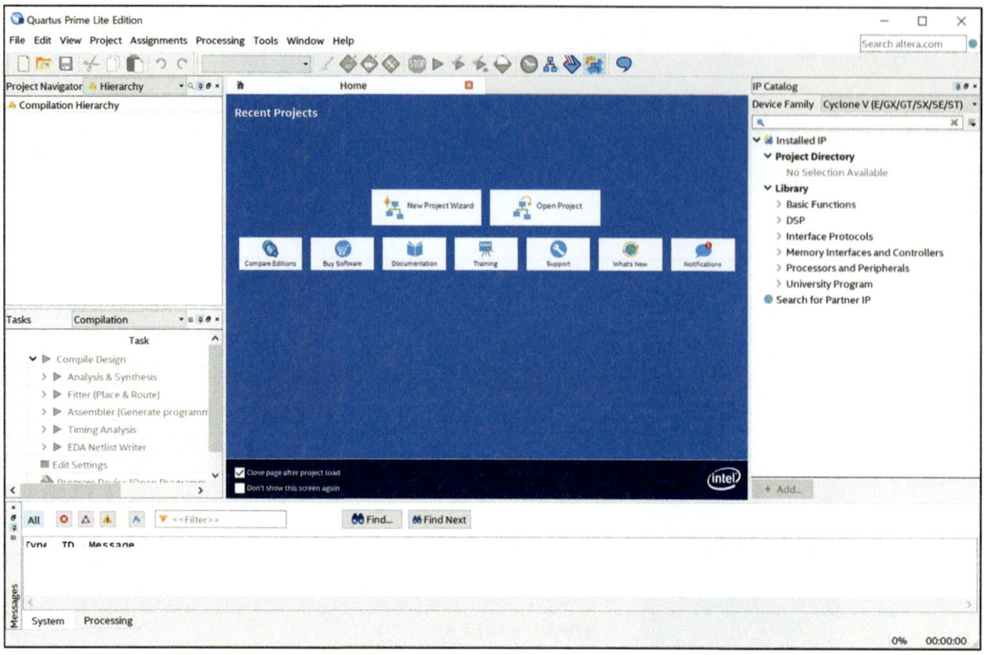

그림 3-7 Quartus Prime 시작 화면

3.2.1. 프로젝트 생성

새로운 모델링을 시작하기 위해서는 프로젝트(project)를 만들어야 한다. 프로젝트는 모델링을 수행하기 위한 기본 작업 단위로서 이 프로젝트 내에서 Verilog 모듈 코드 작성(RTL 수준 모델링), 컴파일, 시뮬레이션, 디바이스 설정 및 핀 할당, FPGA 프로그래밍의 일련의 과정이 프로젝트별 독립적으로 이루어진다. 최근의 컴퓨터를 이용한 다양한 개발 환경은 대부분 Quartus Prime과 같이 프로젝트 기반으로 개발이 이루어진다. 설계자는 프로젝트 마법사를 통하여 프로젝트의 이름, 작업 디렉토리(directory), 모델링하고자 하는 최상위 설계 독립체(top-level entity), 프로젝트에 사용되는 하위 파일들과 라이브러리(library), 타겟 FPGA 디바이스 및 EDA 도구(시뮬레이터)를 빠르고 쉽게 설정할 수 있다. 입문자의 경우 프로젝트 마법사를 이용하는 과정에서 잘못 설정할 수 있으나 이러한 오류는 나중에 수정할 수 있다. 아래에 제시한 방법에 따라 차근차근 진행하면 쉽게 프로젝트를 생성할 수 있다.

그림 3-8에서 'New Project Wizard'를 선택하면 다음과 같이 프로젝트 마법사(Project Wizard)에 대한 소개가 나타난다. 'Next'를 눌러 새 프로젝트를 생성한다.

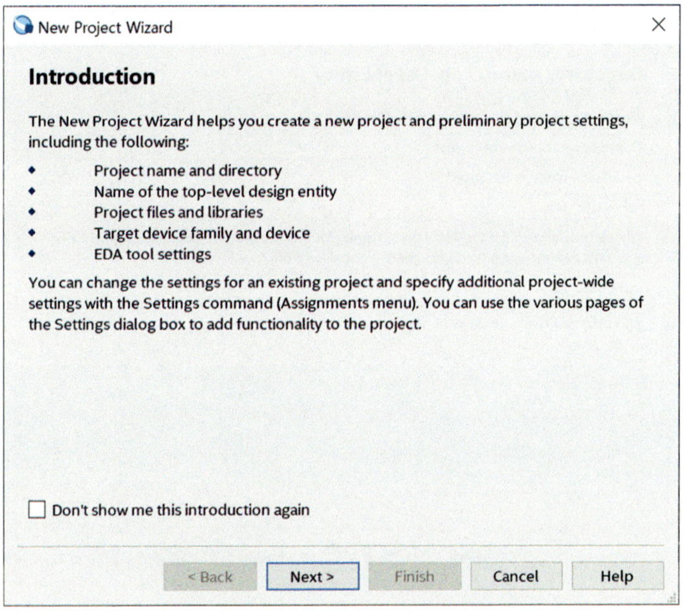

그림 3-8 New Project Wizard 소개 화면

❑ STEP 1: Directory, Name, Top-Level Entity 설정

프로젝트 생성을 위한 첫 번째 단계로 작업 디렉토리, 프로젝트 이름, 최상위 설계 엔터티(top-level design entity) 이름을 설정한다. 프로젝트 이름은 모델링할 내용을 직관적으로 알 수 있도록 작성하는 것이 좋다. 이때 한글이나 특수기호는 사용할 수 없으며, 특히 첫 글자는 숫자를 사용하지 않는다.

Directory, Name, Top-Level Entity 설정

① 프로젝트가 생성되고 관련 파일들이 저장될 작업 디렉토리 지정
② 프로젝트 이름 작성
③ 프로젝트 이름을 작성하면 최상위 설계 엔터티 이름이 자동으로 작성
④ 'Next' 클릭
⑤ 디렉토리 생성 여부를 물으면 'Yes' 선택

작업 디렉토리(작업 폴더 이름)과 프로젝트 이름은 일치시킬 필요는 없으나, **프로젝트 이름과 최상위 설계 엔터티(top-level design entity) 이름은 반드시 일치시켜야 한다.** 대/소문자를 주의하여 다음과 같이 작성한다. 앞으로 프로젝트를 D 드라이브에 생성하는 것을 기본으로 하지만, 만약 사용하는 컴퓨터에 D 드라이브가 없다면 작업 디렉토리에서 'D:'를 'C:'로 작성하면 된다.

- 작업 디렉토리 이름 : D:\projects\ch3\schematic_test
- 프로젝트 이름 : schematic_test
- 최상위 설계 엔터티 이름 : schematic_test

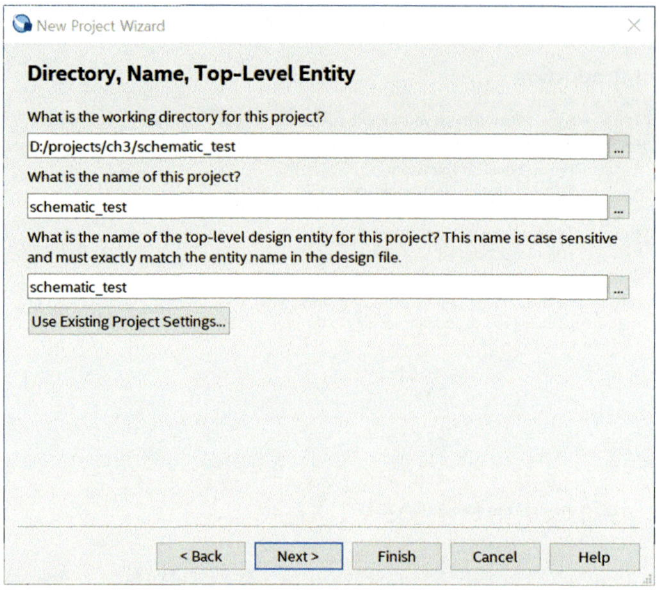

그림 3-9 작업 디렉토리, 프로젝트 이름, 최상위 설계 엔터티 이름의 설정

❑ STEP 2: Project Type 설정

프로젝트 생성을 위한 두 번째 단계로 프로젝트 타입(project type)을 지정한다. 처음 시작하는 프로젝트이므로 'Empty project'를 선택 후 'Next'를 클릭한다.

- Empty project : 새 프로젝트 생성 시 선택(일반적으로 사용)
- Project template : 기존 디자인 템플릿을 사용하여 프로젝트 생성 시 선택
  - Quartus Prime 소프트웨어에 설치된 디자인 템플릿 선택하여 사용
  - Design Store에서 디자인 템플릿을 다운로드하여 사용

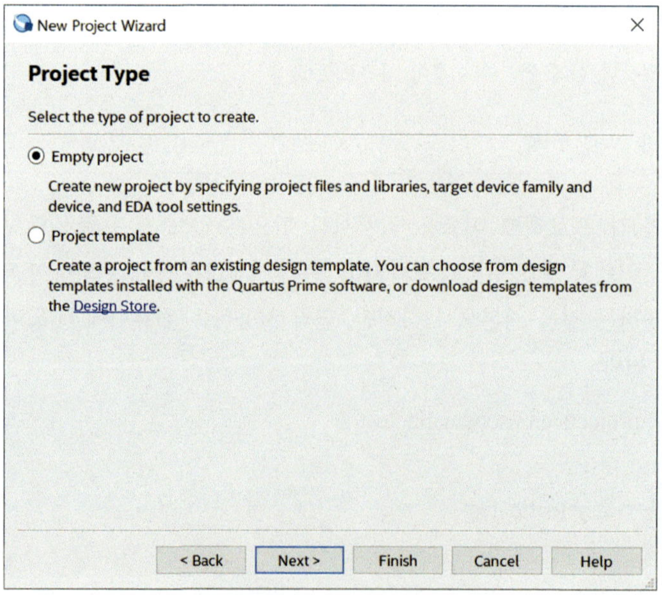

그림 3-10 Project Type 지정

❑ STEP 3: Add Files 설정

프로젝트 생성을 위한 세 번째 단계로 프로젝트에 필요한 파일을 추가하거나 사용자 라이브러리에 있는 파일들을 참조하도록 설정한다. 이 부분은 구조적(계층적) 방법을 사용하여 여러 설계자가 각자 맡은 부분을 각각의 프로젝트로 나누어 모델링하고, 마지막에 하나의 최상위 프로젝트(top-level project)로 통합하여 모델링할 때 유용하게 사용된다. 미리 모델링한 파일들이 있다면 해당 파일들을 등록하고, 없으면 기본 설정(비어있는) 상태로 두고 다음으로 넘어간다.

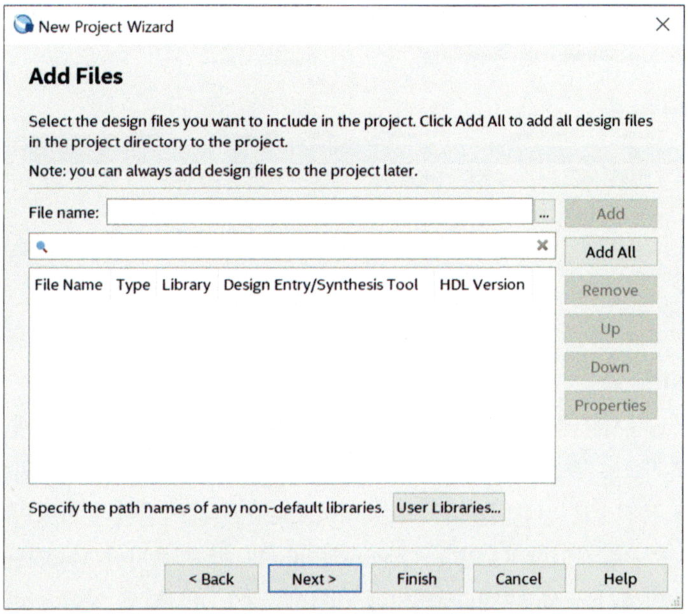

그림 3-11 프로젝트에 기존 모델링 파일 등록

❑ STEP 4: Family, Device & Board Settings

네 번째 단계에서는 타겟 디바이스를 설정한다. 설계 및 구현에 사용할 FPGA 디바이스의 시리즈(device family)와 해당 디바이스 품번(device part number)을 선택한다. 사용하는 학습 장비의 FPGA Chip을 살펴보면 디바이스 시리즈와 디바이스 품번을 확인할 수 있다. 예를 들어 뉴티씨의 FB-CY4E-DEV 학습 키트를 사용한다면, 디바이스 시리즈는 'Cyclone Ⅳ E', 디바이스 품번은 'EP4CE6E22C8N'이다.

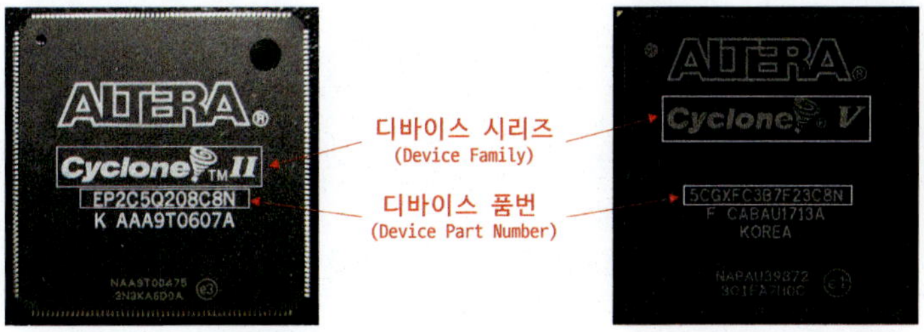

그림 3-12 Device Family와 Device Part Number

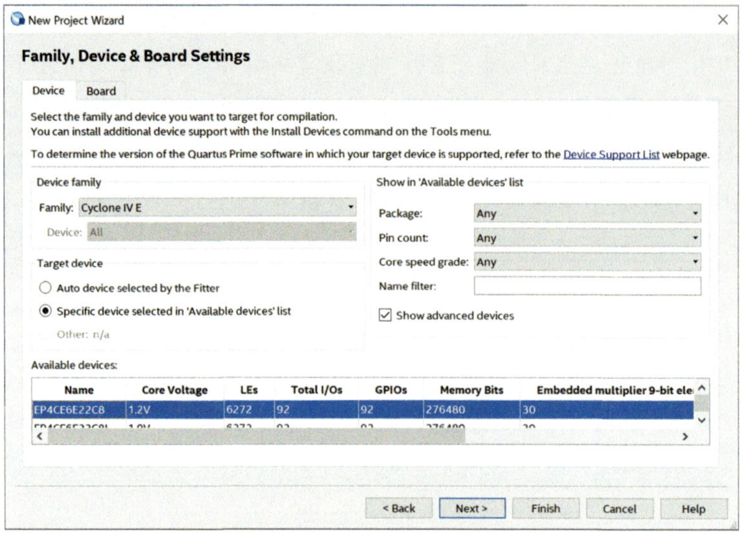

그림 3-13 Family, Device & Board Settings

❑ STEP 5: EDA Tool Settings

다섯 번째 단계에서는 EDA 도구(시뮬레이터 등)의 설정 단계이다. Quartus Prime에는 설계 입력, 합성, 시뮬레이션 등의 작업을 수행하는 기능이 기본적으로 포함되어 있다. 그러나 Quartus Prime은 모델링을 위한 HDL 모듈 코드의 작성과 컴파일 등의 디바이스 지원을 목적으로 만들어진 소프트웨어이므로 시뮬레이션이나 타이밍 분석 등 단계별 설계 과정에 우수한 다른 EDA 도구를 연동하여 작업할 수 있다. Quartus Prime과 함께 설치한 ModelSim-Intel FPGA Stater Edition 외 다른 EDA 도구와 연동을 위해서는 사용자의 컴퓨터에 해당 도구가 설치되어 있어야 한다. 연계 EDA 소프트웨어를 사용하기 위해서는 그림 3-14와 같은 EDA Tool setting 창에서 설정해야 한다.

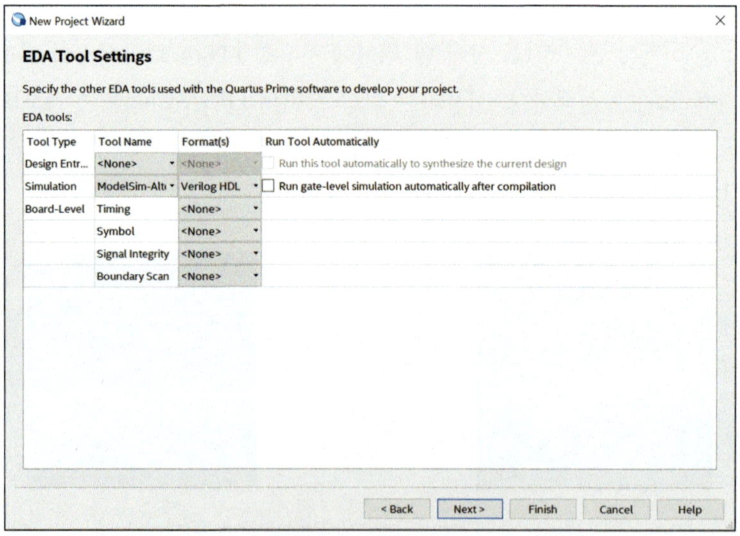

그림 3-14 EDA Tool Settings

❑ STEP 6: Summary

위의 프로젝트 생성 과정이 모두 완료되면 생성한 프로젝트의 요약을 보여준다. 요약된 설정 내용을 확인한 후 'Finish'를 누르면 프로젝트 생성이 완료된다.

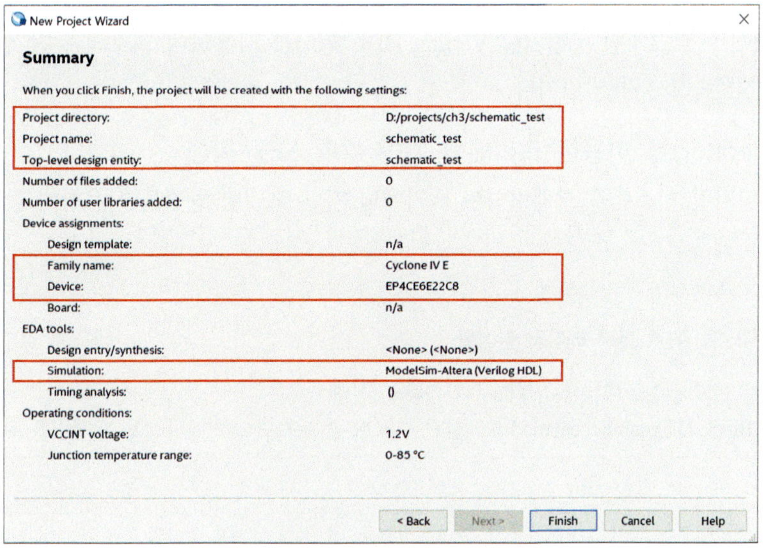

그림 3-15 설정 내용 요약

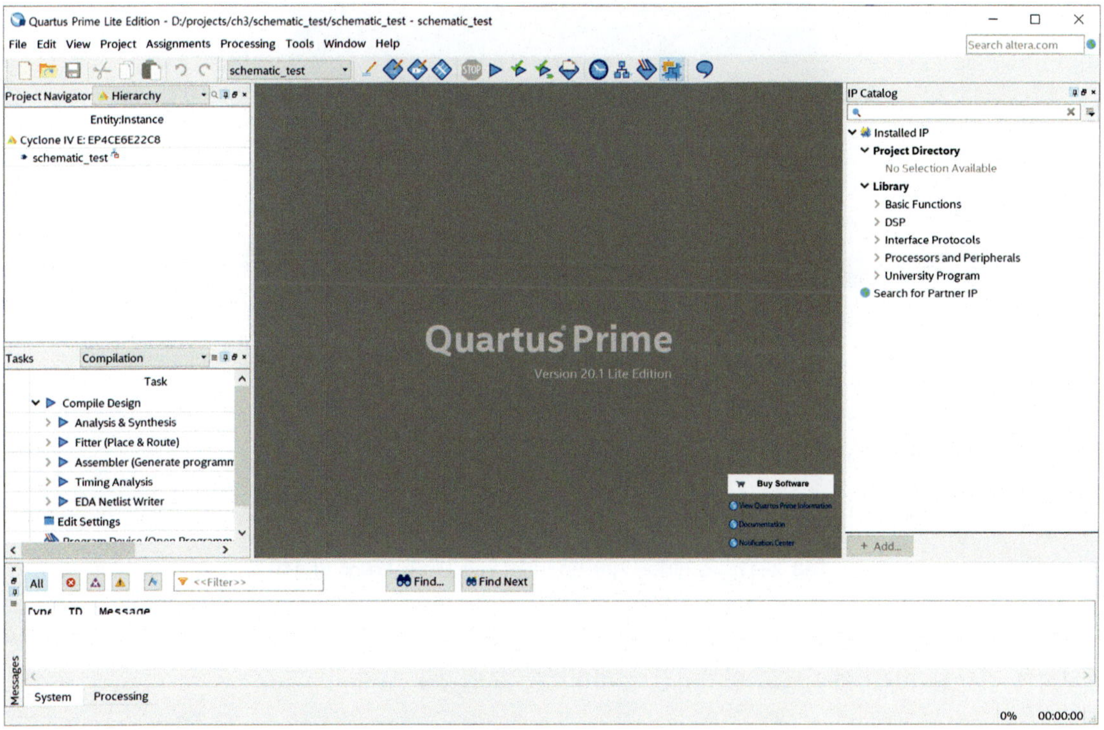

그림 3-16 프로젝트 설정 완료 후 새로 생성된 프로젝트

3.2.2. 디지털 시스템의 모델링을 위한 모듈 블록 또는 모듈 코드 작성

프로젝트 생성 완료 후 원하는 회로의 모델링은 논리 게이트나 사용자 정의 심볼(symbol)을 이용한 스키메틱 기반 모델링(schematic modeling) 방법과 텍스트 기반 모델링(text modeling) 방법 중 하나를 선택하여 사용할 수 있다. 스키메틱 기반 모델링은 각 논리 게이트와 그들의 연결을 통해 회로도를 완성하는 모델링 방법이다. 반면 텍스트 기반 모델링은 C언어를 이용한 소프트웨어 프로그래밍 방법처럼 Verilog HDL 언어를 사용하여 회로의 동작 상태를 표현하거나 회로의 구조적 연결을 직접 표현하는 모델링 방법이다.

❑ 블록 에디터(block editor)를 이용한 스키메틱 기반 블록 모듈 작성

먼저 회로도를 그리듯이 디지털 시스템을 모델링하는 스키메틱 기반 모델링 방법을 사용하여 블록 모듈을 작성하는 방법을 알아보자.

스키메틱 기반 블록 모듈 작성을 위한 블록 에디터 활성화

① Quartus Prime의 사용자 인터페이스 메뉴에서 'File' → 'New' 선택
② 활성화된 New 창에서 'Block Diagram/Schematic File' 선택 후 'OK'를 누르면 스키메틱 기반 모델링을 위한 블록 에디터 창이 생성

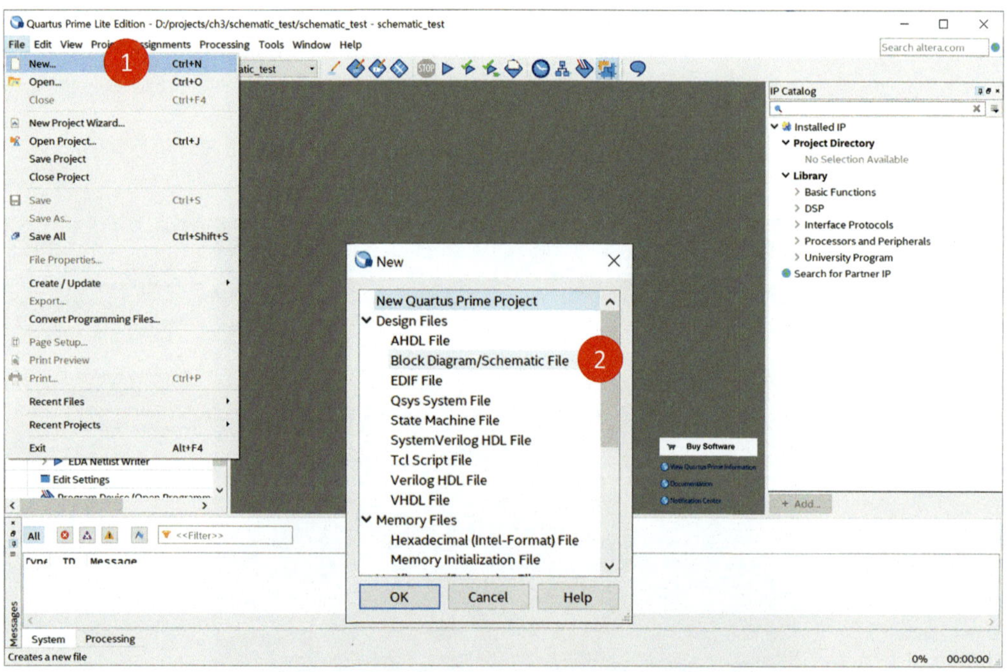

그림 3-17 스키메틱 기반 모델링을 위한 Block Editor 활성화

활성화된 블록 에디터(block editor) 창 상단에서 생성된 임시 파일(Block1.bdf)을 확인할 수 있다. 블록 에디터에서 아래 과정을 참고하여 간단한 AND 게이트로 이루어진 논리회로를 모델링해 보자.

블록 에디터를 이용한 스키메틱 모델링

① 블록 에디터에서 더블 클릭(double click)

② 활성화된 Symbol 창에서 Name 부분에 논리 게이트 이름(예: and2, input 등)을 입력한 후 OK를 누르고, 블록 에디터 창의 빈 공간을 클릭

③ 위의 과정을 반복하여 설계하고자 하는 회로에 필요한 논리 게이트 호출

④ 연결 도구( )를 사용하여 호출한 심볼을 서로 연결

⑤ 호출된 단위 구성요소(and2 게이트, input 등)를 더블 클릭하여 인스턴스 이름(instance_name)과 입출력 포트 이름(Pin name) 및 기본값 설정

⑥ 설정 완료 후 'File' → 'Save' 또는 를 클릭하여 설계한 파일을 저장(이때 파일의 이름은 반드시 프로젝트 이름과 같아야 함)

그림 3-18과 같이 회로 설계에 필요한 'and2', 'input', 'output' 심볼을 호출 후 연결 도구를 사용하여 각 심볼의 입출력을 연결한다.

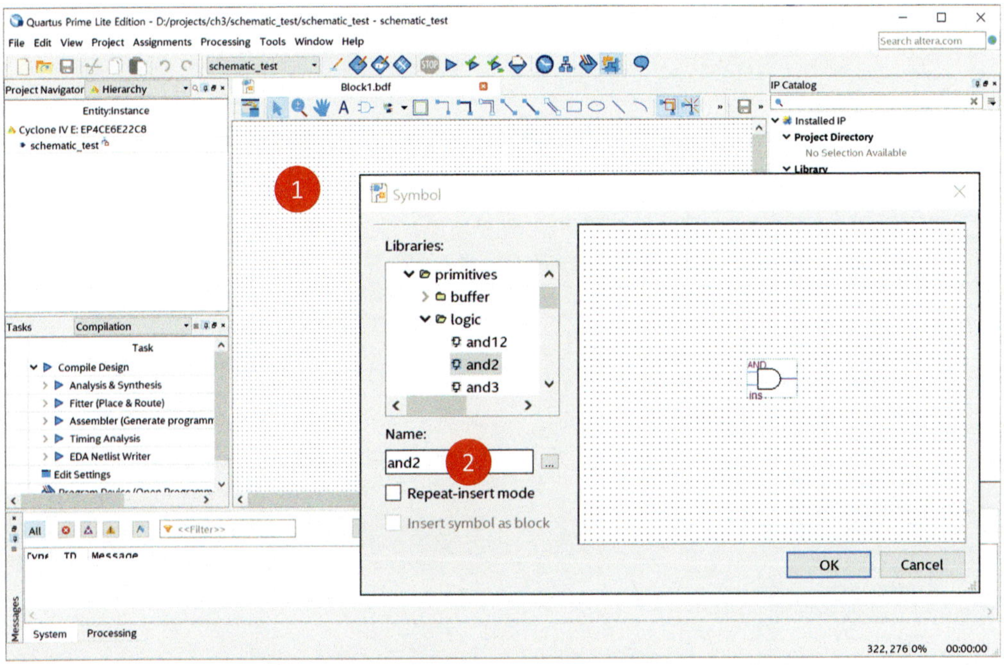

그림 3-18 블록 에디터 창에서 and2 심볼의 호출 방법

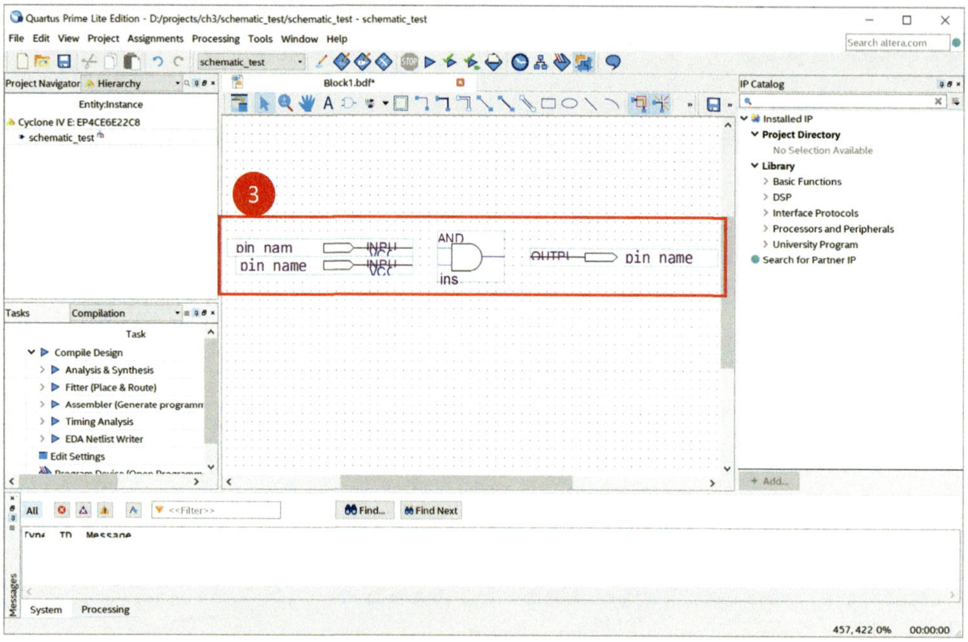

그림 3-19 블록 에디터 창에서 and2, input, output 심볼 호출

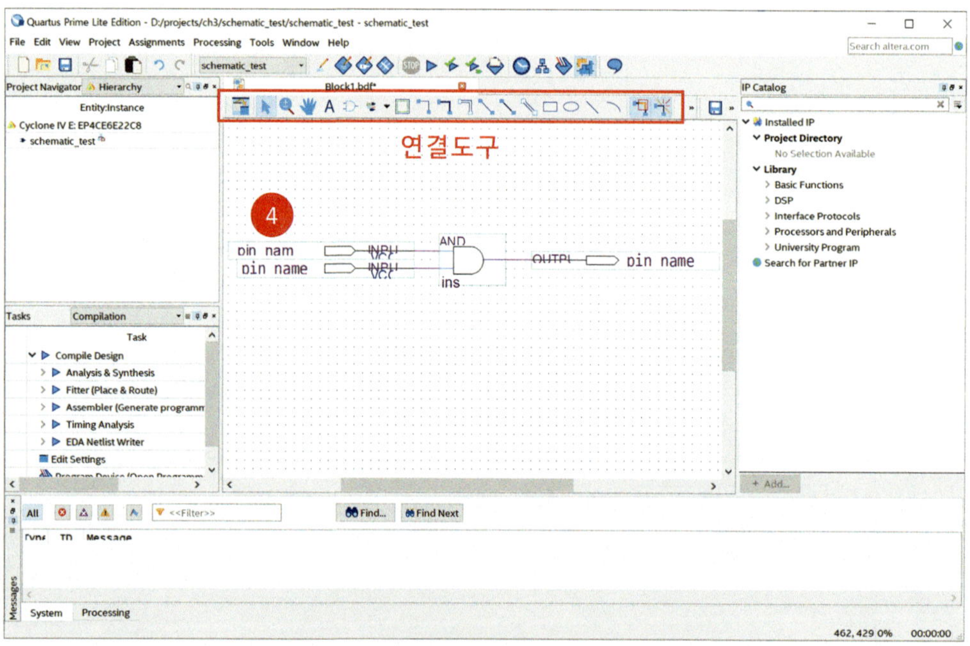

그림 3-20 연결도구를 사용하여 호출한 심볼 연결

모든 심볼의 입출력 연결을 완료했다면 그림 3-21과 같이 게이트의 인스턴스 이름[4]을 U0, 입력 포트 이름(input port name)을 iA, iB 그리고 출력 포트 이름(output port name)을 oAND로 변경한다.

4) 인스턴스 이름은 모델링 컴포넌트(소자)의 별명이라 할 수 있으므로, 자유롭게 명명할 수 있다.

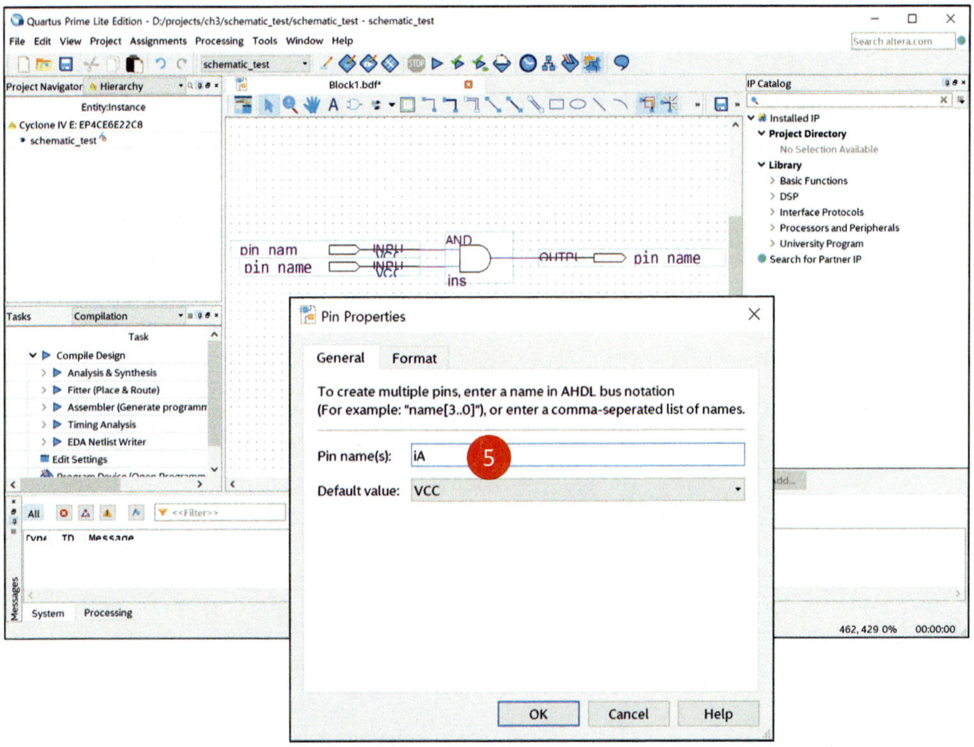

그림 3-21 입출력의 Pin name과 게이트의 Instance name 수정 방법

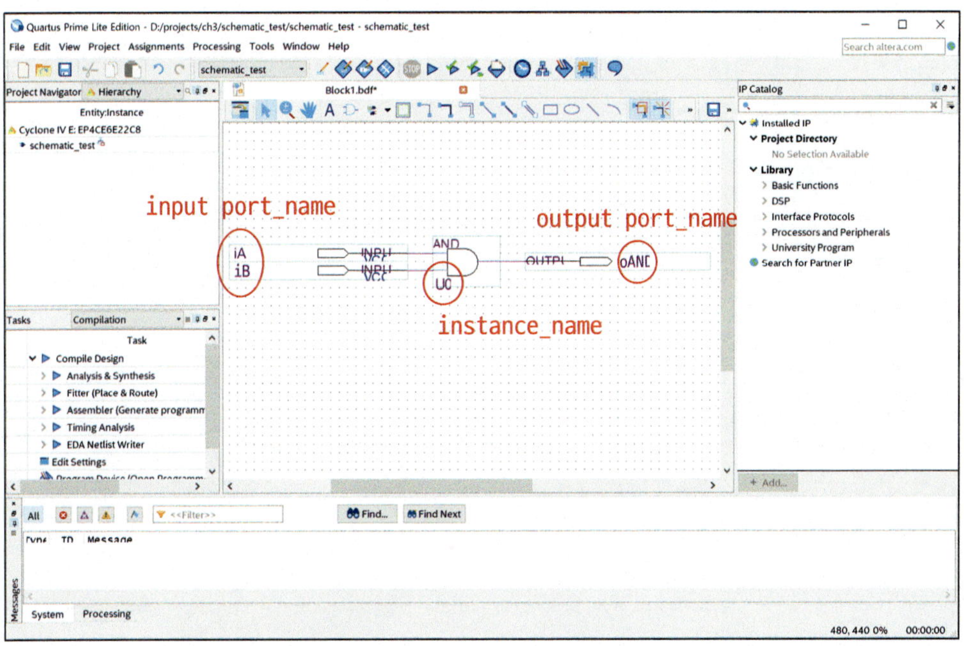

그림 3-22 입출력의 Pin name과 게이트의 Instance name 변경 완료

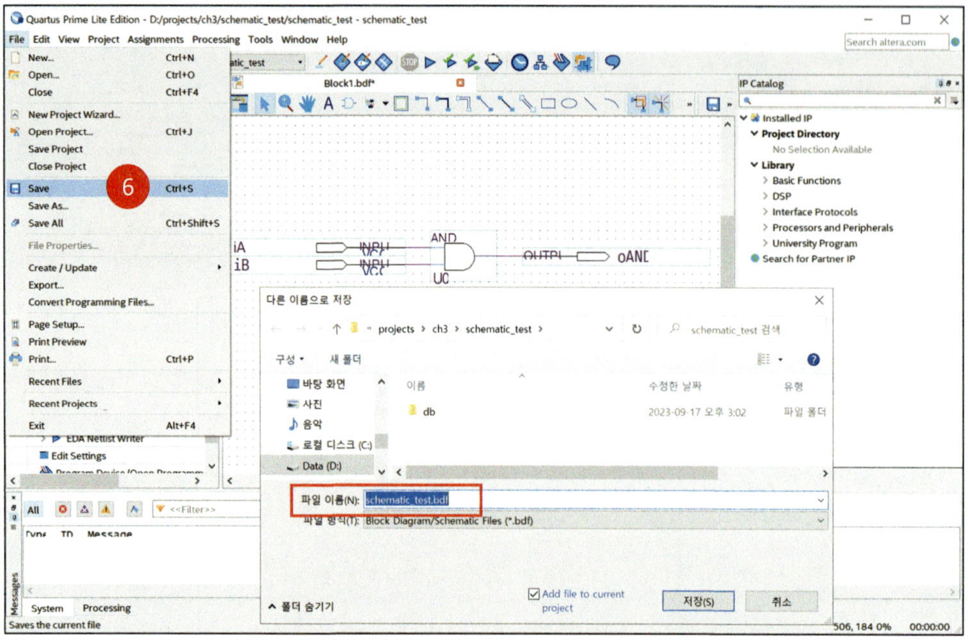

그림 3-23 모델링한 블록 모듈을 프로젝트 이름과 동일한 파일 이름으로 저장

모델링한 블록 모듈을 저장할 때 반드시 프로젝트 이름(여기서는 schematic_test)과 같은 이름으로 저장(확장자는 *.bdf) 해야 한다. 저장 완료 후 'Block1.bdf*'이 'schematic_test.bdf'로 변경되었음을 확인할 수 있다.

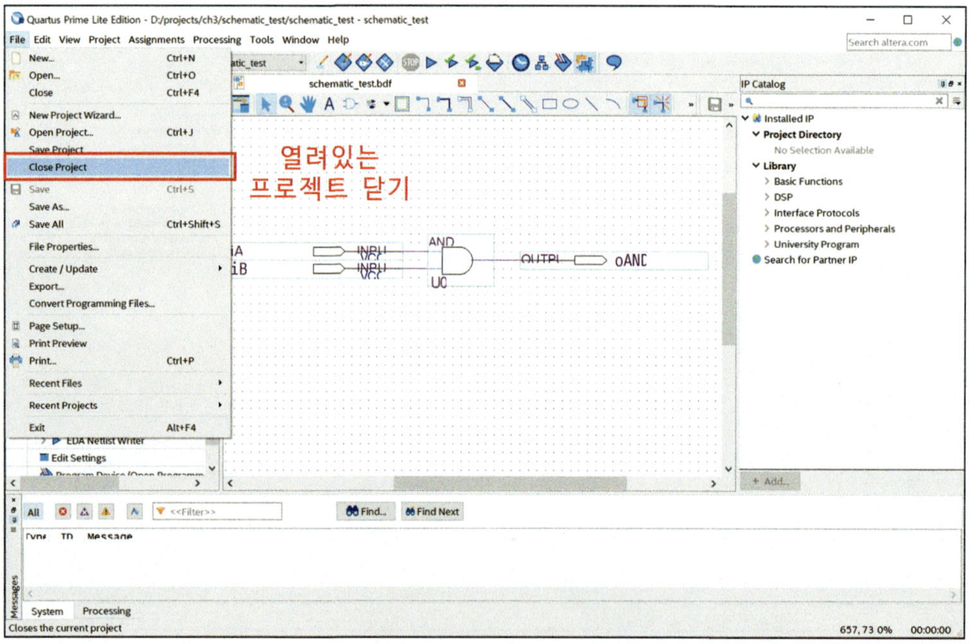

그림 3-24 프로젝트 닫기

하나의 프로젝트 내에 최상위 엔터티(top-level entity)는 하나만 있어야 한다. 스키메틱 기반으로 모델링한 'schematic_test.bdf'가 최상위 엔터티이므로 이후 설명할 텍스트 기반 모델링 결과인 모듈 코드를 'schematic_test.v'와 같이 확장자만 다른 최상위 엔터티 이름(프로젝트 이름)의 파일로 저장하면, 다음 과정인 컴파일 단계에서 오류가 발생한다. 따라서 그림 3-24와 같이 현재 진행 중인 프로젝트를 닫고 새 프로젝트를 생성한 후 두 번째 모델링 방법인 텍스트 기반 모델링을 진행해 보자.

❑ 텍스트 에디터(text editor)를 이용한 텍스트 기반 모듈 코드 작성

두 번째 모델링 방법인 텍스트 기반 모듈 코드의 작성 방법에 대해 알아보자. 먼저 앞에서 살펴본 프로젝트 생성 과정을 차례로 진행한다. Step 1은 아래와 같이 설정하고, 나머지 단계는 앞에서 설명한 방법과 동일하게 진행한다.

- 작업 디렉토리 이름 : D:\projects\ch3\text_test
- 프로젝트 이름 : text_test
- 최상위 설계 엔터티 이름 : text_test

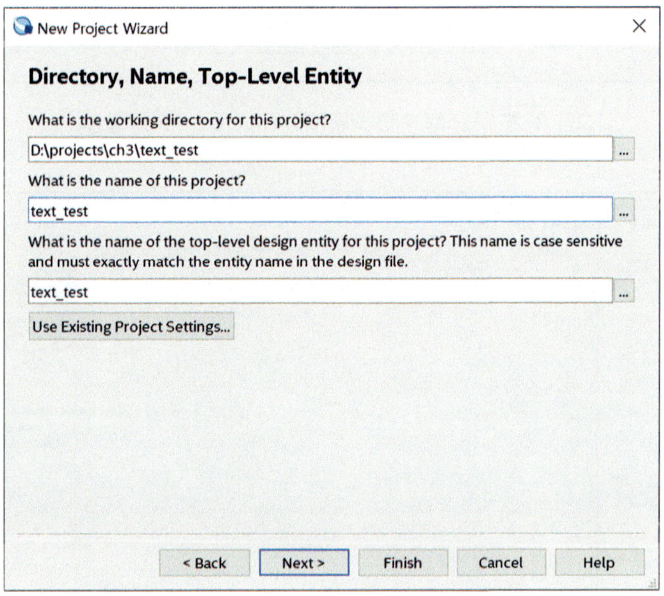

그림 3-25 텍스트 기반 모델링을 위한 프로젝트 생성 1단계

프로젝트 생성을 완료했다면, 다음의 과정을 통해 Text Editor를 활성화한다.

텍스트 기반 모듈 코드 작성을 위한 텍스트 에디터 활성화

① Quartus Prime의 사용자 인터페이스 메뉴에서 'File' → 'New' 선택
② 활성화된 New 창에서 'Verilog HDL File' 선택 후 'OK'를 누르면 텍스트 기반 설계를 위한 Text Editor 창이 생성

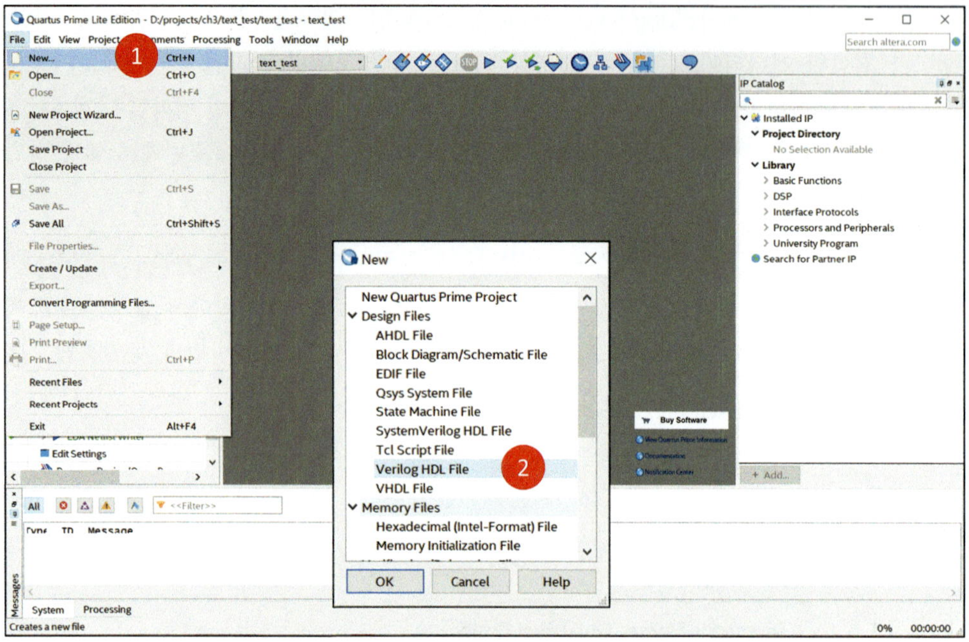

그림 3-26 텍스트 기반 모델링을 위한 Text Editor 활성화

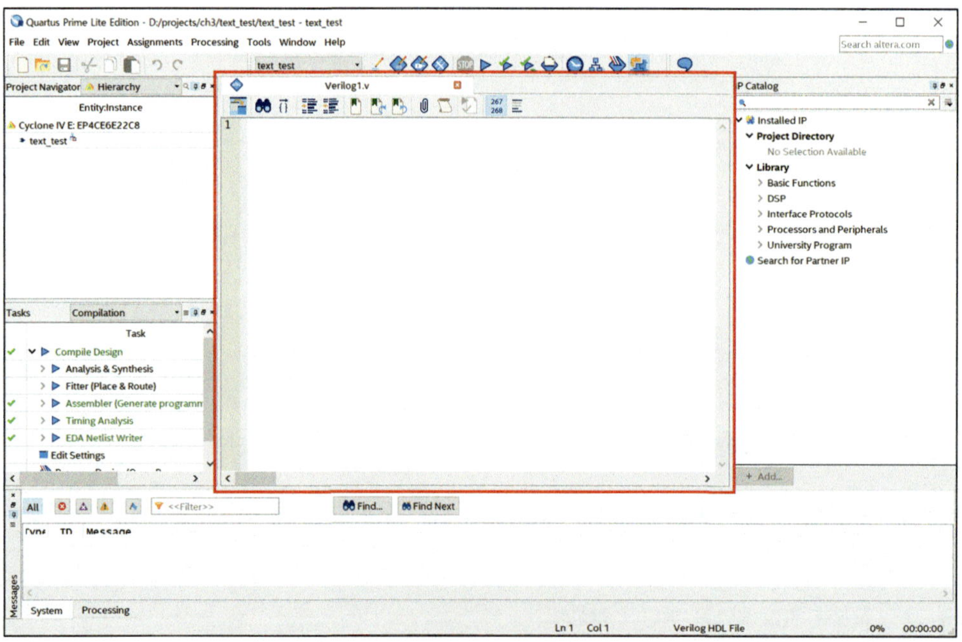

그림 3-27 Text 기반 설계를 위해 활성화된 Text Editor 창

활성화된 Text Editor 창 상단에 임시 파일(Verilog1.v)이 생성된 것을 확인할 수 있다. 다음의 과정을 진행하여 아래 모듈 샘플의 소스 코드를 작성한다. 지금은 모델링 내용에 대해 신경 쓰지 말자.

텍스트 에디터를 이용한 텍스트 기반 모델링

① 텍스트 에디터에서 모듈 샘플의 소스코드를 작성
② 작성 완료 후 'File' → 'Save' 또는 💾을 클릭하여 작성한 내용을 파일로 저장
(파일의 이름과 module 이름은 프로젝트 이름과 같으며, 확장자는 *.v로 저장)

모듈 샘플

```
// Text Editor를 이용한 AND 게이트 회로의 모델링

module text_test (iA, iB, oAND);

  input    iA, iB;
  output   oAND;

  assign   oAND = iA & iB;

endmodule
```

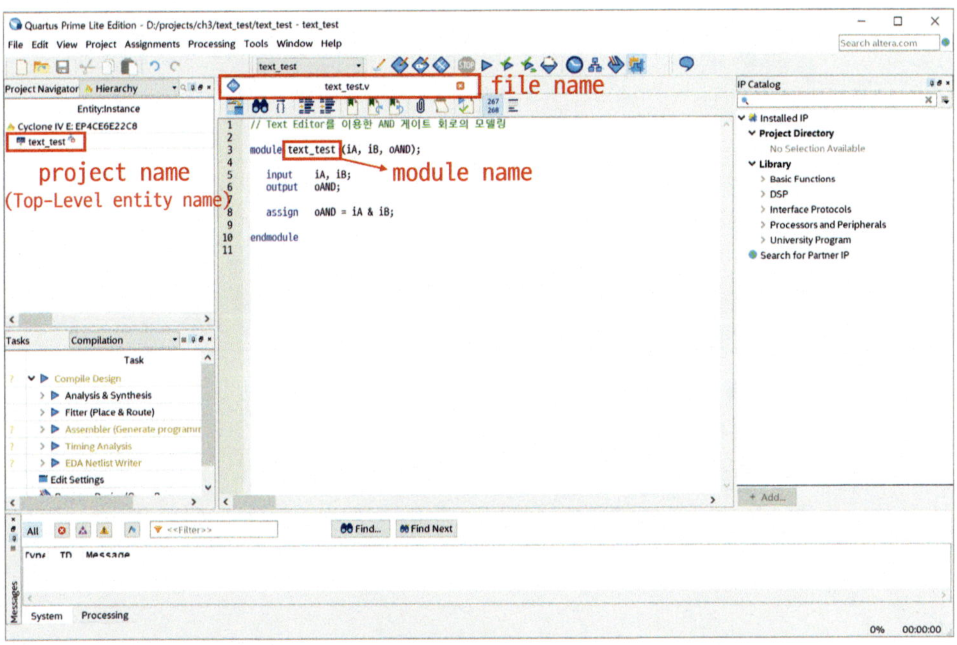

그림 3-28 AND 게이트로 이루어진 논리회로의 Text 기반 모델링

3.2.3. 모델링한 모듈의 컴파일

스키메틱 기반으로 모델링한 블록 모듈의 연결 오류나 텍스트 기반으로 모델링한 모듈 코드의 문법적 오류는 모듈 작성을 완료 후 컴파일(compilation)을 통해 확인할 수 있다. 컴파일 시 연결 오류나 문법 오류가 있다면 컴파일 과정은 진행

도중 오류 발생 메시지를 출력하며 중지된다. 컴파일 단계에서는 회로의 기능적 또는 논리적 오류는 확인할 수 없다. 단지 블록 모듈의 연결 오류나 모듈 코드의 문법 오류만을 확인할 수 있으며, 모듈의 동작과 관련된 기능적 오류는 이후 진행되는 시뮬레이션 단계에서 시뮬레이션 결과를 분석함으로써 확인할 수 있다. 앞서 모델링한 블록 모듈인 'schematic_test.bdf' 또는 모듈 코드인 'text_test.v'에 대해 컴파일을 진행한다. 만약 컴파일 단계 전 파일을 저장하지 않았거나 수정이 이루어졌다면 컴파일 실행 시 파일 이름을 저장하는 창이나 수정 내용의 저장 여부를 확인하는 창이 활성화된다. 여기서는 텍스트 기반으로 모델링한 모듈 코드(text_test.v)를 예시로 설명한다[5].

컴파일 진행

① 사용자 인터페이스 메뉴의 'Processing' → 'Start Compilation'을 실행하거나 단축 아이콘 (▶)을 클릭
② 하단의 Messages 창에서 컴파일 결과 확인

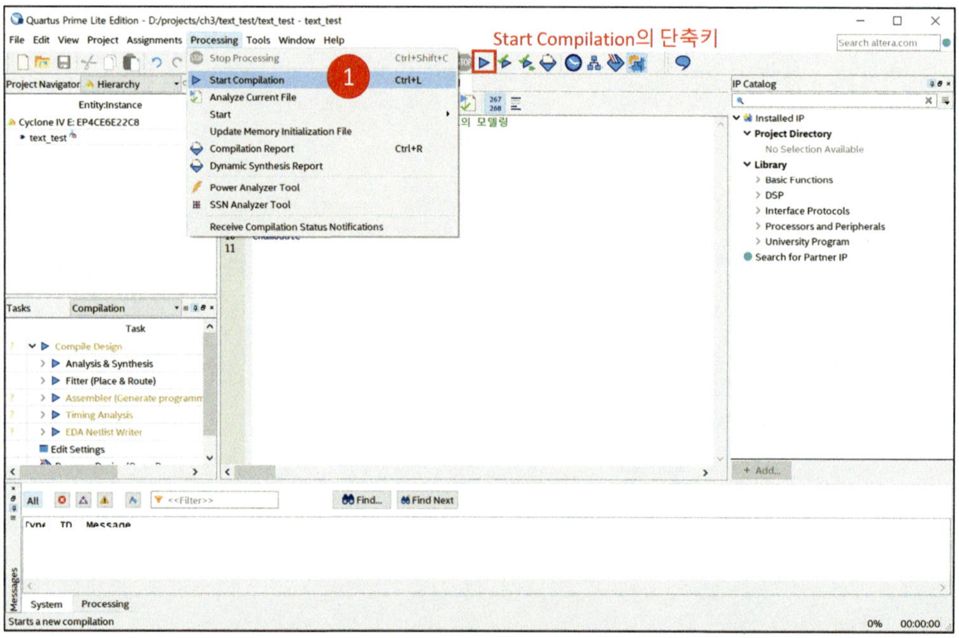

그림 3-29 텍스트 기반으로 모델링한 모듈 코드의 컴파일 진행

5) 만약 스키메틱 기반으로 모델링한 블록 모듈을 컴파일하고자 한다면, 파일 메뉴의 'Close Project'를 사용하여 열려있는 프로젝트를 닫고, 'Open Project'를 사용하여 앞서 작성했던 schematic_test.qpf(프로젝트) 파일을 열고 컴파일 과정을 진행하면 된다.

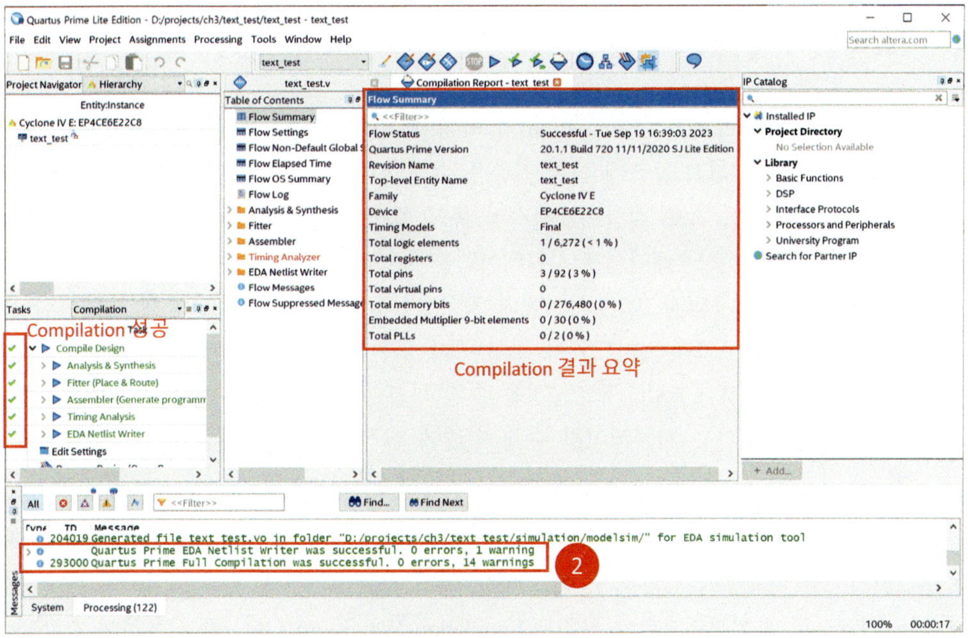

그림 3-30 컴파일 성공 결과

그림 3-30은 텍스트 기반으로 모델링한 모듈 코드(text_test.v)에 대한 컴파일 성공 결과이다. Flow Summary 창에 컴파일 결과(최종 합성된 로직 수, 레지스터 수, 사용한 핀 수 등)를 요약하여 나타내고 있다. 만약 작성한 Verilog HDL 모듈 코드에 문법적 오류가 없다면 컴파일 단계가 진행됨에 따라 왼쪽 Tasks 창에 ✔ 표시가 나타나며, 이는 컴파일의 각 단계가 오류 없이 완료되었음을 의미한다, 만약 오류가 있다면 × 표시가 나타나며 해당 단계에서 컴파일을 중지한다. 컴파일 오류에 대한 상세 정보는 아래쪽 Message 창에서 확인할 수 있다. 오류 없이 컴파일이 완료되었다면 'Quartus Prime Full Compilation was successful, 0 errors, 14 warnings'와 같은 메시지가 출력된다. 이때 warning 수(14 warnings)는 지금은 무시해도 된다. 나중에 모듈 코드의 최적화를 통해 불필요한 회로(dummy circuits) 등을 제거하면 warning 수를 줄이거나 완전히 없앨 수 있다. 만약 컴파일 과정에서 오류가 발생한다면 그림 3-31과 같이 오류에 대한 상세 정보를 Message 창에서 확인할 수 있다. 해당 오류를 더블 클릭(double click)하면 컴퓨터의 커서(cursor)가 모듈 코드의 오류 발생 위치로 이동하게 된다. 이때 Quartus Prime의 디버거(debugger)는 C 프로그램 개발환경의 디버거와 달리 정확한 오류 위치를 알려주지 않기 때문에 오류 메시지의 내용을 확인하는 것이 필요하다.

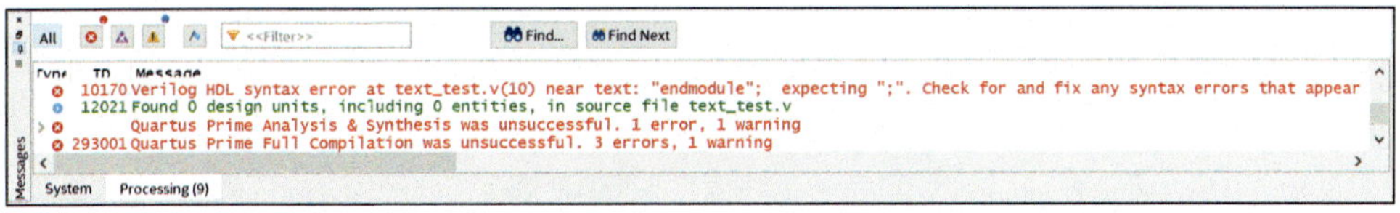

그림 3-31 컴파일 오류 메시지

3.3 시뮬레이터의 사용 방법

Quartus Prime은 기능 시뮬레이션(Functional Simulation)과 타이밍 시뮬레이션(Timing Simulation)을 모두 지원한다. 기능 시뮬레이션은 모델링한 회로의 논리적 동작에 대한 검증을 수행할 수 있으며, 타이밍 시뮬레이션은 타겟 디바이스에 구현된 회로의 지연 시간, 셋업 시간, 홀드 시간 등 시간적 동작 특성을 고려하여 모델링한 모듈의 검증을 수행할 수 있다. 기능 시뮬레이션에 비해 타이밍 시뮬레이션은 시뮬레이션을 수행하는 데 많은 시간이 필요하다. 따라서 일반적으로 단순한 시스템 또는 고속 동작이 요구되지 않는 시스템의 경우 기능 시뮬레이션만을 통해 모델링한 내용을 검증하고 타겟 디바이스인 FPGA/CPLD에 프로그래밍(하드웨어 구현)하여 구현된 내용을 확인한다. 하지만 복잡한 기능의 고속 동작이 요구되는 시스템을 모델링하거나 ASIC 제조공정을 수행하는 반도체 칩 제조사에서는 타이밍 시뮬레이션을 통한 검증까지 요구하고 있다. 여기서는 기능 시뮬레이션 수행 방법에 한정하여 설명한다.

Quartus Prime 소프트웨어를 설치할 때 연동되는 시뮬레이터를 함께 설치할 수 있다. 최근에 공개된 Quartus Prime 버전에서는 Intel 사의 Questa 시뮬레이터가 함께 제공되고 있으며, ModelSim 시뮬레이터는 앞서 설치했던 Quartus Prime ver. 20.1.1 보다 상위버전에서는 제공되지 않는다. 이 외에도 여러 시뮬레이션 도구를 설치하여 연동시켜 사용할 수 있다. 여기에서는 Quartus Prime에서 기본적으로 제공되는 Simulation Waveform Editor를 사용하여 시뮬레이션을 수행하는 방법과 Quartus Prime ver. 20.1.1과 함께 설치한 ModelSim 시뮬레이터를 사용한 시뮬레이션 방법에 대해 알아본다.

3.3.1. Simulation Waveform Editor를 이용한 시뮬레이션

Quartus Prime에서 스키메틱 기반으로 모델링한 블록 모듈의 시뮬레이션을 수행하기 위해서는 먼저 블록 모듈의 작성과 블록 모듈의 입력 파형 생성을 위한 준비가 필요하다. 블록 모듈의 작성은 앞서 진행했으므로 시작 모드 중 'Open Project'를 선택하거나 사용자 인터페이스 메뉴의 'File' → 'Open Project'를 선택하여 앞서 작성한 블록 모듈 프로젝트(D:/projects/ch3/schematic_test/schematic_test.qpf)를 불러들이거나, 시작 모드 선택 화면의 Recent Projects에서 'schematic_test.qpf'를 선택하여 스키메틱 기반으로 모델링한 블록 모듈 프로젝트를 불러들인다. Hierachy 창에서 프로젝트 이름(schematic_test)을 더블 클릭하면 블록 에디터 창이 활성화되며 앞서 모델링한 블록 모듈의 내용이 나타난다. 사용자 인터페이스 메뉴의 'Processing' → 'Start Compilation'을 실행하거나 단축 아이콘 (▶)을 클릭하여 컴파일을 진행한다. 컴파일이 오류 없이 완료되면 다음의 과정을 수행하여 Simulation Waveform Editor를 활성화한다.

❑ Waveform Editor 활성화

Simulation Waveform Editor 활성화

① 블록 모듈 작성 또는 스키메틱 기반으로 작성한 블록 모듈 Open
② 사용자 인터페이스 메뉴의 'File' → 'New' 클릭
③ 활성화된 New 창에서 'University Program VWF' 선택 후 'OK' 클릭하면 Simulation Waveform Editor 활성화

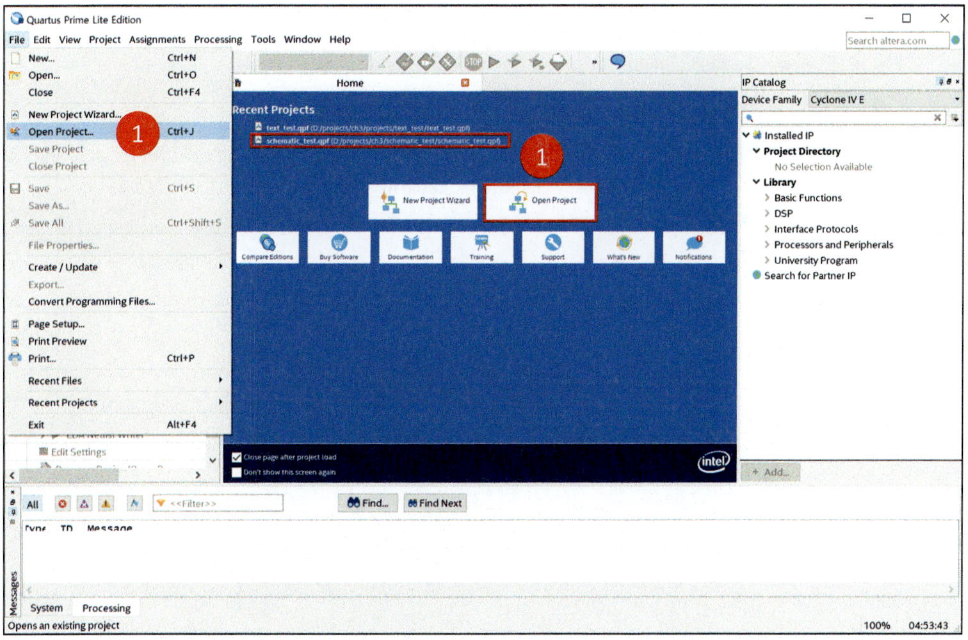

그림 3-32 모델링한 블록 모듈 프로젝트 열기

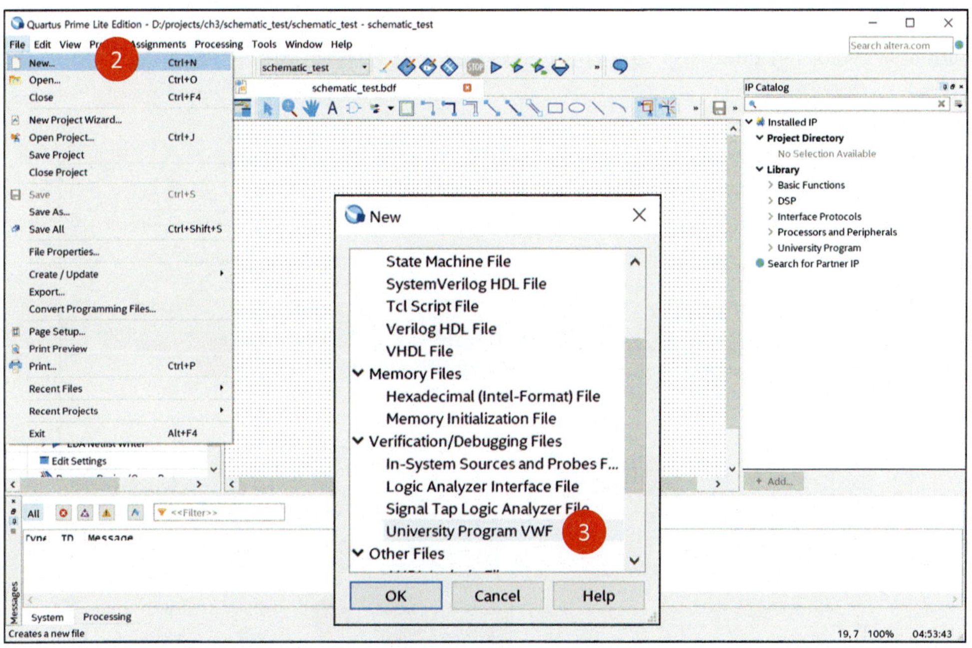

그림 3-33 블록 모듈의 시뮬레이션을 위한 Simulation Waveform Editor 활성화

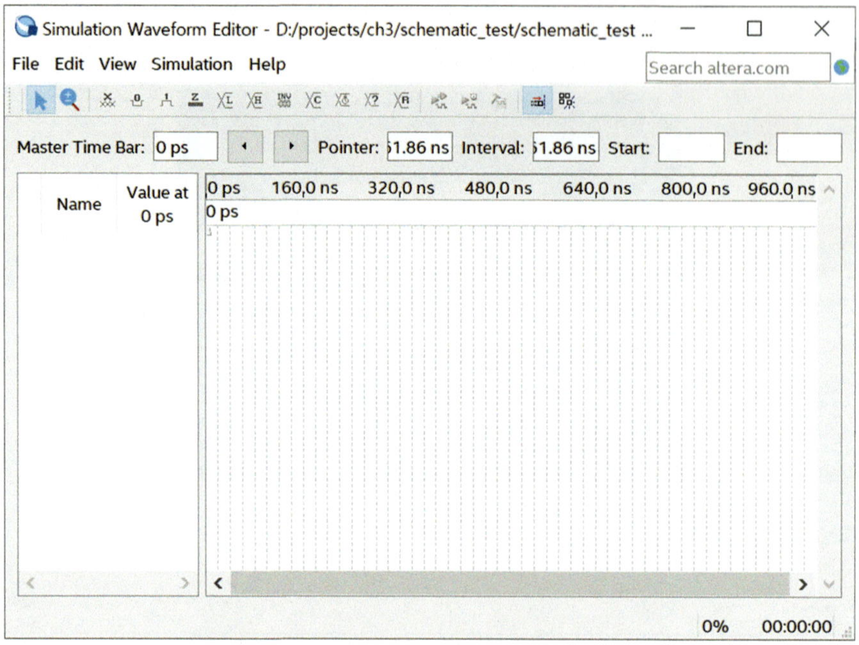

그림 3-34 활성화된 Simulation Waveform Editor

❑ 입출력 지정을 위한 입력 노드 선택

활성화된 Simulation Waveform Editor에서 설계한 하드웨어 모듈의 입출력 지정을 위한 노드 또는 버스(Node/Bus)를 추가해야 한다.

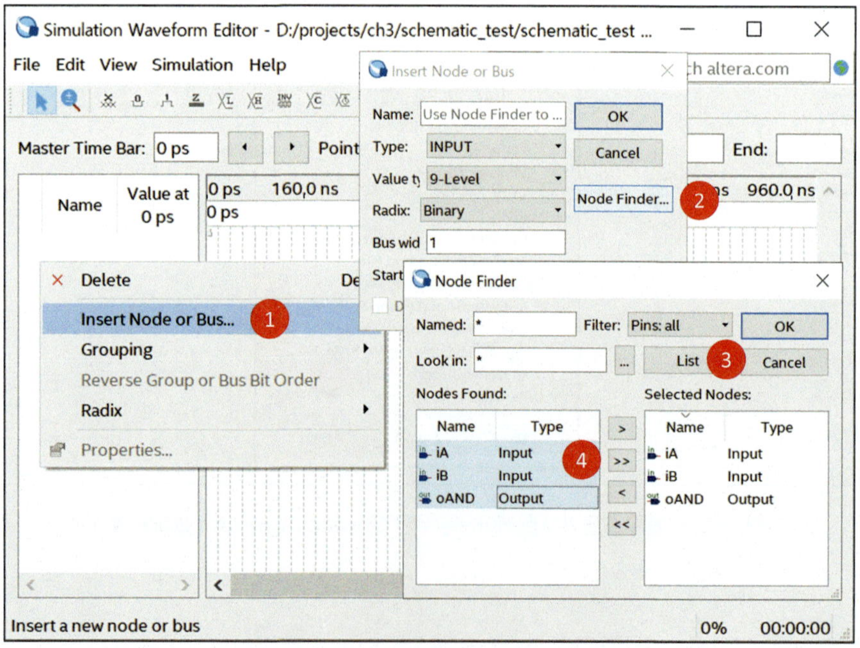

그림 3-35 입출력 지정을 위한 Node Finder

입출력 지정을 위한 입력 노드 선택

① Simulation Waveform Editor의 왼쪽 창에서 마우스의 오른쪽 버튼을 클릭한 후 'Insert Node or Bus' 선택
② Insert Node or Bus 창에서 'Node Finder' 클릭
③ Node Finder에서 'List'를 클릭하면 Node Found에 Node가 나타남
④ 해당 Node를 선택하고 >> 를 클릭 후 'OK' 클릭하면 Simulation Waveform Editor의 왼쪽에 지정한 노드가 나타남

❑ 입력 노드에 인가할 입력신호 값 설정

앞에서 지정한 입출력 포트(Node/Bus)에 인가할 가상의 입력신호 파형을 만들기 위해 Simulation Waveform Editor에 추가된 Node/Bus의 입력신호 값을 레벨 도구를 사용하여 설정한다.

입력 노드에 인가할 입력신호 값 설정

① 마우스 드래그(drag)를 통해 Editor에 추가된 각 노드의 시간 영역(신호 값이 유지되는 시간)을 선택
② Editor 상단의 레벨 도구( )를 사용하여 각 노드들의 레벨(신호 값)을 설정

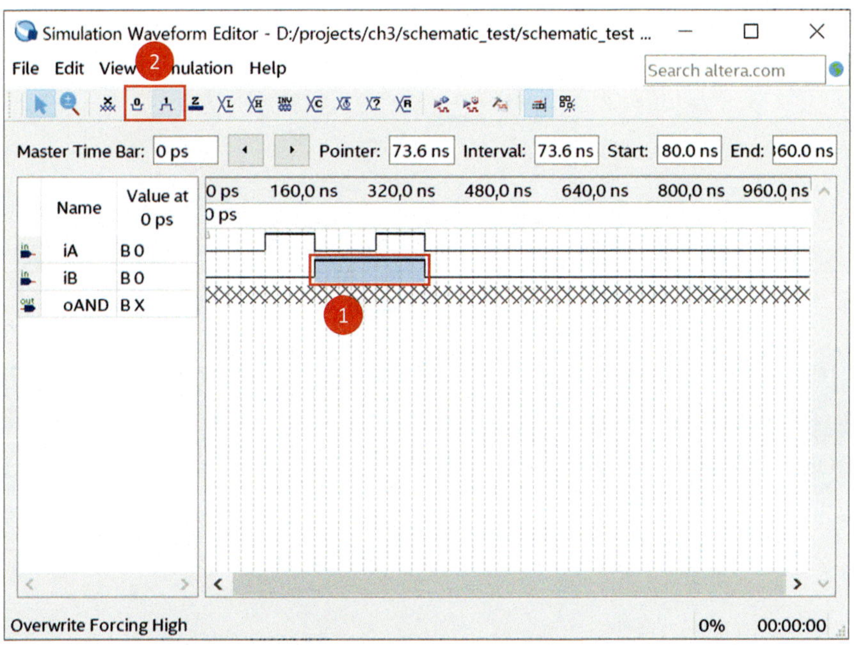

그림 3-36 시간 영역 선택 후 레벨 도구를 이용한 입력신호 값 설정

❑ VWF 시뮬레이션

스키메틱으로 모델링한 블록 모듈이 정상 동작을 하는지 확인하기 위한 입출력 Node/Bus의 지정과 각 Node/Bus에 넣어 줄 신호 값 설정 등 시뮬레이션을 위한 준비가 완료되었다. 다음의 과정을 통해 VWF 시뮬레이션을 실행한다.

VMF 시뮬레이션의 실행

① Simulation Waveform Editor의 사용자 인터페이스 메뉴에서 'Simulation' → 'Run Functional Simulation' 선택
② 설정 내용의 저장을 위해 'Yes'를 선택
③ 파일이름 설정(기본값 사용) 및 저장 후 시뮬레이션 실행
④ 시뮬레이션 결과 확인

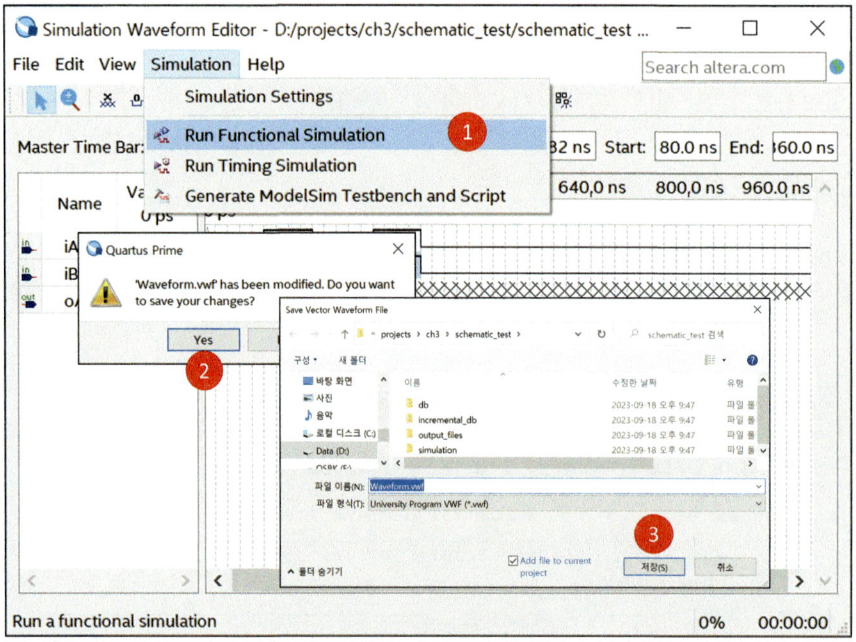

그림 3-37 VWF 시뮬레이션 실행

VWF 시뮬레이션을 실행했을 때 사용하는 Quartus Prime의 버전에 따라 그림 3-38과 같은 오류가 발생할 수도 있다. 시뮬레이션 오류가 발생한다면 Simulation Waveform Editor 사용자 메뉴의 'Simulation' → 'Simulation Settings'을 선택하여 활성화된 Simulation Options 창에서 '-novopt' 옵션을 제거한 후 위의 시뮬레이션 과정을 다시 실행하면 된다.

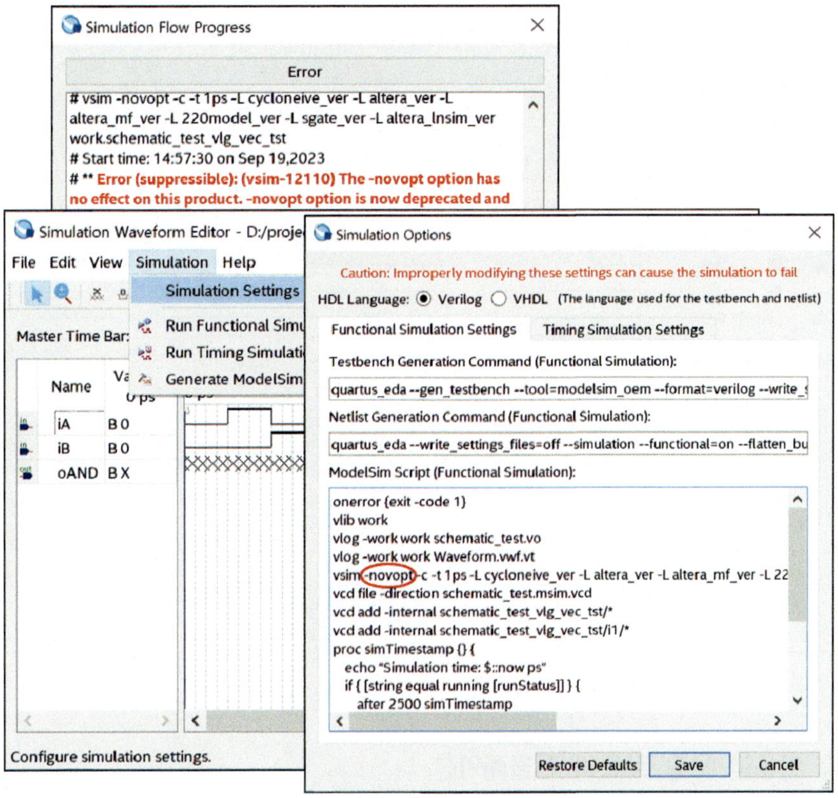

그림 3-38 VWF 시뮬레이션 실행 오류 발생 시 옵션 수정

그림 3-39는 앞서 AND 게이트 회로를 모델링한 블록 모듈에 대해 VWF 시뮬레이션을 수행한 결과이다. 1비트 iA와 iB로 구성되는 입력(iA, iB)이 00, 10, 01, 11일 때 oAND는 0, 0, 0, 1을 출력한다. 이러한 결과는 AND 게이트의 동작과 일치하므로 그림 3-23의 블록 모듈이 정상적으로 모델링되었음을 알 수 있다.

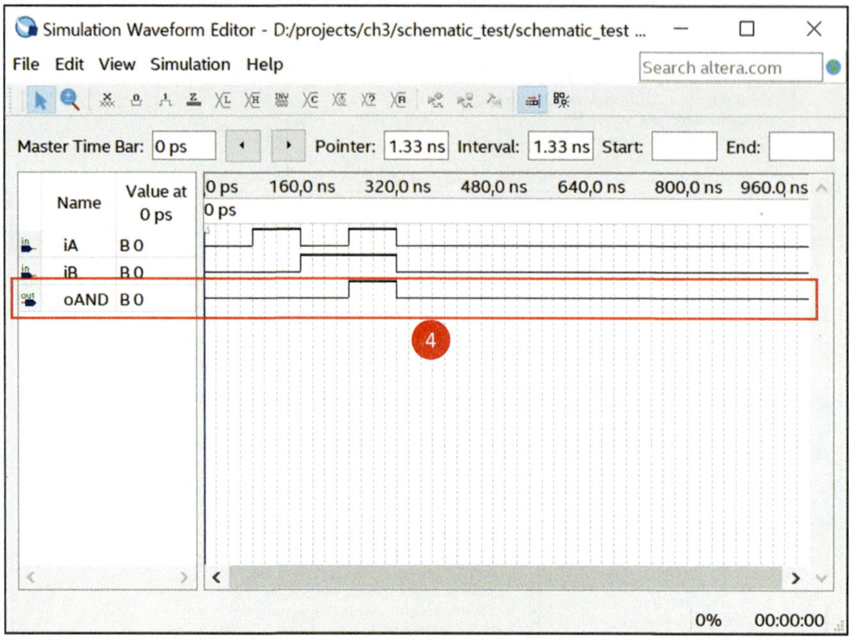

그림 3-39 VWF 시뮬레이션 결과

3.3.2. 테스트벤치를 이용한 모듈 코드의 시뮬레이션

텍스트 기반으로 모델링한 모듈 코드의 검증을 위한 시뮬레이션 방법에 대해 알아본다. 먼저 앞서 VWF 시뮬레이션을 진행했던 스키메틱 기반 모델링의 프로젝트를 닫고, 텍스트 기반 모델링의 프로젝트를 열어야 한다. Quartus Prime의 사용자 메뉴의 'File'에서 'Close Project'를 선택하여 열려있는 프로젝트를 닫고, 시작 모드의 'Open Project'나 사용자 메뉴의 'Open Projects'를 선택하여 앞서 모델링했던 텍스트 기반 프로젝트(D:\projects\ch3\text_test\text_test.qpf)를 불러들인다. 불러들인 프로젝트의 마지막 컴파일 과정에서 오류가 없었다면 컴파일을 다시 할 필요는 없지만 새롭게 프로젝트를 불러온 경우라면 한 번 더 컴파일하는 것이 좋다.

❑ ModelSim-Intel FPGA Starter Edition을 사용한 시뮬레이션을 위한 설정

ModelSim-Intel FPGA Starter Edition을 사용하여 시뮬레이션을 실행하기 위해서는 간단한 설정이 필요하다. 다음 과정에 따라 진행한다.

ModelSim-Intel FPGA Starter Edition 시뮬레이션을 위한 설정

① 인터페이스 메뉴의 'Assignments' → 'Settings...' 선택
② 활성화된 Settings 창의 Category에서 'EDA Tool Settings'의 'Simulation' 메뉴를 선택하여 'Tool name'을 'ModelSim-Intel FPGA Starter Edition', 'Format for output netlist'를 'Verilog HDL'로 선택한 후 'OK' 클릭
③ 인터페이스 메뉴의 'Tools' → 'Option' 선택
④ 활성화된 Options 창의 Category에서 'EDA Tool Options' 메뉴를 선택하여 ModelSim-Intel FPGA Starter Edition의 'Directory Containing Tool Executable'에 아래의 실행파일 경로를 직접 작성하거나 오른쪽의 ... 를 눌러 해당 경로를 찾아 선택한 후 'OK' 클릭
※실행파일 경로 : 'C:\intelFPGA_lite\20.1\modelsim_ase\win32aloem'

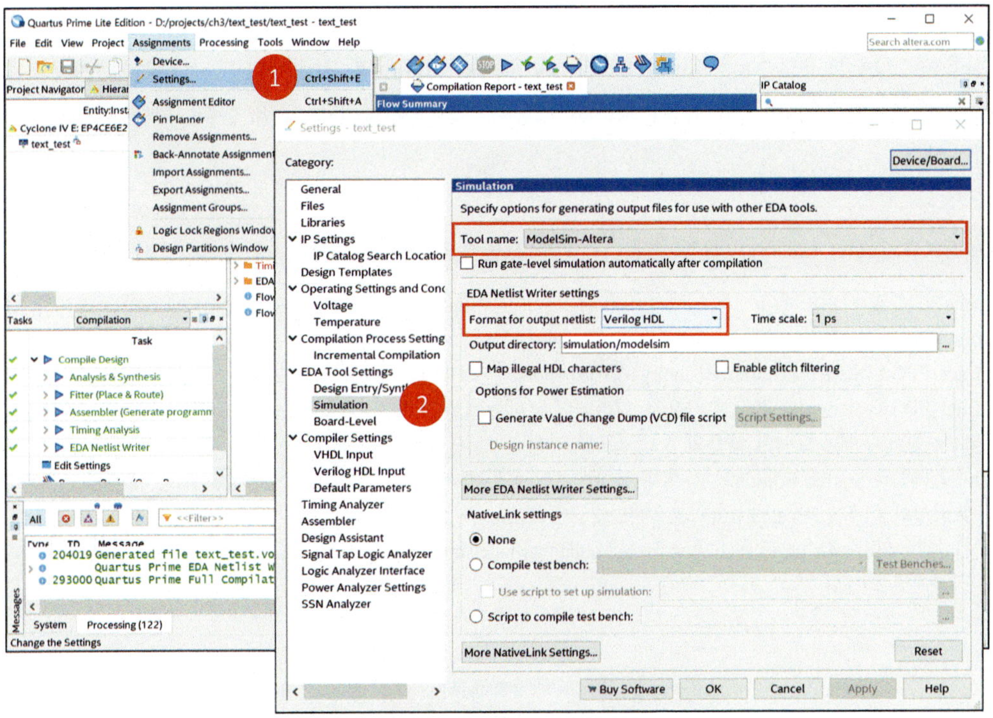

그림 3-40 시뮬레이션을 위한 EDA Tool 설정

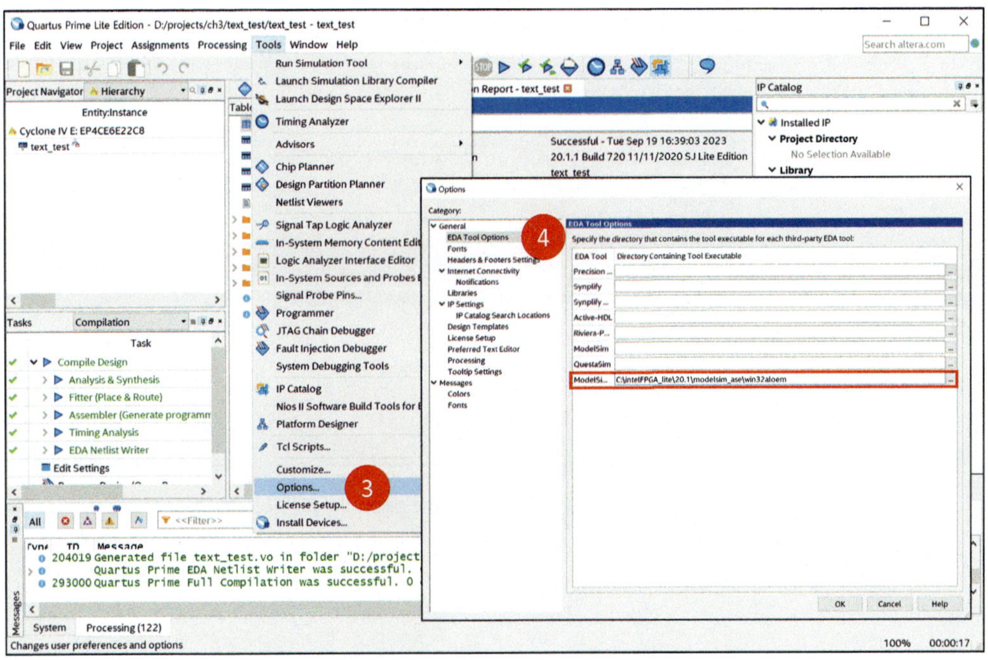

그림 3-41 시뮬레이션을 위한 EDA Tool의 실행파일 경로 설정

❑ ModelSim-Intel FPGA Starter Edition 시뮬레이션을 위한 테스트벤치 작성

시뮬레이션에 사용할 EDA 도구로 ModelSim-Intel FPGA Starter Edition을 지정했다면, 시뮬레이션에서 사용할 입력신호를 생성하는 소스코드의 작성이 필요하다. 이 소스코드를 테스트벤치(testbench)라 한다. 다음 과정을 통해 테스트벤치 샘플 코드를 작성한다.

ModelSim-Intel FPGA Starter Edition 시뮬레이션을 위한 테스트벤치 작성

① Quartus Prime의 사용자 인터페이스 메뉴에서 'Tools' → 'Run Simulation Tool' → 'RTL Simulation' 선택하면 ModelSim-Intel FPGA Starter Edition 실행
② ModelSim-Intel FPGA Starter Edition의 Library 창에서 work 왼쪽의 ⊞를 누르면 모델링한 최상위 모듈(test_test) 확인 가능
③ ModelSim-Intel FPGA Starter Edition의 사용자 인터페이스 메뉴에서 'File' → 'New' → 'Source' → 'Verilog' 선택
④ 활성화된 Editor 창에서 테스트벤치 샘플의 소스코드를 작성
⑤ ModelSim-Intel FPGA Starter Edition의 사용자 인터페이스 메뉴에서 'File' → 'Save' 또는 💾 선택
⑥ 작성한 테스트벤치의 이름을 'tb_text_test.v'로 저장
(테스트벤치의 저장 위치는 D:/projects/ch3/text_test/simulation/modelsim/tb_text_test.v)

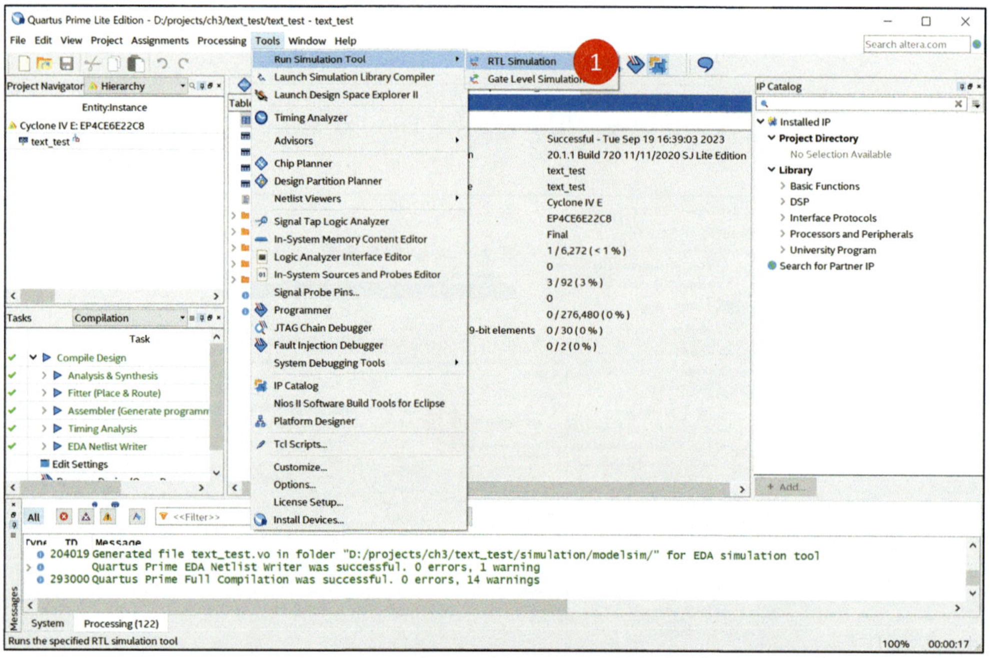

그림 3-42 ModelSim-Intel FPGA Starter Edition 시뮬레이터 활성화

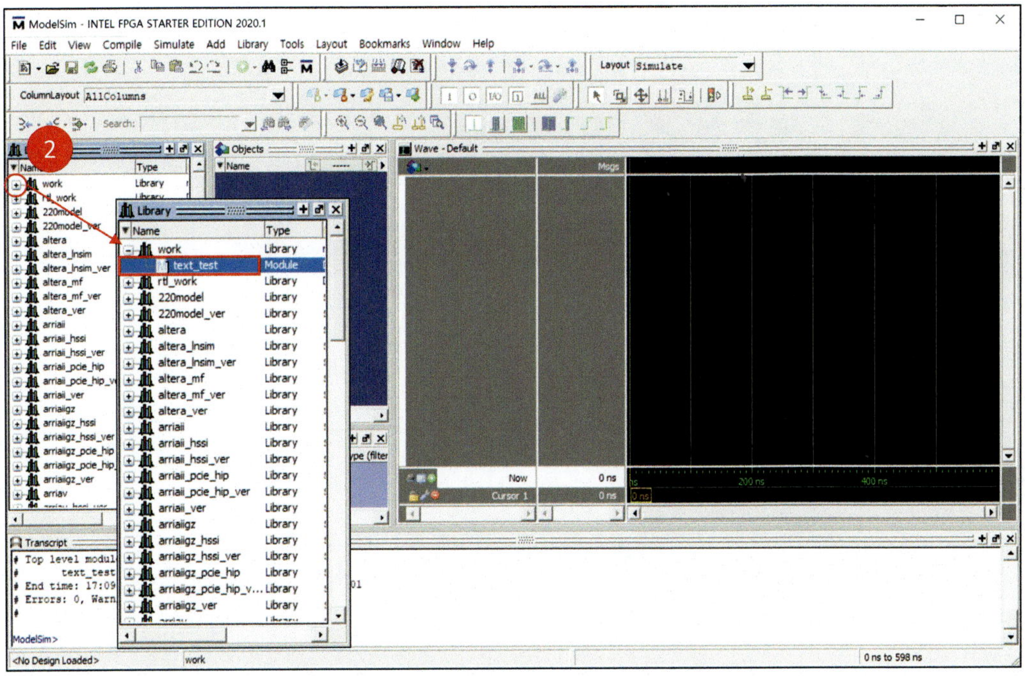

그림 3-43 모델링한 최상위 모듈(Top-level entity) 확인

테스트벤치 샘플

```
// AND 게이트 회로 모듈의 검증을 위한 테스트벤치

`timescale 1ns/1ns

module tb_text_test;

  reg    iA, iB;
  wire   oAND;

  text_test  UAND  (iA, iB, oAND);

  initial begin
      iA = 0; iB = 0; #100;
      iA = 0; iB = 1; #100;
      iA = 1; iB = 0; #100;
      iA = 1; iB = 1; #100;
  end

endmodule
```

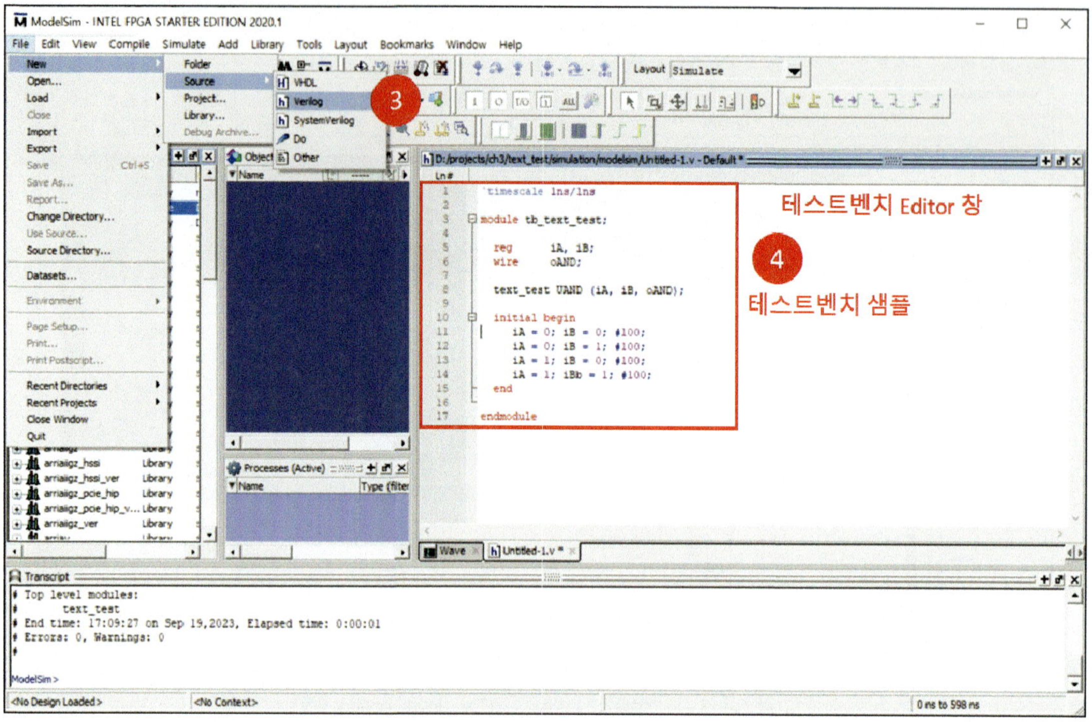

그림 3-44 테스트벤치 에디터 활성화 및 테스트벤치 샘플의 소스코드 작성

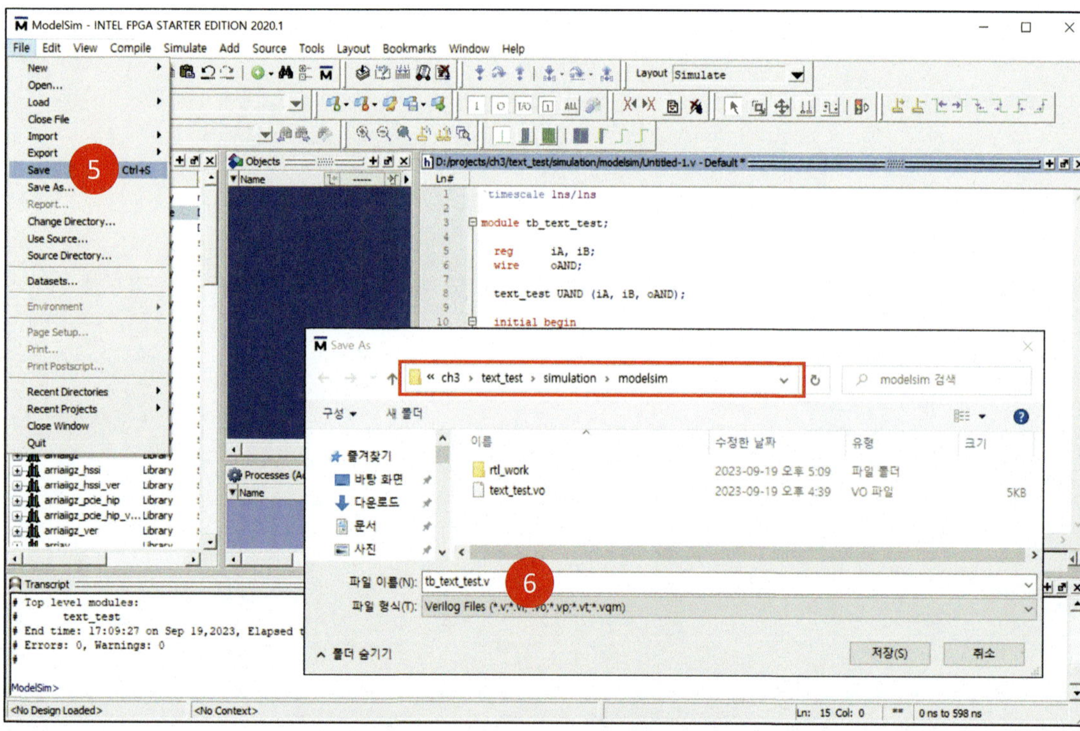

그림 3-45 작성한 테스트벤치를 파일로 저장

❑ 테스트벤치의 컴파일

테스트벤치의 작성을 마쳤다면 다음의 과정에 따라 테스트벤치의 컴파일을 진행한다. 작성한 테스트벤치에 오류가 있다면 컴파일 과정은 도중에 중단된다. 이때는 테스트벤치의 오류를 수정하고 저장 후 컴파일 과정을 다시 실행한다.

테스트벤치의 컴파일

① ModelSim-Intel FPGA Starter Edition의 사용자 인터페이스 메뉴에서 'Compile' → 'Compile...' 선택
② Compile Source Files 창에서 테스트벤치(tb_text_test.v)를 선택하고 'Compile' 클릭
③ ModelSim-Intel FPGA Starter Edition의 Transcript 창에서 오류 없이 컴파일이 완료된 메시지(Errors : 0, Warning : 0)와 Library 창에서 work 왼쪽의 ⊞를 누르고 테스트벤치가 프로젝트에 추가되었음을 확인한 후 Compile Source Files 창의 'Done'을 클릭

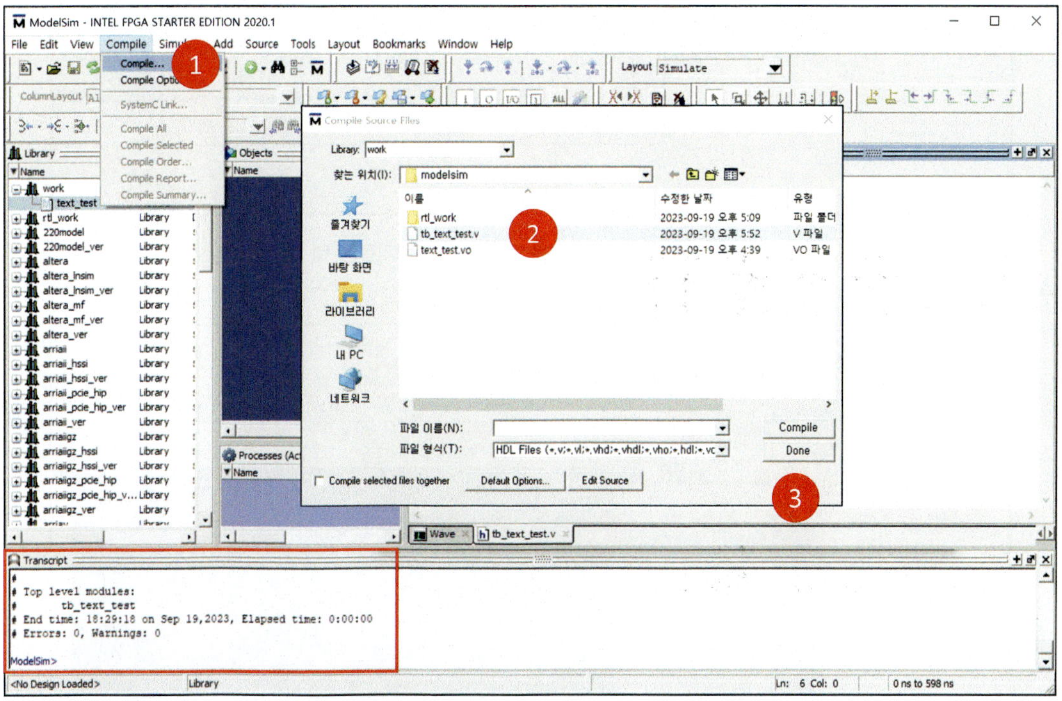

그림 3-46 테스트벤치의 컴파일 실행 및 성공 메시지

❑ ModelSim-Intel FPGA Starter Edition 시뮬레이션 실행

테스트벤치의 컴파일이 완료되면 시뮬레이션을 실행할 수 있다. 다음 과정을 통해 시뮬레이션을 진행한다.

ModelSim-Intel FPGA Starter Edition 시뮬레이션 실행

① ModelSim-Intel FPGA Starter Edition의 사용자 인터페이스 메뉴에서 'Simulate' → 'Start Simulation...'을 선택 또는 [아이콘]를 선택
② Start Simulation 창에서 테스트벤치(tb_text_test) 선택 후 'OK' 클릭
③ Object 창에 설계한 모듈의 입출력 포트 신호(iA, iB, oAND)를 선택하고, 드래그하여 Wave 창에 추가 또는 우측 마우스 버튼을 클릭하여 'Add Wave' 선택하여 Wave 창에 추가
④ 'Simulate' → 'Run' → 'Run-All' 또는 [아이콘]를 클릭하여 시뮬레이션 실행
⑤ Zoom In(확대), Zoom out(축소), Zoom Full(전체 보기) 아이콘([아이콘])을 사용하여 시뮬레이션 결과 파형 확인

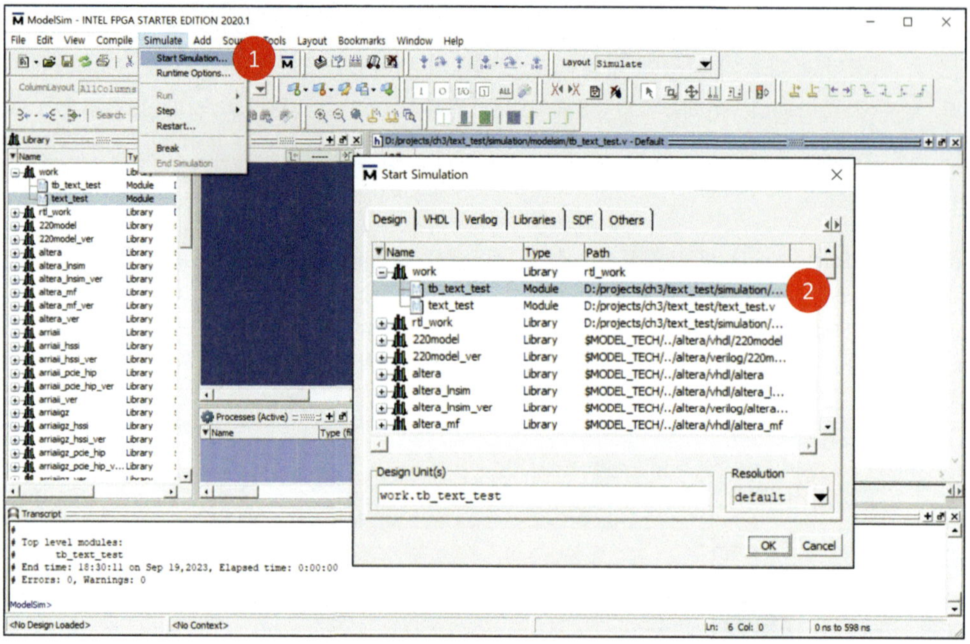

그림 3-47 시뮬레이션을 위한 테스트벤치를 선택

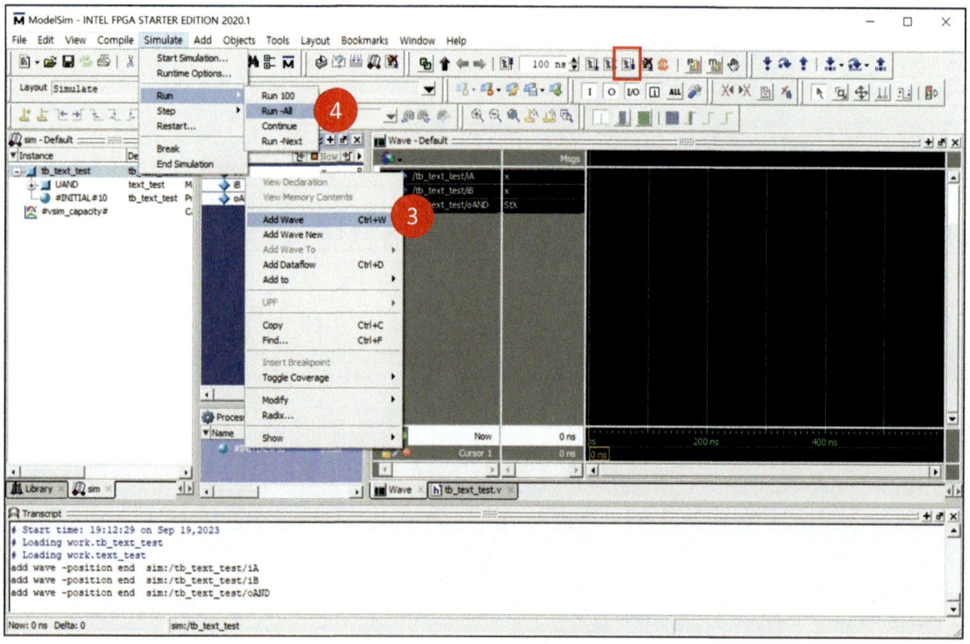

그림 3-48 입출력 포트 신호들을 Wave 창에 추가 후 시뮬레이션 실행

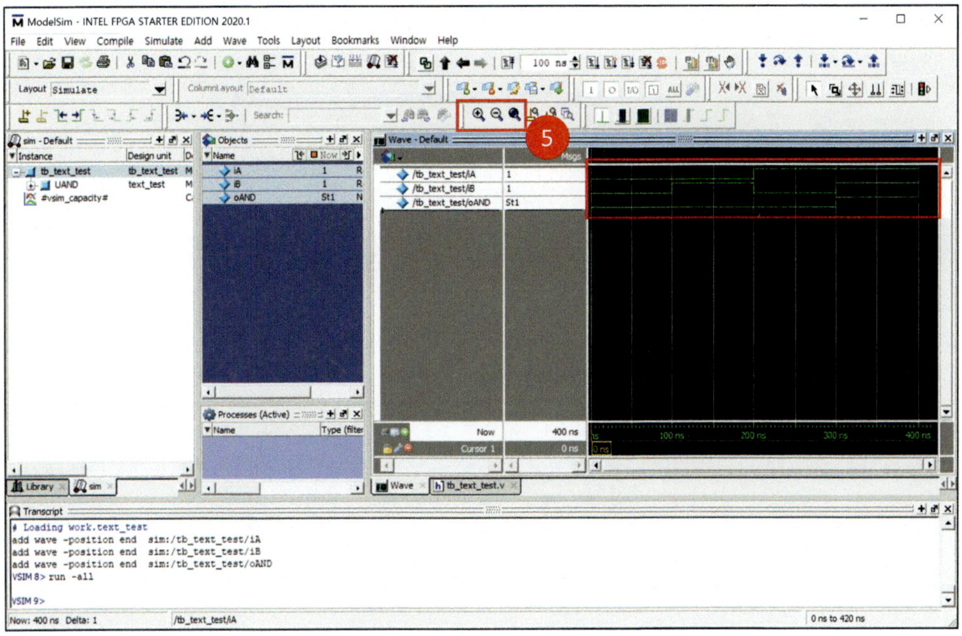

그림 3-49 시뮬레이션 결과 및 파형 확대

3.4 Quartus Prime을 이용한 하드웨어 구현

컴파일과 시뮬레이션이 정상적으로 완료되면 모델링한 모듈의 합성 결과를 타겟 디바이스(FPGA/CPLD)에 프로그래밍(FPAG device에 합성 결과 전송)하여 실제 하드웨어로 구현한다. FPGA/CPLD에 합성 결과를 프로그래밍하기 위해서는 사용할 디바이스 종류(FPGA 시리즈와 품번)를 선택하고 핀 할당(pin assignment) 후 다시 컴파일하여 디바이스 종류와 핀 할당이 적용된 합성 파일(*.sof 또는 *.pof)을 생성한다. 생성된 합성 파일은 프로그래밍 전용 장치인 USB-Blaster를 통해 FPGA에 전송되어 하드웨어로 구현된다.

3.4.1. 디바이스 선택 및 핀 할당

모델링한 모듈의 합성 결과를 FPGA/CPLD에 프로그래밍하기 위해서는 디바이스 종류를 선택하고 핀 할당을 해야 한다.

❑ 디바이스 선택

디바이스 선택(device assignment) 단계 설정은 프로젝트 생성 단계에서 사용할 타겟 디바이스(target device) 종류를 선택했다면 생략해도 된다. 그러나 타겟 디바이스의 수정이 필요하다면 디바이스 창에서 타겟 디바이스 종류를 수정하면 된다.

디바이스 선택(Device Assignment)

① Quartus Prime 사용자 인터페이스 메뉴의 'Assignments' → 'Device' 선택
② 활성화된 Device 창에서 Device Family 선택
③ Device Part number 수정 후 'OK' 클릭

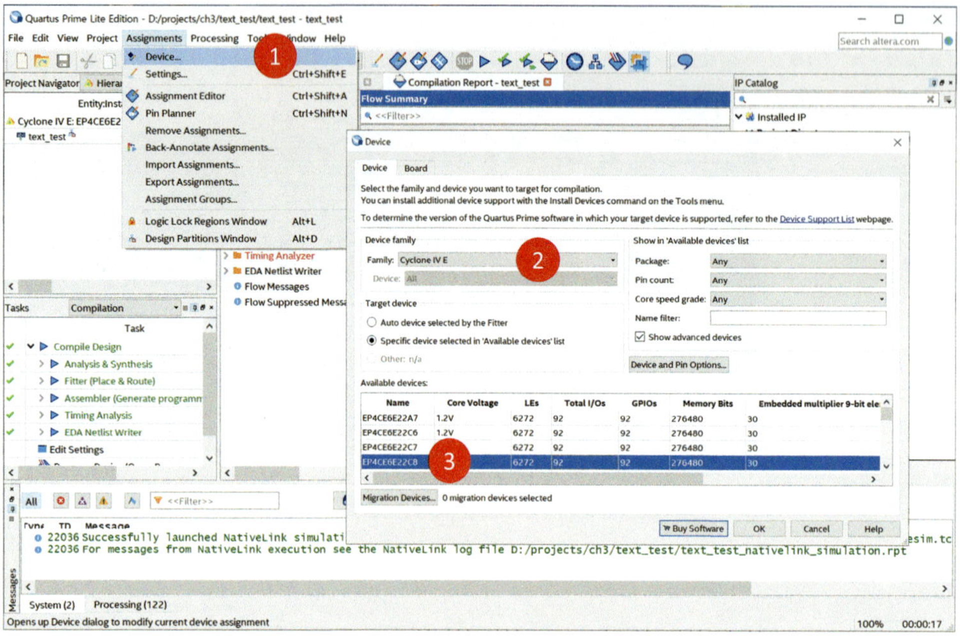

그림 3-50 Target FPGA의 Device Family 및 Part number 설정

❑ 핀 할당

핀 할당(pin assignment)이란 Verilog HDL을 사용하여 모델링한 모듈의 입출력 포트(I/O port)를 타겟 디바이스(FPGA)의 외부 입출력 핀 중 어떤 핀에 연결할지를 지정하는 것이다. 다음의 과정을 통해 핀 할당을 진행한다.

Pin Planner를 이용한 핀 할당(Pin Assignment)

① 사용자 인터페이스 메뉴의 'Assignments' → 'Pin Planner' 선택
② 활성화된 Pin Planner의 All Pins 창에서 모델링한 모듈의 입출력 포트(iA, iB, oAND) 확인
③ Pin Planner 창에서 할당하고자 하는 해당 포트의 'Location' 셀(cell)을 클릭하여 할당할 핀 번호를 쓰거나 더블 클릭하여 할당할 핀 선택
④ 핀 할당 완료 후 Pin Planner의 'File' → 'Close' 선택하여 Pin Planner를 닫은 후 사용자 인터페이스 메뉴의 'Processing' → 'Start Compilation'을 클릭하여 다시 컴파일 실행

핀 할당의 ③의 과정에서 핀 할당을 하기 위해서는 사용하는 타겟 FPGA의 각 핀과 외부 장치의 연결 정보를 알아야 한다. 직접 제작한 FPGA 보드를 사용한다면 회로도 상의 연결 정보를 참고하여 할당한다. 시중에서 쉽게 구입할 수 있는 학습용 키트나 개발용 보드를 사용한다면 제조사에서 제공하는 매뉴얼에서 이러한 정보를 확인할 수 있다.

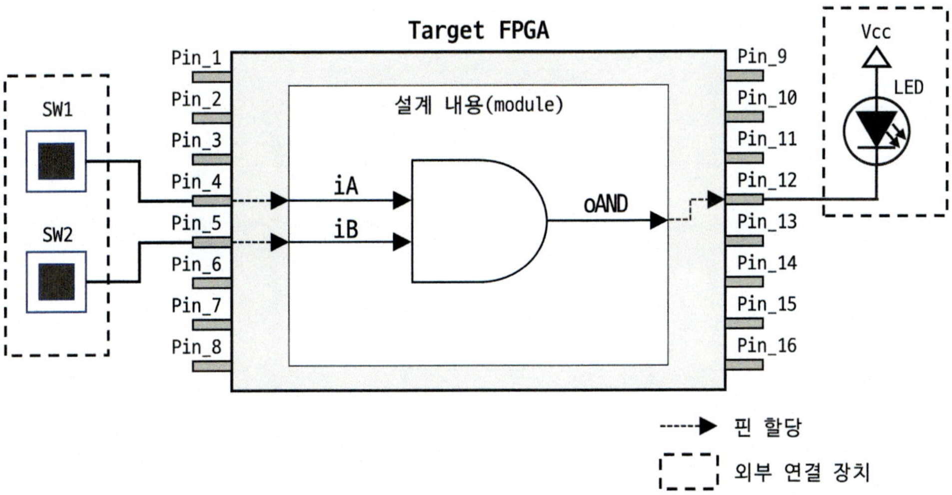

그림 3-51 Target FPGA와 외부 디바이스의 연결을 위한 핀 할당

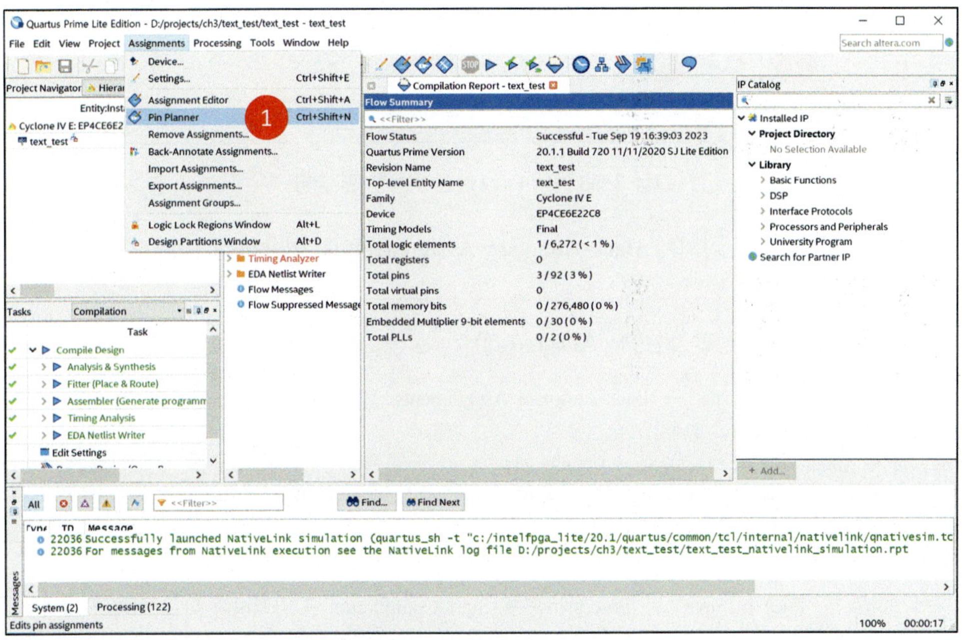

그림 3-52 Pin Planner 활성화

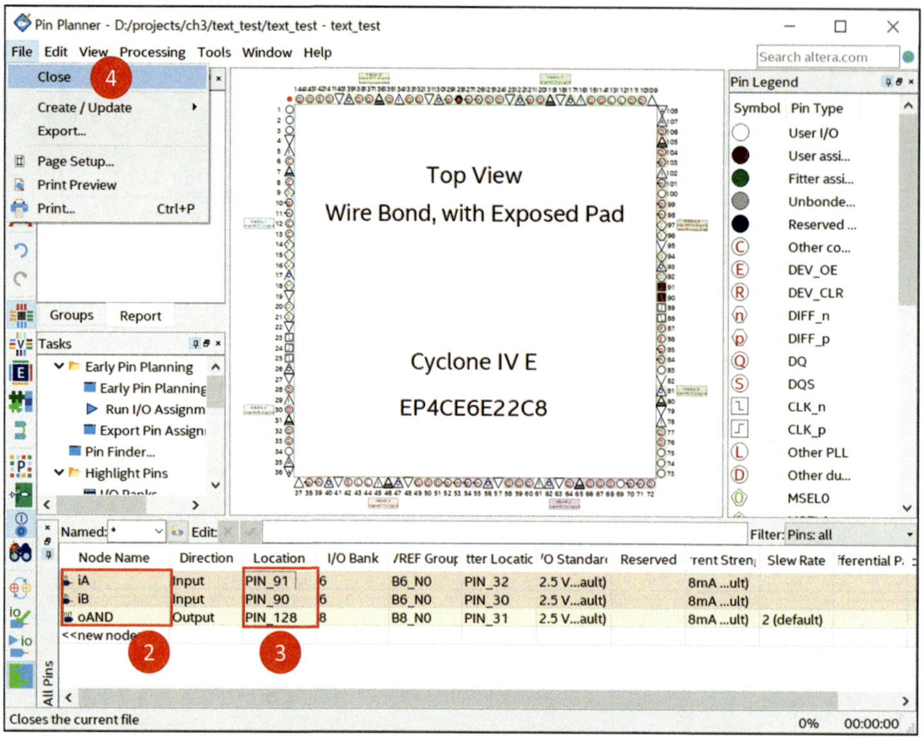

그림 3-53 Pin Planner를 이용한 핀 할당

Pin Planner를 이용한 핀 할당 방법 이외에 Back-Annotate Assignments를 이용하는 방법도 있다.

Back-Annotate Assignments를 이용한 핀 할당(Pin Assignment)

① 사용자 인터페이스 메뉴의 'Assignments' → 'Back-Annotate Assignments...'를 선택
② 활성화된 Back-Annotate Assignments 창에서 'OK' 클릭
③ 인터페이스 메뉴의 'Assignments' → 'Assignment Editor' 선택
④ Assignment Editor 창에서 'To'의 셀(cell)을 클릭하여 출력 포트를 이름 순으로 정렬
⑤ ~로 시작하는 불필요한 포트 선택 후 삭제
⑥ Assignment Editor 창에서 핀 할당 대상 포트의 'Value'의 셀(cell)을 더블 클릭하여 핀 할당을 완료
⑦ 사용자 인터페이스 메뉴의 'File' → 'Save' 후 'Processing' → 'Start Compilation'을 클릭하여 다시 컴파일 실행

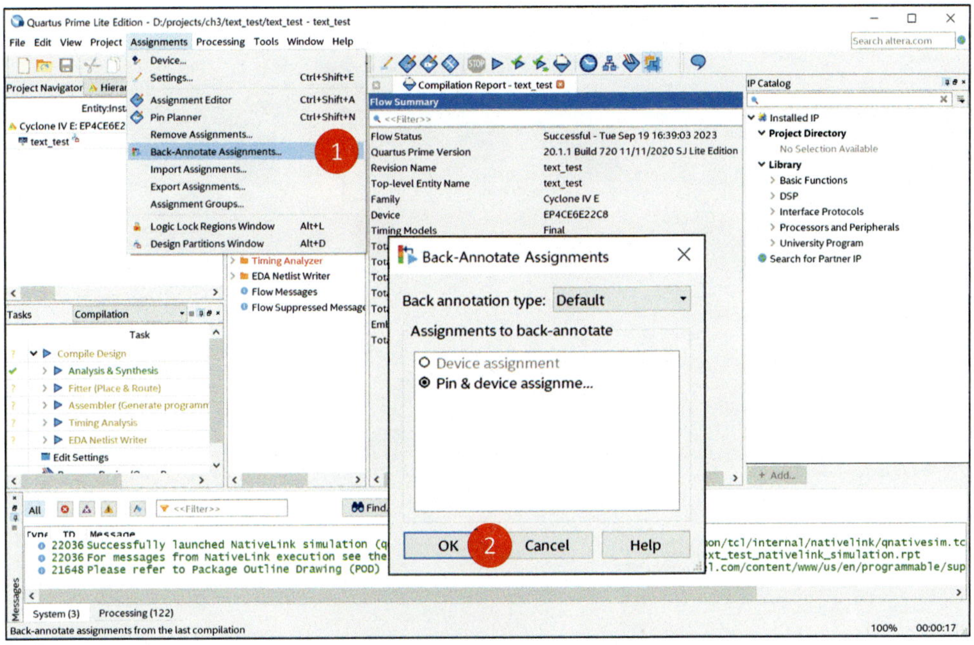

그림 3-54 Back-Annotate Assignments

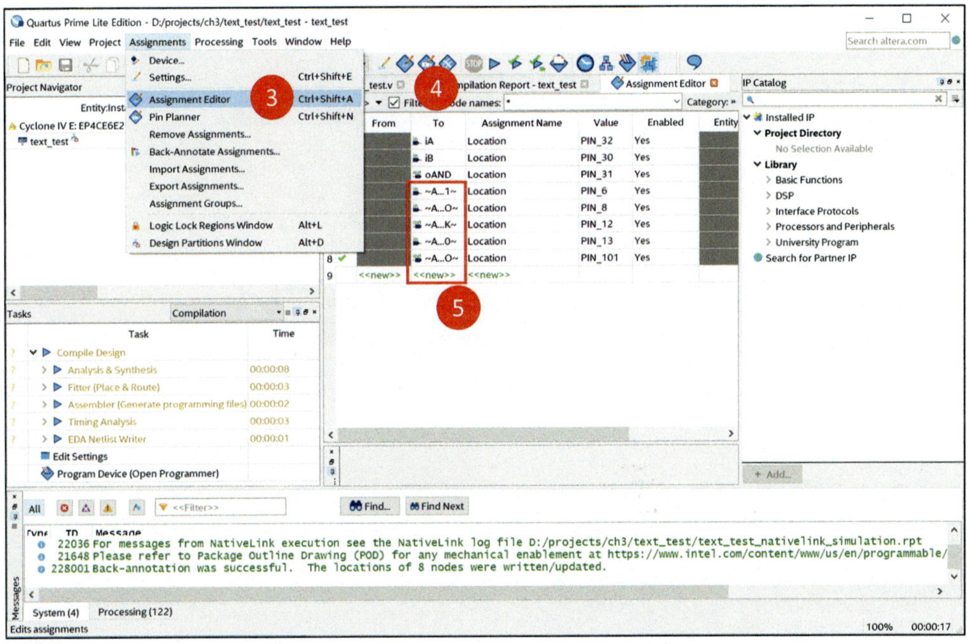

그림 3-55 Assignment Editor 활성화 후 불필요한 입출력 포트 제거

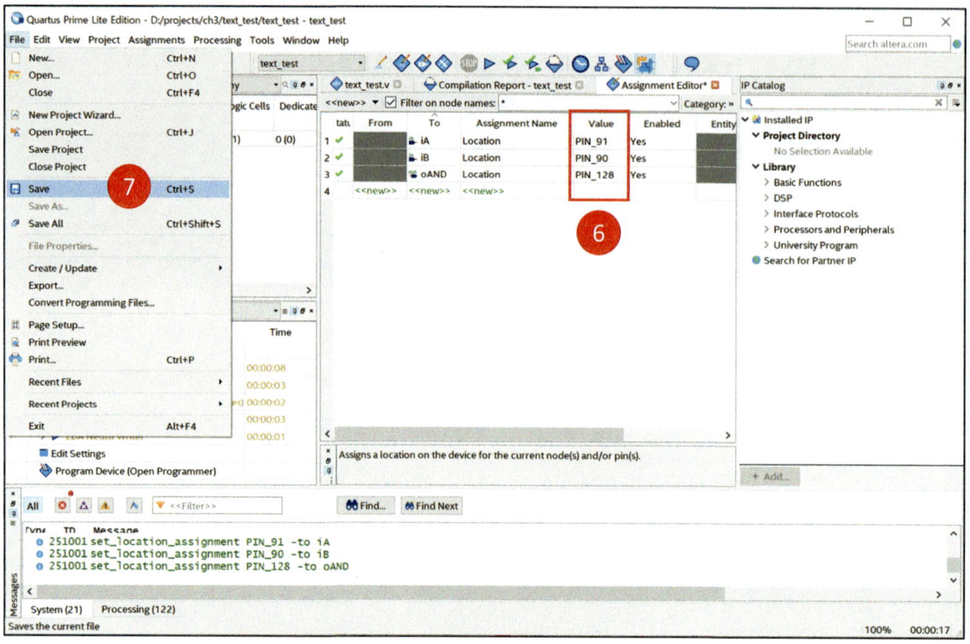

그림 3-56 Back-Annotate Assignments를 이용한 핀 할당 후 결과 저장

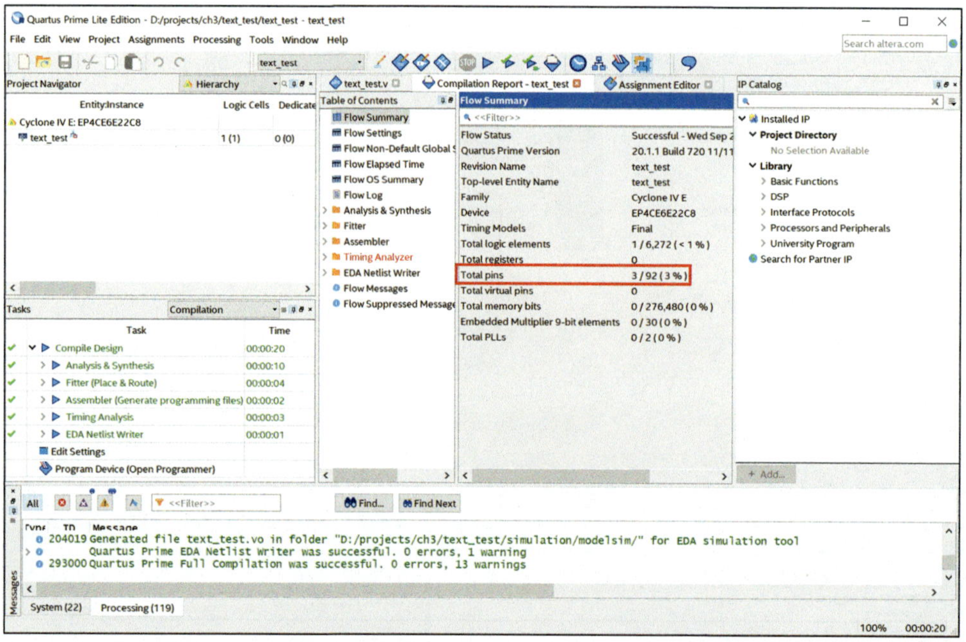

그림 3-57 핀 할당 완료 후 다시 컴파일한 결과

핀 할당 완료 후 다시 컴파일을 실행하면 컴파일 요약 화면에서 모델링을 위해 사용한 Logic Element 및 I/O 핀의 수와 이들의 전체 대비 사용 정도(%) 등 모델링 결과에 대한 정보를 확인할 수 있다. 핀 할당 결과를 확인하는 방법은 Pin Planner나 Back-Annotate Assignments 이외에도 프로젝트 디렉토리(폴더) 내에서 QSF(Quartus Setting File) 확장자를 갖는 text_test.qsf 파일을 텍스트 편집기(notepad 또는 워드패드 등)로 열어보면 그림 3-58과 같이 핀 할당 결과를 확인할 수 있다.

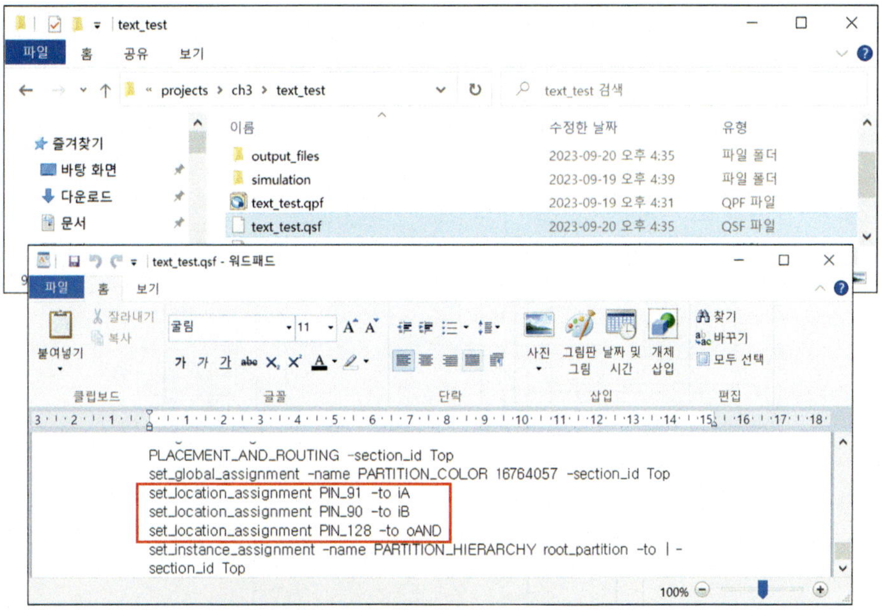

그림 3-58 핀 할당 내용이 저장된 test.qsf 파일

3.4.2. 하드웨어 동작 확인을 위한 Programming FPGA

Verilog HDL로 모델링한 회로를 실제 하드웨어인 FPGA에 구현하여 동작시키기 위해서는 앞서 진행한 타겟 디바이스 선택 및 핀 할당과 컴파일이 완료된 후 생성되는 SOF(SRAM Object File) 파일 또는 POF(Programmer Object File) 파일을 USB-Blaster라는 장치를 사용하여 FPGA(내부 SRAM)나 EEPROM에 구성(configuration)해야 한다. 이 과정을 'Programming FPGA'라 한다. Programming FPGA 방법은 세 가지 모드(JTAG mode, AS mode, PS mode)를 사용할 수 있다.

표 3-1 Programming FPGA의 세 가지 모드

구분	내용
JTAG mode	FPGA내부의 휘발성 메모리인 SRAM에 설계된 내용을 Configuration 하는 모드로서 전원 차단 시 사라진다.
AS mode	Active Serial 모드로 비휘발성인 EEPROM에 설계 내용을 Configuration 하는 모드이다. 전원이 차단되어도 설계 내용은 남아 있다.
PS mode	Passive Serial 모드로 비휘발성인 EEPROM에 설계 내용을 Configuration 하는 모드이다. 전원이 차단되어도 설계 내용은 남아 있다. Cyclone II 이하의 구 디바이스에서 사용하며, 최신 디바이스에서는 사용하지 않는다.

때때로 설계자는 기능 및 타이밍 시뮬레이션을 수행하지 않고 모델링 내용을 FPGA에 바로 프로그래밍한 후 동작을 확인하기도 한다. 이때 JTAG 모드는 FPGA에 구성(configuration)하는 데 필요한 시간이 매우 짧으므로 빠른 검증 및 수정을

할 수 있다. 반면 AS 모드는 Flash ROM(EEPROM)에 프로그래밍하므로 JTAG 모드에 비해 많은 시간이 필요하다. 따라서 AS 모드는 일반적으로 설계 및 검증이 모두 완료되었을 때 이용한다. 최근 여러 제조사에 의해 제공되고 있는 FPGA는 JTAG 모드 및 AS 모드를 모두 이용할 수 있다. 만약 FPGA 타겟 보드를 직접 제작한다면 사용하는 FPGA 디바이스의 데이터시트(datasheet)를 참조하여 위의 두 가지 Programming FPGA 방식을 위한 회로를 구성할 수 있다. 그림 3-59는 두 가지 Programming FPGA 방식의 회로, 그림 3-60은 USB-Blaster와 타겟 보드와의 연결을 나타내고 있다.

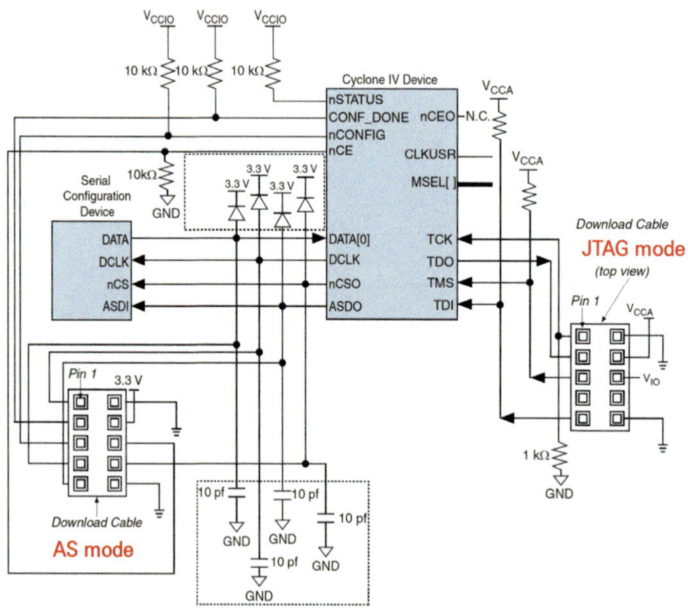

그림 3-59 Programming FPGA를 위한 회로 구성

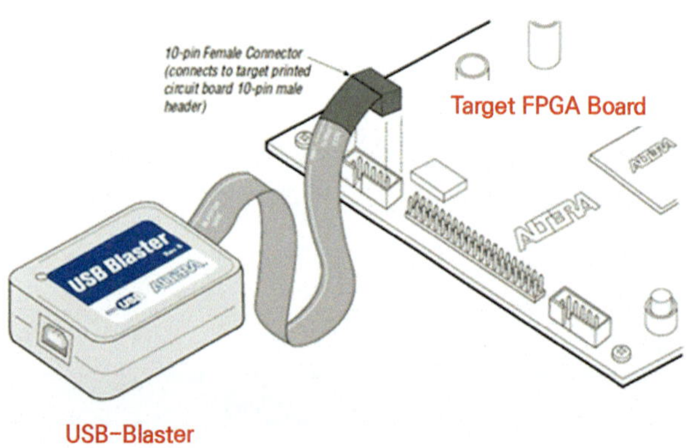

그림 3-60 USB-Blaster와 타겟 보드와의 연결

3.4.3. JTAG 모드를 이용한 Programming FPGA

JTAG 모드를 이용한 Programming FPGA를 위해 먼저 USB-Blaster를 PC의 USB 포트와 FPGA 타겟 보드의 JTAG 포트에 연결한다. 이때 사용하는 학습키트 또는 개발보드의 매뉴얼이나 FPGA 데이터시트를 참조하여 JTAG 포트에 정확히 연결해야 하는 것에 주의해야 한다. 준비가 완료되었으면 다음의 과정을 통해 설계된 내용을 FPGA에 프로그래밍한다.

JTAG을 이용한 Programming FPGA

① 사용자 인터페이스 메뉴의 'Tools' → 'Programmer' 또는 를 선택
② 활성화된 Programmer 창에서 No Hardware로 보이면 'Hardware Setup' 클릭(USB-Blaster [USB-0]가 보이면 ②~③ 생략)
③ 활성화된 Hardware Setup 창의 'Current selected hardware'에서 'USB-Blaster [USB-0][6]' 선택 후 'Close'를 클릭
④ 특별한 문제가 없다면 기본적으로 Configuration에 필요한 파일(*.sof)이 나타나므로 ④~⑥의 과정은 생략할 수 있다. 만약 Configuration을 위한 파일이 보이지 않는다면 'Add File...'을 클릭
⑤ Select Progrmming File 창에서 'output_files' 디렉토리 클릭
⑥ 'text_test.sof'을 선택하고 'Open' 클릭
⑦ Programmer 창에 선택한 text_test.sof 파일과 아래쪽에 타겟 FPGA 디바이스 확인 후 이상이 없으면 Program Configure의 체크박스를 ☑ 표시한 후 'Start'를 클릭하면 FPGA Configuration이 진행

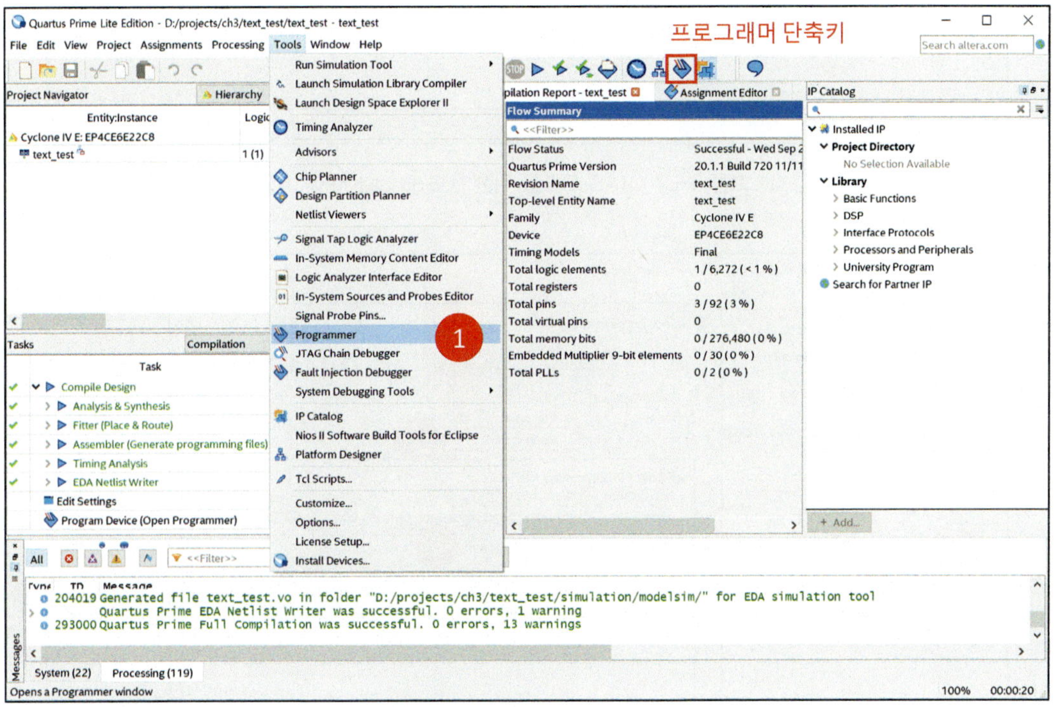

그림 3-61 Programmer 활성화

6) 만약 USB-Blaster가 보이지 않는다면 3.1.3. USB Blaster 장치 드라이버 설치 방법을 참고하여 USB-Blaster 드라이버를 설치하면 된다.

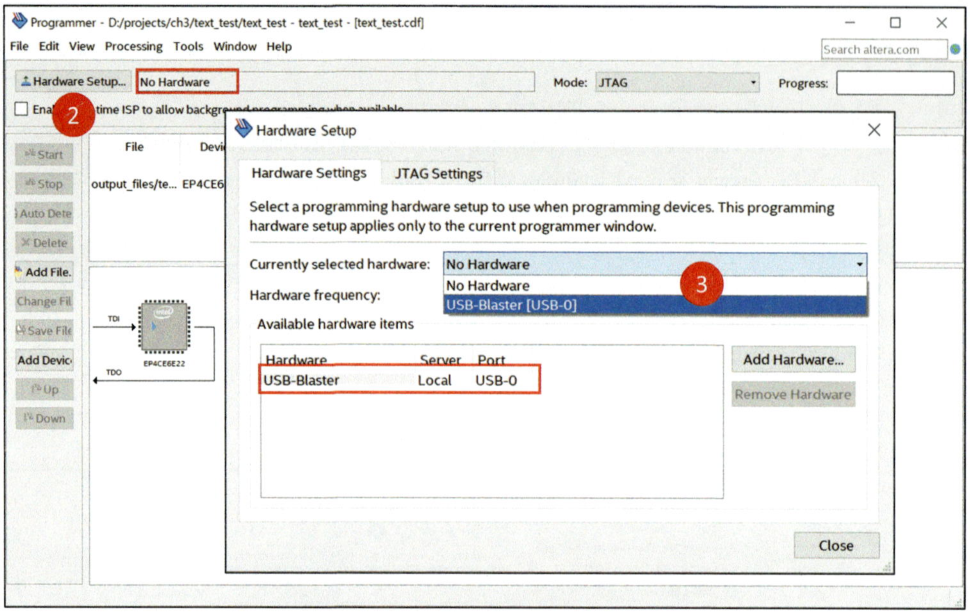

그림 3-62 JTAG 모드를 위한 USB-Blaster 설정

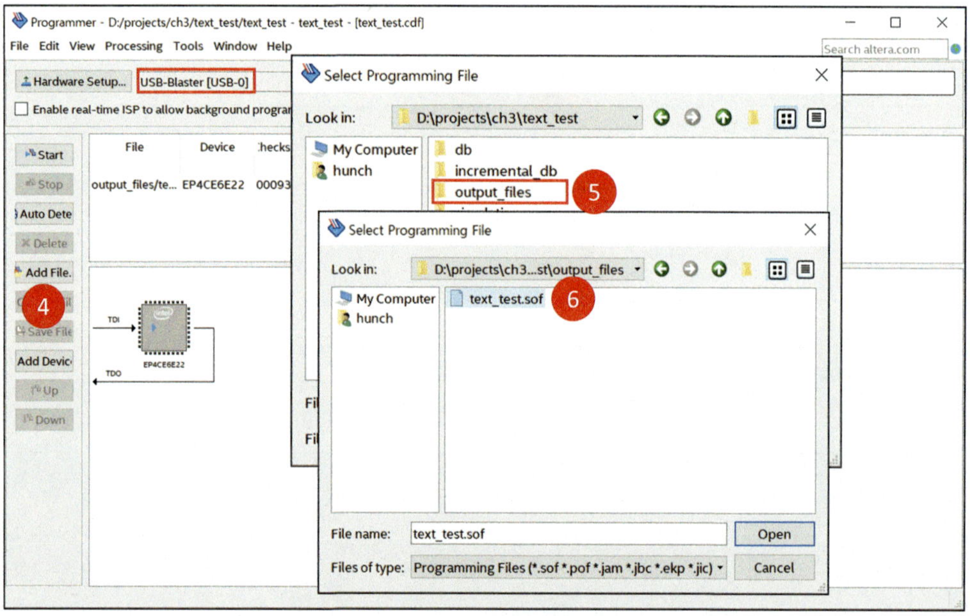

그림 3-63 FPGA에 프로그래밍할 SOF 파일 선택

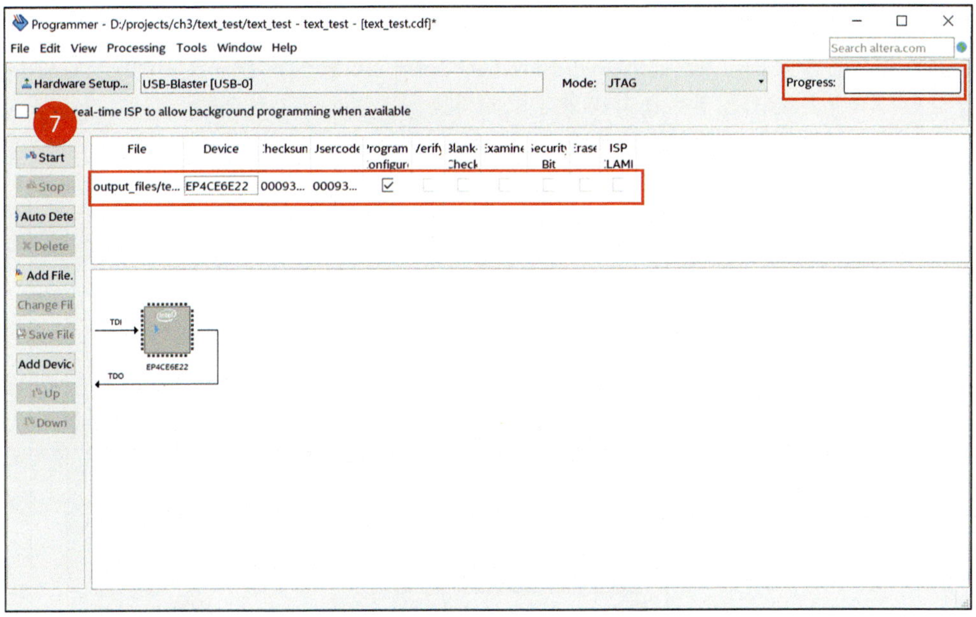

그림 3-64 FPGA Configuration 실행

FPGA Configuration이 시작되면 Programmer 창 오른쪽 위의 Progress에 진행률이 표시되며, 오류 없이 완료되면 '100%(Successful)'이 표시된다.

3.4.4. Active Serial 모드를 이용한 Programming FPGA

모델링한 내용을 FPGA의 내부 SRAM에 프로그래밍하는 JTAG 모드는 전원을 껐을 경우 프로그래밍한 내용이 사라지는 데 반해 Active Serial(AS) 모드는 FPGA의 외부 EEPROM에 저장하므로 전원을 껐다가 켜도 프로그래밍한 내용이 남아 있으며, JTAG 모드에 비해 프로그래밍을 위한 시간이 오래 걸린다. 따라서 AS 모드는 설계가 완전히 완료되었을 때만 사용하는 것이 좋다. AS 모드를 이용한 Programming FPGA를 위해서는 USB-Blaster를 PC의 USB 포트와 FPGA 보드의 Active Serial 포트에 각각 연결한다. 이때 JTAG 모드와 마찬가지로 사용하는 FPGA 보드의 매뉴얼이나 FPGA 데이터시트를 참조하여 Active Serial 포트에 정확히 연결해야 한다. 만약 잘못 연결한 상태에서 AS 모드를 이용한 Programming FPGA를 진행한다면 FPGA가 파손될 수 있으므로 주의해야 한다. AS 모드를 이용하여 Programming FPGA를 진행하기 위해서는 먼저 컴파일 완료 후 생성한 SOF 파일을 POF 파일로 변환해야 한다. 다소 복잡하다고 생각할 수도 있지만 다음 과정을 순서대로 진행하면 된다.

SOF 파일을 POF 파일로 변환하는 방법

① 사용자 인터페이스 메뉴의 'File' → 'Convert Programming Files...'를 선택
② 활성화된 Convert Programming File 창에서 Mode를 'Active Serial'으로 설정
③ Configuration에서 EEPROM 종류를 설정(뉴티씨 학습키트의 경우 EPCS4)
④ File name은 POF 파일로 변환 후 저장할 파일 이름을 작성(Default 이름을 사용하면 out_file.pof로 저장)
⑤ Input files to convert의 File/Data area에 보이는 'SOF Data'를 선택
⑥ 우측의 'Add File...' 클릭
⑦ Select Input File 창에서 'output_files' 디렉토리 클릭

⑧ 변환할 SOF 파일을 선택하고 'Open' 클릭
⑨ Convert Programming File 창의 Input files to convert의 File/Data area에 보이는 'SOF Data'를 선택하고 'Generate' 클릭
⑩ POF 파일로 성공적으로 변환되었다는 창이 활성화되면 'OK' 클릭

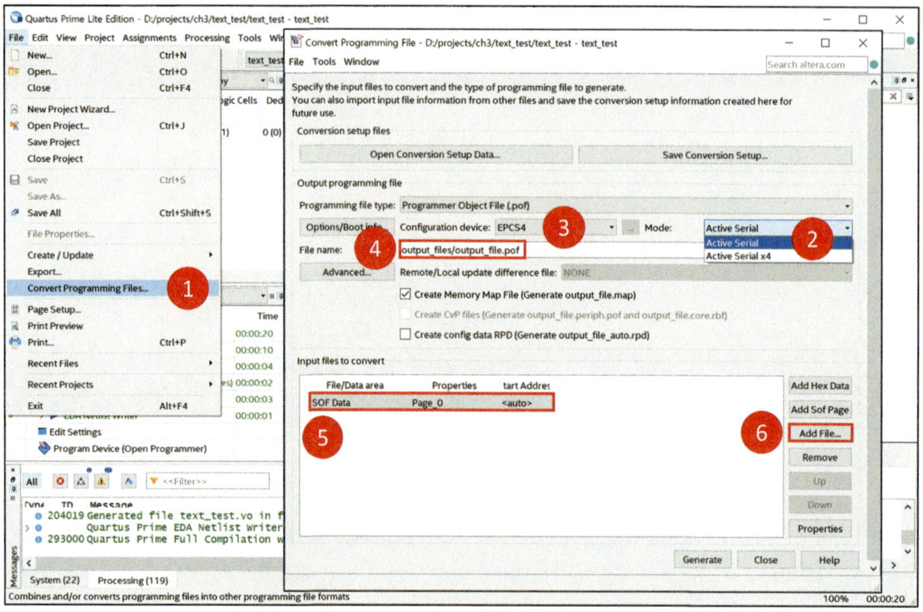

그림 3-65 Convert Programming File 창의 활성화

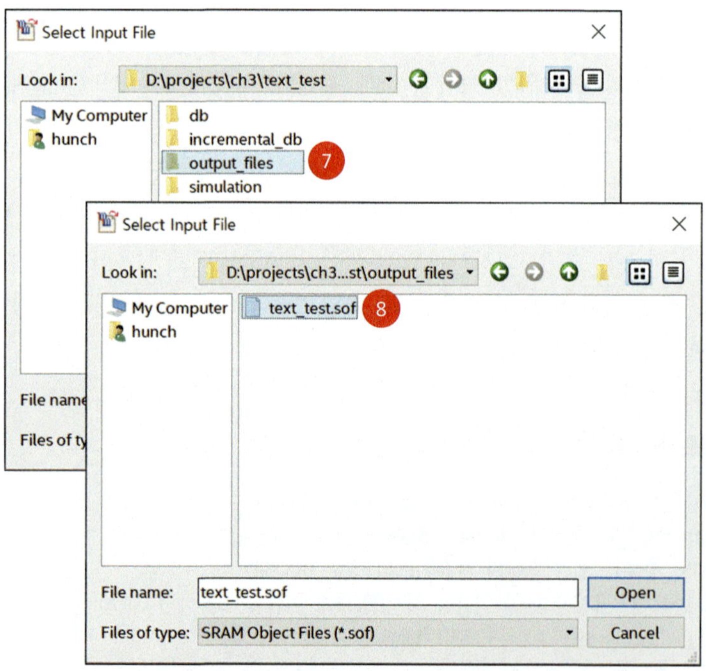

그림 3-66 변환할 input file(text_test.sof) 선택

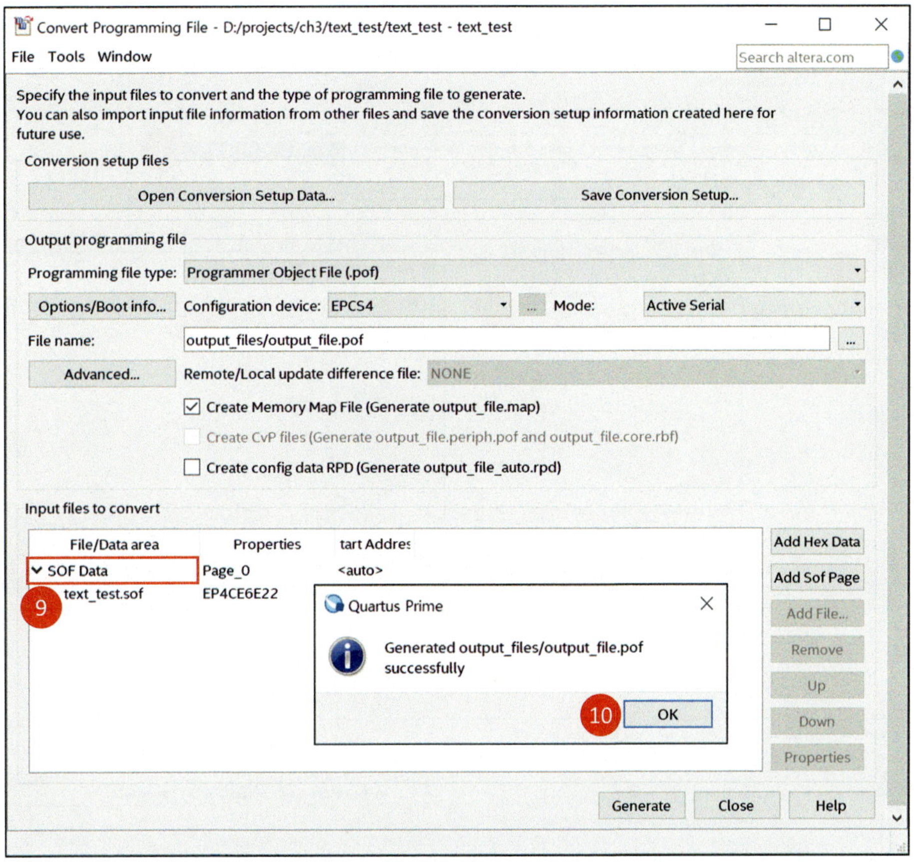

그림 3-67 선택한 input file(text_test.sof)의 POF 파일 변환(Default 이름 사용)

SOF 파일을 POF 파일로 변환하는 것을 완료하였다면 다음의 과정을 통해 변환된 합성 파일을 FPGA에 프로그래밍한다. 앞서 POF 변환할 때 변환 후 저장되는 파일 이름을 Default 이름을 사용하였으므로 output_file.pof로 저장되었음에 주의한다.

POF 파일을 이용한 Programming FPGA

① 사용자 인터페이스 메뉴의 'Tools' → 'Programmer' 또는 를 선택하여 활성화된 Programmer 창에서 Mode를 눌러 'Active Serial Programming' 선택
② 프로그래밍할 POF 파일을 추가하기 위해 'Add File...'을 클릭
③ Select Progrmming File 창에서 'output_files' 디렉토리 클릭
④ 'output_file.pof'을 선택하고 'Open' 클릭
⑤ Programmer 창에 선택한 output_file.pof 파일과 아래쪽에 PROM(EPCS4) 확인 후 이상이 없으면 Program Configure의 체크박스를 ☑ 표시한 후 'Start'를 클릭하면 프로그래밍 진행

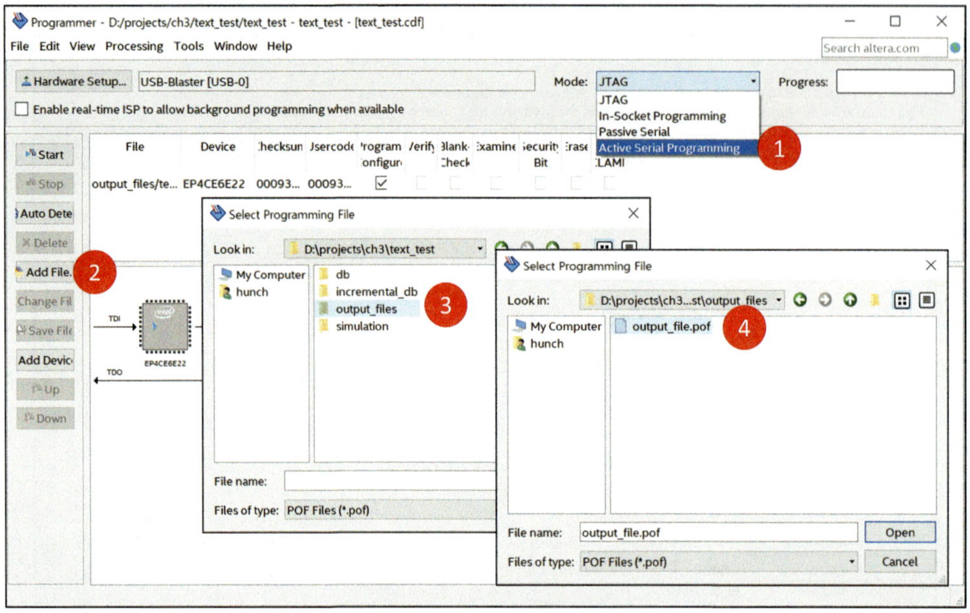

그림 3-68 POF 파일 선택

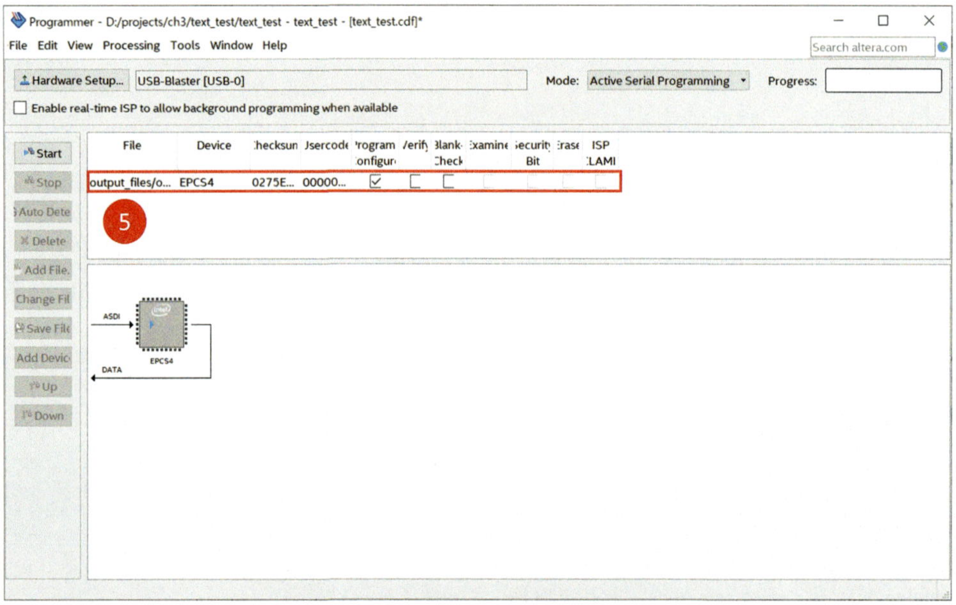

그림 3-69 POF 파일을 이용한 프로그래밍 FPGA 실행

연습문제

3.1 Quartus Prime 프로젝트를 생성하기 위해 디렉토리, 이름, 최상위 설계 엔터티를 설정하는 과정에서 주의해야 하는 사항은 무엇인가?

3.2 다음 설명에 해당하는 모델링 방식은?

(a) 모델링하고자 하는 회로를 그래픽한 블록 다이어그램을 이용해 구성하는 방법으로, 논리 게이트를 시각적으로 배치하고 연결하는 방식

(b) Verilog HDL과 같은 언어를 사용하여 회로의 동작이나 구조를 설명하는 방식

3.3 Quartus Prime를 이용한 시뮬레이션 단계의 설명에 대해 O/X를 판별하라?

(a) Quartus Prime은 기능 시뮬레이션과 타이밍 시뮬레이션을 모두 지원한다. (O/X)

(b) 기능 시뮬레이션은 타이밍 시뮬레이션보다 많은 시간이 소요된다. (O/X)

(c) 기능 시뮬레이션은 회로의 논리적 동작을 검증하는 데에 사용된다. (O/X)

(d) 타이밍 시뮬레이션은 FPGA/CPLD와 같은 타겟 디바이스에 구현된 회로의 지연 특성을 고려하여 검증한다. (O/X)

(e) 복잡한 기능과 고속 동작이 요구되는 시스템은 기능 시뮬레이션만으로 검증할 수 있다. (O/X)

(f) Quartus Prime에서 제공되는 시뮬레이션 Waveform Editor를 통해 기능 시뮬레이션을 할 수 있다. (O/X)

(g) 테스트벤치는 시뮬레이션에 사용되는 Verilog HDL 소스코드이다. (O/X)

3.4 FPGA/CPLD에 프로그래밍하기 위해 디바이스 선택과 핀 할당 과정을 하는 목적을 설명하시오

3.5 JTAG 모드와 Active Serial 모드의 차이점을 설명하시오.

CHAPTER

04 Verilog HDL의 기본 문법

Verilog HDL을 사용하여 반도체 집적회로나 디지털 시스템을 모델링할 때 Verilog HDL의 문법에 맞춰 하드웨어의 기능과 동작을 기술해야 한다. 이는 설계자의 모델링 의도를 설계 도구(Quartus Prime)에게 정확히 전달하기 위한 기본적인 조건이다. 이 장에서는 Verilog HDL을 이용하여 디지털 시스템을 모델링할 때 필요한 기본 문법과 여러 추상화 수준의 모델링 방법에 대해 알아본다.

학습목표

- 모델링의 기본 단위인 모듈에 대해 이해한다.
- Verilog의 어휘요소, 자료형, 벡터와 배열, 연산자에 대한 문법을 이해하고 사용할 수 있다.
- Verilog의 4가지 추상화 수준 모델링 방법을 이해한다.
- 구조적 설계를 위한 모델링 방법을 이해하고 인스턴스화 및 포트 맵핑을 할 수 있다.
- 시뮬레이션의 기본 개념을 이해하고, 테스트벤치를 작성할 수 있다.
- 효과적인 Verilog의 코딩 스타일을 이해하고 사용할 수 있다.

4.1 모델링의 기본 단위인 모듈

Verilog HDL을 사용하여 디지털 시스템을 모델링하기 위해서는 모델링의 기본 단위인 모듈(module)의 구조에 대한 이해가 필요하다. Verilog HDL은 소프트웨어 프로그래밍 언어인 C언어와 매우 유사하지만, 하드웨어를 모델링하기 위한 언어라는 것을 기억해야 한다. 하드웨어는 기본적으로 외부와의 소통을 위한 인터페이스(interface)인 입출력 포트(I/O port)[1)]가 있으며, 입력 포트에 인가되는 입력신호에 따라 원하는 기능과 동작에 해당하는 출력신호를 출력 포트로 내보내는 회로로 구성된다. Verilog HDL을 사용한 모델링은 하드웨어의 입출력 구조와 회로의 기능과 동작을 Verilog HDL이라는 하드웨어기술언어를 사용하여 소스코드 형태로 표현하는 것이다.

그림 4-1은 간단한 디지털 시스템의 기본 구조와 이를 Verilog HDL로 모델링한 모듈이다. 그림 4-1(a)에서 디지털 시스템은 XOR 게이트와 AND 게이트의 조합으로 이루어진 논리회로이다. 이 디지털 시스템에서 iA와 iB는 외부로부터 데이터(입력신호)가 인가되는 입력 포트(input port)이고, oSUM과 oCOUT는 외부로 처리 결과(출력신호)를 내보내는 출력 포트(output port)이다. 입력 및 출력 포트의 이름은 포트에 인가 또는 출력되는 신호의 이름으로 간주한다. 그림 4-1(b)는 그림 4-1(a)의 디지털 시스템을 Verilog HDL로 모델링한 것으로 모듈(module)이라 부른다. 모듈은 예약어인 module ~ endmodule 쌍을 기본 프레임(frame)으로 하며, 모듈의 기본 형식은 크게 세 부분으로 나눌 수 있다. 첫 번째는 모델링

1) 입출력 포트(I/O port) : 포트(port)의 사전적 의미는 항구로 외부에서 모듈로 인가되는 입력신호(Input signal)와 모듈에서 외부로 나가는 출력신호(Output signal)가 드나드는 출입구를 말한다.

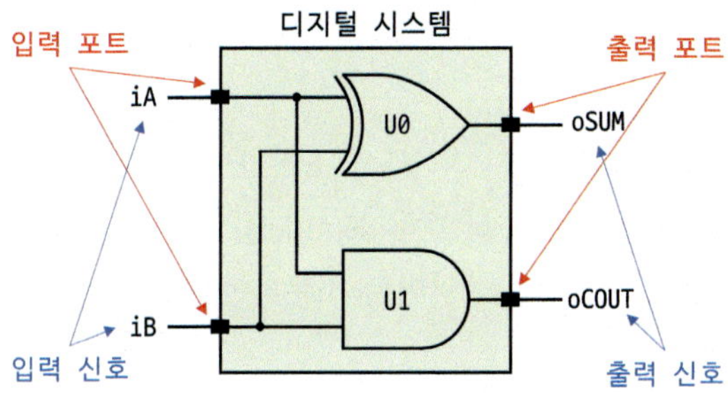

(a) 디지털 시스템의 구조

```
module half_adder (iA, iB, oSUM, oCOUT);

  input    iA, iB;
  output   oSUM, oCOUT;

  assign   oSUM  = iA ^ iB;  // iA xor iB
  assign   oCOUT = iA & iB;  // iA and iB

endmodule
```

(b) 모듈

그림 4-1 디지털 시스템의 구조와 Verilog HDL을 이용하여 모델링한 모듈

대상인 디지털 시스템의 이름과 외부와의 인터페이스인 입출력 포트를 나열한 포트 목록을 정의하는 부분이다. 두 번째는 모듈의 구조를 정의하는 부분으로 첫 번째 부분에서 제시한 포트 목록의 각 포트의 입출력 방향을 선언한다. 각 포트는 입력(input), 출력(output), 입출력(inout) 중 하나로 선언된다. 또한 내부 회로를 구성하는 논리 게이트와 같은 구성요소(component)들의 연결을 통해 전달되는 신호의 이름과 자료형(data type)[2], 신호의 비트 폭, 그리고 파라미터 등을 선언한다. 마지막으로 Verilog HDL의 할당문(assignment statement), 연산자(operator), 제어문(control statement) 등을 사용하여 회로의 기능 및 동작을 표현하는 부분으로 구성된다. 모듈의 기본적인 형식은 다음과 같다.

```
module 모듈이름 (포트목록);
   모듈 구조의 정의
   회로 기능 및 동작 표현
endmodule
```

```
/* 이곳에 주석을 써 넣는다 */
module module_name (port_list);
  모듈 구조의 정의
  • port 선언;
  • reg 선언;
  • wire 선언;
  • parameter 선언;

  회로 기능 표현
  • Primitive 연산자 표현;
  • assign문 표현;
  • function/task 호출문 표현;
  • always/initial문 표현;
endmodule
```

(a) 모듈의 기본 형식

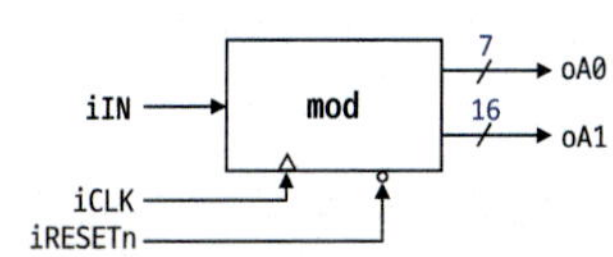


```
/* mod 모듈의 Verilog 표현 */
module mod (iCLK, iRESETn, iIN, oA0, oA1);
  input          iCLK, iRESETn;
  input          iIN;
  output [6:0]   oA0;
  output [15:0]  oA1;

  회로 기능 표현;
endmodule
```

(b) 모듈의 작성 예시

그림 4-2 모듈의 기본 형식과 작성 예시

2) 자료형(data type) : Verilog HDL의 자료형은 논리 게이트나 모듈 등 하드웨어 요소들 사이의 물리적 연결을 나타내는 net형과 데이터 저장 소자를 나타내는 reg형이 있다.

4.2 어휘요소

모듈은 Verilog HDL이라는 하드웨어기술언어의 어휘요소(lexical element)를 사용하여 소스코드 형태로 작성되며, 어휘요소로는 여백(white space), 주석(comment), 연산자(operator), 수(number), 식별어(identifier), 예약어(reserved word)가 있다. 모든 어휘요소는 알파벳으로 표현되며 대소문자를 구분한다. 연산자 및 예약어는 소문자만을 사용하는 것에 유의해야 한다.

❑ 여백(white space)

여백은 빈칸(space), 탭(tab), 그리고 줄 바꿈(new line) 등을 말하며, 기본적으로 Verilog 소스코드에서 어휘요소들을 분리[3]하기 위해 사용한다. 특히, 탭이나 줄 바꿈은 어휘요소의 분리 이외에 소스코드의 가독성을 높이기 위해 들여쓰기나 문장(statement) 구분을 위해 사용한다. 여백은 컴파일(compile)[4] 과정에서 무시되지만, 문자열(string)에서 사용했을 때는 의미 있게 취급된다.

❑ 주석(comment)

주석은 Verilog 소스코드에 대한 설명이나 소스코드 일부를 비활성화할 때 사용하며, 여백과 마찬가지로 컴파일 과정에서 무시된다. 주석을 사용하는 방법은 두 가지가 있다. 한 줄 주석은 '//'[5]로 시작하며 그 줄의 끝까지 주석으로 처리된다. 만약 설명할 내용이 많아 여러 줄의 주석이 필요할 때는 '/*'로 시작하여 '*/'로 끝내면 된다. 이때 여러 줄 주석은 중첩하여 사용할 수 없다. 그러나 한 줄 주석은 여러 줄 주석 안에 포함될 수 있다.

- 한 줄 주석의 사용 방법

```
// 한 줄 주석을 사용한 예, 해당 줄 전체가 주석
```

- 여러 줄 주석의 사용 방법

```
/* 여러 줄 주석을 사용한 예,
   여러 줄이 모두 주석으로 처리된다 */
```

❑ 연산자(operator)

연산자[6]는 수식이나 논리적 연산 등에 사용되는 기호 또는 단어로 단항 연산자, 2항 연산자, 3항 연산자가 있다. 단항 연산자는 피연산자(operand)[7] 앞에, 2항 연산자는 피연산자 사이에, 3항 연산자는 3개의 피연산자 사이에 사용된다. 연산자의 종류, 사용 방법 등 자세한 내용은 다음에 다루도록 하자.

```
a = ~b;              // 단항 연산자 '~'의 사용 예, b는 피연산자
a = b && c;          // 2항 연산자 '&&'의 사용 예, b와 c는 피연산자
a = b ? c : d;       // 3항 연산자 '? :'의 사용 예, b, c, d는 피연산자
```

---

3) 어휘요소의 분리나 가독성을 높이기 위해 사용한 1개 이상의 빈칸, 탭, 줄 바꿈은 컴파일 과정에서 모두 무시된다.

4) 컴파일 : 작성한 모듈의 소스코드를 하드웨어 구현을 위한 목적 파일(object file)로 변환하는 것

5) Quartus Prime에서 한 줄 주석 처리를 위한 단축키는 'ctrl + /'이다.

6) 연산자(operator) : 특정 작업이나 연산을 수행하는 기호나 기능을 말한다.

7) 피연산자(operand) : 연산자에 의해 조작되거나 처리되는 값 또는 변수를 말하며, 신호의 값이나 신호 그 자체라고 생각하면 된다.

❑ 수(number)

Verilog에서 다루는 데이터는 기본적으로 수치(numerical value)이며, 정수형(integer)과 실수형(real) 수를 모두 사용할 수 있다. 정수형 수는 2진수, 8진수, 10진수, 16진수 등 다양한 진법으로 표현할 수 있으며, 소스코드에서 다음과 같은 형식을 갖는다.

[비트 폭]' (진수별 전용문자)[8] (값)

수의 표현 형식에서 '비트 폭'을 생략하면 32비트, 진수별 전용문자를 생략하면 10진수로 취급되므로 모델링 후 합성[9] 결과가 커지거나 원하지 않는 값으로 처리될 수 있음을 유의해야 한다. 합성이 가능한 실수형 수를 사용하려면 가수(mentissa)와 지수(exponent)를 사용하는 부동소수점(floating point) 방식이나 정수 부분과 소수 부분을 고정된 비트 수로 나타내는 고정소숫점(fixed point) 방식으로 표현해야 하며, 별도의 처리가 요구된다. 실수형 상수는 시뮬레이션(테스트벤치)에서 사용하며 밑수(base)를 e나 E를 사용하여 표현한다. Verilog에서 수를 사용할 때 크기나 부호 등에 대한 정확한 선언[10]이 필요하다. 만약 선언이 올바르지 않다면, 원치 않는 동작을 하거나 오류가 발생할 수 있으므로 유의해야 한다. 수를 표현할 때 가독성을 높이기 위해 밑줄(underscore, _)을 사용할 수 있으며, 컴파일 과정에서 수 표현에 사용된 밑줄은 무시된다. 표 4-1은 Verilog에서 다양한 수의 표현 예시이다.

표 4-1 Verilog HDL에서 수의 표현 예시

<table>
<tr><th>구분</th><th>표현</th><th>비트 폭</th><th>진수</th><th>처리되는 2진수 값</th><th colspan="2">비고</th></tr>
<tr><td rowspan="5">sized 상수</td><td>1'b1</td><td>1</td><td>2진수</td><td>1</td><td colspan="2" rowspan="9">정수형 수는 모델링한 내용이 합성 가능하며, 시뮬레이션에서도 사용 가능</td></tr>
<tr><td>8'o123</td><td>8</td><td>8진수</td><td>0101_0011</td></tr>
<tr><td>16'hFF</td><td>16</td><td>16진수</td><td>0000_0000_1111_1111</td></tr>
<tr><td>5'd10</td><td>5</td><td>10진수</td><td>0_1010</td></tr>
<tr><td>-5'b00001</td><td>5</td><td>2진수</td><td>1_1111[11]</td></tr>
<tr><td rowspan="4">unsized 상수</td><td>'b1</td><td>32</td><td>2진수</td><td>0000_0000_ … _0000_0001</td></tr>
<tr><td>'o123</td><td>32</td><td>8진수</td><td>0000_0000_ … _0101_0011</td></tr>
<tr><td>'hFF</td><td>32</td><td>16진수</td><td>0000_ … _0000_1111_1111</td></tr>
<tr><td>10</td><td>32</td><td>10진수</td><td>0000_0000_ … _0000_1010</td></tr>
<tr><td rowspan="4">실수용 상수</td><td>0.01</td><td>-</td><td>실수</td><td>-</td><td>= 1.0e-2</td><td rowspan="4">실수형 상수로 시뮬레이션 용</td></tr>
<tr><td>123.0</td><td>-</td><td>실수</td><td>-</td><td>≠ 123</td></tr>
<tr><td>1.5E3</td><td>-</td><td>실수</td><td>-</td><td>= 1500</td></tr>
<tr><td>1.5e-3</td><td>-</td><td>실수</td><td>-</td><td>= 0.0015</td></tr>
<tr><td>오류</td><td>1FF</td><td colspan="5">문법 오류, 'h(진수 전용문자)가 필요</td></tr>
</table>

8) 진수를 표현할 때 진수별 전용문자로 영문자를 사용하며 2진수(binary)는 b 또는 B, 8진수(octal)는 o 또는 O, 16진수(hexa decimal)는 h 또는 H이다.

9) Verilog HDL로 작성된 소스코드로부터 실제 하드웨어를 생성하는 과정

10) 선언 : 사용할 신호나 데이터의 정보나 특성을 정의하는 것

❑ 문자열(string)

문자열은 2개 이상의 문자(빈칸, 탭 포함)[12]로 구성된 것으로 겹따옴표(" ")로 둘러싸며 한 줄을 넘길 수 없다. C언어처럼 에스케이프 문자(\t, \n, \\, \", %%)를 사용할 수 있다. 문자열은 reg 자료형으로 처리하며, 문자열을 구성하는 문자 수에 8을 곱한 크기의 비트 폭, 즉 하나의 문자는 1byte ASCII 값으로 취급된다. 문자열은 하드웨어로 합성이 되지 않으며, 시뮬레이션에서만 사용이 가능함을 유의해야 한다.

```
reg [8*8-1:0] str_var1;                // str_var1를 reg형으로 선언
assign  str_var1 = "A String";         // str_var1에 문자열(A String) 할당
assign data = 4'hF;                    // data에 4비트 1111을 할당
$display("This value is %b", data);    // 모니터에 문자열과 함께 data에 저장된 값을 출력형식(%b)에 맞춰 출력, %b는 2진수 형식
reg [8*20-1:0] str_var                 // str_var를 reg형으로 선언
assign  str_var = "Hello, verilog world!";  // reg형 str_var에 문자열 할당
```

❑ 식별어(identifier)

식별어(식별자)는 사용자가 설계 시 필요에 따라 정의한 모듈, 입출력 포트, 신호, 함수, 연산자 등의 이름 등을 말하며, 1개 이상의 문자나 여백을 가지지 않는 문자열(string)이다. 식별어를 사용할 때의 규칙은 C언어의 규칙과 대부분 같다.

• 식별어 사용 규칙

- 사용 가능 문자
  - · 첫 문자는 알파벳 문자(a ~ z, A ~ Z), 밑줄(_), 백슬래쉬(\)로 시작해야 함
  - · 다음 문자부터는 영문자, 숫자, 밑줄, $을 사용할 수 있음
  - · 이름 중간에 여백(빈칸, 탭, 줄 바꿈)을 사용할 수 없음
  - · 대문자와 소문자를 구별함
- 허용 길이
  - · 식별어 이름은 1023개 문자까지 사용 가능하지만, 짧고 명확한 이름을 사용하는 것이 좋음
- 예약어 사용 불가
  - · module, endmodule, always, input, if 등과 같은 예약어(키워드)를 식별자로 사용할 수 없음
- 에스케이프 식별어
  - · 백슬래쉬(\)로 시작하고, 백슬래쉬 뒤는 제어 문자를 포함한 모든 ASCII 문자를 사용할 수 있으며 여백으로 끝남

• 식별어의 사용 예

```
shift_reg    // 문자 사이에 밑줄(_)을 사용
_a$123       // 첫 문자로 밑줄(_)을 사용하고 중간에 $ 사용
error_a      // Error_a와 구별됨
\out+        // 에스케이프 식별어의 예
77_net       // 문법 오류, 숫자로 시작할 수 없음
a*b@com      // 문법 오류, 이름에 특수기호(*)나 기호(@)가 포함될 수 없음
```

식별어의 이름을 정의할 때 강제되는 규칙은 없지만, 관례적으로 소문자를 주로 사용한다. 포트나 신호의 이름을 정의할 때 입출력 방향과 자료형에 따라 접미사나 접두사를 사용하여 쉽게 구별하도록 한다. 예를 들어 입력은 i이름 또는 in_이름, 출력은 o이름 또는 out_이름과 같은 형식을 사용한다. 모든 식별자의 이름은 의미있는 이름으로 정의하며, 가독성을 고려하여 작성하는 것이 좋다.

---

11) 5비트 2진수 0_0001의 2의 보수 표현인 1_1111로 처리된다.

12) 문자열에서 사용된 빈칸(space)은 1개 문자, 탭(tab)은 에디터의 설정에 따라 달라질 수 있으나 일반적으로 4개 문자로 취급된다.

❑ 예약어(reserved word)

예약어는 키워드(keyword)라고도 하며, Verilog에서 문장을 기술할 때 미리 지정(예약)된 소문자들로 구성된 문자열을 말한다. 예약어는 특정한 역할을 하므로 모듈, 포트, 신호 등의 이름으로 사용할 수 없다. 전용 설계 도구[13)]의 편집기에서는 예약어와 사용자가 정의한 식별어를 구별하기 위해 사용자 문자열들과 다른 색으로 표시된다. 이 예약어들은 독립적으로 사용하거거나 예약어들을 조합해서 사용하고, 일부 예약어는 시뮬레이션에서만 사용하는 것도 있다.

주요 예약어[14)]

module	endmodule	input	output	reg
wire	parameter	always	initial	assign
begin	end	case	endcase	function
task	if	and	or	not

4.3 자료형

C언어나 Python과 같은 소프트웨어 프로그래밍 언어에서 자료형(data type)은 변수(variable)에 저장할 수 있는 데이터의 종류를 정의하기 위해 사용되는 개념이다. 반면에, Verilog HDL에서의 자료형은 디지털 하드웨어의 구성요소들 사이에서 데이터의 전달, 저장 및 내부 처리 방식을 모델링하기 위해 사용된다. Verilog HDL이 디지털 하드웨어를 모델링하는 언어라는 것을 기억해야 한다.

Verilog HDL의 자료형은 네트(net)형과 레지스터(reg)형으로 나뉘는 데 이들 자료형은 데이터를 할당하고 값을 보유하는 방식이 다르며, 서로 다른 하드웨어적 구조를 나타낸다.

표 4-2 Verilog HDL의 자료형

자료형	용도
net형	소자 사이의 물리적 연결
reg형	값을 임시로 저장할 수 있는 대상(객체)

Verilog HDL의 자료형은 표 4-3의 4가지 논리값(0, 1, x, z)을 갖는다. net형은 논리 게이트나 모듈과 같은 하드웨어 요소들 사이의 물리적인 연결을 나타내기 위해 사용되며, 논리값을 저장할 수 없다. 반면, reg형은 C언어의 변수와 같은 역할을 하며, 다른 논리값이 할당되기 전까지 이전 논리값을 유지할 수 있다.

13) HDL 전용 설계 도구로 Intel 사의 Quartus Prime, Xilinx 사의 Vivado 등이 있다.

14) 예약어는 http://www.pldworld.com/_hdl/1/RESOURCES/QUALIS/library/vlogref.pdf에서 참조

표 4-3 Verilog HDL의 논리값

논리값	의미
0	논리적 0(Low) 또는 거짓(False) 상태, 하드웨어적으로 접지
1	논리적 1(High) 또는 참(True) 상태, 하드웨어적으로 전원 전압
x	알 수 없는 논리값
z	High 임피던스, 연결되지 않은 개방(open) 또는 플로팅(floating) 상태

4.3.1. 네트(net) 자료형

net형은 소자 사이의 물리적인 연결(입출력 포트나 연결을 위해 사용되는 신호)을 표현하는 데 사용하는 자료형이다. 그림 4-3에서 iA, iB, iCIN, oSUM, oCARRY는 외부와 연결되는 입출력 포트이며, s0, c1, c2는 내부 구성요소 사이의 연결(신호)이다. net형은 이처럼 하드웨어 내외부의 물리적 연결을 정의하는 자료형으로 net 값이 변하게 되면 즉시 새로운 값을 전달하게 된다. 그림 4-3에서 net형 iA와 iB는 입력 포트로서, 외부로부터 인가받은 값을 인스턴스 이름이 U0와 U2인 논리 게이트의 입력으로 전달한다. net형 s0는 U0의 출력 포트와 U2의 입력 포트의 연결이다. 만약 iA와 iB로부터 인가되는 입력값이 연속적으로 변하면, net형 s0는 변하는 입력값에 따라 연속적으로 유도(drive)되는 출력값을 갖게 된다. net형 oSUM과 oCARRY는 인스턴스 이름이 U2와 U4인 논리 게이트의 출력을 외부로 내보내는 출력 포트이다.

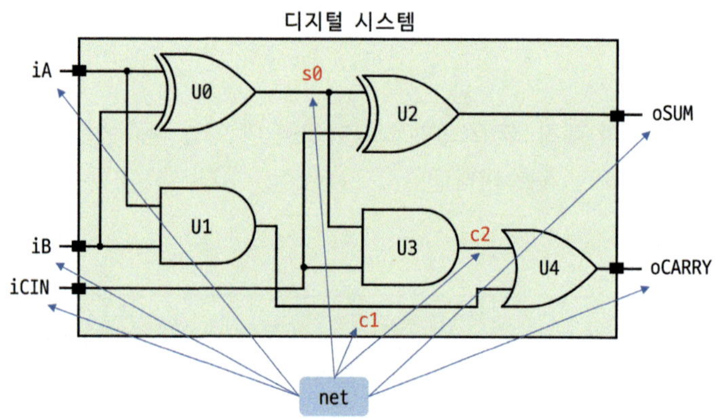

그림 4-3 Verilog에서 네트(net)

그림 4-3과 같은 하드웨어를 모델링할 때 net를 사용하기 위해서는 먼저 표 4-4에 정리된 예약어인 자료형 이름을 사용하여 net에 해당하는 포트나 신호의 이름(식별어)을 정의해야 하는데 이를 자료형 선언이라 한다. 이후 자료형 선언을 통해 정의된 포트나 신호를 사용하여 소자 사이의 물리적인 연결을 표현할 수 있다. 여러 net 자료형 이름 중 wire는 net 자료형을 대표하는 자료형 이름으로, wire로 선언된 포트나 신호의 기본값(초깃값)은 z(high 임피던스)이다. net 자료형은 연속적으로 유도되는 출력값을 갖게 되며, 만약 유도되는 값이 없으면 z 값을 갖는다.

표 4-4 Verilog HDL에서 네트 자료형

자료형 이름	의미
wire	논리적 행동(회로 동작)이나 기능 없이 단순한 연결에 사용
tri	3상태(tri-state) 버스에 연결되는 신호로 0, 1, z(High 임피던스)를 가질 수 있음
supply0	net를 접지(GND)에 연결
supply1	net를 전원(VDD)에 연결
tri0	net를 저항성 풀다운(pull down)에 의해 접지에 연결
tri1	net를 저항성 풀업(pull up)에 의해 전원에 연결
wand	여러 디바이스 출력을 선으로 연결하여 and 기능을 하도록 함, wired-and(open collect logic)의 하드웨어 구현을 모델링하기 위해 사용
wor	여러 디바이스 출력을 선으로 연결하여 or 기능을 하도록 함, wired-or(emitter coupled logic)의 하드웨어 구현을 모델링하기 위해 사용
triand	wand와 같으며 3상태로 High 임피던스 상태가 더 있음
trior	wor와 같으며 3상태로 High 임피던스 상태가 더 있음
trireg	초깃값은 High 임피던스로 물리적인 net에 저장되는 전하(charge)를 모델링하기 위해 사용, 이전 값을 유지

net 자료형을 정의하기 위한 선언 형식은 다음과 같다.

```
net_자료형_이름 [범위] [지연시간] net_이름1, net_이름2, ..., net_이름N;
```

net 자료형의 크기(비트 폭)는 자료형을 선언할 때 '범위'를 지정함으로써 결정되는데, 범위는 [MSB : LSB]와 같은 표현을 사용한다. 이때 MSB는 최상위 비트(Most Significant Bit), LSB는 최하위 비트(Least Significant Bit)를 말한다. 만약 범위를 지정하지 않으면 기본적으로 1비트 net형으로 정의되며, net형의 크기가 2비트 이상이 되기 위해서는 자료형 선언 시 범위를 지정해야 한다. 또한 정확한 시뮬레이션을 하고자 한다면 자료형을 선언할 때 '지연시간[15]'을 지정할 수도 있다. 입문자의 경우 '지연시간' 지정은 생략해도 된다. 다수의 포트나 신호의 자료형을 선언할 때 크기가 같다면 이름 사이를 ','(comma)로 구분하여 한 번에 자료형 선언을 할 수 있다. 그러나 크기가 다르다면 각각 나누어 선언해야 한다.

net 자료형의 선언 예

```
wire  x;                 // 1비트 크기의 net형 x를 wire로 선언
wire  [7:0] a, b;        // 같은 크기(8비트)를 갖는 net형 a와 b를 wire로 선언
wire  [3:0] c, [7:0] d; // 오류, 크기가 다른 net 선언은 줄을 나누어 각각 선언
wire  [3:0] c;          // 4비트 크기의 net 형 c를 wire로 선언
wire  [7:0] d;          // 8비트 크기의 net 형 d를 wire로 선언
```

표 4-4의 net 자료형 중 'wire'는 회로를 구성하는 요소 사이의 물리적인 연결을 모델링할 때 사용하는 기본적인 자료형이며, 다음과 같은 경우에 자료형을 wire로 선언해야 한다.

15) 지연시간 지정을 생략하면, 지연시간이 발생하지 않는 이상적인 상황(지연시간 = 0)으로 간주된다.

모듈 내부에서 신호의 자료형이 wire로 선언되는 3가지 규칙

[규칙 1] assign 문[16]에서 좌변 할당 신호는 wire로 선언, 좌변 할당 신호가 포트 신호인 경우는 wire 선언의 생략이 가능

[규칙 2] 게이트 프리미티브[17]의 출력신호는 wire로 선언, 게이트 프리미티브의 출력신호가 포트 신호이거나 1비트 wire인 경우는 생략 가능

[규칙 3] 구조적 모델링 시 하위모듈을 인스턴스화[18]하는 경우, 하위모듈의 출력신호는 wire로 선언됨, 해당 신호가 포트 신호이거나, 1비트 wire인 경우 wire 선언의 생략 가능

4.3.2. 레지스터(reg) 자료형

변수(variable) 자료형이라고도 하는 레지스터(reg) 자료형은 C언어 프로그래밍과 같은 소프트웨어 프로그래밍 언어에서 사용하는 변수와 같은 역할을 하므로 네트(net)형과는 달리 새로운 값이 할당될 때까지 현재의 값을 유지할 수 있다. reg 자료형은 뒤에서 설명할 always 문이나 initial 문 내부의 절차적 할당문(procedural assignment statement)[19]을 사용하여 논리값을 할당받으며, 할당받은 값은 다음 할당이 이루어질 때까지 유지된다. reg 자료형은 플립플롭 등 논리값을 저장하는 소자를 모델링할 때 주로 사용되지만, 논리값 저장이 이루어지지 않는 조합 논리회로[20]의 모델링에서도 사용할 수 있다.

reg 자료형은 표 4-5에 정리된 예약어에 의해 선언된다. 예약어 reg, time, integer로 정의되는 reg 자료형의 기본 초깃값은 x(unknown)이며, 시뮬레이션에서 사용하는 real, realtime으로 정의되는 자료형의 초깃값은 0.0이다.

표 4-5 Verilog HDL에서 reg 자료형

자료형 이름	의미
reg	크기를 가지나 부호가 없는 정수를 갖는 변수로 실제 설계에서 사용
integer	부호 있는 32비트 크기의 정수를 갖는 변수(산술연산 시 결과가 2의 보수로 출력)로 시뮬레이션에서만 사용
real	부호 있는 실수값을 갖는 변수로 시뮬레이션에서만 사용
time	부호 없는 64비트 크기의 정수를 갖는 변수로 시뮬레이션에서만 사용

reg 자료형을 정의하기 위한 선언 형식은 다음과 같다.

```
register_자료형_이름 [범위] register_이름1, register_이름2, … , register_이름N;
```

reg 자료형의 크기(비트 폭)는 net 자료형을 선언할 때처럼 범위 지정을 통해 결정할 수 있다. 만약 범위를 지정하지 않으면 기본적으로 1비트 reg형으로 선언된다. 반면, net형과 달리 자료형 선언 시 지연시간을 정의하지 않는다.

16) assign문 : Verilog에서 네트형으로 선언되는 입출력 포트나 연결 신호에 연속적인 값을 할당할 때 사용하는 할당문이다.

17) 게이트 프리미티브(gate primitive) : Verilog에서 여러 논리 게이트를 모델링하기 위해 기본적으로 내장하고 있는 연산자를 말한다.

18) 인스턴스화(instantiation) : 모듈 내에서 논리 게이트나 다른 모듈을 호출하는 것을 말한다.

19) 절차적 할당문(procedural assignment statement) : 이전 상태(reg 자료형에 저장)에 따라 현재 상태가 결정되는 순차 논리회로의 설계에서 reg 자료형의 값을 갱신할 때 사용하는 할당문으로 always 문과 initial 문에서 사용된다.

20) 조합 논리회로 : AND, OR, NOT 3가지 기본 논리 게이트의 조합으로 구성되는 논리회로로 연속적으로 변하는 입력에 대해 즉시 유도된 연속적인 출력을 갖는다.

reg 자료형의 선언 예

```
reg  [3:0] x, y;         // 4비트 크기의 x와 y를 reg형으로 선언
reg  [1:0] x, [3:0] y;   // 오류, 크기가 다른 reg 선언은 줄을 나누어 각각 선언
reg  [1:0] x;            // 2비트 크기의 x를 reg형으로 선언
reg  [3:0] y;            // 4비트 크기의 y를 reg형으로 선언
```

표 4-5의 reg 자료형 중 'reg'는 논리값을 저장할 수 있는 소자(플립플롭, 래치, 메모리 등)를 모델링할 때 사용하는 기본적인 자료형이며, 다음과 같은 경우에 자료형을 reg로 선언해야 한다.

모듈 내부에서 신호의 자료형이 reg로 선언되는 3가지 규칙

[규칙 1] initial 문의 좌변 할당 신호일 경우 reg형으로 선언

```
reg  a, b;  // 항상 reg 자료형으로 선언이 필요
initial begin
     a = 1'b0;
     b = 1'b1;
end
```

[규칙 2] always 문의 좌변 할당 신호일 경우 reg형으로 선언

```
reg  y;    // 항상 reg 자료형으로 선언이 필요
always @(a or b) begin
    y = a & b;
end
```

[규칙 3] function이나 task[21]의 좌변 할당 신호일 경우 reg 선언. 단, function의 함수 이름과 task의 출력신호를 통해 결괏값을 반환하는데 이들의 자료형은 기본적으로 reg이므로 reg 선언이 불필요

4.3.3. 파라미터(parameter)

Verilog HDL에는 하드웨어적 입출력 구조와 내외부 신호를 모델링할 때 사용하는 net형과 reg형 이외에도 모듈 내에서 변하지 않는 값인 상수를 정의하기 위한 파라미터(parameter)가 있다. 파라미터는 net 또는 reg와 같은 자료형이 아니며, parameter로 선언된 식별자는 컴파일 시 parameter 선언을 통해 정의한 상숫값으로 단순히 대치된다. 파라미터는 데이터의 비트 폭이나 주소 범위와 같은 하드웨어 구성에 관련된 상숫값을 정의할 때 주로 사용하며, 모듈 내에서 예약어 'parameter' 또는 'localparam'을 사용하여 다음과 같은 형식으로 선언한다.

```
parameter(또는 localparam)   [범위]  파라미터_이름 = 값 또는 수식;

parameter(또는 localparam)   [범위]  파라미터_이름1 = 값 또는 수식,
                             [범위]  파라미터_이름2 = 값 또는 수식,
                                          ⋮
                             [범위]  파라미터_이름N = 값 또는 수식;
```

21) function과 task는 C언어의 함수와 매우 유사한 개념으로 반복 수행되는 회로 동작을 사용자가 모듈 내에 독립된 소스코드로 작성한 것을 말하며, 필요할 때 호출하여 사용할 수 있다.

파라미터 선언 시 예약어 parameter는 모듈 내에서 값을 변경할 수 없는 상수를 정의하는 데 사용되며, 모듈을 인스턴스화할 때 파라미터 값을 지정할 수 있다. 반면, localparam은 모듈 외부에서 변경할 수 없는 상수를 정의하는 데 사용된다. 파라미터로 선언되는 식별어의 이름은 모두 대문자를 사용하는 것이 일반적이다.

parameter의 선언 예시

```
parameter  [3:0] VALUE = 4'd8;  // 4비트 상수 VALUE를 4비트 정수 8로 정의
parameter  AVG = (x + y) / 2;   // 상수 AVG를 x와 y의 식에 의한 결과로 정의
parameter  SIZE = 4;            // 상수 SIZE를 범위 없이 정수 4로 정의
parameter  A = SIZE'b1111;      // 문법 오류
```

파라미터 선언을 통해 입출력 포트나 신호의 비트 수, 신호의 값 등을 정의할 수 있지만, SIZE'b1111과 같이 신호나 데이터의 값을 표현하는 데 있어 값의 크기(비트 수)를 결정하는 SIZE를 파라미터로 선언하여 정의할 수는 없다. 또한 파라미터 선언 시 범위를 지정하지 않으면, 파라미터는 기본적으로 32비트 정수형으로 처리된다. 이 경우 특정 상황에서 비트 폭과 관련된 문제가 발생할 수 있으므로 주의해야 한다. 일반적으로 파라미터의 범위를 지정하지 않더라도 비트 폭을 포함한 진수 형식의 값으로 선언하면 비트 폭과 관련된 문제를 피할 수 있다.

parameter의 선언 시 주의 사항

```
// parameter의 선언 시 신호나 데이터 값의 비트 폭 정의 불가
parameter  A = SIZE'b1111;             // 문법 오류, A = {SIZE{1'b1}}22)로 사용

// 범위를 지정하지 않은 parameter의 선언 시 비트 폭 관련 문제 발생
module no_range_parameter (iDATA, oRESULT);
  input    [7:0] iDATA;
  output   [7:0] oRESULT;

  parameter   VALUE = 256;             // 범위 지정 없이 정수형 파라미터 선언

  assign   oRESULT = iDATA + VALUE;    // 비트 폭 관련 문제가 발생할 수 있음
endmodule
```

모듈 내에서 예약어 parameter를 사용하여 파라미터로 선언된 상숫값은 컴파일 과정에서 결정되며, 시뮬레이션 실행 중에 변경할 수 없다. 그러나 컴파일이 이루어지기 전, 즉 모듈을 인스턴스화할 때 파라미터 값을 재정의하거나 defparam 문장[23]을 사용하여 변경할 수 있다. 이처럼 인스턴스화하는 각각의 하위모듈의 파라미터를 개별적으로 변경할 수 있으므로 간단히 파라미터의 값을 재정의하는 것만으로 인스턴스화하는 하위모듈의 기능이나 동작을 바꿀 수 있다. 또한 서로 다른 모듈이나 각각의 인스턴스화 모듈에서 같은 이름으로 정의된 파라미터 값은 컴파일 시 개별적으로 처리되므로 모듈별로 서로 다른 값으로 사용할 수 있다. 이와 같은 파라미터의 사용을 모듈 매개 변수라고 하며, 이 매개 변수들은 하위모듈을 인스턴스화할 때 값이 전달된다. 모듈 매개 변수의 사용 형식은 다음과 같다.

---

22) {SIZE{1'b1}}는 반복연산자를 이용한 표현으로 4.5 연산자 부분을 참고한다.

23) defparam 문장 : 인스턴스화된 모듈 객체의 속성 즉, 파라미터로 정의된 상숫값, 포트, 나머지 속성 등을 동적으로 변경하고 싶을 때 사용되는 문장으로 입문자는 사용하지 않는 것이 좋다.

모듈 매개 변수의 사용 형식

```
// 이름에 의한 맵핍 방법 사용
module_name #(.parameter1(parameter1_value), .parameter2(parameter2_value),
              ..., .parameterN(parameterN_value))
             (instance_name (port_list)); // instance_name은 생략 가능

// 위치에 의한 맵핍 방법 사용
module_name #(parameter parameter1 = value1, parameter2 = value2, ...,
              parameterN = valueN)
             (instance_name (port_list)); // instance_name은 생략 가능
```

일반적으로 모듈 매개 변수는 모듈의 크기, 상수, 기능적인 옵션 등을 설정하는 데 사용된다. 예를 들어, 데이터 폭이나 주파수 분할 비율 등을 정의하는 데 사용된다. 모듈 매개 변수는 코드의 재사용성을 높이고, 유연성을 제공하여 모듈을 쉽게 변경하고 수정할 수 있게 해준다.

인스턴스화 시 모듈 매개 변수를 사용한 예시

```
// 이름에 의한 맵핑 방법 사용
module example_module #(.WIDTH(4)) (iDATA, oRESULT);
  input    [WIDTH-1:0] iDATA;
  output   [WIDTH-1:0] oRESULT;
    ⋮
endmodule

// 위치에 의한 맵핑 방법 사용
module example_module #(parameter WIDTH = 4) (iDATA, oRESULT);
  input    [WIDTH-1:0] iDATA;;
  output   [WIDTH-1:0] oRESULT;;
   ⋮
endmodule
```

parameter와 유사하게 모듈 내에서 상숫값을 정의하는 데 사용하는 예약어로 'localparam'이 있다. localparam은 모듈 내에서만 유효한 상숫값을 정의하는 데 사용되며, 한 번 상숫값을 정의하면 변경할 수 없다. 즉, parameter와 달리 이미 정의된 상숫값을 defparam 문으로 변경할 수 없다. localparam은 정의한 상숫값을 변경할 수 없다는 점을 제외하고는 parameter와 같은 선언 형식과 기능을 가지며, parameter를 포함하는 수식으로 정의할 수도 있다. localparam은 주로 모듈 내에서만 사용하는 다양한 상숫값, 파라미터 값에 기반하여 계산된 값, 유한상태머신(FSM; Finite State Machine)의 상태 등을 정의할 때 사용된다.

localparam의 선언 예시

```
localparam  MAX_VALUE = 8'd255; // 상수 MAX_VALUE를 8비트 크기의 정수 255로 정의
localparam  MIN_VALUE = 0;      // 상수 MIN_VALUE를 0으로 정의
localparam  PI = 3.141592;      // 상수 PI를 원주율 값으로 정의(시뮬레이션 용)
localparam  M = WIDTH*2;        // 상수 M을 파라미터의 2배인 2×WIDTH로 정의
localparam  IDLE_STATE = 2'b00; // FSM의 상태 IDLE_STATE을 2'b00로 정의
localparam  READ_STATE = 2'b01; // FSM의 상태 READ_STATE을 2'b01로 정의
```

4.4 벡터와 배열

Verilog HDL에서 벡터(vector)와 배열(array)은 특정 자료형의 요소들을 묶어 하나의 객체(object)로 취급하기 위해 사용한다. 앞서 자료형 선언에서 범위를 지정하지 않았을 때, 해당 자료형이 1비트로 취급된다는 것을 살펴보았다. 만약 2비트 이상의 net 자료형이나 reg 자료형을 사용하기 위해서는 자료형 선언을 할 때 필요한 비트 수에 해당하는 범위를 지정해야 한다.

4.4.1. 벡터와 배열의 선언

벡터는 여러 개의 비트로 구성된 비트 열(bit sequence)을 말하며, 벡터를 위한 별도의 자료형은 없다. 따라서 net 자료형 또는 reg 자료형 선언을 할 때 범위를 지정하면, 선언할 때 지정한 자료형과 크기를 갖는 벡터가 된다. 벡터의 선언 형식은 다음과 같다.

```
자료형  [MSB : LSB]  벡터_이름;
```

배열(array)은 벡터들의 묶음으로 볼 수 있으며, 2개 이상의 벡터로 구성되는 배열을 사용하기 위해서는 백터를 선언할 때 벡터 이름 뒤에 주소 범위를 지정하면 된다. 배열의 선언 형식은 다음과 같다.

```
자료형  [MSB : LSB] 배열_이름 [upper_address : lower_address];
```

만약 다차원 배열을 사용하기 위해서는 벡터 이름 뒤에 주소 범위를 원하는 차원 수만큼 추가하면 된다. 그림 4-4는 벡터와 배열의 개념을 나타내고 있다. reg형으로 선언된 reg_a는 5비트 데이터를 할당받을 수 있는 벡터이고, reg형으로 선언된 array는 5비트 크기의 벡터 256개로 구성된 1차원 배열로, 5비트 데이터를 저장할 수 있는 각각의 벡터는 0부터 255번지의 주소로 구별된다. reg형으로 선언된 array_2D는 256개의 행 주소와 3개의 열 주소를 갖는 2차원 배열로, 배열의 2차원 주소(행 주소, 열 주소)로 지정되는 각 벡터에 5비트 데이터를 할당할 수 있다.

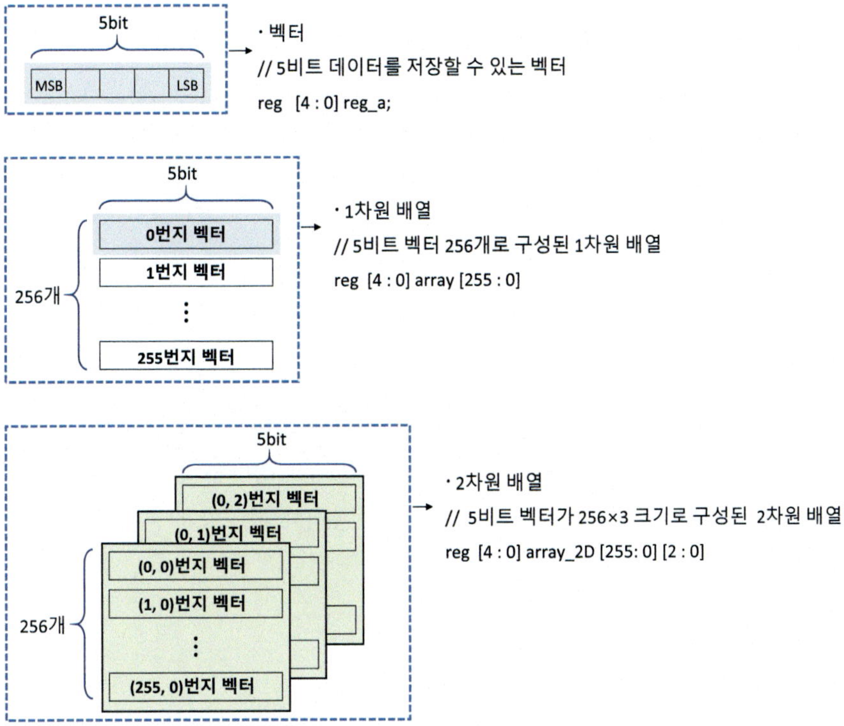

그림 4-4 벡터(vector)와 배열(array)의 개념

4.4.2. 벡터와 배열의 요소 지정과 데이터 할당

벡터나 배열에 데이터를 할당하거나 할당된 데이터를 읽어오기 위해서는 벡터와 배열의 요소(element)[24] 지정이 필요하다.

먼저 벡터의 특정 비트나 비트 영역을 지정하는 방법은 벡터 이름 뒤에 비트 인덱스(index)나 비트 영역(범위) 인덱스를 대괄호로 감싸서 사용하면 된다. 벡터의 요소 인덱스를 지정했다면, 해당 요소 인덱스에 할당되어 있는 데이터 읽어오거나, 데이터를 할당할 수 있다.

벡터의 요소 지정 및 데이터 할당 예시

```
// 벡터의 요소 지정 및 데이터 할당
wire  [7:0] bus_a;   // bus_a를 net형(wire) 8비트 벡터로 선언
bus_a [0] = 1'b0;    // 비트 인덱스 사용, 8비트 벡터의 0번째 비트를 지정하고 1비트 0을 할당
bus_a [3:0] = 4'hF;  // 비트 영역 인덱스 사용, 8비트 벡터의 0 ~ 3번째 비트 열을 지정하고 4'hF를 할당
```

배열의 요소 지정은 벡터에서의 방법과 유사하게 배열 이름 뒤에 주소 인덱스(index)를 대괄호로 감싸서 사용하면 되는데, 이때 주소 범위로 지정, 즉 여러 개의 벡터를 지정하지 않는다.

24) 벡터와 배열의 요소(element)란 데이터를 저장하는 공간을 의미한다.

배열의 요소 지정 및 데이터 할당 예시

```
// 1차원 배열의 요소 지정 및 데이터 할당
reg  [7:0] mem [255:0]; // mem을 8비트 256 크기의 1차원 reg형 배열로 선언
mem [0] = 8'h00;        // 배열 mem의 0번째 주소에 해당하는 8비트 벡터에 8'h00을 할당
mem [3:0] = 8'h00;      // 문법 오류, 배열 mem의 4개 벡터(0 ~ 3번째 주소)에 동시 할당 불가

// 2차원 배열의 요소 지정 및 데이터 할당
reg  [3:0] array_2d [7:0][15:0]; // 4비트 8×16 크기의 2차원 배열 array_2d를 reg형 배열로 선언
array_2d [7][3] = 8'h00;         // 2차원 배열의 (7, 3)번째 주소에 해당하는 4비트 벡터에 8'h00 할당
array_2d [2][3:0] = 8'h00;       // 문법 오류, 배열 array_2d의 4개 벡터((2, 0 ~ 3)번째 주소)에 8'h00을 동시 할당 불가
```

앞서 살펴본 것처럼 벡터와 배열의 요소(element)에 데이터를 할당하는 방법이 다르다는 것에 유의해야 한다. 벡터는 하나의 할당문을 사용하여 벡터를 구성하는 모든 비트에 데이터값을 동시에 할당할 수 있다. 반면, 배열은 하나의 할당문을 사용하여 하나의 주소에 해당하는 벡터의 모든 비트에 데이터값을 동시에 할당할 수는 있으나, 여러 개의 주소에 해당하는 모든 비트, 즉 여러 개의 벡터에 데이터값을 동시에 할당할 수 없다.

벡터와 배열의 요소에 데이터 할당 시 유의 사항

- 벡터 : 벡터를 구성하는 여러 개의 비트에 데이터를 동시에 할당 가능(비트 인덱스 범위 사용 가능)
- 배열 : 여러 개의 벡터에 데이터를 동시에 할당 불가(주소 인덱스 범위 사용 불가)

4.5 연산자

Verilog HDL에서 사용하는 연산자에 대해서 알아보자. 표 4-6은 연산자의 종류와 기능, 그리고 사용 예시를 나타내고 있다. 실제 모델링에서 여러 연산자의 조합으로 구성되는 식을 사용할 때 이들 연산자 간에 우선순위를 고려해야 하지만, 이를 기억하기보다는 괄호 '( )'를 사용하여 연산순서를 결정하면 된다.

표 4-6 Verilog HDL에서 사용하는 연산자

연산자 종류	연산자	의미	사용 예
산술연산자(arithmetic)	+	덧셈	assign add = (a + b);
	-	뺄셈	assign sub = (a - b);
	*	곱셈	assign mul = (a * b);
	/	나눗셈	assign div = (a / b);
	%	나머지(modulus)	assign rem = (a % b);
논리연산자(logical)	&&	논리 and	if (a && b) ...
	||	논리 or	if (a || b) ...
	!	논리 not	if (!a) ...

연산자 종류	연산자	의미	사용 예
비트단위 논리연산자(bitwise)	~	비트 not	~ (1011) → (0100)
	&	비트 and	(1011) & (0011) → (0011)
	|	비트 or	(1011) | (0011) → (1011)
	^	비트 xor	(1011) ^ (0011) → (1000)
	^~, ~^	비트 xnor	(1011) ^~ (0011) → (0111)
비트단항논리연산자(reduction)	&	비트단항 and	& (0101) = 0 → (0 · 1 · 0 · 1) = 0
	|	비트단항 or	| (0101) = 1 → (0 + 1 + 0 + 1) = 1
	~&	비트단항 nand	~& (0101) = 1 → ~ (0 · 1 · 0 · 1) = ~0 = 1
	~|	비트단항 nor	~| (0101) = 0 → ~ (0 + 1 + 0 + 1) = ~1 = 0
	^	비트단항 xor	^ (0101) = 0 → (0 ⊕ 1 ⊕ 0 ⊕ 1) = 0
	^~, ~^	비트단항 xnor	~^ (0101) = 1 → (0 ⊙ 1 ⊙ 0 ⊙ 1) = 1
관계연산자(relational)	==	같다	assign equal = (a == b); → a = b이면 equal = 1
	!=	같지 않다	assign n_equal = (a != b); → a ≠ b이면 n_equal = 1
	<	작다	assign less = (a < b); → a < b이면 less = 1
	<=	같거나 작다	assign l_equal = (a <= b); → a ≤ b이면 l_equal = 1
	>	크다	assign great = (a > b); → a > b이면 great = 1
	>=	크거나 같다	assign g_equal = (a >= b); → a ≥ b이면 g_equal = 1
시프트연산자(shift)	>>	우측 논리이동	0110_1001 >> 2 → 0001_1010
	<<	좌측 논리이동	0110_1001 << 1 → 1101_0010
	>>>	우측 산술이동	signed 4'b0110 >>> 2 → 4'b0001 (+6 >>> 2 → +1) signed 4'b1000 >>> 2 → 4'b1110 (-8 >>> 2 → -2)
	<<<	좌측 산술이동	signed 4'b0010 <<< 1 → 4'b0100 (+2 <<< 2 → +4) signed 4'b1100 <<< 2 → 4'b1000 (-2 <<< 2 → -8)
조건연산자(conditional)	? :	조건 : 참 : 거짓	y = (a == b) ? a : b;
결합연산자(concatenation)	{ }	결합	assign a = {1'b1, 1'b0, 2'b01}; → a = 1001
반복연산자(repetition)	{a{b}}	b를 a번 반복	assign a = {2{01}}; → a = 0101

4.5.1. 산술연산자(arithmetic operator)

산술연산자는 2개의 피연산자(operand)에 대해 +(덧셈), -(뺄셈), *(곱셈), /(나눗셈), %(나머지) 연산을 수행하는 2항 연산자이다.

피연산자가 net형 또는 reg형이면 기본적으로 부호없는 산술연산이 수행되며, 반면 정수형(integer로 선언)이라면 부호있는 산술연산이 가능하다. 실수형으로 선언된 피연산자는 제한적으로 합성이 가능하며, 주로 시뮬레이션에서 사용한다. 나눗셈과 나머지 연산에서 두 번째 피연산자가 0일 때 결괏값은 x(unknown)가 된다는 것을 유의해야 한다.

산술연산자의 사용 예

```
// wire 또는 reg로 선언된 a = 4'h7, b = 4'h2
sum = a + b;          // sum = 4'h9
diff = a - b;         // diff = 4'h5
neg = -a;             // neg = 4'h9
mul = a * b;          // mul = 8'h0E
div = a / b;          // div = 8'h03
modulo = a % b;       // modulo = 4'h1
modulo = -a % b;      // modulo = 4'hF
```

4.5.2. 논리연산자(logical operator)

논리연산자는 하나 또는 그 이상의 피연산자에 대해 논리 연산을 수행하는 연산자로 &&(논리 and), ||(논리 or), !(논리 not)이 있다.

논리연산자의 결과는 항상 1비트로, 논리 거짓(false, 0) 또는 논리 참(true, 1)이 되며, 참이나 거짓의 판단이 불가능할 때는 x(unknown)가 된다. 피연산자가 2비트 이상인 벡터일 때, 피연산자의 모든 비트값이 0이면 거짓(0), 그렇지 않으면 참(1)이 된다. 실제 설계에서 연산 결과가 x(unknown)가 되지 않도록 즉, 0 또는 1이 되도록 한다.

논리연산자의 사용 예

```
// a = 4'b0101, b = 4'b0000, c = 4'bxxxx
a && b          // 결괏값은 '논리 참(1) && 논리 거짓(0)'의 결과로 거짓(0)
a || b          // 결괏값은 '논리 참(1) || 논리 거짓(0)'의 결과로 참(1)
!a              // 결괏값은 '논리 참(1)의 부정'으로 거짓(0)
a && c          // 결괏값은 '논리 참(1) && x'의 결과로 x(unknown)
!c              // 결괏값은 'x의 부정'으로 x(unknown)
```

4.5.3. 비트 단위 논리연산자(bitwise logical operator)

비트 단위 논리연산자는 두 피연산자에서 같은 위치의 비트값에 대한 논리연산을 수행하는 연산자이다. 단, 비트 not 연산자는 피연산자가 1개로 피연산자의 각 비트값에 대해 not 연산을 수행한다.

표 4-7의 진리표처럼 피연산자들에 대해 비트 단위로 논리연산을 수행하므로 결과의 비트 수는 피연산자의 비트 수와 같다. 만약 두 피연산자의 비트 수가 서로 다를 때는 비트 수가 작은 피연산자의 최상위 비트(MSB) 쪽에 0을 채워 같은 비트 수를 갖도록 한 후 연산한다.

표 4-7 비트 단위 논리연산자의 진리표

&	0	1	x	z
0	0	0	0	0
1	0	1	x	x
x	0	x	x	x
z	0	x	x	x

|	0	1	x	z
0	0	1	x	x
1	1	1	1	1
x	x	1	x	x
z	x	1	x	x

^	0	1	x	z
0	0	1	x	x
1	1	0	x	x
x	x	x	x	x
z	x	x	x	x

~^	0	1	x	z
0	1	0	x	x
1	0	1	x	x
x	x	x	x	x
z	x	x	x	x

~	
0	1
1	0
x	x
z	x

비트 단위 논리연산자의 사용 예

```
// a = 4'b0101, b = 4'b0100
a & b            // 결괏값은 0100(거짓, 참, 거짓, 거짓)
a | b            // 결괏값은 0101(거짓, 참, 거짓, 참)
a ^ b            // 결괏값은 0001(거짓, 거짓, 거짓, 참)
a ~^ b           // 결괏값은 1110(참, 참, 참, 거짓)
~b               // 결괏값은 1011(참, 거짓, 참, 참)
```

2비트 이상의 피연산자에 대해 비트 단위 논리연산자와 논리연산자를 사용할 때 유의해야 한다. 표 4-8은 4비트 피연산자에 대한 비트 단위 논리연산자와 논리연산자의 연산 결과를 비교한 것이다.

표 4-8 Verilog HDL에서 사용하는 연산자

피연산자 값	비트 단위 논리연산자	논리연산자
a = 4'b1010 b = 4'b0011 c = 4'b0000	a & b = 0010	a && b = 1
	a | b = 1011	a || b = 1
	a & c = 0000	a && c = 0
	a | c = 1010	a || c = 1

4.5.4. 비트 단항 논리연산자(reduction logical operator)

비트 단항 논리연산자는 1개의 피연산자를 갖는 단항 연산자로 &(논리 and), |(논리 or), ^(논리 xor), ~&(논리 nand), ~|(논리 nor), ~^(논리 xnor)가 있다.

비트 단항 논리연산자의 진리표는 논리연산자와 같지만, 피연산자를 구성하는 비트들에 대해 연산을 수행하여 1비트의 논리 연산 결과를 생성하기 때문에 축약(또는 축소)연산자라고도 한다.

비트 단항 논리연산자의 사용 예

```
// a = 4'b0101
& a              // 논리연산 0 & 1 & 0 & 1을 수행하여 결괏값은 거짓(0)
| a              // 논리연산 0 | 1 | 0 | 1을 수행하여 결괏값은 참(1)
^ a              // 논리연산 0 ^ 1 ^ 0 ^ 1을 수행하여 결괏값은 거짓(0)
~& a             // 논리연산 0 ~& 1 ~& 0 ~& 1을 수행하여 결괏값은 참(1)
~| a             // 논리연산 0 ~| 1 ~| 0 ~| 1을 수행하여 결괏값은 거짓(0)
~^ a             // 논리연산 0 ~^ 1 ~^ 0 ~^ 1을 수행하여 결괏값은 참(1)
```

4.5.5. 관계연산자(relational operator)

관계연산자는 2개의 피연산자를 갖는 2항 연산자로 ==(같다), !=(같지 않다), <(작다), <=(작거나 같다), >(크다), >=(크거나 같다)가 있으며, 두 피연산자의 크기를 비교하여 1비트 결과로 논리값 참(1) 또는 논리값 거짓(0)을 생성한다.

피연산자 중 하나라도 x(unknown)나 z(high impedance)를 포함하고 있으면 관계연산자의 결과는 1비트의 x(unknown)가 된다. 또한, 두 피연산자의 비트 수가 서로 다를 때는 비트 수가 작은 피연산자의 최상위 비트(MSB) 쪽에 0을 채워 같은 비트 수가 되도록 한 후 관계연산을 수행한다. 관계연산자는 산술연산자가 포함된 수식과 함께 사용될 때가 많으며, 이때

산술연산자의 연산 순위가 높으므로 주의할 필요가 있다. 따라서 연산자들 사이의 연산 우선순위를 기억하기보다 먼저 연산해야 하는 수식에 괄호 '( )'를 사용하여 우선순위로 인한 오류를 피하는 것이 좋다. 괄호를 사용하면 연산 우선순위에 대한 오해를 방지하고 모듈 코드의 가독성을 높일 수 있다. 특히, 복잡한 연산이나 우선순위가 명확하지 않을 때는 괄호를 사용하는 것이 좋다.

관계연산자의 사용 예

```
// a = 4'b0100, b = 4'b0011
a == b          // 결괏값은 거짓(0)
a != b          // 결괏값은 참(1)
a < b           // 결괏값은 거짓(0)
a <= b          // 결괏값은 거짓(0)
a > b           // 결괏값은 참(1)
a >= b          // 결괏값은 참(1)
a < b + 2       // 산술연산을 먼저 수행하므로 4 < (3 + 2)의 결괏값은 참(1)
a - b < 2       // 산술연산을 먼저 수행하므로 (4 - 3) < 2의 결괏값은 참(1)
a - (b < 2)     // 괄호를 먼저 수행하므로 4 - (3 < 2)의 결괏값은 4'b0100
```

4.5.6. 시프트연산자(shift operator)

시프트연산자는 비트 단위로 값을 이동시키는 데 사용하는 2항 연산자로, 논리 시프트연산자와 산술 시프트연산자가 있다. 논리 시프트연산자는 >> (우측 논리시프트)와 << (좌측 논리시프트)가 있으며, 산술 시프트연산자는 >>> (우측 산술시프트)와 <<< (좌측 산술시프트)가 있다.

시프트연산자는 기본적으로 두 번째 피연산자 값만큼 첫 번째 피연산자의 비트를 오른쪽 또는 왼쪽으로 이동시키는 연산을 수행한다. 이때 부호없는(unsigned) 데이터를 다룰 때 주로 사용하는 논리 시프트연산자(>>, <<)는 비트를 이동시키면서 피연산자 값의 부호를 유지하지 않으므로, 시프트 연산 후 비어 있는 비트에 0을 채운다. 반면, 산술 시프트연산자(>>>, <<<)는 부호있는(signed) 데이터를 다룰 때 주로 사용하는데, 두 번째 피연산자의 값을 첫 번째 피연산자를 지수로 하는 2의 승수로 나누거나 곱한 값을 연산 결과로 갖게 된다. 예를 들어 우측 산술 시프트연산 'a >>> 2'는 피연산자 a를 $2^2 = 4$로 나눈 결과가 되며, 좌측 산술 시프트연산 'a <<< 1'은 피연산자 a에 2를 곱한 결과가 된다. 이때 피연산자 값의 부호를 유지하면서 시프트 연산이 수행되므로 시프트 연산 후 비어 있는 비트를 채우는 방법에 유의해야 한다. 좌측 산술 시프트연산자(<<<)는 시프트 연산을 할 때 비어 있는 최하위 비트(LSB)에 0을 채워 넣으며, 피연산자의 비트 폭으로 표현할 수 있는 값의 범위를 넘지 않으면 자동으로 부호가 유지된다. 그러나 우측 산술 시프트연산자(>>>)는 시프트 연산을 할 때 비어 있는 최상위 비트(MSB)에 피연산자의 부호 비트를 채워 넣는다. 두 종류의 시프트연산자의 두 번째 피연산자는 항상 부호없는 수가 되어야 하며, 산술 시프트 연산 결과가 표현 범위를 넘지 않는다면 부호에 영향을 미치지 않는다는 것을 기억하자.

시프트연산자의 사용 예

```
// unsigned a = 4'b0001, b = 4'b1100
y = a >> 2;     // a를 우측으로 2비트 논리시프트, y = 4'b0000
y = a << 2;     // a를 좌측으로 2비트 논리시프트, y = 4'b0100
y = b >> 2;     // b를 우측으로 2비트 논리시프트, y = 4'b0011
y = b << 2;     // b를 좌측으로 2비트 논리시프트, y = 4'b0000

// signed a = 4'b0001(10진수 +1), b = 4'b1100(10진수 -4)
y = a >> 2;     // a를 우측으로 2비트 논리시프트, y = 4'b0000
y = a << 2;     // a를 좌측으로 2비트 논리시프트, y = 4'b0100
y = b >> 2;     // b를 우측으로 2비트 논리시프트, y = 4'b0011
y = b << 2;     // b를 좌측으로 2비트 논리시프트, y = 4'b0000

y = a >>> 2;    // b를 우측으로 2비트 산술시프트, y = 4'b0000, 10진수 0
y = a <<< 2;    // b를 좌측으로 2비트 산술시프트, y = 4'b0100, 10진수 +4
y = b >>> 2;    // b를 우측으로 2비트 산술시프트, y = 4'b1111, 10진수 -1
y = b <<< 2;    // b를 좌측으로 2비트 산술시프트, y = 4'b0000, 표현 범위 오류
```

4.5.7. 조건연산자(conditional operator)

조건연산자(? :)는 3개의 피연산자를 갖는 3항 연산자로 조건식의 결과가 참이면 참 수식을 수행하고, 거짓이면 거짓 수식을 수행한다.

조건연산자의 사용 예

```
// (조건식) ? 참_수식 : 거짓_수식;
assign   start = (control == 2'b10) ? 1'b1 : 1'b0;
```

만약 조건식의 결과가 x(unknown)이면 참 수식과 거짓 수식을 모두 실행하여 각각의 결과를 비트 단위로 비교하여 최종 결과를 생성한다. 이때 참 수식과 거짓 수식에서 같은 위치의 비트 값이 서로 다르면 x, 같으면 해당 비트의 값이 결과가 된다. 조건연산자는 그림 4-5의 if~else 문과 같은 결과를 생성한다.

```
if (조건식)
   참 수식
else
   거짓 수식
```

그림 4-5 if~else 문

조건연산자는 조건 내에 새로운 조건이 포함되는 네스티드(nested) 조건을 사용할 수 있다. 이때, 너무 많은 단계의 네스티드 조건을 사용하면 논리가 복잡해지므로 오류가 발생하거나 하드웨어 구현 시 지연이 발생할 수 있으므로 이러한 모델링은 피하는 것이 좋다.

N단계 네스티드 조건연산자의 사용 예

```
결과 = (조건식 1) ? (true_expr 1) :
       (조건식 2) ? (true_expr 2) :
                  ⋮
       (조건식 N) ? (true_expr N) : false_expr;
```

4.5.8. 결합연산자(concatenation operator)

결합연산자는 여러 개의 피연산자를 하나로 결합하는 데 사용하는 연산자로 중괄호({ }) 내에 결합하고자 하는 여러 피연산자를 콤마(,)로 구분하여 나열한다.

결합연산자는 여러 정보(데이터)를 하나로 묶거나 데이터의 비트를 재구성할 때 유용하며, 결합을 위해서는 피연산자들의 크기가 항상 정해져 있어야 한다.

결합연산자의 사용 예

```
// { 피연산자1, 피연산자2, ..., 피연산자N };
a = {1'b1, 1'b0, 1'b0};                   // a = 3'b100
data = {3'b011, 1'b0, 2'b11};             // data = 6'b011011
{carry, sum[3:0]} = a[3:0] + b[3:0];      // overflow를 고려한 4비트 덧셈 연산
[15:0]new_word = {word[7:0], word[15:8]}; // 16비트 word의 상위 8비트와 하위 8비트를 서로 교환하여 재구성
```

4.5.9. 반복연산자(repetition operator)

반복연산자는 결합연산자({ })를 사용하여 '{a{b}}'의 형태로 표현하며, 피연산자 b를 피연산자 a회 반복하여 결합한다.

반복연산자의 사용 예

```
// {반복_횟수 { 피연산자 }};
vec = {1'b1, {2{1'b0}}, 1'b1};       // vec = 4'b1001
byte_a = {2{4'b0111}};               // byte_a = 8'b0111_0111
```

4.6 Verilog의 추상화 수준 모델링

2장에서 디지털 시스템의 기능과 동작을 표현하는 4가지 추상화[25] 수준의 모델링 방법에 대한 개념을 소개했었다. 이 중 스위치 수준 모델링(switch level modeling) 방법은 가장 정확한 모델링이 가능하지만, 구조와 동작이 복잡하고 직관적이지 않기 때문에 일부 전문가만 사용한다. 여기에서는 스위치 수준 모델링을 제외한 나머지 추상화 수준 모델링을 위한 기본적인 문법에 대해 알아본다.

25) 추상화(abstraction)란 어떤 개념, 객체 또는 시스템에 대한 복잡한 세부 사항을 생략하고 필요한 정보만을 강조하여 개념적으로 표현하는 것을 말한다.

4.6.1. 게이트 수준 모델링(gate level modeling)

Verilog HDL에는 기본적인 논리 게이트가 프리미티브 연산자(primitive operator)로 미리 정의되어 있어 회로의 구성 상태를 직접 모델링할 수 있다. 게이트 프리미티브는 추가적인 정의 없이 모듈 내에서 호출하여 사용할 수 있으며, 게이트 프리미티브를 호출하는 표현 형식은 다음과 같다.

```
프리미티브_연산자_이름 #(전달지연시간) 인스턴스_이름 (입출력 목록);
```

게이트 프리미티브의 호출 표현 형식에서 프리미티브 연산자 이름은 and, or, not, nand, nor, xor 등과 같이 논리 게이트의 이름을 소문자로 사용한다. '#(전달지연시간)'은 시뮬레이션의 정확도를 높이기 위해 사용되며, 지연시간 값을 지정하지 않으면 전달지연시간이 0인 이상적인 상황으로 간주한다. 전달지연시간은 #(상승지연시간, 하강지연시간)과 같은 형식을 사용하여 출력이 0 → 1로 변화하는데 지연되는 상승지연시간과 1 → 0으로 변화하는데 지연되는 하강지연시간을 나누어 지정할 수도 있다. 만약 하나의 지연 값만 지정하면 상승지연시간과 하강지연시간이 같은 값으로 설정된다.

and 게이트 프리미티브의 전달지연시간 지정 예

```
and         U0 (output, input1, input2);    // 전달지연시간 생략
and  #2     U0 (output, input1, input2);    // 상승/하강지연을 모두 2ns
and  #(3, 4) U0 (output, input1, input2);   // 상승지연 3ns, 하강지연 4ns
```

인스턴스 이름(instance name)은 호출한 게이트 프리미티브의 객체(object)를 구분하기 위해 사용하며, 호출한 객체를 구별할 필요가 없을 때는 인스턴스 이름을 생략할 수도 있다.

and 게이트 프리미티브의 인스턴스 이름 지정 예

```
and      (output, input1, input2);    // 인스턴스 이름을 생략
and   U0 (output, input1, input2);    // 인스턴스 이름을 U0로 지정
```

모듈 내에서 게이트 프리미티브를 호출하는 것을 인스턴스화(instantiation)라고 하며, 호출된 객체를 인스턴스(instance)라고 한다. 인스턴스화는 그림 2-1과 같이 계층적 구조로 모델링할 때, 하위모듈에 해당하는 모듈이나 게이트 프리미티브를 복제하여 상위모듈에 포함시키는 개념을 말한다. 인스턴스화를 통해 복제하려는 하위모듈의 입출력 포트를 상위모듈의 입출력 포트나 내부 신호와 연결함으로써 대규모 디지털 시스템을 쉽게 모델링할 수 있다. 인스턴스화를 통해 모듈 내에서 하나의 게이트 프리미티브나 다른 모듈을 여러 번 호출하여 사용할 수 있으며, 이때 인스턴스 이름을 달리 사용하여 각각 호출한 게이트 프리미티브나 모듈은 서로 다른 인스턴스(객체)로 구별된다. 따라서 미리 잘 설계된 설계 독립체(design entity)[26]를 여러 번 반복적으로 호출해서 사용할 수 있다.

26) 설계 독립체(design entity) : 다른 모듈과 입출력 포트를 사용하여 상호작용할 수 있는 설계 단위로 그 자체가 단독으로 동작할 수 있는 최상위 수준 모듈(top level module)이라 할 수 있다.

인스턴스 이름이 다른 U0와 U1은 서로 다른 객체로 취급

```
and     U0 (output1, input1, input2);     // 인스턴스 이름을 U0로 지정
and     U1 (output2, input2, input3);     // 인스턴스 이름을 U1로 지정
     ⋮

// 다음과 같이 표현해도 위와 같음
and     U0 (output1, input1, input2),    // 인스턴스 객체 구분 시 ,(콤마) 사용
        U1 (output2, input2, input3);    // 마지막에 세미콜론(;) 사용
     ⋮
```

4.6.2. 데이터플로우 수준 모델링(dataflow level modeling)

복잡하지 않은 작은 회로를 모델링할 때는 설계자의 직관적인 판단으로 게이트들을 연결하는 게이트 수준 모델링 방법이 적합하다. 그러나 조금 더 복잡한 회로를 설계할 때는 게이트 수준보다 한 단계 더 추상적인 모델링 방법을 사용하는 것이 더욱 효율적일 것이다. 데이터플로우 모델링은 논리 게이트와 같은 회로 구성요소들의 입출력 사이의 연결과 함께 산술연산, 논리연산 등 다양한 기능을 갖는 연산 블록을 이용하는 모델링 방법이다. 신호(데이터)가 입력되면 연산 블록에서 처리되어 출력신호를 생성한다. 이러한 연산은 병렬적으로 처리되며, 여러 개의 연산을 동시에 수행할 수 있으므로 빠른 속도의 디지털 회로를 모델링할 때 매우 유용하다.

게이트 수준 모델링에서는 게이트 프리미티브를 사용하여 논리회로를 구성하는 각 논리 게이트의 입출력을 표현하였다. 이때 게이트 프리미티브는 입력에 대한 논리 연산 결과를 직접 출력신호에 할당하는 표현 형식을 사용한다. 반면 다양한 연산자나 데이터 처리를 활용하는 데이터플로우 모델링에서는 연산 및 처리 결과를 출력신호로 넘겨주기 위해 할당문(assignment statement)을 사용한다. 할당문은 객체(object)에 값을 대입하는 기본적인 방법으로 wire를 대표로 하는 net 자료형 객체에 값을 할당하는 연속 할당문(continuous assignemnt)과 reg를 대표로 하는 reg 자료형 객체에 값을 할당하는 절차형 할당문(procedual assignment)이 있다.

표 4-9 Verilog HDL의 할당문 종류

구분	내용
연속 할당문 (continuous assignment)	• assign 문을 이용하여 net형 객체(wire 등)에 스칼라 또는 벡터 형태의 값을 할당 `assign  result = a & b;` • 우변의 값에 변화가 발생했을 때 좌변의 객체에 값의 할당이 즉시 일어남 • 조합회로에서 사용

절차형 할당문
(procedural assignment)
	• always 문 또는 initial 문에서 블록킹 할당연산자(=) 또는 논블록킹 할당연산자(<=)를 사용하여 reg형 객체(reg, integer 등)의 값을 갱신
	`always @ (event_signal) begin`
	`   result_blocking     =  a & b;     // 블록킹 할당문`
	`   result_nonblocking  <=  a & b;     // 논블록킹 할당문`
	`end`
	• 우변 수식의 값 변화(event)와 상관없이 event_signal의 값에 변화가 발생했을 때 우변 수식의 값이 좌변의 객체에 할당되며 다음 절차형 할당문에 의해 값이 갱신될 때까지 좌변에 할당된 값은 유지됨
	• 주로 순차회로에서 사용하며, 조합회로에서도 사용 가능

연속 할당문(continuous assignment statement)은 현재의 입력에 대해 바로 출력이 결정되는 조합회로의 논리식을 기술하기 위해 'assign'이라는 예약어로 시작하며 신호강도(signal stength)와 지연 값을 지정한 후 net형 신호나 벡터의 이름, 할당연산자(=), 할당값 또는 연산식의 순서로 작성한다.

```
assign (신호강도) #(지연 값)  net형 신호나 벡터의 이름 = 할당값 또는 연산식;
```

신호강도는 신호의 세기가 다른 두 신호가 같은 net 자료형에 할당될 때 신호들의 충돌을 막기 위해 사용되지만, 합성에 제한이 있으므로 입문자들은 사용하지 않는 것이 좋다. 또한, 지연 값은 #(지연시간)의 형식을 사용하며, 할당문 우변의 값이 변화한 후 그 값이 좌변에 할당되기까지의 지연시간을 지정하는 데 사용한다. 지연값을 지정하지 않으면 0ns를 기본값으로 갖는다. 입문자의 경우 일반적으로 신호강도와 지연 값의 지정은 생략한다.

연속 할당문의 사용 예

```
assign  out = in1 & in2;          // net형 out에 in1, in2의 비트단위 논리연산 결과 할당
assign  flag = (cnt == 4'h7);     // net형 flag에 관계연산 결과를 할당
assign  out = (en == 1) ? a : b; // net형 out에 조건연산 결과를 할당
assign  address[3:0] = 4'b0000;  // net형 4비트 벡터 address에 4'b0000을 할당

// 1비트 네트 carry와 4비트 net형 벡터 sum의 결합
assign {carry, sum[3:0]} = a[3:0] + b[3:0] + c_in;
```

연속 할당문을 사용할 때는 다음과 같은 사항을 유의해야 한다.

연속 할당문 사용 시 주의 사항

- 연속 할당문(assign 문)에서 할당연산자(=)의 좌변에는 net형만 올 수 있으며 reg형은 사용할 수 없음
- 연속 할당문에서 할당연산자(=)의 우변에 올 수 있는 것은 net형/reg형 스칼라 또는 벡터 또는 함수 호출문임
- 연속 할당문의 할당연산자(=)의 우변 신호들의 값이 변화하면 그 즉시 유도된 값이 좌변 net에 할당됨

4.6.3. 행위 수준 모델링(behavioral level modeling)

설계하려는 회로의 복잡도가 증가할수록 설계 초반에 효율적인 모델링 방법을 결정하는 것이 필요하다. 이를 위해 설계자는 회로도나 논리식을 고려하지 않고 회로의 기능적 측면을 고려하는 행위(동작) 수준의 모델링 방법을 선택할 수 있다. 이러한 행위 수준 모델링은 Verilog의 최상위 수준의 모델링 방법으로 설계자에게 많은 융통성을 제공하며, C언어 프로그래밍과 매우 유사하다.

행위 수준 모델링에서는 앞서 설명한 조합회로 모델링에서 사용하는 연속 할당문(assign 문)뿐만 아니라 저장 소자를 포함하는 순차회로 모델링에서 주로 사용하는 절차적 할당문(procedural assignment)을 사용할 수 있다. 절차적 할당문의 종류로는 '=' 기호[27]를 사용하는 블로킹 할당문(blocking)과 '<=' 기호[28]를 사용하는 논블록킹(nonblocking) 할당문이 있으며, 순차회로의 reg 자료형(reg, integer, real 등)의 값을 갱신(update)하는 데 사용된다. 절차형 할당문은 지정된 순서에 따라 실행 문장이 처리되는 always 문, initial 문, task, function 등의 절차(procedure) 구문과 함께 사용되며, 절차

27) 블록킹 할당(대입)연산자

28) 논블록킹 할당(대입)연산자

구문 내의 할당문(블록킹 또는 논블록킹 할당문)이 실행될 때 값이 갱신된다. 이전에 할당된 값은 다음 절차적 할당문에 의해 값이 갱신될 때까지 유지된다. 반면, 연속 할당문은 할당을 위한 문장의 실행에 의해서가 아니라 할당연산자인 '=' 오른쪽 수식의 값이 변화하는 즉시 왼쪽 net에 값이 할당된다는 점이 다르다. 행위 수준 모델링을 위한 절차 구문인 always 문 및 initial 문과 이들 절차 구문에서 사용하는 절차적 할당문에 대해 자세히 알아보자.

❑ always 문

always 문은 행위 수준 모델링의 기본 구문으로 논리합성, 즉 실제 하드웨어 구현이 가능하다. 조합회로와 순차회로의 모델링에 모두 사용되며, 나중에 설명할 시뮬레이션을 위한 테스트벤치(testbench) 작성에도 사용된다. always 문의 기본 형식은 예약어 'always' 다음에 '@(이벤트_신호목록)'을 작성하는데, 마지막에 세미콜론(;)이 없음을 유의해야 한다. always 문에 의해 실행되는 절차형 문장은 다음 줄에 작성하는 것이 일반적이다.

```
always @ (이벤트_신호목록)
  절차형 문장;
```

always 문의 작성 형식에서 이벤트_신호목록을 'sensitivity list'라고 하며, 이벤트 신호목록에 작성된 신호 중 하나라도 값이 변화할 때마다 절차형 문장이 실행된다. always @(이벤트_신호목록)에 의해 실행되는 문장이 2개 이상일 때는 begin ~ end 사이에 실행할 문장[29]들을 작성해야 한다. 이렇게 begin ~ end 블록과 함께 작성된 always 문을 'always 블록문'이라 하며, begin ~ end 내에 작성한 문장들은 위에서부터 순차적(블록킹 할당문)으로 또는 동시에 병렬(논블록킹 할당문)로 실행된다. begin과 end 뒤에 세미콜론(;)이 없다는 것을 주의하자.

```
always @ (이벤트_신호목록) begin
   절차형_문장1;
   절차형_문장2;
     ...
end
```

모듈이 실행되는 동안 always 문이나 always 블록문의 이벤트가 발생하면 always 문에 해당하는 절차형 문장 또는 begin ~ end 블록 내의 절차형 문장들은 반복 실행된다. 즉, 이벤트_ 신호목록에 나열된 신호가 변할 때마다 always 문 내의 문장들이 실행된 후 새로운 이벤트가 발생하면 다시 반복하여 실행한다. 따라서 always 문은 특정 조건을 만족할 때 연산이나 데이터 처리가 이루어지는 타이밍 제어나 프로세스 동기화와 관련된 표현에 유용하게 사용될 수 있다.

> **always @(*)**
>
> always @(이벤트_신호목록)은 이벤트_신호목록에 나열한 신호에 변화가 있을 때 내부 문장이 실행되지만, 'always @(*)'의 표현을 사용하면 always 블록문 내 모든 신호 중 하나라도 변화가 있을 때 이벤트가 발생하여 내부 문장이 실행된다.

하나의 module 내에 여러 개의 always 문(또는 always 블록문)이 포함될 수 있으며, 각각의 always 문은 동시에 실행된다. 이러한 특징은 논리회로에서 각 논리 게이트와 같은 하드웨어 구성요소의 병렬 처리 동작을 표현할 수 있다는 것을 의미한다. always 문의 동작은 일종의 레지스터이므로 always 문 내 할당문(블록킹 할당문 또는 논블록킹 할당문)의 좌측 할당 신호들은 반드시 reg형으로 선언되어 있어야 한다.

---

29) begin ~ end로 묶인 문장들을 'begin ~ end 블록문'이라고 한다.

always 문의 사용 예

```
module sample (iA, iB, iC, oOUT1, oOUT2, oOUT3);
  input    iA, iB, iC;
  output   oOUT1, oOUT2, oOUT3;

  reg      out1, out2, out3; // always 블록문의 좌측 할당 신호들을 reg형으로 선언

 always  @(iA or iB) begin  // @(iA, iB)로 작성해도 됨, 마지막에 세미콜론 없음
      out1 = 1'b1;       // 이벤트 신호 iA 또는 iB의 값이 변화하면 out1과 out2에 각각
      out2 = 1'b0;       // 1과 0을 할당(절차적 할당문으로 블록킹 할당문 사용)
  end

  always  @(iC)          // 마지막에 세미콜론이 없음
   out3 = 1'b0;          // 이벤트 신호 iC의 값이 변화하면 out3에 0을 할당

  assign  oOUT1 = out1;  // out1의 값을 출력포트 oOUT1에 할당
  assign  oOUT2 = out2;  // out2의 값을 출력포트 oOUT2에 할당
  assign  oOUT3 = out3;  // out3의 값을 출력포트 oOUT3에 할당

endmodule
```

❑ initial 문

initial 블록문은 논리합성, 즉 하드웨어로 구현되지 않으므로 시뮬레이션을 위한 테스트벤치(testbench)에서 주로 사용한다. module이 실행되는 동안 계속해서 반복되는 always 문과 달리 initial 문은 한 번만 실행되므로 시뮬레이션을 시작하기 전에 입력신호나 레지스터를 특정 값으로 초기화하거나 회로의 초기 상태의 설정, 입력신호나 파형을 생성할 때 사용한다. 일반적으로 begin ~ end 블록 내에 여러 절차형 문장들로 구성되는 initial 블록문의 형태로 작성한다.

```
initial begin
  절차형_문장1;
  절차형_문장2;
    ...
end
```

하나의 모듈에서 always 문이 여러 개 포함될 수 있으며, 이들은 동시에 실행된다. 이와 마찬가지로 하나의 테스트벤치 내에 여러 개의 initial 문 또는 initial 블록문을 포함할 수 있으며, 각각의 initial 문도 동시에 실행된다. 따라서 하나의 테스트벤치 내에 여러 개의 initial 문이 있을 경우, 이들은 동시에 실행되기 때문에 초기화 및 입력신호 생성에 대한 명확한 순서를 보장하기 위해 하나의 initial 블록문으로 모아서 사용하는 것이 좋다.

아래는 시뮬레이션을 위한 테스트벤치에서 initial 문을 사용한 예이다. 테스트벤치는 시뮬레이션을 위한 모듈의 하나로, 테스트벤치의 작성 형식에 대해서는 아직 다루지 않았으므로 여기에서는 initial 문의 사용 방법만 확인한다.

initial 문의 사용 예

```
`timescale  1ns/10ps
module tb_sample;          // 시뮬레이션을 위한 테스트벤치의 예
   reg          iENABLE;  // sample 모듈의 입력인 iENABLE을 reg형으로 선언
   reg    [1:0] iDIN;     // sample 모듈의 입력신호 iDIN을 reg형으로 선언
   wire         oDOUT;    // sample 모듈의 출력신호 oDOUT을 wire형으로 선언

   sample U0 (iENABLE, iDIN, oDOUT); // sample 모듈을 호출(인스턴스화)

   initial  begin               // reg 자료형의 초기화 및 입력신호 파형 생성
      // 레지스터 초기화
      iENABLE = 0; #50;         // reg형 iENABLE을 초기화, 50ns 유지
      iENABLE = 1; #20;         // reg형 iENABLE을 활성화(1), 20ns 유지
      // 입력신호 파형 생성
      iDIN = 2'b00; #10;        // 입력신호 iDIN = 2'b00, 10ns 동안 유지
      iDIN = 2'b01; #10;        // 입력신호 iDIN = 2'b01, 10ns 동안 유지
      iDIN = 2'b10; #10;        // 입력신호 iDIN = 2'b10, 10ns 동안 유지
      iDIN = 2'b11; #10;        // 입력신호 iDIN = 2'b11, 10ns 동안 유지
   end
endmodule
```

❑ 절차적 할당문

절차적 할당문(procedural assignment)은 순차적 할당문이라고도 하며, 블록킹 할당문(blocking assignment statement, =)과 논블록킹 할당문(nonblocking assignment statement, <=)이 있다. 연속 할당문과 달리 값의 할당할 때 예약어 'assign'을 사용하지 않으며, reg, integer 등의 reg 자료형에 값을 할당할 때 사용한다.

```
reg    out;    // 할당 전에 할당문 좌측 할당 신호는 reg형으로 선언되어야 함

always @(a or b) begin
   out = 할당 값 또는 연산식;    // 블록킹 할당문
end

always @(a or b) begin
   out <= 할당 값 또는 연산식;   // 논블록킹 할당문
end
```

always 블록문에서 이벤트가 발생하면 절차형 할당문에 의해 값이 갱신된다. 이때 begin ~ end 블록 내에서 사용한 할당문이 블록킹 할당문(=) 또는 논블록킹 할당문(<=) 중 어떤 할당문을 사용했는지에 따라 값을 할당하는 방식이 달라진다. 블록킹 할당문(=)은 begin ~ end로 묶인 순차적 블록에 열거된 순서대로 위에서부터 차례로 할당을 실행한다. 하나의 할당이 끝나고 다음 할당이 순차적으로 이루어지므로 그림 4-6과 같이 기술 순서에 따라 회로의 동작이 달라질 수 있다.

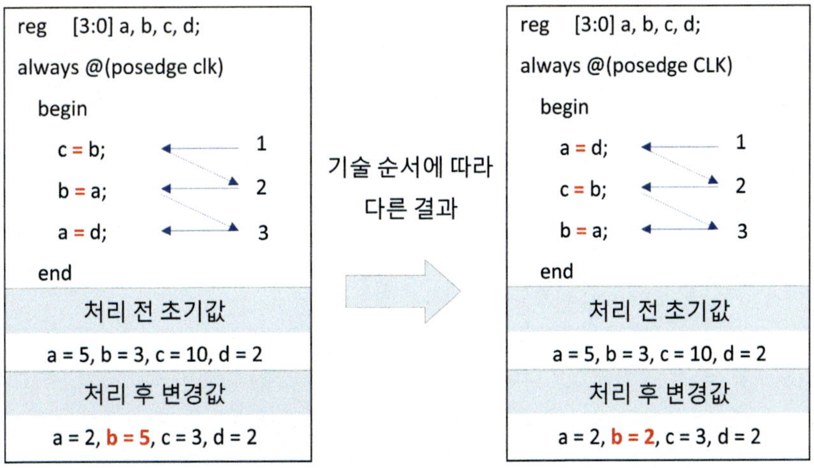

그림 4-6 블록킹 할당문의 기술 순서에 따라 달라지는 할당 결과

반면, 논블록킹 할당문(<=)은 순차적 블록 내 열거된 할당문의 순서와 무관하게 지연없이 할당이 실행되며, 이때 할당문 오른쪽의 할당이 완전히 끝난 후 병렬적으로 왼쪽에 할당이 이루어진다. 그림 4-7은 논블록킹 할당문의 할당 처리 결과를 나타내고 있다.

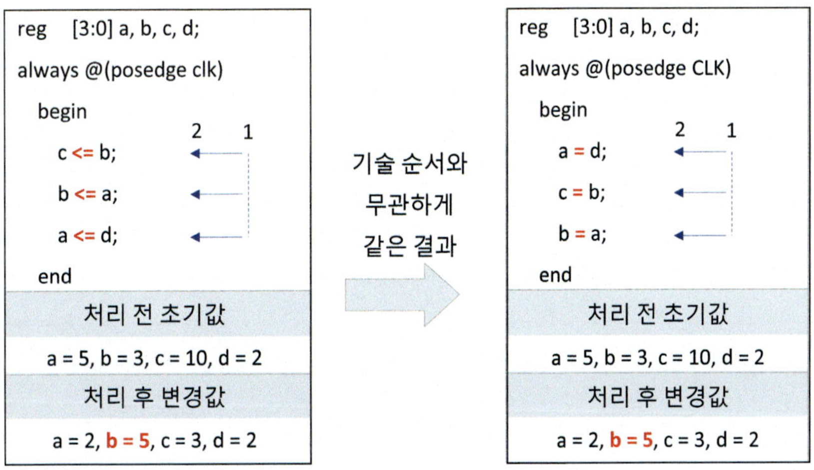

그림 4-7 논블록킹 할당문의 기술 순서에 무관한 할당 결과

순차회로는 클록(clock)이라는 기준에 동기되어 데이터를 처리하는 것이 일반적이므로 할당문의 기술 순서와 상관없이 동시에 할당되는 논블록킹 할당문이 훨씬 많이 사용된다. 블록킹 할당문과 논블록킹 할당문을 사용함에 있어 다음과 같은 지침(guide line)이 마련되어 있다.

블록킹 할당문과 논블록킹 할당문의 사용 지침

- 순차 논리회로를 모델링할 때 논블록킹 할당문(<=)을 사용
- 조합 논리회로를 always 문으로 구현할 때 블록킹 할당문(=)을 사용
- 순차회로와 조합회로는 별도의 always 문으로 구현하는 것이 권장되며, 하나의 always 문에서 순차회로를 구현할 때는 논블로킹 할당문(<=)을 사용한다.
- 같은 always 문 내에 블록킹/논블록킹 할당문을 혼용하지 않음
- 2개 이상의 always 문에서 같은 레지스터(reg) 자료형에 할당하지 않음

할당문, 즉 연속 할당문(assign 문)과 절차적 할당문(=, <=)을 사용하여 값을 할당할 때, 레지스터의 비트 수보다 할당하고자 하는 값의 비트 수가 크다면 할당 값의 하위 비트의 값들이 선택되며, 반대의 경우는 레지스터의 상위 비트에 0이 채워진다는 것에 유의해야 한다. 또한 논블록킹 할당문에 사용되는 논블록킹 할당(대입)연산자('<=')는 관계연산자의 '작거나 같다'라는 연산자와 같은 기호를 사용하지만, '<=' 기호가 수식에서 사용되면 관계연산자로 해석되고, 신호값을 할당하는 문장에서는 할당(대입)연산자로 해석된다.

❑ if 문

if 문은 조건에 따라 선택적으로 문장을 실행할 때 사용하는 구문으로, 표현 형식은 다음과 같다.

```
if (조건식) begin
  조건식이 true(1)일 때 실행 문장;
end
```

조건식의 결과는 부울 값(boolean value)으로 참(true, 1) 또는 거짓(false, 0)이 되며, 조건식이 참이면 begin ~ end 사이의 문장을 실행한다. 만약 실행할 문장이 1개일 경우 begin ~ end를 생략할 수 있다. if 문은 else와 함께 사용하여 조건식의 결과가 거짓일 때 실행할 문장을 지정할 수도 있다.

```
if (조건식) begin
  조건식이 true(1)일 때 실행 문장;
end
else begin
  조건식이 false(0)일 때 실행 문장;
end
```

else 문을 생략해도 컴파일 오류는 발생하지 않지만, 설계 도구에 따라 합성 시 불필요한 회로가 생성될 수 있다. 따라서 가능한 한 else 문을 생략하지 않는 것이 좋다. 최근의 설계 도구는 else 문이 생략되어도 불필요한 회로를 생성하지 않지만, 여전히 else 문을 명시적으로 작성하는 것이 권장된다. 시뮬레이션을 위한 테스트벤치에서 if 문을 사용할 때는 else 문을 생략해도 문제가 없지만, 앞으로 모듈 코드나 테스트벤치를 작성할 때 else 문을 생략하지 않는 것을 원칙으로 한다.

다음은 if 문을 사용한 예이다.

if 문의 사용 예

```
module sample (iA, iB, oOUT);
  input     iA, iB;
  output    oOUT;

  reg       out; // 아래 always 블록의 왼쪽 할당 신호 out을 reg형으로 선언

  always @(iA or iB) begin
    if (iA == 0)
      out = iA + iB;      // iA가 0이면 할당문 실행
    else
      out = iA - iB;      // iA가 0이 아니면 할당문 실행
  end

  assign  oOUT = out;   // out에 저장된 값을 출력포트 oOUT에 할당

endmodule
```

else if 문을 사용하면, 여러 개의 조건식을 처리하는 네스티드 조건(nested condition)을 처리할 수 있다. 여러 개의 네스티드 조건을 사용하는 네스티드 if 문은 논리적 구조가 복잡할 수 있으므로 모델링할 때 논리적 오류가 발생하기 쉽고, 논리적 오류가 없더라도 지연(delay)에 의한 잘못된 동작을 할 수 있으므로 피하는 것이 좋다. 네스티드 if 문은 조건을 확인하는 순서가 중요하지 않다면 case 문을 사용하여 작성할 수 있다.

```
if (조건식1) begin
  (조건식1)이 true(1)일 때 실행 문장;
end
else if (조건식2) begin                 // else if 문
  (조건식2)가 true(1)일 때 실행 문장
end
          ⋮
else if (조건식N) begin                 // else if 문
  (조건식N)이 true(1)일 때 실행 문장
end
else begin                              // else 문
  모든 조건이 false(0)일 때 실행 문장
end
```

❑ case 문

case 문은 조건식의 결과가 참(true, 1)이나 거짓(false, 0)이 아닌 여러 결괏값을 가질 때, 조건값에 따라 다른 동작을 처리하는 구문으로 작성 형식은 다음과 같다.

```
case (조건식)
  선택항_조건값1 : 문장1;
  선택항_조건값2 : 문장2;
      ⋮
  선택항_조건값N : 문장N;
  default : 그 외 조건값일 때 실행 문장
endcase
```

case 문에서 조건식의 결괏값과 일치하는 선택항의 문장이 실행되며, 일치하는 항이 없으면 default 항이 실행된다. if 문에서 else 문을 생략할 수 있듯이 default 항도 생략할 수 있지만, 합성 시 불필요한 회로가 생성될 수 있으므로 가능한 default 항을 생략하지 않는 것이 좋다. 앞으로 case 문을 작성할 때 default를 생략하지 않는 것을 원칙으로 하겠다. 대부분의 네스티드 if 문은 여러 조건식의 순서가 중요하지 않다면, case 문으로 작성한다.

case 문의 사용 예

```
module sample (iA, iB, iSEL, oOUT);
  input         iA, iB;
  input   [1:0] iSEL;
  output        oOUT;

  reg           out;  // always 블록문의 왼쪽 할당 신호 out을 reg형으로 선언

  always @(iA or iB) begin
   case (iSEL)       // 2비트 레지스터 iSEL은 00, 01, 10, 11을 가질 수 있음
      2'b00   : out = iA & iB;
      2'b01   : out = iA | iB;
      2'b10   : out = iA ^ iB;
      2'b11   : out = iA ~^ iB;
      default : out = 1'b0;
    endcase
  end

  assign  oOUT = out;  // out에 저장된 값을 출력포트 oOUT에 할당

endmodule
```

case 문의 변형으로 casex 문과 casez 문이 있다. 이들을 사용하면 case 조건식의 결괏값에서 x(unknown)와 z(high impedance)에 해당하는 비트를 무시하고 나머지 비트 부분만을 비교하여 사용할 수 있다.

casex 문의 사용 예

```
module sample (iA, iB, iSEL, oOUT);
  input         iA, iB;
  input   [3:0] iSEL;
  output  [3:0] oOUT;

  reg     [3:0] out;  // always 블록문의 왼쪽 할당 신호 out을 reg형으로 선언

  always @(iA or iB) begin
    casex(iSEL)
      4'b000x : out = 4'b0000;
      4'b00x1 : out = 4'b0001;
      4'b01xx : out = 4'b0100;
      4'b1xxx : out = 4'b1000;
      default : out = 4'b1111;
    endcase
```

```
  end

  assign  oOUT = out;  // out에 저장된 값을 출력포트 oOUT에 할당

endmodule
```

❑ 반복문

반복문은 루프(loop) 문이라고도 하며, 특정 동작을 반복해서 수행하는 것을 기술할 때 유용한 구문이다. Verilog HDL에서 사용하는 반복문의 종류는 예약어 while, repeat, forever, for를 사용하는 4가지 형식이 있다. 반복문은 논리합성, 즉 실제 하드웨어로 구현에 제한이 있으므로 시뮬레이션을 위한 테스트벤치(testbench) 작성에 주로 사용된다.

표 4-10 Verilog HDL의 반복문

종류	동작
while 문	조건식을 만족할 때까지 문장을 반복 실행
repeat 문	지정된 횟수만큼 문장을 반복 실행
forever 문	문장이 무한히 반복 실행
for 문	제어변수가 설정된 초깃값부터 연산 후 갱신이 이루어지며 조건식을 만족할 때까지 문장을 반복해서 실행, 이때 제어변수는 integer로 선언이 필요함

Verilog HDL에서 while 문은 조건식이 참(true)을 만족하는 동안 실행 문장을 반복적으로 실행하는 구문으로 작성 형식과 테스트벤치에서의 사용 형식과 예시는 다음과 같다.

while 문

```
// 사용 형식
while (조건식) begin
  실행 문장;
end

// 사용 예시
always @ (*) begin
  while (cnt < 8) begin      // 조건식을 만족할 때까지 begin ~ end를 반복 실행
    $display30)("Count = %d", cnt); // messages 창에 쌍따옴표 내 문자열을 출력
    cnt = cnt + 1;
  end
end
```

Verilog HDL에서 repeat 문은 지정한 횟수만큼 실행 문장을 반복하는 구문으로 반복 횟수는 상수만을 사용할 수 있다. 작성 형식과 테스트벤치에서의 사용 형식과 예시는 다음과 같다.

30) $display는 디버깅 및 시뮬레이션 중에 신호의 값을 출력하기 위해 사용하는 시스템 태스크(task)로 변수의 값, 시뮬레이션 시간 및 기타 디버깅 정보를 표시할 수 있다. 자세한 내용은 부록 3을 참고하면 된다.

repeat 문

```
// 사용 형식
repeat (반복 횟수) begin
  실행 문장;
end

// 사용 예시
initial begin
  cnt = 0;
  repeat (100) begin   // 설정된 횟수(100)만큼 begin ~ end를 반복 실행
    $display ("Count = %d", cnt);
    cnt = cnt + 1;
  end
end
```

Verilog HDL에서 forever 문은 일반적으로 초기화 블록(initial 블록문) 내에서 사용되며, 지정한 조건에 의해 반복문이 종료할 때까지 실행 문장을 무한 반복하여 실행하는 구문이다. forever 문은 시뮬레이션에서 특정 동작이 발생할 때까지 시스템의 동작을 계속 감시하고자 할 때 사용할 수 있다. forever 문의 작성 형식과 테스트벤치에서 사용 예는 다음과 같다.

forever 문

```
// 사용 예시
forever begin
  실행 문장;
end

// 사용 예시
initial begin
  cnt = 0;
  forever begin
    cnt = cnt + 1;
    $display("Count: %h", cnt);
    if (cnt == 8'b11111111) begin   // 루프 종료를 위한 조건
      $display("Count reached maximum value. Exiting loop.");
      break;                        // 루프를 종료하기 위한 break 문
    end
  end
end
```

Verilog HDL에서 for 문은 C언어와 비슷한 형식을 사용하며, 초기식의 제어변수 값이 조건을 만족할 때까지 실행 문장을 실행하는 구문이다. 초기식은 for 문이 시작되기 전에 한 번만 실행되며, 일반적으로 초기식은 제어변수의 초깃값을 지정한다. 조건식은 for 문이 반복되는 조건을 지정하며, 조건식의 결과가 참(true)일 때마다 실행 문장을 처리한다. 증감식은 조건식의 만족 여부를 확인한 후 실행되며, 제어변수를 증가 또는 감소시키는 데 사용된다.

for 문

```
// 사용 형식
for (초기식; 조건식; 증감식) begin
  실행 문장;
end

// 사용 예시
initial begin
  for (i = 0; i < 10; i = i + 1) begin  // 조건식을 만족할 때까지 실행
    sum = sum + i;
  end
  $display ("Sum = %d", sum);
end
```

❑ 함수와 태스크

행위 수준으로 모델링할 때 소스코드의 여러 부분에서 같은 기능이나 동작이 공통적으로 필요한 경우가 종종 있는데, Verilog HDL에서는 이처럼 공통적으로 사용되는 부분을 독립된 코드인 함수(function)나 태스크(task)로 정의하고 이를 호출하여 사용할 수 있다. 함수(function)나 태스크(task)의 개념은 대규모 시스템을 작은 부분으로 분할하여 모델링할 수 있도록 하고, 소스코드의 재사용성과 가독성을 높일 뿐만 아니라 디버깅(debugging)을 쉽게 할 수 있는 장점을 갖게 한다. 함수는 순차 논리에서 주로 사용되며, 조합 논리에서는 함수 대신 태스크를 사용한다. 함수와 태스크를 사용하기 위해서는 먼저 모듈(module) 내에서 함수나 태스크를 정의하고, 모듈이나 다른 함수 등에서 호출한다. 이때 정의와 호출은 모두 같은 모듈 내에서 이루어져야 한다. 함수(function)를 정의할 때 예약어인 function ~ endfunction 내에 작성하며, 작성 형식은 다음과 같다.

```
function (자료형) [범위] 함수_이름;
  입력 인수 선언;
  실행 문장;
endfunction       // 마지막에 세미콜론(;)이 없음
```

함수 정의 형식에서 사용한 자료형과 범위는 함수 결괏값의 데이터형과 크기(비트 폭)을 지정하기 위한 것이다. 지정할 수 있는 자료형은 reg형만 가능하며, 함수 내부에서 parameter, integer 등을 사용할 수도 있다. 반환 값의 크기를 나타내는 범위는 [MSB : LSB]와 같은 형식으로 작성하고, 함수 이름 뒤에는 반드시 세미콜론(;)이 있어야 한다. 함수 내부에는 함수의 입력 인수(input argument) 선언 부분과 처리할 문장들을 작성한다. 함수의 입력 인수는 외부로부터 함수에 전달되어 내부에서 사용하는 인수이므로 예약어 input으로 선언하고 인수이름을 나열한다. 실행 문장은 함수의 동작을 표현하는 문장이며, 시간 제어 연산자(#, @)[31]가 포함된 문장과 할당을 위해 논블록킹 할당문(<=)을 사용하면 안 된다.

함수의 처리 결괏값은 함수 이름을 통해 반환되며, 자료형 선언과 범위의 지정을 생략하면 함수의 반환값은 기본적으로 1비트 reg형으로 취급된다. 함수의 반환값은 함수 이름으로 반환받기 때문에 기본적으로 하나의 신호값이지만, 여러 신호(변수)로 구성된 반환 값을 받고 싶다면 결합연산자를 사용하여 하나의 벡터 형태로 묶어서 전달받을 수 있다. 함수를 호출할 때는 함수 이름과 함께 함수 내부에 선언된 입력 인수들의 이름을 순서대로 나열한다. 이때 입력 인수의 순서는

31) #와 @는 시간 관련 동작을 제어하기 위해 사용하며, #는 지연시간, @는 이벤트(신호의 변화)를 지정한다. 사용 예 : #10, @(a, b)

함수 정의에서 선언한 순서와 반드시 일치시켜야 하지만, 인수의 이름은 달라도 된다. 함수의 정의와 호출은 모두 같은 모듈 내에서 이루어지며, 언제든지 횟수와 상관없이 호출할 수 있다.

함수의 정의와 호출 예시

```
module sample_func (iA, iB, iC, iD, oOUT1, oOUT2);
   input   [3:0] iA, iB, iC, iD;
   output  [3:0] oOUT1, oOUT2;

   // 함수 정의
   function [3:0] sum_func;
      input   [3:0] x, y;              // 입력 인수 선언

      sum_func = x + y;                // 실행 문장
   endfunction

   // 함수 호출
   assign  oOUT1 = sum_func (iA, iB);  // 함수 호출
   assign  oOUT2 = sum_func (iC, iD);  // 함수 호출
endmodule
```

테스크(task)는 함수와 비슷한 구조를 가지지만, 반환 값 대신 여러 개의 출력 인수를 사용하여 처리 결과를 내보낸다. 태스크를 정의할 때 예약어인 task ~ endtask 내에 작성하며, 작성 형식은 다음과 같다.

```
task 태스크_이름;
  입출력 인수 선언;
  실행 문장;
endtask
```

태스크 정의 형식은 함수를 정의할 때와 달리 자료형과 범위를 지정하지 않지만, 태스크 이름 뒤에는 반드시 세미콜론(;)이 있어야 한다. 태스크 내부에는 외부로부터 주고받는 입출력 인수 선언 부분과 처리할 문장을 작성한다. 입출력 인수 선언부에서 외부로부터 전달받는 인수를 예약어 'input', 반환하는 인수를 'output', 주고받는 인수를 'inout'으로 선언하고, 인수 이름을 나열한다. 실행 문장은 어떠한 표현도 가능하지만, 절차형 할당문의 좌변에 사용된 인수는 reg형 선언이 필요하다. 또한 시간 제어 연산자(#, @)가 포함된 문장도 사용할 수 있다.

태스크의 처리 결괏값은 output 또는 inout으로 선언된 인수 이름을 통해 외부로 전달되며, 함수와 달리 여러 개의 출력 인수를 사용하여 처리 결과를 전달할 수 있다. 태스크를 호출하는 방법은 함수를 호출하는 방법처럼 태스크 이름과 함께 태스크 내부에 선언된 입출력 인수들의 이름을 순서대로 나열한다. 이때 입출력 인수의 순서는 태스크 정의에서 선언한 순서와 반드시 일치시켜야 하지만 인수의 이름은 달라도 된다. 태스크의 정의와 호출도 함수처럼 하나의 모듈 내에서 이루어지며, 언제든지 횟수에 상관없이 호출할 수 있다.

태스크의 정의와 호출 예시

```
module sample_task (iA, iB, oOUT);
   input   [3:0] iA, iB;
```

```
    output  [3:0] oOUT;

    // 태스크 정의
    task sum_task;
        input   [3:0] x, y;           // 입력 인수 선언
        output  [3:0] result;         // 출력 인수 선언

        result = x + y;               // 실행 문장
    endtask

    // 태스크 호출
    sum_task (iA, iB, oOUT);
endmodule
```

4.7 구조적 설계를 위한 모델링 방법

2장에서 살펴본 구조적 모델링(계층설계)은 모델링 대상인 전체 시스템을 여러 작은 단위의 서브 시스템(sub-system)으로 분할하여 모델링하는 구조 기반의 모델링 방법이다. 구조적 모델링을 위해서는 상위모듈에서 인스턴스화(instantiation)를 통해 하위모듈(서브 블록)을 상위모듈에 포함시키고, 상위모듈과 하위모듈의 입출력 포트들을 서로 연결하는 것이 필요하다. 이러한 인스턴스화와 입출력 포트들의 연결에 대한 개념은 게이트 수준 모델링에서 간단하게 살펴보았다. 하위모듈에 해당하는 게이트 프리미티브는 상위모듈에서 인스턴스화하고, 이때 상위모듈의 입출력 포트나 내부 신호와 게이트 프리미티브의 입출력 포트를 연결했다. 구조적 모델링을 위한 모듈의 포트 연결과 인스턴스화에 대해 조금 더 자세히 알아보자.

4.7.1. 모듈의 포트

구조적 모델링에서는 모듈 사이의 입출력 포트의 연결뿐만 아니라 모듈 내에서 하위모듈을 인스턴스화할 때 상위모듈과 하위모듈의 입출력 포트를 연결하는 것이 필요하다. 그림 4-8은 가상의 모듈에서 내부(internal)와 외부(external) 입출력 포트를 나타내고 있으며, 표 4-11은 모듈의 입출력 포트를 내외부와 연결하는 규칙이다.

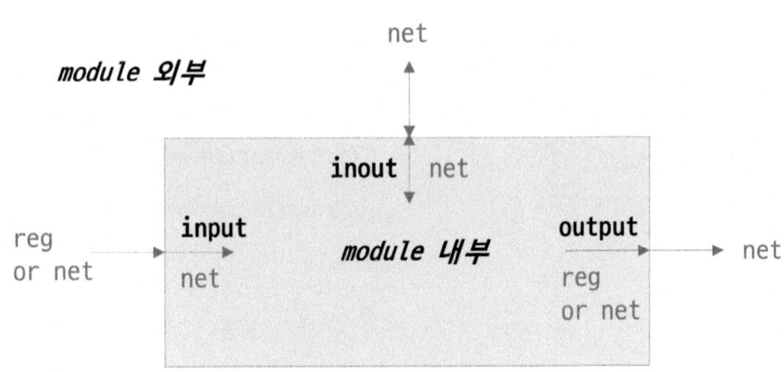

그림 4-8 모듈의 내외부 입출력 포트

표 4-11 입출력 포트의 연결 규칙

구분	내용
입력 포트(input port)	• 모듈 내부에서 반드시 net형 • 외부적으로는 reg형 또는 net형 신호와 연결
출력 포트(output port)	• 모듈 내부에서 reg형 또는 net형 • 외부적으로는 반드시 net형과 연결
입출력 포트(inout port)	• 모듈 내부에서 반드시 net형 • 외부적으로는 반드시 net와 연결

4.7.2. 모듈의 인스턴스화와 포트 연결

구조적 모델링에서 기본적인 기능 및 동작은 하위모듈(lower level module)로 모델링되며, 상위모듈(higher level module)에서는 하위모듈을 내부에 포함시키는 인스턴스화를 통해 큰 규모의 시스템을 모델링한다. 이때 상위모듈에서는 하위모듈의 입출력 인터페이스만을 사용하며, 하위모듈의 내부 모델링 내용은 상관하지 않는다. 이러한 객체 지향적 모델링 개념[32]은 설계자에게 모델링 유연성을 제공하며, 모듈 관리가 쉽다는 장점이 있다. 그림 4-9는 모델링에 필요한 컴포넌트(component)들의 집합인 모듈의 개념을 나타내고 있으며, 그림 4-10은 모듈의 인스턴스화 개념을 설명하고 있다.

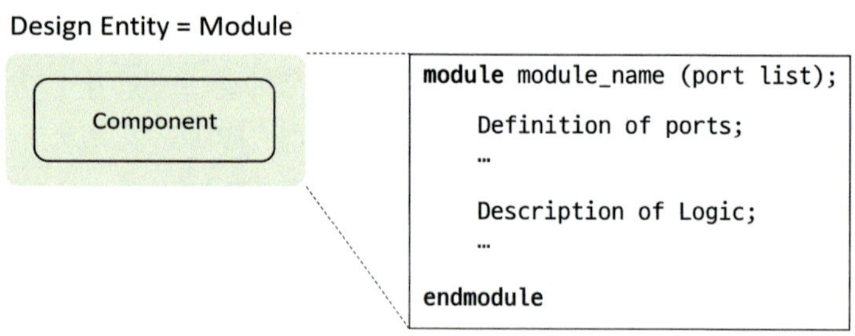

(a) 단일 컴포넌트로 구성된 모듈

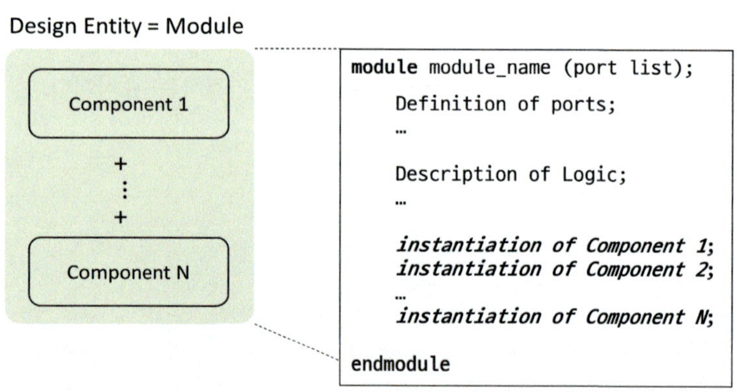

(b) 여러 컴포넌트로 구성된 모듈

그림 4-9 기본적인 모델링 구성 단위인 모듈

32) 객체(object) 지향적 모델링 : 모델링에서 필요한 구성요소(component)들의 역할이 무엇인지 정의하고, 이들 간의 상호작용을 통해 모델링하는 것을 말한다.

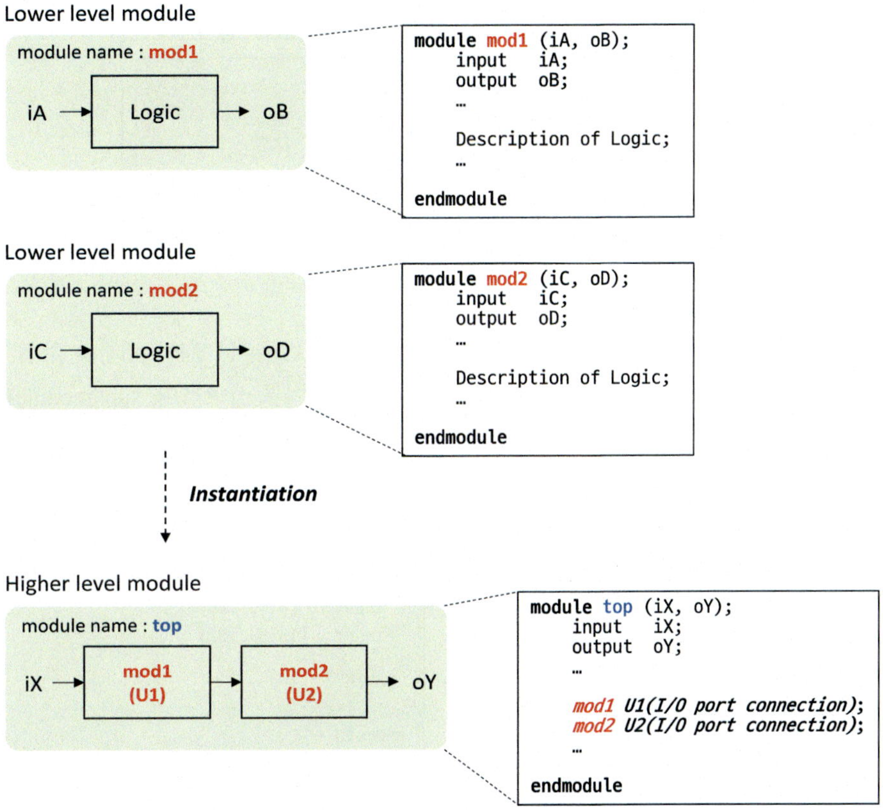

그림 4-10 모듈의 인스턴스화 개념

이처럼 상위모듈에서 하위모듈을 인스턴스화(instantation)할 때 상위모듈과 하위모듈의 입출력 포트를 지정한 신호로 서로 연결하는 포트 맵핑(port mapping)이 필요하다. 포트 맵핑은 인스턴스화 형식에서 인스턴스 이름 뒤의 인스턴스 포트 목록(instance port list)을 작성하는 방식에 따라 '위치에 의한 포트 맵핑'과 '이름에 의한 포트 맵핑'으로 나뉜다. 위치에 의한 포트 매핑은 초보자도 사용하기 쉬운 방법이며, 연결해야 하는 포트의 수가 많지 않을 때 주로 사용한다. 이름에 의한 포트 맵핑은 비교적 연결해야 하는 포트의 수가 많을 때 사용하며, 일반적으로 위치에 의한 포트 맵핑 보다 이름에 의한 포트 맵핑을 사용하는 것이 좋다.

❑ 위치에 의한 포트 맵핑

위치에 의한 포트 맵핑은 하위모듈의 포트 목록에 나열한 포트 순서대로 인스턴스의 포트 목록을 작성한다. 이때 포트의 순서는 반드시 일치시켜야 하며, 하위모듈에서 정의한 포트와 연결하는 상위모듈의 포트 이름 또는 신호 이름을 나열한다.

```
하위모듈_이름  인스턴스_이름  (상위모듈_포트이름1, 상위모듈_포트이름2, ...
                              상위모듈_포트이름N);
```

위치에 의한 포트 맵핑은 포트 연결을 위해 순서가 중요하므로 하위모듈에서 정의한 포트 목록의 모든 포트를 빠짐없이 인스턴스 포트 목록에 작성해야 한다는 것에 유의해야 한다.

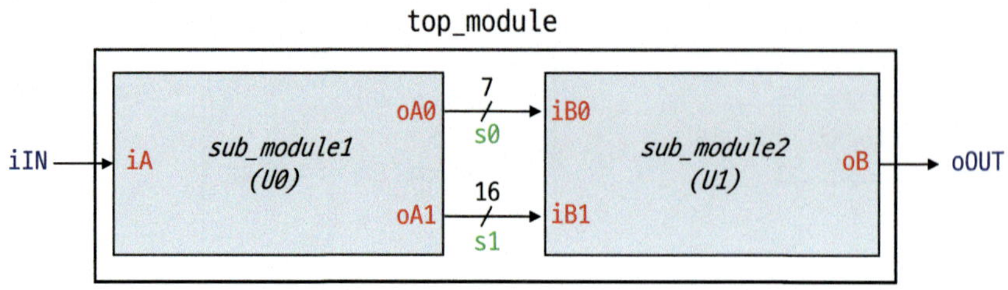

그림 4-11 구조적 방법으로 모델링한 회로의 예시

그림 4-11은 두 개의 서브 블록을 사용하는 구조적 모델링의 예시이다. 그림 4-11에서 두 개의 하위모듈인 sub_module1과 sub_module2는 그림 4-12와 같다. 각각의 하위모듈의 입출력 포트 정의를 살펴보면, sub_module1은 (iA, oA0, oA1), sub_module2는 (iB0, iB1, oB)와 같이 정의되어 있다.

```
// sub_module1
module sub_module1 (iA, oA0, oA1);
  input          iA;
  output   [6:0] oA0;
  output  [15:0] oA1;
     ⋮
endmodule
```

(a) sub_module1

```
// sub_module2
module sub_module2 (iB0, iB1, oB);
  input    [6:0] iB0;
  input   [15:0] iB1;
  output         oB;
     ⋮
endmodule
```

(b) sub_module2

그림 4-12 Verilog HDL로 작성한 하위모듈의 Verilog 모듈 코드

위치에 의한 포트 맵핑 방법을 사용하여 최상위 모듈에서 두 개의 하위모듈을 인스턴스화한 예이다.

위치에 의한 포트 맵핑 방법을 사용한 Top module

```
module  top_module (iIN, oOUT);
   input           iIN;
   output          oOUT;
   wire     [6:0]  s0;   // 내부의 wire 연결을 위해 s0를 7비트 wire로 선언
   wire     [15:0] s1;   // 내부의 wire 연결을 위해 s1을 16비트 wire로 선언

   // 위치에 의한 포트 맵핑을 사용한 인스턴스화
   sub_module1   U0 (iIN, s0, s1);
   sub_module2   U1 (s0, s1, oOUT);
endmodule
```

❑ 이름에 의한 포트 맵핑

하위모듈을 작성할 때 입출력 포트의 수가 많다면 포트 목록에 나열한 포트의 위치를 정확히 기억하는 데 어려움이 있다. 이때 위치에 의한 포트 맵핑을 사용하면 잘못된 포트 연결로 인한 동작 오류가 발생할 수 있다. 이러한 어려움을 해결하기 위해 Verilog HDL에서는 포트의 위치 대신 이름을 사용하는 포트 맵핑 방법을 제공한다. 이름에 의한 포트 맵핑에서 포트의 순서를 일치시킬 필요는 없지만, 인스턴스 포트 목록을 작성할 때 연결하고자 하는 각각의 포트를 다음의 형식으

로 작성해야 한다.

```
하위모듈_이름 인스턴스_이름 (.하위모듈_포트이름2(상위모듈_포트이름2),
                            .하위모듈_포트이름3(상위모듈_포트이름3),
                            .하위모듈_포트이름1(상위모듈_포트이름1), ...);
```

이름에 의한 포트 맵핑은 입출력 포트의 순서 대신 이름을 사용하므로 하위모듈에서 정의한 여러 포트 중 연결하고자 하는 포트만을 사용하여 인스턴스 포트 목록을 작성할 수도 있다. 그림 4-11과 그림 4-12에 대해 이름에 의한 포트 맵핑 방법을 사용하여 최상위모듈에서 두 개의 하위모듈을 인스턴스화한 예시이다.

이름에 의한 포트 맵핑 방법을 사용한 Top module

```
module  top_module (iIN, oOUT);
   input          iIN;
   output         oOUT;
   wire    [6:0]  s0;   // 내부의 wire 연결을 위해 s0를 7비트 wire로 선언
   wire    [15:0] s1;   // 내부의 wire 연결을 위해 s1을 16비트 wire로 선언

   // 이름에 의한 포트 맵핑을 사용한 인스턴스화
   sub_module1   U0 (.iA(iIN), .oA1(s1), .oA0(s0));
   sub_module2   U1 (.oB(oOUT), .iB0(s0), .iB1(s1));
endmodule
```

이름에 의한 포트 맵핑을 사용할 경우 인스턴스 포트목록의 순서는 하위모듈에 기술한 포트 순서와 상관없이 자유롭게 작성할 수 있다. 사용하지 않는 출력 포트는 맵핑을 생략할 수 있지만 입력 포트는 생략할 수 없다.

4.8 모델링한 내용의 검증을 위한 테스트벤치

모델링하고자 하는 디지털 회로의 모듈 코드를 작성했다면, 컴파일을 통해 작성된 모듈 코드가 문법에 맞게 작성되었는지 확인할 수 있다. 그러나 컴파일 과정은 작성한 모듈 코드가 회로의 기능과 동작을 정상적으로 모델링했는지는 확인할 수 없다. 회로의 기능과 동작이 정상적인지 확인하기 위해서는 Verilog HDL을 사용하여 가상의 검증 환경을 작성한 후 시뮬레이션을 수행해야 한다. 이때 작성하는 가상의 검증 환경이 테스트벤치(testbench)이다.

4.8.1. 테스트벤치의 개념

그림 4-13은 테스트벤치의 기본 개념을 나타내고 있다. 테스트벤치는 모듈과 비슷한 형식을 갖지만, 외부 입출력 포트가 없는 최상위 계층의 모듈이라는 점이 다르다. 테스트벤치는 최상위 모듈(top module)에 해당하는 모듈로, 검증하고자 하는 대상 모듈은 테스트벤치의 하위모듈로 취급되며, 인스턴스화를 통해 테스트벤치 내에 포함된다. 테스트벤치는 외부 입출력 포트가 없으므로 모델링한 모듈을 검증하는 데 필요한 입력신호를 생성하는 내용이 테스트벤치 내에 작성되어야 한다. 이렇게 생성한 입력신호는 검증하려는 대상 모듈의 입력 포트에 인가되며, 검증 대상 모듈의 출력 포트로부터 나오는 출력신호는 시뮬레이션 결과를 통해 확인한다.

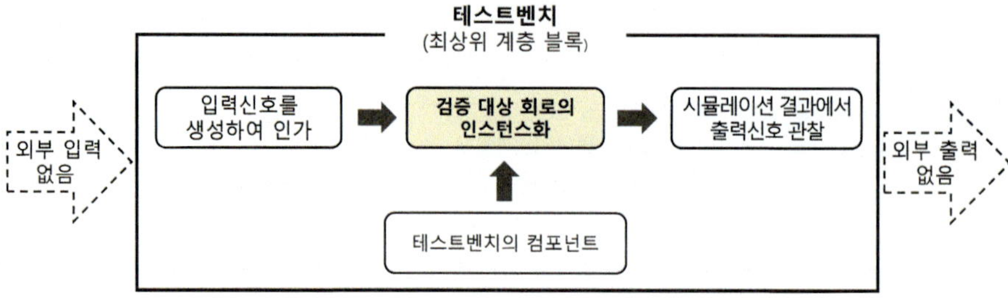

그림 4-13 모델링한 모듈의 검증을 위한 테스트벤치

모델링한 모듈의 기능과 동작을 정확히 검증하기 위해서는 테스트벤치를 작성할 때 시간 관련 사항의 설정과 입력신호 생성에 유의해야 한다. 모듈이 동작하는 데 필요한 기본적인 클록, 입력신호 등의 주파수(주기)나 지연시간 등 시뮬레이션에 필요한 시간 관련 설정이 정확히 정의되어야 한다. 또한 예상할 수 있는 모든 상황에 해당하는 입력신호를 생성하여 인가하고 출력 결과를 확인하는 것이 필요하다. 만약 일부 상황에 해당하는 입력신호만을 생성하여 인가한다면, 모듈의 일부 기능과 동작만을 확인하는 불완전한 검증이 될 수 있다.

학습 효율을 높이기 위해 가능한 앞으로 학습할 모델링 주제에 대한 테스트벤치를 직접 작성하여 시뮬레이션을 수행하기를 권한다.

4.8.2. 테스트벤치의 작성

그림 4-14에서 확인할 수 있듯이 테스트벤치의 기본적인 형식은 모듈과 비슷하다. 그러나 모듈은 모듈 이름 뒤에 입출력 포트 목록을 작성하지만, 테스트벤치는 테스트벤치 이름 뒤에 입출력 포트 목록(port_list)을 작성하지 않는다.

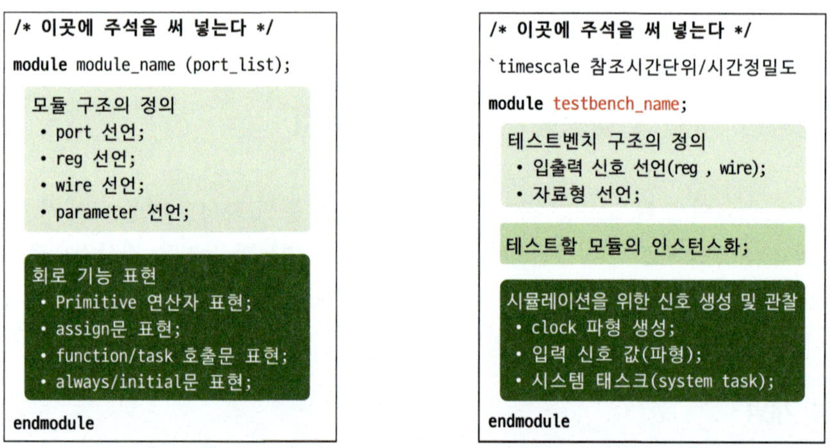

(a) 모듈의 형식 (b) 테스트벤치의 형식

그림 4-14 모듈과 테스트벤치의 형식 비교

테스트벤치의 기본적인 구성은 크게 시뮬레이션의 시간 관련 사항을 정의하는 부분, 설계 모듈의 입출력 포트 신호를 정의하는 부분, 설계 모듈을 인스턴스화하고 포트 맵핑을 통해 연결하는 부분, 입력신호를 생성하고 출력을 관찰하는 부분 등으로 구분되며, 기본적인 작성 형식은 다음과 같다.

시뮬레이션을 위한 테스트벤치의 기본 형식

```
// 주석문 : 테스트벤치에 대한 설명
`timescale 참조시간단위/시간정밀도   // 시뮬레이션의 시간 관련 정의

module 테스트벤치이름;
   reg   입력신호;                  // 검증할 모듈의 입력 포트 신호(입력신호)
   wire  출력신호;                  // 검증할 모듈의 출력 포트 신호(출력신호)

   검증 대상 설계 모듈의 인스턴스화;

   시뮬레이션에 필요한 입력신호(클록, 제어신호 등)의 생성과 출력 관찰을 위한 내용;
endmodule
```

❏ 시뮬레이션의 시간 관련 사항 정의

일반적으로 테스트벤치의 첫 줄엔 주석문을 사용하여 시뮬레이션과 관련된 참고 사항을 작성한다. 주석문 다음 줄에는 '`timescale'을 사용하여 시뮬레이션의 시간 관련 사항을 다음의 작성 형식으로 정의한다. 마지막에 세미콜론(;)이 없다는 것을 유의해야 한다.

```
`timescale  참조시간단위/시간정밀도
```

작성 형식의 `timescale에서 `(backtick) 기호는 키보드의 Esc키 아래에 있는 `키에 해당하는 전처리 지시어(preprocessor directive)로 예약어 'timescale'과 결합하여 시뮬레이션의 시간 단위를 정의하는 데 사용된다. 참조시간단위는 시뮬레이션의 기본적인 시간 단위, 시간정밀도는 시뮬레이션 시간의 해상도를 의미한다. 예를 들어 '`timescale 1ns/1ps'와 같이 작성했을 때 시뮬레이션은 1ns의 시간 단위와 1ps의 해상도로 수행된다. 시간 단위와 시간정밀도는 모두 양(positive)의 정수이며, 시간정밀도는 참조시간단위보다 같거나 작은 단위로 1, 10, 100의 값만을 사용한다. 시간정밀도는 시뮬레이션의 정확성과 성능에 영향을 미친다. 시뮬레이션의 해상도가 낮을수록, 즉 해상도의 시간값이 클 수록 더 적은 메모리의 사용과 빠른 시뮬레이션 속도를 가질 수 있지만, 높은 해상도(작은 시간값)는 더 정확한 시뮬레이션 결과를 얻을 수 있다. 따라서, 참조시간단위와 시간정밀도는 시뮬레이션의 목적과 설계 요구사항에 따라 적절히 정의되어야 한다.

❏ 테스트벤치의 이름 작성

테스트벤치는 모듈과 마찬가지로 module ~ endmodule쌍 내에 작성하며, 먼저 예약어 module 다음에 테스트벤치의 이름을 작성한다. 이때 테스트벤치 이름 뒤에 입출력 포트 목록이 없다. 테스트벤치의 이름은 설계한 모듈을 검증하는 시뮬레이션용 코드라는 것을 나타낼 수 있도록 관습적으로 검증 대상 모듈의 이름 앞 또는 뒤에 'tb'를 붙여 'tb_module_name'나 'module_name_tb'와 같이 작성한다. 앞으로 테스트벤치의 이름은 모델링한 모듈 이름 앞에 'tb_'를 붙여 'tb_module_name'로 하고, 저장할 때 파일의 확장자는 '*.v'로 한다.

```
module  tb_module_name;
  ...
endmodule
```

❏ 테스트벤치의 구조 정의

테스트벤치는 외부 입출력이 없지만 검증할 모듈을 테스트벤치 내부에서 인스턴스화(instantiation)한 후 입력신호를 넣어

주고 출력신호를 관찰해야 하므로 입출력 신호에 대한 선언이 필요하다. 이를 위해 모델링한 모듈의 입출력 포트를 통해 들어가고 나오는 신호의 범위와 자료형을 선언한다. 입력신호의 자료형은 'reg', 출력신호는 'wire'로 선언[33]한다. 또한 시뮬레이션에 사용할 입력신호를 생성하기 위해 정수(integer) 변수나 파라미터(parameter) 등을 사용했다면 이들의 자료형도 선언한다.

```
reg    [범위] input_port_signals;
wire   [범위] output_port_signals;
```

❑ 검증 대상 모듈의 인스턴스화와 포트 맵핑

시뮬레이션을 통해 검증할 모듈을 테스트벤치 내부에서 인스턴스화 하기 위해서는 앞서 살펴본 모듈의 인스턴스화(instantiation)와 동일한 작성 형식을 사용하면 된다.

```
module_name  instance_name (instance_port_list);
```

인스턴스 포트 목록(instance port list)의 작성은 일반적으로 '위치에 의한 포트 맵핑'보다는 '이름에 의한 포트 맵핑'을 사용하는 것이 편리하다. 이름에 의한 포트 맵핑은 작성 형식이 다소 복잡하지만, 포트 목록에 나열된 순서와 상관없이 작성할 수 있으며, 또한 필요한 포트만을 연결할 수 있는 장점이 있다.

❑ 시뮬레이션을 위한 입력신호 생성

검증 대상 모듈의 입력포트에 인가할 입력신호의 값 또는 파형을 생성하는 부분이다. 일반적으로 초깃값을 설정할 때는 initial 문을 사용하여 작성하며, 주기적으로 반복하는 클록 신호 파형과 이벤트(또는 시간 제어)에 의해 계속해서 변하는 신호 파형을 생성할 때는 always 문을 사용하여 작성한다. 신호 생성 부분의 작성에 대해서는 이후 모델링 주제별 내용에서 자세히 다루도록 하고, 여기에서는 기본 형식에 대해서만 알아본다.

입력신호 생성 방법

```
// 입력신호의 초기값 설정 또는 순차적으로 인가되는 입력신호를 생성
initial begin
   // 신호의 초깃값 설정
   input_signal1 = 초깃값; input_signal2 = 초깃값;

   // 순차적으로 인가되는 입력신호 생성
   input_signal1 = value; input_signal2 = value; #(delay_time);
   input_signal1 = value; input_signal2 = value; #(delay_time);
     ...
end

// 시간 제어나 이벤트에 의해 변하는 입력신호 생성
always @(sensitivity_list) begin
   input_signal1 = value; input_signal2 = value; #(delay_time);
   input_signal1 = value; input_signal2 = value; #(delay_time);
```

33) 테스트 벤치에서 입력신호를 reg, 출력신호를 wire로 선언하는 이유는 테스트벤치 내에서 initial 문 또는 always 문을 사용하여 입력신호를 생성할 때 입력신호는 좌측 할당신호이기 때문이다. 반면 출력신호는 내부에서 단순히 Wave 창에 출력되는 신호이므로 wire로 선언한다.

```
    ...
end
```

❑ 시뮬레이션을 결과 확인 및 검증

시뮬레이션 결과는 시뮬레이션 실행 후 출력되는 파형과 텍스트 형태로 출력되는 메시지를 통해 확인할 수 있다. 테스트벤치에서 생성하여 인가한 입력신호에 대한 출력신호의 비교 관찰과 시스템 태스크(system task)[34]를 사용하여 시뮬레이션 중에 출력되는 디버깅 정보를 통해 모델링한 모듈의 기능과 동작을 검증할 수 있다. 입출력 신호의 관찰을 위해 사용하는 시스템 태스크는 $display(값을 화면에 출력), $fdisplay(값을 파일에 저장), $monitor(신호값이 변할 때마다 값을 화면에 출력), $stop(시뮬레이션 중지), $time(시뮬레이션 시간 반환), $finish(시뮬레이션 종료) 등이 있다.

테스트벤치의 전체적인 구성을 참고할 수 있는 작성 예시는 다음과 같다.

테스트벤치 작성 예시

```
`timescale  1ns/10ps

module tb_sample;
   localparam   TCLK = 10;  // 상수 TCLK의 값을 10으로 정의

   reg          iCLK, iRESETn;
   reg          iIN;
   wire   [3:0] oOUT;
   wire         oMYCLK;

   // 이름에 의한 포트 맵핑을 사용한 검증할 모듈(sample)의 인스턴스화
   sample U0 (.iCLK(iCLK), .iRESETn(iRESETn), .iIN(iIN), .oOUT(oOUT),
              .oMYCLK(oMYCLK));

   // 입력신호의 초기화
   initial begin
      iCLK = 0; iRESETn = 1; #(10);
      iRESETn = 0; #5;
      iRESETn = 1;
      iIN = 0; #(TCLK*1000);
      $stop;
   end

   // 입력신호 생성
   always @(*) begin
      #(TCLK/2) iCLK = ~iCLK; // 클록 생성
   end

   always @(*) begin
      #(TCLK*10) iIN = ~iIN;  // 입력신호 iIN 생성
   end
```

34) 시스템 태스크(system task)에 대해서는 부록 3을 참고하면 된다.

```
    // 시스템 태스크를 사용한 시뮬레이션 시간 확인
    always @(posedge iCLK) begin
        $display("Current time is %d", $time);  // 화면에 출력
    end

endmodule
```

4.9 Verilog HDL 코딩 스타일

코딩 스타일(coding style)은 소스코드의 가독성, 유지보수성 및 이식성을 향상시키기 위한 일종의 편집 규칙으로 들여쓰기, 모듈이나 신호 등의 이름 작성, 주석문 작성, 연산자나 괄호의 사용 방법 등이 포함된다. 대부분의 코딩 엔지니어들은 자신만의 스타일을 가지고 소스코드를 작성한다. 코딩 스타일은 습관이므로 한 번 굳어진 습관은 바꾸기가 쉽지 않다. 많은 책과 자료에서 Verilog 코딩 스타일에 대한 가이드를 제시하고 있다. 여기에서는 Verilog를 처음 배우는 입문자들이 좋은 코딩 습관을 가질 수 있도록 소스코드 작성 시 요구되는 중요 사항에 관해 설명한다.

4.9.1. 가독성을 높이는 코딩 스타일

Verilog 소스코드를 보기 좋게 작성한다는 것은 설계자가 코딩 시간을 줄이는 방법 중 한 가지이다. 가독성 있게 작성된 소스코드는 코딩하는 과정에서 작성 내용을 쉽게 파악할 수 있으며, 추후 오류를 수정하는 디버깅 단계나 기능 확장을 위해 추가 소스코드를 작성할 때 효과적이다. 가독성 높은 소스코드를 작성하기 위해서는 다음의 규칙을 주의하면 된다.

❑ 들여쓰기

Rule 1 : 들여쓰기는 Verilog HDL 코드의 가독성을 높이고 논리적인 구조를 명확히 하기 위해 매우 중요하다. 일반적으로 코드 블록을 명확하게 구분하기 위해 보통 2~4개의 공백을 사용하여 일관된 들여쓰기를 한다.

❑ 모듈 이름과 신호 이름의 작성

Rule 2 : 모듈과 신호의 이름 등 식별어는 해당 기능을 나타낼 수 있도록 작성하며, CamelCase[35]나 snake_case[36]와 같은 방법을 사용한다. 이 책에서는 모듈 이름과 신호 이름을 작성할 때 소문자 단어 사이를 밑줄(_)로 구분하는 snake_case 방식을 사용한다. 단, 입출력 포트 신호와 내부 신호의 구분을 위해 포트 신호는 모두 대문자를 사용하되 입출력 방향의 구분을 위해 'i입력포트이름', 'o출력포트이름'과 같이 사용한다.

Rule 3 : 모듈, 포트, 신호의 이름을 작성할 때, __iDATA, _iDATA, iDATA_와 같이 밑줄(_)을 연속적으로 사용하거나 맨 앞 또는 맨 뒤에 사용하지 않는다.

❑ 클록과 리셋 신호의 이름

Rule 4 : 클록(clock) 이름은 'clk'나 'clock'를 사용하거나, 'iCLK' 또는 'oCLK'와 같이 입출력 방향을 소문자로 하고 클록의 이름을 대문자로 사용하여 내부 신호와 구분한다. 리셋(reset)도 클록처럼 'rst'나 'reset' 또는 'iRESET'과 같이 사용한다. 필요에 따라 반전 클록과 반전 리셋을 'iCLKn'과 'iRESETn'과 같이 사용한다.

---

35) CamelCase 방식 : 식별자 작성 시 여러 단어를 사용할 때, 각 단어의 첫 글자를 대문자로 표기하고 단어 사이를 붙여 쓰는 방식을 말한다.

36) snake_case 방식 : 식별자 작성 시 여러 단어를 사용할 때, 각 단어 사이를 밑줄(_)로 구분하여 작성하는 방식을 말한다.

Rule 1 ~ Rule 4를 적용한 모듈 코드 작성 예시

```
module  full_adder (iCLK, iRESETn, iDATA, oRESULT);
   input          iCLK, iRESETn;  // 클록과 반전 리셋 신호 이름
   input   [7:0]  iDATA;          // 입력 포트이름
   output  [15:0] oRESULT;        // 출력 포트이름

   reg     [15:0] result;         // snake_case 방식을 사용한 내부 신호이름

   always @ (posedge iCLK or negedge iRESETn) begin
      if (!iRESETn)
         result <= 8'b0;
      else
         if (iDATA > 8'b0100_0000)
            result <= iDATA;
         else
            result <= iDATA + 8'b0000_0001;
   end

   assign   oRESULT = result;

endmodule
```

❑ 상수 설정

Rule 5 : 모듈에서 일정한 값으로 사용되는 상수(constance)를 'parameter' 또는 'localparam'으로 파라미터로 선언할 때 파라미터 이름을 전부 대문자로 작성한다.

상수의 선언 예시

```
module test (iA, iB, iINST, oRESULT);
   input    iA, iB, iINST;
   output   oRESULT;

   parameter    WIDTH = 4;                 // 대문자만을 사용한 parameter 선언
   localparam   ADD = 2'h0, SUB = 2'h1,
                MUL = 2'h2, DIV = 2'h3;  // 대문자만을 사용한 localparam 선언
   ...
endmodule
```

❑ 포트 선언 순서

Rule 6 : 입출력 포트 리스트, 입출력 포트의 방향을 선언할 때 다음의 순서를 따라 작성한다.

입출력 포트 선언 순서

```
// Input port
   - clock signals
   - reset signals
   - enable signals
```

```
    - other control signals
    - data and address lines

 // Output port
    - clock signals
    - reset signals
    - enable signals
    - other control signals
    - data
```

Rule 7 : 여러 개의 입출력 포트 또는 자료형이 사용될 때 입력, 출력, 자료형 선언 사이에는 빈 줄(blank line)을 사용한다.

여러 개의 입출력 포트나 자료형 선언

```
module test (iCLK, iRESETn, iA, iB, oOUT1, oOUT2);
   input     iCLK, iRESETn;
   input     [3:0] iA, iB;
                                        // <--- blank line
   output    [3:0] oOUT1;
   output    [7:0] oOUT2;
                                        // <--- blank line
   reg       [3:0] out1;
   reg       [3:0] out2;
                                        // <--- blank line
   ...
endmodule
```

❑ 모듈의 인스턴스화 시 포트 맵핑

Rule 8 : 모듈의 입출력 포트 수가 많다면 인스턴스화할 때 '위치에 의한 포트 맵핑'보다 '이름에 의한 포트 맵핑'을 사용한다.

❑ 우선순위가 없는 조건문

Rule 9 : 우선순위가 없는 if 문은 case 문으로 대체하여 모델링하면 가독성을 높일 수 있으며 동시에 논리적 오류를 줄일 수도 있다.

우선순위가 없는 조건문

```
if (sel == 0)
   out = x;
else if (sel == 1)
   out = y;
else
   out = 1'bz
```

⟹

```
case (sel)
   1'b0 : out = x;
   1'b1 : out = y;
   default : out = 1'bz;
endcase
```

4.9.2. 효율적인 설계를 위한 코딩 방법

Verilog를 이용한 설계의 최종 목표는 설계 후 합성(synthesis) 과정을 거쳐 설계한 논리회로나 시스템을 실제 하드웨어로 동작하도록 하거나 반도체 공정을 통해 칩(chip)으로 만드는 것이다. 따라서 컴파일러가 정상적으로 합성할 수 있도록 애매한 표현을 피해야 하며, 플립플롭과 게이트로 표현할 수 있는 가능한 단순한 표현의 문법을 사용하여 모델링하는 것이 좋다.

❑ 조건문을 사용한 모델링

Rule 1 : if 문이나 case 문과 같은 조건문을 사용하여 모델링할 때 가능한 else나 default를 생략하지 않아야 혹시 발생될 수 있는 불필요한 회로의 합성을 피할 수 있다. 그러나 요즈음 사용하는 대부분의 설계 도구 버전에서는 else나 default가 생략되어도 불필요한 회로가 생성되지 않는다.

조건문을 위한 올바른 코딩

```
module test (iCLK, iRESETn, iX, iY, iSEL, oRESULT);
   input         iCLK, iRESETn;
   input         iX, iY;
   input   [1:0] iSEL;
   output        oRESULT;

   reg           out;

   always @ (iSEL) begin
      if (iSEL == 2'b00)
         out <= iX;             // 논블록킹 할당문 사용
      else if (iSEL == 2'b01)
         out <= iY;             // 논블록킹 할당문 사용
      else                      // else 문을 생략하면 래치가 생성될 수 있음
         out <= 1'b0;
   end

   assign   oRESULT = out;

endmodule
```

Rule 2 : 조합회로를 모델링할 때는 블록킹 할당문(=)을 사용하며, 순차회로를 모델링할 때는 가능한 논블록킹(<=) 할당문을 사용한다.

블록킹 할당문과 논블록킹 할당문의 사용

```
// 조합회로 모델링 시 블록킹 할당문 사용
always @(*) begin
   if (iSEL == 1'b0)
      result = 8'b0;     // 블록킹 할당문 사용
   else
      result = iDATA;    // 블록킹 할당문 사용
end
```

```
// 순차회로 모델링 시 논블록킹 할당문 사용
always @(posedge iCLK or negedge iRESETn) begin
   if (!iRESETn)
      result <= 8'b0;    // 논블록킹 할당문 사용
   else
      result <= iDATA;   // 논블록킹 할당문 사용
end
```

❑ 시간 제어가 포함된 순차회로 모델링에서 always 문의 이벤트 신호목록 작성

Rule 3 : 가능한 'always @ (posedge iCLK or negedge iRESETn)'만 사용하라. always 문을 사용하는 순차회로에서 합성 시 생성되는 플립플롭은 클록(iCLK) 이벤트와 별개로 비동기적으로 동작하는 반전 리셋(iRESETn)을 사용한다. 그러나 일반적인 디지털 시스템 또는 회로에서 iCLK 신호 이외의 다른 신호를 이벤트 신호 목록에 작성하면 iCLK에 게이트 연산이 포함되며, 온도, 전압, 전류 등의 변동으로 인한 안정성 문제가 발생할 수 있다.

❑ 신호의 값 표현

Rule 4 : 신호의 값을 지정할 때 신호의 범위(비트 폭)을 정의하는 것이 좋다. 만약 신호의 범위를 생략하면, 최대 비트 폭인 32비트로 정의되어 설계 자원이 낭비될 수 있다.

신호의 값을 지정할 때 올바른 표현

```
a = 1'b0;
b = 8'hFF;
```

연습문제

4.1 다음과 같은 디지털 시스템을 Verilog HDL을 이용하여 모델링할 때 기본 단위인 모듈(module)의 기본 형식에서 a) 01행 부분과 b) 02행 부분을 작성하라(단, 입출력 포트 신호의 자료형은 모두 Net이다).

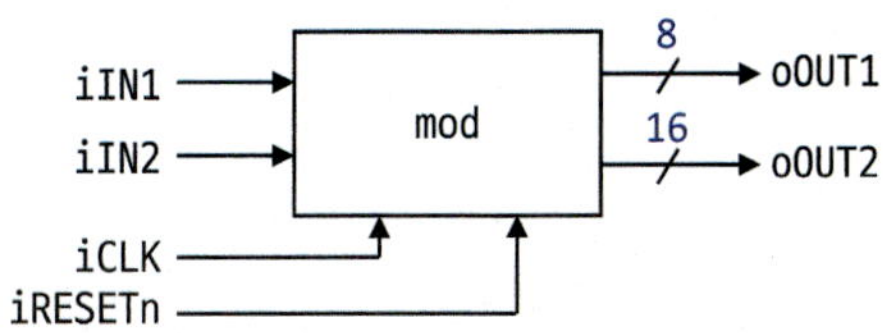

(a) 디지털 시스템

```
01  module 모듈이름 (포트목록);
02      모듈 구조의 정의
03      회로 기능 및 동작 표현
04  endmodule
```

(b) 모듈의 기본 형식

그림 4-15 디지털 시스템과 모듈의 기본 형식

4.2 다음은 Verilog HDL의 어휘요소에 관한 설명이다. 설명한 내용의 O/X를 판정하라.

(a) 모든 여백(white space)은 모듈 코드를 컴파일하는 과정에서 무시된다. (O/X)
(b) 여러 줄 주석은 '/*' 로 시작하여 '*/' 로 끝낸다. (O/X)
(c) Verilog HDL를 사용하여 수를 표현할 때 비트 폭이 생략되면, 32비트 10진수로 취급된다. (O/X)
(d) Verilog HDL를 사용하여 모델링할 때 사용한 실수형 상수는 하드웨어로 합성이 가능하다. (O/X)
(e) 문자열은 reg 자료형으로 처리되며 하드웨어로 합성할 수 없다. (O/X)
(f) 식별어의 첫 문자는 영문자, 숫자, 밑줄을 사용할 수 있다. (O/X)
(g) Verilog HDL의 키워드는 사용자가 자유롭게 식별자로 사용할 수 있다. (O/X)
(h) 밑줄(_)을 사용하여 수의 가독성을 높일 수 있으며, 컴파일 과정에서 무시된다. (O/X)

4.3 Verilog HDL을 사용하여 다음과 같이 표현한 수(number)를 reg형 num에 할당할 때 저장되는 데이터를 바이너리(binary) 형식으로 표현하시오.

(a) 8'o2
(b) 16'hAF
(c) 10'd245
(d) 4'b10
(e) 25
(f) −4'b0101
(g) −8'd15

4.4 Verilog HDL에서 디지털 시스템의 구조와 기능 및 동작을 표현하기 위해 사용하는 네트(net) 자료형과 레지스터(reg) 자료형의 기본적인 차이점을 설명하시오.

4.5 다음은 모듈 코드의 일부분이다. 아래와 같이 선언된 벡터 또는 배열에서 데이터를 할당하거나, 저장된 데이터를 조작하는 방법에 오류가 발생하는 부분을 찾고, 오류 발생 원인을 설명하시오.

```
reg   [7:0] bus_a;
reg   [7:0] mem [255:0];

always @(*) begin
   bus_a[7:0] = 8'b1111_1111;
   mem[7:0] = 8'b1111_1111;
end
```

4.6 두 부호없는 4비트 2진수가 a = 4'b1010, b = 4'b0010일 때 다음의 연산 결과(result)를 구하시오.

(a) assign　result = a + b;

(b) assign　result = a && b;

(c) assign　result = a | b;

(d) assign　result = ^a;

(e) assign　result = a != b;

(f) assign　result = a >> 2;

(g) assign　resul = (a == b) ? a : b;

(h) assign　result = {a, b};

(i) assign　result = {2{a}};

4.7 연속 할당문과 절차형 할당문의 차이점을 설명하시오.

4.8 initial 문과 always 문의 주요 차이점을 설명하시오.

4.9 블록킹 할당문과 논블록킹 할당문에 대한 다음의 설명 중 옳은 것을 고르시오.

(a) 조합 논리회로를 모델링할 때는 논블록킹 할당문을, 순차 논리회로를 모델링할 때는 블록킹 할당문을 사용하는 것을 권장한다.

(b) begin ~ end 블록문 내부에서 여러 신호의 할당을 위해 블록킹 할당문을 사용할 경우 병렬적으로 할당이 이루어진다.

(c) 하나의 always 문에서 블록킹 할당문과 논블록킹 할당문을 혼용할 수 있지만, 이 경우 할당 방식의 차이로 예상치 못한 할당이 이루어질 수 있으므로 피하는 것이 좋다.

(d) 블록킹 할당연산자와 논블록킹 할당연산자는 모두 assgin 문과 함께 사용할 수 있다.

4.10 다음과 같은 if ~ else 조건문으로 작성된 모듈 코드를 case 문으로 작성하시오.

```
// wire [3:1] r;
always @(*)
   if (r[3])
      y = 3'b100;
   else if (r[2])
      y = 3'b011;
   else if (r[1])
      y = 3'b010;
   else if (r[0])
      y = 3'b001;
   else
      y = 3'b000;
```

4.11 아래의 Verilog 코드에서 for 반복문을 사용하여 0부터 7까지 증가하는 i 값을 output에 할당하는 코드를 완성하시오.

```
integer i;
reg   [2:0] output;

initial begin
   for(   코드를 작성하시오   ) begin
      코드를 작성하시오
   end
end
```

4.12 다음과 같이 사전에 모델링된 두 개의 모듈(mod1, mod2)를 사용하여 그림 4-16과 같이 구조적 방법으로 최상위모듈(top-level entity)을 모델링하고자 한다. (a) 위치에 의한 포트 맵핑 방법과 (b) 이름에 의한 포트 맵핑 방법을 사용하여 하위모듈을 인스턴스화한 최상위모듈 코드를 완성하시오.

```
// sub_module1
module mod1 (iA, oA0, oA1);
  input          iA;
  output  [7:0]  oA0;
  output  [15:0] oA1;
     ⋮
endmodule
```

(a) mod1의 모듈 코드

```
// sub_module2
module mod1 (iB0, iB1, oB);
  input   [7:0]  iB0;
  input   [15:0] iB1;
  output         oB;
     ⋮
endmodule
```

(b) mod2의 모듈 코드

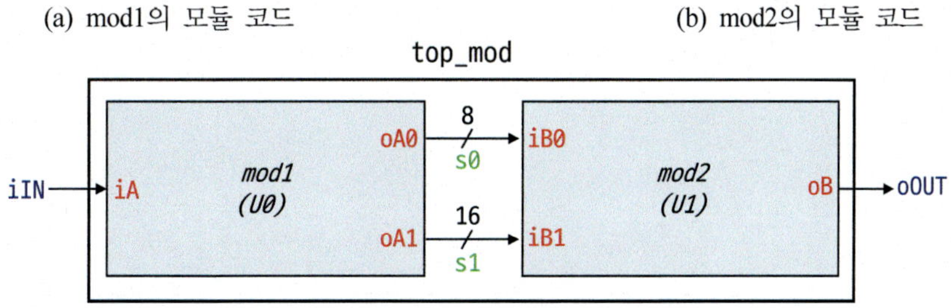

(c) 최상위 모듈

그림 4-16 조적 방법으로 모델링한 회로

```
// Top module

module top_mod (iIN, oOUT);
   input       iIN;
   output      oOUT;
   최상위모듈 내부 연결을 위해 s0를 선언하는 코드를 작성하시오.
   최상위모듈 내부 연결을 위해 s1를 선언하는 코드를 작성하시오.

   // (a) 위치에 의한 포트 맵핑을 사용한 인스턴스화
   하위모듈(U0)을 인스턴스화하는 코드를 작성하시오.
   하위모듈(U1)을 인스턴스화하는 코드를 작성하시오.

   // (b) 이름에 의한 포트 맵핑을 사용한 인스턴스화
   하위모듈(U0)을 인스턴스화하는 코드를 작성하시오.
   하위모듈(U1)을 인스턴스화하는 코드를 작성하시오.
endmodule
```

4.13 위 4.12의 최상위모듈(top_mod)를 검증하기 위한 테스트벤치를 완성하시오.

```
// 테스트벤치
시뮬레이션의 참조시간단위를 1ns, 시간정밀도를 1ps로 작성하시오.

module    테스트벤치 이름 부분을 작성하시오.
   reg    iIN;
   wire   oOUT;

   // 이름에 의한 포트 맵핑을 사용한 최상위모듈의 인스턴스화
   검증할 모듈(top_mod)을 인스턴스화하는 코드를 작성하시오.

   // 입력신호의 초기화
   initial begin
      iIN = 0; #(10);
      iIN = 1; #(10);
      $stop;
   end

endmodule
```

CHAPTER

05

조합회로 모델링

디지털 회로는 입력의 변화에 대한 출력 변화가 언제, 어떻게 나타나느냐에 따라 조합회로와 순차회로로 구분할 수 있다. 조합회로는 입력의 변화에 대해 바로 출력이 결정되는 데 반해 순차회로는 입력된 정보와 회로의 기억상태에 따라 출력이 결정된다. 이 장에서는 조합회로를 모델링하는 방법에 관해 알아본다. 디지털 시스템을 모델링할 때 기본적으로 요구되는 다양한 주제를 다룸으로써 대규모 디지털 시스템을 개발할 때 필요한 조합회로를 설계할 수 있다.

학습목표

- 조합회로의 개념을 이해한다.
- 논리 게이트를 사용하여 조합회로를 모델링하는 방법을 이해한다.
- 대표적인 조합회로의 동작을 이해한다.
- 다양한 추상화 수준 모델링 방법을 사용하여 조합회로를 모델링할 수 있다.

5.1 조합회로

조합회로(combinational circuit)는 AND, OR, NOT 등의 여러 논리 게이트를 조합하여 만들어지며, 입력값에 대한 출력값이 오직 현재 입력값에 의해 정해지는 디지털 회로이다. 그림 5-1은 여러 논리 게이트를 조합하여 구성한 조합회로의 예시이다. 조합회로의 구성요소는 논리 게이트(logic gate)와 도선(wire)이다.

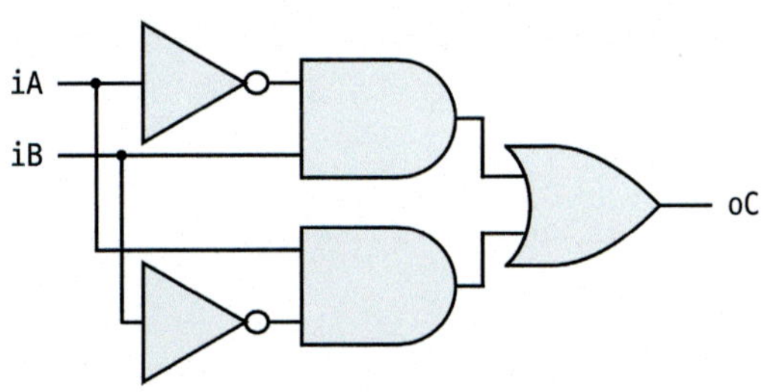

그림 5-1 간단한 조합회로의 예시

논리 게이트는 입력에 대한 논리연산을 수행하며, 입력이 변하는 즉시 유도된 값을 출력한다. 도선은 단지 논리 게이트들의 연결을 위해 사용되며, 논리 게이트의 출력과 연결된 다른 논리 게이트의 입력에 전달하는 역할을 한다. 따라서 조합회로에는 이전의 상태나 입력된 정보를 저장하는 요소, 즉 메모리 소자가 없으므로 회로의 구성이 매우 단순하며 처리하는 복잡도가 낮다. 빠르게 동작하므로 조합회로에서 발생하는 시간 지연은 무시할 수 있을 정도로 작다.

조합회로는 시스템 설계에서 다양하게 활용된다. 예를 들어 컴퓨터 시스템의 중앙 처리 장치(CPU)에서 산술연산이나 논리연산 등을 수행하기 위해 사용되며, 통신 시스템에서는 디지털 필터와 같은 신호처리, 부호화 및 복호화, 오류 검출 기능을 구현할 때 사용된다. 또한 자동차 시스템에서는 엔진 성능의 최적화와 배기가스, 에어백, 안전벨트 등의 제어를 위해 조합회로가 사용된다.

5.2 기본적인 논리 게이트 조합회로

디지털 회로를 구성하는 가장 기본적인 요소는 논리 게이트이다. Verilog HDL을 사용하여 AND, OR, NOT 논리 게이트로 이루어진 그림 5-2의 기본적인 논리회로를 모델링해보자.

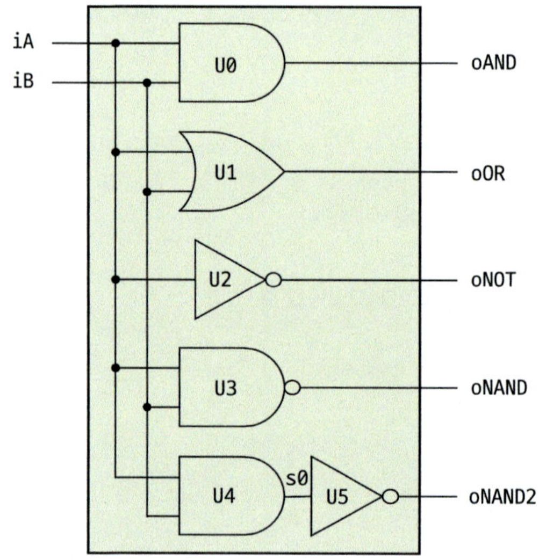

그림 5-2 기본적인 논리 게이트 회로

5.2.1. 기본 게이트 회로의 모듈

Verilog HDL의 게이트 프리미티브(gate primitive)를 이용하면 기본적인 논리 게이트로 구성된 회로를 쉽게 게이트 수준으로 모델링할 수 있다. Intel 사의 Quartus Prime에서 프로젝트 마법사를 사용하여 다음과 같이 프로젝트 생성한다. 프로젝트 생성의 자세한 과정은 3장을 참고하면 된다.

- 프로젝트 디렉토리 : D:/projects/ch5/gates
- 프로젝트 이름 : gates(최상위 설계 엔터티의 이름[1])은 gates로 자동 설정됨)
- 타겟 디바이스 설정 : 실습용 키트를 참고하여 설정, 없으면 임의로 설정해도 됨

그림 5-3은 기본 게이트 회로의 모델링을 위한 프로젝트 마법사(project wizard)의 프로젝트 작업 디렉토리, 프로젝트 이름, 최상위 엔터티(top-level entity) 이름 설정 화면이다.

1) 최상위 엔터티(top-level entity)의 이름은 반드시 프로젝트 이름과 같아야 한다.

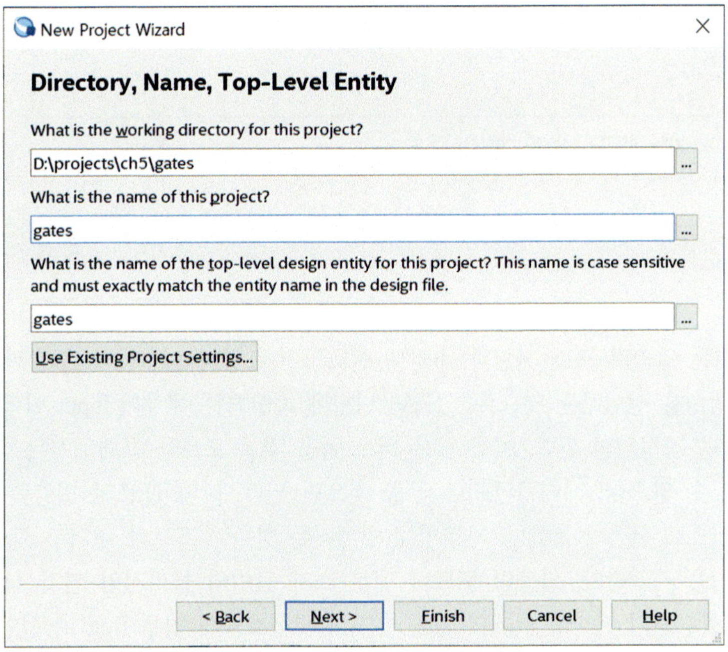

그림 5-3 기프로젝트 마법사의 Directory, Name, Top-Level Entity 설정 단계

프로젝트를 생성했다면 Quartus Prime의 사용자 메뉴에서 'File' → 'New'를 선택한 후 활성화된 창에서 'Verilog HDL File'을 선택하면 모듈 코드를 작성할 수 있는 텍스트 에디터(text editor) 창이 나타난다.

그림 5-2의 기본 게이트 회로의 모델링을 위해 4장에서 설명한 모듈 형식을 참고하여 모듈 코드를 작성해 보자.

```
module 모듈_이름(포트_목록);
   모듈 구조의 정의
   회로 기능 및 동작 표현
endmodule
```

❑ 모듈 이름 작성

프로젝트 생성 단계에서 최상위 모듈(top-level entity)의 이름은 프로젝트 이름과 동일하게 'gates'로 설정한다. 설계하려는 디지털 회로를 하나의 모듈로 모델링한다면, 이 모듈이 최상위 엔터티(최상위 모듈)이며, 최상위 엔터티의 이름은 프로젝트 이름과 같아야 한다.

```
// 모듈의 기본 형식
module gates (포트_목록);  // 프로젝트의 이름 = 최상위 엔터티의 이름
   모듈 구조의 정의
   회로 기능 및 동작 표현
endmodule
```

❑ 포트 목록 작성

그림 5-2의 기본 게이트 회로에서 입력포트는 iA, iB이고 출력포트는 oAND, oOR, oNOT, oNAND, oNAND2로, 이 회로는 총 7개의 외부 입출력 포트를 가지므로 포트 목록에 7개의 입출력 포트를 모두 나열하고, 마지막에 세미콜론(;)이

있어야 한다. 포트 목록을 작성할 때 AND 게이트와 NOT 게이트를 연결하는 내부 신호 s0는 외부 포트 신호가 아니므로 포트 목록에 나열하지 않는다.

```
module gates (iA, iB, oAND, oOR, oNOT, oNAND, oAND2);
   모듈 구조의 정의
   회로 기능 및 동작 표현
endmodule
```

❑ 모듈 구조의 정의

모듈 구조의 정의 부분에서는 입출력 포트 선언과 내외부 신호의 자료형을 선언한다. 입출력 포트 선언은 포트 목록에 나열된 각 포트의 입출력 방향을 선언하는 것으로, 입출력 방향에 해당하는 예약어 input(입력), output(출력), inout(입력 및 출력) 다음에 포트 이름을 작성하면 된다. 이때 같은 비트 폭을 갖는 포트들에 대해서는 예약어 다음에 포트 이름을 콤마(,)로 구분하여 나열할 수 있으며, 세미콜론으로 끝을 맺으면 된다. 만약 포트의 입출력 방향이나 비트 폭이 서로 다르다면, 각 포트는 개별적으로 선언해야 한다. 자료형 선언에서는 입출력 포트와 내외부 회로의 연결에 사용되는 신호 및 레지스터의 데이터 형식을 지정한다. 입출력 포트나 내부 소자 사이의 물리적인 연결 신호들은 'wire'로 선언하며, 신호의 값(상태)이 새롭게 할당되기 전까지 현재의 값을 유지하는 신호들의 경우 'reg'로 선언한다. 자료형 선언 형식은 포트 선언 형식처럼 wire나 reg 등의 자료형 이름을 쓰고, 다음에 포트나 신호의 이름을 콤마로 구분하여 나열할 수 있다. 포트 선언처럼 마지막에 세미콜론이 있어야 한다. 그림 5-2의 회로에서 입출력 포트는 모두 1비트 wire이므로 자료형 선언을 생략할 수 있다. 그러나 포트 이외의 내부 신호를 사용한다면 wire나 reg 등의 자료형 선언[2]이 필요할 수 있다. 모듈 코드의 가독성을 높이기 위해 포트 선언 부분과 자료형 선언 부분, 그리고 다음에 작성할 부분(회로 기능 및 동작 표현) 사이에는 서로 구분하기 위해 빈 줄(blank line)을 사용하기도 한다.

```
module gates (iA, iB, oAND, oOR, oNOT, oNAND, oNAND2);
   input   iA, iB;
   output  oAND, oOR, oNOT, oNAND, oNAND2;

   wire    s0;  // AND 게이트와 NOT 게이트를 연결하는 내부 신호의 자료형 선언

   회로 기능 및 동작 표현
endmodule
```

❑ 회로 기능 및 동작 표현

이 부분에서는 Verilog HDL의 할당문, 연산자, 반복문, 조건문, 함수 등을 사용하여 회로의 기능이나 동작에 대한 표현을 작성한다. 그림 5-2의 회로는 AND, OR, NOT 등과 같은 논리 게이트들의 간단히 연결로 구성되어 있으며, 이는 게이트 프리미티브를 인스턴스화하여 모델링할 수 있다. 이때 게이트 프리미티브의 인스턴스화는 형식에 유의해야 한다. 게이트 프리미티브를 인스턴스화할 때 포트 맵핑은 위치에 의한 포트 맵핑 방법만을 사용해야 하며, 출력포트(또는 신호) 이름을 먼저 쓰고 입력포트 이름을 써야 한다. 게이트 프리미티브의 인스턴스화를 위해 이름에 의한 포트 맵핑은 사용할 수 없다.

---

2) 입출력 포트를 제외한 내부 신호들은 예약어 wire 또는 reg를 사용하여 자료형을 선언해야 한다. 이때 1비트 net형은 자료형 선언을 생략해도 된다.

```
module gates (iA, iB, oAND, oOR, oNOT, oNAND, oNAND2);
   input   iA, iB;
   output  oAND, oOR, oNOT, oNAND, oNAND2;

   wire    s0;

   // 게이트 프리미티브의 인스턴스화(위치에 의한 포트 맵핑만 사용)
   and   U0 (oAND, iA, iB);
   or    U1 (oOR, iA, iB);
   not   U2 (oNOT, iA);
   nand  U3 (oNAND, iA, iB);
   and   U4 (s0, iA, iBb);
   not   U5 (oNAND2, s0);
endmodule
```

모듈 5-2는 그림 5-2의 회로를 모델링한 모듈 코드이다. 모듈 코드 작성을 완료했다면 'File' → 'Save' 또는 'Ctrl + s'를 눌러 작성한 모듈 코드를 'gates.v'로 저장한다. 사용자 인터페이스 메뉴의 'Processing' → 'Start Compilation'을 실행하거나 단축 아이콘 (▶)을 클릭하여 컴파일을 진행하면, 작성한 모듈 코드에 오타나 문법 오류가 있는지 확인할 수 있다. 문법 오류나 오타 등의 이유로 컴파일 오류가 발생하였다면 수정 후 컴파일을 다시 진행한다.

모듈 5-2

```
/* 게이트 프리미티브를 이용한 기본 게이트 회로 모델링 */

module gates (iA, iB, oAND, oOR, oNOT, oNAND, oNAND2);
   input    iA, iB;
   output   oAND, oOR, oNOT, oNAND, oNAND2;

   wire     s0;

   and    U0 (oAND,   iA, iB);
   or     U1 (oOR,    iA, iB);
   not    U2 (oNOT,   iA);
   nand   U3 (oNAND,  iA, iB);
   and    U4 (s0,     iA, iB);
   not    U5 (oNAND2, s0);

endmodule
```

5.2.2. 기본 게이트 회로의 테스트벤치와 시뮬레이션

작성한 모듈 코드의 컴파일을 성공했다면, 테스트벤치를 작성하고 시뮬레이션을 통해 설계한 모듈의 기능과 동작을 검증하는 과정이 필요하다. 4장에서 설명했던 테스트벤치의 기본 형식을 참고하여 그림 5-2의 회로를 모델링한 모듈 5-2를 검증하기 위한 테스트벤치를 작성한다.

```
// 테스트벤치의 기본 형식
`timescale 참조시간단위/시간정밀도    // 시뮬레이션의 시간 관련 정의

module   테스트벤치이름;
   reg   입력신호;                   // 검증할 모듈의 입력포트 신호(입력신호)
   wire  출력신호;                   // 검증할 모듈의 출력포트 신호(출력신호)

   검증 대상 모듈의 인스턴스화;

   시뮬레이션에 필요한 내용(검증할 모듈의 입력포트에 인가할 클록, 신호값 등 생성);
endmodule
```

❑ 시간 관련 정의

시뮬레이션의 시간 단위와 시간 해상도의 정의 부분으로 마지막에 세미콜론이 없다는 것을 유의해야 한다. `timescale을 이용한 작성 형식 등 자세한 내용은 4장을 참조하면 된다. 회로에서 사용하는 클록 또는 입출력 신호의 주기(또는 주파수)의 명확한 설정이 필요한 경우[3])가 아니라면 참조시간단위와 시간정밀도를 1ns/1ps나 1ns/1ns와 같이 간단히 설정해도 된다.

```
// 기본 게이트 회로의 테스트벤치
`timescale 1ns/1ps                   // 시뮬레이션을 위한 시간 관련 사항 정의
```

❑ 테스트벤치 이름 작성

테스트벤치 이름(testbench_name)은 4장에서 설명한 것처럼 검증하려는 모듈의 시뮬레이션용 소스코드라는 것을 나타낼 수 있도록 모듈 이름의 앞에 'tb_'를 붙여 'tb_gates'로 작성한다. 또한 테스트벤치는 외부 입출력 포트가 없는 최상위 모듈이므로 모듈을 작성할 때와 달리 테스트벤치 이름 뒤에 포트 목록이 없으며, 마지막은 세미콜론으로 끝난다.

```
// 기본 게이트 회로의 테스트벤치
`timescale 1ns/1ps

module  tb_gates;                    // 테스트벤치 이름 작성
   ...
endmodule
```

❑ 테스트벤치 구조의 정의

검증할 모듈(gates)을 내부에서 인스턴스화(instantation)하여 입력신호를 넣어주고 출력신호를 관찰하기 위한 입출력 신호의 선언 부분이다. 검증할 모듈(gate)의 입력포트에 인가되는 입력신호를 'reg형', 출력포트로부터 나오는 출력신호를 'wire형'으로 선언한다. 이후 입력신호를 생성할 때 정수 변수나 파라미터를 사용하지 않았으므로 추가적인 자료형 선언은 없다. 만약 정수 변수나, 파라미터를 사용했다면, 'integer'나 'localparam' 등의 예약어를 사용한 선언이 필요하다.

3) 일반적으로 순차회로를 모델링한 모듈 코드를 검증하기 위한 시뮬레이션에서는 참조시간단위와 시간 정밀도에 대한 명확한 설정이 필요하다.

```
// 기본 게이트 회로의 테스트벤치
`timescale 1ns/1ps

module  tb_gates;
   reg    iA, iB;                          // 입력포트 신호를 reg형으로 선언
   wire   oAND, oOR, oNOT, oNAND, oNAND2;  // 출력포트 신호를 wire형으로 선언

   ...
endmodule
```

❑ 검증 대상 설계 모듈의 인스턴스화

시뮬레이션을 통해 검증할 모듈, 즉 gates를 인스턴스화 한다. 이때 테스트벤치는 최상위 모듈에 해당하며, gates는 하위 모듈로 볼 수 있다. 인스턴스화할 때 위치에 의한 포트 맵핑과 이름에 의한 포트 맵핑 중 한 가지 방법을 선택하여 테스트벤치와 검증할 모듈(gates)의 포트를 연결한다. 위치에 의한 포트 맵핑을 사용한다면, 하위모듈인 gates의 포트 목록 순서와 동일하게 작성한다. 반면 이름에 의한 포트 맵핑을 사용한다면, '.하위모듈_포트이름(상위모듈_포트이름)[4]'의 형식을 사용하여 테스트벤치에서 reg형 또는 wire형으로 선언한 입출력 신호와 gates 모듈의 입출력 포트를 서로 연결해야 한다.

```
// 기본 게이트 회로의 테스트벤치
`timescale 1ns/1ps

module  tb_gates;
   reg    iA, iB;
   wire   oAND, oOR, oNOT, oNAND, oNAND2;

   // 위치에 의한 포트 맵핑을 사용한 인스턴스화
   gates U0 (iA, iB, oAND, oOR, oNOT, oNAND, oNAND2);

   또는

   // 이름에 의한 포트 맵핑을 사용한 인스턴스화
   gates U0 (.iA(iA), .iB(iB), .oAND(oAND), .oOR(oOR),
             .oNOT(oNOT), .oNAND(oNAND), .oNAND2(oNAND2));

   ...
endmodule
```

입출력 포트 맵핑의 가독성을 높이기 위해 다음과 같이 작성할 수도 있다.

```
// 위치에 의한 포트 맵핑 사용
gates       U0 (
/* input    */  iA,
/* input    */  iB,
/* output   */  oAND,
/* output   */  oOR,
/* output   */  oNOT,
/* output   */  oNAND,
```

4) 테스트벤치에서 하위모듈은 검증 대상 모듈이며, 상위모듈은 테스트벤치이다.

```
/* output   */  oNAND2);

// 이름에 의한 포트 맵핑 사용
gates        U0 (
/* input    */  .iA       (iA),
/* input    */  .iB       (iB),
/* output   */  .oAND     (oAND),
/* output   */  .oOR      (oOR),
/* output   */  .oNOT     (oNOT),
/* output   */  .oNAND    (oNAND),
/* output   */  .oNAND2   (oNAND2));
```

❑ 시뮬레이션을 위해 필요한 내용 작성

인스턴스화한 검증 대상 모듈의 입력포트에 인가할 입력신호의 값 또는 파형을 생성하는 부분이다. 자료형 선언 부분에서 정수형이나 실수형 등으로 정의한 변수를 사용하여 입력신호를 생성할 수 있으며, 시스템 태스크($stop, $finish $monitor, $display 등[5])를 포함할 수도 있다. 검증할 모듈(gates.v)의 입력포트(iA, iB)에 인가할 입력신호의 생성은 initial 문을 사용하여 다음과 같이 작성한다.

```
// 기본 게이트 회로의 테스트벤치
`timescale 1ns/1ps

module  tb_gates;
   reg    iA, iB;
   wire   oAND, oOR, oNOT, oNAND, oNAND2;

   // 이름에 의한 포트 맵핑 사용
   gates U0 (.iA(iA), .iB(iB), .oAND(oAND), .oOR(oOR),
             .oNOT(oNOT), .oNAND(oNAND), .oNAND2(oNAND2));

   initial begin
      iA = 0; iB = 0; #100;
      iA = 0; iB = 1; #100;
      iA = 1; iB = 0; #100;
      iA = 1; iB = 1; #100;
      $stop;
   end
endmodule
```

initial 문으로 작성한 입력신호 생성에 대해 조금 더 살펴보자. 먼저 iA = 0과 iB = 1처럼 블록킹 할당문을 사용하여 각 입력포트에 인가할 신호값을 할당한다. 이때 각각의 블록킹 할당문은 세미콜론으로 구분하며, #(지연시간)으로 설정한 시간 동안 할당된 입력신호의 값이 유지된다. 이때 지연시간은 `timescale로 정의한 참조시간단위를 기준으로 한다. 예를 들어 `timescale 1ns/1ps에 의해 참조시간단위를 1ns로 정의했으므로 #100은 100ns 동안 할당된 입력신호 값을 유지한다. 마지막 $stop은 시뮬레이션을 일시 중지(pause)하라는 시스템 태스크이다.

테스트벤치 5-2는 설계한 모듈 5-2를 검증하기 위한 테스트벤치의 전체 소스코드이다. 테스트벤치 코드의 작성과 시뮬레

5) 시스템 태스크(system task)의 사용 방법은 부록3을 참고한다.

이션 실행은 Quartus Prime과 연동하여 설치한 시뮬레이터(ModelSim-Intel FPGA Starter Edition)를 사용하여 진행한다. 먼저 테스트벤치를 작성하기 위해 다음의 과정을 순서대로 진행해보자.

① Quartus Prime 사용자 메뉴의 'Tools' → 'Run Simulation Tool' → 'RTL Simulation' 선택하여, ModelSim-Intel 시뮬레이터를 구동

② ModelSim-Intel 사용자 메뉴의 'File' → 'New' → 'Source' → 'Verilog'를 선택하고, 테스트벤치 5-2의 소스코드를 작성한 후 파일 이름을 'tb_gates.v'로 저장

테스트벤치 5-2

```
// 기본 게이트 회로의 테스트벤치
`timescale 1ns/1ps

module  tb_gates;
   reg    iA, iB;
   wire   oAND, oOR, oNOT, oNAND, oNAND2;

   // 이름에 의한 포트 맵핑 사용하여 gates를 인스턴스화
   gates U0 (
      .iA       (iA),       // 입력 신호 iA
      .iB       (iB),       // 입력 신호 iB
      .oAND     (oAND),     // 출력 신호 oAND
      .oOR      (oOR),      // 출력 신호 oOR
      .oNOT     (oNOT),     // 출력 신호 oNOT
      .oNAND    (oNAND),    // 출력 신호 oNAND
      .oNAND2   (oNAND2));  // 출력 신호 oNAND2

   // 입력신호 생성
   initial begin
      iA = 0; iB = 0; #100;
      iA = 0; iB = 1; #100;
      iA = 1; iB = 0; #100;
      iA = 1; iB = 1; #100;
      $stop;
   end

endmodule
```

❑ 시뮬레이션 실행

시뮬레이션을 실행하기 위해 다음의 요약 과정을 순서대로 진행한다. 단계별 자세한 진행 과정은 3장을 참고한다.

① 'Compile' → 'Compile...'를 클릭 후 활성화된 창에서 테스트벤치(tb_gates.v)를 선택하고 'Compile' 클릭 → Transcript 창에서 오류없이 컴파일이 완료된 것을 확인 후 'Done' 클릭

② 'Simulate' → 'Start Simulation...' 또는 를 선택 → 활성화된 창에서 work 왼쪽의 ⊞를 눌러 작성한 테스트벤치(tb_gates.v)를 선택 후 'OK' 클릭

③ Object 창의 입출력 포트 신호들을 선택 후 Wave 창에 드래그 또는 마우스 우측 버튼을 클릭하여 'Add Wave'를 선택하여 Wave 창에 포트 신호들을 추가

※ Wave 창이 보이지 않으면 인터페이스 메뉴의 'View' → 'Wave' 선택

④ 'Simulate' → 'Run' → 'Run-All' 또는 를 클릭하여 시뮬레이션 실행

시뮬레이션 결과

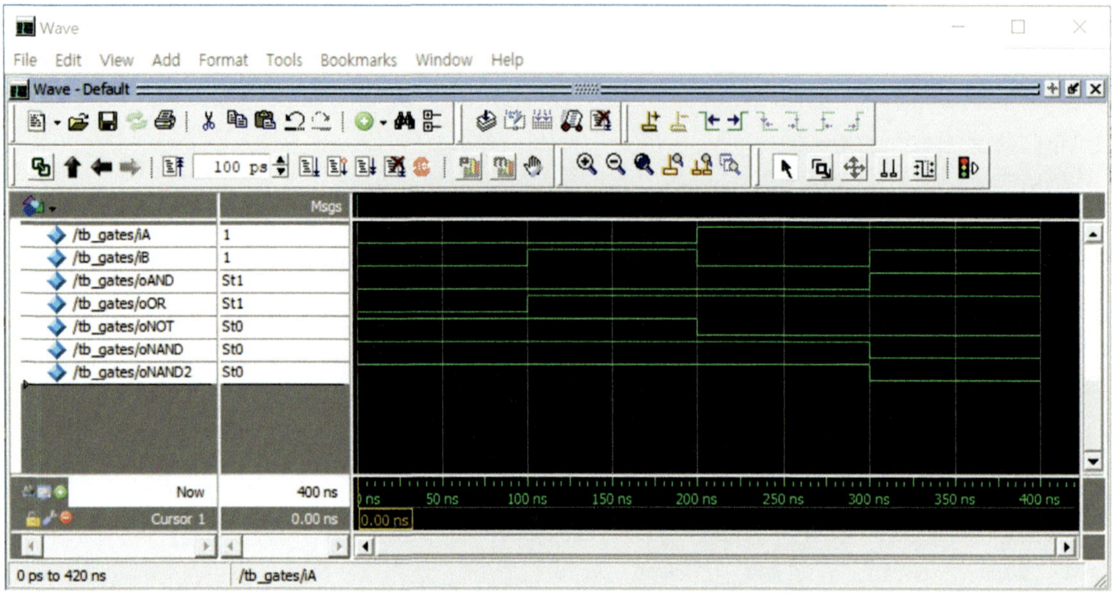

그림 5-4 테스트벤치를 이용한 시뮬레이션 결과

그림 5-2의 게이트 회로는 2개의 1비트 입력(iA, iB)에 대한 각 논리 게이트의 논리연산 결과를 출력하는 회로로 진리표는 표 5-1과 같다. 그림 5-4의 시뮬레이션 결과와 표 5-1의 진리표를 비교해 보면 모듈 5-2는 그림 5-2의 회로를 오류없이 모델링했음을 알 수 있다.

표 5-1 기본 게이트 회로의 진리표

입력		출력				
iA	iB	oAND	oOR	oNOT	oNAND	oNAND2
0	0	0	0	1	1	1
0	1	0	1	1	1	1
1	0	0	1	0	1	1
1	1	1	1	0	0	0

5.3 전가산기

논리회로나 디지털 공학을 학습한 경험이 있다면 전가산기(full adder)를 한 번쯤 접해봤을 것이다. 전가산기는 조합회로를 이해하는데 좋은 예시로서 논리회로 학습에서 가장 많이 사용되는 회로이다. 그림 5-5의 회로는 두 개의 입력(iX, iY)과 아랫자리의 올림 수(iCIN)를 입력받아 합(oSUM)과 윗자리의 올림 수(oCARRY)를 출력하는 1비트 전가산기 회로이다. 이때 입력과 출력은 모두 1비트 2진수이다.

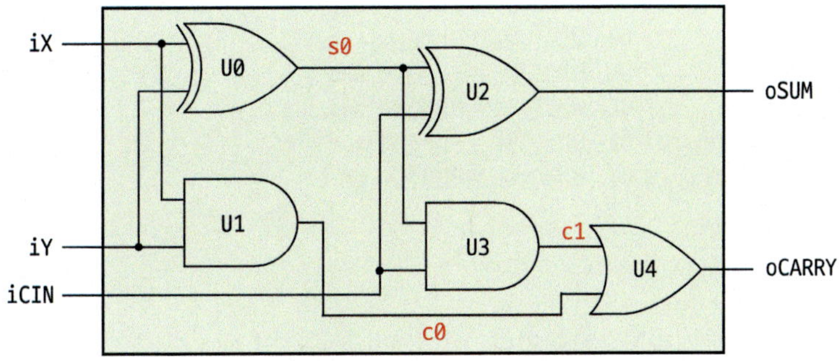

그림 5-5 1비트 전가산기의 회로

5.3.1. 전가산기의 모듈

앞서 살펴본 Verilog HDL의 게이트 프리미티브를 사용하여 전가산기를 설계할 수 있지만, 여기서는 Verilog의 비트단위 논리연산자(bitwise logical operator)를 사용하여 전가산기 회로를 설계해 보자. Quartus Prime에서 프로젝트 마법사를 사용하여 다음과 같이 프로젝트 생성한다.

- 프로젝트 디렉토리 : D:/projects/ch5/full_adder
- 프로젝트 이름 : full_adder(최상위 설계 엔터티도 같은 이름도 자동 설정됨)
- 타겟 디바이스 설정 : 실습용 키트를 참고하여 설정, 없으면 임의로 설정해도 됨

프로젝트를 생성했다면 다음을 참고하여 전가산기의 모듈 작성 등의 과정을 진행한다. 자세한 내용은 3장을 참고하면 된다.

① Quartus Prime 사용자 메뉴의 'File' → New'를 선택한 후 활성화된 창에서 'Verilog HDL File'을 선택하여 모듈 5-3a 또는 모듈 5-3b를 작성

② 프로젝트 디렉토리인 ../ch5/full_adder에 작성한 모듈의 파일 이름을 'full_adder.v'로 저장

❑ 비트단위 연산자와 assign 문을 이용한 전가산기 모델링

그림 5-5의 전가산기 회로에서 각각의 논리 게이트는 비트단위 연산자를 사용하여 데이터플로우 수준으로 설계할 수 있다. 조합회로에서 연산 결과는 연속 할당문인 assign 문을 사용하여 할당한다. 예를 들어 XOR 게이트에서 입력 iX와 iY의 XOR 연산 후 그 결과를 s0에 할당하는 표현은 'assign s0 = iX ^ iY;'이다. 모듈 5-3a는 비트단위 연산자와 assign 문을 사용하여 데이터플로우 수준으로 모델링한 전가산기의 모듈 코드이다. 07행에서 s0, c0, c1은 모듈 내부에서 논리 게이트의 입출력을 도선으로 연결하는 내부 연결 신호이므로 wire로 선언해야 한다. 이때 s0, c0, c1은 모두 1비트 net형 신호이므로 07행의 wire 선언은 생략할 수 있다.

모듈 5-3a

```
01    /* assign 문과 비트단위 논리연산자를 이용한 전가산기 모듈 */
02
03    module full_adder (iX, iY, iCIN, oSUM, oCARRY);
04       input     iX, iY, iCIN;
05       output    oSUM, oCARRY;
06
07       wire      s0, c0, c1;          // 1비트 net형 내부 연결 신호로 생략 가능
08
09       assign    s0 = iX ^ iY;        // U0, 비트단위 논리연산자 xor : ^
10       assign    c0 = iX & iY;        // U1, 비트단위 논리연산자 and : &
11       assign    c1 = s0 & iCIN;      // U2, 비트단위 논리연산자 and : &
12       assign    oSUM = s0 ^ iCIN;    // U3, 비트단위 논리연산자 xor : ^
13       assign    oCARRY = c0 | c1;    // U4, 비트단위 논리연산자 or : |
14
15    endmodule
```

조합회로는 always 문을 사용하여 모델링할 수도 있다. 이때 always 문의 내부에서 연산 결과를 할당할 때 assign 문을 사용할 수 없으며, 절차형 할당문인 블로킹 할당문(=)을 사용해야 한다. 이때 07행에서 내부 연결 신호인 s0, c0, c1은 도선에 의한 단순 연결 신호이지만 always 문 내부의 왼쪽 할당 신호이므로 assign 문을 사용했을 때처럼 wire로 선언하지 않고 reg로 선언해야 한다. 08행에서 sum과 carry 또한 always 문 내부의 왼쪽 할당 신호이므로 reg로 선언한다. always 문의 이벤트 발생[6]에 의해 sum과 carry에 값이 할당되는 즉시 18행과 19행의 연속 할당문에 의해 출력포트 신호 oSUM과 oCARRY에 할당되어 출력된다. 모듈 5-3b는 always 블록문 내부에서 비트단위 연산자와 블로킹 할당문을 사용하여 데이터플로우 수준으로 모델링한 전가산기 모듈 코드이다.

모듈 5-3b

```
01    /* always 문, 블록킹 할당문, 비트단위 논리연산자를 이용한 전가산기 모듈 */
02
03    module full_adder (iX, iY, iCIN, oSUM, oCARRY);
04       input     iX, iY, iCIN;
05       output    oSUM, oCARRY;
06
07       reg       s0, c0, c1;     // always 문의 왼쪽 할당 신호로 reg로 선언
08       reg       sum, carry;     // always 문의 왼쪽 할당 신호로 reg로 선언
09
10       always @(iX or iY or iCIN) begin
11          s0 = iX ^ iY;        // U0, 비트단위 논리연산자 xor : ^
12          c0 = iX & iY;        // U1, 비트단위 논리연산자 and : &
13          c1 = s0 & iCIN;      // U2, 비트단위 논리연산자 and : &
14          sum = s0 ^ iCIN;     // U3, 비트단위 논리연산자 xor : ^
15          carry = c0 | c1;     // U4, 비트단위 논리연산자 or : |
16       end
17
18       assign   oSUM = sum;
```

6) always 블록문의 sensitivity list에 작성된 iX, iY, 또는 CIN 중 하나라도 신호값이 변화했을 때를 말한다.

```
    assign   oCARRY = carry;

endmodule
```

❑ 구조적 모델링 방법을 이용한 전가산기 모델링

그림 5-5의 전가산기는 5개의 논리 게이트가 서로 연결된 회로이지만, 그림 5-6과 같이 2개의 반가산기(half adder) 회로와 OR 게이트를 조합한 회로로 구성할 수도 있다. 따라서 먼저 반가산기[7]를 모델링한 후 이를 인스턴스화하여 전가산기를 구조적 방법으로 모델링할 수 있다.

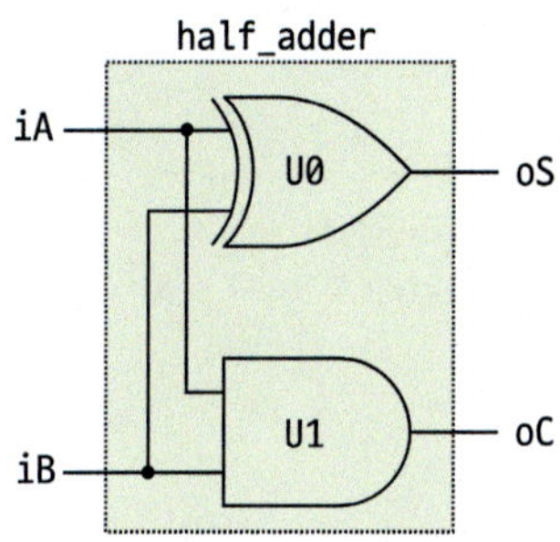

(a) 반가산기의 회로

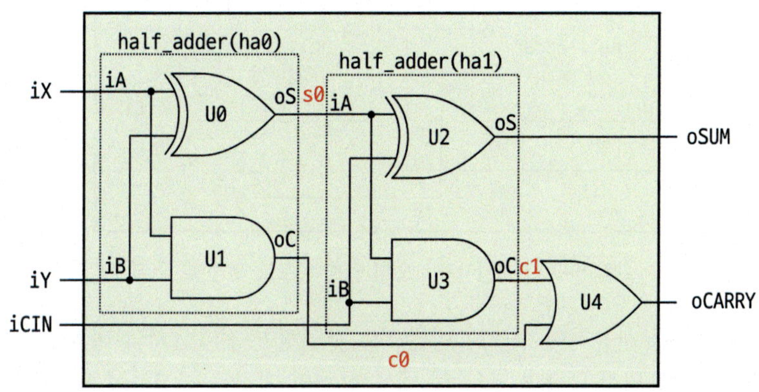

(b) 전가산기의 회로

그림 5-6 반가산기의 조합인 전가산기의 회로

먼저 그림 5-6(a)의 반가산기는 비트단위 연산자와 assign 문을 사용하여 모듈 5-3c와 같이 모델링할 수 있다. 전가산기는 구조적 모델링 개념을 사용하여 하위모듈인 반가산기를 인스턴스화하여 모델링한다. 구조적 방법으로 모델링한 전가산기의 모듈 코드는 모듈 5-3d와 같다. 다음의 과정을 참고하여 진행해 보자.

① Quartus Prime 사용자 메뉴의 'File' → 'New'를 선택한 후 활성화된 창에서 'Verilog HDL File'을 선택하여 모듈 5-3c를 작성

② 프로젝트 디렉토리인 ../ch5/full_adder에 작성한 모듈 5-3c의 파일 이름을 'half_adder.v'로 저장

7) 반가산기(half adder)는 두 개의 2진수 입력(iA, iB)과 두 개의 출력(oSUM, oCARRY)를 가지며, 아랫자리의 올림 수(iCIN) 입력이 없다는 것이 전가산기(full adder)와 다른 점이다.

③ 위의 과정을 반복하여 모듈 5-3d를 작성하고, 파일 이름을 'full_adder.v'로 저장

※ full_adder.v는 프로젝트 디렉토리 이름과 같은 이름을 갖는 최상위 모듈로, 프로젝트 디렉토리 내에 1개만 있어야 한다. 앞서 작성한 모듈 5-3a 또는 모듈 5-3b가 저장되어 있다면, 기존 작성된 파일(full_adder.v)의 이름을 변경하거나 덮어쓰기를 해야 한다.

모듈 5-3c

```
/* 반가산기 모듈 */

module half_adder (iA, iB, oS, oC);
   input     iA, iB;
   output    oS, oC;

   assign    oS = iA ^ iB;     // 비트단위 논리연산자 xor : ^
   assign    oC = iA & iB;     // 비트단위 논리연산자 and : &

endmodule
```

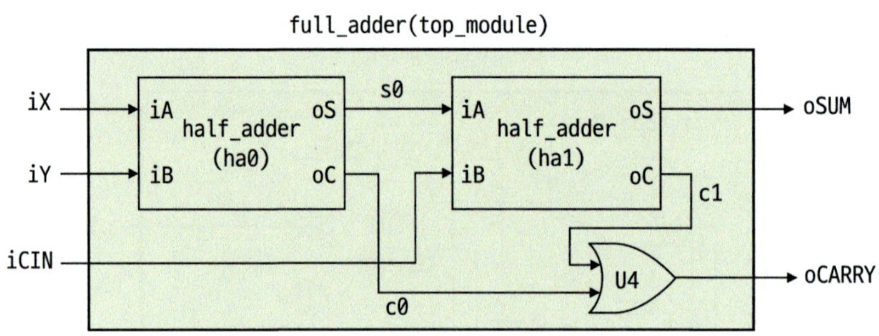

그림 5-7 전가산기의 내외부 입출력 포트 및 신호 연결

그림 5-7은 모듈 5-3c의 반가산기를 사용하여 구조적 방법으로 모델링한 전가산기의 내외부 포트 연결을 나타내고 있다. 2개의 반가산기를 인스턴스화할 때 위의 입출력 포트 및 내부 신호의 연결을 참고하여 모델링한 전가산기는 모듈 5-3d와 같다.

모듈 5-3d

```
/* 구조적 모델링 개념을 이용한 전가산기 모듈 */

module full_adder (iX, iY, iCIN, oSUM, oCARRY);
   input     iX, iY, iCIN;
   output    oSUM, oCARRY;

   wire      s0, c0, c1;        // 1비트 net형 내부 연결 신호로 생략 가능

   half_adder   ha0 (           // 반가산기 ha0을 인스턴스화
      .iA   (iX),
```

```
      .iB   (iY),
      .oS   (s0),
      .oC   (c0));

   half_adder   ha1 (          // 반가산기 ha1을 인스턴스화
      .iA   (s0),
      .iB   (iCIN),
      .oS   (oSUM),
      .oC   (c1));

   assign   oCARRY = c0 | c1;  // OR 게이트(U4)

endmodule
```

모듈 작성을 완료했다면 'File' → 'Save' 또는 'Ctrl + s'를 눌러 작성한 모듈 코드를 'full_adder.v'로 저장한다. 사용자 인터페이스 메뉴의 'Processing' → 'Start Compilation'을 실행하거나 단축 아이콘 (▶)을 클릭하여 컴파일을 진행한다.

5.3.2. 전가산기의 테스트벤치와 시뮬레이션

전가산기 회로를 설계한 모듈 5-3a(또는 모듈 5-3b ~ 모듈 5-3d)를 검증하기 위한 테스트벤치를 작성하고 시뮬레이션 결과를 확인해 보자.

테스트벤치 5-3

```
// 전가산기의 테스트벤치
`timescale 1ns/1ps

module  tb_full_adder;
   reg    iX, iY, iCIN;
   wire   oSUM, oCARRY;

   // 이름에 의한 포트 맵핑을 사용한 인스턴스화
   full_adder   UFA (
      .iX        (iX),        // 입력 신호 iX
      .iY        (iY),        // 입력 신호 iY
      .iCIN      (iCIN),      // 입력 신호 iCIN
      .oSUM      (oSUM),      // 출력 신호 oSUM
      .oCARRY    (oCARRY));   // 출력 신호 oCARRY

   // initial 문을 사용하여 입력신호 생성
   initial begin
      iX = 0; iY = 0; iCIN = 0; #100;
      iX = 0; iY = 1; iCIN = 0; #100;
      iX = 1; iY = 0; iCIN = 0; #100;
      iX = 1; iY = 1; iCIN = 0; #100;
      iX = 0; iY = 0; iCIN = 1; #100;
      iX = 0; iY = 1; iCIN = 1; #100;
      iX = 1; iY = 0; iCIN = 1; #100;
      iX = 1; iY = 1; iCIN = 1; #100;
```

```
            end

    endmodule
```

시뮬레이션 결과

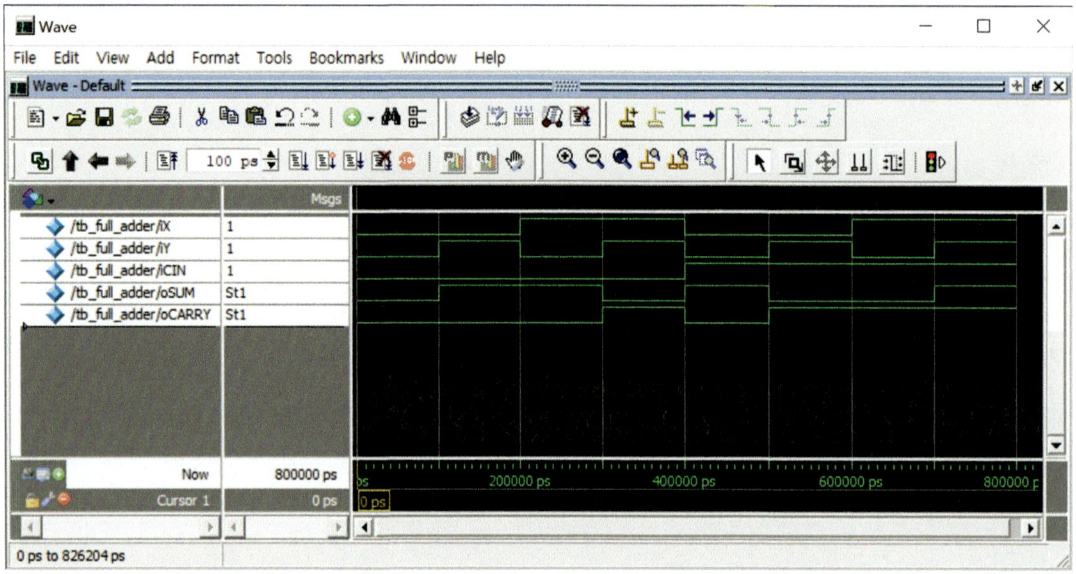

그림 5-8 비트단위 논리연산자로 설계한 전가산기 모듈의 시뮬레이션 결과

그림 5-7의 전가산기는 2개의 1비트 입력(iX, iY)과 아랫자리의 올림 수(iCIN)를 입력받아 덧셈 연산 후 합(oSUM)과 윗자리의 올림 수(oCARRY)를 출력하는 조합회로로서 진리표는 표 5-2와 같다. 그림 5-8의 시뮬레이션 결과와 표 5-2의 진리표를 비교해 보면, 시뮬레이션 결과와 진리표가 일치하는 것을 알 수 있다. 시뮬레이션 검증 결과로부터 모듈 5-3a ~ 모듈 5-3d는 전가산기를 오류없이 모델링했음을 알 수 있다.

표 5-2 전가산기의 진리표

입력			출력	
iX	iY	iCIN	oSUM	oCARRY
0	0	0	0	0
0	1	0	1	0
1	0	0	1	0
1	1	0	0	1
0	0	1	1	0
0	1	1	0	1
1	0	1	0	1
1	1	1	1	1

5.4 멀티플렉서

멀티플렉서(multiplexer)는 N개의 입력을 받아 그중 하나를 선택하여 출력으로 연결해 주는 조합회로이다. 데이터 선택기(data selector)라고도 하며 간단히 MUX라고 부른다. 반대로 한 개의 입력을 받아서 N개의 출력 중 하나를 선택하여 출력으로 연결하는 회로를 디멀티플렉서(demultiplexcer) 또는 DEMUX라고 한다. 멀티플렉서나 디멀티플렉서는 여러 개의 데이터 중에서 하나를 선택하기 위한 제어신호가 필요하다. 그림 5-9의 회로는 4개의 8비트 입력(iA, iB, iC, iD)과 2비트 제어신호(iSEL)를 입력받고, 제어신호 값에 따라 4개의 입력 중 하나를 선택하여 출력(oOUT)으로 내보내는 8비트 4×1 멀티플렉서이다.

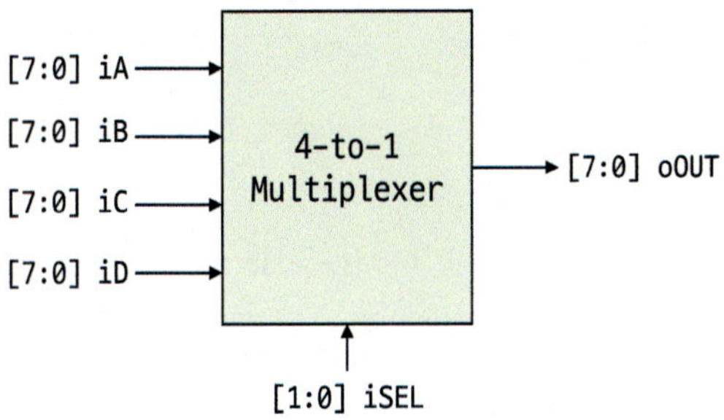

그림 5-9 8비트 4×1 멀티플렉서

표 5-3 4×1 멀티플렉서의 진리표

iSEL[1]	iSEL[0]	oOUT
0	0	iA
0	1	iB
1	0	iC
1	1	iD

5.4.1. 멀티플렉서의 모듈

그림 5-9의 멀티플렉서는 앞서 살펴본 게이트 회로나 전가산기처럼 여러 논리 게이트의 연결로 구성된 회로이지만, 내부 회로의 구체적인 연결을 생략하고 입출력을 갖는 심볼 블록이다. 표 5-3은 멀티플렉서의 진리표이다.

Quartus Prime에서 프로젝트 마법사를 실행하고, 다음과 같이 프로젝트 생성하고, 진리표를 참고하여 행위 수준 방법으로 멀티플렉서를 모델링해보자.

- 프로젝트 디렉토리 : D:/projects/ch5/multiplexer
- 프로젝트 이름 : mux(최상위 설계 엔터티의 이름은 mux로 자동 설정됨)
- 타겟 디바이스 설정 : 실습용 키트를 참고하여 설정, 없으면 임의로 설정해도 됨

❑ 조건연산자와 assign 문을 사용한 멀티플렉서 모델링

그림 5-9의 멀티플렉서 회로에서 2비트 제어신호(iSEL)는 00, 01, 10, 11의 값을 가질 수 있으므로 4가지 조건을 표현할 수 있다. 멀티플렉서는 제어신호의 값에 따라 각 조건에 해당하는 4개의 8비트 입력신호 중 하나를 선택하여 출력으로 내보내는 동작을 한다. 이러한 동작은 네스티드 조건연산자를 사용하여 행위 수준으로 모델링할 수 있다. 제어신호의 값을 조건연산자의 조건식으로 사용하고, 조건식이 참일 때 해당하는 입력신호를 선택한다. 선택된 입력은 assign 문을 사용하여 출력포트인 oOUT에 할당하면 된다. 모듈 5-4a는 조건연산자와 assign 문을 사용하여 4×1 멀티플렉서를 모델링한 모듈 코드이다.

모듈 5-4a

```
/* 조건연산자와 assign 문을 사용한 4×1 MUX 모듈 */

module mux (iA, iB, iC, iD, iSEL, oOUT);
   input     [7:0] iA, iB, iC, iD;
   input     [1:0] iSEL;
   output    [7:0] oOUT;

   // assign 문과 조건 연산자 사용
   assign oOUT = (iSEL == 0) ? iA :      // iSEL = 00이면 oOUT = iA
                 (iSEL == 1) ? iB :      // iSEL = 01이면 oOUT = iB
                 (iSEL == 2) ? iC : iD;  // iSEL = 10이면 oOUT = iC
                                         // 위 조건이 모두 거짓이면 oOUT = iD
endmodule
```

❏ if ~ else 문과 always 문을 사용한 멀티플렉서 모델링

조건연산자 대신 if ~ else 문을 사용하여 모듈 5-4b와 같이 행위 수준으로 모델링할 수도 있다. if ~ else 문은 always 문 내부에서 사용해야 하며, 조합회로를 모델링할 때 블록킹 할당문(=)을 사용하여 할당한다. 이때 always 문 내부에서 블록킹 할당문의 왼쪽 할당 신호는 08행과 같이 reg로 선언해야 함을 유의해야 한다.

모듈 5-4b

```
01   /* if ~ else문과 always 문을 사용한 4×1 MUX 모듈 */
02
03   module mux (iA, iB, iC, iD, iSEL, oOUT);
04      input     [7:0] iA, iB, iC, iD;
05      input     [1:0] iSEL;
06      output    [7:0] oOUT;
07
08      reg       [7:0] out; // always문의 왼쪽 할당 신호인 out을 reg로 선언
09
10      // always 문 내부에서 if ~ else 문 사용
11      always @ (iA or iB or iC or iD or iSEL) begin
12         if (iSEL == 0)
13            out = iA;           // 블록킹 할당문
14         else if (iSEL == 1)
15            out = iB;           // 블록킹 할당문
16         else if (iSEL == 2)
17            out = iC;           // 블록킹 할당문
18         else
19            out = iD;           // 블록킹 할당문
20      end
21
22      assign   oOUT = out;
23
24   endmodule
```

❑ case 문과 always 문을 사용한 멀티플렉서 모델링

모듈 5-4b의 네스티드 if ~ else 문의 조건 판단에 있어 우선순위가 없다면 case 문으로 대체하여 모듈 5-4c와 같이 모델링하는 것이 효율적인 설계이다, case 문도 if 문처럼 always 문 내부에서 사용해야 한다. 또한 조합회로를 모델링할 때 블록킹 할당문(=)을 사용하여 할당해야 하며, always 문 내부의 왼쪽 할당 신호인 out은 08행과 같이 reg로 선언되어야 한다.

모듈 5-4c

```
01    /* case문과 always 문을 사용한 4x1 MUX 모듈 */
02
03    module mux (iA, iB, iC, iD, iSEL, oOUT);
04       input     [7:0] iA, iB, iC, iD;
05       input     [1:0] iSEL;
06       output    [7:0] oOUT;
07
08       reg       [7:0] out; // always문의 왼쪽 할당 신호인 out을 reg형으로 선언
09
10       // always 문 내부에서 case 문 사용
11       always @ (iA or iB or iC or iD or iSEL) begin
12          case(iSEL)
13             0       :  out = iA;  // 2'b00 : oOUT = iA;로 표현 가능
14             1       :  out = iB;  // 2'b01 : oOUT = iB;로 표현 가능
15             2       :  out = iC;  // 2'b10 : oOUT = iC;로 표현 가능
16             default :  out = iD;  // 조건식이 0 ~ 2 이외의 값을 가질 때
17          endcase
18       end
19
20       assign   oOUT = out;
21
22    endmodule
```

5.4.2. 멀티플렉서의 테스트벤치와 시뮬레이션

4×1 멀티플렉서를 설계한 모듈 5-4a ~ 모듈 5-4c를 검증하기 위한 테스트벤치를 작성하고, 시뮬레이션을 실행한 후 결과를 확인해 보자. 시뮬레이션 과정의 자세한 내용은 3장을 참고하면 된다.

테스트벤치 5-4

```
/* 설계한 4x1 멀티플렉서의 테스트벤치 */
`timescale  1ns/10ps

module  tb_mux;
   reg    [7:0] iA, iB, iC, iD;
   reg    [1:0] iSEL;
   wire   [7:0] oOUT;

   // 검증할 모듈(mux)을 이름에 의한 맵핑 사용하여 인스턴스화
   mux U0 (
      .iA     (iA),      // 8비트 입력
```

```
        .iB     (iB),       // 8비트 입력
        .iC     (iC),       // 8비트 입력
        .iD     (iD),       // 8비트 입력
        .iSEL   (iSEL),     // 2비트 입력
        .oOUT   (oOUT));    // 8비트 출력

    // 입력신호의 생성
    initial begin
        iA = 8'h00; iB = 8'h01; iC = 8'h02; iD = 8'h03; iSEL = 2'b00; #100;
        iA = 8'h00; iB = 8'h01; iC = 8'h02; iD = 8'h03; iSEL = 2'b01; #100;
        iA = 8'h00; iB = 8'h01; iC = 8'h02; iD = 8'h03; iSEL = 2'b10; #100;
        iA = 8'h00; iB = 8'h01; iC = 8'h02; iD = 8'h03; iSEL = 2'b11; #100;
    end

endmodule
```

시뮬레이션 결과

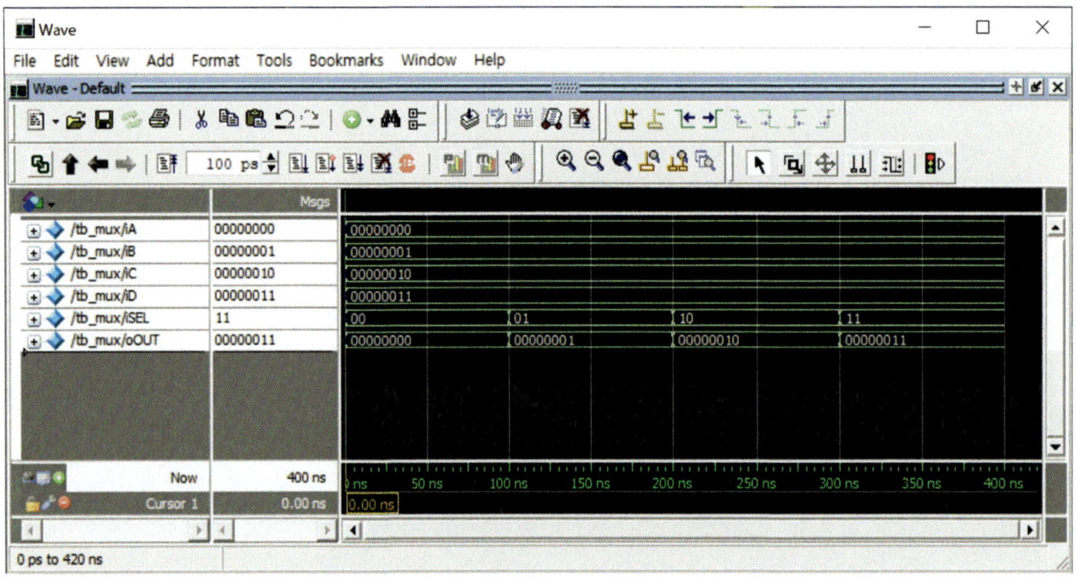

그림 5-10 4×1 멀티플렉서 모듈의 시뮬레이션 결과

그림 5-10의 시뮬레이션 결과와 표 5-4의 진리표를 비교해 보면, 시뮬레이션 결과와 진리표가 일치하는 것을 알 수 있다. 시뮬레이션 검증 결과로부터 모듈 5-4a ~ 모듈 5-4c는 오류 없이 모델링했음을 알 수 있다.

5.5 산술 논리 장치

산술 논리 장치는 산술연산, 논리연산, 시프트연산 등의 기능을 수행할 수 있는 대표적인 조합회로로서 ALU(Arithmetic Logic Unit)라고 부른다. 그림 5-11은 2개의 4비트 데이터(iA, iB)와 4비트 명령어(inst)를 입력받아 산술연산, 논리연산 등을 수행하고, 그 결과를 8비트로 출력하는 산술 논리 장치의 회로이다. 명령어에 따라 수행하는 연산은 표 5-5와 같다.

Quartus Prime에서 산술 논리 장치를 모델링하여 4장에서 살펴본 다양한 연산자의 이해와 이를 활용하는 방법에 대해 알아보자.

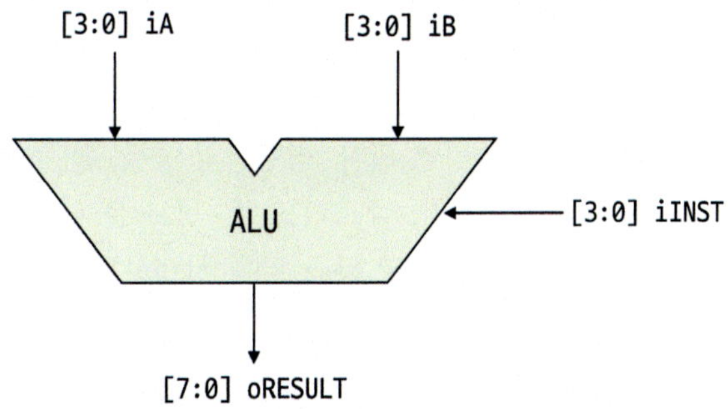

그림 5-11 4비트 산술논리장치(ALU)

표 5-5 ALU의 명령어와 연산

<table>
<tr><th>연산</th><th>명령어</th><th>연산식</th><th>의미</th></tr>
<tr><td rowspan="5">산술연산</td><td>0000</td><td>iA + iB</td><td>덧셈</td></tr>
<tr><td>0001</td><td>iA - iB</td><td>뺄셈</td></tr>
<tr><td>0010</td><td>iA × iB</td><td>곱셈</td></tr>
<tr><td>0011</td><td>iA / iB</td><td>나눗셈</td></tr>
<tr><td>0100</td><td>iA % n</td><td>나머지(modulo)</td></tr>
<tr><td rowspan="5">비트단위 논리연산</td><td>0101</td><td>~ iA</td><td>비트 NOT</td></tr>
<tr><td>0110</td><td>iA & iB</td><td>비트 AND</td></tr>
<tr><td>0111</td><td>iA | iB</td><td>비트 OR</td></tr>
<tr><td>1000</td><td>iA ^ iB</td><td>비트 XOR</td></tr>
<tr><td>1001</td><td>iA ~^ iB</td><td>비트 XNOR</td></tr>
<tr><td rowspan="4">비트단항 논리연산</td><td>1010</td><td>& iA</td><td>비트단항 AND</td></tr>
<tr><td>1011</td><td>| iA</td><td>비트단항 OR</td></tr>
<tr><td>1100</td><td>~& iA</td><td>비트단항 NAND</td></tr>
<tr><td>1101</td><td>^ iA</td><td>비트단항 XOR</td></tr>
<tr><td rowspan="2">시프트 논리연산</td><td>1110</td><td>iA >> n</td><td>iA를 n비트 우측 이동</td></tr>
<tr><td>1111</td><td>iA << n</td><td>iA를 n비트 좌측 이동</td></tr>
</table>

5.5.1. 산술 논리 장치의 모듈

그림 5-11의 산술 논리 장치를 여러 연산자와 always 문 내의 블록킹 할당문(=)을 사용하여 행위 수준의 모델링 방법으로 설계해 보자.

Quartus Prime에서 프로젝트 마법사를 사용하여 다음과 같이 프로젝트 생성한다.

- 프로젝트 디렉토리 : D:/projects/ch5/alu
- 프로젝트 이름 : alu(최상위 설계 엔터티의 이름은 alu로 자동 설정됨)
- 타겟 디바이스 설정 : 실습용 키트를 참고하여 설정, 없으면 임의로 설정해도 됨

그림 5-11의 산술연산 장치에서 명령어가 4비트이므로 총 16가지의 서로 다른 연산이 가능하다. 만약 더 많은 종류의 연산 또는 제어가 필요하다면 명령어의 비트 수를 늘리면 된다. 명령어의 종류(조건)에 따라 수행할 수 있는 연산의 종류가 정해지므로 조건식을 사용하는 네스티드 조건연산자, 네스티드 if~else 문, case 문을 사용하여 모델링할 수 있다. 산술연산 장치의 명령어는 일반적으로 우선순위가 없으므로 case 문을 선택하는 것이 좋다. 모듈 5-5는 산술연산 장치의 모듈 코드이다.

모듈 5-5

```
/* 4비트 산술 논리 장치(ALU) 모듈 */

module alu (iA, iB, iINST, oRESULT);
   localparam  ADD      = 4'h0, SUB     = 4'h1, MUL     = 4'h2,
               DIV      = 4'h3, MOD     = 4'h4, BIT_NOT = 4'h5,
               BIT_AND  = 4'h6, BIT_OR  = 4'h7, BIT_XOR = 4'h8,
               BIT_XNOR = 4'h9, RED_AND = 4'ha, RED_OR  = 4'hb,
               RED_NAND = 4'hc, RED_XOR = 4'hd, RSHFT   = 4'he,
               LSHFT    = 4'hf;

   input     [3:0] iA, iB, iINST;
   output    [7:0] oRESULT;

   reg       [7:0] result;  // always 문 내부의 왼쪽 할당 신호로 reg형 선언

   always @(iA or iB or iINST) begin
      case(iINST)
         ADD      :  result  = iA + iB;  // ADD = 0000
         SUB      :  result  = iA - iB;  // SUB = 0001
         MUL      :  result  = iA * iB;  // MUL = 0010
         DIV      :  result  = iA / iB;  // DIV = 0011
         MOD      :  result  = iA % iB;  // MOD = 0100
         BIT_NOT  :  result  = ~ iA;     // BIT_NOT = 0101
         BIT_AND  :  result  = iA & iB;  // BIT_AND = 0110
         BIT_OR   :  result  = iA | iB;  // BIT_OR = 0111
         BIT_XOR  :  result  = iA ^ iB;  // BIT_XOR = 1000
         BIT_XNOR :  result  = iA ~^ iB; // BIT_XNOR = 1001
         RED_AND  :  result  = & iA;     // RED_AND = 1010
         RED_OR   :  result  = | iA;     // RED_OR = 1011
         RED_NAND :  result  = ~& iA;    // RED_NAND = 1100
         RED_XOR  :  result  = ^ iA;     // RED_XOR = 1101
         RSHFT    :  result  = iA >> iB; // RSHFT = 1110
         LSHFT    :  result  = iA << iB; // LSHFT = 1111
         default  :  result  = 8'h0;     // 불필요한 Latch 회로 생성 방지
      endcase
   end

```

```
38      assign   oRESULT = result;
39
40   endmodule
```

04~09행에서 예약어 'localparam'을 사용한 파라미터(paremeter) 선언을 통해 4비트 명령어를 이해하기 쉬운 문자열로 정의했다. 예를 들어 명령어 4'h0(=0000)은 파라미터 선언을 통해 덧셈을 의미하는 문자열 'ADD'로 정의하였으므로 이후 문장에서 명령어 4'h0 대신 ADD를 사용할 수 있다. 파라미터 선언은 입출력 포트를 선언하기 전에 하는 것이 일반적이지만 선언 위치는 어디든 상관없다. 이때 파라미터로 선언되는 문자 또는 문자열은 일반적으로 모두 대문자를 사용한다.

5.5.2. 산술 논리 장치의 테스트벤치와 시뮬레이션

그림 5-11의 산술 논리 장치를 모델링한 모듈 5-5를 검증하기 위한 테스트벤치 5-5를 작성하고 시뮬레이션을 실행한 후 결과를 확인해 보자.

테스트벤치 5-5

```
/* 4비트 ALU의 테스트벤치 */
`timescale  1ns/10ps

module  tb_alu;
   reg      [3:0] iA, iB, iINST;
   wire     [7:0] oRESULT;

   integer  i;   // i를 정수형 변수로 선언

   // 검증할 모듈(alu)을 이름에 의한 포트 맵핑을 사용하여 인스턴스화
   alu U0 (
      .iA       (iA),         // 4비트 입력
      .iB       (iB),         // 4비트 입력
      .iINST    (iINST),      // 4비트 명령어
      .oRESULT  (oRESULT));  // 8비트 연산 결과

   // 입력신호를 생성
   initial begin
      iA = 4'hb; iB = 4'h2;  // 입력은 부호없는 2진수로 iA = 1011, iB = 0010
      iINST = 4'h0;          // 명령어의 초기값을 iINST = 0000으로 설정

      for (i = 0; i <= 15; i = i + 1) begin
         #100; iINST = iINST + 1;  // (i <= 15)이 true이면 iINST를 1씩 증가
      end
   end

endmodule
```

시뮬레이션 결과

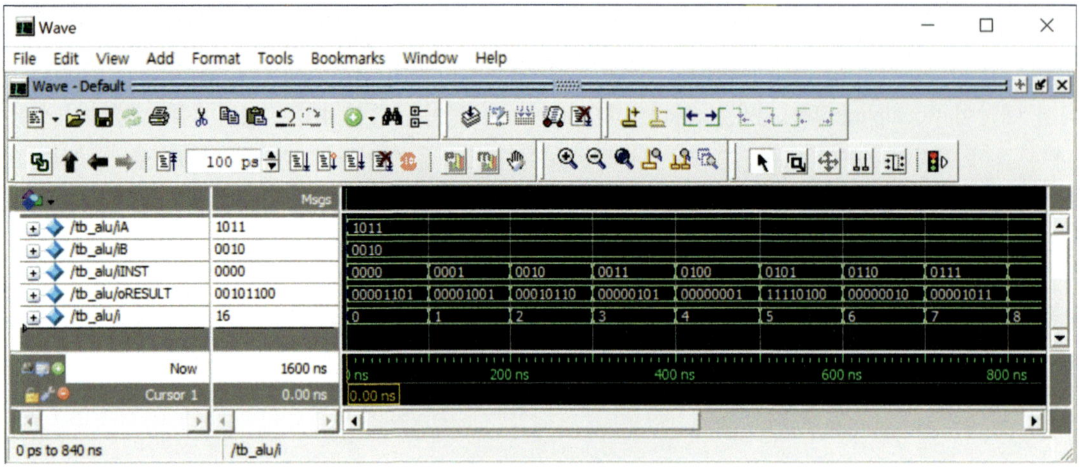

(a) 명령어 iINST = 4'h0 ~ 4'h7

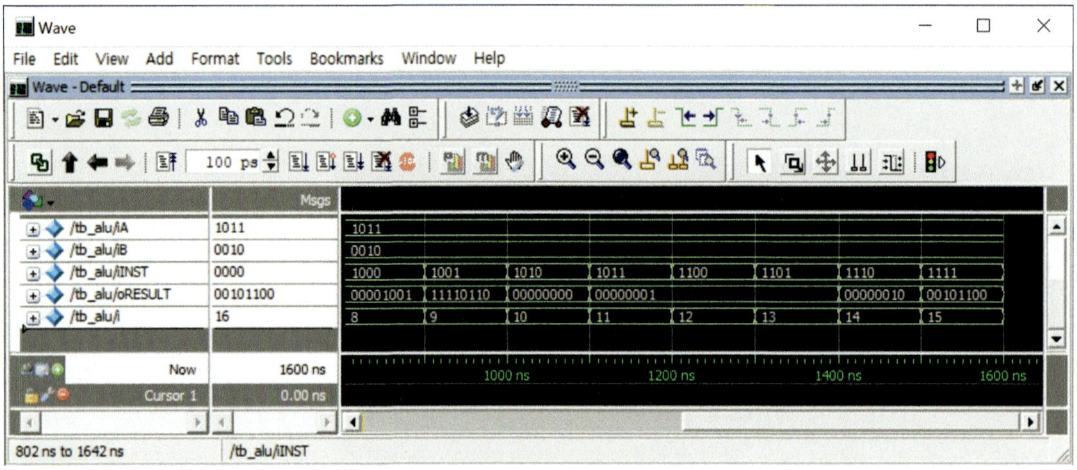

(b) 명령어 iINST = 4'h8 ~ 4'hf

그림 5-12 산술 논리 장치의 시뮬레이션 결과

그림 5-12의 시뮬레이션 결과에서 zoom full 아이콘( )을 눌러 파형을 확대하면, 각 연산 결과를 자세히 확인할 수 있다. 모든 명령어에 대해 ALU의 출력(oRESULT)은 8비트를 사용했다. 그러나 실제 산술연산에서 덧셈과 뺄셈 연산 결과는 자리 올림 수를 포함하여 5비트이며, 곱셈과 나눗셈 연산 결과는 8비트, 나머지 산술연산 결과는 4비트이다. 비트단위 논리연산 결과는 4비트, 비트단항 연산 결과는 1비트이지만 8비트 출력을 사용함에 따라 피연산자의 상위 비트에 0이 채운 후 연산 후 8비트 출력의 하위 비트에 할당되고, 나머지는 상위 비트는 0을 채워 8비트 결과를 갖게 된다. 시프트 논리연산도 피연산자의 상위 4비트에 0이 채워진 후 시프트 논리연산이 수행되어 8비트 결과가 출력신호(oRESULT)에 할당된다. 이처럼 연산 결과가 출력신호의 비트 폭보다 작으면 출력신호의 하위 비트부터 할당되고 나머지 상위 비트는 0으로 채워진다. 표 5-6은 명령어별 연산 결과이다. 그림 5-12의 시뮬레이션 결과와 표 5-6으로부터 모듈 5-5는 정상적으로 설계되었음을 알 수 있다. 각 연산자에 대한 자세한 내용은 4장을 참고하면 된다.

표 5-6 ALU의 명령어에 따른 연산(unsigned binary iA = 1011, iB = 0010)

연산	명령어	연산식	연산 결과	연산 결과의 비트 폭
산술연산	0000	iA + iB	0000_1101	5비트
	0001	iA - iB	0000_1001	
	0010	iA × iB	0001_0110	8비트
	0011	iA / iB	0000_0101	
	0100	iA % iB	0000_0001	4비트
비트단위 논리연산	0101	~ iA	1111_0100	8비트
	0110	iA & iB	0000_0010	
	0111	iA | iB	0000_1011	
	1000	iA ^ iB	0000_1001	
	1001	iA ~^ iB	1111_0110	
비트단항 논리연산	1010	& iA	0000_0000	1비트
	1011	| iA	0000_0001	
	1100	~& iA	0000_0001	
	1101	^ iA	0000_0001	
시프트 논리연산	1110	iA >> iB	0000_0010	8비트
	1111	iA << iB	0010_1100	

5.6 인코더와 디코더

아마도 가정에는 전자제품을 원격으로 제어하기 위한 리모컨이 하나쯤 있을 것이다. 송신기인 리모컨의 수많은 버튼은 누를 때마다 정해진 적외선 펄스 신호가 생성되어 수신기로 전송된다. 이러한 리모컨 송신기가 인코더(encoder), 리모컨 수신기는 디코더(decoder)이다. 인코더와 디코더는 다양한 분야에서 사용되는 개념으로, 적용 분야에 따라 의미와 기능이 달라질 수 있다. 일반적인 인코더는 M > N일 때 M비트 입력에 따라 사전에 정의된 N비트 2진 코드(binary code)를 만드는 정보 변환장치이며, 디코더는 인코더가 생성한 2진 코드를 받아 원하는 출력을 생성하는 장치로 서로 역변환 관계의 회로이다.

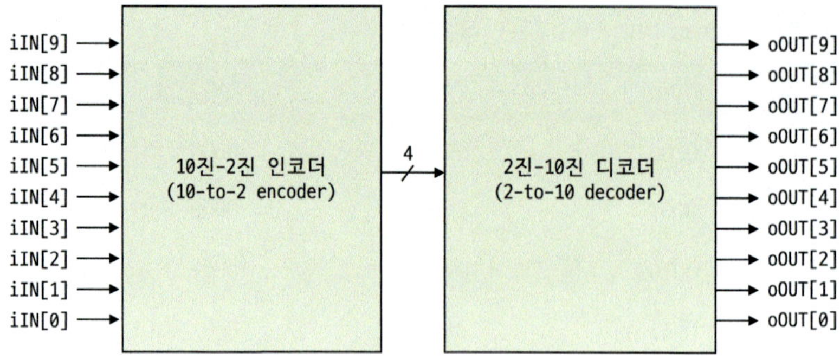

그림 5-13 역변환 관계의 인코더와 디코더

그림 5-14와 같이 0부터 9까지의 10개의 10진수 숫자 버튼을 갖는 키패드와 연결된 10진-2진 인코더를 BCD 인코더라 부르기도 한다. 키패드의 숫자 버튼을 누르면, 누른 숫자에 해당하는 비트 위치의 비트 값만 1(High)이고 나머지 9개 비트의 비트 값은 0(Low)인 10비트 2진 데이터가 인코더에 입력된다. 예를 들어 0을 누르면 00_0000_0001, 7을 누르면 00_1000_0000이 인코더에 입력된다. 입력된 10비트 입력은 인코더에 의해 4비트 BCD 코드로 인코딩되어 출력된다. 10진수 0에 해당하는 00_0000_0001이 인코더에 입력되면 인코딩 결과로 oOUT = 0000이 출력되며, 10진수 7에 해당하는 00_1000_0000이 입력되면 oOUT = 0111이 출력된다. 표 5-7은 10진-2진 인코더의 진리표이다. Quartus Prime에서 10진-2진 인코더를 설계해 보자.

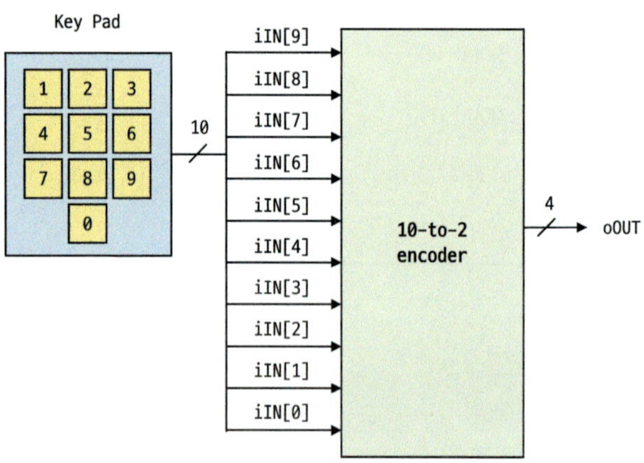

그림 5-14 10진-2진 인코더

표 5-7 10진-2진 인코더의 진리표

Key Pad	10진-2진 인코더의 입출력	
	입력([9:0] iIN)	출력([3:0] oOUT)
0	00_0000_0001	0000
1	00_0000_0010	0001
2	00_0000_0100	0010
3	00_0000_1000	0011
4	00_0001_0000	0100
5	00_0010_0000	0101
6	00_0100_0000	0110
7	00_1000_0000	0111
8	01_0000_0000	1000
9	10_0000_0000	1001

5.6.1. 10진-2진 인코더의 모듈

그림 5-14의 10진-2진 인코더는 표 5-7의 진리표를 참고하여 행위 수준으로 모델링할 수 있다. Quartus Prime에서 프로젝트 마법사를 사용하여 다음과 같이 프로젝트 생성하고, 10진-2진 인코더를 모델링해보자.

- 프로젝트 디렉토리 : D:/projects/ch5/encoder
- 프로젝트 이름 : encoder(최상위 설계 엔터티의 이름은 encoder로 자동 설정됨)
- 타겟 디바이스 설정 : 실습용 키트를 참고하여 설정, 없으면 임의로 설정해도 됨

표 5-7과 같이 동작하는 10진-2진 인코더는 10가지 종류의 입력에 따라 서로 다른 출력이 결정되므로 앞서 설계한 산술 논리 장치와 마찬가지로 조건식을 사용하는 네스티드 조건연산자, 네스티드 if~else 문, case 문을 사용하여 모델링할 수 있다. 그러나 키패드의 버튼을 눌렀을 때 해당하는 10비트 입력의 우선순위가 없으므로 case 문을 선택하는 것이 좋다. 모듈 5-6a는 10진-2진 인코더의 모듈 코드이다.

모듈 5-6a

```
01    /* 10진-2진 인코더 모듈 */
02
03    module encoder (iIN, oOUT);
04       input     [9:0] iIN;
05       output    [3:0] oOUT;
06
07       reg       [3:0] out;    // always 문 내부의 왼쪽 할당 신호로 reg형 선언
08
09       always @(iIN) begin
10          case(iIN)
11             //  98 7654 3210 <-- Key Pad 번호
12             10'b00_0000_0001  :  out = 4'b0000;   // Key Pad input = 0
13             10'b00_0000_0010  :  out = 4'b0001;   // Key Pad input = 1
14             10'b00_0000_0100  :  out = 4'b0010;   // Key Pad input = 2
15             10'b00_0000_1000  :  out = 4'b0011;   // Key Pad input = 3
16             10'b00_0001_0000  :  out = 4'b0100;   // Key Pad input = 4
17             10'b00_0010_0000  :  out = 4'b0101;   // Key Pad input = 5
18             10'b00_0100_0000  :  out = 4'b0110;   // Key Pad input = 6
19             10'b00_1000_0000  :  out = 4'b0111;   // Key Pad input = 7
20             10'b01_0000_0000  :  out = 4'b1000;   // Key Pad input = 8
21             10'b10_0000_0000  :  out = 4'b1001;   // Key Pad input = 9
22             default           :  out = 4'b1111;   // otherwise
23          endcase
24       end
25
26       assign   oOUT = out;
27
28    endmodule
```

22행은 case 문의 default 항으로 case 문의 조건식으로 사용한 10비트 입력 iIN이 가질 수 있는 0(10'b00_0000_0001)부터 9(10'b10_0000_0000)까지의 조건 이외의 입력에 대한 선택항이다.

5.6.2. 10진-2진 인코더의 테스트벤치와 시뮬레이션

그림 5-14의 10진-2진 인코더를 모델링한 모듈 5-6a를 검증하기 위한 테스트벤치 5-6a를 작성하고, 시뮬레이션을 실행한 후 결과를 확인해 보자.

테스트벤치 5-6a

```
/* 10진-2진 인코더의 테스트벤치 */
`timescale  1ns/10ps

```

```
module  tb_encoder;
   reg    [9:0] iIN;
   wire   [3:0] oOUT;

   // 검증할 모듈(encoder)를 이름에 의한 맵핑 방법으로 인스턴스화
   encoder U0 (
      .iIN   (iIN),
      .oOUT  (oOUT));

   // 입력신호 생성
   initial begin
      iIN = 10'b00_0000_0001; #100;   // Key Pad input = 0
      iIN = 10'b00_0000_0010; #100;   // Key Pad input = 1
      iIN = 10'b00_0000_0100; #100;   // Key Pad input = 2
      iIN = 10'b00_0000_1000; #100;   // Key Pad input = 3
      iIN = 10'b00_0001_0000; #100;   // Key Pad input = 4
      iIN = 10'b00_0010_0000; #100;   // Key Pad input = 5
      iIN = 10'b00_0100_0000; #100;   // Key Pad input = 6
      iIN = 10'b00_1000_0000; #100;   // Key Pad input = 7
      iIN = 10'b01_0000_0000; #100;   // Key Pad input = 8
      iIN = 10'b10_0000_0000; #100;   // Key Pad input = 9
      iIN = 10'b00_0000_0000; #100;   // default 항 확인
   end

endmodule
```

시뮬레이션 결과

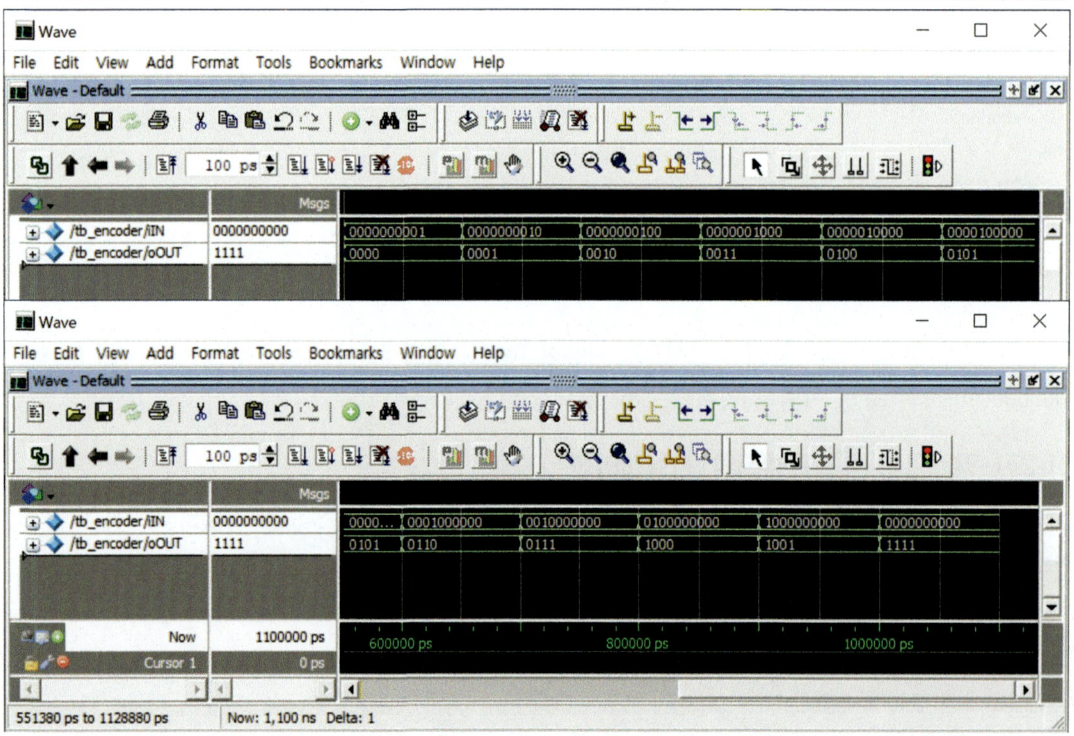

그림 5-15 10진-2진 인코더 모듈의 시뮬레이션 결과

그림 5-15의 시뮬레이션 결과와 표 5-7의 진리표를 비교해 보면, 10진-2진 인코더를 위한 모듈 5-6a가 오류없이 모델링되었음을 알 수 있다.

5.6.3. 2진-10진 디코더의 모듈

그림 5-16은 그림 5-14의 10진-2진 인코더의 역변환 장치에 해당하는 2진-10진 디코더이다. 4비트 2진 데이터를 입력받아 10비트 2진 데이터를 출력으로 내보내며, 10비트 출력은 10진수 숫자에 해당하는 위치의 비트 값만 1(High)인 2진 데이터로 디코더의 진리표는 표 5-8과 같다.

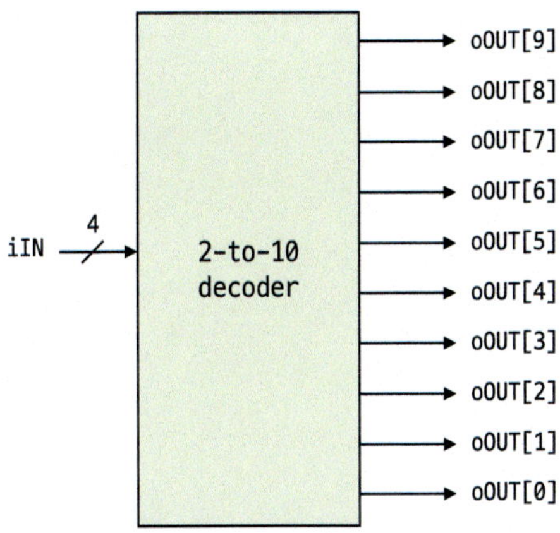

그림 5-16 2진-10진 디코더

표 5-8 2진-10진 디코더의 진리표

입력(iIN)	출력(oOUT)
0000	00_0000_0001
0001	00_0000_0010
0010	00_0000_0100
0011	00_0000_1000
0100	00_0001_0000
0101	00_0010_0000
0110	00_0100_0000
0111	00_1000_0000
1000	01_0000_0000
1001	10_0000_0000

그림 5-16의 2진-10진 디코더는 인코더를 모델링할 때와 마찬가지로 표 5-8의 진리표를 참고하여 행위 수준으로 모델링할 수 있다. Quartus Prime에서 프로젝트 마법사를 사용하여 다음과 같이 프로젝트 생성하고, 2진-10진 디코더를 모델링해보자.

- 프로젝트 디렉토리 : D:/projects/ch5/decoder
- 프로젝트 이름 : decoder(최상위 설계 엔터티의 이름은 decoder로 자동 설정됨)
- 타겟 디바이스 설정 : 실습용 키트를 참고하여 설정, 없으면 임의로 설정해도 됨

10진-2진 인코더와 마찬가지로 case 문을 사용하여 2진-10진 디코더를 모듈 5-6b와 같이 모델링할 수 있다.

모듈 5-6b

```
/* 2-to-10 디코더 모듈 */

module decoder (iIN, oOUT);
   input     [3:0] iIN;
   output    [9:0] oOUT;

```

```
    reg       [9:0] out;

    always @(iIN) begin
       case (iIN)
          0       :  out  = 10'b00_0000_0001;
          1       :  out  = 10'b00_0000_0010;
          2       :  out  = 10'b00_0000_0100;
          3       :  out  = 10'b00_0000_1000;
          4       :  out  = 10'b00_0001_0000;
          5       :  out  = 10'b00_0010_0000;
          6       :  out  = 10'b00_0100_0000;
          7       :  out  = 10'b00_1000_0000;
          8       :  out  = 10'b01_0000_0000;
          9       :  out  = 10'b10_0000_0000;
          default :  out  = 10'b11_1111_1111;
       endcase
    end

    assign   oOUT = out;

 endmodule
```

5.6.4. 2진-10진 디코더의 테스트벤치와 시뮬레이션

그림 5-16의 디코더를 모델링한 모듈 5-6b를 검증하기 위한 테스트벤치 5-6b를 작성하고, 시뮬레이션을 실행한 후 결과를 확인해 보자.

테스트벤치 5-6b

```
 /* 2-to-10 디코더 모듈 */

 module decoder (iIN, oOUT);
    input     [3:0] iIN;
    output    [9:0] oOUT;

    reg       [9:0] out;

    always @(iIN) begin
       case (iIN)
          0       :  out  = 10'b00_0000_0001;
          1       :  out  = 10'b00_0000_0010;
          2       :  out  = 10'b00_0000_0100;
          3       :  out  = 10'b00_0000_1000;
          4       :  out  = 10'b00_0001_0000;
          5       :  out  = 10'b00_0010_0000;
          6       :  out  = 10'b00_0100_0000;
          7       :  out  = 10'b00_1000_0000;
          8       :  out  = 10'b01_0000_0000;
          9       :  out  = 10'b10_0000_0000;
          default :  out  = 10'b11_1111_1111;
```

```
            endcase
        end

        assign    oOUT = out;

    endmodule
```

시뮬레이션 결과

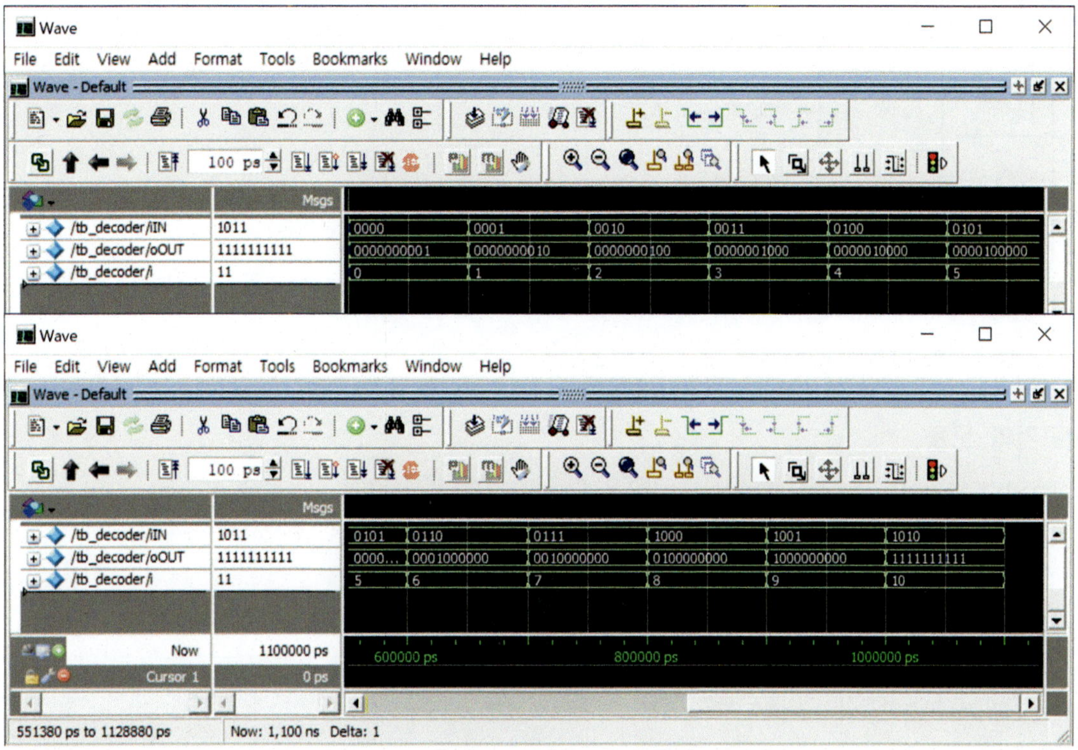

그림 5-17 2진-10진 디코더의 시뮬레이션 결과

그림 5-17의 시뮬레이션 결과와 표 5-8의 진리표를 비교해 보면, 2진-10진 디코더를 위한 모듈 5-6b가 오류 없이 모델링 되었음을 알 수 있다.

5.7 비교기

비교기(comparator)는 2개 이상의 입력신호를 비교하여 비교 결과를 출력하는 장치이다. 일반적으로 두 개의 입력값 중 어느 것이 더 크거나 작은지 비교하여 결과를 출력하며, 이를 바탕으로 분기, 선택, 우선순위 결정 등의 동작을 수행하는 데 사용한다. 비교기의 가장 간단한 형태로는 XOR 게이트나 AND 게이트 등의 논리 게이트로 구현될 수 있다. 예를 들어 2개의 1비트 입력 iA와 iB를 비교하는 경우 그림 5-18과 같이 XNOR 게이트를 사용하여 두 비트가 서로 같을 때 oOUT1 = 1과 oOUT2 = 0을 출력하고, XOR 게이트를 사용하여 두 비트가 서로 다를 때 oOUT1 = 0과 oOUT2 = 1을 출력한다. 이 외에도 NOT 게이트와 AND 게이트를 조합하여 iA와 iB의 크기를 비교할 수도 있다. 비교기는 간단하고 빠른 처리 속도를 가지며, 전력 소모가 적은 장점으로 디지털 시스템에서 다양한 용도로 활용된다.

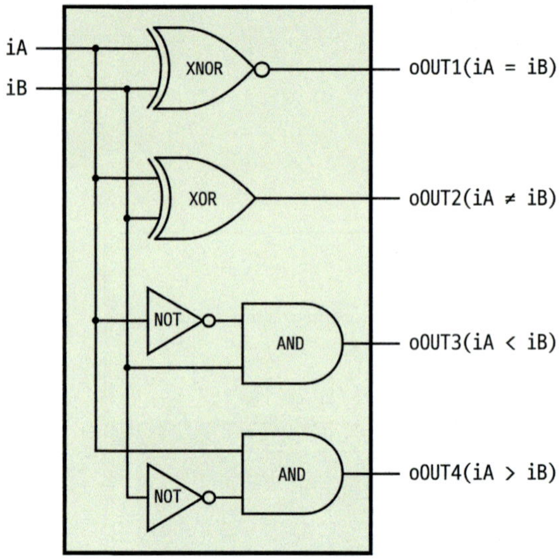

그림 5-18 1비트 비교기의 회로

표 5-8 1비트 비교기의 진리표

입력		출력			
iA	iB	oOUT1	oOUT2	oOUT3	oOUT4
0	0	1	0	0	0
0	1	0	1	1	0
1	0	0	1	0	1
1	1	1	0	0	0

5.7.1. 비교기의 모듈

그림 5-18의 1비트 비교기는 게이트 프리미티브, 비교연산자를 사용하여 쉽게 모델링할 수 있다. 여기에서는 두 N비트 입력의 크기를 비교하는 그림 5-19의 N비트 비교기를 설계해 보자.

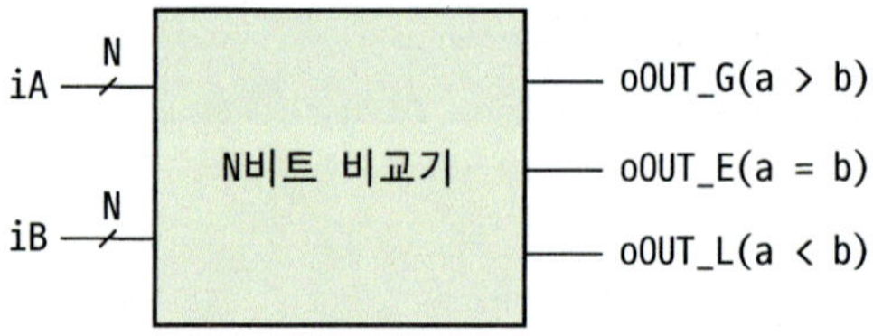

그림 5-19 N비트 비교기의 회로

표 5-9 N비트 비교기의 진리표

입력		출력		
iA	iB	oOUT_G	oOUT_E	oOUT_L
iA > iB		1	0	0
iA = iB		0	1	0
iA < iB		0	0	1

Quartus Prime에서 프로젝트 마법사를 사용하여 다음과 같이 프로젝트 생성하고, 그림 5-19의 비교기(N = 4)를 모델링해 보자.

- 프로젝트 디렉토리 : D:/projects/ch5/comparator
- 프로젝트 이름 : comparator(최상위 설계 엔터티의 이름은 자동 설정됨)
- 타겟 디바이스 설정 : 실습용 키트를 참고하여 설정, 없으면 임의로 설정해도 됨

그림 5-19의 N비트 비교기는 assign 문과 관계연산자를 이용하여 모델링할 수도 있고, always 문 내부에서 if 문과 관계연산자를 사용하여 모델링할 수 있다. 모듈 5-7a는 assign 문과 관계연산자를 이용하여 두 4비트 입력값의 비교 결과를 3개의 출력으로 내보내는 4비트 비교기의 모듈 코드이다.

모듈 5-7a

```
/* assign 문과 관계연산자를 이용한 4비트 비교기 모듈 */

module comparator (iA, iB, oOUT_G, oOUT_E, oOUT_L);

   input   [3:0] iA, iB;
   output         oOUT_G, oOUT_E, oOUT_L;

   assign   oOUT_G = (iA > iB);   // assign 할당문 사용
   assign   oOUT_E = (iA == iB);  // assign 할당문 사용
   assign   oOUT_L = (iA < iB);   // assign 할당문 사용

endmodule
```

모듈 5-6b는 always 문 내부에서 if 문과 관계연산자를 사용하여 모델링한 비교기이다.

모듈 5-7b

```
/* always 문 내부에서 if 문과 관계연산자를 이용한 4비트 비교기 모듈 */

module comparator (iA, iB, oOUT_G, oOUT_E, oOUT_L);

   input   [3:0] iA, iB;
   output         oOUT_G, oOUT_E, oOUT_L;

   reg     out_g, out_e, out_l;  // always 문의 왼쪽 할당 신호로 reg형 선언

   always @(iA or iB) begin
      out_g = 1'b0;
      out_e = 1'b0;
      out_l = 1'b0;

      if (iA > iB) begin
         out_g = 1'b1;
         out_e = 1'b0;
         out_l = 1'b0;
      end
      else if (iA == iB) begin
         out_g = 1'b0;
         out_e = 1'b1;
         out_l = 1'b0;
      end
      else begin
         out_g = 1'b0;
         out_e = 1'b0;
         out_l = 1'b1;
      end
   end

```

```
    assign   oOUT_G = out_g;
    assign   oOUT_E = out_e;
    assign   oOUT_L = out_l;

endmodule
```

5.7.2. 4비트 비교기의 테스트벤치와 시뮬레이션

그림 5-19의 4비트 비교기를 모델링한 모듈 5-7a 또는 모듈 5-7b를 검증하기 위한 테스트벤치 5-7을 작성하고, 시뮬레이션을 실행한 후 결과를 확인해 보자.

테스트벤치 5-7

```
/* 4비트 비교기의 테스트벤치 */

`timescale  1ns/10ps

module  tb_comparator;
   reg    [3:0] iA, iB;
   wire         oOUT_G, oOUT_E, oOUT_L;

   // 검증할 모듈(comparator)을 이름에 의한 맵핑 방법으로 인스턴스화
   comparator   U0 (
      .iA       (iA),        // 4비트 입력
      .iB       (iB),        // 4비트 입력
      .oOUT_G   (oOUT_G),    // 1비트 출력
      .oOUT_E   (oOUT_E),    // 1비트 출력
      .oOUT_L   (oOUT_L));   // 1비트 출력

   // 입력신호 생성
   initial begin
      iA = 4'b1000; iB = 4'b0001; #50; // iA > iB
      iA = 4'b0010; iB = 4'b0010; #50; // iA = iB
      iA = 4'b0100; iB = 4'b1110; #50; // iA < iB
   end
endmodule
```

그림 5-20의 시뮬레이션 결과에서 두 입력값의 비교 결과를 살펴보면, 첫 번째 입력은 iA = 1001, iB = 0001으로 iA > iB이다, 두 번째 입력은 iA = 0010, iB = 0010으로 iA = iB이다. 마지막으로 세 번째 입력은 iA = 0100, iB = 1100으로 iA < iB이다. 따라서 비교기의 출력은 첫 번째 입력에 대해 oOUT_G = 1, oOUT_E = 0, oOUT_L = 0, 두 번째 입력에 대해 oOUT_G = 0, oOUT_E = 1, oOUT_L = 0, 세 번째 입력에 대해 oOUT_G = 0, oOUT_E = 0, oOUT_L = 1임을 알 수 있다. 시뮬레이션 결과로부터 4비트 비교기를 위한 모듈 5-7a 또는 모듈 5-7b가 오류 없이 모델링되었음을 알 수 있다.

시뮬레이션 결과

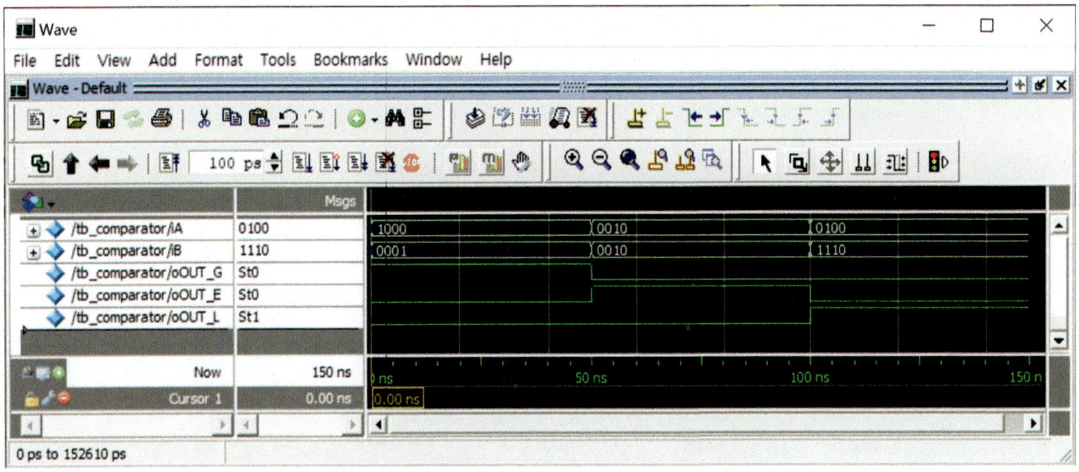

그림 5-20 4비트 비교기의 시뮬레이션 결과

5.8 코드 변환기

코드 변환기(code converter)는 디지털 데이터의 표현 형식을 다른 형식으로 변환하는 장치로, 디지털 형식의 숫자 또는 문자열을 컴퓨터와 같은 디지털 시스템에서 읽고 처리할 수 있는 다른 형식의 2진 코드로 변환하는데 사용된다. 이러한 코드 변환기는 주로 데이터 통신, 데이터 저장, 센서 데이터 처리 등 다양한 응용 분야에서 사용되며, 코드 변환기에 의해 변환되는 2진 코드는 1장에서 살펴본 바이너리 코드(binary code), BCD 코드(Binary Coded Decimal code), 아스키(ASCII) 등이 있다.

5.8.1. 바이너리-BCD 코드 변환기의 모듈

바이너리 코드로 표현된 2진수를 7-세그먼트 표시 장치나 텍스트 LCD에서 10진 체계의 숫자로 나타내기 위해서는 바이너리 코드를 BCD 코드로 변환하는 것이 필요하다. 그림 5-21은 8비트 바이너리 코드를 입력받아 12비트 BCD 코드로 변환하여 출력하는 바이너리-BCD 변환기(binary-to-BCD converter)이다.

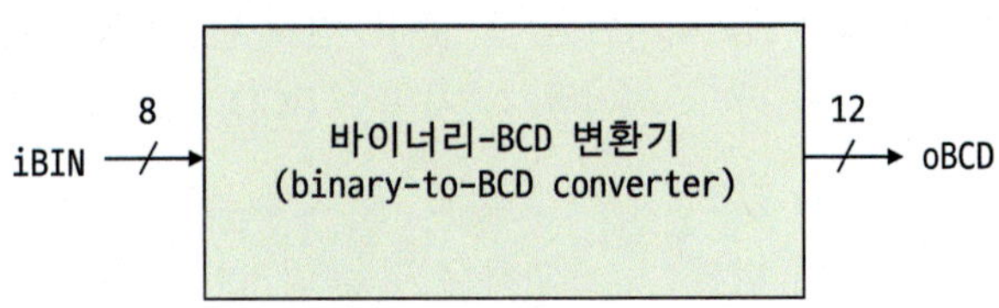

그림 5-21 바이너리-BCD 변환기

바이너리 코드가 8비트일 때 표현할 수 있는 10진수 범위는 0 ~ 255이며, BCD 코드로 10진수 체계의 1자리 숫자를 표현하기 위해서는 4비트가 필요하다. 따라서 세 자릿수의 10진수 숫자를 표현하는 8비트 바이너리 코드는 12비트 BCD 코드로 변환된다. 바이너리 코드를 BCD 코드로 변환할 때 일반적으로 그림 5-22의 더블-더블 알고리즘(double-double algorithm)을 사용한다.

동작	BCD2 (bcd[11:8])	BCD1 (bcd[7:4])	BCD0 (bcd[3:0])	Binary
Initialize	0000	0000	0000	1001_0111
Left shift 1	0000	0000	0001	001_0111.
Left shift 2	0000	0000	0010	01_0111..
Left shift 3	0000	0000	0100	1_0111...
Left shift 4	0000	0000	1001	0111....
Add 3	0000	0000	1100	0111 ....
Left shift 5	0000	0001	1000	111 .....
Add 3	0000	0001	1011	111 .....
Left shift 6	0000	0011	0111	11 ......
Add 3	0000	0011	1010	11 ......
Left shift 7	0000	0111	0101	1 ....
Add 3	0000	1010	1000	1 ....
Left shift 8	0001	0101	0001	....

그림 5-22 바이너리-BCD 변환을 위한 더블-더블 알고리즘

더블-더블 알고리즘에서 모든 비트가 0으로 초기화되어 있는 BCD 코드의 최하위 비트(LSB = bcd[0])에 바이너리 코드의 최상위 비트(MSB = binary[7])가 한 번에 1비트씩 이동(인가)한다. 즉, 그림 5-22에서 BCD0 ~ BCD2의 각 비트는 모두 0으로 초기화되어 있고, 첫 번째 왼쪽 이동(Left shift 1)에서 바이너리 코드의 최상위 비트인 1은 BCD0의 최하위 비트(bcd[0])로 이동한다. 바이너리 코드의 최상위 비트가 왼쪽으로 1비트씩 이동할 때마다 10진수의 각 자릿수에 해당하는 4비트 BCD 코드를 검사하고, 5 이상인 각 자릿수 BCD 코드에 3(= 0011)을 더한다. 이러한 동작을 바이너리 코드의 최하위 비트까지 모두 왼쪽으로 이동할 때까지 반복하면 바이너리 코드를 BCD 코드로 변환할 수 있다.

그림 5-22의 4번째 왼쪽 이동(Left shift 4) 후 각 자릿수의 BCD 코드(BCD0 ~ BCD2)를 검사하면 BCD0 = 1001은 5 이상이므로 BCD0에 10진수 3에 해당하는 BCD 코드 0011을 더하여 BCD0 = 1100이 된다. 이후 5번째 왼쪽 이동(Left shift 5)을 하면, BCD0 = 1000이 되어 5 이상이므로 BCD0에 10진수 3에 해당하는 BCD 코드 0011을 더하여 BCD0 = 1011이 된다. 6번째 왼쪽 이동(Left shift 5) 후도 앞선 4번째와 5번째 왼쪽 이동 과정과 같은 처리를 해야 한다. 만약 6번째 왼쪽 이동(Left shift 6) 이후 5 이상인 BCD0 = 0111에 3을 더하는 연산 없이 7번째 왼쪽 이동(Left shift 7)을 한다면 BCD0 = 1111이 되어 BCD 코드의 표현 범위를 초과하게 된다. 이러한 각 자릿수 BCD 코드에 3(= 0011)을 더하는 연산은 두 가지 의미가 있다.

• **표현 범위의 제한** : 첫 번째, BCD의 표현 범위[8]가 초과하는 것을 방지한다. BCD 코드가 왼쪽(상위 비트 방향)으로 1비트 이동하는 것은 각 자릿수의 BCD 코드에 해당하는 숫자에 2를 곱하는 것과 같은데, 10진수 체계의 각 자릿수에 해당하는 BCD 코드는 9를 초과하여 표현할 수 없다. 비트 이동 전 BCD 코드가 5 이상인 경우 아무런 처리 없이 왼쪽으로 1비트 이동하면 10 이상이 되어 표현 범위를 벗어나게 된다. 이때 5 이상의 BCD 코드에 3을 더하는 연산을 통해 BCD 코드의 표현 범위가 초과하는 것을 방지할 수 있다. 예를 들어 4에 해당하는 BCD = 0100가 아무런 처리 없이 왼쪽으로

8) BCD 코드의 표현 범위는 10진수 0 ~ 9에 해당하는 0000 ~ 1001이다.

1비트 이동하고, 하위 자릿수에서 1이 올라왔을 때 BCD = 1001이 되므로 BCD의 표현 범위를 벗어나지 않는다. 그러나 5에 해당하는 BCD = 0101에 3을 더하지 않고 왼쪽으로 1비트 이동하고, 하위 자릿수에서 1이 올라오면 BCD = 1011, 즉 10진수 11이 되어 BCD의 표현 범위를 초과하게 된다. 반면, BCD = 0101에 3(= 0011)을 더해 BCD = 1000이 되도록 하면, 비트 이동 시 하위 자릿수에서 1이 올라오더라도 BCD = 0001이 되어 BCD의 표현 범위가 초과되는 것을 방지할 수 있다.

- **BCD와 바이너리의 코드체계 조정 :** 두 번째, BCD 코드와 바이너리 코드 사이에는 형식적인 차이가 있다. 4비트 BCD는 0부터 9까지 표현하는 10진 체계를 사용하고, 4비트 바이너리는 0부터 15까지 표현하는 16진 체계를 사용한다. 따라서 이러한 코드체계의 차이를 보정하는 것이 필요하다. 5 이상의 BCD 코드에 3(= 0011)을 더하고 왼쪽으로 1비트 이동하는 연산은 BCD 코드에 6(= 0110)을 더하는 것과 같으며, 이는 BCD 코드와 바이너리 코드체계의 차이를 보정하는 것을 의미한다. 쉬운 이해를 위해 4비트 바이너리 코드를 BCD 코드로 변환하는 과정을 생각해 보자. 예를 들어 바이너리 코드가 BIN = 1111이라면, BIN = 1111은 10진수 15이므로 한 자릿수를 표현할 수 있는 4비트 BCD 코드로는 표현할 수 없고 두 자릿수를 표현하는 8비트 BCD 코드로 표현해야 한다. 더블-더블 알고리즘을 사용하여 바이너리 코드를 BCD 코드로 변환한다면 그림 7-23과 같이 3번의 비트 이동 이후 3을 더하고 1번의 비트 이동을 통해 BCD = 0001_0101을 얻을 수 있다. 이러한 과정은 결국 BCD 코드에 6을 더하는 것과 같다, 즉, BCD = 1111에 6(= 0110)을 더하면 두 자릿수 10진수 15를 표현하는 BCD = 0001_0101이라는 결과를 얻게 된다. 즉, 바이너리 코드의 비트 수만큼의 비트 이동할 때 5 이상의 BCD 코드에 3을 더하는 연산은 BCD 코드의 표현 범위가 벗어날 때 최상위 비트를 1로 하여 다음 자릿수로 올림 수를 전달하는 것을 의미하므로 정확히 두 코드체계 사이의 차이를 보정할 수 있다.

동작	BCD1	BCD0	Binary
Initialize	0000	0000	1111
Left shift 1	0000	0001	111.
Left shift 2	0000	0011	11..
Left shift 3	0000	0111	1...
Add 3	0000	1010	1...
Left shift 4	0001	0101	....

그림 5-23 4비트 바이너리-BCD 변환을 위한 더블-더블 알고리즘의 예시

그림 5-21의 바이너리-BCD 변환기는 그림 5-22의 더블-더블 알고리즘과 always 문, if ~ else 문, for 문, 산술연산자를 사용하여 쉽게 모델링할 수 있다. Quartus Prime에서 프로젝트 마법사를 사용하여 다음과 같이 프로젝트 생성하고, 바이너리-BCD 변환기를 모델링해보자.

- 프로젝트 디렉토리 : D:/projects/ch5/bin2bcd
- 프로젝트 이름 : bin2bcd(최상위 설계 엔터티의 이름은 자동 설정됨)
- 타겟 디바이스 설정 : 실습용 키트를 참고하여 설정, 없으면 임의로 설정해도 됨

모듈 5-8a는 8비트 바이너리 코드를 입력받아 12비트 BCD 코드를 출력으로 내보내는 바이너리-BCD 변환기의 모듈 코드이다.

모듈 5-8a

```
/* always 문과 if 문, for 문을 이용한 binary-to-BCD 변환기 모듈 */

module bin2bcd (iBIN, oBCD);
   input    [7:0]  iBIN;    // 8비트 바이너리 입력
   output   [11:0] oBCD;    // 12비트 BCD 출력

   reg      [11:0] bcd;

   integer  i;              // i를 정수형 변수로 선언(합성 가능)

   assign   oBCD = bcd;

   // 더블-더블 알고리즘
   always @(iBIN) begin
      bcd = 12'b0;
      for (i = 0; i < 8; i = i + 1) begin // 비트 이동을 위한 for 문
         if (bcd[3:0] >= 5)
            bcd[3:0] = bcd[3:0] + 3;      // If any BCD digit is >= 5, add 3
         else
            bcd[3:0] = bcd[3:0];

         if (bcd[7:4] >= 5)
            bcd[7:4] = bcd[7:4] + 3;      // If any BCD digit is >= 5, add 3
         else
            bcd[7:4] = bcd[7:4];

         if (bcd[11:8] >= 5)
            bcd[11:8] = bcd[11:8] + 3;    // If any BCD digit is >= 5, add 3
         else
            bcd[11:8] = bcd[11:8];

         bcd = {bcd[10:0], iBIN[7 - i]};
      end
   end
endmodule
```

5.8.2. 바이너리-BCD 코드 변환기의 테스트벤치와 시뮬레이션

그림 5-21의 바이너리-BCD 변환기를 모델링한 모듈 5-8a를 검증하기 위한 테스트벤치 5-8a를 작성하고, 시뮬레이션을 실행한 후 결과를 확인해 보자.

테스트벤치 5-8a

```
/* binary-to-BCD 변환기의 테스트벤치 */

`timescale 1ns/10ps

module tb_bin2bcd;
```

```
06        reg    [7:0]  iBIN;
07        wire   [11:0] oBCD;
08
09        // 검증할 모듈(bin2bcd)를 이름에 의한 맵핑 방법으로 인스턴스화
10        bin2bcd UBIN2BCD (
11           .iBIN   (iBIN),     // 8비트 바이너리 입력
12           .oBCD   (oBCD));    // 12비트 BCD 출력
13
14        // 입력신호 생성
15        initial begin
16           iBIN = 8'b0; #20;
17
18           while(iBIN < 8'b1111_1111) begin
19              $display("iBIN = %b, oBCD = %b, Decimal Value : %d %d %d",
20                       iBIN, oBCD, oBCD[11:8], oBCD[7:4], oBCD[3:0]);
21              iBIN = iBIN + 1; #20;
22           end
23        end
24     endmodule
```

19 ~ 20행 : 시스템 태스크인 $display[9])를 사용하여 0 ~ 255까지의 8비트 바이너리 입력(iBIN)에 대해 BCD 코드로 변환된 결과(oBCD)를 binary 형식(%b)으로 출력하고, BCD 코드의 각 자릿수를 decimal 형식(%d)으로 Transcript 창에 출력한다.

시뮬레이션 결과 1

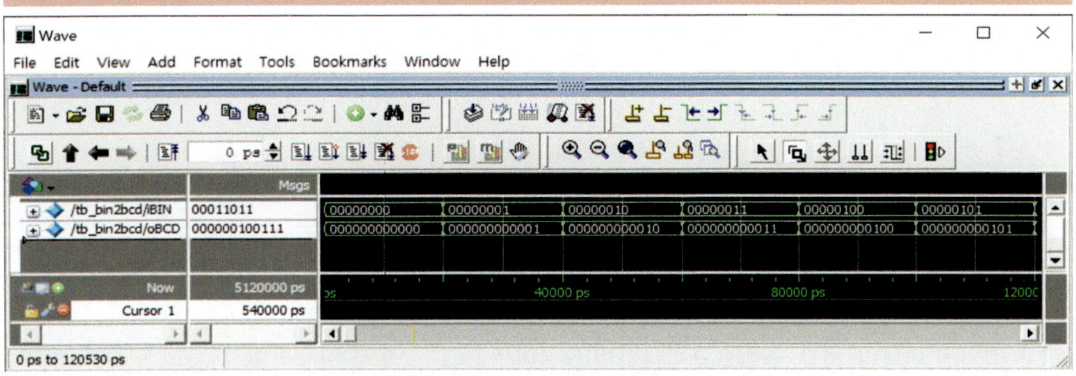

그림 5-24 바이너리-BCD 변환 결과(Wave 창)

9) 시스템 태스크인 $display의 자세한 사용법은 부록 3을 참고한다.

시뮬레이션 결과 2

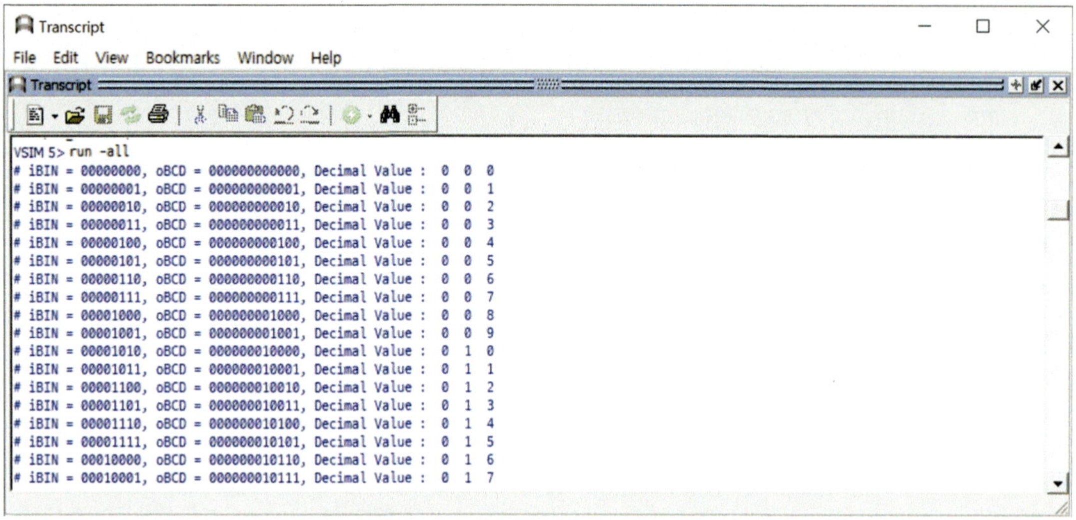

그림 5-25 바이너리-BCD 변환 결과(Transcript 창)

5.8.3. BCD-ASCII 변환기의 모듈

센서로부터 수집된 바이너리 형식의 2진 데이터(숫자)를 텍스트 형식으로 저장하거나 출력할 때, 또는 UART(Universal Asynchronous Receiver/Transmitter) 통신을 사용하여 다른 디지털 시스템에 전송할 때, 바이너리-BCD 변환 결과를 아스키(ASCII)로의 추가 변환이 필요할 수 있다. 그림 5-26은 12비트 BCD 코드를 입력받아 24비트 ASCII로 변환하여 출력하는 BCD-ASCII 변환기(BCD-to-ASCII converter)이다.

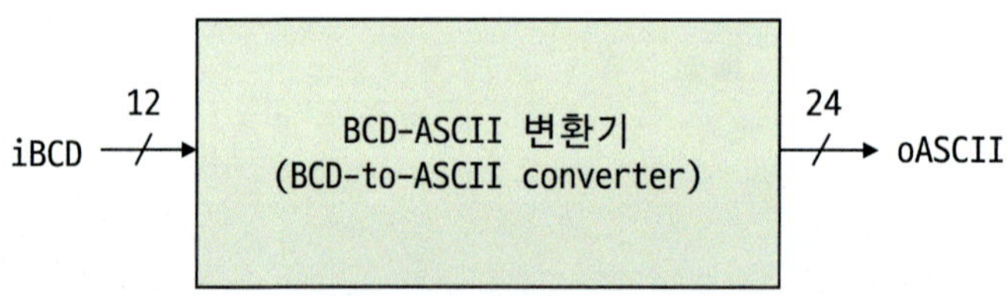

그림 5-26 BCD-ASCII 변환기

1장에서 알아본 것처럼 하나의 10진 숫자를 표현하기 위해 4비트 BCD 코드가 사용되며, 하나의 영문자, 숫자, 특수 문자 등을 표현하기 위해 8비트 ASCII를 사용한다. ASCII로 표현되는 영문자나 숫자 등을 'ASCII 심볼(ASCII symbol)'이라 하며, 표 5-10은 숫자에 해당하는 ASCII 심볼에 대한 ASCII 표현이다. 예를 들어 5에 해당하는 ASCII 심볼은 2진수 형식으로 $0011\_0101_{(b)}$, 16진수 형식으로 $0x35_{(h)}$, 10진수 형식으로 53이다.

표 5-10에서 ASCII 심볼에 해당하는 BCD 코드와 ASCII의 코드체계 차이는 10진수 48이다. 따라서 각 자릿수 숫자에 해당하는 4비트 BCD 코드에 48(= 8'b0011_0000 = 8'h30)을 더하면 해당 숫자에 대한 8비트 ASCII로 변환할 수 있다.

표 5-10 10진 숫자에 대한 ASCII 심볼의 표현 형식

ASCII 심볼	BCD 코드	ASCII 표현 형식		
		2진수	16진수	10진수
0	0000	0011_0000	0x30	48
1	0001	0011_0001	0x31	49
2	0010	0011_0010	0x32	50
3	0011	0011_0011	0x33	51
4	0100	0011_0100	0x34	52
5	0101	0011_0101	0x35	53
6	0110	0011_0110	0x36	54
7	0111	0011_0111	0x37	55
8	1000	0011_1000	0x38	56
9	1001	0011_1001	0x39	57

그림 5-26의 BCD-ASCII 변환기는 표 5-10에서 BCD 코드와 ASCII 사이의 코드체계 차이를 참고하여 always 문과 산술 연산자를 사용하여 쉽게 모델링할 수 있다. Quartus Prime에서 프로젝트 마법사를 사용하여 다음과 같이 프로젝트 생성하고, BCD-ASCII 변환기를 모델링해보자.

- 프로젝트 디렉토리 : D:/projects/ch5/bcd2ascii
- 프로젝트 이름 : bcd2ascii(최상위 설계 엔터티의 이름은 자동 설정됨)
- 타겟 디바이스 설정 : 실습용 키트를 참고하여 설정, 없으면 임의로 설정해도 됨

모듈 5-8b는 12비트 바이너리 코드를 입력받아 24비트 ASCII를 출력하는 BCD-ASCII 변환기의 모듈 코드이다.

모듈 5-8b

```
/* BCD-ASCII 변환기 모듈 */

module bcd2ascii (iBCD, oASCII);
  input    [11:0] iBCD;
  output   [23:0] oASCII;

  reg      [23:0] ascii;

  assign   oASCII = ascii;

  always @(iBCD) begin
    ascii = 24'b0;
    ascii[7:0]   = {4'h0, iBCD[3:0]} + 8'd48;  // 일의 자리 BCD + 48
    ascii[15:8]  = {4'h0, iBCD[7:4]} + 8'd48;  // 십의 자리 BCD + 48
    ascii[23:16] = {4'h0, iBCD[11:8]} + 8'd48; // 백의 자리 BCD + 48
  end

endmodule
```

5.8.4. BCD-ASCII 변환기의 테스트벤치와 시뮬레이션

그림 5-26의 BCD-ASCII 변환기를 모델링한 모듈 5-8b를 검증하기 위한 테스트벤치 5-8b를 작성하고, 시뮬레이션을 실행한 후 결과를 확인해 보자.

테스트벤치 5-8b

```
01  /* BCD-to-ASCII 모듈의 테스트벤치 */
02
03  `timescale  1ns/10ps
04
05  module  tb_bcd2ascii;
06     reg    [11:0] iBCD;
07     wire   [23:0] oASCII;
08
09     // 검증할 모듈(bcd2ascii)을 이름에 의한 맵핑 방법으로 인스턴스화
10     bcd2ascii UBCD2ASCII (
11        .iBCD       (iBCD),
12        .oASCII     (oASCII));
13
14     // 입력신호 생성
15     initial begin
16        iBCD = 12'b0000_0000_0000; #20;
17
18        while(iBCD != 12'b1001_1001_1001) begin
19           $display("iBCD: %b_%b_%b, oASCII: %b_%b_%b", iBCD[11:8], iBCD[7:4],
20                    iBCD[3:0], oASCII[23:16], oASCII[15:8], oASCII[7:0]);
21
22           if (iBCD[3:0] < 4'd9) begin
23              iBCD[3:0] = iBCD[3:0] + 1; #20;
24           end
25           else if (iBCD[7:4] < 4'd9) begin
26              iBCD[3:0] = 0;
27              iBCD[7:4] = iBCD[7:4] + 1; #20;
28           end
29           else if (iBCD[11:8] < 4'd9) begin
30              iBCD[7:4] = 0;
31              iBCD[11:8] = iBCD[11:8] + 1; #20;
32           end
33           else
34              iBCD = iBCD;
35        end
36     end
37  endmodule
```

19 ~ 20행 : 시스템 태스크인 $display를 사용하여 BCD 코드 입력(iBCD)과 해당 ASCII 출력(oASCII)을 모두 binary 형식(%b)으로 Transcript 창에 출력한다.

시뮬레이션 결과 1

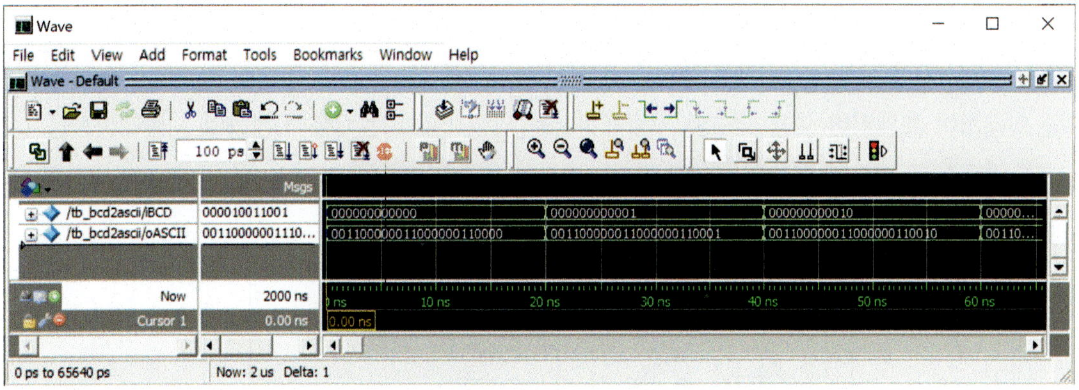

그림 5-27 BCD-ASCII 변환 결과(Wave 창)

시뮬레이션 결과 2

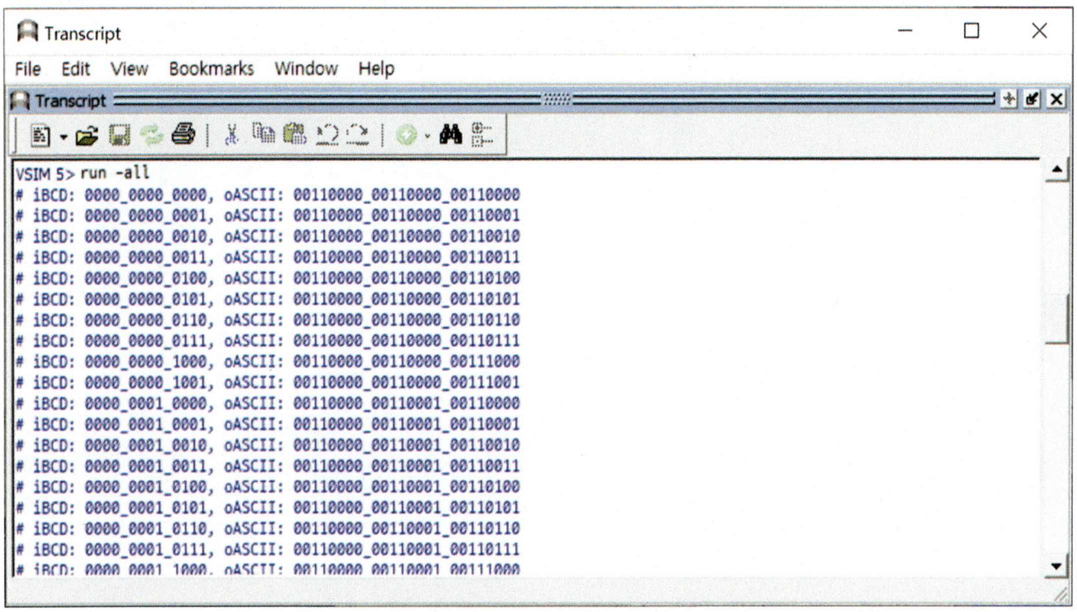

그림 5-28 BCD-ASCII 변환 결과(Transcript 창)

그림 5-27과 그림 5-28의 시뮬레이션 결과와 표 5-10을 비교하면 BCD-ASCII 변환기가 오류 없이 모델링 되었음을 확인할 수 있다.

5.1 다음은 1비트 신호 iA와 iB의 차를 구하는 전감산기(full subtractor)의 회로와 진리표이다. 게이트 프리미티브를 이용하여 모델링한 모듈 코드와 시뮬레이션을 위한 테스트벤치를 작성하여 시뮬레이션을 실행하시오.

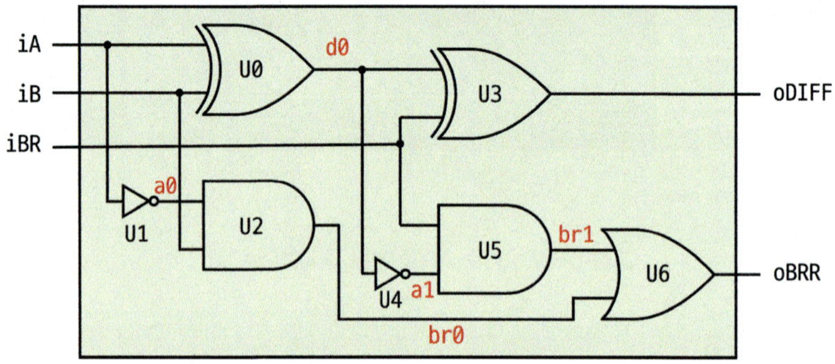

그림 5-29 1비트 전감산기 회로

표 5-11 전감산기의 진리표

입력			출력	
iA	iB	iBR	oDIFF	oBRR
0	0	0	0	0
0	0	1	1	1
0	1	0	1	1
0	1	1	0	1
1	0	0	1	0
1	0	1	0	0
1	1	0	0	0
1	1	1	1	1

※ iBR = 윗자리에서 빌려오는 빌림 수,
oBRR 차입 출력(아랫자리에서 요구하는 빌림 수)

5.2 Verilog HDL의 행위 수준 모델링 방식을 사용하여 그림 5-29의 1비트 전감산기(full subtractor)를 모델링한 모듈 코드와 시뮬레이션을 위한 테스트벤치를 작성하고, 시뮬레이션을 실행하시오.

5.3 그림 5-30(a)는 1비트 반감산기(half subtractor)이다. 게이트 프리미티브를 사용하여 반감산기를 모델링하고, 반감산기를 이용하여 그림 5-30(b)의 1비트 전감산기를 구조적으로 모델링한 모듈 코드와 시뮬레이션을 위한 테스트벤치를 작성하고, 시뮬레이션을 실행하시오.

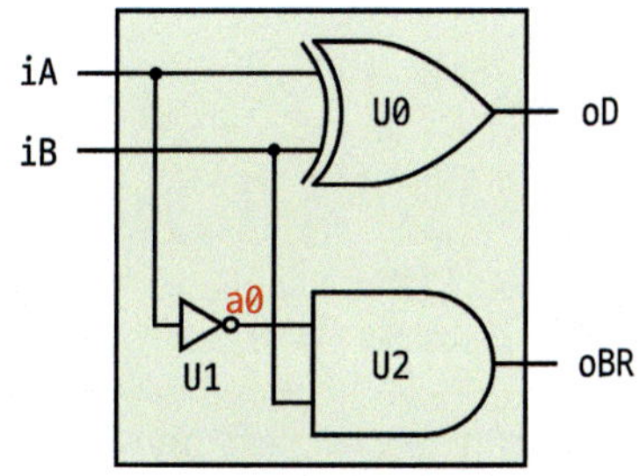

(a) 반감산기

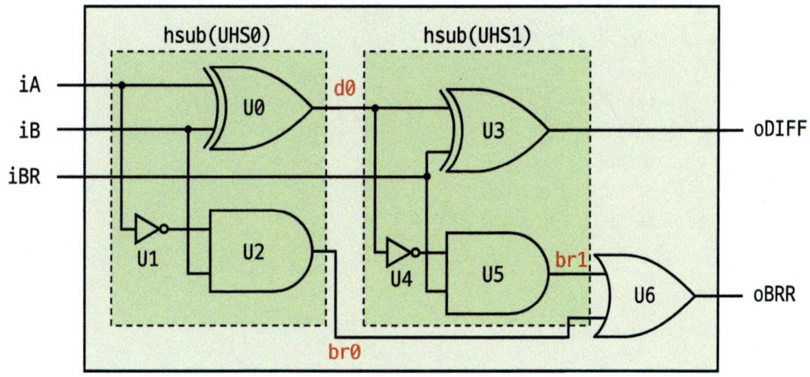

(b) 전감산기

그림 5-30 반감산기를 이용하여 구조적 방식으로 모델링한 1비트 전감산기

5.4 2의 보수 형식의 부호있는 4비트 입력 4개(iA, iB, iC, iD)를 입력받아 2비트 제어신호(iSEL)에 따라 선택된 입력의 4비트 크기(절댓값)를 출력하는 4×1 멀티플렉서를 조건연산자와 case 문을 사용하여 모델링하시오(iSEL = 0이면 |iA|, iSEL = 1이면 |iB|, iSEL = 2이면 |iC|, iSEL = 3이면 |iD| 출력).

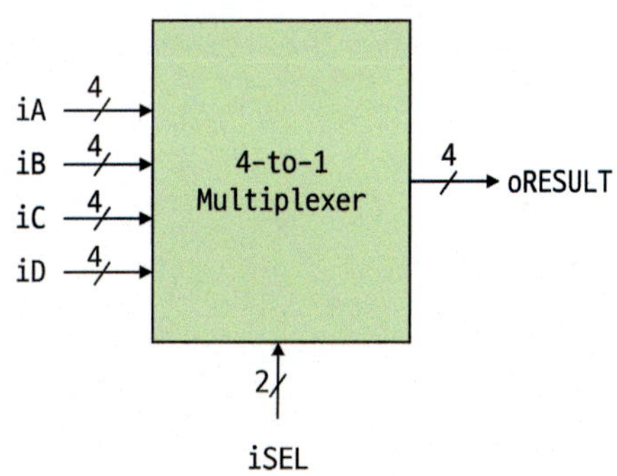

그림 5-31 선택된 입력의 절댓값을 출력하는 4×1 멀티플렉서

5.5 2의 보수 형식으로 표현되는 부호있는 4비트 두 입력(iA, iB)에 대해 명령어 제어신호(SEL)에 따라 부호있는 산술연산(덧셈, 곱셈, 뺄셈, 나눗셈)을 수행하고, 연산 결과를 8비트로 출력(oRESULT)하는 ALU는 다음과 같이 모델링할 수 있다.

```
01    // 부호있는 4비트 입력의 산술연산이 가능한 ALU
02
03    module    alu_4bit (iA, iB, iSEL, oRESULT);
04       input    signed [3:0] iA, iB;  // iA와 iB를 signed 입력으로 선언
05       input           [1:0] iSEL;    // 명령어 제어신호
06       output   signed [7:0] oRESULT; // oRESULT를 signed 입력으로 선언
07
08       localparam  ADD = 2'd0, SUB = 2'd1, MUL = 2'd2, DIV = 2'd3;
09
10       reg      [7:0] oRESULT;
11
12       always @ (iA or iB or iSEL) begin
13          case(iSEL)
14             ADD     :  oRESULT = iA + iB;
15             SUB     :  oRESULT = iA - iB;
16             MUL     :  oRESULT = iA * iB;
17             DIV     :  oRESULT = iA / iB;
18             default :  oRESULT = 8'b0000_0000;
19          endcase
20       end
21
22    endmodule
```

위 모듈 코드 12행～20행의 always 문으로 모델링한 4종류의 산술연산에서 signed iA, iB와 signed oRESULT와 같이 예약어 'signed' 를 사용한 부호 있는 입출력 선언을 하지 않고, 1장을 참고하여 음수 입력에 대해 2의 보수를 이용한 산술연산으로 다시 모델링하시오. (덧셈과 뺄셈 연산 시 입력신호를 4비트 부호비트 확장 후 연산을 수행)

5.6 다음은 4-to-2 인코더를 모델링한 Verilog 모듈 코드이다. 모듈 5-6a를 참고하여 4-to-2 인코더의 모듈 코드를 완성하시오.

```
module encoder_4to2 (iA, oY);
   input    [3:0] iA;
   output   [1:0] oY

   자료형 선언을 완성하시오.

   always @(*) begin
      case ( 이 부분을 완성하시오. )
         동작 부분을 완성하시오.
      endcase
   end

endmodule
```

5.7 Verilog를 사용하여 3자릿수 10진수를 나타내는 BCD 코드를 binary로 변환하는 BCD-binary 변환기를 모델링하시오(입력은 iBCD, 출력은 oBIN).

CHAPTER

06 순차회로 모델링

디지털 논리회로는 입력의 변화에 대한 출력 변화가 언제 나타나느냐에 따라 조합회로와 순차회로로 구분할 수 있다. 조합회로는 입력의 변화에 대해 바로 출력이 결정되는 데 반해 순차회로는 입력된 정보와 회로의 기억상태에 따라 출력이 결정된다. 따라서 조합회로의 구현을 위해서는 정보(상태)를 저장하는 소자가 필수적이지 않지만, 순차회로에서는 저장 소자가 반드시 요구된다. 이 장에서는 순차회로를 모델링하는 방법에 대해 알아본다. 디지털 시스템을 모델링할 때 공통적으로 요구되는 다양한 주제를 다룸으로써 복잡한 디지털 시스템의 모델링에서 필요한 기본적인 순차회로들을 모델링할 수 있다.

학습목표

- 모델링의 기본 단위인 모듈에 대해 이해한다.
- 대표적인 순차회로를 모델링할 수 있다.
- 유한상태머신에 대한 기본적인 개념을 이해한다.
- Mealy FSM과 Moore FSM의 차이를 이해한다.
- Mealy FSM과 Moore FSM을 모델링할 수 있다.

6.1 순차회로

순차회로(sequential circuit)는 시간의 흐름에 따라 상태가 변하며, 이 상태는 과거 상태와 현재 입력의 조합으로 결정된다. 따라서 순차회로는 기억소자(memory element)를 가지며, 기억소자에 저장되었던 과거의 입력과 상태를 기반으로 현재 입력에 의해 출력이 결정되는 디지털 회로이다. 순차회로는 상태 레지스터(status register), 카운터(counter), 타이머(timer) 등과 같이 메모리가 필요한 디지털 시스템을 모델링할 때 많이 사용된다.

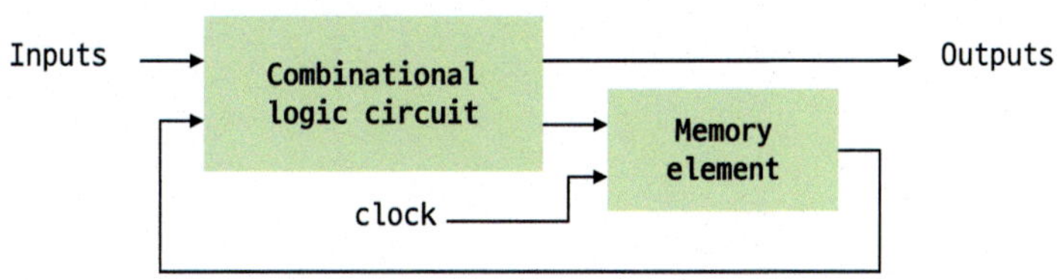

그림 6-1 순차회로의 기본 모델

6.1.1. 동기식 순차회로와 비동기식 순차회로

순차회로는 크게 동기식(synchronous)[1] 순차회로와 비동기식(asynchronous)[2] 순차회로가 있다. 동기식 순차회로는 클록(clock) 신호의 특정 시점에서 입력신호를 반영하여 클록의 주기(period)마다 회로의 동작을 수행한다. 즉, 클록의 지정된 시점이 주기적으로 반복될 때마다 회로가 동작하며 입출력, 저장, 데이터 처리 등의 작업을 수행한다. 반면, 비동기식 순차회로는 클록을 입력으로 사용하지만, 클록의 특정 시점과 상관없이 임의 시점에서 입력신호를 반영하여 회로가 동작한다. 따라서 동기식 순차회로는 명확한 시간 간격에 따라 출력이 변하지만, 비동기식 순차회로는 시간 간격과 관계없이 입력이 변화할 때 출력이 변한다.

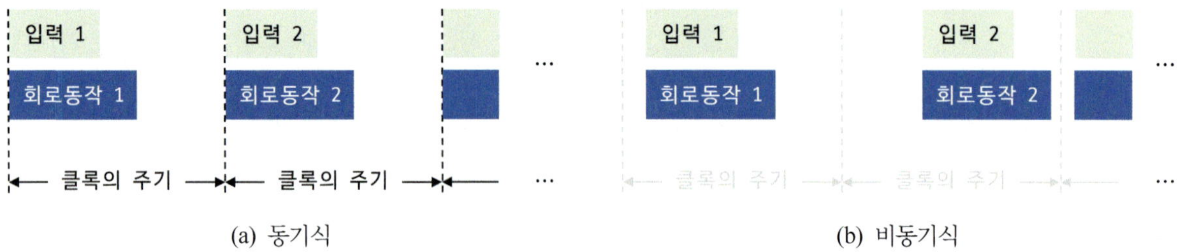

그림 6-2 동기식 순차회로와 비동기식 순차회로의 동작 비교

동기식 순차회로는 클록을 이용하여 상태 변화와 출력을 동기화하므로 회로의 동작을 예측하고 디버깅(debugging)하는 것이 쉽다. 그러나 클록 주기에 따라 처리 속도가 결정되므로 처리 속도가 느려질 수 있다. 이에 반해 비동기식 순차회로는 출력이 입력에 즉시 반응하므로 처리 속도가 빠르지만, 회로의 동작 예측과 디버깅이 어렵다는 단점이 있다. 대부분의 디지털 시스템은 동기식을 기본으로 하며, 비동기식은 입력 변화에 대해 빠른 반응이 우선적으로 요구될 때 사용된다. 이 장에서 설계하는 플립플롭(flip-flop), 시프트 레지스터(shift register), 카운터(counter), 주파수 분주기(frequency divider) 등의 회로는 클록 신호를 사용하는 동기식을 기본으로 한다.

6.1.2. 클록과 펄스

순차회로에서 필수적으로 사용하는 클록은 논리상태 High(1)와 Low(0)가 일정한 시간 간격, 즉 주기적으로 반복되는 구형파(square wave) 신호를 말한다. 클록의 주기(T)는 클록 신호의 값이 High(1)의 시작 시점에서 Low(0)의 끝 시점 또는 Low(0)의 시작 시점에서 High(1)의 끝 시점까지의 시간을 의미하며, 'T'로 표기하고 초(sec)를 기본 단위로 사용한다. 클록은 항상 일정한 주기를 가지므로 클록의 특정 시점에 디지털 회로의 입출력 및 데이터 처리 등의 동작을 시간적으로 일치(동기)시키거나 일정한 시간 간격으로 원하는 이벤트(event)[3]를 발생시키는 등의 시간 제어에 사용된다.

---

1) 동기식(synchronous)이란 이벤트나 프로세스가 정해진 시간에 맞춰서 발생하고, 실행 순서와 타이밍이 엄격히 정해져 있어 실행이 순차적으로 이루어지는 것을 말한다.

2) 비동기식(asynchronous)이란 이벤트나 프로세스가 시간적인 제약없이 독립적으로 발생하고, 실행 순서가 정해져 있지 않아 특정 이벤트의 완료를 기다리지 않고 다음 작업을 수행하는 것을 말한다.

3) 이벤트(event)란 신호(클록)의 상태가 변화하는 것을 말한다.

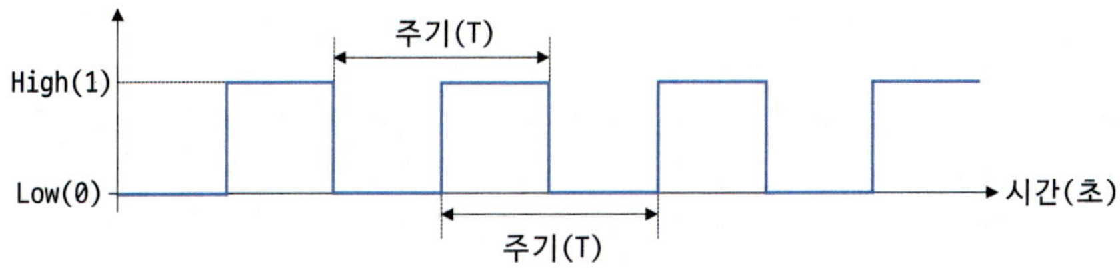

그림 6-3 클록 신호

먼저 클록에 대한 기본 개념인 레벨(level), 엣지(edge), 트리거(trigger)에 대한 이해가 필요하다. 클록의 안정적인 논리상태를 레벨(level)이라 하고, High(1) 레벨과 Low(0) 레벨이 있다. 레벨이 변화하는 시점을 엣지(edge)하고 하며, Low 레벨에서 High 레벨로 변화하는 시점을 상승엣지(rising edge or positive edge), 반대로 High 레벨에서 Low 레벨로 변화하는 시점을 하강엣지(falling edge or negative edge)라고 한다. 트리거(trigger)는 사전적으로 '방아쇠'라는 뜻으로, 변화를 유발하는 계기를 의미한다. 트리거와 엣지의 개념과 함께 사용하여 클록이 Low(0) 레벨에서 High(1) 레벨로 변화하는 이벤트를 상승엣지 트리거, 클록이 High(1) 레벨에서 Low(0) 레벨로 변화하는 이벤트를 하강엣지 트리거라고 한다.

(a) 상승엣지 (b) 하강엣지

그림 6-4 상승엣지와 하강엣지

- 레벨(level) : 디지털 신호의 안정적인 상태를 나타내며, 전압이나 신호의 값이 특정 임계치 이상일 경우 High 레벨, 이하일 경우 Low 레벨이라 한다. 이러한 레벨은 논리적인 값인 0과 1로 표현된다.
- 엣지(edge) : 디지털 신호의 레벨이 변경되는 시간적 지점을 말하며, 전압이나 신호의 값이 Low 레벨에서 High 레벨로 변할 때를 상승엣지, Low 레벨에서 High 레벨로 변할 때를 하강엣지라고 한다.
- 트리거(trigger) : 어떤 동작이나 이벤트를 발생시키는 신호의 특정 변화나 조건을 말한다.

펄스 신호(pulse signal)는 순간적으로 급격히 변화하여 짧은 시간 동안 지속되는 신호를 말하며, 클록은 주기적인 펄스 신호 중 하나이다. 펄스 신호에서 듀티 사이클(duty cycle)이라는 개념의 이해가 필요하다. 듀티(duty)는 사전적으로 의무, 임무 등의 의미로, 듀티 사이클은 펄스의 한 주기 동안 유효한 구간이 얼마나 되는지를 나타낸다. 즉, 펄스의 한 주기에 대해 High 레벨이 차지하는 시간적 비율을 말한다. 펄스 신호의 하나인 클록은 듀티 사이클이 항상 50%인 펄스이다.

- 듀티 사이클(duty cycle) : 주기적인 펄스 신호에서 한 주기 동안의 시간 중에 신호가 High 레벨을 유지하는 비율을 말하며, 백분율(%)로 나타낸다.

$$Duty\ Cycle(\%) = \frac{High\ Level\ 유지\ 시간}{High\ Level\ 유지\ 시간 + Low\ Level\ 유지\ 시간} \times 100$$

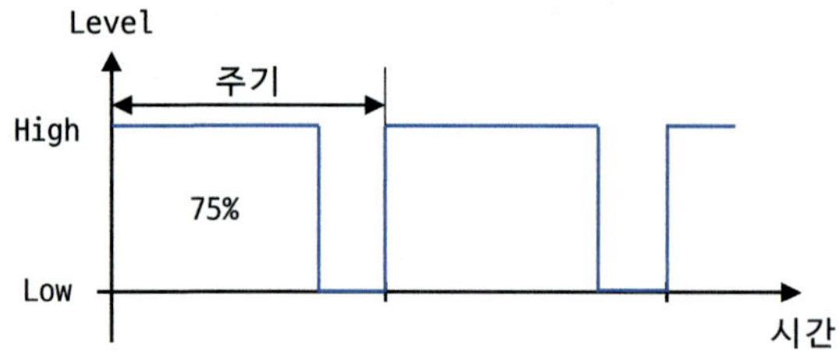

(a) Duty cycle = 75%

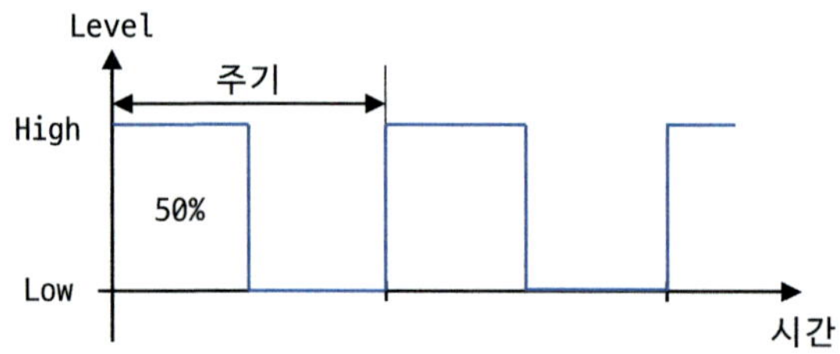

(b) Duty cycle = 50%

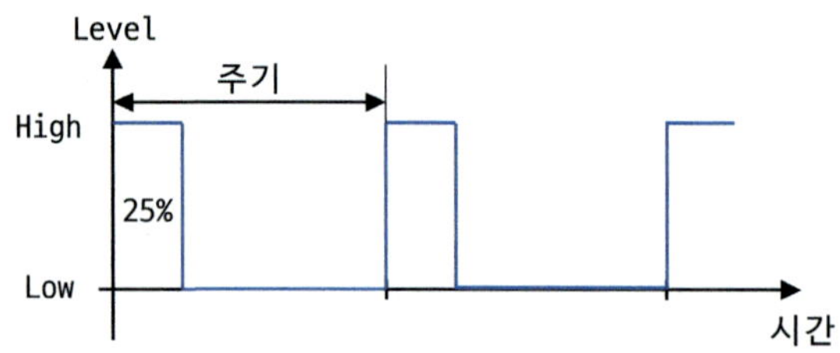

(c) Duty cycle = 25%

그림 6-5 펄스 신호의 듀티 사이클

6.2 래치와 플립플롭

플립플롭(Flip-Flop; FF)은 정보(상태)를 보관, 유지할 수 있는 회로로 시프트 레지스터(shift register)나 카운터(counter) 등과 같은 순차회로를 구성하는 기본 요소이다. 플립플롭의 종류는 D-FF, SR-FF, JK-FF, T-FF 등이 있으며, 이들 플립플롭은 기본적으로 SR 래치(latch)[4]의 변형이라고 할 수 있다. 그림 6-6은 NOR 게이트 또는 NAND 게이트로 구성된 기본적인 SR 래치 회로와 심볼이다. SR 래치의 입력 S(iS)는 셋(set) 동작, R(iR)은 리셋(reset) 동작을 위한 입력이다. 그림 6-6(a)는 NOR 게이트로 구성된 SR 래치 회로로 입력(iS 또는 iR)이 High(1)일 때 동작하는 Active-High[5] SR 래치이다. 반면, 그림 6-6(b)는 NAND 게이트로 구성된 SR 래치 회로로 입력이 Low(0)일 때 동작하는 Active-Low SR 래치이다. iSn, iRn, oQn은 iSn = $\overline{iS}$(= ~iS), iRn = $\overline{iR}$(= ~iR), oQn = $\overline{oQ}$(= ~oQ)와 같이 반전(inversion)된 신호를 의미한다.

4) 래치(latch)는 0 또는 1을 저장하는 회로의 기본적인 형태이다. 래치 회로는 그 자체로는 불안정한 동작을 하므로 일반적으로 플립플롭과 같이 변형된 형태로 사용된다.

5) Active-High란 디지털 시스템에서 특정한 동작이나 상태 변화가 신호의 레벨이 High일 때 활성화되는 것을 말한다. 반면, 신호의 레벨이 Low에서 활성화되는 것을 Active-Low라고 한다.

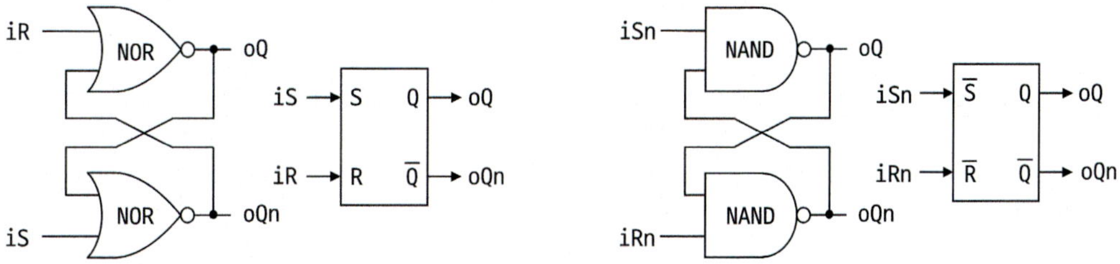

(a) Active-High SR-Latch (b) Active-Low SR-Latch

그림 6-6 기본적인 SR 래치

표 6-1 Active-High SR 래치의 진리표

입력		출력		상태
iS	iR	oQ	oQn	
0	0	oQ_b	oQn_b	hold
0	1	0	1	reset
1	0	1	0	set
1	1	undefined		not used

oQ_b : 이전 oQ의 값
oQn_b : 이전 oQn의 값

표 6-2 Active-Low SR 래치의 진리표

입력		출력		상태
iSn	iRn	oQ	oQn	
0	0	undefined		not used
0	1	1	0	set
1	0	0	1	reset
1	1	oQ_b	oQn_b	hold

oQ_b : 이전 oQ의 값
oQn_b : 이전 oQn의 값

SR 래치는 기본적으로 2개의 입력에 따라 oQ = 0 또는 1을 출력하는 회로로, 입력신호가 변할 때 즉시 출력이 변한다. 그림 6-6의 Active-High input SR 래치와 Active-Low input SR 래치는 각각 표 6.1과 표 6.2와 같이 동작한다. Active-High input SR 래치에서 입력 iS와 iR이 모두 High(1)일 경우, 그리고 Active-Low input SR 래치에서 입력 iSn과 iRn이 모두 Low(0)일 경우, 두 래치 모두 셋(set) 동작과 리셋(reset) 동작이 동시에 하게되므로 출력 oQ의 값을 결정할 수 없게 된다. 따라서 이러한 입력 조합은 금지된 상태로 사용해서는 안 된다

기본적인 SR 래치에 활성화 입력(enable input)을 추가하여, SR 래치가 동작하거나 동작하지 않도록 할 수 있다. 이러한 회로를 게이트형 래치(gated latch)라고 하며, 이때 게이트(gate)는 일종의 스위치 동작을 제어하는 활성화 입력신호(enable input signal)이다. 그림 6-7은 2개의 기본적인 게이트형 래치 회로이다. 그림 6-7(a)의 게이트형 SR 래치(gated SR-latch)는 Active-Low SR 래치에 NAND 게이트를 추가한 회로이다. 활성화 입력신호(iEN)가 iEN = 0이면 입력 iS와 iR의 상태와 상관없이 SR 래치에 iSn = 1과 iRn = 1이 입력되어, 표 6-2에서 이전 출력값을 유지하는 'hold' 동작을 한다. 반면, 활성화 신호(iEN)가 iEN = 1이면 표 6-2의 Active-Low SR-latch와 같은 동작을 한다. 그림 6-7(a)에서 그림 6-6(b)의 Active-Low SR 래치 대신 그림 6-6(a)의 Active-High SR 래치를 사용한다면 입력 쪽에 사용된 NAND 게이트 대신 NOR 게이트로 구성되며, SR 래치는 활성화 신호가 iEN = 1일 때 'hold' 동작을, iEN = 0일 때 Active-High SR 래치와 같은 동작을 한다.

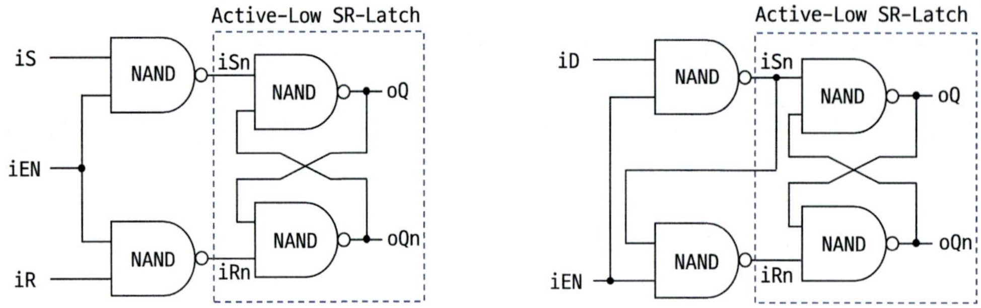

(a) 게이트형 SR 래치 (b) 게이트형 D 래치

그림 6-7 기본적인 게이트형 래치(gated latch)

게이트형 SR 래치 회로의 궁극적인 목적은 데이터값과 동작을 결정하는 활성화 신호에 따라 입력받은 데이터를 저장[6]하는 데 있다. 그러나 그림 6-7(a)의 게이트형 SR 래치의 입력신호는 3개의 입력(iS, iR, iEN)을 사용하므로 입력을 2개(활성화 신호 입력과 데이터 입력)로 줄이는 것이 필요하다. 이를 위해 그림 6-7(b)와 같이 구성한 회로를 게이트형 D 래치(gated D-latch)라고 한다. 그림 6-7(b)에서 활성화 신호가 iEN = 0이면 입력 데이터 iD에 상관없이 iSn($\overline{S}$) = 1, iRn($\overline{R}$) = 1이 되어 표 6-2에서 이전 값을 유지하는 'hold' 동작을 한다. 만약 활성화 신호가 iEN = 1이면, 입력 데이터가 iD = 1일 때 iSn = 0, iRn = 1이 되고, iD = 0일 때 iSn = 1, iRn = 0이 되므로 iSn과 iRn이 동시에 0인 사용할 수 없는 입력 조건을 피하면서 SR 래치의 데이터 저장 동작을 할 수 있게 된다. 표 6-3과 표 6-4는 게이트형 SR 래치와 게이트형 D 래치의 진리표이다.

표 6-3 게이트형 SR 래치의 진리표

입력			SR 래치 입력		출력		상태
iEN	iS	iR	iSn	iRn	oQ	oQn	
0	x	x	1	1	oQ_b	oQn_b	hold
1	0	0	1	1			
1	0	1	1	0	0	1	reset
1	1	0	0	1	1	0	set
1	1	1	0	0	undefined		not used

oQ_b : 이전 oQ의 값
oQn_b : 이전 oQn의 값
x : unknown or don't care

6) SR 래치(latch)의 셋(set) 동작을 통해 데이터 1을 저장하거나 리셋(reset) 동작을 통해 0을 저장한다.

표 6-4 게이트형 D 래치의 진리표

입력		SR 래치 입력		출력		상태
iEN	iD	iSn	iRn	oQ	oQn	
0	x	1	1	oQ_b	oQn_b	hold
1	0	1	0	0	1	reset
1	1	0	1	1	0	set

oQ_b : 이전 oQ의 값
oQn_b : 이전 oQn의 값
x : unknown or don't care

그림 6-7의 게이트형 래치는 활성화 신호(iEN)의 레벨(0 또는 1)에 따라 동작하므로 레벨 트리거 플립플롭(level triggered flip-flop)이라고도 한다. 게이트형 래치의 실제 구현을 위해서는 입력에 따른 출력의 갱신 시점을 특정하기 위해 레벨 트리거(level trigger) 방식을 엣지 트리거(edge trigger) 방식으로 개선하여 사용한다. 레벨 트리거 방식은 게이트형 래치에서 활성화 입력신호로 사용하는 클록 펄스의 레벨(0 또는 1)에 따라 동작한다. 반면, 엣지 트리거 방식은 클록 펄스가 0에서 1로 변하는 상승엣지나 1에서 0으로 변하는 하강엣지 중 하나의 엣지를 지정하여 지정된 특정 시점인 엣지에서만 동작한다. 플립플롭을 필요로 하는 회로를 구현하고자 할 때 레벨 트리거 방식보다 실용적인 엣지 트리거 방식의 플립플롭으로 모델링하는 것이 일반적이다. 또한 D-FF, SR-FF, JK-FF, T-FF 등의 여러 플립플롭 중 금지된 입력을 갖는 SR-FF은 사용하지 않으며, 최근 반도체 집적회로로 구현되는 디지털 시스템에서는 D-FF이 주로 사용된다.

6.2.1. D-플립플롭의 모듈

D-플립플롭(D-Flip Flop: D-FF)은 1비트 데이터를 저장하는 데 사용되는 기억소자로, D-FF에서 D는 데이터(Data) 또는 지연(Delay)을 의미한다. D-FF은 그림 6-7(b)의 게이트형 D 래치에서 활성화 입력(iEN)로 클록(clock) 펄스를 사용하며 클록의 특정 부분, 즉 클록이 0에서 1로 변하는 상승엣지(positive edge) 또는 1에서 0으로 변하는 하강엣지(negative edge)에서 입력 데이터(iD)를 출력신호(oQ)에 전달한다. 클록의 상승엣지 또는 하강엣지를 트리거링 시점(triggering point)이라고 하며, 트리거링 시점에서 전달된 출력신호의 값은 다음 트리거링 시점에서 새로운 입력신호 값에 의해 갱신될 때까지 유지(저장)된다. 그림 6-8은 클록의 상승엣지(positive edge)에서 동작하는 상승엣지 트리거[7] D-FF(positive edge triggered D-type flip-flop)의 심볼(symbol)과 회로도이다.

그림 6-8의 상승엣지 트리거 D-FF에서 iD(데이터)와 iCLK(클록), iPRESETn(프리셋, PRE), iCLEARn(시스템 클리어, CLRN)은 입력이며, oQ(출력)와 oQn(반전 출력, $\overline{oQ}$)은 출력이다. oQn은 oQ의 반전된 값(oQn = ~oQ)을 출력한다. D-FF은 클록의 상승엣지에서 트리거링 되며, 프리셋(PRE)[8] 및 시스템 클리어(CLRN)[9] 입력에서 '○' 표시는 프리셋 동작과 시스템 클리어 동작이 클록의 하강엣지에서 트리거링 되는 것을 나타낸다. 이처럼 클록의 단일 트리거링 시점에 동기되지 않는 동작을 비동기(asynchronous) 방식[10]의 프리셋 및 시스템 클리어라고 한다.

7) 클록의 상승엣지에서 동작하는 상승엣지 트리거 D-FF을 Active-High D-FF이라도 한다.

8) 프리셋(preset)은 미리 회로에 필요한 상태나 조건을 설정하는 것을 말하며, 일반적으로 회로 입력의 특정 값을 설정하는 동작을 의미한다.

9) 시스템 클리어(system clear)는 회로의 상태를 초기화 즉, 플립플롭의 저장된 정보를 삭제하여 초기화하는 것을 말하며, 일반적으로 회로의 모든 저장값을 초기화하는 리셋(reset) 동작을 의미한다.

10) 비동기식 프리셋 및 시스템 클리어 : D-FF의 데이터 저장 동작이 클록의 상승엣지에서 트리거링 되지만, 프리셋 및 시스템 클리어 동작은 클록의 하강엣지에서 트리거링되는 것을 말한다.

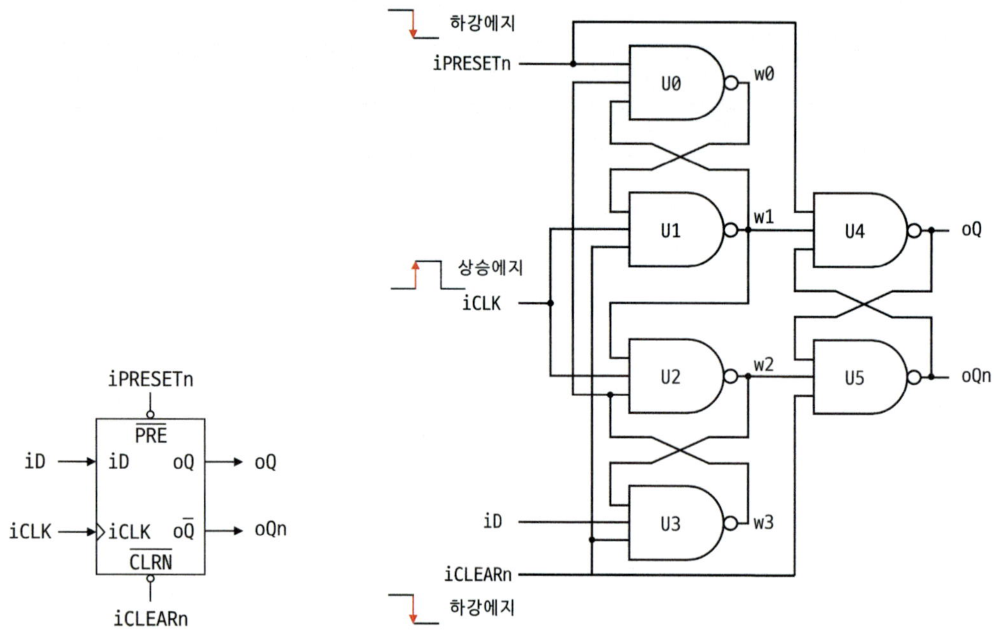

(a) 심볼　　　　　　　　　　　　(b) 회로도

그림 6-8 상승엣지 트리거 D-FF의 심볼과 회로도

그림 6-9는 상승엣지 트리거 D-FF의 타이밍도(timing digram)라 하며, D-FF의 입출력 값이 시간에 따라 어떻게 변하는지를 나타낸다. 타이밍도를 통해 D-FF의 동작을 정확히 이해할 수 있다.

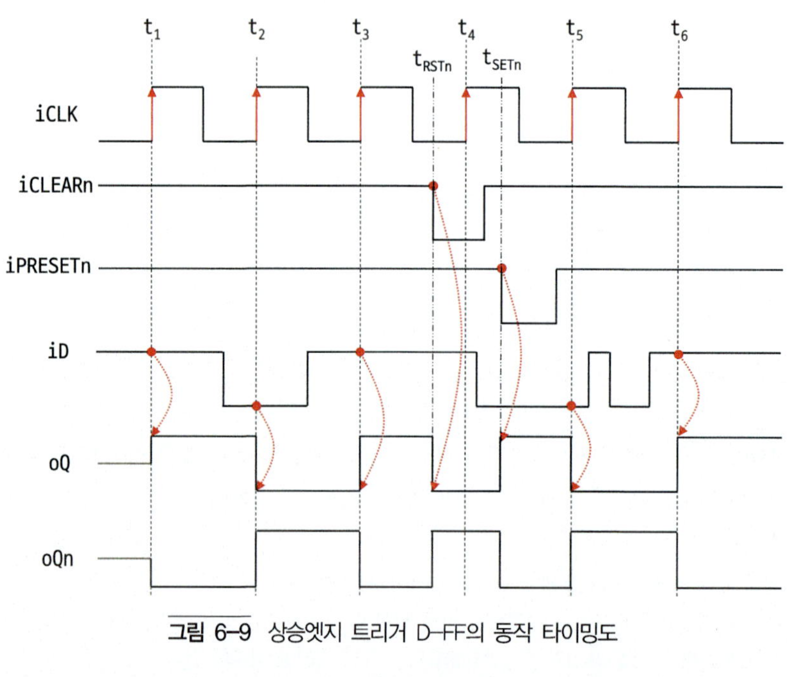

그림 6-9 상승엣지 트리거 D-FF의 동작 타이밍도

iCLK의 상승엣지인 t_1에서 입력(iD = 1)이 출력으로 전달되어 출력은 oQ = 1(oQn = 0)이 된다. t_1에서 전달된 출력 oQ = 1은 iCLK의 다음번 상승엣지인 t_2까지 유지된다. 그림 6-9에서 t_2 이전에 입력값이 iD = 1 → 0으로 바뀌었지만, 이전

출력 oQ = 1이 유지되며 입력의 변화는 무시된다. iCLK의 상승엣지인 t_2에서 입력 iD = 0이 출력에 전달되어 oQ = 0이 되고, 다음번 상승엣지인 t_3까지 출력값 oQ = 0은 유지된다. 이러한 동작은 상승엣지인 t_3에서도 반복되어 t_3 이후 출력은 oQ = 1이 된다. t_{RSTn}에서 iCLK의 하강엣지에서 동작하는 시스템 클리어(iCLEARn) 입력에 의해 출력은 oQ = 0으로 리셋된다. 상승엣지인 t_4에서 입력 iD = 1이 출력에 전달되어야 하지만 시스템 클리어 입력이 여전히 iCLEARn = 0이므로 D-FF은 시스템 클리어 동작에 의해 이전 출력 oQ = 0을 유지한다. t_{SETn}에서 iCLK의 하강엣지에 동작하는 프리셋 입력 iPRESETn = 0에 의해 출력은 oQ = 1으로 프리셋 된다. 상승엣지인 t_5에서 입력 iD = 0이 출력에 전달되어 출력 oQ = 0은 다음번 상승엣지까지 유지되며, 상승엣지인 t_5와 t_6사이의 입력 변화는 무시된다. 이후 나머지 시간에서도 이와 같은 동작을 한다. 표 6-5는 그림 6-8의 상승엣지 트리거 D-FF의 진리표이다.

표 6-5 상승엣지 트리거 D-FF의 진리표

입력				출력		상태
iCLK	iCLEARn	iPRESETn	iD	oQ	oQn	
x	0	1	x	0	1	system clear
x	1	0	x	1	0	preset
↑	1	1	0	0	1	reset[11)]
↑	1	1	1	1	0	set[12)]
↑ 이외	1	1	x	oQ_b	oQn_b	hold

oQ_b : 이전 oQ의 값
oQn_b : 이전 oQn의 값
x : unknown or don't care
iCLK = ↑ : iCLK의 상승엣지 트리거(positive edge trigger)

Quartus Prime에서 프로젝트 마법사를 실행하여 다음과 같이 프로젝트 생성하고, 그림 6-8의 상승엣지 트리거 D-FF을 모델링해보자.

- 프로젝트 디렉토리 : ./projects/ch6/ff/d_ff
- 프로젝트 이름 : d_ff(최상위 설계 엔터티의 이름은 d_ff로 자동 설정됨)
- 타겟 디바이스 설정 : 학습용 키트를 참고하여 설정, 없으면 임의로 설정해도 됨

❑ 게이트 프리미티브를 사용한 D-FF 모델링

모듈 6-2a는 그림 6-8(b)의 회로도를 참고하여 D-FF을 모델링한 모듈 코드로, 게이트 프리미티브를 사용하여 게이트 수준으로 모델링하였다.

11) 리셋(reset) 상태 : 리셋은 플립플롭에 0값을 저장하는 것을 말하며, 여러 개의 플립플롭을 사용하는 회로에서 iCLEARn($\overline{CLRN}$) 입력에 의해 모든 플립플롭을 초기화하는 것과 구분한다. 그러나 1개의 플립플롭만을 사용하는 회로에서 iCLEARn($\overline{CLRN}$) 입력에 의한 시스템 클리어 동작과 리셋 동작은 같다.

12) 셋(set) 상태 : 셋은 플립플롭에 값을 저장하는 것을 말하며, 여러 개의 플립플롭을 사용하는 회로에서 iPRESETn($\overline{PRE}$) 입력에 의해 각 플립플롭에 원하는 비트값을 설정하는 것과 구분한다. 리셋처럼 1개의 플립플롭만을 사용하는 회로에서는 iPRESETn($\overline{PRE}$) 입력에 의한 셋 동작은 같다.

입출력 포트 리스트 작성 시 새로운 코딩 스타일 적용

6장의 모듈 코드에서는 입출력 포트 리스트를 작성할 때, 이전 장에서 작성한 방식과 달리 각 포트 신호에 대한 기능을 주석문으로 작성하기에 편한 방식으로 표현하였다. 표현 방식을 다르게 보이지만 이전 장에서 작성한 표현과 같다.

모듈 6-2a

```
01   /* 게이트 프리미티브를 활용한 상승엣지 트리거 D-FF */
02
03   module d_ff (
04      iCLK,          // Active-High 클록(CLK)
05      iCLEARn,       // Active-Low 시스템 클리어(CLRN)
06      iPRESETn,      // Active-Low 프리셋(PRE)
07      iD,            // D-FF의 입력(D)
08      oQ,            // D-FF의 출력(Q)
09      oQn);          // D-FF의 반전 출력(Q)
10
11      input    iCLK, iCLEARn, iPRESETn;
12      input    iD;
13      output   oQ, oQn;
14
15      wire     w0, w1, w2, w3;       // 1비트 net형으로 생략 가능
16
17      // 게이트 프리미티브를 이용한 D-FF의 게이트 수준 모델링
18      nand  U0 (w0, iPRESETn, w3, w1);
19      nand  U1 (w1, w0, iCLK, iCLEARn);
20      nand  U2 (w2, w1, iCLK, w3);
21      nand  U3 (w3, w2, iD, iCLEARn);
22      nand  U4 (oQ, w1, oQn, iPRESETn);
23      nand  U5 (oQn, oQ, w2, iCLEARn);
24
25   endmodule
```

03행 ~ 09행 : 새로운 코딩 스타일을 적용한 입출력 포트 리스트를 작성으로 각 포트 신호에 대한 기능을 주석문으로 쉽게 표현할 수 있다.

15행 : w0 ~ w3은 내부 회로를 단순히 연결하는 신호이므로 wire로 선언한다. 여기에서는 1비트 net형이므로 wire 선언을 생략할 수 있다.

❑ always 문 내부에서 if 문과 논블록킹 할당문을 사용한 D-FF 모델링

모듈 6-2b는 표 6-5의 진리표를 참고하여 always 문 내부에서 if 문과 논블록킹 할당문(<=)을 이용하여 D-FF을 행위 수준으로 모델링한 모듈 코드이다.

모듈 6-2b

```
01   /* always 문 내부에서 if 문을 이용한 D-FF */
02
```

```
03   module d_ff (
04      iCLK,           // Active-High 클록(CLK)
05      iCLEARn,        // Active-Low 시스템 클리어(CLRN)
06      iPRESETn,       // Active-Low 프리셋(PRE)
07      iD,             // D-FF의 입력(D)
08      oQ,             // D-FF의 출력(Q)
09      oQn);           // D-FF의 반전 출력(Q̄)
10
11      input    iCLK, iCLEARn, iPRESETn;
12      input    iD;
13      output   oQ, oQn;
14
15      reg      oQ;         // always 문 내부의 왼쪽 할당 신호를 reg형으로 선언
16
17      assign   oQn = ~oQ;  // oQn는 always 문밖에서 assign문으로 할당됨
18
19      always @(posedge iCLK or negedge iCLEARn or negedge iPRESETn) begin
20         if (!iCLEARn)        // 시스템 클리어 동작
21            oQ  <= 0;         // 순차회로이므로 논블록킹 할당문 사용
22         else if (!iPRESETn) // 프리셋 동작
23            oQ  <= 1;         // 순차회로이므로 논블록킹 할당문 사용
24         else                 // 저장 동작
25            oQ  <= iD;        // 순차회로이므로 논블록킹 할당문 사용
26      end
27
28   endmodule
```

17행 : oQn은 출력 oQ의 반전 출력으로 always 문 외부에서 연속 할당문인 assign 문을 사용하여 oQ의 반전 값을 할당받는다. 만약 15행 이하의 모듈 코드를 아래와 같이 작성하여도 정상적으로 동작한다. 그러나 아래와 같이 always 문 내부에서 절차형 할당문(논블록킹 할당문)을 사용하여 oQn의 값을 할당받기 위해서는 oQn이 reg로 선언되어야 하며, reg로 선언된 oQn은 플립플롭(메모리)으로 합성되므로 이와 같은 모델링은 합성 관점에서 비효율적이기 때문에 피하는 것이 좋다.

```
reg       oQ, oQn;      // oQn을 reg형으로 추가 선언

always @(posedge iCLK or negedge iCLEARn or negedge iPRESETn) begin
   if(!iCLEARn) begin
      oQ  <= 0;
      oQn <= 0;         // 비효율적인 모델링
   end
   else if (!iPRESETn) begin
      oQ  <= 1;
      oQn <= 0;         // 비효율적인 모델링
   end
   else begin
      oQ  <= iD;
      oQn <= ~oQ;       // 비효율적인 모델링
   end
end
```

19행 : always 문의 sensitivity_list에는 iCLK, iCLEARn, iPRESETn을 포함시켜야 한다. 이때 iCLK는 상승엣지에서 동작하도록 'posedge iCLK'와 같이 작성되며, iCLEARn과 iPRESETn 신호는 비동기 방식, 즉 Active-Low(하강엣지)로 동작하도록 'negedge iCLEARn'과 'negedge iPRESETn'으로 작성한다. Verilog 설계 엔지니어들은 특별한 경우가 아니라면 클록(iCLK)의 상승엣지에서 입력신호(iD)의 값을 출력(oQ)에 전달(저장)하고, iCLEARn과 iPRESETn 신호의 하강엣지에서 비동기 방식으로 시스템 클리어와 프리셋 동작을 하도록 모델링한다.

20행 ~ 21행 : 19행의 이벤트 발생 조건인 iCLEARn 신호의 하강엣지에서, iCLEARn = 0이므로 D-FF은 시스템 클리어되어 출력은 oQ = 0이 된다.

22행 ~ 23행 : iCLEARn = 1이면, iPRESETn 신호의 하강엣지에서 이벤트가 발생한다. 이때 iPRESETn = 0이므로 D-FF은 프리셋 되어 출력은 oQ = 1이 된다.

24행 ~ 25행 : D-FF은 iCLK의 상승엣지에서 트리거 된다. 이때 iCLEARn = 1, iPRESETn = 1이면, 클록의 상승엣지마다 'oQ <= iD' 문장(논블록킹 할당문)이 실행되어 출력신호 oQ는 입력신호 iD의 값을 할당받는다.

6.2.2. D-FF의 테스트벤치와 시뮬레이션

D-FF을 모델링한 모듈 6-2a 또는 모듈 6-2b를 검증하기 위해 테스트벤치 6-2a를 작성하고, 시뮬레이션을 실행한 후 결과를 확인해보자.

테스트벤치 6-2a

```
/* D-FF의 테스트벤치 */
`timescale  1ns/10ps

module  tb_d_ff;
   reg       iCLK, iCLEARn, iPRESETn, iD;
   wire      oQ, oQn;

   d_ff U0 (
      .iCLK       (iCLK),
      .iCLEARn    (iCLEARn),
      .iPRESETn   (iPRESETn),
      .iD         (iD),
      .oQ         (oQ),
      .oQn        (oQn));

   initial begin
      iCLEARn = 1; iPRESETn = 1; iD = 0; #50;
      iCLEARn = 0; iPRESETn = 1; iD = 0; #30;    // system clear
      iCLEARn = 1; iPRESETn = 0; iD = 0; #30;    // preset
      iCLEARn = 1; iPRESETn = 1; iD = 0; #100;   // set and hold
      iCLEARn = 1; iPRESETn = 1; iD = 1; #100;   // set and hold
      iCLEARn = 1; iPRESETn = 1; iD = 0; #100;   // set and hold
      iCLEARn = 1; iPRESETn = 1; iD = 1; #100;   // set and hold
      iCLEARn = 1; iPRESETn = 1; iD = 0; #100;   // set and hold
      $stop;
   end
```

```
27
28      initial   iCLK = 0;
29
30      always    #50 iCLK = ~iCLK;
31
32    endmodule
```

16행 ~ 26행 : initial 문을 사용하여 검증 대상인 모듈 d_ff에 인가할 입력신호를 생성한다. #(지연시간)은 생성한 신호의 유지 시간을 의미한다. 25행의 '$stop'은 30행의 always 문이 지속해서 클록을 생성하므로 24행의 마지막 입력신호를 끝으로 시뮬레이션을 일시 중지(pause)하라는 시스템 태스크[13]이다.

28행 : initial 문을 사용하여 iCLK의 초기값을 0으로 설정한다.

30행 : 'always #(지연시간) iCLK = ~iCLK'는 지연시간 동안 이전 iCLK의 값을 유지한 후 iCLK를 반전(inverse)하는 것을 반복하라는 구문이다.

시뮬레이션 결과

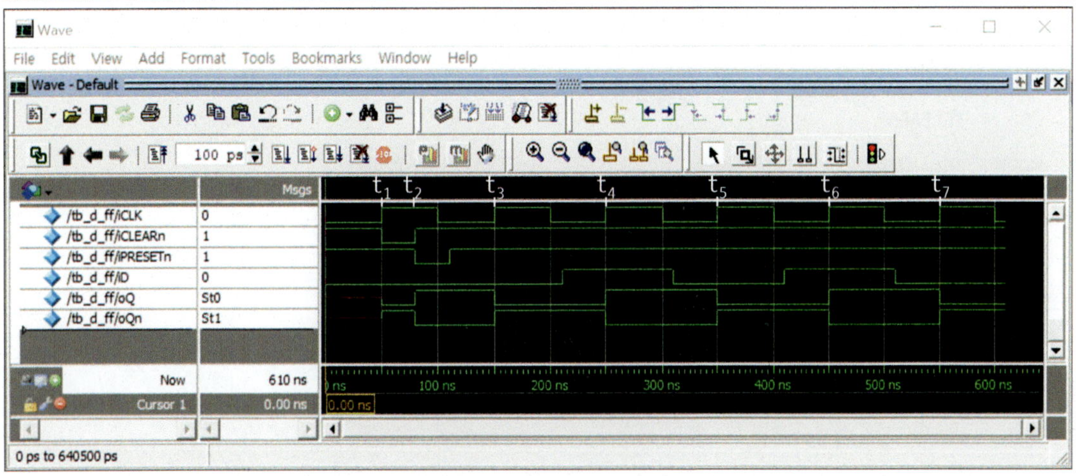

그림 6-10 D-FF의 시뮬레이션 결과

그림 6-10의 시뮬레이션 결과를 표 6-5의 D-FF 진리표와 비교해 보자. t_1과 t_2에서는 iCLK의 상승엣지와 상관없이, 비동기적으로 iCLEARn과 iPRESETn의 하강엣지에서 시스템 클리어 또는 프리셋 동작을 한다. $t_3 \sim t_6$에서는 iCLK의 상승엣지마다 표 6-5의 D-FF 진리표와 같이 입력 iD의 값이 출력 oQ에 전달되어 t_3에서 oQ = 0, t_4에서 oQ = 1, t_5에서 oQ = 0, t_6에서 oQ = 1, t_7에서 oQ = 0이 되며, iCLK의 상승엣지에서 입력으로부터 전달받은 출력값은 다음 번 상승엣지까지 유지(저장)되는 것을 확인할 수 있다.

6.2.3. JK-플립플롭의 모듈

JK-FF은 SR-FF에서 사용할 수 없는 입력(iS = 1, iR = 1)의 단점을 보완한 플립플롭이다. JK-FF은 다양한 방법으로 구성할 수 있는데 그림 6-11은 상승엣지 트리거 D-FF을 사용하여 구성한 상승엣지 트리거 JK-FF의 심볼과 회로도이다. 그림

13) 시스템 태스크(system task)에 대한 자세한 내용은 부록 3을 참고한다.

6-11(b)에서 수정된 데이터 선택회로(멀티플렉서)를 사용하여 출력 oQ와 oQn으로부터 입력 iJ와 iK의 피드백(feedback)을 올바르게 조정한다. JK-FF에서 'J'와 'K'는 JK-FF의 입력으로, J는 셋(set), K는 리셋(reset) 동작에 대한 명령으로 해석하여 플립플롭의 상태를 설정한다. 즉, iJ나 iK 중 하나가 1이 되면, 출력값은 입력값과 상관없이 새로운 상태를 가지게 되는데, iJ = 1이고 iK = 0이면 셋 상태가 되어 출력은 oQ = 1이 된다. 반대로 iJ = 0이고 iK = 1이면 리셋 상태로 전환되어 출력은 oQ = 0이 된다. 만약 iJ = 1이고 iK = 1이면 토글(toggle) 동작[14]을 하게 되어 출력은 oQ = ~oQn(이전 oQ값의 반전)이 된다. 이처럼 JK-FF은 SR-FF에서 사용할 수 없었던 2개의 입력(iS = 1, iR = 1)에 대응하는 입력 조건(iJ = 1, iK = 1)을 사용할 수 있도록 개선된 플립플롭이다.

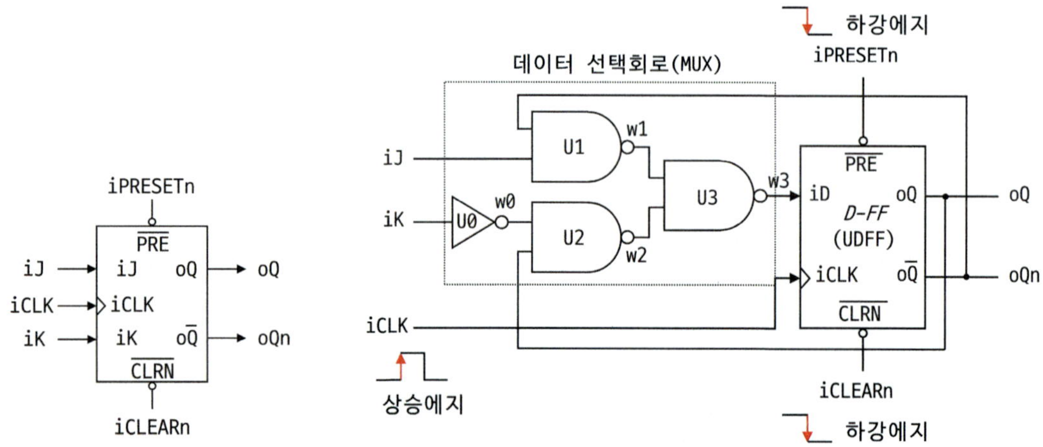

(a) 심볼 (b) 회로도

그림 6-11 상승엣지 트리거 JK-FF의 심볼과 회로도

표 6-6 상승엣지 트리거 JK-FF의 진리표

입력					출력		상태
iCLEARn	iPRESETn	iCLK	iJ	iK	oQ	oQn	
0	1	x	x	x	0	1	system clear
1	0	x	x	x	1	0	preset
1	1	↑	0	0	oQ_b	oQn_b	hold
1	1	↑	0	1	0	1	reset
1	1	↑	1	0	1	0	set
1	1	↑	1	1	oQn_b	oQ_b	toggle

oQ_b : 이전 oQ의 값
oQn_b : 이전 oQn의 값
x : unknown or don't care
iCLK = ↑ : iCLK의 상승엣지 트리거(positive edge trigger)

그림 6-11(b)의 회로도를 참고하여 게이트 수준(게이트 프리미티브 사용) 또는 데이터플로우 수준으로 모델링하거나 표 6-6의 진리표를 사용하여 JK-FF을 행위 수준으로 모델링할 수 있다. Quartus Prime에서 프로젝트 마법사를 사용하여 다

14) 토글(toggle) 동작이란 플립플롭의 상태가 셋(oQ = 1)과 리셋(oQ = 0)을 번갈아가며 변경되는 동작을 말한다.

음과 같이 프로젝트 생성하고, 그림 6-11의 JK-FF을 모델링해보자.

- 프로젝트 디렉토리 : ./projects/ch6/ff/jk_ff
- 프로젝트 이름 : jk_ff(최상위 설계 엔터티의 이름은 jk_ff로 자동 설정됨)
- 타겟 디바이스 설정 : 학습용 키트를 참고하여 설정, 없으면 임의로 설정해도 됨

❑ 게이트 프리미티브를 사용한 JK-FF 모델링

모듈 6-2c는 그림 6-11(b)의 회로도를 참고하여 JK-FF을 게이트 수준으로 모델링[15]한 모듈 코드이다.

모듈 6-2c

```
/* 게이트 프리미티브와 D-FF을 이용한 JK-FF */

module jk_ff (
   iCLK,          // Active-High 클록(CLK)
   iCLEARn,       // Active-Low 시스템 클리어(CLRN)
   iPRESETn,      // Active-Low 프리셋(PRE)
   iJ,            // JK-FF의 입력(J)
   iK,            // JK-FF의 입력(K)
   oQ,            // JK-FF의 출력(Q)
   oQn);          // JK-FF의 반전 출력(Q̄)

   input     iCLK, iCLEARn, iPRESETn;
   input     iJ, iK;
   output    oQ, oQn;

   wire      w0, w1, w2, w3;      // 1비트 net형으로 생략 가능

   not   U0  (w0, iK);
   nand  U1  (w1, oQn, iJ);
   nand  U2  (w2, w0, oQ);
   nand  U3  (w3, w1, w2);

   d_ff  UDFF (         // 모듈 6-2a 또는 모듈 6-2b를 인스턴스화
      .iCLK       (iCLK),
      .iCLEARn    (iCLEARn),
      .iPRESETn   (iPRESETn),
      .iD         (w3),
      .oQ         (oQ),
      .oQn        (oQn));

endmodule
```

15) 게이트 수준 모델링은 구조적 모델링의 한 방법이다.

❑ always 문 내부에서 if 문과 논블록킹 할당문을 사용한 JK-FF의 모델링

모듈 6-2d는 표 6-3의 진리표를 참고하여 always 문 내부에서 if 문과 case 문을 이용하여 JK-FF을 행위 수준으로 모델링한 모듈 코드이다.

모듈 6-2d

```
01   /* always 문 내부에서 if 문과 case 문을 이용한 JK-FF */
02
03   module jk_ff (
04      iCLK,          // Active-High 클록(CLK)
05      iCLEARn,       // Active-Low 시스템 클리어(CLRN)
06      iPRESETn,      // Active-Low 프리셋(PRE)
07      iJ,            // JK-FF의 입력(J)
08      iK,            // JK-FF의 입력(K)
09      oQ,            // JK-FF의 출력(Q)
10      oQn);          // JK-FF의 반전 출력(Q)
11
12      input     iCLK, iCLEARn, iPRESETn;
13      input     iJ, iK;
14      output    oQ, oQn;
15
16      reg       oQ;
17
18      assign    oQn = ~oQ;
19
20      always @(posedge iCLK or negedge iCLEARn or negedge iPRESETn) begin
21         if(!iCLEARn)                  // 시스템 클리어 동작
22            oQ <= 0;
23         else if (!iPRESETn)           // 프리셋 동작
24            oQ <= 1;
25         else
26            case({iJ, iK})
27               2'b00   : oQ <= oQ;     // hold    : iJ = 0, iK = 0
28               2'b01   : oQ <= 1'b0;   // reset   : iJ = 0, iK = 1
29               2'b10   : oQ <= 1'b1;   // set     : iJ = 1, iK = 0
30               2'b11   : oQ <= oQn;    // toggle  : iJ = 1, iK = 1
31               default : oQ <= 1'bz;   // 불필요한 회로 생성 방지
32            endcase
33      end
34
35   endmodule
```

30행 : SR-FF에서 사용할 수 없었던 입력 조건(iS = 1, iR = 1)을 개선하여, 입력 iJ = 1, iK = 1일 때 출력 oQ의 반전 값인 oQn(= ~oQ)을 할당받는다.

6.2.4. JK-FF의 테스트벤치와 시뮬레이션

클록의 상승엣지 트리거 JK-FF을 모델링한 모듈 6-2c 또는 모듈 6-2d를 검증하기 위해 테스트벤치 6-2b를 작성하고, 시뮬레이션을 실행한 후 결과를 확인해보자.

테스트벤치 6-2b

```
/* JK-FF의 테스트벤치 */
`timescale  1ns/10ps

module  tb_jk_ff;
   reg    iCLK, iCLEARn, iPRESETn, iJ, iK;
   wire   oQ, oQn;

   jk_ff UDFF (
      .iCLK       (iCLK),
      .iCLEARn    (iCLEARn),
      .iPRESETn   (iPRESETn),
      .iJ         (iJ),
      .iK         (iK),
      .oQ         (oQ),
      .oQn        (oQn));

   initial begin
      iCLEARn = 1; iPRESETn = 1; iJ = 0; iK = 0; #50;
      iCLEARn = 0; iPRESETn = 1; iJ = 0; iK = 0; #30;    // system reset
      iCLEARn = 1; iPRESETn = 0; iJ = 0; iK = 0; #30;    // preset
      iCLEARn = 1; iPRESETn = 1; iJ = 0; iK = 1; #100;   // reset
      iCLEARn = 1; iPRESETn = 1; iJ = 0; iK = 0; #100;   // hold
      iCLEARn = 1; iPRESETn = 1; iJ = 1; iK = 0; #100;   // set
      iCLEARn = 1; iPRESETn = 1; iJ = 0; iK = 0; #100;   // hold
      iCLEARn = 1; iPRESETn = 1; iJ = 0; iK = 1; #100;   // reset
      iCLEARn = 1; iPRESETn = 1; iJ = 0; iK = 0; #100;   // hold
      iCLEARn = 1; iPRESETn = 1; iJ = 1; iK = 1; #200;   // toggle
      $stop;
   end

   initial   iCLK = 0;

   always    #50 iCLK = ~iCLK;

endmodule
```

JK-FF은 SR-FF에서 사용할 수 없는 입력 조건을 개선한 것이므로 그림 6-12의 시뮬레이션 결과에서 $t_1 \sim t_8$까지는 SR-FF의 동작과 같다. 그러나 $t_9 \sim t_{10}$에서는 SR-FF의 사용할 수 없는 입력을 개선한 JK-FF의 토글 동작을 한다. 예를 들어 t_9에서 출력 oQ는 t_8에서의 oQ값이 반전(output inversion)되어 $oQ_{t9} = oQn_{t8}$이 출력되며, $oQ_{t10} = oQn_{t9}$가 출력되는 것을 확인할 수 있다.

시뮬레이션 결과

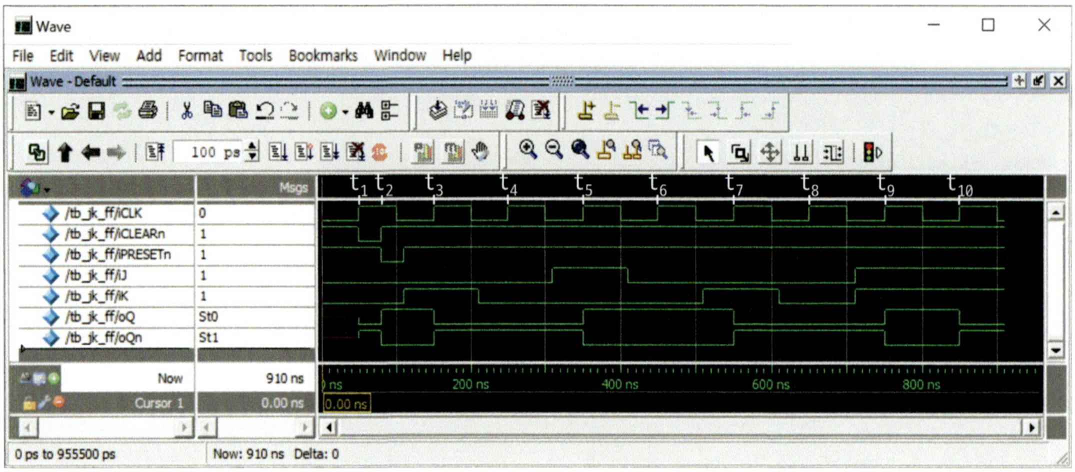

그림 6-12 JK-FF의 시뮬레이션 결과

6.3 시프트 레지스터

시프트 레지스터(shift register)는 여러 개의 플립플롭이 직렬로 연결된 구조의 직병렬 입출력을 갖는 디지털 회로다. 기본적으로 직렬 입력-직렬 출력(SISO), 직렬 입력-병렬 출력(SIPO), 병렬 입력-직렬 출력(PISO), 병렬 입력-병렬 출력(PIPO)과 같이 4가지 유형[16]과 시프트 방향에 따라 왼쪽 시프트, 오른쪽 시프트, 양방향 시프트로 구분된다. 그림 6-13의 시프트 레지스터는 통신 시스템에서 병렬 데이터를 직렬 데이터로 변환하는 버퍼(buffer) 회로, 디지털 도어락(digital door lock)이나 디지털 금고에서 비밀번호를 입력받을 때 임시로 비밀번호를 저장하는 데이터 저장 회로, 디지털 필터에서 시간 지연회로, 난수 발생을 위한 선형 되먹임 시프트 레지스터(LFSR: Linear Feedback Shift Register) 회로 등 다양한 응용 분야에서 활용된다.

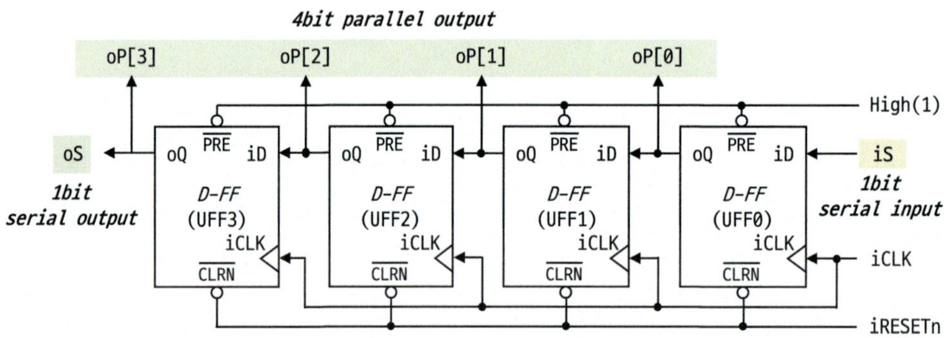

(a) SISO 및 SIPO

16) 시프트 레지스터의 4가지 유형 : SISO(Serial Input Serial Output), SIPO(Serial Input Parallel Output), PISO(Parallel Input Serial Output), PIPO(Parallel Input Parallel Output)

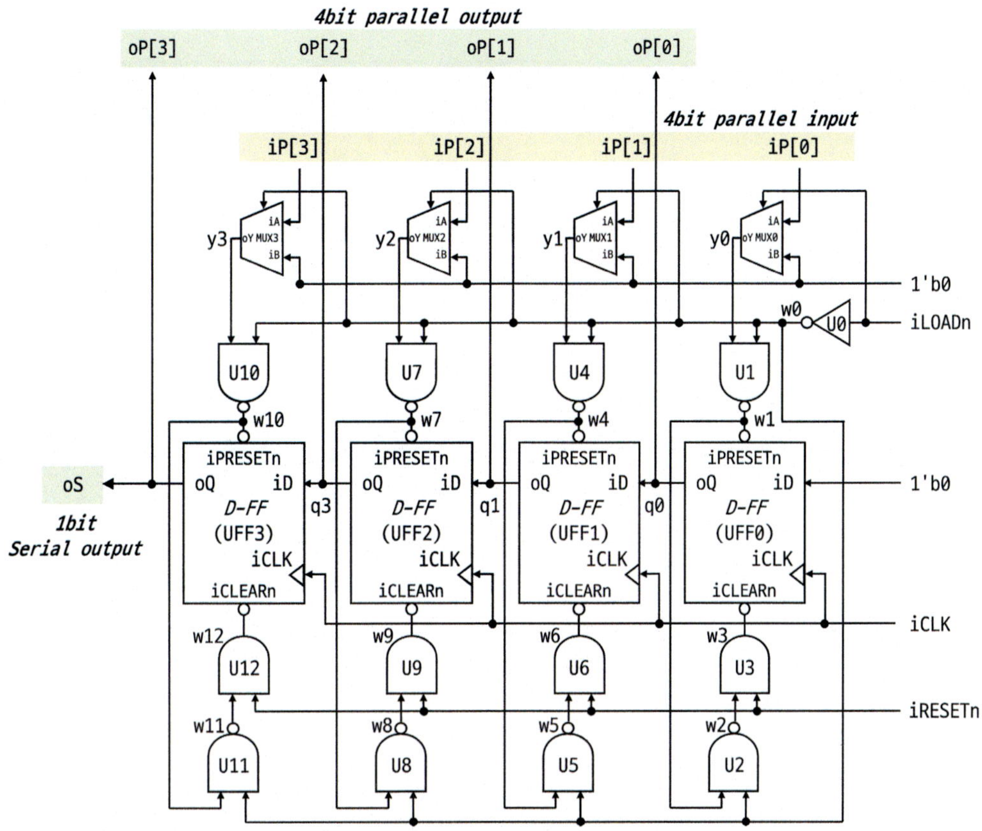

(b) PISO 및 PIPO

그림 6-13 4비트 시프트 레지스터(왼쪽 시프트)

6.3.1. 4비트 SIPO 시프트 레지스터의 모듈

그림 6-13(a)는 직렬 입력-직렬 출력(SISO) 또는 직렬 입력-병렬 출력(SIPO)이 가능한 4비트 시프트 레지스터이다. 시프트 레지스터의 출력으로 최상위 FF(UFF3)의 출력(oQ)만을 사용하면 SISO, 모든 FF의 출력(oQ)을 사용하면 SIPO가 된다. 직렬 입력-병렬 출력(SIPO) 시프트 레지스터를 기준으로 설명하면, Active-Low 리셋[17] 기능을 위한 iRESETn은 클록의 상승엣지에 동기되지 않은 비동기식 리셋(asynchronous reset) 신호이다. 일반적으로 리셋 기능은 주로 Active-Low 비동기식으로 모델링하지만, 클록의 상승엣지에서 동작하도록 동기식(synchronous)으로 모델링할 수도 있다. iRESETn 신호의 하강엣지에서 클록과 상관없이 4개의 D-FF에 저장되어 있던 데이터는 모두 리셋 되어 4비트 병렬 출력은 oP = 4'b0000이 된다. 반면, iRESETn = 1이면, 클록의 상승엣지마다 시프트 레지스터는 시프트 동작을 수행한다. 시프트 레지스터의 최하위 비트(LSB; Least Significant Bit)에 해당하는 D-FF(UFF0)을 제외한 나머지 D-FF에 저장된 데이터는 출력(oQ)과 연결된 상위 비트에 해당하는 D-FF의 입력(iD)에 전달된다. 즉, 하위 비트 데이터가 상위 비트로 1비트씩 이동한다. 이때 시프트 레지스터의 LSB인 D-FF(UFF0)의 입력(iD)에는 1비트 직렬 입력인 iS가 인가된다. 시프트 레지스터의 출력은 각 D-FF의 출력(oQ)으로 구성되는 4비트 병렬 출력인 [3:0] oP이다. 표 6-7은 4비트 SIPO 시프트 레지스터의 진리표이다.

17) 리셋(reset) : 일반적으로 회로의 시스템 클리어(system clear) 기능을 리셋(reset)으로 표현한다.

표 6-7 4비트 SIPO 시프트 레지스터의 진리표

입력			출력				동작
iCLK	iRESETn	iS	oP[3]	oP[2]	oP[1]	oP[0]	
x	↓	x	0	0	0	0	reset
↑	1	x	$oQ2_b$	$oQ1_b$	$oQ0_b$	iS	left shift

iCLK = ↑ : iCLK의 상승엣지 트리거(positive edge trigger)
iRESETn = ↓ : iRESETn의 하강엣지 트리거(negative edge trigger)
x : unknown or don't care
oQ_b : 이전 oQ의 값

그림 6-13(a)의 4비트 SIPO 시프트 레지스터는 구조적 방법으로 모델링할 수 있다. 또한 always 문 내부에서 조건연산자와 결합연산자를 사용하거나 if 문과 시프트 논리연산자를 사용하여 행위 수준으로 모델링할 수 있다. Quartus Prime에서 프로젝트 마법사를 사용하여 다음과 같이 프로젝트 생성하고, 4비트 SIPO 시프트 레지스터를 모델링해보자.

- 프로젝트 디렉토리 : ./projects/ch6/shift_reg/sipo
- 프로젝트 이름 : sipo(최상위 설계 엔터티의 이름은 sipo로 자동 설정됨)
- 타겟 디바이스 설정 : 학습용 키트를 참고하여 설정, 없으면 임의로 설정해도 됨

❑ 구조적 방법을 사용한 SIPO 시프트 레지스터의 모델링

모듈 6-3a는 앞서 D-FF을 모델링한 모듈 6-2a 또는 모듈 6-2b를 사용하여 그림 6-13(a)의 4비트 SIPO 시프트 레지스터 회로를 계층적 구조로 모델링한 모듈 코드이다.

모듈 6-3a

```
/* D-FF을 이용한 4비트 SIPO 시프트 레지스터 */

module sipo (
   iCLK,          // 클록, Active-High
   iRESETn,       // 리셋, Active-Low
   iS,            // 1비트 직렬 입력
   oP);           // 4비트 병렬 출력

   input          iCLK, iRESETn;
   input          iS;                 // 직렬 입력 데이터
   output   [3:0] oP;                 // 4bit 병렬 출력

   d_ff UFF0 (
      .iCLK       (iCLK),
      .iCLEARn    (iRESETn),
      .iPRESETn   (1'b1),
      .iD         (iS),
      .oQ         (oP[0]));

   d_ff UFF1 (
      .iCLK       (iCLK),
```

```
22          .iCLEARn    (iRESETn),
23          .iPRESETn   (1'b1),
24          .iD         (oP[0]),
25          .oQ         (oP[1]));
26
27       d_ff UFF2 (
28          .iCLK       (iCLK),
29          .iCLEARn    (iRESETn),
30          .iPRESETn   (1'b1),
31          .iD         (oP[1]),
32          .oQ         (oP[2]));
33
34       d_ff UFF3 (
35          .iCLK       (iCLK),
36          .iCLEARn    (iRESETn),
37          .iPRESETn   (1'b1),
38          .iD         (oP[2]),
39          .oQ         (oP[3]));
40
41    endmodule
```

13행 ~ 39행 : 사전에 모델링한 D-FF을 하위모듈(d_ff)로 인스턴스화하고 이름에 의한 포트 맵핑을 사용하여 해당 입출력 신호를 서로 연결한다. 만약 하위모듈인 D-FF을 데이터플로우 수준으로 모델링한 모듈 6-2a 또는 모듈 6-2b를 사용할 때 16행, 23행, 30행, 37행과 같이 iPRESETn = 1'b1으로 처리해야 하는 것에 주의해야 한다.

❑ 조건연산자를 사용한 SIPO 시프트 레지스터의 모델링

모듈 6-3b는 조건연산자와 결합연산자를 사용하여 그림 6-13(a)의 4비트 SIPO 시프트 레지스터를 모델링한 모듈 코드이다.

모듈 6-3b

```
/* 조건연산자와 결합연산자를 이용한 4비트 SIPO 시프트 레지스터 */

module sipo (
   iCLK,            // 클록, Active-High
   iRESETn,         // 리셋, Active-Low
   iS,              // 1비트 직렬 입력
   oP);             // 4비트 병렬 출력

   input            iCLK, iRESETn;
   input            iS;    // 직렬 입력 데이터
   output   [3:0] oP;    // 4bit 병렬 출력

   reg      [3:0] p_out;  // always 문 내부의 왼쪽 신호이므로 reg형으로 선언

   assign   oP = p_out;    // 출력포트 신호 oP에 p_out의 값을 할당

   always @(posedge iCLK or negedge iRESETn) begin
      p_out  <=  (!iRESETn) ? 4'b0 : {p_out, iS};
   end
```

```
20
21      endmodule
```

18행 : 조건연산자와 결합연산자를 사용하여 1비트 왼쪽 시프트를 구현한다. 조건연산자에 의해 iRESETn의 하강엣지(iRESETn = 0)에서 조건연산자의 조건식(!iRESETn)은 참(true)이므로 각 플립플롭은 리셋(system clear)되어 4비트 p_out = 4'b0이 된다. iRESETn = 1이면 클록의 상승엣지마다 조건식(!iRESETn)이 거짓이므로 4비트 p_out에 {p_out, iS}이 할당된다. 이때 할당되는 값({p_out, iS} = {p_out[3], p_out[2], p_out[1], p_out[0], iS})의 비트 수는 5비트이므로 p_out의 비트 수인 4비트보다 크기 때문에 {p_out, iS}의 최상위 비트(MSB)인 p_out[3]는 버려진다. 즉, 18행에서 p_out = {p_out[2], p_out[1], p_out[0], iS}이 할당된다.

❑ if 문을 사용한 SIPO 시프트 레지스터의 모델링

그림 6-13(a)의 4비트 SIPO 시프트 레지스터는 조건연산자 대신 if 문을 사용하고, 결합연산자 대신 시프트 논리연산자를 사용하여 모듈 6-3c와 같이 모델링할 수도 있다.

모듈 6-3c

```
01    /* if 문과 시프트 논리연산자를 이용한 4비트 시프트 레지스터 */
02
03    module sipo (
04       iCLK,          // 클록, Active-High
05       iRESETn,       // 리셋, Active-Low
06       iS,            // 1비트 직렬 입력
07       oP);           // 4비트 병렬 출력
08
09       input          iCLK, iRESETn;
10       input          iS;   // 직렬 입력 데이터
11       output   [3:0] oP;   // 4bit 병렬 출력
12
13       reg      [3:0] p_out;  // always 문 내부의 왼쪽 신호이므로 reg형으로 선언
14
15       assign   oP = p_out;
16
17       always @(posedge iCLK or negedge iRESETn) begin
18          if (!iRESETn)
19             p_out <= 4'b0;
20          else begin
21             p_out <= (p_out << 1);
22             p_out[0] <= iS;
23          end
24       end
25
26    endmodule
```

21행 ~ 22행 : 시프트 연산자를 사용하여 4비트 p_out을 왼쪽으로 1비트 시프트 한 결과를 p_out에 할당하는 동작과 p_out의 LSB, 즉 p_out[0]에 1비트 직렬 입력 iS를 할당하는 동작이 논블록킹 할당문(<=)에 의해 한 번에 실행된다.

6.3.2. 4비트 SIPO 시프트 레지스터의 테스트벤치와 시뮬레이션

모듈 6-3a ~ 모듈 6-3c를 검증하기 위해 테스트벤치 6-3a를 작성하고, 시뮬레이션을 실행한 후 결과를 확인해보자.

테스트벤치 6-3a

```
/* 4비트 SIPO 시프트 레지스터의 시뮬레이션을 위한 테스트벤치 */

`timescale  1ns/10ps

module  tb_sipo;
   reg          iCLK, iRESETn;
   reg          iS;
   wire   [3:0] oP;

   // 검증할 모듈(DUT)을 이름에 의한 포트 맵핑 방법으로 인스턴스화
   sipo U0 (
      .iCLK      (iCLK),
      .iRESETn   (iRESETn),
      .iS        (iS),
      .oP        (oP));

   // 입력 신호 생성
   initial begin
      iCLK = 0;
      iRESETn = 1; iS = 1'b0; #100;
      iRESETn = 0; iS = 1'b0; #30;   // Avtive-Low reset
      iRESETn = 1; iS = 1'b0; #100;  // 1bit left shift
      iRESETn = 1; iS = 1'b0; #100;  // 1bit left shift
      iRESETn = 1; iS = 1'b1; #100;  // 1bit left shift
      iRESETn = 1; iS = 1'b0; #100;  // 1bit left shift
      iRESETn = 1; iS = 1'b0; #100;  // 1bit left shift
      iRESETn = 1; iS = 1'b1; #100;  // 1bit left shift
      $stop;
   end

   always   #50 iCLK = ~iCLK;

endmodule
```

그림 6-14는 4비트 SIPO 시프트 레지스터를 모델링한 모듈 6-3a ~ 모듈 6-3c에 대한 시뮬레이션 결과이다. t_1에서 LSB에 해당하는 D-FF에는 iS = 0이 인가되어 0이 저장되어 있지만, 나머지 D-FF에는 초기에 아무런 데이터도 저장되어 있지 않았으므로 oP = 4'bxxx0을 출력한다. t_2에서 iRESETn = 0이 인가되어 클록의 상승엣지와 상관없이 iRESETn의 하강엣지에서 시프트 레지스터는 리셋되어 모든 D-FF에는 0이 저장되어 4비트 병렬 출력은 oP = 4'b0000이 된다. t_3 ~ t_8 동안 iRESETn = 1이므로 클록의 상승엣지마다 시프트 레지스터를 구성하는 D-FF에 저장된 값은 상위 비트 쪽으로 1비트씩 시프트되며, LSB에 해당하는 D-FF(UFF0)의 출력 oP[0]에는 1비트 직렬 입력 iS의 값이 할당된다. SIPO 레지스터의 출력은 4비트 병렬 출력 oP로, 클록의 상승엣지가 될 때마다 1비트씩 하위 비트의 값이 상위 비트로 시프트 한 결과를 출력한다. 이러한 결과는 표 6-7의 진리표와 일치하기 때문에 모듈 6-3a ~ 모듈 6-3c가 그림 6-13(a)의 4비트 SIPO 시프트

레지스터를 오류 없이 모델링했음을 알 수 있다.

시뮬레이션 결과

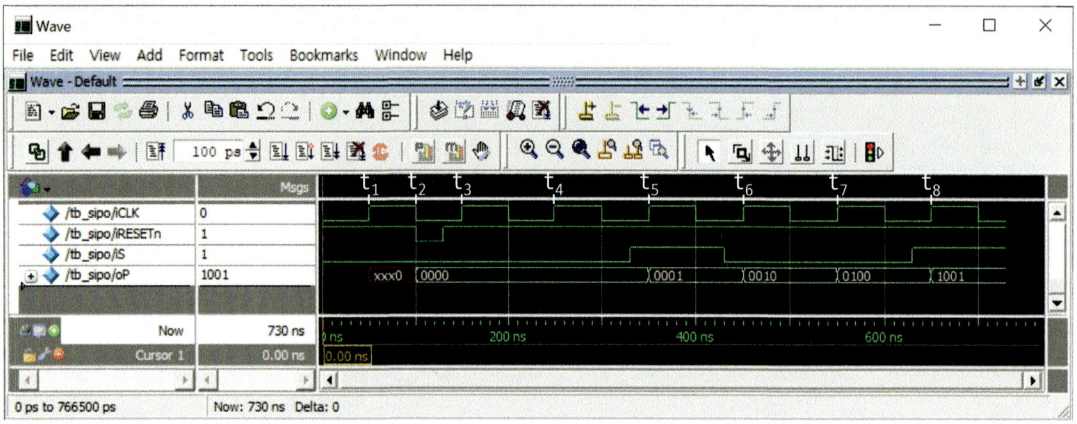

그림 6-14 4비트 SIPO 시프트 레지스터의 시뮬레이션 결과

6.3.3. 4비트 PISO 시프트 레지스터의 모듈

그림 6-13(b)는 병렬 입력-직렬 출력(PISO)이 가능한 4비트 시프트 레지스터이다. iRESETn와 iLOADn 입력은 각각 클록의 상승엣지에 동기 되지 않은 비동기식 리셋(asynchronous reset)과 로드(load)[18] 기능을 위해 사용한다. iRESETn = 0일 때 각 D-FF은 시스템 클리어(system clear) 동작을 수행하며, SIPO의 리셋(reset) 동작과 같다. iLOADn 신호의 값에 따라 D-FF의 입력은 달라진다. iRESETn = 1이고 iLOADn = 0이면, 비동기 방식의 로드 기능이 활성화되어 멀티플렉서(MUX)를 통해 4비트 병렬 입력(iP)의 각 비트값은 해당 비트 위치의 D-FF에 입력으로 인가된다. iRESETn = 1이고 iLOADn = 1이면, 클록의 상승엣지가 될 때마다 시프트 레지스터를 구성하는 각 D-FF에 저장된 데이터는 출력(oQ)과 연결된 멀티플렉서를 통해 상위 비트에 해당하는 D-FF의 입력(iD)에 인가된다. 즉, 하위 비트 데이터가 상위 비트로 1비트씩 이동한다. 이와 동시에 레지스터의 LSB에 해당하는 D-FF(UFF0)의 입력 iD에 1'b0이 인가된다. 이때 시프트 레지스터의 출력은 1비트 직렬 출력(oS)으로 MSB에 해당하는 D-FF(UFF3)에 저장된 값(oQ)이다. oS, 즉 D-FF(UFF3)에 저장된 값(oQ)은 시프트 전 하위 비트 D-FF(UFF2)에 저장되었던 값이다. 표 6-8은 4비트 PISO 시프트 레지스터의 진리표이다.

표 6-8 4비트 PISO 시프트 레지스터의 진리표

입력				D-FF				출력	동작
iCLK	iRESETn	iLOADn	iP	oQ(UFF3)	oQ(UFF2)	oQ(UFF1)	oQ(UFF0)	oS	
x	↓	x	-	0	0	0	0	-	reset
x	1	↓	iP	iP[3]	iP[2]	iP[1]	iP[0]	-	load
↑	1	1	-	$oQ2_b$	$oQ1_b$	$oQ0_b$	1'b0	$oQ2_b$	1bit left shift

iCLK = ↑ : iCLK의 상승엣지 트리거(positive edge trigger)
iRESETn = ↓ : iRESETn의 하강엣지 트리거(negative edge trigger)

18) 로드(load) : 플립플롭에 원하는 데이터를 저장하는 것을 말한다.

iLOADn = ↓ : iLOADn의 하강엣지 트리거(negative edge trigger)
x : unknown or don't care
iP : 4비트 병렬 입력
oS : 1비트 직렬 출력
oQ_b : 이전 oQ의 값

그림 6-13(b)의 4비트 PISO 시프트 레지스터도 앞서 모델링한 D-FF를 이용하여 구조적 방법으로 모델링할 수 있다. 또한 always 문 내부에서 조건연산자와 결합연산자를 사용하여 모델링하거나 if 문과 시프트 논리연산자를 사용하여 행위 수준으로 모델링할 수 있다. Quartus Prime에서 프로젝트 마법사를 사용하여 다음과 같이 프로젝트 생성하고, 4비트 PISO 시프트 레지스터를 모델링해보자.

- 프로젝트 디렉토리 : ./projects/ch6/shift_reg/piso
- 프로젝트 이름 : piso(최상위 설계 엔터티의 이름은 piso로 자동 설정됨)
- 타겟 디바이스 설정 : 학습용 키트를 참고하여 설정, 없으면 임의로 설정해도 됨

❑ 구조적 방법을 사용한 PISO 시프트 레지스터의 모델링

그림 6-13(b)의 회로도에서 사용된 멀티플렉서(MUX)는 5장에서 모델링했던 4 × 1 멀티플렉서를 2 × 1 멀티플렉서로 수정할 필요가 있다. 멀티플렉서의 2개 입력신호와 제어신호는 모두 1비트이고 출력신호는 1비트이다. 모듈 6-3d는 조건연산자와 assign 문을 사용하여 모델링한 멀티플렉서의 모듈 코드이다.

모듈 6-3d

```
/* 조건연산자와 assign 문을 사용한 2×1 MUX 모듈 */

module mux2to1 (iA, iB, iSEL, oOUT);

   input    iA, iB;
   input    iSEL;
   output   oOUT;

   // assign 문과 조건 연산자 사용
   assign oOUT = (iSEL == 0) ? iA : iB;

endmodule
```

모듈 6-3e는 앞서 모델링한 D-FF(모듈 6-2a 또는 모듈 6-2b)과 2-to-1 MUX(모듈 6-3d)를 사용하여 그림 6-13(b)의 4비트 PISO 시프트 레지스터 회로를 구조적 방법으로 모델링한 모듈 코드이다.

모듈 6-3e

```
/* MUX와 D-FF을 이용한 4비트 PISO 시프트 레지스터 모듈 */

module piso (
```

```
    iCLK,     // 클록, Active-High
    iRESETn,  // 리셋, Active-Low
    iLOADn,   // 데이터 load를 위한 제어신호, Active-Low
    iPIN,     // 4비트 병렬 입력
    oSOUT);   // 1비트 직렬 출력

    input          iCLK, iRESETn, iLOADn;
    input    [3:0] iPIN;   // 병렬 입력 데이터
    output         oSOUT;  // 직렬 출력

    wire   w0, w1, w2, w3, w4, w5, w6, s7, w8, w9, w10, w11, w12;
    wire   y0, y1, y2, y3;
    wire   q0, q1, q2;

    not   U0  (w0, iLOADn);
    nand  U1  (w1, y0, w0);
    nand  U2  (w2, w0, w1);
    and   U3  (w3, w2, iRESETn);
    nand  U4  (w4, y1, w0);
    nand  U5  (w5, w0, w4);
    and   U6  (w6, w5, iRESETn);
    nand  U7  (w7, y2, w0);
    nand  U8  (w8, w0, w7);
    and   U9  (w9, w8, iRESETn);
    nand  U10 (w10, y3, w0);
    nand  U11 (w11, w0, w10);
    and   U12 (w12, w11, iRESETn);

    // MUX와 D-FF의 인스턴스화
    mux2to1  UMUX0 (
       .iA        (iPIN[0]),
       .iB        (1'b0),
       .iSEL      (iLOADn),   // MUX 제어신호(iLOADn)
       .oY        (y0)        // MUX3의 출력(oY)
    );

    d_ff  UFF0 (
       .iCLK      (iCLK),  // Active-High 클록(CLK)
       .iCLEARn   (w3),    // Active-Low 시스템 클리어(CLRN)
       .iPRESETn  (w1),    // Active-Low 프리셋(PRE)
       .iD        (1'b0),  // D-FF의 입력(D)
       .oQ        (q0)     // D-FF의 출력(Q)
    );

    mux2to1  UMUX1 (
       .iA        (iPIN[1]),
       .iB        (1'b0),
       .iSEL      (iLOADn),   // MUX 제어신호(iLOADn)
       .oY        (y1)        // MUX3의 출력(oY)
    );

    d_ff  UFF1 (
```

```
        .iCLK      (iCLK),  // Active-High 클록(CLK)
        .iCLEARn   (w6),    // Active-Low 시스템 클리어(CLRN)
        .iPRESETn  (w4),    // Active-Low 프리셋(PRE)
        .iD        (q0),    // D-FF의 입력(D)
        .oQ        (q1)     // D-FF의 출력(Q)
    );

    mux2to1  UMUX2 (
        .iA        (iPIN[2]),
        .iB        (1'b0),
        .iSEL      (iLOADn),   // MUX 제어신호(iLOADn)
        .oY        (y2)        // MUX3의 출력(oY)
    );

    d_ff  UFF2 (
        .iCLK      (iCLK),  // Active-High 클록(CLK)
        .iCLEARn   (w9),    // Active-Low 시스템 클리어(CLRN)
        .iPRESETn  (w7),    // Active-Low 프리셋(PRE)
        .iD        (q1),    // D-FF의 입력(D)
        .oQ        (q2)     // D-FF의 출력(Q)
    );

    mux2to1  UMUX3 (
        .iA        (iPIN[3]),
        .iB        (1'b0),
        .iSEL      (iLOADn),   // MUX 제어신호(iLOADn)
        .oY        (y3)        // MUX3의 출력(oY)
    );

    d_ff  UFF3 (
        .iCLK      (iCLK),  // Active-High 클록(CLK)
        .iCLEARn   (w12),   // Active-Low 시스템 클리어(CLRN)
        .iPRESETn  (w10),   // Active-Low 프리셋(PRE)
        .iD        (q2),    // D-FF의 입력(D)
        .oQ        (oSOUT)  // D-FF의 출력(Q)
    );

endmodule
```

❑ 조건연산자를 사용한 PISO 시프트 레지스터의 모델링

모듈 6-3f는 조건연산자와 결합연산자를 사용하여 그림 6-13(b)의 4비트 PISO 시프트 레지스터를 행위 수준으로 모델링한 모듈 코드이다.

모듈 6-3f

```
/* 조건연산자와 결합연산자를 이용한 4비트 PISO 시프트 레지스터 모듈 */

module piso (
  iCLK,      // 클록
```

```
05      iRESETn,   // Active-Low 리셋
06      iLOADn,    // 데이터 load를 위한 제어신호, Active-Low
07      iP,        // 4비트 병렬 입력
08      oS);       // 1비트 직렬 출력
09
10      input          iCLK, iRESETn, iLOADn;
11      input    [3:0] iP;    // 4bit 병렬 입력 데이터
12      output         oS;    // 1bit 직렬 출력
13
14      reg      [3:0] q_ff;  // always 문 내부의 왼쪽 신호이므로 reg형으로 선언
15
16      always @(posedge iCLK or negedge iRESETn or negedge iLOADn) begin
17         q_ff  <=  (!iRESETn) ? 4'b0 :
18                   (!iLOADn)  ? iP   : {q_ff, 1'b0};
19      end
20
21      assign  oS = q_ff[3]; // 연속 할당문으로 q_ff의 MSB를 직렬 출력 oS에 할당
22
23   endmodule
```

17행 ~ 18행 : 조건연산자와 결합연산자를 사용하여 리셋, 로드, 그리고 1비트 왼쪽 시프트를 구현한다. iRESETn = 0일 때, 4비트 reg형 q_ff에는 4'b0이 할당된다. iRESETn = 1이고 iLOADn = 0이면, iLOADn의 하강엣지에서 4비트 병렬 입력 iP가 4개 플립플롭의 출력으로 구성되는 q_ff에 전달되고 각 플립플롭은 4비트 병렬 입력의 해당 비트값을 유지한다. 반면, iRESETn = 1이고 iLOADn = 1이면, 클록의 상승엣지가 될 때마다 q_ff에 {q_ff, 1'b0}이 할당된다. 이때 할당되는 값({q_ff, 1'b0})의 비트 수는 5비트이므로 q_ff의 비트 수인 4비트보다 크기 때문에 {q_ff, 1'b0}의 최상위 비트(MSB)는 버려진다. 즉, 출력 q_ff = {q_ff[2], q_ff[1], q_ff[0], 1'b0}이 할당된다.

❑ if 문을 사용한 PISO 시프트 레지스터의 모델링

모듈 6-3f의 조건연산자 대신 네스티드 if 문, 결합연산자 대신 시프트 논리연산자를 사용하여 그림 6-13(b)의 4비트 PISO 시프트 레지스터를 모듈 6-3g와 같이 행위 수준으로 모델링할 수도 있다.

모듈 6-3g

```
/* if 문과 시프트 논리연산자를 이용한 PISO 4비트 시프트 레지스터 모듈 */

module piso (
   iCLK,      // 클록
   iRESETn,   // Active-Low 리셋
   iLOADn,    // 데이터 load를 위한 제어신호, Active-Low
   iP,        // 4비트 병렬 입력
   oS);       // 1비트 직렬 출력

   input          iCLK, iRESETn, iLOADn;
   input    [3:0] iP;   // 4bit 병렬 입력 데이터
   output         oS;   // 1bit 직렬 출력

   reg      [3:0] q_ff; // always 문 내부의 왼쪽 신호이므로 reg형으로 선언
```

```
15
16      always @(posedge iCLK, negedge iRESETn, negedge iLOADn) begin
17         if (!iRESETn)
18            q_ff <= 4'b0;
19         else if (!iLOADn)
20            q_ff <= iP;
21         else begin
22            q_ff <= (q_ff << 1);
23            q_ff[0] <= 1'b0;
24         end
25      end
26
27      assign  oS = q_ff[3]; // 연속 할당문으로 q_ff의 MSB를 직렬 출력 oS에 할당
28
29   endmodule
```

21행 ~ 25행 : iRESETn = 1이고 iLOADn = 1일 때 시프트 연산자를 사용하여 4비트 q_ff를 왼쪽으로 1비트 시프트하고 그 결과를 q_ff에 할당하는 동작과 q_ff[0]에 1'b0을 할당하는 동작이 논블록킹 할당문(<=)에 의해 동시에 실행된다.

6.3.4. 4비트 PISO 시프트 레지스터의 테스트벤치와 시뮬레이션

모듈 6-3d ~ 모듈 6-3g를 검증하기 위해 테스트벤치 6-3b를 작성하고, 시뮬레이션을 실행한 후 결과를 확인해 보자.

테스트벤치 6-3b

```
/* 4비트 PISO 시프트 레지스터의 시뮬레이션을 위한 테스트벤치 */

`timescale  1ns/10ps

module  tb_piso;
   reg          iCLK, iRESETn, iLOADn;
   reg    [3:0] iP;
   wire         oS;

   // 검증 대상 모듈을 이름에 의한 포트 맵핑을 사용하여 인스턴스화
   piso U0 (
      .iCLK       (iCLK),
      .iRESETn    (iRESETn),
      .iLOADn     (iLOADn),
      .iP         (iP),
      .oS         (oS));

   // 입력신호의 생성
   initial begin
      iCLK = 0;
      iRESETn = 1; iLOADn = 1; iP = 4'bxxxx; #70;
      iRESETn = 0; iLOADn = 1; iP = 4'b0000; #100;    // reset
      iRESETn = 1; iLOADn = 0; iP = 4'b1011; #100;    // load
      iRESETn = 1; iLOADn = 1; #100;                  // 1bit left shift
      iRESETn = 1; iLOADn = 1; #100;                  // 1bit left shift
```

```
        iRESETn = 1; iLOADn = 1; #100;                  // 1bit left shift
        iRESETn = 1; iLOADn = 1; #100;                  // 1bit left shift
        iRESETn = 1; iLOADn = 1; #100;                  // 1bit left shift
        iRESETn = 1; iLOADn = 0; iP = 4'b1001; #100;    // load
        iRESETn = 1; iLOADn = 1; #100;                  // 1bit left shift
        $stop;
    end

    always  #50  iCLK = ~iCLK;

endmodule
```

시뮬레이션 결과

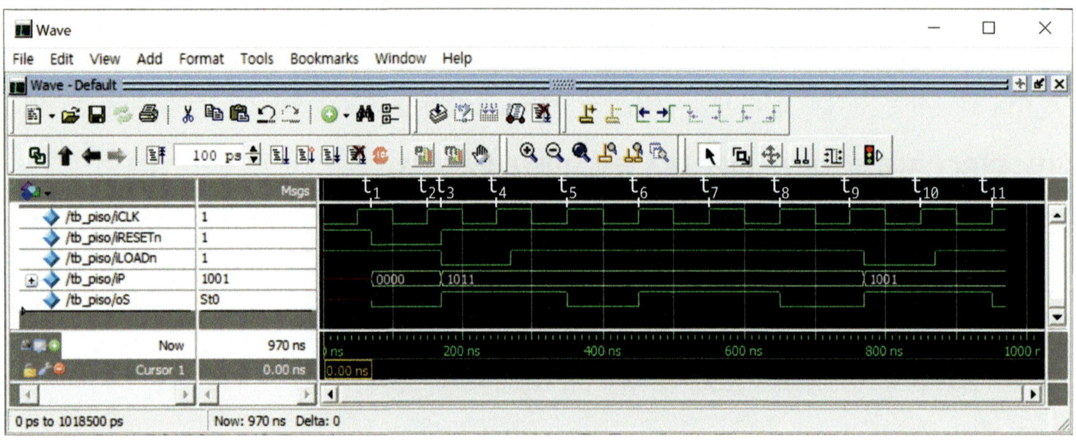

그림 6-15 4비트 PISO 시프트 레지스터의 시뮬레이션 결과

그림 6-15는 2 × 1 멀티플렉서를 모델링한 모듈 6-3d와 4비트 PISO 시프트 레지스터를 모델링한 모듈 6-3e ~ 모듈 6-3g에 대한 시뮬레이션 결과이다. t_1에서 iRESETn = 0으로 클록의 상승엣지와 상관없이 iRESETn의 하강엣지에서 시프트 레지스터는 리셋 되어 4개의 D-FF(q_ff)에는 4'b0이 저장된다. t_2에서 클록의 상승엣지이지만 여전히 iRESETn = 0이므로 시프트 레지스터는 리셋 동작을 하고 있다. t_3에서 iLOADn = 0으로 시프트 레지스터는 4비트 병렬 입력의 로드 동작을 수행한다. 리셋 동작처럼 클록의 상승엣지와 상관없이 iLOADn의 하강엣지에서 시프트 레지스터의 각 D-FF(q_ff)은 4비트 병렬 입력 iP를 입력받아 저장한다. t_4에서도 t_2에서처럼 클록의 상승엣지이지만 여전히 iLOADn = 0이므로 로드 동작을 유지한다. t_5 ~ t_{11} 동안은 iRESETn = 1, iLOADn = 1이므로 클록의 상승엣지마다 시프트 레지스터를 구성하는 D-FF에 저장된 값은 상위 비트 쪽으로 1비트씩 시프트 되며, LSB에 해당하는 q_ff[0]에는 1'b0이 할당된다. PISO 레지스터의 출력은 1비트 직렬 출력 oS로, 클록의 상승엣지가 될 때마다 하위비트의 값이 상위비트로 1비트씩 시프트된 결과의 MSB(q_ff[3])를 출력한다. 즉, oS = q_ff[3]이다. 시뮬레이션 결과는 표 6-8의 진리표와 일치하므로 모듈 6-3d ~ 모듈 6-3g가 그림 6-13(b)의 4비트 PISO 시프트 레지스터를 오류 없이 모델링했다는 것을 알 수 있다.

6.4 카운터

카운터(counter)는 플립플롭의 중요한 응용 중 하나로 제어회로를 모델링할 때 자주 사용하는 대표적인 순차회로이다. 클록이 입력될 때마다 수를 세는 기본 동작을 이용하여 순차 제어, 타이밍, 주파수 분할 및 측정 등의 응용에서 널리 활용된다. 일반적인 카운터 종류는 동기식(synchronous)/비동기식(asynchronous)[19], 2진(binary)/10진(decade), 증가(up)/감소(down)와 같이 세 가지 요소에 의해 구분할 수 있다. 카운터의 유형은 동기 방식에 따라 구분하면, 카운터를 구성하는 플립플롭의 출력이 클록에 동기된 동기식 카운터와 클록에 동기 되지 않은 비동기식 카운터로 구분된다. 수를 헤아리는 카운트 범위에 따라 구분하면, 이진수 0 ~ 2^N - 1까지 셀 수 있는 N비트 2진 카운터와 10진수 0 ~ 9까지 셀 수 있는 10진 카운터(10진 카운터는 4비트)로 구분된다. 마지막으로 계수값 증감에 따라 구분하면 계수값이 증가하는 증가형 카운터과 계수값이 감소하는 감소형 카운터로 구분된다. 따라서 동기 방식, 카운트 범위, 그리고 카운터 계수값의 증감이라는 세 가지 요소의 조합하여 총 8개 유형의 카운터로 나뉠 수 있다.

표 6-9 카운터의 구분 요소

구분 요소	종류
동기 방식	동기식 카운터, 비동기식 카운터
카운트 범위	2진 카운터, 10진 카운터
계수값 증감	증가형 카운터, 감소형 카운터

6.4.1. 비동기식 4비트 2진 증가형 카운터

비동기식 N비트 2진 증가형 카운터는 직렬로 연결된 N개의 플립플롭으로 구성되며, 플립플롭 출력이 동시에 발생하지 않고 순차적으로 발생하므로 리플 카운터(ripple counter)라고 한다. 비동기식 카운터는 카운트(count) 속도는 느리지만, 간단한 회로로 구현할 수 있다는 장점이 있다. 그림 6-16은 클록(iCLK)의 하강엣지에서 동작하는 4개의 Active-Low JK-FF으로 구성된 비동기식 4비트 2진 증가형 카운터의 회로도이다. LSB에 해당하는 플립플롭(UFF0)의 클록 입력(iCLK)에 카운터 클록(외부 기준 클록)이 인가되며, 각 플립플롭의 출력 oQ는 상위 플립플롭의 클록으로 사용된다. 이때 Active-Low JK-FF은 클록의 하강엣지에서 동작(회로도에서 플립플롭의 클록 입력에 ○ 표시)하는 것에 주의해야 한다. 그림 6-17은 비동기식 4비트 2진 증가형 카운터의 타이밍도로, 카운터가 갖는 16개(0 ~ 15)의 출력을 나타내고 있다.

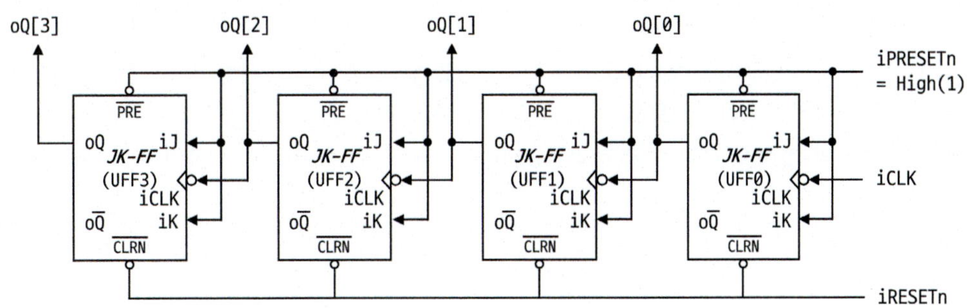

그림 6-16 비동기식 4비트 2진 증가형 카운터

19) 카운터를 구성하는 플립플롭의 동작 시점이 클록의 상승엣지 또는 하강엣지 중 하나에 일치하면 동기식(synchronous)이고 일치하지 않으면 비동기식(asynchronous)으로 구분된다.

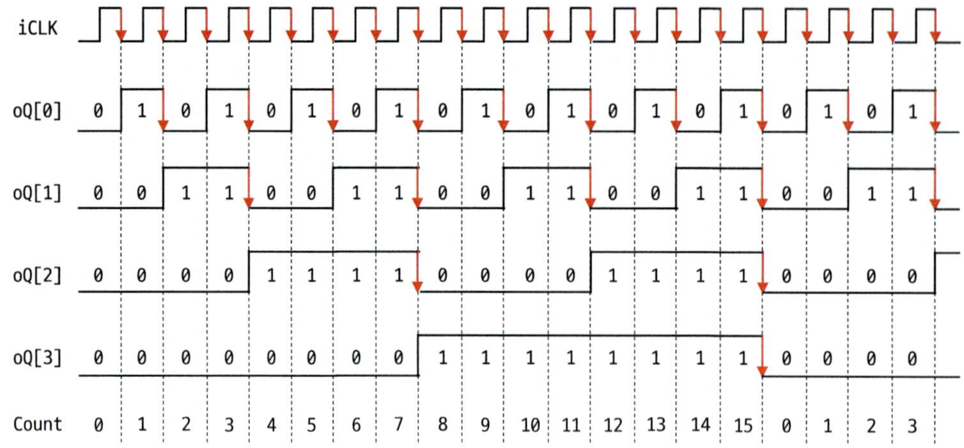

그림 6-17 비동기식 4비트 2진 증가형 카운터의 타이밍도

비동기식 카운터에서 각 플립플롭의 출력신호(oQ)의 주파수는 클록 입력(iCLK)의 주파수를 2로 나눈 것과 같다. 즉, UFF1의 출력신호 oQ[1]의 주파수는 클록 입력인 oQ[0]의 1/2 주파수를 갖는다. N개의 플립플롭으로 구성되는 리플 카운터에서 MSB 비트에 해당하는 플립플롭의 출력은 LSB 비트에 해당하는 플립플롭에 입력되는 iCLK 펄스의 $1/2^N$ 주파수를 갖는다. 그림 6-16의 비동기식 4비트 2진 증가형 카운터는 앞서 모델링한 모듈 6-2a나 모듈 6-2b의 JK-FF를 사용하여 구조적 방식으로 모델링하거나 행위 수준으로 모델링할 수 있다. Quartus Prime에서 프로젝트 마법사를 사용하여 다음과 같이 프로젝트 생성하고, 비동기식 4비트 2진 증가형 카운터를 모델링해보자.

- 프로젝트 디렉토리 : ./projects/ch6/counter/ripple_upcnt
- 프로젝트 이름 : ripple_upcnt(최상위 설계 엔터티의 이름은 자동 설정됨)
- 타겟 디바이스 설정 : 학습용 키트를 참고하여 설정, 없으면 임의로 설정해도 됨

※ 앞서 작성한 모듈 6-2a 또는 모듈 6-2b 파일(d_ff.v)과 모듈 6-2c 또는 모듈 6-2d 파일(jk_ff.v)을 복사해서 프로젝트 디렉토리(./projects/ch6/counter/ripple_upcnt)에 저장

❑ 구조적 방법으로 모델링한 비동기식 4비트 2진 증가형 카운터의 모듈

모듈 6-4a는 앞서 모델링한 JK-FF(모듈 6-2c 또는 모듈 6-2d)을 사용하여 그림 6-16의 비동기식 4비트 2진 증가형 카운터 회로를 구조적 방식으로 모델링한 모듈 코드이다. 모듈 6-2c 또는 모듈 6-2d는 클록의 상승엣지에서 동작하는 JK-FF으로 모델링되어 있으나, 그림 6-16에서 LSB에 해당하는 JK-FF(UFF0)은 반전된 클록을 사용하므로 클록의 하강엣지에서 동작한다. 나머지 JK-FF은 하위 플립플롭의 반전 출력 $o\overline{Q}$(=~oQ)를 클록 입력으로 사용한다. 그림 6-17에서 JK-FF의 클록 입력으로 반전된 클록을 사용하기 때문에 모든 플립플롭은 클록의 하강엣지에서 동작한다. 따라서 동기식 카운터처럼 보이지만, 각 플립플롭의 클록 입력은 모두 기준 클록(UFF0의 클록)에 연결되어 있지 않기 때문에 비동기식 카운터이다.

모듈 6-4a

```
/* 비동기식 4비트 2진 증가형 카운터의 Top 모듈 */

module  ripple_upcnt (
   iCLK,      // 기준 클록
```

```
05        iRESETn,    // 리셋(system clear), Active-Low
06        oQ);        // 4비트 2진 증가형 카운터의 출력
07
08        input           iCLK, iRESETn;
09        output    [3:0] oQ;
10
11        wire      [3:0] oQ;      // 내부 단순 연결을 위한 신호를 wire로 선언
12
13        // 이름에 의한 포트 맵핑을 사용하여 하위모듈을 인스턴스화
14        jk_ff UFF0 (
15           .iCLK       (~iCLK),  // 클록의 하강엣지 동작을 위해 반전된 클록을 사용
16           .iCLEARn    (iRESETn),
17           .iPRESETn   (1'b1),   // 미사용 기능, 정상 동작을 위해 1'b1로 처리
18           .iJ         (1'b1),   // iJ = 1'b1이 입력됨
19           .iK         (1'b1),   // iK = 1'b1이 입력됨
20           .oQ         (oQ[0]));
21
22        jk_ff UFF1 (
23           .iCLK       (~oQ[0]), // 하위비트 JK-FF의 출력을 반전하여 클록으로 사용
24           .iCLEARn    (iRESETn),
25           .iPRESETn   (1'b1),   // 미사용 기능, 정상 동작을 위해 1'b1로 처리
26           .iJ         (1'b1),   // iJ = 1'b1이 입력됨
27           .iK         (1'b1),   // iK = 1'b1이 입력됨
28           .oQ         (oQ[1]));
29
30        jk_ff UFF2 (
31           .iCLK       (~oQ[1]), // 하위비트 JK-FF의 출력을 반전하여 클록으로 사용
32           .iCLEARn    (iRESETn),
33           .iPRESETn   (1'b1),   // 미사용 기능, 정상 동작을 위해 1'b1로 처리
34           .iJ         (1'b1),   // iJ = 1'b1이 입력됨
35           .iK         (1'b1),   // iK = 1'b1이 입력됨
36           .oQ         (oQ[2]));
37
38        jk_ff UFF3 (
39           .iCLK       (~oQ[2]), // 하위비트 JK-FF의 출력을 반전하여 클록으로 사용
40           .iCLEARn    (iRESETn),
41           .iPRESETn   (1'b1),   // 미사용 기능, 정상 동작을 위해 1'b1로 처리
42           .iJ         (1'b1),   // iJ = 1'b1이 입력됨
43           .iK         (1'b1),   // iK = 1'b1이 입력됨
44           .oQ         (oQ[3]));
45
46     endmodule
```

14행 ~ 44행 : JK-FF이 클록의 하강엣지에서 동작하도록 JK-FF의 iCLK에 하위 FF의 출력을 반전시켜 인가한다. 따라서 LSB에 해당하는 JK-FF(UFF0)의 iCLK에는 반전 클록인 ~iCLK를, 나머지 JK-FF에서는 iCLK으로 하위비트에 해당하는 플립플롭 출력의 반전값인 ~oQ[0], ~oQ[1], ~oQ[2]를 사용한다. 그림 6-16에서 모든 JK-FF의 입력 iJ와 iK는 iJ = 1'b1, iK = 1'b1이 입력되며, 이는 iJ와 iK가 Vcc(전원의 +단자, High)에 연결된 것을 의미한다. 또한 모든 JK-FF에서 프리셋($\overline{PRE}$) 입력은 사용하지 않더라도 정상적인 동작을 위해 iPRESETn = 1'b1(Vcc에 연결)으로 처리해야 한다는 것을 주의해야 한다.

❑ 행위 수준으로 모델링한 비동기식 4비트 2진 증가형 카운터의 모듈

모듈 6-4b는 그림 6-17의 비동기식 4비트 2진 증가형 카운터 회로의 타이밍도를 참고하여 행위 수준으로 모델링한 모듈 코드이다. 그림 6-16의 카운터 회로에서 LSB에 해당하는 플립플롭의 클록 입력(iCLK)은 외부로부터 인가되는 기준 클록의 반전 클록(~iCLK)을, 나머지 플립플롭은 하위 플립플롭의 반전 출력(=~oQ)을 클록 입력으로 사용한다. 따라서 각 플립플롭은 클록으로 사용된 신호의 하강엣지에서 동작한다. 이를 행위 수준으로 모델링하기 위해 always 문의 이벤트 신호 목록(sensitivity list)에서 클록 이벤트를 'negedge iCLK'와 같이 작성하여 클록의 하강엣지에서 always 문 내부 문장이 실행되도록 한다.

모듈 6-4d

```
/* 행위 수준으로 모델링한 비동기식 4비트 2진 증가형 카운터의 모듈 */

module ripple_upcnt (
   iCLK,       // 기준 클록
   iRESETn,    // 리셋(system clear), Active-Low
   oQ);        // 4비트 2진 증가형 카운터의 출력

   input        iCLK, iRESETn;
   output  [3:0] oQ;

   reg     [3:0] qout;

   assign  oQ  = qout;  // 출력 포트 신호에 reg형 qout에 저장값 할당

   always @(negedge iCLK or negedge iRESETn) begin  // LSB(oQ[0]) 해당 JK-FF
      if (!iRESETn)
         qout[0] <= 1'b0;
      else
         qout[0] <= ~qout[0];
   end

   always @(negedge qout[0] or negedge iRESETn) begin // qout[1] 해당 JK-FF
      if (!iRESETn)
         qout[1] <= 1'b0;
      else
         qout[1] <= ~qout[1];
   end

   always @(negedge qout[1] or negedge iRESETn) begin // qout[2] 해당 JK-FF
      if (!iRESETn)
         qout[2] <= 1'b0;
      else
         qout[2] <= ~qout[2];
   end

   always @(negedge qout[2] or negedge iRESETn) begin // qout[3] 해당 JK-FF
      if (!iRESETn)
         qout[3] <= 1'b0;
      else
```

```
40            qout[3] <= ~qout[3];
41        end
42
43    endmodule
```

22행 ~ 41행 : LSB를 제외한 나머지 JK-FF은 하위비트의 출력 oQ와 iRESETn의 하강엣지에서 동작하므로 always 문의 sensitivity_list는 'negedge qout[하위비트]'와 'negedge iRESETn'으로 작성한다. qout[하위비트]나 iRESETn의 하강엣지에서 iRESETn = 0이면, qout[해당비트] = 0이 되며, iRESETn = 1이면 qout[해당비트]는 반전(qout[해당비트] = ~qout[해당비트])이 된다.

6.4.2. 비동기식 4비트 2진 증가형 카운터의 테스트벤치와 시뮬레이션

모듈 6-4a 또는 모듈 6-4b를 검증하기 위해 테스트벤치 6-4a를 작성하고, 시뮬레이션을 실행한 후 결과를 확인해 보자.

테스트벤치 6-4a

```
/* 비동기식 4비트 2진 증가형 카운터의 시뮬레이션을 위한 테스트벤치 */

`timescale  1ns/10ps

module  tb_ripple_upcnt;
   reg          iCLK, iRESETn;
   wire   [3:0] oQ;

   // 검증할 모듈을 이름에 의한 포트 맵핑 방법으로 인스턴스화 한다.
   ripple_upcnt U0 (        // 증가형 카운터
      .iCLK      (iCLK),
      .iRESETn   (iRESETn),
      .oQ        (oQ));

   // 입력신호 생성
   initial begin
      iCLK = 0;
      iRESETn = 1; #100;
      iRESETn = 0; #100;    // Active-Low 리셋, 카운터의 출력값 = 0;
      iRESETn = 1; #2000;   // 증가형 카운터 동작
      $stop;
   end

   always    #50 iCLK = ~iCLK;

endmodule
```

시뮬레이션 결과

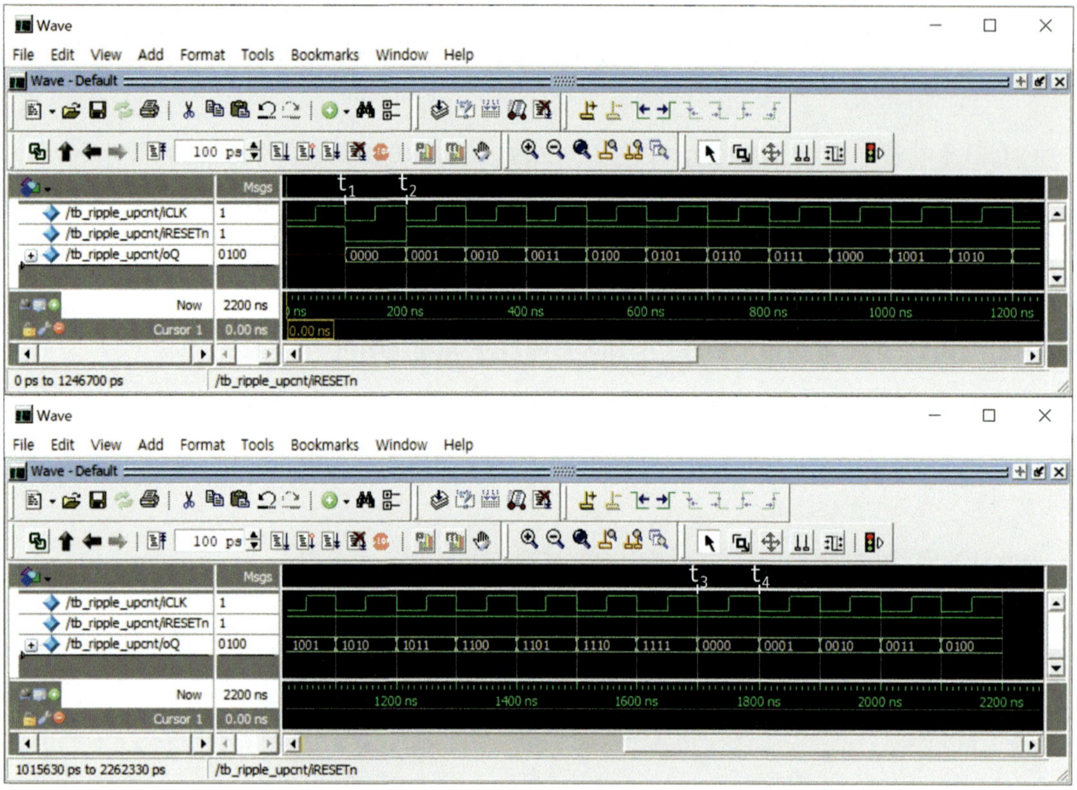

그림 6-18 비동기식 4비트 2진 증가형 카운터의 시뮬레이션 결과

그림 6-18은 비동기식 4비트 2진 증가형 카운터를 모델링한 모듈 6-4a와 모듈 6-4b에 대한 시뮬레이션 결과이다. iRESETn의 하강엣지인 t_1에서 카운터는 리셋 되어 4개의 D-FF(qout)에는 각각 1'b0이 저장되므로 카운터의 출력은 [3:0] oQ = 4'b0이 된다. t_2에서 iRESETn은 0에서 1로 변경되고 t_3까지 클록의 하강엣지 마다 4개의 플립플롭에 저장되는 [3:0] oQ는 1씩 증가한다. t4에서 4비트 2진 증가 카운터는 최대 계수값을 초과하므로 카운터는 [3:0] oQ = 4'b0부터 1씩 증가하는 것을 반복한다.

그림 6-18에서 [3:0] oQ와 같이 여러 비트로 구성된 벡터 신호를 적절한 표현 형식으로 변경하면 카운터의 동작 결과를 쉽게 확인할 수 있다. 그림 6-19와 같이 Wave 창에서 형식을 변경하고자 하는 신호를 선택한 후 우측 마우스를 클릭하고 Radix[20] 메뉴를 사용하여 적절한 표현 형식으로 신호의 값을 변경할 수 있다. 카운터의 계수값인 oQ는 부호없는 2진수로서 Radix 메뉴에서 'Unsigned'를 선택하여 부호 없는 10진수로 표현 형식을 변경하면 카운터 계수값을 쉽게 확인할 수 있다. 형식을 변경하지 않은 신호는 기본 형식인 'Use Global Setting'으로 2진수(binary) 표현이다.

20) radix는 라틴어에서 유래한 단어로 숫자 체계나 진법을 의미한다.

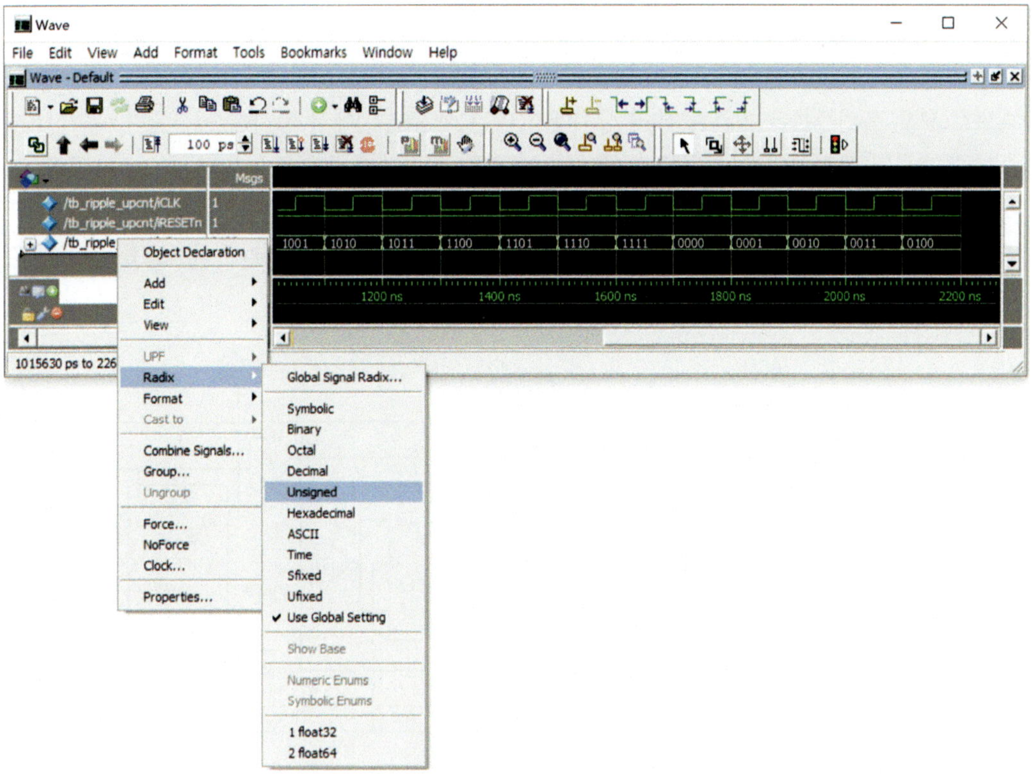

그림 6-19 Radix 메뉴를 이용한 신호의 표현 형식 변경

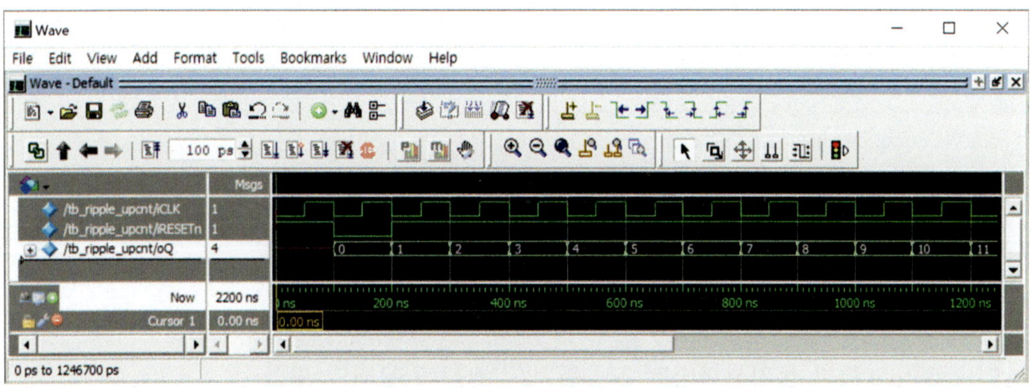

그림 6-20 qout 신호의 표현 형식을 'Unsigned'로 변경한 결과

그림 6-20에서 비동기식 4비트 2진 증가형 카운터의 계수값은 4비트로 표현할 수 있는 10진수 0부터 15까지 증가한 후 0부터 다시 증가하는 것을 확인할 수 있다. 이러한 결과는 그림 6-17의 타이밍도와 일치하므로 모듈 6-4a와 모듈 6-4b가 그림 6-16의 증가형 카운터 회로를 오류 없이 모델링했음을 알 수 있다.

6.4.3. 동기식 4비트 2진 증가/감소형 카운터의 모듈

동기식 카운터(synchronous counter)는 비동기식 카운터[21]와 달리 각 플립플롭의 클록 입력(iCLK)이 모두 기준 클록에 동기 되어 있으므로 모든 플립플롭은 기준 클록의 상승엣지(또는 하강엣지)에서 동시에 동작한다. 동기식 카운터는 비동기식 카운터에 비해 회로가 복잡하지만, 하나의 공통 클록에 의해 동시에 동작하므로 카운트(count) 속도가 빠른 장점이 있다. 그림 6-21은 동기식 4비트 2진 증가/감소형 카운터 회로의 예시로 4개의 플립플롭이 직렬로 연결되어 있다. 각 플립플롭은 기준 클록의 상승엣지에서 동작하며, iSEL 신호가 iSEL = 1이면 증가형 카운터, iSEL = 0이면 감소형 카운터로 동작한다.

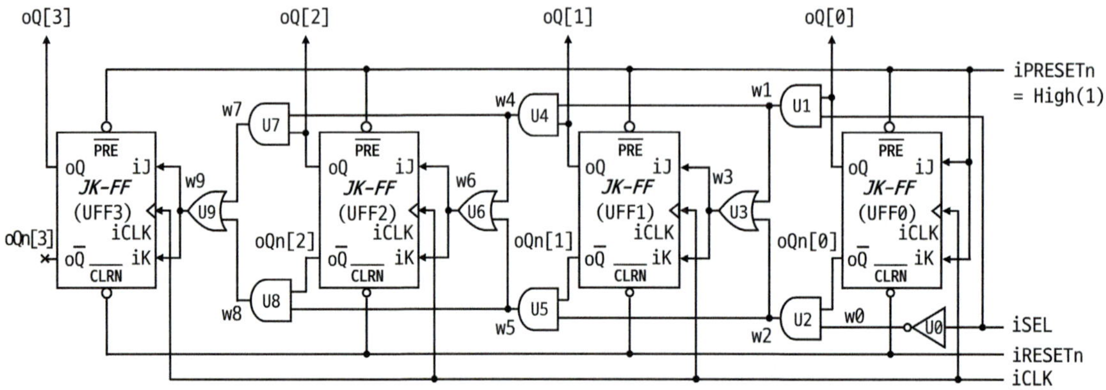

그림 6-21 클록의 상승엣지에서 동작하는 동기식 4비트 2진 증가/감소형 카운터의 회로

그림 6-21의 동기식 4비트 2진 증가/감소형 카운터도 비동기식 카운터에서와 같이 계층적 구조나 행위 수준으로 모델링할 수 있다. Quartus Prime에서 프로젝트 마법사를 사용하여 다음과 같이 프로젝트 생성하고, 동기식 4비트 2진 증가/감소형 카운터를 모델링해보자.

- 프로젝트 디렉토리 : ./projects/ch6/counter/sync_cnt
- 프로젝트 이름 : sync_cnt(최상위 설계 엔터티의 이름은 자동 설정됨)
- 타겟 디바이스 설정 : 학습용 키트를 참고하여 설정, 없으면 임의로 설정해도 됨

※ 앞서 작성한 모듈 6-2a 또는 모듈 6-2b 파일(d_ff.v), 모듈 6-2c 또는 모듈 6-2d 파일(jk_ff.v)를 복사해서 프로젝트 디렉토리(./projects/ch6/counter/sync_cnt)에 저장

❑ 구조적 방법으로 모델링한 동기식 4비트 2진 증가/감소형 카운터의 모듈

모듈 6-4c는 JK-FF(모듈 6-2c 또는 모듈 6-2d)과 게이트 프리미티브(gate primitive)를 사용하여 그림 6-21의 동기식 4비트 2진 증가/감소형 카운터 회로를 계층적 구조로 모델링한 모듈 코드이다.

모듈 6-4c

```
/* 동기식 4비트 2진 증가/감소형 카운터의 Top 모듈 */

module sync_cnt (
```

21) 비동기식 카운터(asynchronous counter)는 카운터를 구성하는 각 플립플롭의 클록이 모두 단일 클록(iCLK)에 동기되어 있지 않다.

```
    iCLK,          // 클록
    iRESETn,       // Active-Low 리셋(system clear)
    iSEL,          // 카운터의 증가/감소 동작 제어신호
    oQ);           // 카운터의 출력

    input           iCLK, iRESETn;
    input           iSEL;
    output   [3:0] oQ;

    wire            w0, w1, w2, w3, w4, w5, w6, w7, w8, w9; // 생략 가능
    wire     [3:0] oQ, oQn;

    jk_ff UFF0 (
       .iCLK        (iCLK),
       .iCLEARn     (iRESETn),
       .iPRESETn    (1'b1),
       .iJ          (1'b1),       // iJ = 1'b1이 입력됨
       .iK          (1'b1),       // iK = 1'b1이 입력됨
       .oQ          (oQ[0]),
       .oQn         (oQn[0]));

    not U0 (w0, iSEL);
    and U1 (w1, iSEL, oQ[0]);
    and U2 (w2, w0, oQn[0]);
    or  U3 (w3, w1, w2);

    jk_ff UFF1 (
       .iCLK        (iCLK),
       .iCLEARn     (iRESETn),
       .iPRESETn    (1'b1),
       .iJ          (w3),       // iJ = 1'b1이 입력됨
       .iK          (w3),       // iK = 1'b1이 입력됨
       .oQ          (oQ[1]),
       .oQn         (oQn[1]));

    and U4 (w4, w1, oQ[1]);
    and U5 (w5, w2, oQn[1]);
    or  U6 (w6, w4, w5);

    jk_ff UFF2 (
       .iCLK        (iCLK),
       .iCLEARn     (iRESETn),
       .iPRESETn    (1'b1),
       .iJ          (w6),       // iJ = 1'b1이 입력됨
       .iK          (w6),       // iK = 1'b1이 입력됨
       .oQ          (oQ[2]),
       .oQn         (oQn[2]));

    and U7 (w7, w4, oQ[2]);
    and U8 (w8, w5, oQn[2]);
    or  U9 (w9, w7, w8);

```

```
    jk_ff UFF3 (
       .iCLK        (iCLK),
       .iCLEARn     (iRESETn),
       .iPRESETn    (1'b1),
       .iJ          (w9),       // iJ = 1'b1이 입력됨
       .iK          (w9),       // iK = 1'b1이 입력됨
       .oQ          (oQ[3]),
       .oQn         (oQn[3]));

endmodule
```

❑ 행위 수준으로 모델링한 동기식 4비트 2진 증가/감소형 카운터의 모듈

모듈 6-4d는 그림 6-21의 동기식 4비트 2진 증가/감소형 카운터 회로를 행위 수준으로 모델링한 모듈 코드이다. 카운터의 출력 [3:0] oQ는 클록의 상승엣지에 트리거링 되어 계수값이 1씩 증가하거나 감소한다. 이때 제어신호가 iSEL = 0이면 감소형 카운터, iSEL = 1이면 증가형 카운터로 동작한다. 카운터의 증가 및 감소 동작은 case 문과 산술연산자를 사용하여 간단히 모델링할 수 있다.

모듈 6-4d

```
/* 행위 수준으로 모델링한 비동기식 4비트 2진 증가/감소형 카운터의 모듈 */

module sync_cnt (
   iCLK,       // 클록
   iRESETn,    // Active-Low 리셋(system clear)
   iSEL,       // 카운터의 증가/감소 동작 제어신호
   oQ);        // 카운터의 출력

   input            iCLK, iRESETn;
   input            iSEL;
   output    [3:0] oQ;

   reg       [3:0] qout;

   assign    oQ = qout;

   always @(posedge iCLK or negedge iRESETn) begin
      if (!iRESETn)
         qout <= 4'b0;
      else
         case(iSEL)
           0       : qout <= qout - 1; // sel = 0, 감소형 카운터 동작
           1       : qout <= qout + 1; // sel = 1, 증가형 카운터 동작
           default : qout <= 4'b0;     // 불필요한 래치 회로 생성 방지
         endcase
   end

endmodule
```

21행 ~ 25행 : 클록의 상승엣지에서 case 문의 제어신호(iSEL)의 값에 따라 선택적으로 카운터의 증가 또는 감소 동작을 한다. 제어신호가 iSEL = 0이면 카운터는 감소형으로 동작하여 4비트 출력 qout은 1씩 감소하고, iSEL = 1이면 증가형 카운터로 동작하여 4비트 출력 qout은 1씩 증가한다. 22행에서 만약 qout = 4'b0000이라면 qout - 1의 결과인 4'b1111이 qout에 할당된다. 23행에서 qout = 4'b1111이라면 qout + 1의 결과인 5'b1_0000의 MSB는 버려지고 하위 4비트만 qout에 할당된다.

6.4.4. 동기식 4비트 2진 증가/감소형 카운터의 테스트벤치와 시뮬레이션

모듈 6-4c 또는 모듈 6-4d를 검증하기 위해 테스트벤치 6-4b를 작성하고, 시뮬레이션을 실행한 후 결과를 확인해보자.

테스트벤치 6-4b

```
/* 동기식 4비트 2진 감소/증가형 카운터의 시뮬레이션을 위한 테스트벤치 */

`timescale  1ns/10ps

module  tb_sync_cnt;
   reg         iCLK, iRESETn, iSEL;
   wire   [3:0] oQ;

   // 검증할 모듈을 이름에 의한 포트 맵핑 방법으로 인스턴스화
   sync_cnt U0 (
      .iCLK      (iCLK),
      .iRESETn   (iRESETn),
      .iSEL      (iSEL),
      .oQ        (oQ));

   // 입력신호 생성
   initial begin
      iCLK = 1;
      iRESETn = 1; iSEL = 1; #60;
      iRESETn = 0; iSEL = 1; #80;     // Active-Low reset, 카운터 리셋
      iRESETn = 1; iSEL = 1; #1500;  // up counter 동작
      iRESETn = 1; iSEL = 0; #1500;  // down counter 동작
      $stop;
   end

   always    #50 iCLK = ~iCLK;

endmodule
```

그림 6-22는 동기식 4비트 2진 증가/감소형 카운터를 모델링한 모듈 6-4c 또는 모듈 6-4d에 대한 시뮬레이션 결과이다. 그림 6-19의 Radix 메뉴를 사용하여 4비트 출력신호([3:0] oQ)의 표현 형식을 'Unsigned'로 변경했다. t_1에서 카운터는 iRESETn의 하강엣지에서 비동기 리셋 동작을 수행하므로 4개의 JK-FF(qout)에는 4'b0이 저장된다. t_2에서 t_3까지 제어신호가 iSEL = 1이므로 클록의 상승엣지마다 카운터의 4비트 출력 oQ(qout)은 1씩 증가한다. 반면, t_4 이후 iSEL = 0이므로 qout은 1씩 감소한다. 시뮬레이션 결과로부터 모듈 6-4c와 모듈 6-4d가 그림 6-21의 동기식 증가/감소 카운터 회로를 오류없이 모델링했음을 알 수 있다.

시뮬레이션 결과

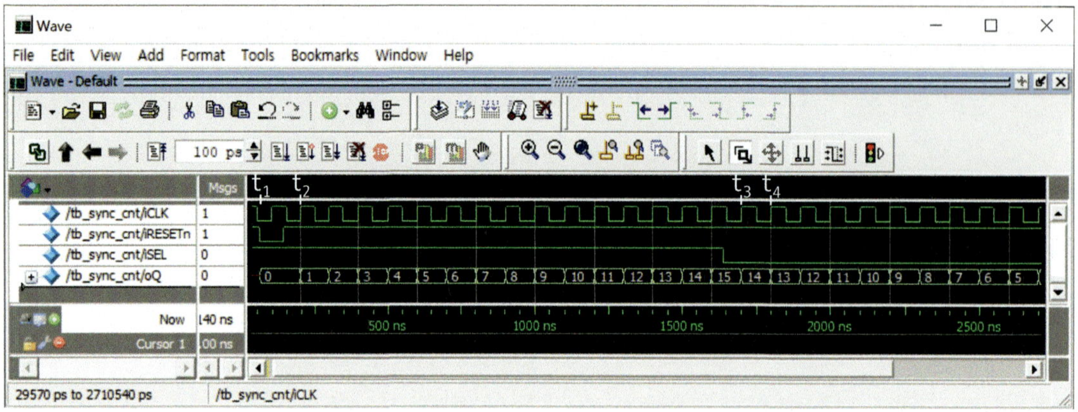

그림 6–22 동기식 4비트 2진 증가/감소형 카운터의 시뮬레이션 결과

6.4.5. BCD 카운터

BCD 카운터는 0 ~ 9까지 증가 또는 감소하는 10진수를 4비트 2진수로 표현하는 카운터로 10진 카운터(decade counter) 또는 Modulo-10 카운터라고도 한다. BCD 카운터는 동기식이나 비동기식뿐만 아니라 내부 회로 구성에 따라 다양한 모델링이 가능하다. 그림 6-23은 동기식 BCD 카운터 회로의 예시이다.

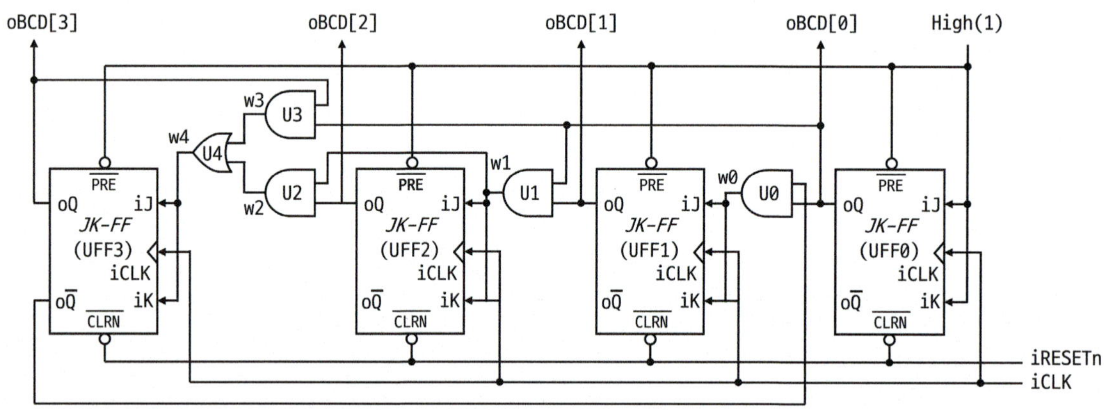

그림 6–23 동기식 Active-High BCD 카운터 회로

그림 6-23의 동기식 Active-High BCD 카운터는 모든 플립플롭이 클록에 동기되어 있어 클록의 상승엣지에서 동작한다. 카운터의 출력이 10진수 9에 해당하는 oBCD = 4'b1001이 되면, AND/OR 게이트로 구성된 추가 회로는 이를 감지하고, 4개의 플립플롭 중 최상위 비트에 해당하는 플립플롭(UFF3)이 다음 클록의 상승엣지에서 토글(toggle) 동작, 하위 비트에 해당하는 플립플롭(UFF2, UFF1)은 유지(hold) 동작, 최하위 비트에 해당하는 플립플롭(UFF0)은 모든 클록 펄스에서 토글 동작을 하게 된다. 따라서 카운트 값은 리셋되어 oBCD = 4'b0000에서 다시 카운트를 시작하게 된다. 동기식 BCD 카운터에서 AND/OR 게이트 회로에 의한 리셋 동작은 표 6-10과 같으며, 표 6-11은 동기식 BCD 카운터의 진리표이다.

표 6-10 동기식 Active-High BCD 카운터에서 추가한 AND/OR 게이트에 의한 리셋 동작

구분	플립플롭			
	oBCD[3] (UFF3)	oBCD[2] (UFF2)	oBCD[1] (UFF1)	oBCD[0] (UFF0)
현재 카운트 값	1	0	0	1
다음 입력 (동작 상태)	iJ = 1, iK = 1 (toggle)	iJ = 0, iK = 0 (hold)	iJ = 0, iK = 0 (hold)	iJ = 1, iK = 1 (toggle)
다음 카운트 값	0	0	0	0

표 6-11 동기식 Active-High BCD 카운터의 진리표

입력				출력				상태
iCLK	iRESETn	J	K	oBCD[3]	oBCD[2]	oBCD[1]	oBCD[0]	
↑	0	x	x	0	0	0	0	system clear
↑	1	1	1	0000 → 0001 → ... → 1001 → 0000 → ...				증가형 카운터

↑ : 상승엣지 트리거
x : unknown, don't care

그림 6-23의 동기식 Active-High BCD 카운터는 구조적 방법 또는 행위 수준으로 모델링할 수 있다. Quartus Prime에서 프로젝트 마법사를 사용하여 다음과 같이 프로젝트 생성하고, 동기식 Active-High BCD 카운터를 모델링해보자.

- 프로젝트 디렉토리 : ./projects/ch6/counter/sync_bcd_cnt
- 프로젝트 이름 : bcd_cnt(최상위 설계 엔터티의 이름은 자동 설정됨)
- 타겟 디바이스 설정 : 학습용 키트를 참고하여 설정, 없으면 임의로 설정해도 됨

※ 앞서 작성한 모듈 6-2a 또는 모듈 6-2b 파일(d_ff.v), 모듈 6-2c 또는 모듈 6-2d 파일(jk_ff.v)를 복사해서 프로젝트 디렉토리(./projects/ch6/counter/sync_bcd_cnt)에 저장

❑ 구조적 방법으로 모델링한 동기식 BCD 카운터의 모듈

모듈 6-4e는 JK-FF(모듈 6-2c 또는 모듈 6-2d)과 게이트 프리미티브(gate primitive)를 사용하여 그림 6-23의 동기식 Active-High BCD 카운터 회로를 구조적 방법으로 모델링한 모듈 코드이다.

모듈 6-4e

```
/* 구조적 방법으로 모델링한 동기식 Active-High 카운터의 모듈 */

module sync_bcd_cnt (
   iCLK,       // 기준 클록
   iRESETn,    // Active-Low 리셋(system clear)
   oBCD);      // BCD 카운터의 출력

   input           iCLK, iRESETn;
   output    [3:0] oBCD;

```

```
    wire           w0, w1, w2, w3, w4; // 생략 가능
    wire     [3:0] oBCD, oBCDn;

    jk_ff UFF0 (
      .iCLK       (iCLK),
      .iCLEARn    (iRESETn),
      .iPRESETn   (1'b1),
      .iJ         (1'b1),      // iJ = 1'b1이 입력됨
      .iK         (1'b1),      // iK = 1'b1이 입력됨
      .oQ         (oBCD[0]),
      .oQn        (oBCDn[0]));

      jk_ff UFF1 (
      .iCLK       (iCLK),
      .iCLEARn    (iRESETn),
      .iPRESETn   (1'b1),
      .iJ         (w0),      // iJ = 1'b1이 입력됨
      .iK         (w0),      // iK = 1'b1이 입력됨
      .oQ         (oBCD[1]),
      .oQn        (oBCDn[1]));

      jk_ff UFF2 (
      .iCLK       (iCLK),
      .iCLEARn    (iRESETn),
      .iPRESETn   (1'b1),
      .iJ         (w1),      // iJ = 1'b1이 입력됨
      .iK         (w1),      // iK = 1'b1이 입력됨
      .oQ         (oBCD[2]),
      .oQn        (oBCDn[2]));

      jk_ff UFF3 (
      .iCLK       (iCLK),
      .iCLEARn    (iRESETn),
      .iPRESETn   (1'b1),
      .iJ         (w4),      // iJ = 1'b1이 입력됨
      .iK         (w4),      // iK = 1'b1이 입력됨
      .oQ         (oBCD[3]),
      .oQn        (oBCDn[3]));

    and  U0 (w0, oBCD[0], oBCDn[3]);
    and  U1 (w1, oBCD[1], oBCD[0]);
    and  U2 (w2, w1, oBCD[2]);
    and  U3 (w3, oBCD[0], oBCD[3]);
    or   U4 (w4, w2, w3);

  endmodule
```

❑ 행위 수준으로 모델링한 동기식 BCD 카운터의 모듈

모듈 6-4f는 그림 6-23의 동기식 Active-High BCD 카운터 회로를 행위 수준으로 모델링한 모듈 코드이다. 각 플립플롭은 모두 기준 클록의 상승엣지에 동기되어 동작한다.

모듈 6-4f

```
01  /* 행위 수준으로 모델링한 동기식 Active-High 카운터의 모듈 */
02
03  module sync_bcd_cnt (
04     iCLK,        // 기준 클록
05     iRESETn,     // Active-Low 리셋(system clear)
06     oBCD);       // BCD 카운터의 출력
07
08     input          iCLK, iRESETn;
09     output   [3:0] oBCD;
10
11     reg      [3:0] bcd;
12
13     assign   oBCD = bcd;
14
15     always @ (posedge iCLK or negedge iRESETn) begin
16        if (!iRESETn)
17           bcd <= 4'b0;
18        else if (bcd < 4'd9)
19           bcd <= bcd + 1;
20        else
21           bcd <= 0;
22     end
23
24  endmodule
```

16행 ~ 22행 : 클록의 상승엣지나 iRESETn의 하강엣지에서 always 문의 내부 문장들은 처리되며, iRESETn의 하강엣지에서 BCD 카운터는 bcd = 4'b0000으로 리셋된다. iRESETn = 1이면 클록의 상승엣지마다 조건식(bcd < 4'd9)이 참이면 bcd는 1씩 증가하며 거짓이면 bcd = 4'b0000으로 리셋된다.

6.4.6. BCD 카운터의 테스트벤치와 시뮬레이션

모듈 6-4e 또는 모듈 6-4f를 검증하기 위해 테스트벤치 6-4c를 작성하고, 시뮬레이션을 실행한 후 결과를 확인해보자.

테스트벤치 6-4c

```
/* 동기식 Active-High BCD 카운터의 시뮬레이션을 위한 테스트벤치 */

`timescale  1ns/10ps

module  tb_sync_bcd_cnt;
   reg          iCLK, iRESETn;
   wire   [3:0] oBCD;

   // 검증할 모듈을 이름에 의한 포트 맵핑 방법으로 인스턴스화
   sync_bcd_cnt U0 (
      .iCLK      (iCLK),
      .iRESETn   (iRESETn),
```

```
        .oBCD      (oBCD));

    // 입력신호 생성
    initial begin
        iCLK = 1;
        iRESETn = 1; #100;
        iRESETn = 0; #80;    // Active-Low reset
        iRESETn = 1; #2000;  // up counter 동작
        $stop;
    end

    always    #50 iCLK = ~iCLK;

endmodule
```

시뮬레이션 결과

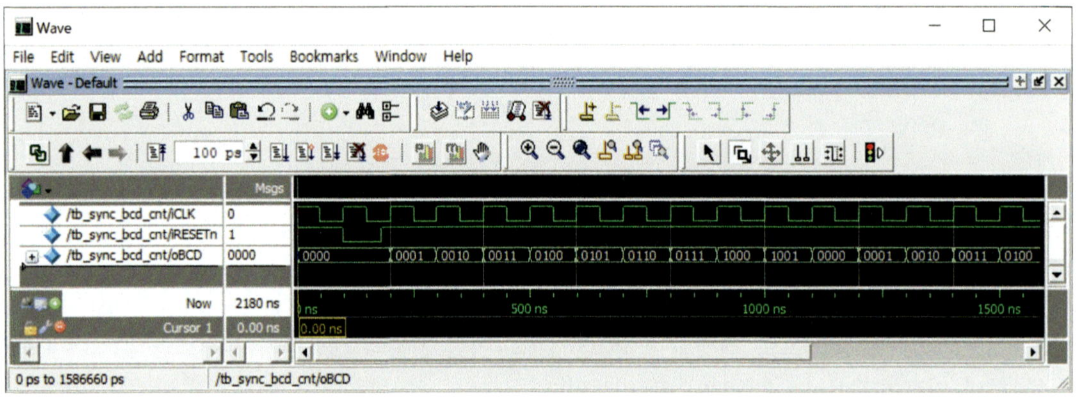

(a) oBCD의 표현 형식이 기본값인 Global Setting일 때

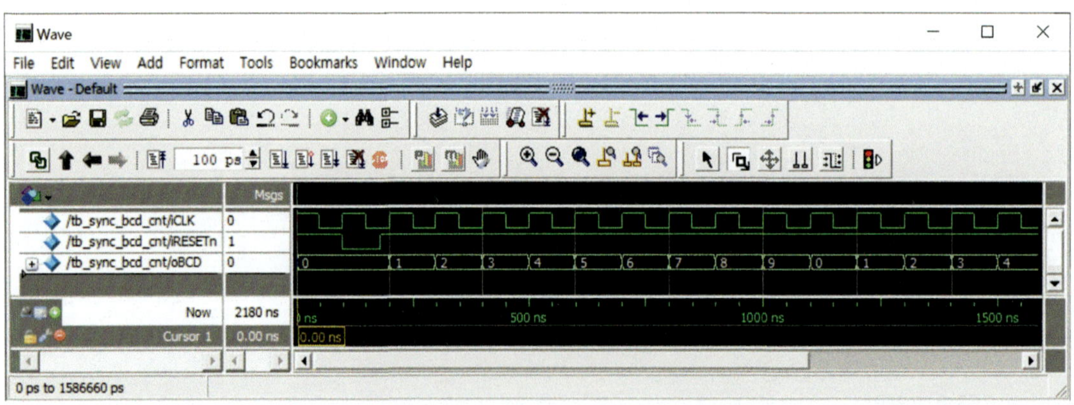

(b) oBCD의 표현 형식을 Unsigned로 변경했을 때

그림 6-24 동기식 Active-High BCD 카운터의 시뮬레이션 결과

그림 6-24는 동기식 Active-High BCD 카운터를 모델링한 모듈 6-4e 또는 모듈 6-4f에 대한 시뮬레이션 결과이다.

iRESETn의 하강엣지에서 카운터는 리셋되어 4개의 D-FF에 각각 1'b0이 저장되어 카운터 출력(oBCD = bcd)은 oBCD = 4'b0000이 된다. iRESETn = 1이면 클록의 상승엣지마다 oBCD는 0부터 9까지 1씩 증가한 후 0으로 리셋되어 0부터 다시 카운트하는 것을 반복한다. 시뮬레이션 결과로부터 모듈 6-4e와 모듈 6-4f가 그림 6-23의 동기식 Active-High BCD 카운터 회로를 오류 없이 모델링했음을 알 수 있다.

6.5 주파수 분주기

오실레이터(OSC: oscillator)에서 발생하는 높은 주파수의 클록 펄스로부터 원하는 낮은 주파수의 클록 신호를 생성하는 회로를 주파수 분주기(frequency divider)라고 한다. 그림 6-25는 플립플롭을 사용한 f/2 주파수 분주기이다. f/2 주파수 분주기에서 클록(iCLK)의 주파수가 f = 16MHz라면 oQ의 주파수는 f/2 = 8MHz이다.

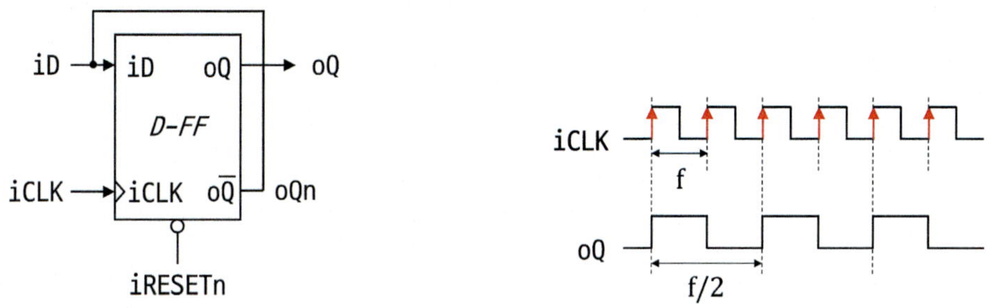

(a) f/2 주파수 분주기 회로 (b) 타이밍도

그림 6-25 f/2 주파수 분주기

리플 카운터처럼 N개의 f/2 주파수 분주기를 직렬로 연결하여 $f/2^N$ 주파수 분주기를 모델링할 수 있다. 즉, 비동기식 카운터인 리플 카운터에서 첫 번째 플립플롭(LSB에 해당하는 FF)의 입력으로 사용하는 클록 주파수가 f일 때, (N-1)번째 비트에 해당하는 플립플롭의 출력신호를 사용하여 원하는 $f/2^N$ 주파수를 만들 수 있다. 여기서 N은 플립플롭의 개수로서 N = 1, 2, ... 이다. 그림 6-25의 f/2 주파수 분주기를 리플 카운터처럼 직렬로 연결하고 출력 oQ(q1)를 다음 단(stage)인 f/2 주파수 분주기의 클록 입력으로 사용하면 그림 6-26의 f/4 주파수 분주기를 설계할 수 있다. 이와 같은 방법으로 원하는 $f/2^N$ 주파수를 갖는 분주기를 모델링할 수 있다.

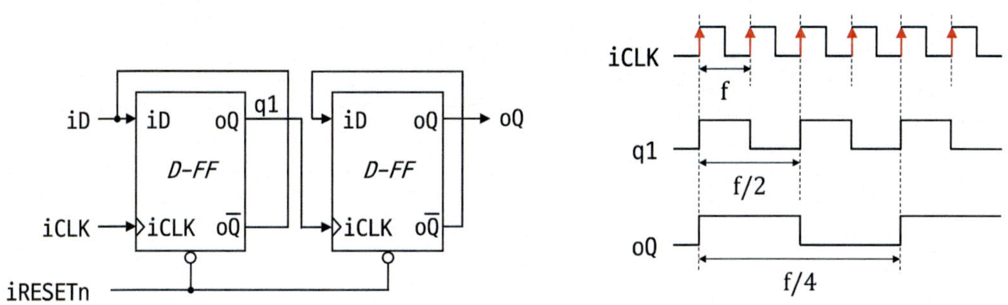

(a) f/4 주파수 분주기 회로 (b) 타이밍도

그림 6-26 f/4 주파수 분주기

그림 6-27과 같이 서로 다른 비트의 산술연산을 통하여 f/2^N 이외의 주파수도 만들 수 있다. Mod-3(modulo 3) 카운터는 00 → 01 → 10 → 00 → 01 → … 과 같이 3개의 상태를 갖는 2진 카운터이며, D-FF과 직렬로 연결함으로써 f/3 주파수 클록을 생성할 수 있다. 이와 같은 방법으로 Mod-N(modulo N) 카운터를 사용하면 f/N 주파수 분주기를 모델링할 수도 있다.

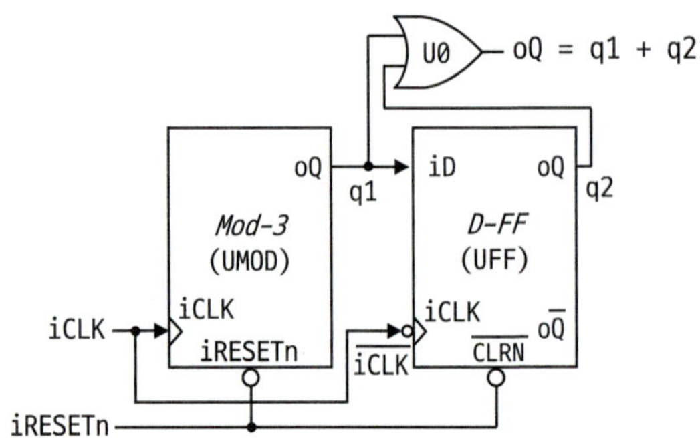

(a) f/3 주파수 분주기 회로

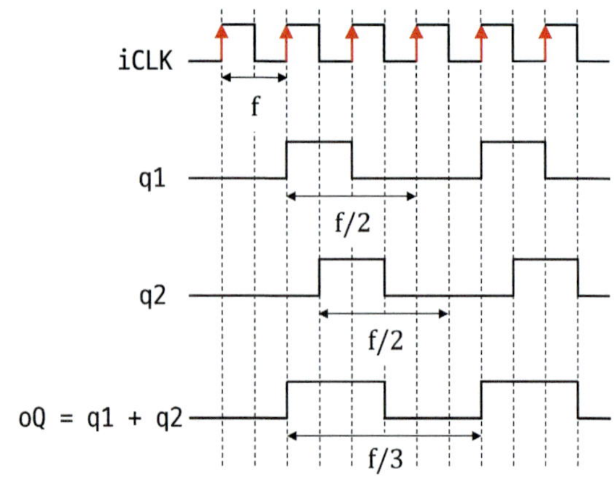

(b) 타이밍도

그림 6-27 Mod-3 카운터를 이용한 f/3 주파수 분주기

주파수 분주기는 앞서 설명한 것처럼 플립플롭 또는 논리 게이트와 플립플롭을 사용하여 모델링할 수 있지만, 기준 클록에 동기 되어 동작하는 카운터의 행위 수준 모델링을 통해 쉽게 구현할 수 있다. 그림 6-28은 오실레이터(OSC)에서 발생한 1MHz의 펄스를 기준 클록으로 사용하여 1Hz 주파수의 클록을 발생시키는 주파수 분주기이다.

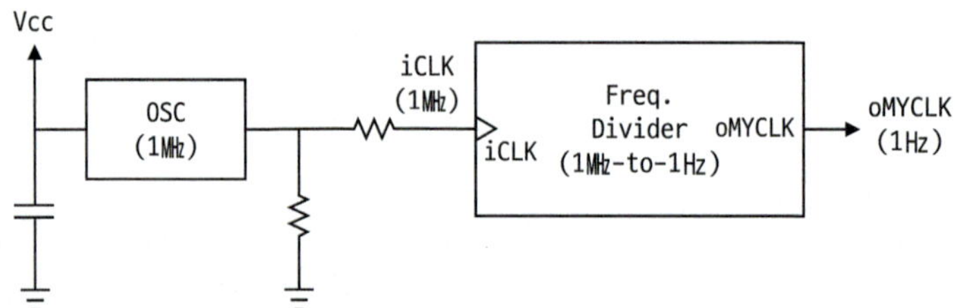

(a) 주파수 분주기 회로

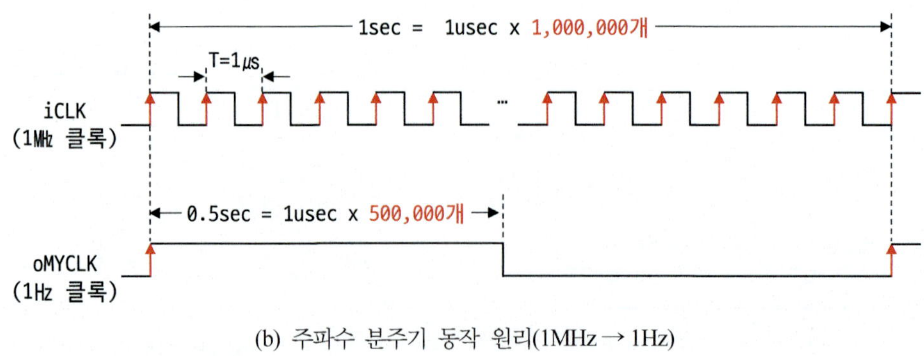

(b) 주파수 분주기 동작 원리(1MHz → 1Hz)

그림 6-28 OSC의 펄스를 기준 클록으로 사용한 주파수 분주기

그림 6-28에서 1MHz 기준 클록의 주기는 T = 1/1,000,000sec, 즉 1µs로 1초 동안 1×10^6개의 클록 주기가 반복된다. 따라서 1MHz 클록의 상승엣지에서 동작하는 카운터의 계수값이 0부터 (10^6/2 - 1)이 될 때까지, 즉 500,000개의 펄스 주기 동안 High(1)를 유지하고, 다시 0부터 10^6/2 - 1이 될 때까지, 즉 나머지 500,000개의 펄스 주기 동안 Low(0)를 유지하게 함으로써 1Hz 클록을 생성할 수 있다. 일반적으로 외부로부터 인가되는 기준 클록은 사용하는 오실레이터의 사양에 고정되어 있으며, 카운터의 계수 범위를 달리하여 원하는 주파수의 클록을 생성하는 주파수 분주기를 모델링할 수 있다. 이렇게 생성된 새로운 클록은 듀티 사이클(duty cycle)이 50%인 펄스이다.

6.5.1. 기준 클록으로부터 원하는 주파수의 클록을 출력하는 주파수 분주기의 모듈

Quartus Prime에서 프로젝트 마법사를 사용하여 다음과 같이 프로젝트 생성하고, 그림 6-28을 참고하여 주파수 분주기를 행위 수준으로 모델링해보자.

- 프로젝트 디렉토리 : ./projects/ch6/freq_div/freq_div
- 프로젝트 이름 : freq_div(최상위 설계 엔터티의 이름은 자동 설정됨)
- 타겟 디바이스 설정 : 학습용 키트를 참고하여 설정, 없으면 임의로 설정해도 됨

모듈 6-5a는 기준 클록으로부터 원하는 주파수의 클록을 생성하는 주파수 분주기를 행위 수준으로 모델링한 모듈 코드이다.

모듈 6-5a

```
/* 1MHz 클록으로부터 1Hz 주파수의 클록을 생성하는 주파수 분주기 */

module freq_div (
   iCLK,      // 외부 기준 클록
   iRESETn,   // Active-Low 리셋
   oMYCLK);   // 원하는 주파수의 클록

   /* ----------------------------------------------------------------- */
   /*  원하는 주파수 생성을 위한 파라미터 값 계산                          */
   /*                                                                   */
   /*  외부 클록의 주파수 : freq_ref = 1,000,000Hz (1MHz)                 */
   /*  원하는 클록의 주파수 : freq_myclk = 1Hz                            */
   /*  반주기 카운트 값 : VAL_CNT = freq_ref/(2*freq_myclk)               */
   /*                             = 500,000                             */
   /*  Val_CNT 저장에 필요한 비트 수를 확인하여 VAL_CNT를 파라미터 선언      */
   /*  example) localparam   VAL_CNT = 19'd500000                       */
   /* ----------------------------------------------------------------- */

   localparam   VAL_CNT = 19'd500000;  // 반주기 카운트 값을 파라미터 선언
   localparam   WIDTH = 19;

   input    iCLK, iRESETn;
   output   oMYCLK;

   reg      [WIDTH-1:0] cnt_clk;
   reg                  myclk;

   assign   oMYCLK = myclk;
```

```
29
30      always @(posedge iCLK or negedge iRESETn)  begin
31         if (!iRESETn) begin
32            cnt_clk   <=  0;
33            myclk     <=  1;
34         end
35         else if (cnt_clk == VAL_CNT - 1)  begin
36            cnt_clk   <=  0;
37            myclk     <=  ~myclk;
38         end
39         else
40            cnt_clk   <=  cnt_clk + 1;
41      end
42
43   endmodule
```

08행 ~ 17행 : 주석문으로 작성한 주파수 분주기의 파라미터 설정에 대한 설명이다.

19행 : 원하는 주파수를 갖는 클록의 반주기에 해당하는 카운트 값을 파라미터로 선언한다.

20행 : 카운터(cnt_clk)의 계수 범위를 결정하는 비트 폭을 파라미터로 선언한다.

31행 ~ 34행 : iRESETn = 0이면 cnt_clk = 0과 myclk = 0으로 리셋된다.

35행 ~ 38행 : iRESETn = 1일 때 카운터의 계수값(cnt_clk)이 원하는 클록의 반주기에 해당하는 값을 가지면 카운터의 계수값은 cnt_clk = 0으로 리셋하고, 원하는 클록은 반전(myclk = ~myclk)한다.

39행 ~ 40행 : iRESETn = 1이고 카운터의 계수값(cnt_clk)이 원하는 클록의 반주기에 해당하는 값보다 작다면, 카운터의 계수값은 1만큼 증가(cnt_clk = cnt_clk + 1)한다.

6.5.2. 주파수 분주기의 테스트벤치와 시뮬레이션

모듈 6-5a의 주파수 분주기를 검증하기 위해 테스트벤치 6-5a를 작성하고, 시뮬레이션을 실행한 후 결과를 확인해보자.

테스트벤치 6-5a

```
/* 기준 클록(1MHz) → 원하는 클록(1Hz)을 생성하는 주파수 분주기의 테스트벤치 */
`timescale  1ns/10ps

module  tb_freq_div;

   localparam   TCLK = 1000;            // TCLK = 1000 * 1ns = 1us

   reg    iCLK, iRESETn;
   wire   oMYCLK;

   // 검증할 모듈을 이름에 의한 포트 맵핑 방법으로 인스턴스화
   freq_div U0 (
      .iCLK       (iCLK),
      .iRESETn    (iRESETn),
```

```
15          .oMYCLK     (oMYCLK));
16
17      // 입력신호 생성
18      initial   begin
19          iCLK = 1; iRESETn = 1; #50;
20          iRESETn = 0; #30;                // Active-Low reset
21          iRESETn = 1; #(TCLK*2000000);    // 1us * 2000000 = 2 sec
22          $stop;
23      end
24
25      always    #(TCLK/2)  iCLK = ~iCLK; // TCLK/2 = 500 * 1ns = 0.5us에서 반전
26
27  endmodule
```

02행 : 테스트벤치에서 사용할 참조시간 단위는 1ns, 시간정밀도는 10ps로 지정한다.

06행 : 예약어 'localparam'을 사용하여 TCLK = 1000과 같이 파라미터로 선언한다. 이때 참조시간 단위는 1ns이므로 TCLK = 1ns × 1000 = 1μs이다.

21행 : iRESETn = 1로 하고 TCLK × 2,000,000 = 2sec 동안 유지한다.

22행 : 25줄의 always 문에서 1MHz 클록을 반복 생성하므로 21행의 2초 지연 후 시뮬레이션을 중지한다.

23행 : always 문을 사용하여 TCLK/2 = 0.5μs마다 iCLK을 반전시켜 주파수 분주기에 입력되는 기준 클록(1MHz)을 생성한다.

시뮬레이션 결과 1

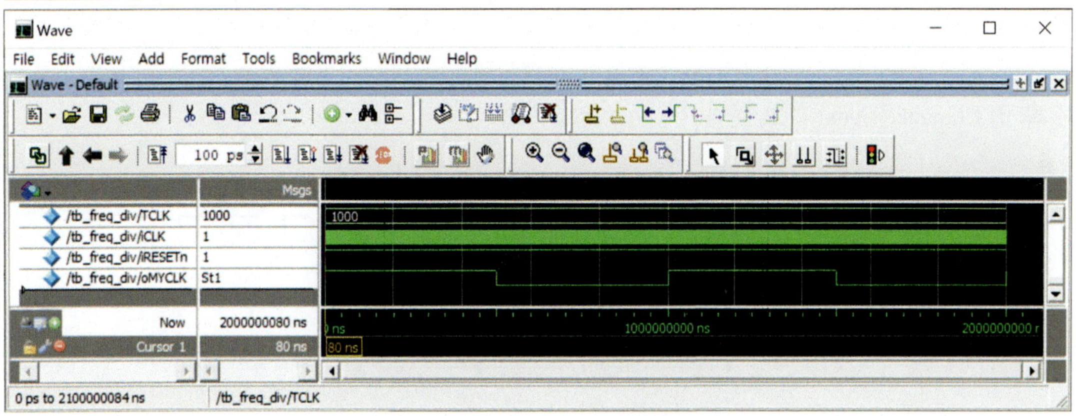

그림 6-29 주파수 분주기의 시뮬레이션 결과

그림 6-29는 그림 6-28의 주파수 분주기를 모델링한 모듈 6-5a에 대한 시뮬레이션 결과이다. 주파수 분주기는 기준 클록으로 1MHz 클록 신호를 입력받아 1Hz의 저주파 클록(oMYCLK)을 출력한다. 주파수 분주기로 생성한 저주파 클록의 주파수는 oMYCLK의 주기를 확인하면 된다. 주기와 주파수의 관계는 역수 관계로 f = 1/T와 같다. oMYCLK의 주기를 확인하기 위해 그림 6-30과 같이 신호목록 아래에 있는 초록색 아이콘(●)을 누르면 기존 Active Cursor1 이외의 새로운 Active Cursor2가 추가되며, 두 Active Cursor 사이의 시간 간격이 표시된다. 따라서 두 Active Cursor의 위치를 이동시켜 신호의 주기를 확인할 수 있다.

시뮬레이션 결과 2

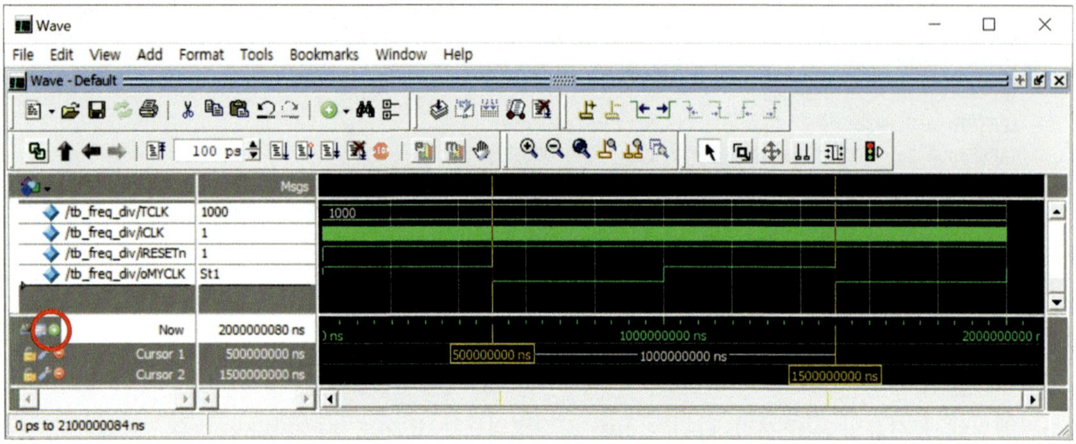

그림 6-30 Active cursor를 추가하여 확인한 1Hz 클록의 주기

그림 6-30의 시뮬레이션 결과에서 oMYCLK 신호의 주기에 해당하는 위치에 놓인 두 Active Cursor 사이의 시간 간격, 즉 oMYCLK 신호의 주기는 1,000,000,000ns = 1sec이므로 생성한 oMYCLK의 주파수(= 1/주기)는 1Hz임을 알 수 있다. 시뮬레이션 결과로부터 모듈 6-5a가 그림 6-28의 주파수 분주기 회로를 오류없이 모델링했음을 알 수 있다.

6.5.3. 활성화 신호를 생성하는 주파수 분주기의 모듈

모듈 6-5a는 오실레이터(OSC)에서 발생한 고주파 펄스를 기준 클록으로 사용하여 원하는 저주파 활성화 신호를 생성하는 주파수 분주기의 모듈이다. 생성된 저주파 클록은 High 레벨이 유지되는 시간과 Low 레벨이 유지되는 시간이 같은 듀티 사이클이 50%인 펄스 신호이다. 실제 응용에서는 원하는 저주파 주파수와 기준 클록의 주기에 해당하는 High 레벨 유지 시간을 갖는 매우 작은 듀티 사이클의 펄스 신호가 필요할 때가 있다. 이처럼 매우 작은 듀티 사이클을 갖는 펄스 신호를 활성화 신호(enable signal)라고 한다.

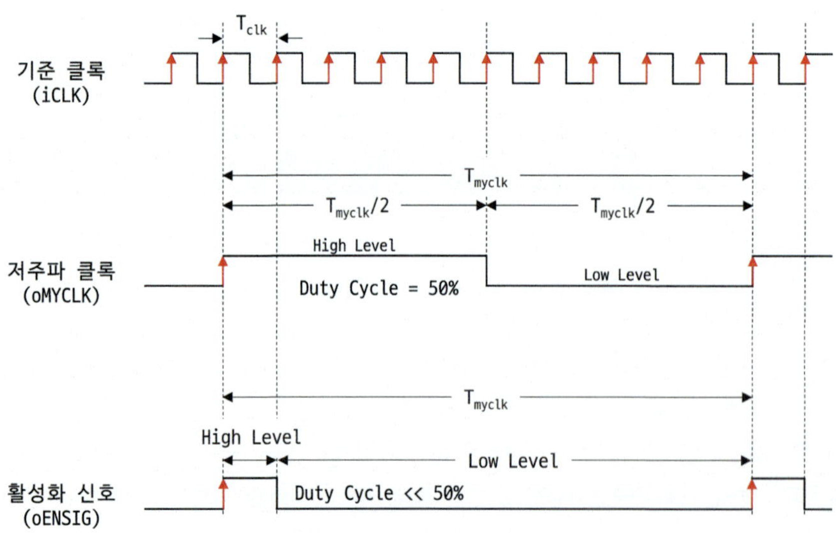

그림 6-31 주파수 분주기로 생성한 저주파 클록과 활성화 신호

그림 6-31의 활성화 신호(oENSIG)는 주파수 분주기를 사용하여 생성할 수 있다. Quartus Prime에서 프로젝트 마법사를 사용하여 다음과 같이 프로젝트 생성하고, 활성화 신호를 생성하는 주파수 분주기를 행위 수준으로 모델링해보자.

- 프로젝트 디렉토리 : ./projects/ch6/freq_div/enable_sig
- 프로젝트 이름 : enable_sig(최상위 설계 엔터티의 이름은 자동 설정됨)
- 타겟 디바이스 설정 : 학습용 키트를 참고하여 설정, 없으면 임의로 설정해도 됨

모듈 6-5b는 1kHz 주파수의 기준 클록으로부터 100Hz 주파수의 활성화 신호를 생성하는 주파수 분주기를 행위 수준으로 모델링한 모듈 코드이다.

모듈 6-5b

```
/* 1kHz 클록으로부터 100Hz 주파수의 활성화 신호를 생성하는 주파수 분주기 */

module enable_sig (
   iCLK,       // 기준 클록
   iRESETn,    // Active-Low 리셋 신호
   oENSIG);    // 100Hz 활성화 신호

   /* ----------------------------------------------------------------- */
   /*  원하는 주파수의 활성화 신호 생성을 위한 파라미터 값 계산              */
   /*                                                                   */
   /*  기준 클록의 주파수 : freq_ref = 1,000Hz (1kHz)                      */
   /*  원하는 활성화 신호의 주파수 : freq_enable = 100Hz                    */
   /*  생성 신호 주기에 해당 계수값 : VAL_CNT = freq_ref/freq_enable       */
   /*                                      = 10                         */
   /*  Val_CNT 저장에 필요한 비트 수를 확인하여 VAL_CNT를 파라미터 선언     */
   /*  example) localparam   VAL_CNT = 4'd4                              */
   /* ----------------------------------------------------------------- */

   localparam   VAL_CNT = 4'd10;  // 카운트 값을 파라미터 선언
   localparam   WIDTH = 4;

   input    iCLK, iRESETn;
   output   oENSIG;

   reg        [WIDTH-1:0] cnt_en_100hz;
   reg                    en_100hz;

   assign   oENSIG = en_100hz;

   always @ (posedge iCLK or negedge iRESETn)  begin
      if (!iRESETn) begin
         cnt_en_100hz   <=  0;
         en_100hz       <=  0;
      end
      else if (cnt_en_100hz == VAL_CNT - 1)  begin
         cnt_en_100hz   <=  0;
         en_100hz       <=  1;
      end
```

```
39        else begin
40           cnt_en_100hz   <=  cnt_en_100hz + 1;
41           en_100hz       <=  0;
42        end
43     end
44
45  endmodule
```

19행 : 1kHz 기준 클록(iCLK)의 주기는 T_{CLK} = 1ms, 100Hz 활성화 주파수의 주기는 0.1ms이므로 100Hz 활성화 주파수의 한 주기 동안 기준 클록의 주기는 10번 반복된다. 즉, 기준 클록의 상승엣지에 동작하는 카운터의 계수값은 0부터 9까지 증가하게 된다. 활성화 신호를 생성하기 위한 카운터의 계수값의 파라미터 선언은 'localparam VAL_CNT = 4'd10'와 같다.

20행 : 19행에서 파라미터로 선언한 카운트 값을 저장할 reg형 cnt_en_100hz의 비트 폭을 파라미터로 선언한다.

35행 ~ 38행 : iRESETn = 1일 때 조건식(cnt_en_100hz == VAL_CNT - 1)이 참이면 cnt_en_100hz = 1'b0으로 리셋하고, en_100hz = 1'b1이 된다.

39행 ~ 42행 : iRESETn = 1이고 조건식(cnt_en_100hz == VAL_CNT - 1)이 거짓이면, 카운터의 계수값은 1만큼 증가(cnt_clk = cnt_clk + 1)한다.

6.5.4. 활성화 신호를 생성하는 주파수 분주기의 테스트벤치와 시뮬레이션

모듈 6-5b의 활성화 신호를 생성하는 주파수 분주기를 검증하기 위해 테스트벤치 6-5b를 작성하고, 시뮬레이션을 실행한 후 결과를 확인해보자.

테스트벤치 6-5b

```
/* 100Hz 활성화 신호를 생성하는 주파수 분주기의 테스트벤치 */
`timescale  1us/10ns

module  tb_enable_sig;

   localparam   TCLK = 1000;      // TCLK = 1000 * 1us = 1ms

   reg      iCLK, iRESETn;
   wire     oENSIG;

   // 검증할 모듈을 이름에 의한 포트 맵핑으로 인스턴스화
   enable_sig  U0 (
      .iCLK      (iCLK),
      .iRESETn   (iRESETn),
      .oENSIG    (oENSIG));

   // 입력신호 생성
   initial   begin
      iCLK = 1; iRESETn = 1; #700;
      iRESETn = 0; #500;          // Active-Low reset
```

```
21          iRESETn = 1; #(TCLK*50);    // 1ms * 50 = 0.05sec
22          $stop;
23       end
24
25       always    #(TCLK/2)  iCLK = ~iCLK; // TCLK/2 = 500 * 1µs = 0.5ms마다 반전
26
27    endmodule
```

06행 : 예약어 'localparam'을 사용하여 클록의 주기를 TCLK = 1000으로 파라미터로 선언한다. 이때 참조시간 단위는 1µs이므로 TCLK = 1µs × 1000 = 1ms이다.

21행 : 25행의 always 문에서 1KHz 클록을 반복 생성하므로 21행의 0.05초 지연 후 시뮬레이션을 중지한다.

25행 : always 문을 사용하여 TCLK/2 = 0.5ms마다 iCLK를 반전시켜 주파수 분주기에 입력되는 기준 클록(1KHz)을 생성한다.

시뮬레이션 결과

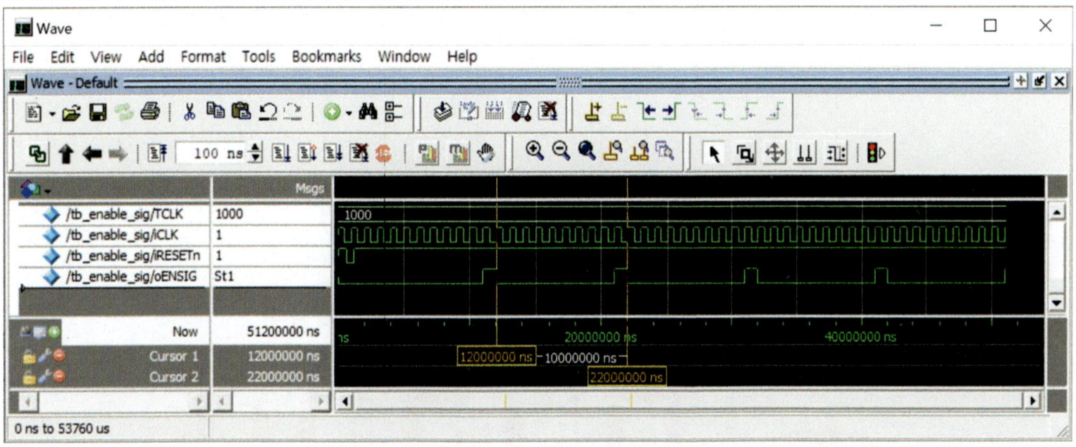

그림 6-32 주파수 분주기의 시뮬레이션 결과

그림 6-32는 1KHz의 기준 클록으로부터 100Hz의 활성화 신호를 생성하는 주파수 분주기를 모델링한 모듈 6-5b에 대한 시뮬레이션 결과이다. iRESETn의 하강엣지에서 주파수 분주기는 리셋되어 활성화 신호는 Low(0), 활성화 신호의 주기 생성을 위한 카운터 값(cnt_en_100hz)은 4'd0으로 리셋된다. iRESETn = 1일 때 클록의 상승엣지(클록의 주기, TCLK = ms)마다 카운터 값(cnt_en_100hz)은 0부터 9까지 1씩 증가한다. 카운터 값이 9(활성화 신호의 주기 TCLK = 10ms)가 되면, 카운터 값(cnt_en_100hz)은 4'd0으로 리셋, 활성화 신호는 다음 클록의 상승엣지(1ms 후)까지 High(1)를 유지하다가 다시 Low(0)가 된다. Active cursor를 추가하여 활성화 신호의 주기를 확인해 보면 TCLK = 10000000ns = 10ms라는 것을 알 수 있다. 시뮬레이션 결과로부터 모듈 6-5b가 그림 6-31의 활성화 신호를 생성하는 주파수 분주기를 오류 없이 모델링했음을 알 수 있다.

6.6 7-세그먼트 디코더

7-세그먼트 표시장치(7-segment display)는 숫자를 표시하기 위해 7개의 세그먼트와 1개의 소수점(DP: dot point)으로 구성된 출력장치로서 간단히 7-세그먼트 또는 FND(Flexible Numerical Display)라고도 한다. 각 세그먼트와 소수점은 모두 발광 다이오드(LED: Light Emmition Diode)로 숫자 모양과 소수점 표시를 할 수 있도록 배열되어 있다. 7-세그먼트 표시장치의 각 LED는 그림 6-33(a)와 같이 양극 단자인 애노드(anode)와 음극 단자인 캐소드(cathod)라는 2개의 단자를 갖는다. LED의 두 단자에 그림 6-33(b)와 같이 순방향 전압이 인가되면, LED는 도통(ON) 상태가 되어 전류가 흐르며 빛을 방출하는 성질을 이용하여 그림 6-34와 같이 숫자를 표현할 수 있다. 반면, LED의 두 단자에 그림 6-33(c)와 같이 역방향 전압이나 같은 전압이 인가되면 LED는 전류가 흐르지 않는 차단(OFF) 상태가 되어 빛을 방출하지 않는다.

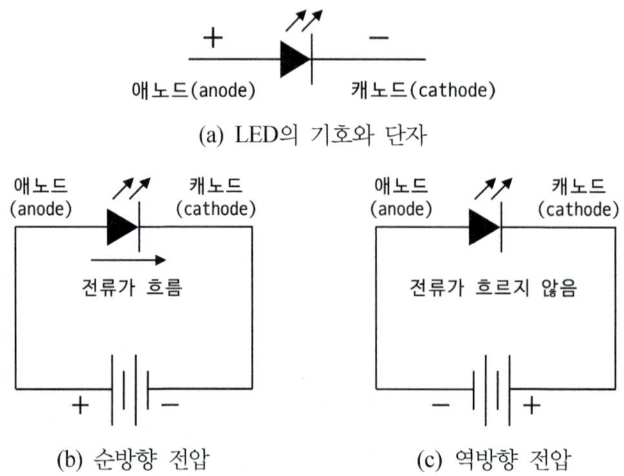

그림 6-33 LED의 단자 구성과 전압 인가 방향에 따른 동작

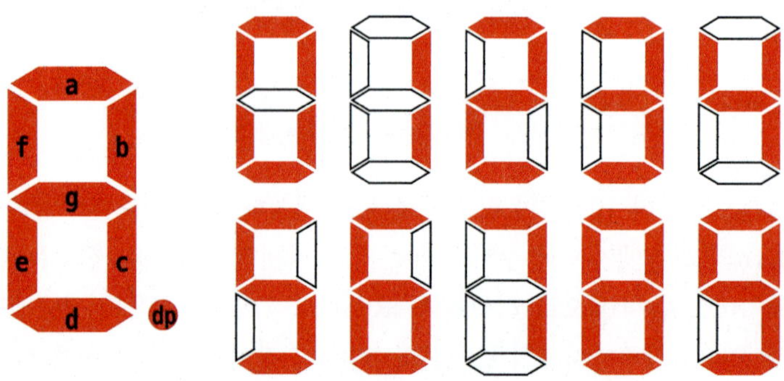

그림 6-34 7-세그먼트 표시장치의 숫자 표현

그림 6-35와 같이 7-세그먼트 표시장치의 내부 LED는 한쪽 단자가 공통으로 묶여 있으며, 다른 쪽 단자는 서로 연결되어 있지 않다. 서로 연결되지 않은 8개의 단자는 각각의 세그먼트와 소수점을 제어하는 신호 단자이다. 7-세그먼트 표시장치는 2가지 유형으로 나뉘며, 세그먼트(LED)의 양극 단자(anode)가 공통으로 묶여 있는 것을 공통 양극 방식(CA-type : Common Anode type)이라 하고, 반대로 음극 단자(cathode)가 공통으로 묶여 있는 것을 공통 음극 방식(CC-type : Common Cathode type)이라고 한다.

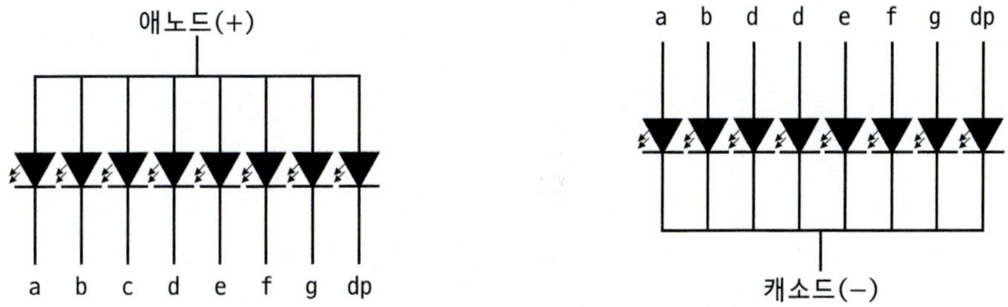

(a) 공통 양극 방식(CA-type) (b) 공통 음극 방식(CC-type)

그림 6-35 7-세그먼트 표시장치의 내부 회로

CA-type은 공통인 양극 단자(anode)에 High(1)를, 8개의 제어신호(a, b, c, d, e, f, g, dp)에 Low(0)를 인가하면, 각 LED에 순방향 전압이 걸리게 되어 빛을 방출(ON)한다. 반면 CC-type은 공통인 음극 단자(cathod)에 Low(0)를, 8개의 제어신호에 High(1)를 인가하면 순방향 전압에 의해 빛을 방출(ON)한다. 따라서 7-세그먼트 표시장치의 유형에 따라 공통 단자와 제어 단자에 순방형 전압이 걸리도록 High(1) 또는 Low(0)를 선택적으로 인가함으로써 원하는 숫자를 표현할 수 있다. 예를 들어 CA-type의 7-세그먼트 표시장치에 숫자 5를 표현하고자 한다면, 그림 6-36처럼 공통 단자인 애노드(+)에 High(1)을 인가하고, 숫자 5에 해당하는 제어신호 단자(a, c, d, f, g)에 Low(0)을 인가하고 나머지 제어신호 단자(b, e, dp)에 High(1)를 인가하면 된다. 즉, 숫자 5를 표현하기 위한 제어신호는 abcd_efg(dp) = 8'b0100_1001이다. 만약 7-세그먼트가 CC-type이라면 공통 단자에 Low(0)를 인가하고, 제어단자에는 CA-type에서 인가한 제어신호의 반전값인 abcd_efg(dp) = 8'b1011_0110을 인가하면 된다.

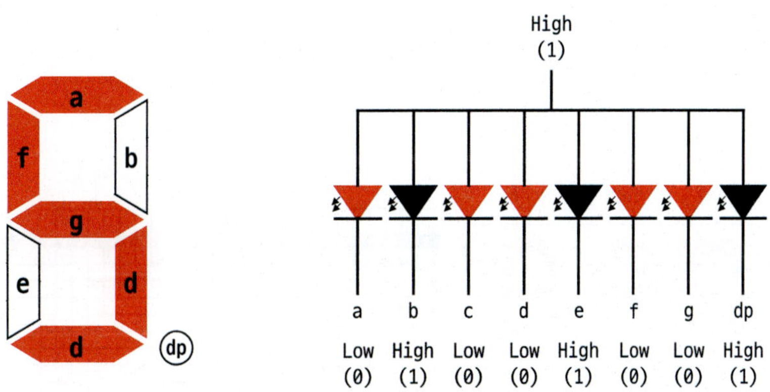

그림 6-36 공통 양극 방식(CA-Type)의 7-세그먼트 표시장치에 숫자 5를 표시

그림 6-36의 1자리 7-세그먼트 표시장치는 각 세그먼트를 제어하기 위해 총 9개의 제어신호, 즉 공통 단자(애노드 또는 캐소드)와 8개의 제어신호(a ~ g, dp)가 필요하다. 만약 4자리 숫자를 7-세그먼트 표시장치에 표현한다면 4개의 1자리 7-세그먼트 표시장치가 필요하므로 각각의 공통 단자와 제어신호를 모두 따로 제어한다면 총 36개의 제어신호가 필요하다. 이러한 방식은 가능하지만, 너무 많은 제어신호를 사용해야 하므로 비효율적이다. 따라서 4자리 7세그먼트 표시장치는 제어신호의 수를 줄이기 위해서 그림 6-37과 같이 각 7-세그먼트 표시장치의 8개의 제어신호(a ~ g, dp)가 서로 연결된 회로 구조를 사용한다.

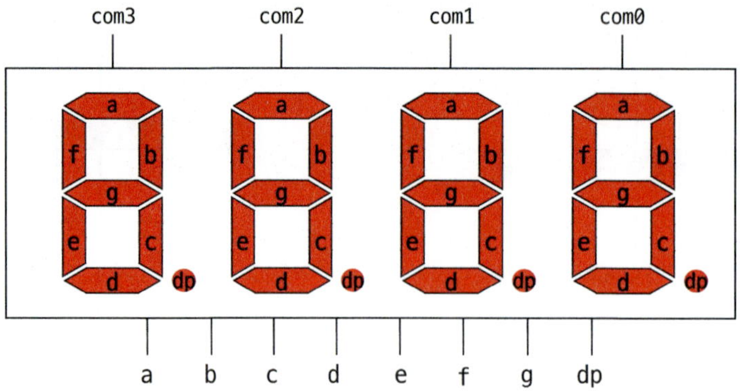

(a) 제어신호

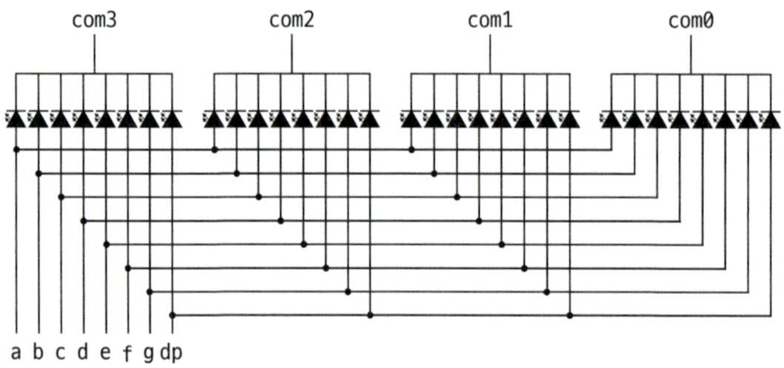

(b) 내부 회로

그림 6-37 공통 음극 방식의 4자리 7-세그먼트 표시장치

그림 6-37에서 각 자릿수에 해당하는 7-세그먼트 표시장치의 제어신호는 서로 연결되어 있으므로 모든 자릿수는 그림 6-38과 같이 인가한 제어신호에 해당하는 숫자가 동시에 표현된다.

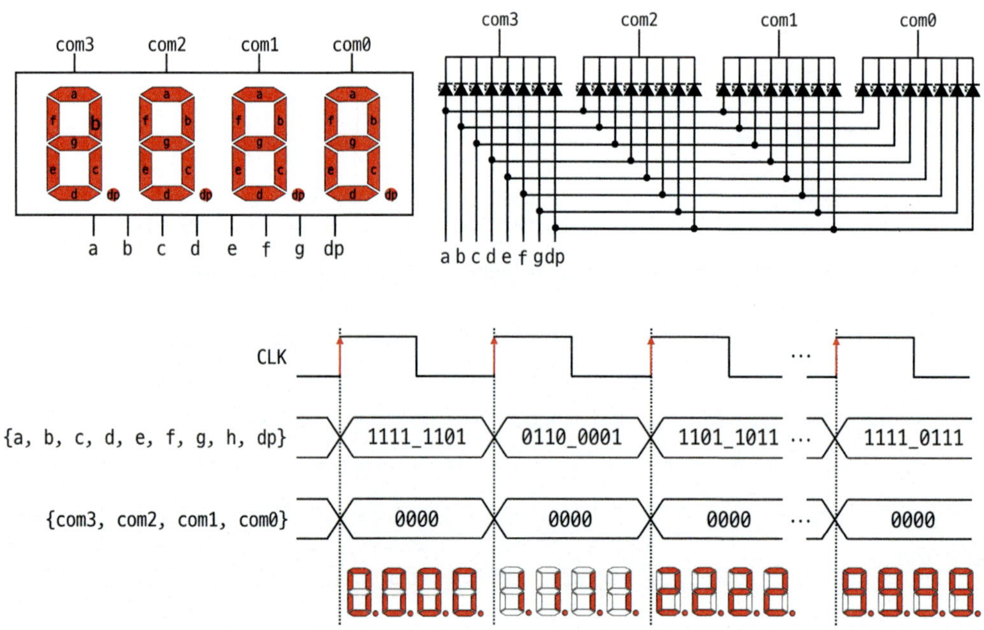

그림 6-38 같은 숫자를 표현되는 4자리 7-세그먼트 표시장치(CC-Type)의 동작

6.6.1. 공통 음극 방식의 4자리 7-세그먼트 제어기의 모듈

그림 6-39와 표 6-12는 BCD 코드를 입력받아 공통 음극 방식의 7-세그먼트 표시장치에 입력받은 BCD 코드의 숫자를 표현하는 7-세그먼트 제어기의 심볼과 진리표이다.

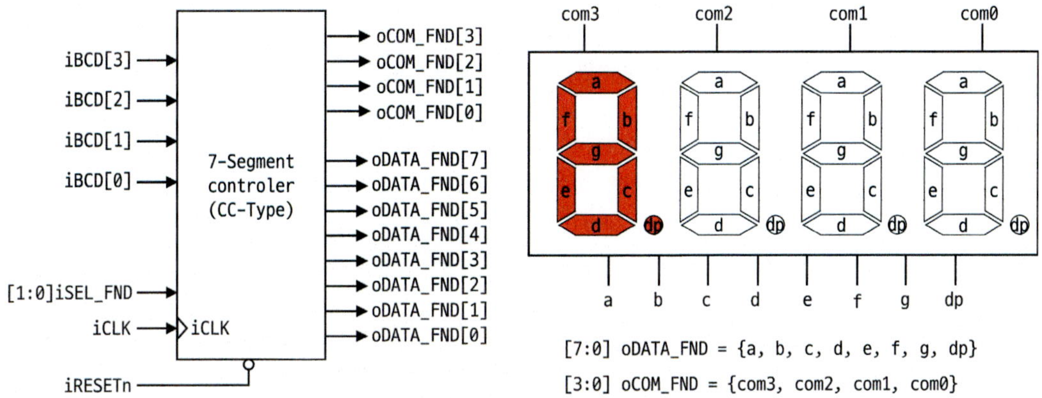

그림 6-39 공통 음극 방식의 7-세그먼트 표시장치의 제어기

표 6-12 공통 음극 방식의 7-세그먼트 제어기의 진리표

10진수	BCD 입력				출력									비고
	iCLK	iRESETn	iSEL_FND	iBCD	[7:0]oDATA_FND								oCOM_FND	
					a	b	c	d	e	f	g	dp		
-	x	0	x	x	1	1	1	1	1	1	1	1	0000	
-	↑	1	00	-	bcd 입력에 해당하는 8비트 2진 코드								1110	FND 선택기
-	↑	1	01										1101	
-	↑	1	10										1011	
-	↑	1	11										0111	
0	↑	1	-	0000	1	1	1	1	1	1	0	0	-	FND 디코더
1	↑	1	-	0001	0	1	1	0	0	0	0	0	-	
2	↑	1	-	0010	1	1	0	1	1	0	1	0	-	
3	↑	1	-	0011	1	1	1	1	0	0	1	0	-	
4	↑	1	-	0100	0	1	1	0	0	1	1	0	-	
5	↑	1	-	0101	1	0	1	1	0	1	1	0	-	
6	↑	1	-	0110	1	0	1	1	1	1	1	0	-	
7	↑	1	-	0111	1	1	1	0	0	0	0	0	-	
8	↑	1	-	1000	1	1	1	1	1	1	1	0	-	
9	↑	1	-	1001	1	1	1	0	0	1	1	0	-	

↑ : 클록의 상승엣지 트리거
1 : High / 0 : Low
x : unknown or don't care

Quartus Prime에서 프로젝트 마법사를 사용하여 다음과 같이 프로젝트 생성하고, 그림 6-39와 표 6-12를 참고하여 모든 자릿수에 0부터 9까지의 숫자를 표현하는 공통 음극 방식의 4자리 7-세그먼트 표시장치의 제어기를 행위 수준으로 모델링해보자.

- 프로젝트 디렉토리 : ./projects/ch6/fnd/fnd_controler
- 프로젝트 이름 : fnd_controler(최상위 설계 엔터티의 이름은 자동 설정됨)
- 타겟 디바이스 설정 : 학습용 키트를 참고하여 설정, 없으면 임의로 설정해도 됨

모듈 6-6a는 CC-type 4자리 7-세그먼트에 같은 숫자를 표시하는 7-세그먼트 제어기를 행위 수준으로 모델링한 모듈 코드이다. 4자리 7세그먼트에 모두 같은 숫자를 표현하는 것은 1자리 7-세그먼트 제어기로 볼 수 있으며, 일반적으로 클록을 사용하지 않는 조합회로로 모델링하지만, 4자리 7-세그먼트에 서로 다른 숫자를 표현할 수 있는 7-세그먼트 제어기[22]는 클록에 동기되어 동작하는 순차회로로 모델링한다.

모듈 6-6a

```
/* CC-type 4자리 7-세그먼트 제어기의 모듈 */

module fnd_controler (
   iCLK,          // 클록 신호
   iRESETn,       // Active-Low 리셋
   iBCD,          // 디코더의 BCD 입력
   oCOM_FND,      // FND의 공통 단자(출력)
   oDATA_FND);    // 7-세그먼트 표시장치의 제어신호

   input            iCLK, iRESETn;
   input     [3:0] iBCD;
   output    [3:0] oCOM_FND;
   output    [7:0] oDATA_FND;

   reg       [7:0] data_fnd;

   always @ (posedge iCLK or negedge iRESETn) begin
      if (!iRESETn)
         data_fnd <= 8'b1111_1111;
      else
         case(iBCD)
            // FND 제어신호(1일 때 ON),  abcd_efgdp,
            4'd0    :  data_fnd   <=   8'b1111_1100;
            4'd1    :  data_fnd   <=   8'b0110_0000;
            4'd2    :  data_fnd   <=   8'b1101_1010;
            4'd3    :  data_fnd   <=   8'b1111_0010;
            4'd4    :  data_fnd   <=   8'b0110_0110;
            4'd5    :  data_fnd   <=   8'b1011_0110;
            4'd6    :  data_fnd   <=   8'b1011_1110;
            4'd7    :  data_fnd   <=   8'b1110_0100;
            4'd8    :  data_fnd   <=   8'b1111_1110;
            4'd9    :  data_fnd   <=   8'b1110_0110;
            default :  data_fnd   <=   8'b1111_1111;
      endcase
   end

```

```
37       assign oCOM_FND = 4'b0000;
38       assign oDATA_FND = data_fnd;
39
40    endmodule
```

17행 ~ 35행 : 클록의 상승엣지 또는 리셋 신호의 하강엣지에서 always 문 내부의 문장이 처리된다. 이때 7-세그먼트 표시장치의 제어신호(data_fnd)에는 case 문에 의해 iBCD 입력에 해당하는 8비트 2진 코드가 할당된다. 만약 조합회로로 모델링한다면 04행과 05행을 생략하고 17행을 'always @(iBCD)'와 같이 작성한다. 또한 18행 ~ 19행을 생략하고, 21행 ~ 33행의 case 문에서 논블록킹 할당연산자(<=) 대신 블록킹 할당연산자(=)을 사용하면 된다.

6.6.2. 7-세그먼트 제어기의 테스트벤치와 시뮬레이션

모듈 6-6a의 4자리 7-세그먼트 제어기를 검증하기 위해 테스트벤치 6-6a를 작성하고, 시뮬레이션을 실행한 후 결과를 확인해보자.

테스트벤치 6-6a

```
/* 공통 음극 방식의 BCD-7세그먼트 제어기의 테스트벤치 */
`timescale  1ns/10ps

module  tb_fnd_controler;
   localparam   TCLK = 100;     // TCLK = 100 * 1ns = 100ns

   reg          iCLK, iRESETn;
   reg   [3:0] iBCD;
   wire  [3:0] oCOM_FND;
   wire  [7:0] oDATA_FND;

   integer     i;

   // 검증할 모듈을 이름에 의한 포트 맵핑으로 인스턴스화
   fnd_controler U0 (
      .iCLK        (iCLK),
      .iRESETn     (iRESETn),
      .iBCD        (iBCD),
      .oCOM_FND    (oCOM_FND),
      .oDATA_FND   (oDATA_FND));

   // 입력신호 생성
   initial   begin
      iCLK = 1; iRESETn = 1; iBCD = 4'd0; #(TCLK/2);
      iRESETn = 0; #(TCLK/2);   // Active-Low reset
      iRESETn = 1;
      for (i = 0; i < 11; i = i + 1) begin
         #(TCLK);
         if (iBCD == 9)
            iBCD = 4'b0;
         else
            iBCD = iBCD + 4'd1;
      end
```

22) 2자리 이상의 7-세그먼트에 서로 다른 숫자를 표현할 수 있는 제어기를 동적 디스플레이를 위한 7-세그먼트 제어기라고 한다.

```
34          $stop;
35      end
37
38      always   #(TCLK/2) iCLK = ~iCLK; // 50n에서 반전, 10MHz 클록 생성
39
40  endmodule
```

05행 : 클록의 주기(TCLK)를 파라미터로 선언한다.

12행 : 예약어 integer를 사용하여 25행~31행의 for 문에서 사용할 정수형 변수를 선언한다.

23행~35행 : iCLK, iRESETn, iBCD 등 7-세그먼트 제어기의 입력신호를 생성한다. 27행~33행에서 for 문을 사용하여 입력신호인 iBCD를 클록의 주기마다 0에서 9까지 1씩 증가시킨다.

34행 : 35행의 always 문에서 100ns 주기(= 10MHz 주파수)의 클록을 반복 생성하므로 27행의 정수형 변수에 대한 조건 (i < 12)이 거짓이 되면 시뮬레이션을 중지한다.

38행 : always 문을 사용하여 TCLK/2 = 50ns마다 iCLK를 반전시켜 10MHz 클록을 생성한다.

시뮬레이션 결과

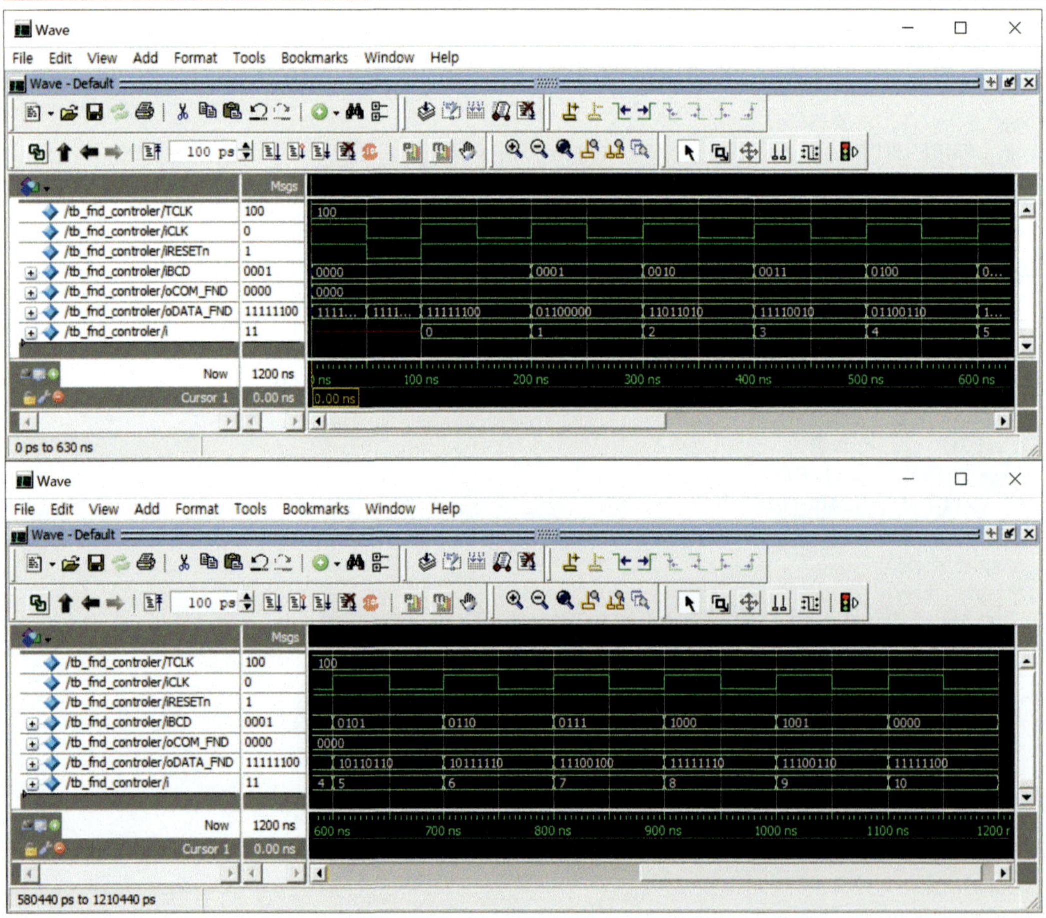

그림 6-40 4자리 CC-type 7-세그먼트 제어기의 시뮬레이션 결과

그림 6-40은 4자리 CC-type 7-세그먼트 제어기를 모델링한 모듈 6-6a에 대한 시뮬레이션 결과이다. iRESETn의 하강엣지에서 제어기는 리셋 되어 iBCD 입력과 상관없이 8'b1111_1111을 제어신호(oDATA_FND)로 출력한다. 이때 7-세그먼트의 공통 단자에 oCOM_FND = 4'b0000을 전달하므로 각 자릿수의 공통 단자(com0 ~ com3)에는 Low(0), 세그먼트(LED) 제어단자(a ~ dp)에 High(1)이 전달되어 모든 세그먼트와 소수점(dp)은 순방향 전압이 인가되어 발광하게 된다. iRESETn = 1일 때 클록의 상승엣지마다 0부터 9까지 1씩 증가하는 iBCD 입력에 해당하는 제어신호를 출력한다. 시뮬레이션 결과로부터 모듈 6-6a는 그림 6-39의 7-세그먼트 제어기를 오류 없이 모델링했음을 알 수 있다.

6.6.3. 7-세그먼트 표시장치를 이용한 4자리 BCD 증가 카운터의 모듈

4자리 7-세그먼트 표시장치의 실제 응용에서 각 자릿수에 서로 다른 숫자를 표시하는 것이 일반적이며, 이를 위해 잔상효과(afterimage effect)를 활용한다. 동영상은 조금씩 변화하는 여러 장의 정지 영상(사진)으로 구성된다. 각각의 정지 영상을 프레임(frame)이라 부르며, 1초 동안의 프레임 수를 초당 프레임 수(fps; frame per second)라는 단위로 나타낸다. 우리 눈은 20fps 이상의 속도로 정지 영상을 반복하여 볼 때 끊김이 없는 연속적인 영상이라고 느낀다. 따라서 정지된 장면을 조금씩 변화시키며 빠르게 반복하면 현재 보고 있는 장면이 망막에 남아 다음 장면에 겹쳐 보이는 것 같은 효과를 줄 수 있다. 이에 따라 움직이는 장면을 보는 것과 비슷한 착각을 하게 된다. 이러한 현상을 잔상효과라 한다. 잔상효과를 이용하여 그림 6-39의 공통 음극 방식(CC-Type)의 4자리 7-세그먼트 표시장치를 제어할 때 8개의 제어신호(a, b, c, d, e, f, g, dp)에 표시하고자 하는 숫자에 해당하는 High(1) 값을 인가한다. 이때 공통 단자인 com0 ~ com3 중 하나만 선택하여 Low(0) 값을 인가하고 나머지 공통 단자에는 High(1)를 인가한다. 따라서 공통 단자에 Low(0)를 인가한 하나의 자릿수에 해당하는 7-세그먼트에 순방향 전압이 인가되어 숫자가 표현되지만, High(1)를 인가한 나머지 3개 자릿수에는 숫자가 표현되지 않는다. 7-세그먼트의 4개 공통 단자에 대해 이러한 과정을 차례로 빠르게 반복하면 각 자릿수에 서로 다른 숫자를 표시할 수 있다.

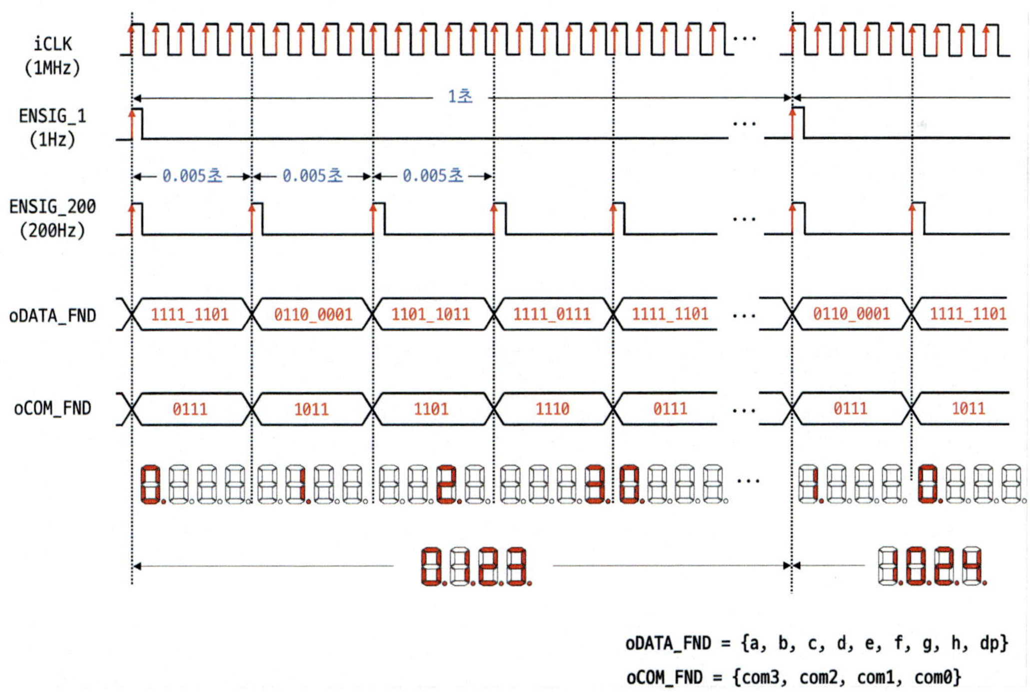

그림 6-41 서로 다른 숫자를 표시하는 4자리 7-세그먼트 표시장치(CC-Type)의 동작

그림 6-41은 잔상효과를 활용하여 CC-type 4자리 7-세그먼트 표시장치에 서로 다른 숫자를 표현하는 방법이다. 4자리 7-세그먼트 표시장치의 각 자릿수는 클록의 상승엣지에서 표현하고자 하는 숫자에 해당하는 제어신호를 인가하고 해당 자릿수의 공통 단자를 선택한다. 이때 잔상효과를 활용하기 위해 각 자릿수의 공통 단자에는 1초에 약 20번 이상 반복적으로 선택하여 Low(0)를 인가해야 한다. 따라서 4자리 7-세그먼트의 각 자릿수를 선택하기 위해 사용하는 활성화 신호(enable signal)의 주기는 1/(20×4) = 0.0125초보다 작아야 한다. 즉, 활성화 신호의 주파수는 $f_{ENSIG} \geq$ 80Hz($\approx$ 1/0.0125)이어야 한다. 실제 20fps의 프레임 속도(f_{ENSIG} = 80Hz)를 사용하면, 동영상의 끊김을 느낄 수 있으므로 일반적으로 30fps 이상의 빠른 프레임 속도($f_{ENSIG} \geq$ 120Hz)를 사용하는 것이 좋다. 그림 6-41은 4자리 7세그먼트 표시장치에 '0123'이라는 숫자를 표현하기 위해 활성화 신호(ENSIG_200)의 주기를 0.005초(f_{ENSIG} = 200Hz)로 설정한 예시이다. 200Hz의 클록(ENSIG_200)에 동기된 oCOM_FND 신호는 각 자릿수의 공통 단자(com0 ~ com3) 중 하나를 선택하고, 선택된 순간에 표현하고자 하는 숫자에 해당하는 제어신호(8비트 2진 코드)를 인가한다. oCOM_FND = 4'b0111은 1000의 자리에 해당하는 7-세그먼트를 선택하고, 이때 숫자 0(소숫점 포함)에 해당하는 8비트 2진 코드(oDATA_FND = 8'b1111_1101)를 제어신호로 전송한다. 이후 100의 자리(oCOM_FND = 4'b1011), 10의 자리(oCOM_FND = 4'b1101), ... 등 차례로 각 자릿수의 공통 단자를 선택하고 원하는 숫자에 해당하는 제어신호의 전송을 반복하면 된다.

그림 6-42는 0부터 9999까지 증가하는 동기식 증가 카운터의 계수값을 입력으로 받아 7-세그먼트 표시장치에 표현하는 BCD 카운터의 회로도이다. 내부 회로는 1MHz 기준 클록(iCLK)의 상승엣지와 iRESETn의 하강엣지에 동기되어 있다. 주파수 분주기의 2개 출력 oEN_200과 oEN_1은 그림 6-31에서 설명한 활성화 신호이다. 200Hz 주파수의 oEN_200은 7-세그먼트 제어기에서 각 자릿수의 공통 단자 선택을 위한 출력신호인 oCOM_FND를 제어하는 입력신호(iEN_200)로 사용된다. 1Hz 주파수의 oEN_1은 BCD 증가 카운터에서 계수값(oDATA_CNT)을 1초마다 1씩 증가시키기 위한 입력신호(iEN_1)로 사용된다. BCD 증가 카운터의 계수값은 oDATA_CNT로 출력되어, 7-세그먼트 제어기의 BCD 입력(iBCD)으로 전달된다. 7-세그먼트 제어기는 iEN_200의 상승엣지마다 4자리 7-세그먼트의 자릿수를 선택하는 공통 단자 선택 신호(oCOM_FND)를 출력한다. 또한 BCD 증가 카운터로부터 전달받은 계수값(oDATA_CNT)에 해당하는 숫자를 표현하는 7-세그먼트 제어신호(oDATA_FND)를 출력한다.

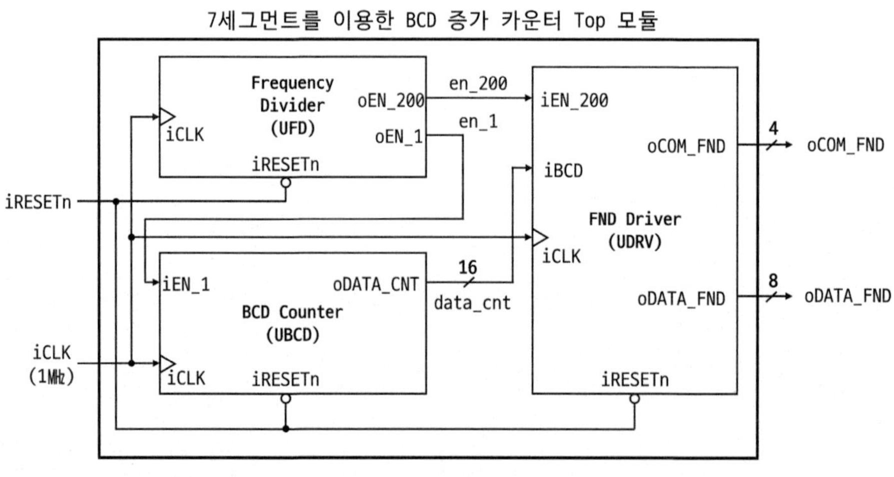

그림 6-42 7-세그먼트 표시장치를 이용한 4자리 BCD 증가 카운터

Quartus Prime에서 프로젝트 마법사를 사용하여 다음과 같이 프로젝트를 생성하고, 그림 6-42를 참고하여 CC-type 7-세그먼트 표시장치를 이용한 4자리 BCD 증가 카운터를 모델링해보자.

- 프로젝트 디렉토리 : ./projects/ch6/fnd/counter_4digit
- 프로젝트 이름 : counter_4digit(최상위 설계 엔터티의 이름은 자동 설정됨)
- 타겟 디바이스 설정 : 학습용 키트를 참고하여 설정, 없으면 임의로 설정해도 됨

❑ CC-type 7-세그먼트를 이용한 4자리 BCD 카운터의 최상위 모듈

모듈 6-6b는 하위모듈(모듈 6-6c ~ 모듈 6-6e)을 이용하여 구조적 방법으로 모델링한 4자리 BCD 카운터의 최상위 엔터티(top-level entity) 모듈 코드이다. 하위모듈은 이름에 의한 맵핑 방법을 사용하여 인스턴화한다.

모듈 6-6b

```
01   /* 7세그먼트(FND)를 이용한 4자리 BCD 카운터의 Top 모듈 */
02
03   module  counter_4digit (
04      iCLK,        // 1MHz 기준 클록
05      iRESETn,     // Active-Low reset
06      oDATA_FND,   // FND 표시를 위한 8비트 데이터 출력 데이터
07      oCOM_FND);   // FND 자릿수 선택을 위한 공통 단자, 4비트 출력신호
08
09      input           iCLK, iRESETn;
10      output   [7:0]  oDATA_FND;   // FND 표시를 위한 제어신호(a ~ dp) 데이터
11      output   [3:0]  oCOM_FND;
12
13      wire            en_200;     // FND 선택을 위한 200Hz enable 신호
14      wire            en_1;       // BCD 증가 카운터를 위한 1Hz enable 신호
15      wire     [15:0] data_cnt;   // BCD 증가 카운터의 계수(counting) 값
16
17      freq_div_fnd  UFD (
18         .iCLK      (iCLK),
19         .iRESETn   (iRESETn),
20         .oEN_200   (en_200),
21         .oEN_1     (en_1));
22
23      bcd_cnt  UBCD (
24         .iCLK        (iCLK),
25         .iRESETn     (iRESETn),
26         .iEN_1       (en_1),
27         .oDATA_CNT   (data_cnt));
28
29      drv_fnd4  UDRV (
30         .iCLK        (iCLK),
31         .iRESETn     (iRESETn),
32         .iEN_200     (en_200),
33         .iBCD        (data_cnt),
34         .oCOM_FND    (oCOM_FND),
35         .oDATA_FND   (oDATA_FND));
36
37   endmodule
```

13행 ~ 15행 : counter_4digit는 freq_div_fnd(UFD), bcd_cnt(UBCD), drv_fnd(UDRV)를 인스턴스화하여 구조적 모델링한 최상위 모듈(최상위 엔터티)이다. 내부 회로의 연결을 위한 신호들을 wire로 선언한다. 15행의 16비트 data_cnt는 4자리

BCD 카운터의 출력으로 oDATA_CNT[15:12]는 1000의 자리 숫자, oDATA_CNT[11:8]는 100의 자리 숫자, oDATA_CNT[7:4]는 10의 자리 숫자, oDATA_CNT[3:0]는 1의 자리 숫자에 해당하는 BCD 코드이다.

❑ 원하는 주파수의 활성화 신호를 생성하는 주파수 분주기의 모듈

모듈 6-6c는 모듈 6-5b를 참고하여 1MHz의 기준 클록으로부터 200Hz와 1Hz 주파수의 활성화 신호를 생성하는 주파수 분주기의 모듈이다.

모듈 6-6c

```
/* 기준 클록으로부터 원하는 주파수의 활성화 신호를 생성하는 주파수 분주기 */

module freq_div_fnd (
   iCLK,       // 1MHz 기준 클록
   iRESETn,    // Active-Low reset
   oEN_200,    // 200Hz 활성화 신호
   oEN_1);     // 1Hz 활성화 신호

   /* ------------------------------------------------------------- */
   /*  원하는 주파수의 활성화 신호 생성을 위한 파라미터 값 계산          */
   /*                                                               */
   /*  기준 클록의 주파수 : freq_ref = 1,000,000Hz (1MHz)              */
   /*  원하는 활성화 신호의 주파수 : freq_en200 = 200Hz                 */
   /*  원하는 활성화 신호의 주파수 : freq_en1 = 1Hz                     */
   /*  생성 신호 주기에 해당 계수값 :                                  */
   /*             VAL_CNT200 = freq_ref/freq_en200 = 5,000           */
   /*             VAL_CNT1 = freq_ref/freq_en1 = 1,000,000           */
   /*  VAL_CNT 저장에 필요한 비트 수를 확인하여 VAL_CNT를 파라미터 선언   */
   /*             localparam   VAL_CNT200 = 13'd5000                 */
   /*             localparam   VAL_CNT1 = 20'd1000000                */
   /* ------------------------------------------------------------- */

   localparam   VAL_CNT200 = 13'd5000;   // 카운트 값을 파라미터 선언
   localparam   VAL_CNT1 = 20'd1000000;  // 카운트 값을 파라미터 선언

   input        iCLK, iRESETn;
   output       oEN_200;
   output       oEN_1;

   reg   [12:0] cnt_en_200;   // 200Hz 활성화 신호 생성을 위한 카운터
   reg   [19:0] cnt_en_1;     // 1hz 활성화 신호 생성을 위한 카운터
   reg          en_200;       // 200Hz 활성화 신호
   reg          en_1;         // 1Hz 활성화 신호

   // Frequency divider(1MHz → 200Hz) : FND의 com 선택을 위한 enable signal
   always @ (posedge iCLK or negedge iRESETn)  begin
      if (!iRESETn)  begin    // 비동기 리셋
         cnt_en_200   <= 0;   // cnt_en_200는 리셋(low, 0)
         en_200       <= 0;   // en_200는 리셋(low, 0)
      end
      else if (cnt_en_200 == VAL_CNT200 - 1) begin // 1us*5,000 = 0.005sec
         cnt_en_200   <=  0;  // 0.005초마다 cnt_en_200는 low(0)로 리셋
```

```
43            en_200       <=  1;  // 0.005초마다 en_200는 1us 동안 high(1)로 셋
44         end
45         else begin
46            cnt_en_200   <=  cnt_en_200 + 1'b1;
47            en_200       <=  0;  // en_200hz 신호 low(0) 유지
48         end
49      end
50
51      // Frequency divider(1MHz → 1Hz) : BCD 카운터를 위한 enable signal
52      always @ (posedge iCLK or negedge iRESETn)  begin
53         if (!iRESETn)  begin    // 비동기 리셋
54            cnt_en_1     <= 0;   // cnt_en_1은 리셋(low, 0)
55            en_1         <= 0;   // en_200는 리셋(low, 0)
56         end
57         else if (cnt_en_1 == VAL_CNT1 - 1)  begin  // 1us * 1,000,000 = 1sec
58            cnt_en_1     <= 0;   // 1초마다 cnt_en_1은 low(0)로 리셋
59            en_1         <= 1;   // 1초마다 en_1은 1us 동안 high(1)로 셋
60         end
61         else begin
62            cnt_en_1     <= cnt_en_1 + 1'b1;
63            en_1         <= 0;
64         end
65      end
66
67      assign   oEN_200 = en_200;
68      assign   oEN_1 = en_1;
69
70   endmodule
```

23행 ~ 24행 : 23행에서 예약어 'localparam'을 사용하여 200Hz 주파수의 활성화 신호를 생성하기 위한 계수값을 파라미터로 선언한다. 1MHz의 기준 클록의 주기는 1μs이며 200Hz의 활성화 신호의 주기는 5ms이다. 따라서 5ms 동안 기준 클록 주기(1μs)는 5,000번 반복되므로 카운터의 계수값을 0부터 VAL_CNT200 - 1(= 4,999)까지 세면된다. 이를 위해 계수값을 저장하는 카운터(cnt_en_200)의 비트 폭은 13비트 이상으로 설정해야 한다. 24행은 예약어 'localparam'을 사용하여 1Hz 주파수의 활성화 신호를 생성하기 위한 카운터의 계수값을 파라미터로 선언한다. 23행과 비슷하게 1Hz의 활성화 신호의 주기인 1초 동안 기준 클록 주기(1μs)는 1,000,000번 반복되므로 계수값을 0부터 VAL_CNT1 - 1(= 999,999)까지 세면되며, 카운터의 비트 폭은 20비트 이상으로 설정한다.

35행 ~ 49행 : 200Hz 주파수의 활성화 신호를 생성하는 always 문으로 기준 클록의 상승엣지 또는 iRESETn의 하강엣지마다 if ~ else 문이 처리된다. 37행에서 iRESETn = 0이면 카운터(cnt_en_200)와 활성화 신호(en_200)를 Low(0)로 초기화(리셋)한다. 41행에서 iRESETn ≠ 0이고 카운터의 계수값(cnt_en_200)이 VAL_CNT200 - 1(= 4,999)이면, 계수값은 0으로 리셋 되고 활성화 신호는 High(1)가 된다. 이때 활성화 신호는 다음 클록의 상승엣지까지, 즉 기준 클록의 주기(1μs) 동안 1을 유지한다. 45행에서 iRESETn ≠ 0이고 cnt_en_200 ≤ VAL_CNT200 - 1이면, 카운터의 계수값은 1만큼 증가하고 활성화 신호는 다시 Low(0)가 된다.

51행 ~ 65행 : 1Hz 주파수의 활성화 신호를 생성하는 always 문으로 내부 동작은 35행 ~ 49행과 유사한 방법으로 모델링한다.

❑ 4자리 BCD 카운터의 모듈

모듈 6-6d는 1MHz의 기준 클록에 동기 되어 1Hz 주파수의 활성화 신호가 High(1)일 때 1씩 증가하는 BCD 카운터의 모듈이다.

모듈 6-6d

```
/* 4자리 BCD 증가 카운터 */

module bcd_cnt (
   iCLK,          // 1MHz 기준 클록
   iRESETn,       // Active-Low reset
   iEN_1,         // 1Hz Enable 신호
   oDATA_CNT);    // 4자릿수 BCD 카운터의 계수값(16비트)

   input          iCLK, iRESETn;
   input          iEN_1;
   output   [15:0] oDATA_CNT;

   reg      [3:0]  arr_cnt [3:0];  // 4비트 벡터 4개로 구성된 4x4 배열

   always @ (posedge iCLK or negedge iRESETn)  begin
      if (!iRESETn) begin   // 비동기식 4자리 BCD 카운터의 리셋
         arr_cnt[0] <= 0;   // 일의 자리 BCD 카운터 값
         arr_cnt[1] <= 0;   // 십의 자리 BCD 카운터 값
         arr_cnt[2] <= 0;   // 백의 자리 BCD 카운터 값
         arr_cnt[3] <= 0;   // 천의 자리 BCD 카운터 값
      end
      else if (iEN_1 == 1)  // clk에 동기된 1Hz 신호로 BCD 카운터값 증가
         casex({arr_cnt[3], arr_cnt[2], arr_cnt[1], arr_cnt[0]})
            {4'h9, 4'h9, 4'h9, 4'h9} :  begin  // 4자릿수 카운터값 = 9999
               arr_cnt[3] <= 0;
               arr_cnt[2] <= 0;
               arr_cnt[1] <= 0;
               arr_cnt[0] <= 0;
            end
            {4'hx, 4'h9, 4'h9, 4'h9} :  begin  // 4자릿수 카운터값 = x999
               arr_cnt[3] <= arr_cnt[3] + 4'h1;
               arr_cnt[2] <= 0;
               arr_cnt[1] <= 0;
               arr_cnt[0] <= 0;
            end
            {4'hx, 4'hx, 4'h9, 4'h9} :  begin  // 4자릿수 카운터값 = xx99
               arr_cnt[3] <= arr_cnt[3];
               arr_cnt[2] <= arr_cnt[2] + 4'h1;
               arr_cnt[1] <= 0;
               arr_cnt[0] <= 0;
            end
            {4'hx, 4'hx, 4'hx, 4'h9} :  begin  // 4자릿수 카운터값 = xxx9
               arr_cnt[3] <= arr_cnt[3];
               arr_cnt[2] <= arr_cnt[2];
               arr_cnt[1] <= arr_cnt[1] + 4'h1;
               arr_cnt[0] <= 0;
```

```
47                  end
48               default                    :  begin
49                  arr_cnt[3] <= arr_cnt[3];
50                  arr_cnt[2] <= arr_cnt[2];
51                  arr_cnt[1] <= arr_cnt[1];
52                  arr_cnt[0] <= arr_cnt[0] + 4'h1;
53               end
54            endcase
55         else begin
56            arr_cnt[3] <= arr_cnt[3];
57            arr_cnt[2] <= arr_cnt[2];
58            arr_cnt[1] <= arr_cnt[1];
59            arr_cnt[0] <= arr_cnt[0];
60         end
61      end
62
63      // FND에 표시할 BCD 카운트 값: 천의 자리, 백의 자리, 십의 자리, 일의 자리
64      assign oDATA_CNT = {arr_cnt[3], arr_cnt[2], arr_cnt[1], arr_cnt[0]};
65
66   endmodule
```

13행 : 4자릿수 BCD 카운터의 계수값을 저장하는 4 × 4 배열로, 4비트 BCD 코드 4개를 저장할 수 있다.

15행 ~ 61행 : 기준 클록의 상승엣지 또는 iRESETn의 하강엣지마다 always 문의 내부 문장을 처리한다. 16행 ~ 21행에서 iRESETn = 0이면 BCD 카운터의 계수값을 저장하는 배열의 각 주소 번지에 해당하는 4비트 벡터에 4'b000이 할당된다. 22행 ~ 54행은 if 문 내에서 casex 문을 사용하여 모델링한 BCD 카운터이다. 22행의 iRESETn = 1이고 활성화 신호가 iEN_1 = 1이면, 23행 ~ 54행의 casex 문의 내용이 처리된다. casex 문의 조건식은 배열에 저장된 각 번지의 4비트 BCD 코드값을 결합연산자({ }) 사용하여 구성한다. 24행 ~ 29행에서 배열에 저장된 4자릿수 BCD 값이 9999에 해당하면 각 번지에 해당하는 4비트 벡터는 4'b000으로 리셋된다. 30행 ~ 35행에서 배열에 저장된 4자릿수 BCD 값이 x999, 즉 1000의 자리 숫자에 상관없이 나머지 숫자가 999이면, 1000의 자리에 해당하는 4비트 벡터는 1만큼 증가하고 나머지 자리에 해당하는 3개의 4비트 벡터들은 모두 4'b000으로 리셋된다. 36행 ~ 41행에서 배열에 저장된 4자릿수 BCD 값이 xx99, 즉 1000과 100의 자리 숫자에 상관없이 나머지 숫자가 99이면, 1000의 자리 숫자는 유지하고 100의 자리 숫자에 해당하는 4비트 벡터는 1만큼 증가한다. 나머지 10과 1의 자리에 해당하는 2개의 4비트 벡터들은 모두 4'b000으로 리셋된다. 42행 ~ 47행에서 배열에 저장된 4자릿수 BCD 값이 xxx9, 즉 1000, 100, 10의 자리 숫자에 상관없이 1의 자리 숫자가 9이면, 1000과 100의 자리 숫자는 유지하고 10의 자리 숫자에 해당하는 4비트 벡터는 1만큼 증가한다. 그리고 1의 자리에 해당하는 4비트 벡터는 4'b000으로 리셋된다. 55행 ~ 60행은 iRESETn = 1이고 활성화 신호가 iEN_1 = 0이면, BCD 카운터의 4자리 계수값은 이전 값을 유지한다.

64행 : 4 × 4 배열에 저장되어 있는 4자릿수 BCD 카운터의 계수값을 결합연산자를 사용하여 16비트 벡터로 구성하여 출력신호인 oDATA_CNT에 할당한다.

❑ 4자리 7-세그먼트 제어기의 모듈

모듈 6-6e는 1MHz의 기준 클록에 동기 되어 200Hz 주파수의 활성화 신호(iEN_200)에 의한 잔상효과를 사용하여 서로 다른 4자리 숫자를 표시하는 CC-type 4자리 7-세그먼트 제어기의 모듈이다.

모듈 6-6e

```
/* CC-type 4자리 7-세그먼트 제어기의 모듈 */

module drv_fnd4 (
   iCLK,        // 1MHz 클록 신호
   iRESETn,     // Active-Low reset
   iEN_200,     // 200Hz 활성화 신호
   iBCD,        // 4자리 BCD 카운터의 계수값
   oCOM_FND,    // FND의 공통 단자(출력)
   oDATA_FND);  // 7-세그먼트 표시장치의 제어신호

   input          iCLK, iRESETn;
   input          iEN_200;
   input   [15:0] iBCD;
   output  [3:0]  oCOM_FND;
   output  [7:0]  oDATA_FND;

   reg     [1:0]  sel_cnt;
   reg     [3:0]  bcd;
   reg     [3:0]  com_fnd;
   reg     [7:0]  data_fnd;

   // 7-세그먼트 자릿수 선택을 위한 카운터
   always @ (posedge iCLK or negedge iRESETn)  begin
      if (!iRESETn)
         sel_cnt <= 2'b00;
      else if (iEN_200 == 1)
         sel_cnt <= sel_cnt + 2'b01;
      else
         sel_cnt <= sel_cnt;
   end

   // 자릿수 선택 카운터의 계수값에 다른 7-세그먼트 공통 단자 선택
   always @ (posedge iCLK or negedge iRESETn)  begin
      if(!iRESETn)
         com_fnd <= 4'b0000;
      else
         case(sel_cnt)
            2'd0 : com_fnd <= 4'b1110;    // 일의 자리 FND 선택
            2'd1 : com_fnd <= 4'b1101;    // 십의 자리 FND 선택
            2'd2 : com_fnd <= 4'b1011;    // 백의 자리 FND 선택
            2'd3 : com_fnd <= 4'b0111;    // 천의 자리 FND 선택
            default : com_fnd <= 4'b1111; // Otherwise
         endcase
   end

   // 선택한 자릿수에 표시할 BCD 카운터의 계수값
   always @ (posedge iCLK or negedge iRESETn)  begin
      if (!iRESETn)
         bcd <= 4'b0000;
      else
         case(sel_cnt)
```

```
52               2'd0 : bcd <= iBCD[3:0];   // 일의 자리 FND에 표시할 계수값
53               2'd1 : bcd <= iBCD[7:4];   // 십의 자리 FND에 표시할 계수값
54               2'd2 : bcd <= iBCD[11:8];  // 백의 자리 FND에 표시할 계수값
55               2'd3 : bcd <= iBCD[15:12]; // 천의 자리 FND에 표시할 계수값
56               default : bcd <= 4'b0;     // Otherwise
57            endcase
58      end
59
60      // 7-세그먼트 디코더(CC-Type)
61      always @ (posedge iCLK or negedge iRESETn) begin
62         if (!iRESETn)
63            data_fnd <= 8'b1111_1111;
64         else
65            case(bcd)
66               // FND 제어신호(0일 때 ON),  abcd_efgdp,
67               4'd0    :  data_fnd   =   8'b1111_1100;
68               4'd1    :  data_fnd   =   8'b0110_0000;
69               4'd2    :  data_fnd   =   8'b1101_1010;
70               4'd3    :  data_fnd   =   8'b1111_0010;
71               4'd4    :  data_fnd   =   8'b0110_0110;
72               4'd5    :  data_fnd   =   8'b1011_0110;
73               4'd6    :  data_fnd   =   8'b1011_1110;
74               4'd7    :  data_fnd   =   8'b1110_0100;
75               4'd8    :  data_fnd   =   8'b1111_1110;
76               4'd9    :  data_fnd   =   8'b1110_0110;
77               default :  data_fnd   =   8'b1111_1111;
78            endcase
79      end
80
81      assign   oCOM_FND = com_fnd;
82      assign   oDATA_FND = data_fnd;
83
84   endmodule
```

23행 ~ 30행 : 클록의 상승엣지 또는 iRESETn의 하강엣지마다 200Hz 활성화 신호(iEN_200)를 사용하여 4자리 7-세그먼트 표시장치의 자릿수를 선택하는 카운터이다. 자릿수 선택 카운터의 계수값(sel_cnt)은 iRESETn = 0이면 sel_cnt = 2'b00으로 초기화된다. 클록의 상승엣지에서 iRESETn = 1이고 200Hz 활성화 신호가 iEN_200 = 1이면 카운터의 계수값(sel_cnt)는 1만큼 증가하고, iRESETn = 1이고 200Hz 활성화 신호가 iEN_200 = 0이면 계수값은 이전 값을 유지한다.

33행 ~ 44행 : 자릿수 선택 카운터의 계수값에 따라 4자리 7-세그먼트에서 숫자를 표시할 자릿수의 공통 단자를 선택하는 4비트 2진 코드를 할당한다. 7-세그먼트가 CC-type이므로 선택한 자릿수의 공통 단자(com_fnd)에 Low(0)를 할당하면 된다. 따라서 카운터의 계수값이 증가할 때마다 1의 자리를 선택하는 4'b1110, 10의 자리를 선택하는 4'b1101, 100의 자리를 선택하는 4'b1011, 1000의 자리를 선택하는 4'b01111을 차례로 공통 단자 신호(com_fnd)에 할당한다.

47행 ~ 58행 : 입력받은 4자리 BCD 카운터의 16비트 계수값으로부터 7-세그먼트의 각 자릿수 숫자에 해당하는 4비트 BCD 코드를 bcd에 할당한다. 37행 ~ 43행에서 선택한 7-세그먼트의 자릿수(공통 단자 제어신호, sel_cnt)에 표시할 계수값(숫자)에 해당하는 4비트 BCD 코드를 reg형 bcd에 할당한다. 즉, sel_cnt = 2'd0이면 1의 자리에 표시할 4비트 BCD 코드인 data_cnt[3:0], sel_cnt = 2'd1이면 10의 자리에 표시할 data_cnt[7:4], sel_cnt = 2'd2이면 100의 자리에 표시할 data_cnt[11:8], sel_cnt = 2'd3이면 100의 자리에 표시할 data_cnt[15:12]를 4비트 reg형 bcd에 할당한다.

60행 ~ 79행 : BCD 카운터의 각 자릿수 계수값인 4비트 bcd에 해당하는 7-세그먼트 표시장치의 8비트 제어신호를 생성하는 7-세그먼트 디코더이다.

6.6.4. 7-세그먼트를 이용한 4자리 BCD 카운터의 테스트벤치와 시뮬레이션

모듈 6-6b ~ 모듈 6-6e의 7-세그먼트를 이용한 4자리 BCD 카운터 모듈을 검증하기 위해 테스트벤치 6-6b를 작성하고, 시뮬레이션을 실행한 후 결과를 확인해보자.

> ※ Object 창의 입출력 포트 신호 이외의 관찰 신호 추가
>
> - sim - Default 창에서 TOP 왼쪽의 ⊞를 누르고 하위모듈을 선택하면 Objects 창에 각 하위모듈의 내부 신호들을 확인할 수 있다. 이들 내부 신호 중 확인할 신호를 선택 후 Wave 창에 드래그 또는 마우스 우측 버튼을 클릭하여 'Add Wave'를 선택하여 Wave 창에 하위모듈의 신호들을 추가

테스트벤치 6-6b

```
01    /* 7세그먼트(FND)를 이용한 4자리 BCD 카운터의 테스트벤치 */
02    `timescale  100ns/10ns
03
04    module tb_counter_4digit;
05       localparam   TCLK = 10;     // TCLK = 10 * 100ns = 1us
06
07       reg         iCLK, iRESETn;
08       wire  [7:0] oDATA_FND;
09       wire  [3:0] oCOM_FND;
10
11       counter_4digit TOP (
12          .iCLK         (iCLK),
13          .iRESETn      (iRESETn),
14          .oDATA_FND    (oDATA_FND),
15          .oCOM_FND     (oCOM_FND));
16
17       initial   begin
18          iCLK = 1; iRESETn = 1; #(TCLK/2);
19          iRESETn = 0; #(TCLK/2);          // Active-Low reset
20          iRESETn = 1; #(TCLK*5000000);    // 1us * 5,000,000 = 5sec
21          $stop;
22       end
23
24       always   #(TCLK/2) iCLK = ~iCLK;    // 0.5us마다 반전, 1MHz 클록 생성
25
26    endmodule
```

02행 : 테스트벤치에서 사용할 참조시간 단위는 100ns, 시간정밀도는 10ns로 지정한다.

05행 : 기준 클록의 주파수가 1MHz이므로 'localparam TCLK = 10;'과 같이 파라미터 선언을 통해 기준 클록의 주기를 TCLK = 100ns × 10 = 1μs가 되도록 한다.

17행 ~ 24행 : 4자리 BCD 카운터에 인가할 입력신호인 iCLK와 iRESETn을 생성한다. 20행 ~ 21행에서 TCLK * 5,000,000 = 10sec가 되면 시뮬레이션을 일시 중지($stop)한다.

35행 : always 문을 사용하여 TCLK/2 = 500ns마다 iCLK을 반전시켜 1MHz 기준 클록을 생성한다.

그림 6-43은 최상위 모듈의 외부 입출력 포트 신호와 하위모듈 중 활성화 신호를 생성하는 freq_div_fnd(UFD)의 출력신호인 oEN_200과 oEN_1, 1초마다 증가하는 BCD 카운터 bcd_cnt(UBCD)의 출력신호인 oDATA_CNT를 Wave 창에 추가한 결과이다. 이외에도 확인하고자 하는 하위모듈의 입출력 신호와 내부 wire나 reg 신호를 Wave 창에 추가하고 시뮬레이션을 수행하여 모델링 결과를 확인할 수 있다.

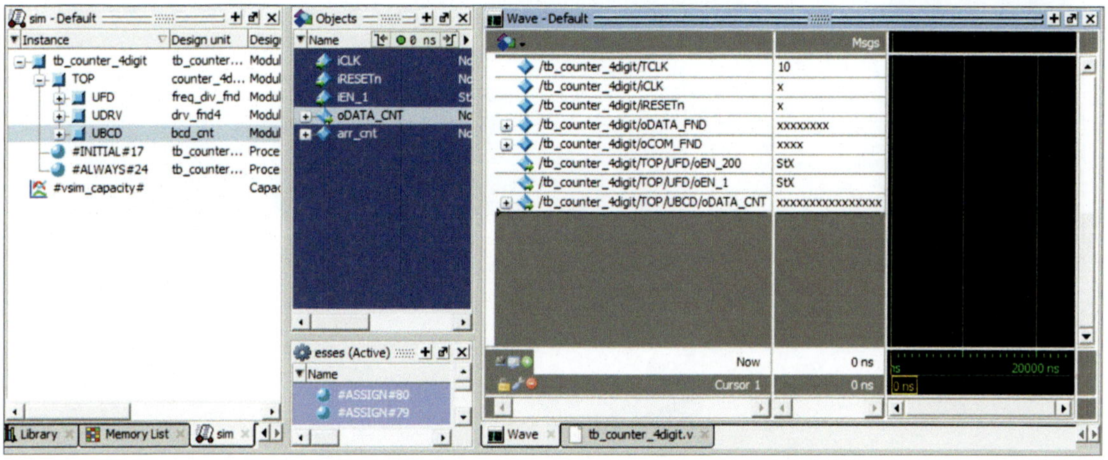

그림 6-43 하위모듈의 신호를 Wave 창에 추가한 결과

그림 6-44는 7-세그먼트를 이용한 4자리 BCD 카운터를 모델링한 모듈 6-6b ~ 모듈 6-6e에 대해 약 5초에 해당하는 시뮬레이션 결과이다. 1초마다 발생하는 활성화 신호인 iEN_1의 High(1) 값을 갖는 펄스가 5개를 통해 약 5초 동안 시뮬레이션이 수행되었음을 알 수 있다. 시뮬레이션 결과를 자세히 살펴보기 위해 그림 6-45와 같이 oDATA_CNT 신호를 선택하고 Radix 메뉴를 사용하여 표현 형식을 'Unsigned'로 변경해 보자.

시뮬레이션 결과 1

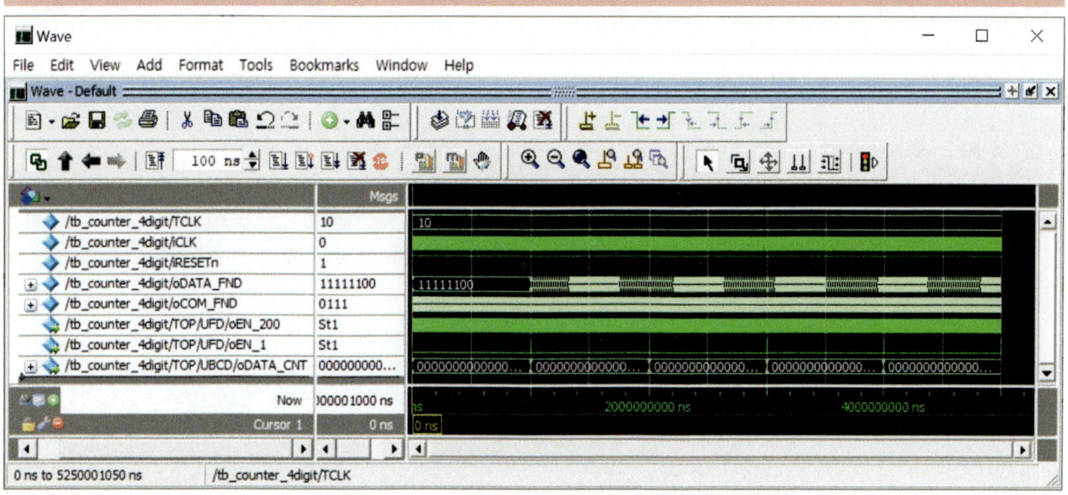

그림 6-44 4자리 CC-type 7-세그먼트 제어기의 시뮬레이션 결과

시뮬레이션 결과 2

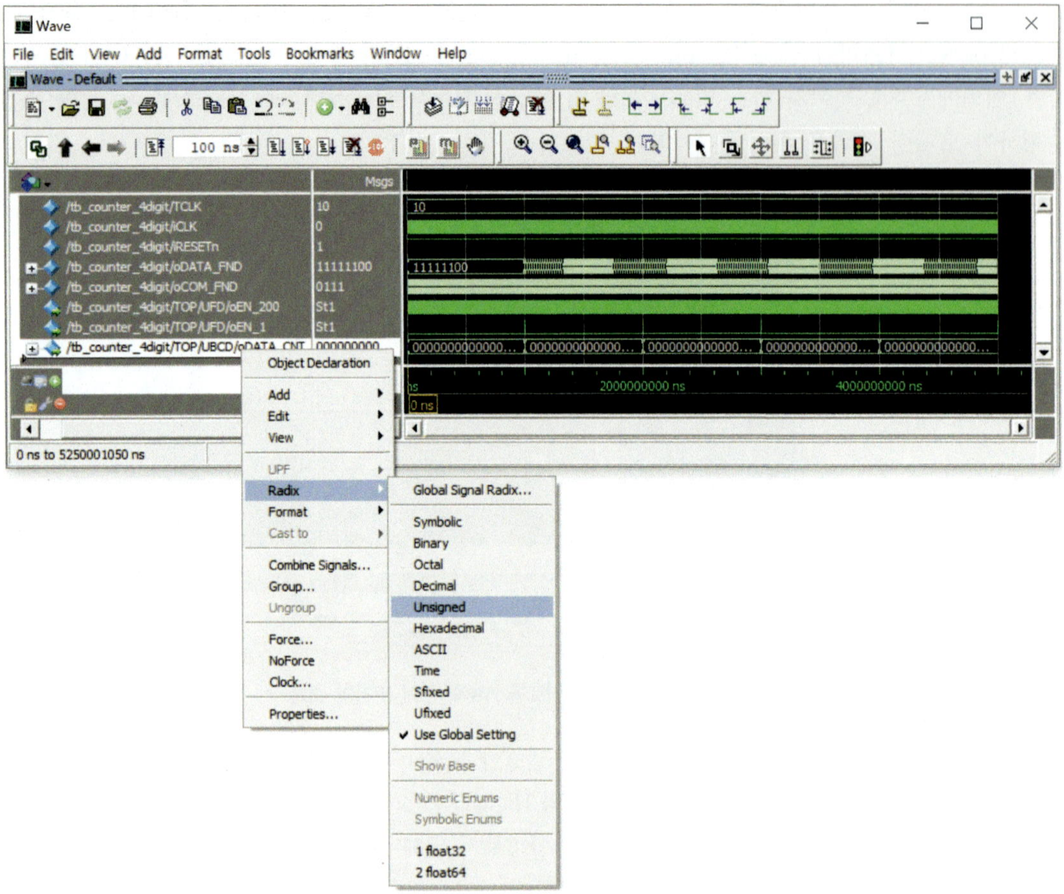

그림 6-45 Radix 메뉴를 사용하여 oDATA_CNT 신호의 표현 형식 변경

시뮬레이션 결과 3

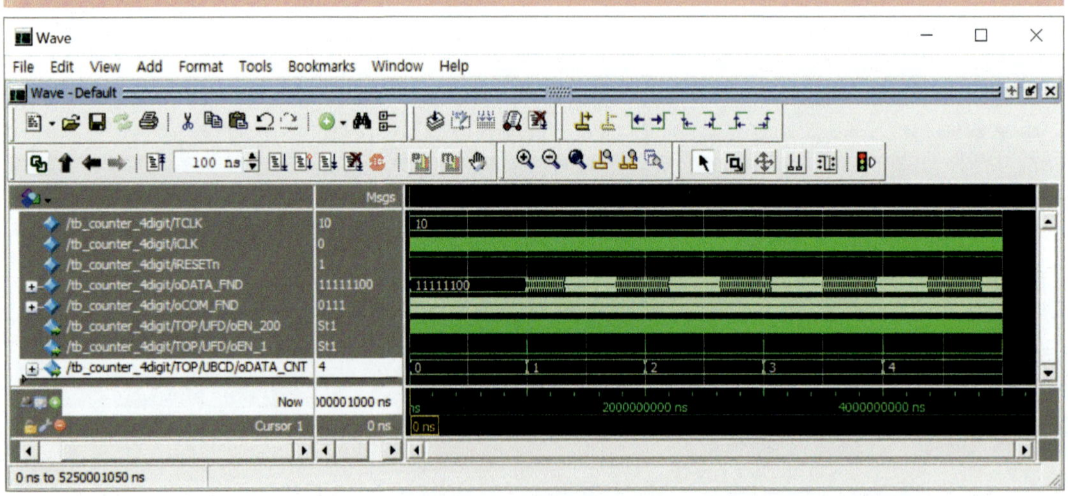

그림 6-46 oDATA_CNT신호의 표현 형식을 'Unsigned'로 변경한 결과

시뮬레이션 결과 4

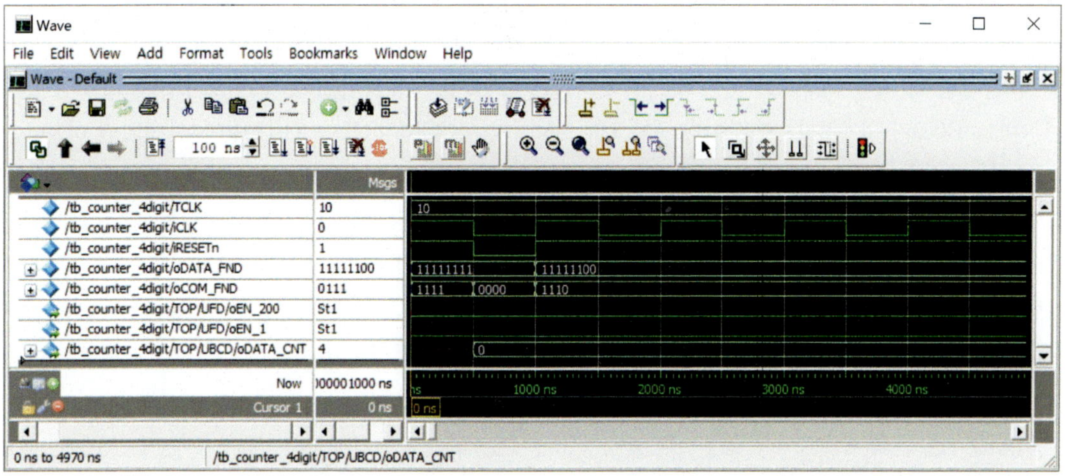

그림 6-47 Zoom In on Active Cursor 아이콘을 사용하여 파형을 확대한 결과

그림 6-46은 oDATA_CNT 신호의 표현 형식을 'Unsigned'로 변경한 결과이다. oDATA_CNT 신호의 값이 부호없는 10진수 표현으로 변경되었다. 그림 6-47과 같이 0ns 주변에 마우스 커서를 클릭하여 Active Cursor를 위치시킨 후 Zoom In on Active Cursor 아이콘( )을 사용하여 결과 파형을 확대해 보자. iRESETn의 하강엣지에서 카운터는 리셋되어 4자릿수 10진수의 BCD 코드값 출력인 oDATA_CNT는 16'h0000이 되며, 7-세그먼트 표시장치의 제어신호로 oDATA_FND = 8'b1111_1111을 출력한다. 이때 7-세그먼트에 숫자를 표현하기 위한 자릿수를 선택하는 공통 단자 신호는 oCOM_FND = 4'b0000으로 모든 자릿수가 선택된다. 클록의 첫 번째 상승엣지(1000ns)에서 oDATA_CNT는 16'h0000으로 4자릿수 10진수는 모두 0에 해당하는 BCD 코드이다. 이때 공통 단자 신호는 oCOM_FND = 4'b1110으로 1의 자릿수에 해당하는 7-세그먼트가 선택되며, 7-세그먼트 제어신호는 1의 자릿수에 해당하는 숫자 0을 표시하는 oDATA_FND = 8'b1111_1100을 출력한다. Zoom Out 아이콘( )을 사용하여 결과 파형을 축소하면 그림 6-48의 결과를 볼 수 있다.

시뮬레이션 결과 5

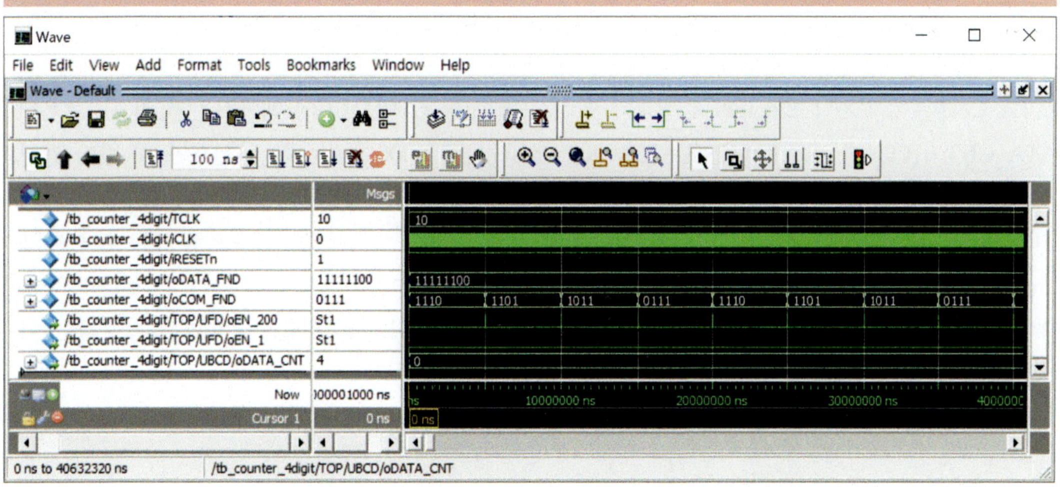

그림 6-48 Zoom Out 아이콘을 사용하여 파형을 축소한 결과

그림 6-48에서 공통 단자 신호(oCOM_FND)는 200Hz 활성화 신호(iEN_200)가 High(1)가 될 때마다 LSB의 데이터 0이 상위 비트 쪽으로 1비트씩 이동한다. 즉, 200Hz 활성화 신호의 주기인 1/200초 = 0.005초마다 1의 자릿수(oCOM_FND = 4'b1110)에 해당하는 7-세그먼트를 시작으로 1000의 자릿수(oCOM_FND = 4'b0111)에 해당하는 7-세그먼트를 차례로 선택한다. 이때 선택된 각 자릿수에 표시되는 숫자는 oDATA_CNT에 저장되어 있는 16비트 BCD 코드 중 선택한 자릿수에 해당하는 4비트 BCD가 표현하는 숫자이다. 즉, 1의 자릿수인 oCOM_FND = 4'b1110이 선택되면 oDATA_CNT[3:0] = 4'b0000, 10의 자릿수인 oCOM_FND = 4'b1101이 선택되면 oDATA_CNT[7:4] = 4'b0000, ..., 1000의 자릿수인 oCOM_FND = 4'b0111이 선택되면 oDATA_CNT[15:12] = 4'b0000에 해당하는 7-세그먼트 제어신호(oDATA_FND)가 출력된다. 그림 6-48에서 oDATA_CNT에 저장되어 있는 각 자릿수의 BCD 코드는 모두 0에 해당하는 4'b0000이므로 각 자릿수가 선택될 때 모두 oDATA_FND = 8'b1111_1100이 출력되어 7-세그먼트에는 0000이 표시된다. Zoom Out 아이콘()을 사용하여 결과 파형을 더 작게 축소하면 그림 6-49의 결과를 볼 수 있다.

시뮬레이션 결과 6

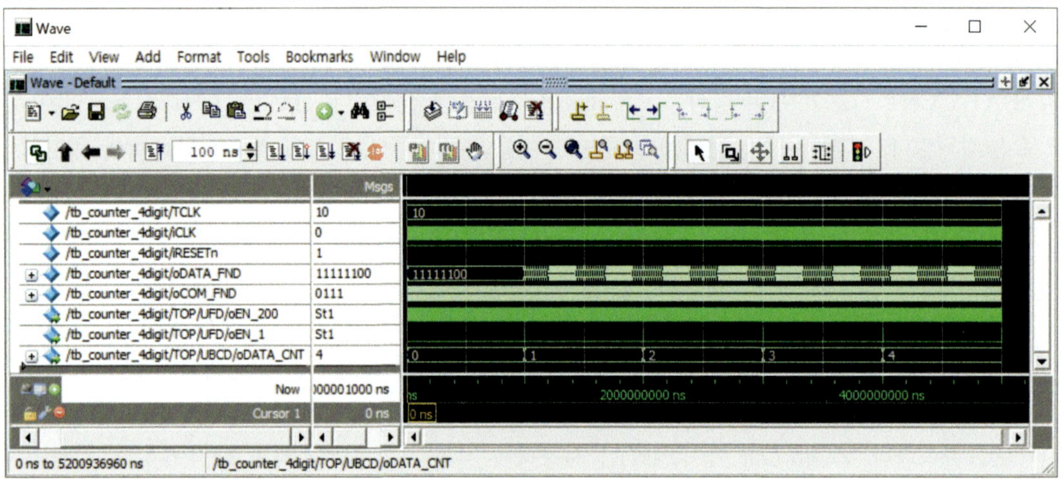

그림 6-49 Zoom Out 아이콘을 사용하여 파형을 더 작게 축소한 결과

그림 6-49에서 1Hz 활성화 신호(iEN_1)가 High(1)가 될 때마다 16비트 oDATA_CNT는 1진수 0000에서부터 9999까지 1씩 증가한다. 16비트 신호인 oDATA_CNT는 4자리 7-세그먼트에 표현할 숫자로 각 자릿수의 숫자는 4비트 BCD 데이터이다. oDATA_CNT는 주기가 1초인 iEN_1 신호가 활성화될 때마다 1의 자리에 해당하는 하위 4비트부터 1씩 증가한다. 즉, oDATA_CNT가 0일 때 oDATA_CNT = 16'b0000_0000_0000_0000이며, iEN_1 신호가 첫 번째 활성화된 시점에서 oDATA_CNT = 16'b0000_0000_0000_0001로 1의 자리에 해당하는 숫자가 1만큼 증가한다. 결과 파형을 자세히 살펴보기 위해 마우스 커서를 활성화 신호(iEN_1)의 상승엣지 우측 근처를 클릭하면 자동으로 iEN_1 신호의 하강엣지에 Active Cursor가 자동으로 위치하게 된다. Zoom In on Active Cursor 아이콘()을 사용하여 결과 파형을 확대하면 그림 6-50과 같이 각 신호를 보다 자세히 살펴볼 수 있다. Active Cursor의 위치를 iEN_1 신호의 상승엣지로 이동하고자 할 때는 파형 확대 후 iEN_1 신호의 상승엣지 근처를 클릭하면 된다.

시뮬레이션 결과 7

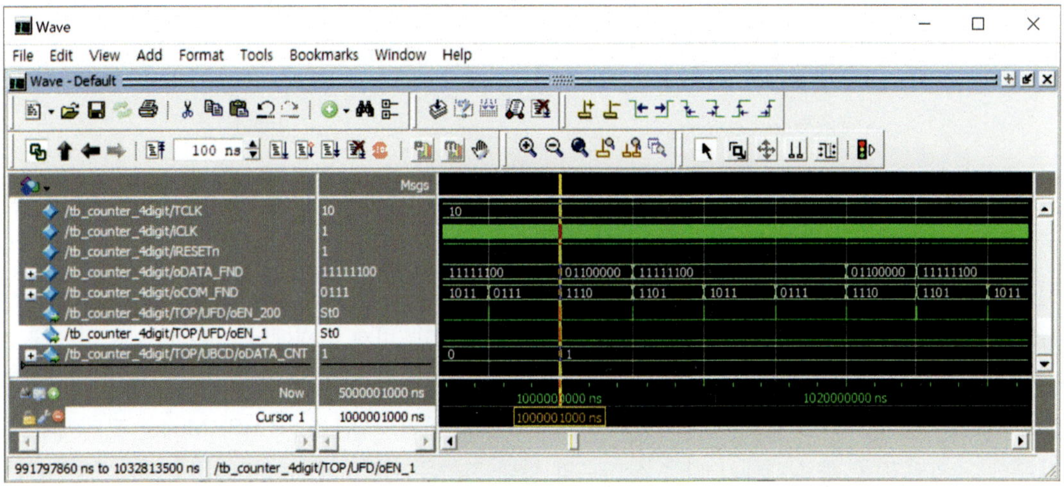

그림 6-50 Zoom In on Active Cursor 아이콘을 사용하여 파형을 다시 확대한 결과

그림 6-50에서 oDATA_CNT가 0(= 16'h0000)에서 1(= 16'h0001)로 증가하고, iEN_1이 활성화된 이후 iEN_200이 활성화될 때 각 자릿수에 표현할 숫자에 해당하는 세그먼트 제어신호를 출력한다. 예를 들어 공통 단자 신호가 1의 자리에 해당하는 4'b1110일 때, CC-Type 7-세그먼트 제어신호는 숫자 1에 해당하는 oDATA_FND = 8'b01100000를 출력한다. 10의 자리에 해당하는 oCOM_FND = 4'b1101부터 1000의 자리에 해당하는 oCOM_FND = 4'b0111까지는 숫자 0에 해당하는 oDATA_FND = 8'b11111100을 출력하는 것을 차례로 반복한다. 이처럼 시뮬레이션 결과의 확대 및 축소를 반복하며 각 신호값의 변화와 타이밍을 살펴봄으로써 모델링한 모듈의 동작을 검증할 수 있다. 시뮬레이션 결과로부터 모듈 6-6b ~ 모듈 6-6e가 그림 6-42의 7-세그먼트를 이용한 4자리 BCD 카운터를 오류 없이 모델링했음을 알 수 있다.

6.7 유한상태머신

순차회로는 보통 레지스터, 논리 게이트, 외부 입력, 외부 출력으로 구성된다. 정해진 수의 상태를 가지고 있어서 클록의 이벤트에 따라 상태 변화와 해당 상태의 출력을 생성하는 회로를 유한상태머신(FSM; Finite State Machine)이라 한다. 디지털 시스템의 많은 동작은 클록 펄스에 의해 미리 정해진 순서를 따라간다. 이러한 동작은 단일 클록에 의해 구동되며, 각 클록의 상승엣지 또는 하강엣지마다 특별한 순서로 반응하는 출력을 내보낸다. FSM은 이처럼 특별한 순서의 출력이 요구되는 디지털 시스템을 구현하는 데 사용된다. FSM을 설계할 때 일반적으로 입력과 플립플롭의 상태에 따라 현재 상태가 다음 상태로 변하는 모습과 출력을 그림으로 나타내는 상태도(state diagram)가 사용된다. 상태도와 더불어 입력, 현재 상태, 다음 상태, 플립플롭의 입력과 출력을 나타내는 상태표(state table)를 만들어 디지털 회로의 구현에 참고한다. FSM은 동작 방식에 따라 밀리(Mealy) 모델과 무어(Moore) 모델로 구분할 수 있다. 그림 6-51은 전형적인 Mealy 모델과 Moore 모델 FSM의 상태도이다.

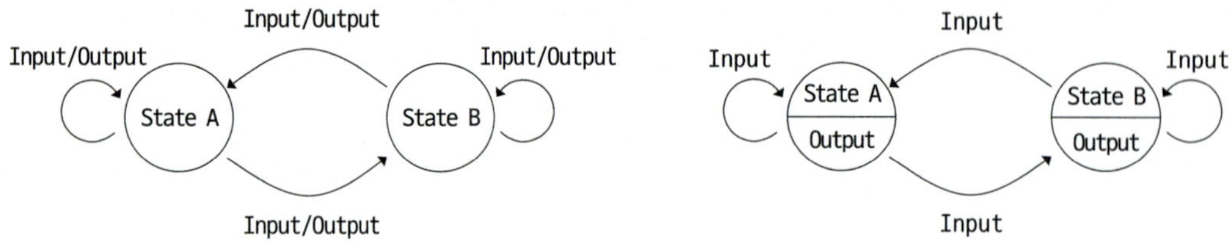

(a) Mealy 모델 (b) Moore 모델

그림 6-51 Mealy 모델 FSM과 Moore 모델 FSM의 상태도

Mealy 모델은 출력이 입력과 현재 상태에 의해 결정되며, Moore 모델은 출력이 오직 현재 상태에 의해서만 결정된다. 그림 6-51(a)의 Mealy 모델에서 현재 상태는 원(circle) 내부에 표시되고, 현재 상태에서 다음 상태로의 상태 전환은 화살표로 표시한다. 화살표에는 슬래시(/)를 사용하여 입력에 대한 출력을 '입력/출력'과 같이 표시한다. Mealy 모델의 출력은 상태 내에서 결정되는 것이 아니라 상태 전환 과정에서 결정된다. 반면, 그림 6-51(b)의 Moore 모델에서 현재 상태와 출력은 원 내부에 표시되고, 현재 상태에서 다음 상태로의 상태 전환은 화살표로 표시하며, 화살표에는 '입력'만을 표시한다. Moore 모델의 출력은 상태 내에서 결정되며 상태 전환 중에는 출력의 변화는 없다. Moore 모델은 외부 출력이 현재 상태에 의존하므로 외부 출력도 동기적이다. 그러나 Mealy 모델은 외부 입력이 바뀔 때 외부 출력이 바뀌게 되므로 비동기적이다. 많은 디지털 시스템에서 입출력 신호들은 동기적이어야 하고 클록 이벤트에 외부 출력이 바뀌게 할 필요가 있다. Mealy 모델을 동기적으로 만들기 위해서는 출력도 플립플롭에 저장되어 클록에 동기가 맞추어져서 외부로 나가야 안정된 동작을 기대할 수 있다. 표 6-13은 Mealy FSM과 Moore FSM의 차이점을 나타내고 있다.

표 6-13 Mealy FSM과 Moore FSM

구분	Mealy FSM	Moore FSM
상태 변화	• 입력이 변할 때마다 상태 변화 가능	• 입력이 변할 때마다 상태 변화 가능
출력	• 상태 변화와 함께 출력 생성	• 상태 변화 후 전환된 상태에 의존하는 출력 생성
설계 복잡성	• 출력이 입력과 상태에 의존하므로 상대적으로 복잡함	• 출력이 상태에만 의존하므로 비교적 간단함
응용	• 신호처리, 통신 프로토콜, 데이터 압축 등 실시간 처리 시스템에서 사용 • 빠른 응답 시간이 필요한 시스템에 적합	• 컨트롤러, 상태 기반 시스템 제어 등에서 사용 • 출력이 상태에만 의존하므로 더 안정적이고 예측 가능한 동작을 요구하는 시스템에 적합

FSM을 설계할 때 일반적으로 그림 6-52의 다음 3가지 구조 중 하나를 선택할 수 있다. 조합회로로 구성되는 다음 상태 논리 블록(next state logic block)과 순차회로로 구성되는 현재 상태 레지스터 블록(current state register block), 그리고 선택적으로 사용되는 조합회로로 구성되는 출력 논리 블록(output logic block)으로 구성된다. 출력신호가 상태 레지스터 블록의 플립플롭으로부터 직접 나온다면 출력 논리 블록은 필요하지 않다. 다음 상태 논리 블록과 현재 상태 레지스터 블록을 하나의 순차회로[23]로 설계하는 것은 합성 시 여러 개의 불필요한 플립플롭을 생성하므로 피하는 것이 좋다.

23) 하나의 순차회로로 설계하는 것은 하나의 always 문을 사용하여 설계하는 것을 말한다.

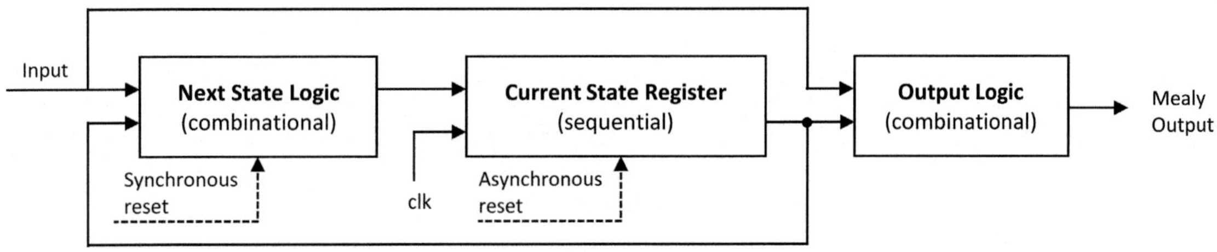

(a) Mealy FSM

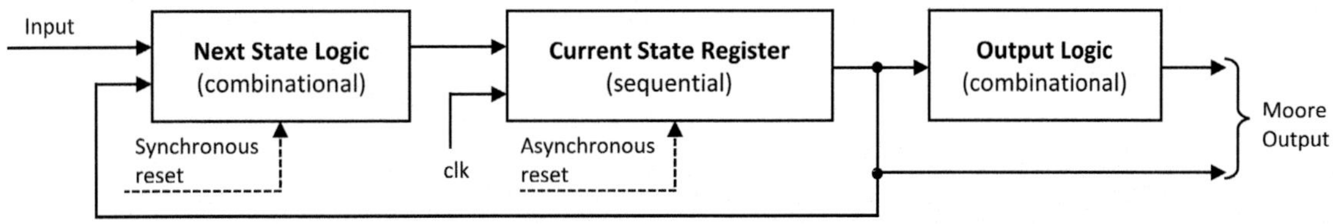

(b) Moore FSM

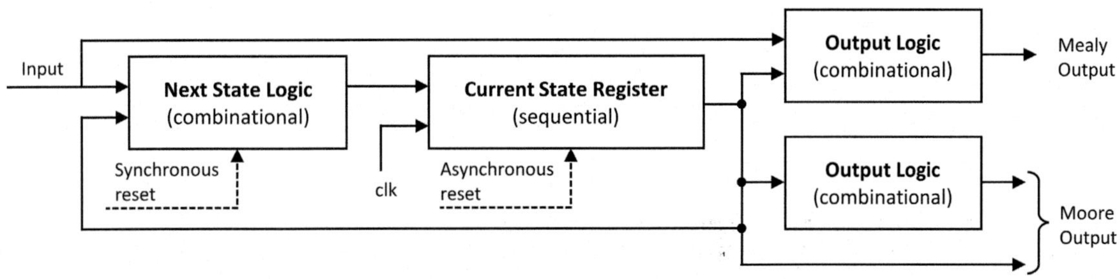

(c) Mealy/Moore FSM

그림 6-52 3가지 유형의 FSM 구조

그림 6-52의 FSM을 모델링할 때 다음 상태를 결정하는 조합회로 블록(Next State Logic)은 동기식 리셋(synchronous reset)을 사용하는 반면, 현재 상태를 결정하는 순차회로 블록은 비동기식 리셋(asynchronous reset)을 사용한다. 조합회로 블록은 현재의 입력신호만을 고려하여 다음 상태를 결정하며, 리셋 신호와 같은 추가적인 제어신호를 사용하여 동작을 초기화할 수 있다. 동기식 리셋은 클록의 특정 엣지에서만 동작하므로 FSM의 상태가 전환되는 타이밍이 명확해지고, 리셋이 동작 중에만 상태가 초기화되는 것을 보장할 수 있으므로 다음 상태를 결정하는 조합회로 블록에서는 동기식 리셋의 사용을 권장하지만 생략하기도 한다. 반면, 순차회로 블록은 현재의 상태와 입력신호를 고려하여 다음 상태를 결정하므로 초기화 상태에서 시작하기 위해 리셋 신호를 사용한다. 비동기식 리셋은 클록과 독립적으로 동작하며, 리셋 신호가 활성화되는 즉시 상태를 초기화하므로 FSM이 부팅(시작)되거나 다른 예외적인 상황에서 초기화되어야 할 때 유용하다. 따라서 현재 상태를 결정하는 순차회로 블록에서의 비동기식 리셋 사용은 FSM의 동작을 명확하게 정의하고, 초기화와 관련된 문제를 효과적으로 해결하는 데 도움을 준다. 이후 FSM을 모델링할 때 조합회로 블록의 동기식 리셋은 생략하고, 순차회로 블록의 비동기식 리셋은 생략하지 않는다.

6.7.1. Mealy FSM의 모듈

그림 6-53은 4개의 상태를 갖는 간단한 Mealy FSM의 상태도이고, 표 6-14는 Mealy FSM의 상태표이다.

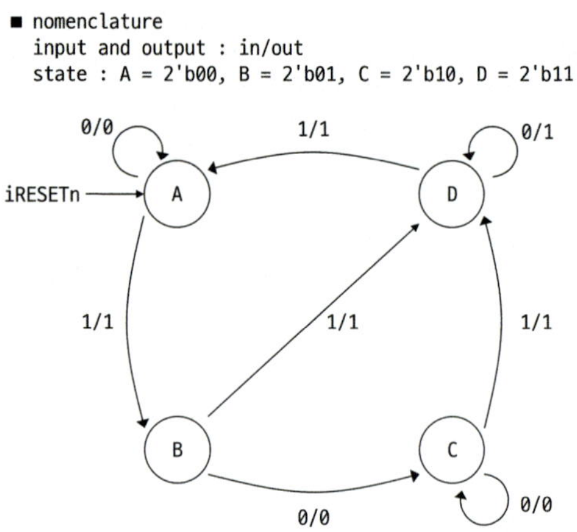

그림 6-53 4가지 상태를 갖는 Mealy 모델

표 6-14 Mealy 모델의 상태표

현재 상태	다음 상태			출력	
	iRESETn	in=0	in=1	in=0	in=1
-	0	A		-	
A	1	A	B	0	1
B	1	C	D	0	1
C	1	C	D	0	1
D	1	D	A	1	1

Quartus Prime에서 프로젝트 마법사를 사용하여 다음과 같이 프로젝트 생성하고, 그림 6-53의 Mealy FSM을 모델링해보자.

- 프로젝트 디렉토리 : ./projects/ch6/fsm/fsm_mealy
- 프로젝트 이름 : fsm_mealy(최상위 설계 엔터티의 이름은 자동 설정됨)
- 타겟 디바이스 설정 : 학습용 키트를 참고하여 설정, 없으면 임의로 설정해도 됨

모듈 6-7a

```
/* Mealy FSM의 모듈 */

module fsm_mealy (
   iCLK,      // 1MHz 기준 클록
   iRESETn,   // Active-Low reset
   iIN,       // Mealy FSM의 입력
   oOUT,      // Mealy FSM의 출력
   oSTATE);   // Mealy FSM의 현재 상태

   localparam   A = 2'b00, B = 2'b01,
                C = 2'b10, D = 2'b11;

   input          iCLK, iRESETn;
   input          iIN;
   output         oOUT;
   output   [1:0] oSTATE;

   reg            out;
   reg      [1:0] curr_state, next_state;

   // Combinational block with next state and output of Mealy FSM
   always @ (curr_state or iIN) begin
      case(curr_state)
         A :
            if (iIN) begin
               next_state = B;
```

```
               out  = 1;
            end
            else begin
               next_state = A;
               out  = 0;
            end
         B :
            if (iIN) begin
               next_state = D;
               out  = 1;
            end
            else begin
               next_state = C;
               out  = 0;
            end
         C :
            if (iIN) begin
               next_state = D;
               out  = 1;
            end
            else begin
               next_state = C;
               out  = 0;
            end
         D :
            if (iIN) begin
               next_state = A;
               out  = 1;
            end
            else begin
               next_state = D;
               out  = 1;
            end
         default :
            begin
               next_state = next_state;
               out = out;
            end
      endcase
   end

   // Sequential block
   always @(posedge iCLK or negedge iRESETn)
      if (!iRESETn)
         curr_state <= A;
      else
         curr_state <= next_state;

   assign  oOUT   = out;
   assign  oSTATE = curr_state;

endmodule
```

22행 ~ 66행 : 조합회로 블록에 해당하는 부분으로 FSM의 출력은 현재 상태(curr_state)와 입력신호(iIN)에 대한 조합회로의 결과로 결정된다. 따라서 출력은 클록과 상관없이 조합회로의 입력에 따라 변하기 때문에 비동기적으로 변할 수 있다. 즉, Mealy FSM은 입력에 발생한 노이즈가 그대로 출력에 반영된다. 또한 입력에 따라 빈번히 변화하는 복잡한 출력을 모델링할 수 있다.

69행 ~ 73행 : 순차회로 블록에 해당하는 부분으로 입력신호에 따라 결정된 다음 상태는 클록에 동기되어 변한다.

6.7.2. Mealy FSM의 테스트벤치와 시뮬레이션

모듈 6-7a의 Mealy FSM을 검증하기 위해 테스트벤치 6-7a를 작성하고, 시뮬레이션을 실행한 후 결과를 확인해보자.

> ※ Object 창의 입출력 포트 신호 이외의 관찰 신호 추가
>
> - sim - Default 창에서 U0 왼쪽의 ⊞를 누르고 하위모듈 U0를 선택하면 Objects 창에 각 하위모듈의 내부 신호들을 확인할 수 있다. 이들 내부 신호 중 확인할 신호를 선택 후 Wave 창에 드래그 또는 마우스 우측 버튼을 클릭하여 'Add Wave'를 선택하여 Wave 창에 포트 신호들을 추가

테스트벤치 6-7a

```
/* 4개의 상태를 갖는 Mealy FSM의 시뮬레이션을 위한 테스트벤치 */
`timescale  1ns/10ps

module tb_fsm_mealy;
   reg          iCLK, iRESETn;
   reg          iIN;
   wire         oOUT;
   wire   [1:0] oSTATE;

   localparam    TCLK = 60;

   fsm_mealy   UFSM_ML (
      .iCLK       (iCLK),
      .iRESETn    (iRESETn),
      .iIN        (iIN),
      .oOUT       (oOUT),
      .oSTATE     (oSTATE));

   initial   begin
      iCLK = 0; iRESETn = 1; #(TCLK/2);
      iRESETn = 0; #30;
      iRESETn = 1; iIN = 0; #(TCLK*20);
      $stop;
   end

   always    #(TCLK/2)  iCLK = ~iCLK;

   always    #(TCLK)  iIN = ~iIN;

endmodule
```

시뮬레이션 결과

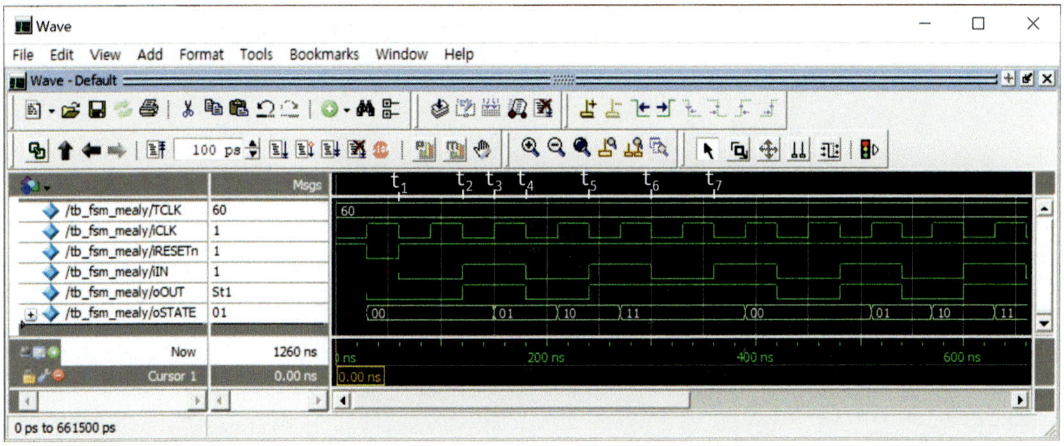

그림 6-54 Mealy FSM의 시뮬레이션 결과

그림 6-54는 Mealy FSM의 시뮬레이션 결과이다. iRESETn의 하강엣지에서 Mealy FSM은 리셋(비동기식 리셋)되어 현재 상태는 'A' 즉, oSTATE = 2'b00, FSM의 출력은 oOUT = 0이다. iRESETn = 1인 t_1 이후 FSM은 입력이 변화할 때 현재 상태와 입력에 따라 결정된 출력을 비동기적으로 내보내며, 클록의 다음 상승엣지에서 현재 상태는 전환한다. t_2에서 입력이 iIN = 0에서 iIN = 1로 변화하는 즉시 FSM은 oOUT = 1을 출력하며, FSM의 상태는 클록의 다음 상승엣지인 t_3에서 'B'(oSTATE = 2'b01)로 전환된다. t_4에서 현재 상태는 oSTATE = 2'b01이며 입력이 iIN = 1에서 iIN = 0로 변화하는 즉시 FSM은 oOUT = 0을 출력하며, 클록의 다음 상승엣지에서 'C'(oSTATE = 2'b10)로 상태가 전환된다. t_5에서 현재 상태는 'C'(oSTATE = 2'b10)이며 입력이 iIN = 1로 변화하는 즉시 FSM은 oOUT = 1을 출력하고, 클록의 다음 상승엣지에서 'D'(oSTATE = 2'b11)로 상태가 전환된다. t_6에서 현재 상태는 'D'(oSTATE = 2'b11)이며 입력이 iIN = 0으로 변화하는 즉시 FSM은 oOUT = 1을 출력하지만 클록의 다음 상승엣지에서 현재 상태는 'D'(oSTATE = 2'b11)를 유지한다. 반면 t_7에서 현재 상태는 'D'(oSTATE = 2'b11)이며 입력이 iIN = 1으로 변화하는 즉시 FSM은 oOUT = 1을 출력하며, 클록의 다음 상승엣지에서 현재 상태는 'A'(oSTATE = 2'b00)로 전환된다. t_6 이후에 대해서도 그림 6-53의 상태도에 따라 Mealy FSM이 동작한다. 시뮬레이션 결과와 같이 Mealy FSM의 출력은 입력이 변화할 때 비동기적으로 즉시 변한다. 즉, Mealy FSM은 입력에 발생한 노이즈가 그대로 출력에 반영되는 단점이 있다. 반면 입력에 따라 빈번히 변화하는 복잡한 출력을 모델링할 수 있는 장점이 있다. 시뮬레이션 결과와 그림 6-53의 Mealy FSM 및 표 6-14를 비교해보면 모듈 6-7a는 Mealy FSM을 오류없이 모델링한 모듈 코드임을 알 수 있다.

6.7.3. Moore FSM의 모듈

그림 6-55는 4개의 상태를 갖는 Moore FSM의 상태도이고, 표 6-15는 Moore FSM의 상태표이다.

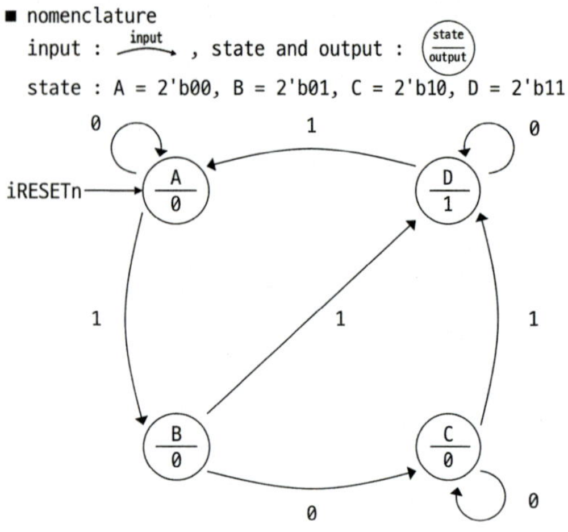

그림 6-55 4가지 상태의 Moore 모델

표 6-15 Mealy 모델의 상태표

현재 상태	다음 상태			출력
	iRESETn	in=0	in=1	
-	0	A		0
A	1	A	B	0
B	1	C	D	0
C	1	C	D	0
D	1	D	A	1

Quartus Prime에서 프로젝트 마법사를 사용하여 다음과 같이 프로젝트 생성하고, 그림 6-55의 Moore FSM을 모델링해보자.

- 프로젝트 디렉토리 : ./projects/ch6/fsm/fsm_moore
- 프로젝트 이름 : fsm_moore(최상위 설계 엔터티의 이름은 자동 설정됨)
- 타겟 디바이스 설정 : 학습용 키트를 참고하여 설정, 없으면 임의로 설정해도 됨

모듈 6-7b

```
/* Moore FSM의 모듈 */

module fsm_moore (
   iCLK,      // 1MHz 기준 클록
   iRESETn,   // Active-Low reset
   iIN,       // Moore FSM의 입력
   oOUT,      // Moore FSM의 출력
   oSTATE);   // Moore FSM의 현재 상태

   localparam  A = 2'b00, B = 2'b01,
               C = 2'b10, D = 2'b11;

   input          iCLK, iRESETn;
   input          iIN;
   output         oOUT;
   output   [1:0] oSTATE;

   reg            out;
   reg      [1:0] curr_state, next_state;

   // Combinational block
   always @ (curr_state or iIN) begin
      case(curr_state)
         A :
```

```
25            if (iIN)
26               next_state = B;
27            else
28               next_state = A;
29         B :
30            if (iIN)
31               next_state = D;
32            else
33               next_state = C;
34         C :
35            if (iIN)
36               next_state = D;
37            else
38               next_state = C;
39         D :
40            if (iIN)
41               next_state = A;
42            else
43               next_state = D;
44         default :
45            next_state = next_state;
46      endcase
47   end
48
49   // Sequential block with asynchronous rst
50   always @ (posedge iCLK or negedge iRESETn)
51      if (!iRESETn)
52         curr_state <= A;
53      else
54         curr_state <= next_state;
55
56   // Combinational logic to determine the output of Moore FSM
57   always @ (curr_state)
58      case(curr_state)
59         A       : out = 0;
60         B       : out = 0;
61         C       : out = 0;
62         D       : out = 1;
63         default : out = out;
64      endcase
65
66   assign    oOUT   = out;
67   assign    oSTATE = curr_state;
68
69 endmodule
```

22행 ~ 47행 : 조합회로 블록으로 FSM의 다음 상태는 현재 상태(curr_state)와 입력신호(iIN)에 대한 조합회로의 결과로 결정되며, 클록의 다음 상승엣지에서 상태가 변경된다. 이때 Mealy FSM과 달리 Moore FSM의 출력은 현재 상태에 따라 출력되므로 현재 상태가 변경되는 클록의 상승엣지에서 변하게 된다. 즉, 상태와 출력의 변화가 클록에 동기적이다.

50행 ~ 54행 : Active-Low 리셋 기능과 클록에 동기되어 상태가 변화하는 순차회로 부분으로 클록의 상승엣지마다 상태가 변화한다.

57행 ~ 64행 : Moore FSM의 출력을 결정하는 조합회로 부분으로 Moore FSM의 출력은 현재 상태에 의해서만 결정되므로 상태 변화 전에는 출력이 변경되지 않는다. 현재 상태변수를 sensitivity list로 사용하는 always 문 내부에서 현재 상태(curr_state)를 조건식으로 하는 case 문을 사용하여 현재 상태에 해당하는 출력값이 reg형으로 선언된 out에 할당된다.

66행 ~ 67행 : assign 문을 사용하여 out에 저장된 출력값은 출력신호 oOUT에 할당되고, curr_state에 저장된 현재 상태는 2비트 출력신호 oSTATE에 할당된다.

6.7.4. Moore FSM의 테스트벤치와 시뮬레이션

모듈 6-7b의 Moore FSM을 검증하기 위해 테스트벤치 6-7b를 작성하고, 시뮬레이션을 실행한 후 결과를 확인해보자.

테스트벤치 6-7b

```
/* 4개의 상태를 갖는 Moore FSM의 시뮬레이션을 위한 테스트벤치 */
`timescale 1ns/10ps

module tb_fsm_moore;
   reg          iCLK, iRESETn;
   reg          iIN;
   wire         oOUT;
   wire   [1:0] oSTATE;

   localparam   TCLK = 60;

   fsm_moore UFSM_MR (
      .iCLK      (iCLK),
      .iRESETn   (iRESETn),
      .iIN       (iIN),
      .oOUT      (oOUT),
      .oSTATE    (oSTATE));

   initial   begin
      iCLK = 0; iRESETn = 1; #(TCLK/2);
      iRESETn = 0; #30;
      iRESETn = 1; iIN = 0; #(TCLK*20);
      $stop;
   end

   always    #(TCLK/2)  iCLK = ~iCLK;

   always    #(TCLK)  iIN = ~iIN;

endmodule
```

시뮬레이션 결과

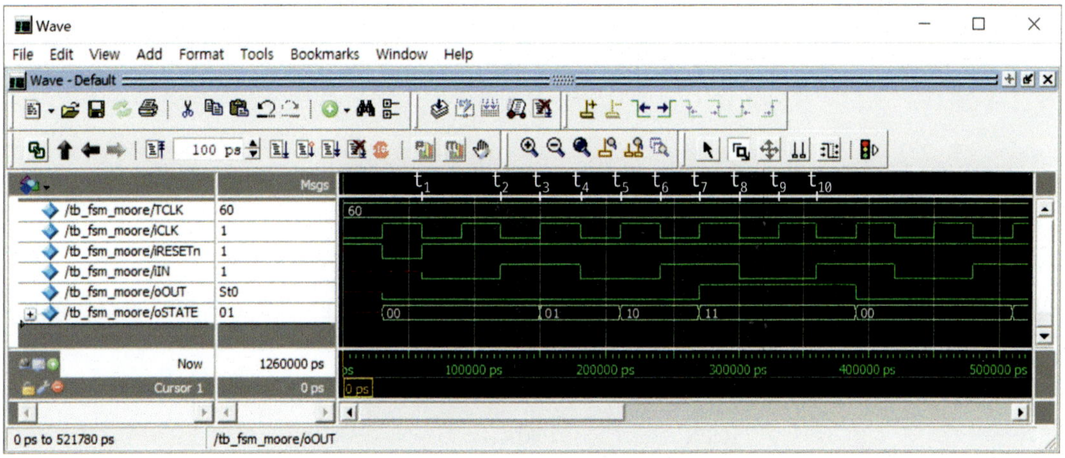

그림 6-56 Moore FSM의 시뮬레이션 결과

그림 6-56은 Moore FSM의 시뮬레이션 결과이다. iRESETn의 하강엣지에서 Moore FSM은 리셋되어 현재 상태는 'A' 즉, oSTATE = 2'b00, FSM의 출력은 oOUT = 0이다. iRESETn = 1인 t_1 이후 FSM은 현재 상태에 해당하는 출력을 내보내며, 현재 상태와 입력 변화에 따라 결정된 다음 상태는 클록의 다음 상승엣지에서 반영된다. 이때 현재 상태가 전환되기 전까지는 이전 출력을 유지한다. t_2에서 현재 상태는 'A'(oSTATE = 2'b00)이며 입력은 iIN = 1로 변화하므로 다음 클록의 상승엣지인 t_3에서 'B'(oSTATE = 2'b01)로 상태가 전환되며, Moore FSM은 'B'(oSTATE = 2'b01) 상태에 해당하는 oOUT = 0을 출력한다. t_4에서 현재 상태는 'B'(oSTATE = 2'b01)이며 입력이 iIN = 1에서 iIN = 0으로 변화하므로 클록의 다음 상승엣지인 t_5에서 'C'(oSTATE = 2'b10)로 상태가 전환되는 동시에 'C' 상태에 해당하는 oOUT = 0이 출력된다. t_6에서 현재 상태는 'C'(oSTATE = 2'b10)이며 입력이 iIN = 0에서 iIN = 1로 변화하므로 클록의 다음 상승엣지인 t_7에서 'D'(oSTATE = 2'b11)로 FSM 상태가 전환되는 동시에 'D' 상태에 해당하는 oOUT = 1이 출력된다. t_8에서 현재 상태는 'D'(oSTATE = 2'b11)이며 입력이 iIN = 1에서 iIN = 0으로 변화하지만 Moore FSM 상태도에 따라 클록의 다음 상승엣지인 t_9에서 상태 전환과 출력 변화는 없다. t_{10}에서 현재 상태는 'D'(oSTATE = 2'b11)이며 입력이 iIN = 0에서 iIN = 1로 변화함에 따라 클록의 다음 상승엣지에서 'A'(oSTATE = 2'b00)로 FSM 상태가 전환되며, 상태가 전환되는 동시에 'A' 상태에 해당하는 oOUT = 0이 출력된다. 이후에 대해서도 그림 6-55의 상태도에 따라 Moore FSM은 동작한다. 시뮬레이션 결과와 같이 Moore FSM의 출력은 입력 변화와 상관없이 현재 상태에 해당하는 출력을 내보낸다. 이때 Moore FSM의 현재 상태와 출력은 클록의 상승엣지에서 변화하므로 클록에 동기적이다. 따라서 Mealy FSM처럼 입력에 발생한 노이즈가 그대로 출력에 반영되지 않으므로 안정적인 동작을 하지만, 입력에 따라 빈번히 변화하는 복잡한 출력을 모델링하는데 제한적이다. 시뮬레이션 결과와 그림 6-55의 Moore FSM 및 표 6-15의 진리표를 비교해보면 모듈 6-7b는 Moore FSM을 오류없이 모델링한 모듈 코드임을 알 수 있다.

연습문제

6.1 동기식 순차회로와 비동기식 순차회로의 주요 차이점을 설명하시오.

6.2 래치와 플립플롭의 동작 방식과 안정성 관점에서 주요 차이점을 설명하시오.

6.3 그림 6-13을 참고하여 아래 요구사항을 만족하는 N비트 범용 시프트 레지스터(universal shift register)를 Verilog HDL의 행위 수준 방식으로 모델링하시오.

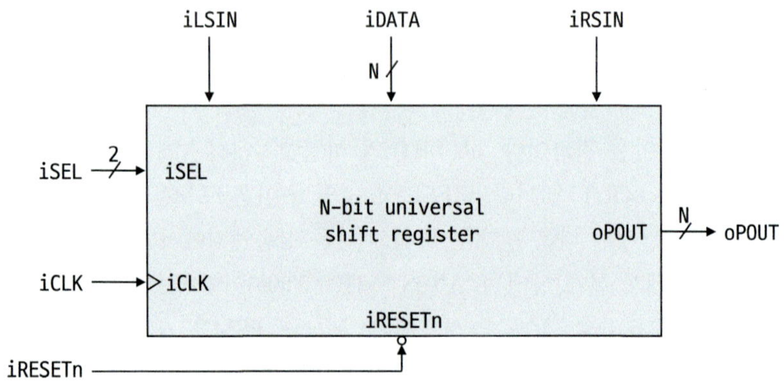

그림 6-57 N비트 범용 시프트 레지스터

요구사항 :

- 시프트 레지스터의 비트 폭(N)은 인스턴스화 시 모듈 매개변수 선언에 의해 정의된 값으로 결정됨
- 모델링하고자 하는 시프트 레지스터는 클록(iCLK)의 상승엣지에 동기되어 동작하며, Active-Low 리셋(iREESETn) 기능을 가짐
- 시프트 레지스터(shift_reg)는 제어신호(iSEL)에 따라 다음과 같이 동작함

iSEL	동작
00	No change
01	Right shift
10	Left shift
11	Load data(iDATA)

- 제어신호에 따라 시프트 레지스터의 왼쪽 직렬 입력(iLSIN) 또는 오른쪽 직렬 입력(iRSIN)이 인가됨
- 시프트 레지스터의 출력은 병렬(oPOUT)로 출력됨

6.4 그림 6-58은 4비트 시프트 레지스터, 1비트 전가산기, D-플립플롭을 사용한 4비트 직렬 전가산기이다.

구조적 방법을 사용하여 모델링하시오(단, 오버플로우는 무시한다).

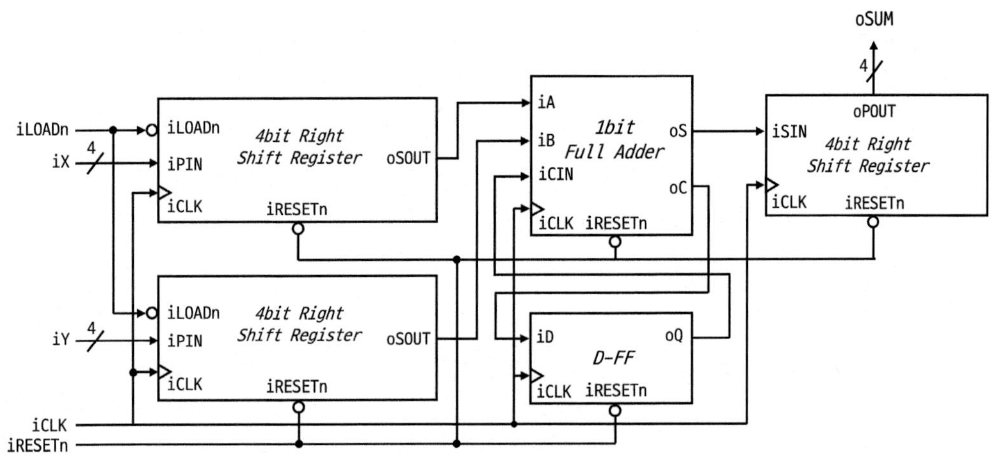

그림 6-58 4비트 직렬 가산기

6.5 10진수 0000 ~ 9999를 카운트하는 4자릿수 BCD 카운터 모듈이 아래 요구사항을 만족하도록 Verilog의 행위 수준 방식으로 모델링하시오.

- 모델링 요구사항
  - 4자릿수 BCD 카운터는 클록(iCLK)의 상승 엣지에 동기되어 1씩 증가하며, Active-Low 리셋(iREESETn) 기능을 가짐
  - 4자릿수 BCD 카운터 출력은 각 자릿수의 BCD 코드값을 oBCD3, oBCD2, oBCD1, oBCD0으로 출력함
  - casex 문을 사용하여 모델링됨

```
module bcd_counter_4digit (
   iCLK,      // 클록 입력
   iRESETn,   // Active-Low 리셋
   oBCD3,     // 천의 자리 BCD 출력
   oBCD2,     // 백의 자리 BCD 출력
   oBCD1,     // 십의 자리 BCD 출력
   oBCD0);    // 일의 자리 BCD 출력

   // 나머지 모듈 코드를 완성하시오.
   ...

endmodule
```

6.6 그림 6-59와 같은 상태도를 갖는 Moore FSM 모델링하시오.

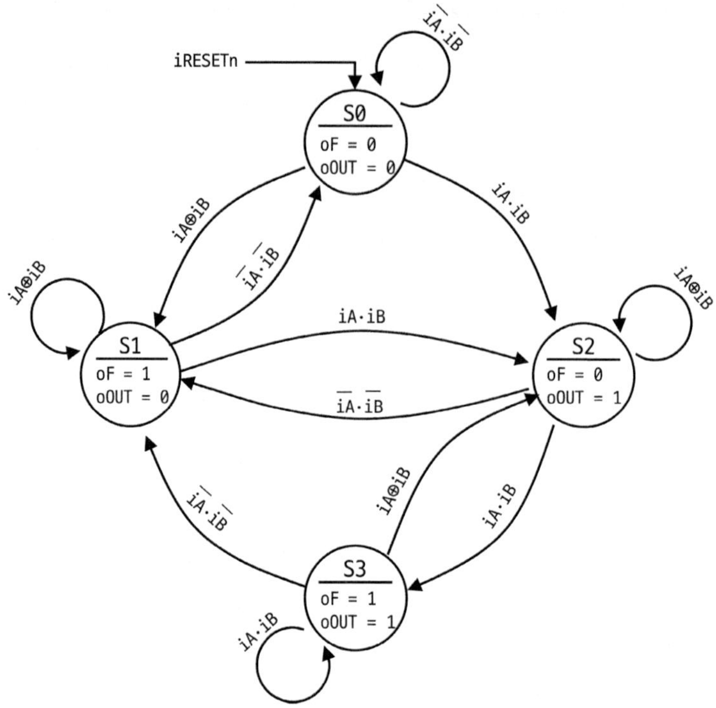

그림 6-59 Moore FSM의 상태도

6.7 그림 6-60은 Moore 출력과 Mealy 출력을 갖는 FSM의 상태도와 ASM chart(Algorithm State Machine chart)이다. 이 FSM을 모델링하고, 그림 6-61의 시뮬레이션 결과가 나오도록 테스트벤치를 작성해서 시뮬레이션을 수행하라(FSM의 상태는 S0 = 00, S1 = 01, S2 = 10).

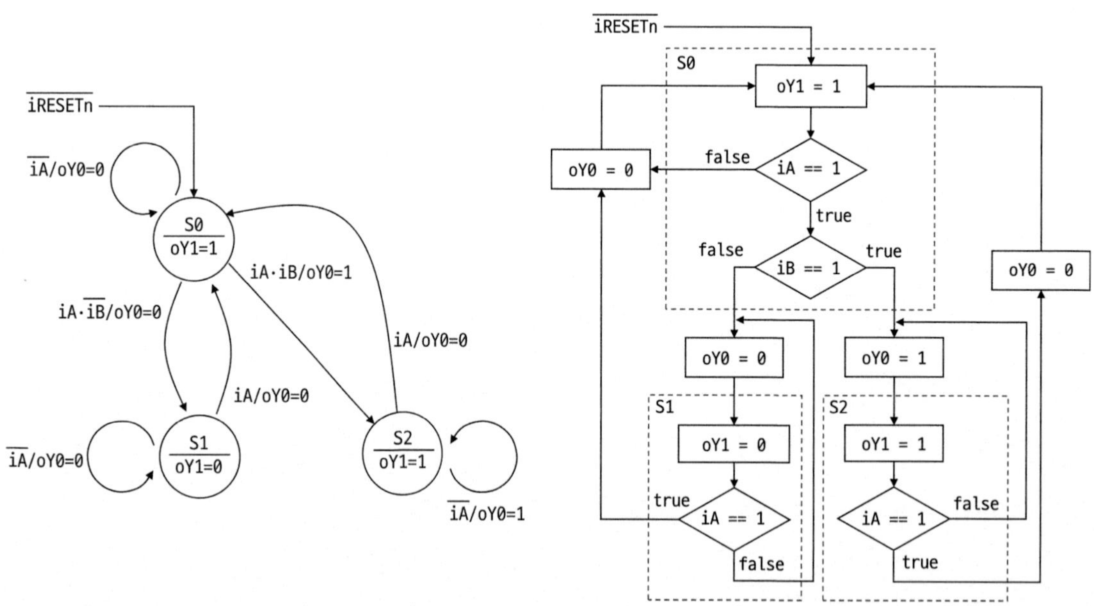

(a) 상태도 (b) ASM chart

그림 6-60 FSM의 상태도와 ASM chart

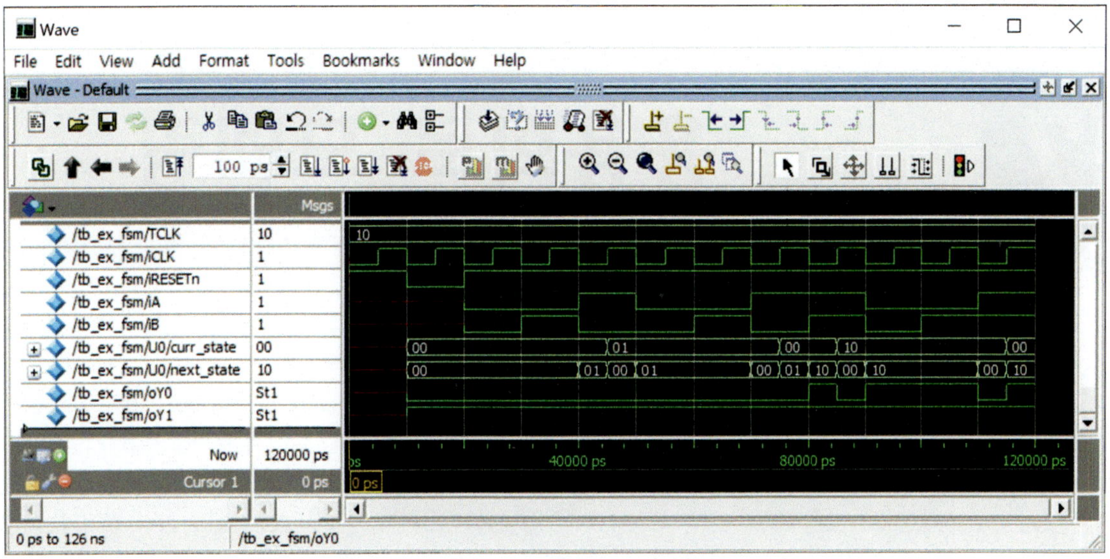

그림 6-61 시뮬레이션 결과(S0 = 00, S1 = 01, S2 = 10)

CHAPTER

07 응용회로 모델링

디지털 시스템을 모델링할 때 입력회로, 출력장치 제어회로, 통신회로, 메모리 등 다양한 응용 회로가 사용된다. 이 장에서는 푸시버튼을 이용하는 입력회로, Text LCD 제어회로, UART 통신을 위한 송수신회로, 디지털 필터를 주제로 모델링하는 방법을 다룬다. 주제별 모델링을 위해서는 먼저 사용하는 장치(전자부품)의 데이터시트(datasheet)나 관련 기술자료에 대한 이해가 필요하다. 전자부품을 주로 다루는 전공자뿐만 아니라 입문자나 비전공자를 위해 각 절에서 주제별 주요 개념과 필요한 자료를 함께 제시하므로 모델링할 때 별도의 자료가 필요하지는 않을 것이다. 그러나 이 책에서 제시한 범위 밖의 기능을 추가하거나 더욱 정밀하고 안정적인 시스템을 모델링하기 위해서는 기술문서, 데이터시트, 전문 도서 등의 관련 자료를 참고하기를 바란다.

학습목표

- 디지털 시스템에서 사용되는 기본적인 응용회로를 이해한다.
- 푸시버튼을 이용한 입력회로를 모델링할 수 있다.
- Text LCD를 이용한 출력회로를 모델링할 수 있다.
- 대표적인 직렬 통신 방식인 UART 통신회로를 모델링할 수 있다.
- 디지털 필터를 모델링할 수 있다.

7.1 푸시버튼을 이용한 입력회로

스위치(switch)는 ON/OFF 동작을 통해 회로의 상태(열린회로 또는 닫힌회로)를 변경하는 데 사용된다. 스위치의 한 종류인 푸시버튼(push button)은 디지털 시스템에서 디지털 데이터를 입력하기 위해 흔히 사용된다. 그림 7-1은 일반적인 푸시버튼을 이용한 입력회로이다.

그림 7-1은 푸시버튼을 사용하는 입력회로로 그림 7-1(a)는 풀업 저항(pull-up resistor), 그림 7-1(b)는 풀다운 저항(pull-down resistor)이 적용되었다. 그림 7-1(a)와 같이 풀업 저항이 적용된 입력회로에서는 푸시버튼을 누르지 않았을 때 High(1)가 FPGA에 입력되며, 푸시버튼을 누르면 Low(0)가 입력된다. 반면, 그림 7-1(b)와 같이 풀다운 저항을 사용했을 때는 푸시버튼을 누르지 않았을 때 Low(0), 눌렀을 때 High(1)가 입력된다.

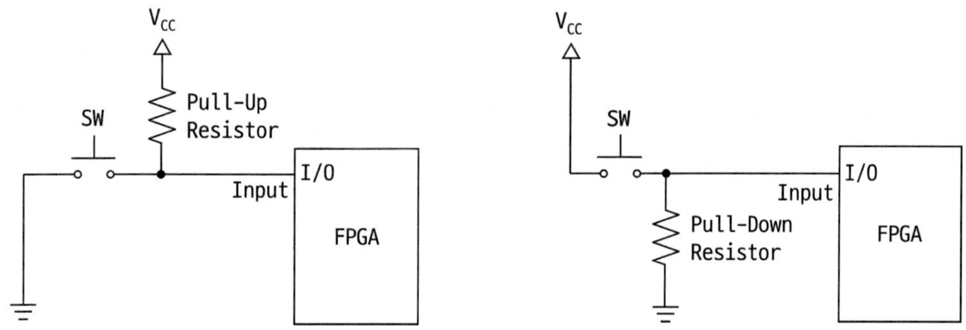

(a) 풀업 저항 사용 (a) 풀다운 저항 사용

그림 7-1 푸시버튼을 이용한 입력회로

> **풀업 저항이나 풀다운 저항을 사용하는 이유는 무엇일까?**
>
> 풀업 저항이나 풀다운 저항이 없다면 푸시버튼이 눌리지 않았을 때 FPGA의 I/O는 아무런 장치가 연결되지 않은 개방(open) 상태가 된다. 이때 I/O에 정전기나 주변 회로로부터 가해지는 전압 등 외부 요인에 의해 예측할 수 없는 값이 입력될 수 있다. 이를 플로팅(floating) 현상이라고 하며, 푸시버튼을 사용할 때는 반드시 풀업 저항이나 풀다운 저항을 사용하여 플로팅 현상으로 인한 예상치 못한 입력이 인가되는 것을 피해야 한다.

푸시버튼 입력회로에서 풀업 또는 풀다운 저항을 사용하는 것 이외에도 고려할 사항이 있다. 그림 7-1의 입력회로에서 푸시버튼을 누르면 푸시버튼 내부의 접점이 완전히 연결되기 전에 내부 스프링의 진동으로 아주 짧은 시간 동안 접점이 미세하게 붙고 떨어지기를 반복하게 된다. 이 과정에서 그림 7-2와 같이 Low(0)와 High(1)를 빠르게 반복하여 높은 주파수의 불완전한 신호가 FPGA의 I/O에 입력으로 인가되는데 이를 바운스(bounce) 또는 채터링(chattering) 현상이라고 한다. 바운스 현상이 발생하면 푸시버튼을 한 번 눌렀지만, 여러 번 누른 것과 같은 원하지 않은 동작을 하게 된다.

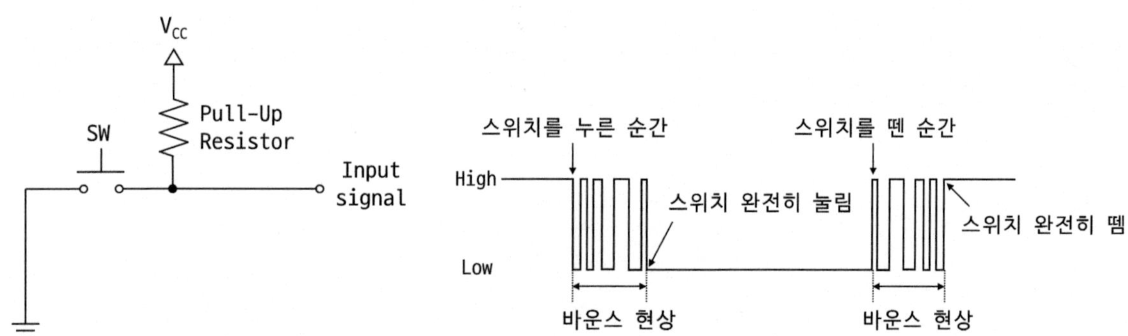

(a) 입력회로 (b) 바운스 현상

그림 7-2 푸시버튼을 이용한 입력회로에서의 바운스 현상

바운스 현상은 Low(0) 또는 High(1)라는 DC 입력[1]에 Low(0)와 High(1)가 빠르게 반복되는 고주파 잡음이 추가된 것으로 이러한 바운싱 잡음(bouncing noise)을 제거하는 것을 디바운싱(debouncing)이라 한다. 일반적으로 그림 7-3과 같이

1) DC(Direct Current) 입력 : 직류 입력을 말하며, 한 방향의 일정한 전압 또는 전류 입력이다.

입력회로에 아날로그 소자인 저항기(resistor)[2]와 커패시터(capacitor)로 구성되는 저역통과필터(LPF: Low Pass Filter)를 추가함으로써 기본적인 디바운싱을 구현할 수 있지만, 더욱 확실한 디바운싱을 위해 아날로그 소자인 트랜지스터나 OP-AMP를 사용하여 구성한 슈미트 트리거(Schmitt trigger) 회로를 추가하기도 한다.

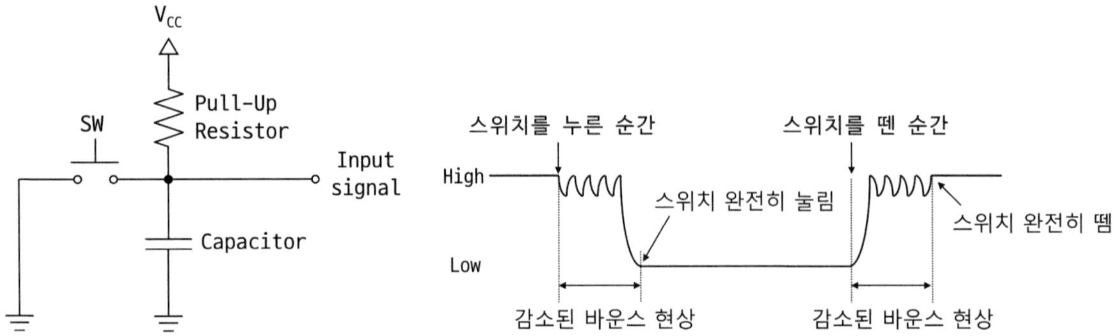

(a) 디바운스 입력회로 (b) 바운스 현상이 제거된 입력신호

그림 7-3 디바운싱이 적용된 푸시버튼 입력회로

그림 7-3(a)와 같이 커패시터를 추가한 입력회로는 많이 사용하는 가장 간단한 디바운스 입력회로이다. 푸시버튼의 눌림 여부에 따라 커패시터의 충전과 방전이 서서히 이루어지므로 그림 7-3(b)와 같이 입력신호의 급격한 변화 즉, 바운스 현상을 줄일 수 있다.

7.1.1. 단일 펄스를 출력하는 디바운스 입력회로의 모듈

아날로그 소자인 커패시터나 OP-AMP를 사용하는 디바운스 입력회로는 그림 7-4와 같이 플립플롭을 사용하여 구현할 수도 있다. 그림 7-5는 그림 7-4의 디바운스 입력회로의 타이밍도이다. 2개의 D-FF은 주파수 분주기로 생성한 10Hz 클록(iCLK)의 상승엣지에서 동작하며, 푸시버튼 입력에 대해 바운싱 잡음이 제거된 단일 펄스(single pulse)를 출력으로 내보낸다. 푸시버튼 입력이 인가되면 10Hz 클록의 주기인 0.1초 동안 High(1) 레벨을 유지하는 단일 펄스가 출력되며, 다시 입력이 인가될 때까지 Low(0) 레벨을 유지한다. 즉, 그림 7-4의 디바운스 입력회로는 푸시버튼 입력에 대해 펄스 폭(pulse width)이 0.1초인 단일 펄스를 출력한다.

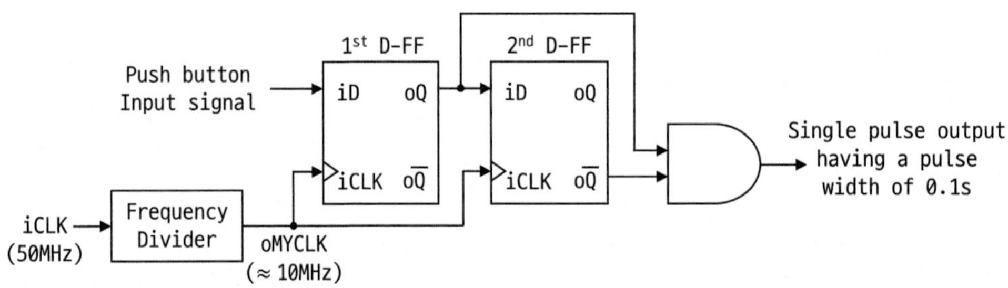

그림 7-4 플립플롭으로 구성된 디바운스 입력회로의 단일 펄스 출력

2) 저항기(resistor)가 갖는 전류를 방해하는 성질을 저항(resistance)이라고 하는데, 두 용어는 엄격히 구별되지만, 일반적으로 문맥상 두 용어의 구별이 가능하면 저항기를 저항이라고 하기도 한다.

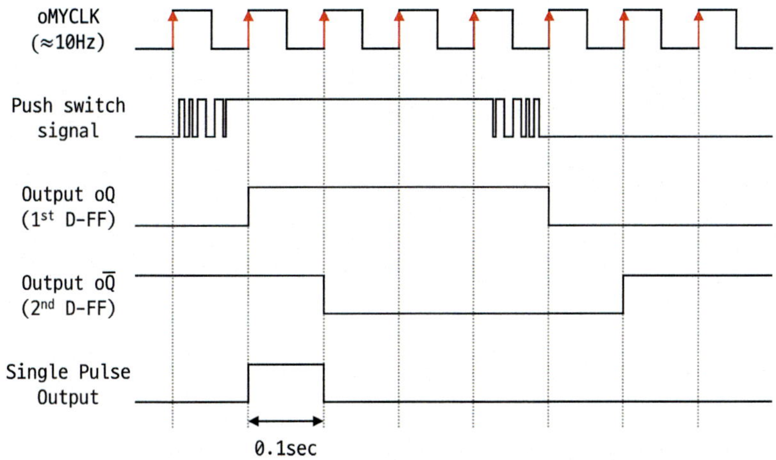

그림 7-5 플립플롭으로 구성된 디바운스 입력회로의 타이밍도

Quartus Prime에서 프로젝트 마법사를 실행하고, 다음과 같이 프로젝트 생성하고, 그림 7-4의 단일 펄스를 출력하는 디바운스 입력회로를 모델링해보자.

- 프로젝트 디렉토리 : ./projects/ch7/debouncer/debouncer
- 프로젝트 이름 : debouncer(최상위 설계 엔터티의 이름은 자동 설정됨)
- 타겟 디바이스 설정 : 실습용 키트를 참고하여 설정, 없으면 임의로 설정해도 됨

※ 6장에서 작성한 모듈 6-2a 또는 모듈 6-2b 파일(d_ff.v)을 복사해서 프로젝트 디렉토리인 ./projects/ch7/debouncer/debouncer에 가져옴

❑ 디바운스 입력회로의 최상위 모듈

모듈 7-1a는 그림 7-4의 회로도를 참고하여 구조적 방법으로 디바운스 입력회로를 모델링한 최상위 모듈 코드이다.

모듈 7-1a

```
/* Push SW 입력에 대해 단일 펄스 출력을 발생하는 Debounce 회로의 Top 모듈 */

module debouncer (
   input    iCLK,      // 클록
   input    iRESETn,   // Active-Low 리셋
   input    iSW,       // 푸시 스위치 입력
   output   oPULSE);   // Debounced single pulse output

   wire     oMYCLK;    // 주파수 분주기 출력(slow clk)
   wire     q1, qn2;   // q1(1st D-FF), qn2(2nd D-FF)

   freq_div_10hz UFDIV (        // 주파수 분주기 인스턴스화
      .iCLK      (iCLK),
      .iRESETn   (iRESETn),
      .oMYCLK    (oMYCLK));     // 주파수 분주기 출력(slow clock, 10Hz)

   d_ff UDFF1 (                 // 1st D-FF 인스턴스화
      .iCLK      (oMYCLK),      // 주파수 분주기 출력(slow clk)
      .iCLEARn   (iRESETn),     // D-FF의 Active-Low system clear
```

```
20         .iPRESETn    (1'b1),       // D-FF의 Active-Low preset
21         .iD          (iSW),        // D-FF 입력(D), 푸시버튼 입력
22         .oQ          (q1));        // D-FF 출력(Q)
23
24      d_ff UDFF2 (                  // 2nd D-FF 인스턴스화
25         .iCLK        (oMYCLK),     // 주파수 분주기 출력(slow clk)
26         .iCLEARn     (iRESETn),    // D-FF의 Active-Low system clear
27         .iPRESETn    (1'b1),       // D-FF의 Active-Low preset
28         .iD          (q1),         // D-FF 입력
29         .oQn         (qn2));       // D-FF 반전 출력(Q)
30
31      assign   oPULSE = q1 & qn2;
32
33   endmodule
```

04행 ~ 07행 : 6장까지 사용한 작성 방법과 다른 방법으로 포트 목록을 작성했다. 포트 목록 작성 시 입출력 포트의 방향과 자료형(wire일 경우 생략 가능)을 함께 선언하고, 이후 모듈 구조 정의에서는 입출력 포트 신호를 제외한 신호의 자료형만 정의할 수 있다. 이러한 작성 방법은 소스코드의 행 수를 줄일 수 있고, 가독성을 높일 수 있다.

❑ 50MHz 클록을 입력받아 10Hz 클록을 생성하는 주파수 분주기

모듈 7-1b는 모듈 6-9의 주파수 분주기를 참고하여 50MHz 기준 클록으로부터 10Hz 클록을 생성하는 주파수 분주기를 모델링한 모듈 코드이다.

모듈 7-1b

```
/* 50Mhz 클록을 입력받아 10Hz 클록을 생성하는 주파수 분주기 */

module  freq_div_10hz (
   input    iCLK,        // clock(50MHz)
   input    iRESETn,     // Active-Low 리셋
   output   oMYCLK);     // 10Hz 클록 출력

   /* --------------------------------------------------------------- */
   /*  원하는 주파수 생성을 위한 파라미터 값 계산                       */
   /*                                                                 */
   /*  외부 클록의 주파수 : freq_ref = 50,000,000Hz (50MHz)            */
   /*  원하는 클록의 주파수 : freq_myclk = 10Hz                        */
   /*  반주기 카운트 값 : VAL_CNT = freq_ref/(2*freq_myclk)            */
   /*                             = 2,500,000                         */
   /*  Val_CNT 저장에 필요한 비트 수를 확인하여 VAL_CNT를 파라미터 선언  */
   /*  example) localparam   VAL_CNT = 22'd2500000                    */
   /* --------------------------------------------------------------- */
   localparam   VAL_CNT = 22'd2500000;

   reg   [21:0] cnt_myclk;
   reg          myclk;

   // Frequency divider (50MHz → 10Hz)
   always @(posedge iCLK or negedge iRESETn)  begin
```

```
25          if (!iRESETn) begin
26             cnt_myclk    <=  0;
27             myclk        <=  0;
28          end
29          else if (cnt_myclk == VAL_CNT - 1)  begin
30             cnt_myclk    <=  0;
31             myclk        <=  ~myclk;
32          end
33          else begin
34             cnt_myclk    <=  cnt_myclk + 1'b1;
35             myclk        <=  myclk;
36          end
37       end
38
39       assign   oMYCLK = myclk;
40
41    endmodule
```

29행 ~ 32행 : 50MHz 클록으로부터 10Hz 클록을 생성하기 위해 클록의 반주기에 해당하는 시간을 계산하는 카운터의 계수값은 0 ~ 2,499,999이므로 cnt_myclk = 22'd2499999일 때 cnt_myclk = 0으로 리셋되고 myclk는 반전된다.

7.1.2. 디바운스 입력회로의 테스트벤치와 시뮬레이션

단일 펄스를 출력하는 디바운스 입력회로를 모델링한 모듈 7-1a 또는 모듈 7-1b를 검증하기 위해 테스트벤치 7-1a를 작성하고, 시뮬레이션을 실행한 후 결과를 확인해보자.

> ※ Object 창의 입출력 포트 신호 이외의 관찰 신호 추가
>
> • sim - Default 창의 최상위 모듈(UTOP) 왼쪽의 ⊞를 누르고, 3개 하위 모듈 중 'UFDIV'를 누르고 'oMYCLK' 신호를 Wave 창에 추가

테스트벤치 7-1a

```
/* 단일 펄스 출력하는 Debounce 입력회로의 시뮬레이션을 위한 테스트벤치 */
`timescale  1ns/1ns

module tb_debouncer;

   localparam   TCLK = 20;   // 기준 클록의 주기, TCLK = 20 * 1ns = 20ns

   reg    iCLK, iRESETn;
   reg    iSW;
   wire   oPULSE;

   debouncer UTOP (
      .iCLK       (iCLK),
      .iRESETn    (iRESETn),
      .iSW        (iSW),
      .oPULSE     (oPULSE));   // 10Hz 클록 확인용 출력
```

```
    initial begin
        iCLK = 0; iRESETn = 1; #(TCLK/2);
        iRESETn = 0; #30;                    // Active-Low 리셋
        iRESETn = 1; iSW = 0;
        #(TCLK*150000000);                   // 20ns * (15*10^7) = 3 sec
        $stop;
    end

    always #(TCLK/2) iCLK = ~iCLK;           // 10ns마다 clk 반전

    always #(TCLK*30000000) iSW = ~iSW;      // 0.6s마다 입력 반전

endmodule
```

시뮬레이션 결과

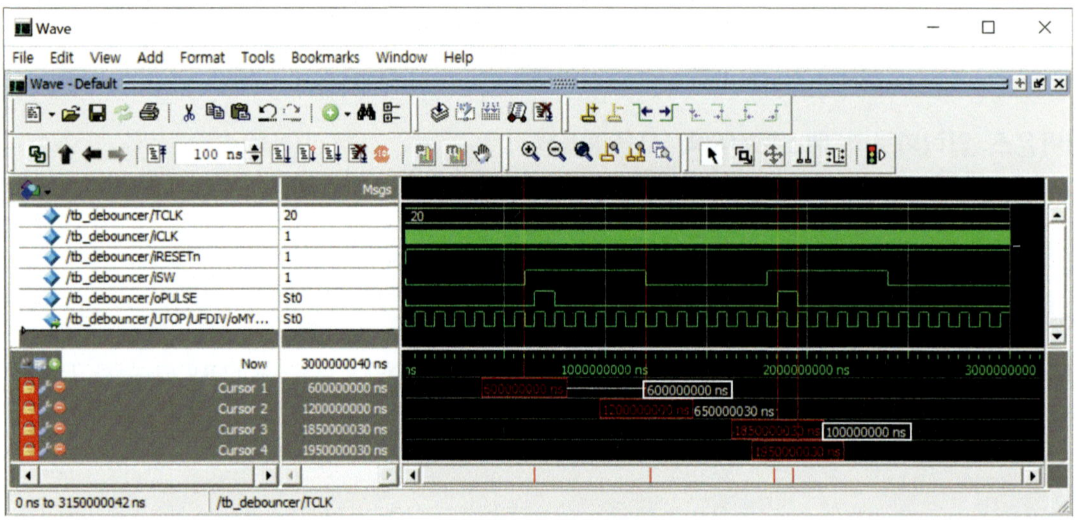

그림 7-6 디바운스 입력회로의 시뮬레이션 결과

그림 7-6은 모듈 7-1a와 모듈 7-1b의 시뮬레이션 결과이다. 하위 모듈 U0의 출력신호 oMYCLK는 10Hz(주기 = 0.1s)인 클록으로 디바운스 회로의 동작 확인을 위해 Wave 창에 추가했다. Active Cursor를 추가하여 푸시버튼 입력인 iSW와 디바운스 회로의 출력인 oPULSE의 펄스 폭 시간을 측정해 보자. iSW의 펄스 폭은 600,000,000ns = 0.6s이며, oPULSE의 펄스 폭은 100,000,000ns = 0.1s이다. 따라서 모델링한 디바운스 회로는 0.6s 동안의 푸시버튼 입력(iSW)에 대해 10Hz 클록의 한 주기에 해당하는 0.1s의 펄스 폭을 갖는 단일 펄스(oPULSE)를 출력하는 것을 확인할 수 있다. 이러한 시뮬레이션 결과로부터 모듈 7-1a와 모듈 7-1b가 그림 7-6의 디바운스 회로를 오류 없이 모델링했음을 알 수 있다.

7.1.3. 기준 클록의 주기의 단일 펄스를 출력하는 디바운스 입력회로 모듈

푸시버튼 입력을 사용하는 디지털 회로를 모델링할 때 기준 클록의 주기에 해당하는 펄스 폭을 갖는 단일 펄스 신호를 출력하는 디바운스 입력회로가 필요할 수 있다. 이를 위한 다양한 회로 구성이 가능하겠지만, 그림 7-7과 같이 그림 7-4의

디바운스 입력회로의 단일 펄스 출력을 기준 클록의 상승엣지에서 동작하는 디바운스 입력회로의 입력으로 사용하면 간단히 구현할 수 있다.

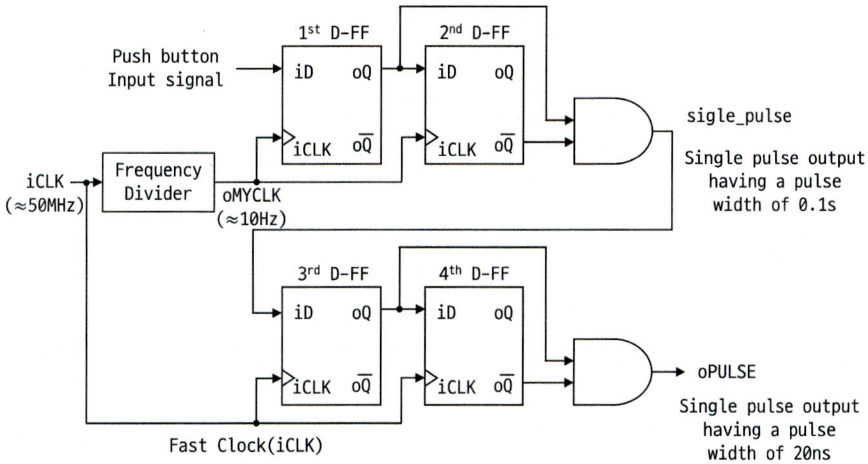

그림 7-7 기준 클록의 주기의 단일 펄스를 출력하는 디바운스 입력회로

Quartus Prime에서 프로젝트 마법사를 실행하여 다음과 같이 프로젝트 생성하고, 기준 클록의 주기의 단일 펄스를 출력하는 그림 7-7의 디바운스 입력회로를 모델링해보자.

- 프로젝트 디렉토리 : ./projects/ch7/debouncer/debouncer_clk
- 프로젝트 이름 : debouncer_clk(최상위 설계 엔터티의 이름은 자동 설정됨)
- 타겟 디바이스 설정 : 실습용 키트를 참고하여 설정, 없으면 임의로 설정해도 됨

※ 6장에서 작성한 모듈 6-2a 또는 모듈 6-2b 파일(d_ff.v)과 앞서 작성한 모듈 7-1b(freq_div_10hz.v)를 복사해서 프로젝트 디렉토리(./projects/ch7/debouncer/debouncer_clk)에 저장

❑ 기준 클록 주기의 단일 펄스를 출력하는 디바운스 입력회로의 최상위 모듈

모듈 7-1c는 그림 7-7의 회로를 참고하여 계층적 구조로 디바운스 입력회로를 모델링할 때 최상위 모듈의 코드이다.

모듈 7-1c

```
/* Push SW 입력에 대해 단일 펄스 출력을 발생하는 Debounce 회로의 Top 모듈 */

module debouncer_clk (
   input    iCLK,                 // 50MHz 클록
   input    iRESETn,              // Active-Low 리셋
   input    iSW,                  // 푸시 스위치 입력
   output   oPULSE);              // Debounced single pulse output

   wire     oMYCLK;
   wire     q1, qn2, q3, qn4;
   wire     single_pulse;

   freq_div_10hz  UFDIV (         // 주파수 분주기 인스턴스화
      .iCLK      (iCLK),          // 50MHz 클록
```

```
        .iRESETn   (iRESETn),       // D-FF의 Active-Low reset
        .oMYCLK    (oMYCLK));       // 10Hz 클록

    d_ff  UDFF1 (                   // 1st D-FF 인스턴스화
        .iCLK      (oMYCLK),        // 10Hz 클록
        .iCLEARn   (iRESETn),       // D-FF의 Active-Low system clear
        .iPRESETn  (1'b1),          // D-FF의 Active-Low preset
        .iD        (iSW),           // D-FF 입력(D)
        .oQ        (q1));           // D-FF 출력(Q)

    d_ff  UDFF2 (                   // 2nd D-FF 인스턴스화
        .iCLK      (oMYCLK),        // 10Hz 클록
        .iCLEARn   (iRESETn),       // D-FF의 Active-Low system clear
        .iPRESETn  (1'b1),          // D-FF의 Active-Low preset
        .iD        (q1),            // D-FF 입력(D)
        .oQn       (qn2));          // D-FF 반전 출력(Q̄)

    d_ff  UDFF3 (                   // 3rd D-FF 인스턴스화
        .iCLK      (iCLK),          // 50MHz 클록
        .iCLEARn   (iRESETn),       // D-FF의 Active-Low system clear
        .iPRESETn  (1'b1),          // D-FF의 Active-Low preset
        .iD        (single_pulse),  // D-FF 입력(D)
        .oQ        (q3));           // D-FF 출력(Q)

    d_ff  UDFF4 (                   // 4th D-FF 인스턴스화
        .iCLK      (iCLK),          // 50MHz 클록
        .iCLEARn   (iRESETn),       // D-FF의 Active-Low system clear
        .iPRESETn  (1'b1),          // D-FF의 Active-Low preset
        .iD        (q3),            // D-FF 입력(D)
        .oQn       (qn4));          // D-FF 반전 출력(Q̄)

    assign  single_pulse = q1 & qn2;
    assign  oPULSE = q3 & qn4;

endmodule
```

7.1.4. 디바운스 입력회로의 테스트벤치와 시뮬레이션

그림 7-7의 디바운스 입력회로를 모델링한 모듈 7-1c를 검증하기 위해 테스트벤치 7-1b를 작성하고, 시뮬레이션을 실행한 후 결과를 확인해 보자.

> ※ Object 창의 입출력 포트 신호 이외의 관찰 신호 추가
>
> • sim - fault 창의 최상위 모듈(UTOP)을 누르고 Objects 창의 signle_pulse 신호를 추가하고, 최상위 모듈(UTOP) 왼쪽의 ⊞를 누르고 5개 하위 모듈 중 'UFDIV'의 'oMYCLK' 신호를 Wave 창에 추가

테스트벤치 7-1b

```
/* 기준 클록 주기의 단일 펄스를 출력하는 Debounce 입력회로의 테스트벤치 */
`timescale  1ns/1ns
```

```

module tb_debouncer_clk;

   localparam  TCLK = 20;   // 기준 클록의 주기, TCLK = 20 * 1ns = 20ns

   reg    iCLK, iRESETn;
   reg    iSW;
   wire   oPULSE;

   debouncer_clk UTOP (
      .iCLK      (iCLK),
      .iRESETn   (iRESETn),
      .iSW       (iSW),
      .oPULSE    (oPULSE));              // 10Hz 클록 확인용 출력

   initial begin
      iCLK = 0; iRESETn = 1; #(TCLK/2);
      iRESETn = 0; #30;                  // 리셋
      iRESETn = 1; iSW = 0;
      #(TCLK*150000000);                 // 20ns * (15*10^7) = 3 sec
      $stop;
   end

   always #(TCLK/2) iCLK = ~iCLK;        // 10ns마다 clk 반전

   always #(TCLK*30000000) iSW = ~iSW;   // 0.6s마다 입력 반전

endmodule
```

시뮬레이션 결과

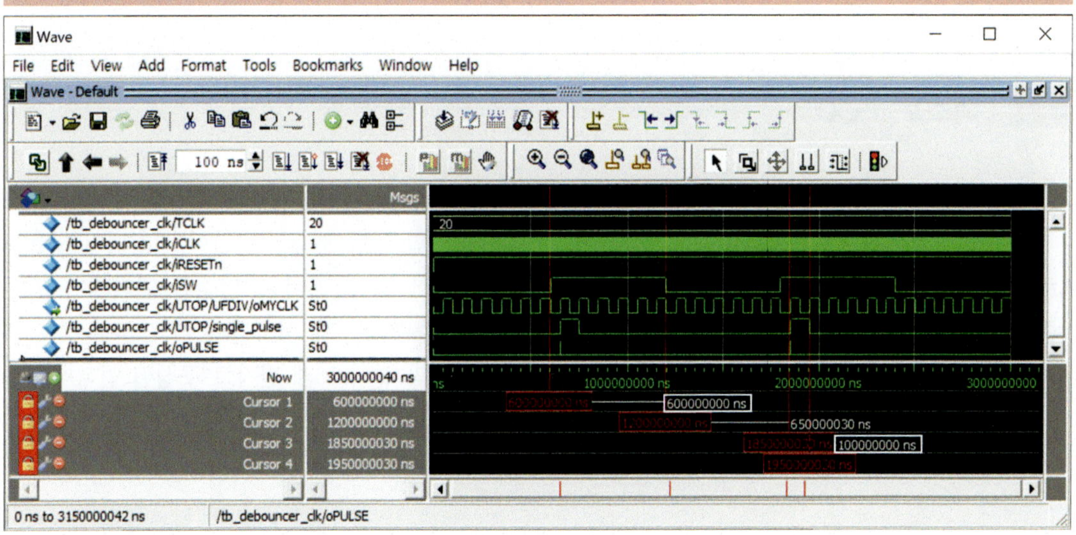

(a) iSW, oMYCLK, single_pulse 신호의 펄스 폭

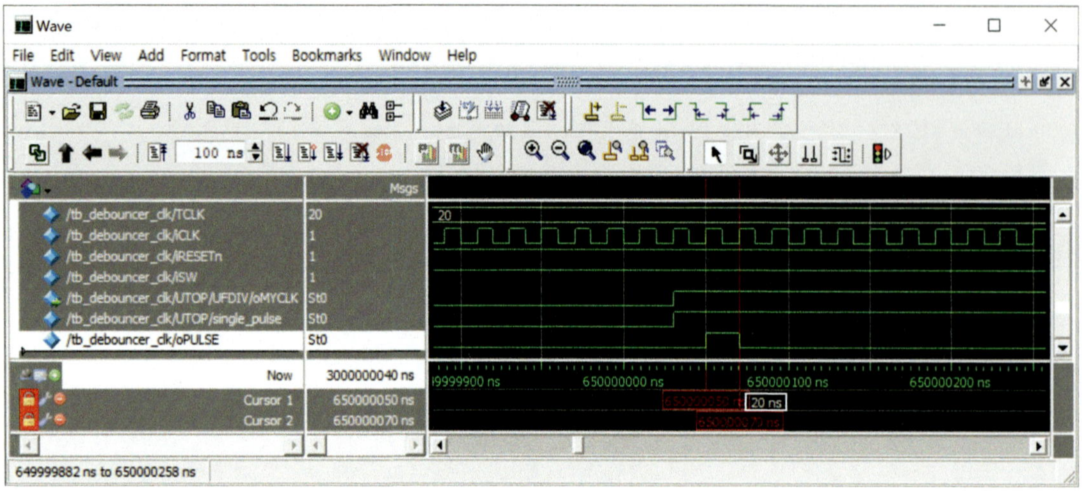

(b) 최종 출력(oPulse)의 펄스 폭

그림 7-8 디바운스 입력회로의 시뮬레이션 결과

그림 7-8은 모듈 7-1c에 대한 시뮬레이션 결과이다. 하위 모듈인 주파수 분주기(UFDIV)의 출력신호인 oMYCLK과 최상위 모듈(UTOP)의 내부 신호인 single_pulse는 각각 10Hz(주기 = 0.1s)인 클록과 0.1s의 펄스 폭을 갖는 활성화 신호로, 디바운스 회로의 동작 확인을 위해 Wave 창에 추가했다. Active Cursor를 추가하여 푸시버튼 입력인 iSW, 주파수 분주기의 출력인 oMYCLK, 2nd D-FF의 출력인 single_pulse, 디바운스 회로의 최종 출력인 oPULSE의 펄스 폭 시간을 측정해 보자. 모델링한 디바운스 회로에서 0.6s 동안의 푸시버튼 입력(iSW)에 대해 10Hz에 동기되어 동작하는 첫 번째 디바운스 회로(1st D-FF와 2nd D-FF)를 사용하여 0.1s의 펄스 폭을 갖는 단일 펄스(single_pulse) 출력을 생성한다. 이 단일 펄스 출력은 50MHz iCLK에 동기되어 동작하는 두 번째 디바운스 회로(3rd D-FF와 4th D-FF)의 입력으로 사용되어 iCLK의 주기에 해당하는 20ns의 펄스 폭을 갖는 단일 펄스(oPULSE)를 최종적으로 출력한다는 것을 확인할 수 있다. 이러한 시뮬레이션 결과로부터 모듈 7-1c가 그림 7-7의 디바운스 회로를 오류 없이 모델링했음을 알 수 있다.

7.2 텍스트 LCD

텍스트 LCD(Text Liquid Crystal Display)는 액정(liquid crystal) 기술을 이용하여 문자와 숫자를 표시하는 데 사용되는 장치이다. 액정은 전기적인 신호로 조절되는 특성이 있어, 전기가 흐르면 액정 분자의 방향이 변경되어 빛을 차단하거나 투과시킴으로써 문자와 숫자를 표시할 수 있다. 텍스트 LCD는 저전력 소비, 저비용, 단순한 인터페이스 등의 장점을 갖고 있어 주로 임베디드 시스템이나 가전제품에서 간단한 메시지를 출력하는 데 사용된다. 그림 7-9는 텍스트 LCD 모듈[3]의 외형이다. 16문자씩 2줄을 표시할 수 있는 액정 표시부와 표 7-1과 같이 16개 단자로 구성된 인터페이스를 갖는다.

3) 텍스트 LCD 모듈은 설계의 기본 단위인 모듈이 아닌 텍스트 LCD로 구성된 작은 부품을 의미한다.

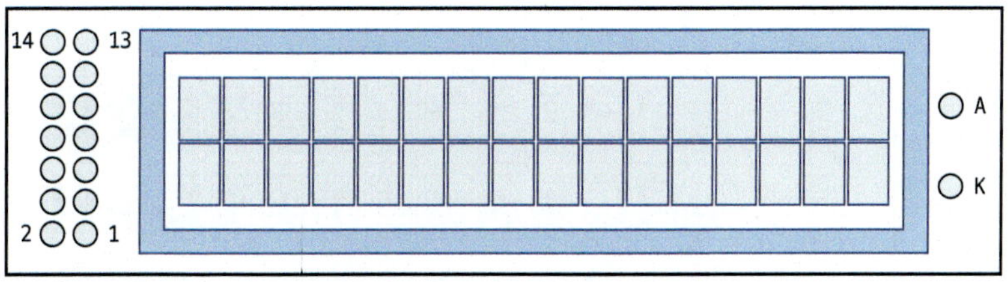

그림 7-9 텍스트 LCD 모듈의 외형

표 7-1 텍스트 LCD의 인터페이스

Pin No	Symbol	Function
1	GND	접지(0V)
2	VCC	전원(5V)
3	V0	가변저항을 통한 0 ~ 5V 전압을 입력하여 LCD의 콘트라스트 조정
4	RS	레지스터 선택(0: 명령 레지스터, 1: 데이터 레지스터)
5	$R/\overline{W}$	읽기/쓰기 선택(0: 쓰기, 1: 읽기)
6	E	LCD의 읽기/쓰기를 활성화
7 ~ 14	DB0 ~ DB7	데이터/명령어 전송 단자
15	A	백라이트 ON을 위한 전원(5V)
16	K	백라이트 OFF를 위한 전원(0V)

GND와 VCC는 텍스트 LCD에 전원 공급을 위한 단자, V0는 텍스트 LCD의 명암 대비(contrast)를 조절하기 위한 단자, RS, $R/\overline{W}$, E는 LCD 모듈의 동작 모드를 제어하기 위한 단자, DB0 ~ DB7는 명령 또는 문자 데이터를 전송하기 위한 단자, A와 K는 LCD의 백라이트를 조절하기 위한 단자이다.

텍스트 LCD 모듈은 3개의 내부 메모리로 CG-ROM(Character Generator ROM), CG-RAM(Character Generator RAM), DD-RAM(Display Data RAM)을 내장하고 있다.

❑ CG-ROM

CG-ROM은 ASCII 도형문자들의 정보를 저장하고 있는 비휘발성 메모리로서 일반적으로 영문자, 숫자, 특수문자, 일본어의 가타카나 문자 등 240개의 도형문자의 비트맵 패턴을 저장하고 있다. 그림 7-10은 CG-ROM에 저장된 ASCII 도형문자와 CG-ROM 주솟값으로, CG-ROM에 저장되어 있는 문자의 주솟값은 해당 문자의 ASCII와 일치한다. CG-ROM은 읽기 전용 메모리이므로, 제조사가 사전에 정의한 기호나 문자의 패턴이 저장되어 있어 사용자는 기존에 저장된 패턴만을 표시할 수 있다. 만약 추가적인 문자나 기호를 표현하고자 한다면, CG-RAM과 사용자 정의 기능을 활용해야 한다.

❑ CG-RAM

CG-RAM은 텍스트 LCD에서 제공하는 표준 문자나 기호 이외의 사용자가 정의한 문자나 기호를 표시하기 위해 사용되는 64바이트 크기의 휘발성 메모리이다. CG-RAM은 동적으로 변경할 수 있는 메모리로, 사용자는 필요에 따라 $00_{(H)}$ ~ $0F_{(H)}$의 주소[4] 영역에 최대 8개의 사용자 정의 문자의 비트맵 패턴을 저장하여 사용할 수 있다. 사용자 정의 문자를 사용할 때는 전원이 인가된 후에 정의하여야 하며, 전원이 꺼지면 정의된 내용은 지워진다.

4) 메모리 주소는 일반적으로 16진수(hexadecial) 표현을 사용한다.

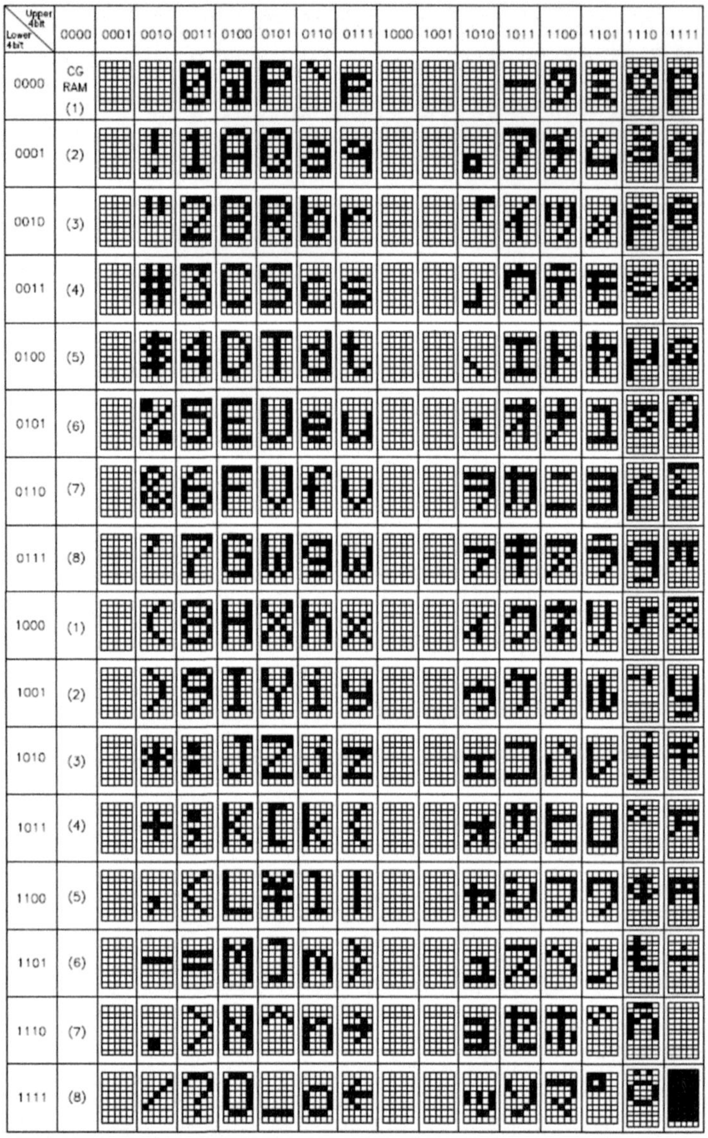

그림 7-10 CG-ROM에 저장되어 있는 ASCII 도형문자 및 주솟값

❑ DD-RAM

DD-RAM은 텍스트 LCD에 표시할 문자 데이터를 저장하는 80 × 8비트 크기의 휘발성 메모리로, 각 문자는 해당하는 위치에 대한 메모리 주소와 ASCII를 사용하여 제어함으로써 표시된다. 그림 7-11은 텍스트 LCD의 문자 위치에 대한 DD-RAM의 주솟값으로 80개의 8비트 ASCII를 저장할 수 있다. 표시하고자 하는 문자의 ASCII 즉, CG-ROM에 저장된 문자의 주솟값(해당 문자의 ASCII와 일치)을 읽어와 저장한다. 80개의 주솟값 중 $00_{(H)}$ ~ $0F_{(H)}$는 텍스트 LCD 1행의 16개 문자 위치에 해당하는 고유 주솟값으로 사용되며, $40_{(H)}$ ~ $4F_{(H)}$는 2행의 16개 문자 위치에 해당하는 고유 주솟값이다. 이들 주솟값이 연속되지 않음에 주의해야 한다.

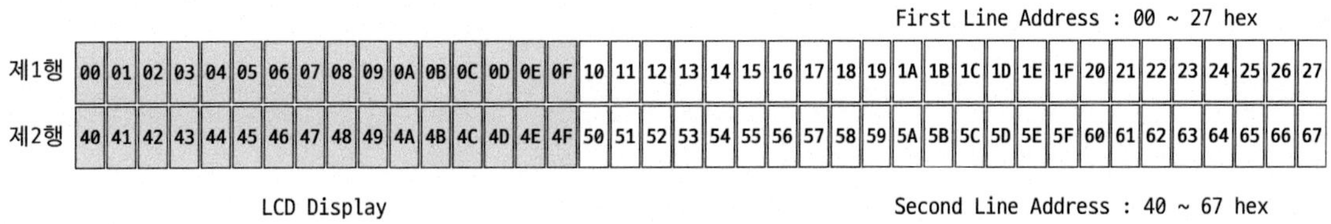

그림 7-11 텍스트 LCD에서 문자 위치에 대한 DD-RAM의 주솟값

FPGA를 사용하여 텍스트 LCD 모듈을 구동하기 위해서는 그림 7-12와 같이 쓰기 모드와 읽기 모드를 위한 각 제어신호(RS, R/W, E)의 설정이 필요하며, 제어신호의 타이밍을 고려해 데이터나 명령어를 전달해야 한다. 이때 각 제어신호의 지정된 소요 시간에 주의해야 한다. 즉, FPGA는 제어 명령을 보내기 전 또는 후에 충분한 대기 시간이나 유지 시간이 필요하다. 각 제어신호의 setup time, hold time, delay time 등을 표 7-2에 정리하였다. 사용하는 텍스트 LCD에 따라 소요 시간과 타이밍 등의 사양이 다를 수 있으므로 제조사에서 제공하는 데이터시트를 참고하면 된다.

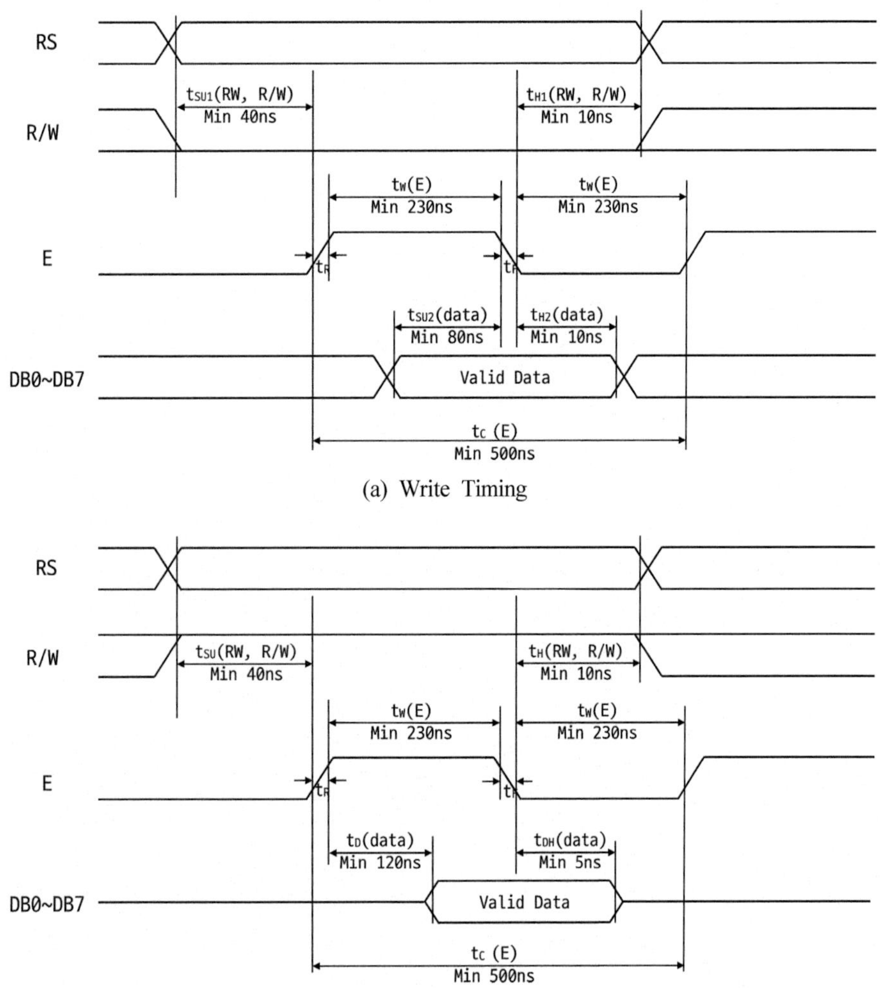

그림 7-12 텍스트 LCD 모듈의 타이밍도(OTM07001-01, VDD = 5V)

표 7-2 텍스트 LCD 모듈의 동작 타이밍(VDD = 4.5V ~ 5.5V, LCD 모듈 : OTM07001-01)

Mode	Characteristics	symbol	Min	Typ	Max	Unit
Write Mode (그림 7-12a)	E Cycle Time	tC	500	-	-	ns
	E Rise / Fall Time	tR, tF	-	-	20	
	E Pulse Width (High, Low)	tW	230	-	-	
	R/$\overline{W}$ and RS Setup Time	tSU1	40	-	-	
	R/$\overline{W}$ and RS Hold Time	tH1	10	-	-	
	Data Setup Time	tSU2	80	-	-	
	Data Hold Time	tH2	10	-	-	
Read Mode (그림 7-12b)	E Cycle Time	tC	500	-	-	ns
	E Rise / Fall Time	tR, tF	-	-	20	
	E Pulse Width (High, Low)	tW	230	-	-	
	R/$\overline{W}$ and RS Setup Time	tSU	40	-	-	
	R/$\overline{W}$ and RS Hold Time	tH2	10	-	-	
	Data Output Delay Time	tD	-	-	120	
	Data Hold Time	tDH	5	-	-	

쓰기 모드에서 텍스트 LCD 제어기(FPGA)는 LCD 모듈에 명령어를 전송하거나 LCD의 DD-RAM에 데이터를 쓰는 동작을 한다. 반면, 읽기 모드에서 LCD 제어기는 LCD의 CG/DD-RAM으로부터 데이터를 읽어 들이는 동작을 한다. 사용자 정의 문자를 사용하지 않는다면 LCD 모듈은 쓰기 모드만을 사용하여 원하는 내용을 출력한다. FPGA를 사용하여 텍스트 LCD 모듈을 동작할 때 사용하는 제어명령(instruction code)은 표 7-3과 같다. 이들 제어명령은 8비트 데이터 버스(DB0 ~ DB7)를 통해 전송되며, 이때 RS, R/$\overline{W}$, E는 명령 전송 모드를 위한 제어신호 값으로 설정된다.

표 7-3 Text LCD 모듈의 제어명령

Instruction	Instruction Code										동작 설명	소요 시간
	RS	R/W	DB7	DB6	DB5	DB4	DB3	DB2	DB1	DB0		
Clear Display	0	0	0	0	0	0	0	0	0	1	모든 Diplay 클리어, Address Counter를 DD-RAM 0번지로 초기화, 커서는 홈으로 이동	1.53ms
Cursor Home	0	0	0	0	0	0	0	0	1	-	DD-RAM 내용 변경 없이 커서만 홈으로 이동	1.53ms
Entry Mode Set	0	0	0	0	0	0	0	1	I/D	S	커서의 진행 방향과 이동 여부 설정	39μs
Display On/OFF Control	0	0	0	0	0	0	1	D	C	B	D : Display의 ON/OFF 설정 C : 커서의 ON/OFF 설정 B : 커서 위치 문자의 깜박임 여부 설정	39μs
Cursor/ Display Shift	0	0	0	0	0	1	S/C	R/L	-	-	S/C : 커서의 이동 설정 R/L : Display shift 동작 설정	39μs

Instruction	Instruction Code										동작 설명	소요 시간
	RS	R/W	DB7	DB6	DB5	DB4	DB3	DB2	DB1	DB0		
Function Set	0	0	0	0	1	IF	N	-	BR1	BR2	IF : 데이터 길이 설정 N : 표시 행 수 설정 BR1, BR0 : 화면 밝기 설정 ※ 전원 투입 후 최초 이 명령을 전송	39μs
CG-RAM Address Setting	0	0	0	1	Address						CG-RAM의 Address 지정, 이후 송수신하는 데이터는 CG-RAM 데이터	39μs
DD-RAM Address Setting	0	0	1	Address(7비트)							DD-RAM의 Address 지정, 이후 송수신하는 데이터는 DD-RAM 데이터	39μs
Busy Flag & Address Reading	0	1	BF	Address Count							Text LCD 모듈이 내부 동작 중임을 나타내는 BF 및 Address Counter의 내용 읽기, BF = 1이면 대기, BF = 0이면 다음 제어명령 전송	0μs
Write Data to CG/DD-RAM	1	0	Write Data								RAM에 Data 쓰기	43μs
Read Data from CG/DD-RAM	1	1	Read Data								RAM에 Data 읽기	43μs
I/D	1 : Increment										0 : Decrement	
S	1 : Display shift enabled										0 : Cursor shift enabled	
D	1 : Display ON										0 : Display OFF	
C	1 : Cursor ON										0 : Cursor OFF	
B	1 : Blink ON										0 : Blink OFF	
S/C	1 : Display shift										0 : Cursor move	
R/L	1 : Shift to the right										0 : Shift to the left	
IF	1 : 8bit										0 : 4bit	
N	1 : 2 lines display										0 : 1 line display	
BF	1 : Busy(Internally operation)										0 : Not busy(Instruction acceptable)	
BR1, BR0	00 : 100%, 01 : 75%, 10 : 50%, 11 : 25%											

7.2.1. 텍스트 LCD 제어기의 모듈

텍스트 LCD에 문자나 숫자를 표시하기 위해서는 3개의 제어신호(RS, R/$\overline{W}$, E)와 8비트 데이터 버스[5](DB0 ~ DB7)를 사용하여 표 7-3의 명령어나 데이터를 텍스트 LCD 모듈에 그림 7-12의 타이밍에 맞게 전달하는 제어기가 필요하다. 이때 텍스트 LCD 제어기는 사용하는 LCD 모듈의 제조사에서 제공하는 사양에 맞춰 모델링해야 하는데 여기에서는 일반적으로 가장 많이 사용하는 16 × 2 텍스트 LCD 모듈(OTM07001-01)[6]에 대해 8비트 모드의 2줄 문자 표시를 기준으로 설명한다. 일반적으로 텍스트 LCD 모듈은 정보를 표시하기 위해 주로 쓰기 모드로 동작하는 데 기본적인 제어순서는 표 7-4와 같다.

5) 데이터 버스(data bus) : 데이터 전송을 위한 통로로 전송선들의 집합을 말한다.

6) HD44780 호환 컨트롤러 사용

표 7-4 텍스트 LCD 모듈의 기본적인 제어순서

순서	제어 내용	비고
1	전원 투입 후 초기화	초기화를 위해 약 50ms의 대기 시간이 필요
2	Function Set 명령 전송	데이터 길이(8비트 또는 4비트), 표시 행 수 설정
3	Display ON/OFF control 명령을 전송	Display ON/OFF, 커서 표시 및 깜빡임 여부 설정
4	Entry mode set 명령을 전송	커서의 진행 방향과 이동 여부 설정
5	DD-RAM Address를 전송	DD-RAM의 Address 지정
6	문자 데이터를 연속으로 전송	명령어 또는 데이터 전송
※ 필요에 따라 5~6의 제어를 반복		

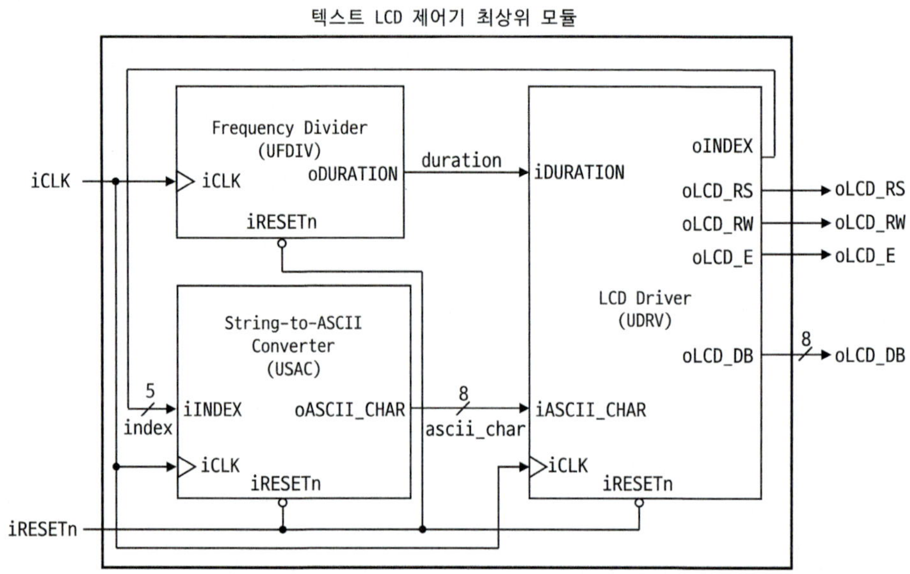

그림 7-13 16×2 텍스트 LCD 제어기 회로

텍스트 LCD에 원하는 내용을 표시하는 LCD 제어기는 타이밍 제어를 위한 주파수 분주기 모듈, 표시할 문자나 숫자를 ASCII로 변환하는 모듈, 제어신호의 생성과 제어신호에 따라 명령과 데이터를 LCD 모듈에 전송하는 구동회로 모듈로 구성되며, 그림 7-13의 텍스트 LCD 제어기 회로는 구조적 방법으로 모델링할 수 있다. Quartus Prime에서 프로젝트 마법사를 사용하여 다음과 같이 프로젝트 생성하고, LCD 제어기를 모델링해보자.

- 프로젝트 디렉토리 : ./projects/ch7/text_lcd/lcd_display
- 프로젝트 이름 : lcd_display(최상위 설계 엔터티의 이름은 자동 설정됨)
- 타겟 디바이스 설정 : 실습용 키트를 참고하여 설정, 없으면 임의로 설정해도 됨

❑ 구조적 방법으로 모델링한 텍스트 LCD 제어기의 최상위 모듈

모듈 7-2a는 그림 7-13의 텍스트 LCD 제어기 회로를 구조적 방법으로 모델링한 최상위 엔터티 모듈 코드이다.

모듈 7-2a

```
/* Text LCD 제어기의 최상위 엔터티(Top) 모듈 */

module  lcd_display (
   input         iCLK,     // 기준 클록(50Mhz) 신호
   input         iRESETn, // Active-Low reset 신호
   output        oLCD_E,  // LCD의 E 신호
   output        oLCD_RS, // LCD의 RS 신호(RS = 0 : 명령어, RS = 1 : 데이터)
   output        oLCD_RW, // LCD의 R/W 신호(RW = 0 : 쓰기, RW = 1 : 읽기)
   output  [7:0] oLCD_DB);// LCD의 명령어 및 문자 데이터

   wire    [4:0] index;    // LCD에 출력할 문자의 위치 지정 카운터의 계수값
   wire    [7:0] ascii_char; // 출력할 문자의 ASCII 코드 데이터
   wire          duration;

   duration_lcd  UFDIV (
      .iCLK          (iCLK),
      .iRESETn       (iRESETn),
      .oDURATION     (duration)); // 2ms 주기의 활성화 신호

   str2ascii        USAC (
      .iCLK          (iCLK),
      .iRESETn       (iRESETn),
      .iINDEX        (index),
      .oASCII_CHAR   (ascii_char));

   lcd_driver       UDRV (
      .iCLK          (iCLK),
      .iRESETn       (iRESETn),
      .iDURATION     (duration),
      .iASCII_CHAR   (ascii_char),
      .oINDEX        (index),
      .oLCD_E        (oLCD_E),
      .oLCD_RS       (oLCD_RS),
      .oLCD_RW       (oLCD_RW),
      .oLCD_DB       (oLCD_DB));

endmodule
```

❑ 명령어 수행에 필요한 시간 간격 신호를 생성하는 주파수 분주기의 모듈

모듈 7-2b는 그림 7-13의 텍스트 LCD 제어기 회로에서 주파수 분주기의 모듈 코드이다. 표 7-3에서 명령어를 수행하는 데 필요한 소요 시간은 최대 1.53ms이므로 하나의 명령어를 처리한 후 다음 명령어를 수행하기 위해서는 최대 소요 시간 이상의 간격이 필요하다. 모듈 7-2b는 명령어 처리를 위한 소요 시간 간격으로 2ms 주기의 활성화 펄스 신호를 생성하는 분주기를 모델링한 모듈 코드이다.

모듈 7-2b

```
/*  명령어 처리 소요시간을 위한 2ms(500Hz) 주기의 활성화 신호 생성 모듈 */

```

```
03   module duration_lcd (
04      input        iCLK,          // 기준 클록(50MHZ) 신호
05      input        iRESETn,       // 스위치를 통한 reset
06      output       oDURATION);    // 2ms(500Hz) 주기의 활성화 신호
07
08      reg   [16:0] cnt_duration; // duration 신호 생성을 위한 카운터 17비트
09      reg          duration;
10
11      // Frequency divider (50MHz → 500Hz) : LCD 제어 클록
12      always @ (posedge iCLK or negedge iRESETn) begin
13         if (!iRESETn) begin
14            cnt_duration  <= 0;
15            duration      <= 0;
16         end
17         else begin
18            if (cnt_duration == 99999) begin  // 20ns * 100000 = 2ms
19               cnt_duration  <= 0;            // 2ms마다 카운터 리셋(0)
20               duration      <= 1'b1;         // iCLK의 주기(20ns) 동안 High(1)
21            end
22            else begin
23               cnt_duration    <= cnt_duration + 1'b1;
24               duration        <=  0;           // duration : 0값 유지
25            end
26         end
27      end
28
29      assign  oDURATION = duration;
30
31   endmodule
```

11행 ~ 27행 : 명령어를 수행하는 데 필요한 최대 소요 시간을 고려하여 2ms 주기의 활성화 신호(duration)를 생성하는 주파수 분주기로 50MHz 기준 클록으로부터 500Hz 활성화 신호를 생성한다. 생성한 활성화 신호(duration)의 펄스 폭(High 레벨 유지 시간)은 기준 클록의 주기(20ns)와 같다.

❏ LCD에 표시할 문자나 숫자 데이터를 ASCII로 변환하는 문자열-아스키 변환기의 모듈

모듈 7-2c는 그림 7-13의 텍스트 LCD 제어기 회로에서 문자열-아스키 변환기를 모델링한 모듈 코드이다. 텍스트 LCD에 표시하려는 내용은 'Welcome to Verilog World!'라는 문자열로, 문자열-아스키 변환기를 사용하여 문자열을 각 문자 단위의 아스키(ASCII)로 변환한다.

모듈 7-2c

```
/*  LCD에 표시할 문자를 ASCII 데이터로 변환하는 모듈 */

module str2ascii(
   input          iCLK,           // 기준 클록(50MHz) 신호
   input          iRESETn,        // Active-Low 리셋 신호
   input    [4:0] iINDEX,         // 문자 위치 카운터의 계수값
   output   [7:0] oASCII_CHAR);  // 출력할 문자의 ASCII 값(address)

```

```
   reg      [7:0] ascii_char;

/* -------------------------------------------------------------------
--                            ASCII HEX TABLE
--  Hex                        Low Hex Digit
--  Value  0   1   2   3   4   5   6   7   8   9   A   B   C   D   E   F
---------------------------------------------------------------------
--     2 | SP  !   "   #   $   %   &   '   (   )   *   +   ,   -   .   /
-- H   3 | 0   1   2   3   4   5   6   7   8   9   :   ;   <   =   >   ?
-- i   4 | @   A   B   C   D   E   F   G   H   I   J   K   L   M   N   O
-- g   5 | P   Q   R   S   T   U   V   W   X   Y   Z   [   \   ]   ^   _
-- h   6 | `   a   b   c   d   e   f   g   h   i   j   k   l   m   n   o
--     7 | p   q   r   s   t   u   v   w   x   y   z   {   |   }   ~ DEL
---------------------------------------------------------------------
-- 예) 위에서 "A"는 4번째 행 1번째 열에 해당하므로 hex value는 8'h41
-- 다른 도형문자를 사용하려면 사용하는 LCD 모듈의 Datasheet를 참조
*/

/* 아래 코드는 LCD에 다음과 같이 표현됨
   ------------------------
   | Welcome to      |
   | Verilog World! |
   ------------------------
*/

   always @ (posedge iCLK or negedge iRESETn) begin
      if (!iRESETn)
         ascii_char <= 8'h00;  // NULL
      else
         case (iINDEX)
            00 :   ascii_char    <=  8'h57; // W
            01 :   ascii_char    <=  8'h65; // e
            02 :   ascii_char    <=  8'h6C; // l
            03 :   ascii_char    <=  8'h63; // c
            04 :   ascii_char    <=  8'h6F; // o
            05 :   ascii_char    <=  8'h6D; // m
            06 :   ascii_char    <=  8'h65; // e
            07 :   ascii_char    <=  8'h20; // SP : white space
            08 :   ascii_char    <=  8'h74; // t
            09 :   ascii_char    <=  8'h6F; // o
            10 :   ascii_char    <=  8'h20; // SP : white space
            11 :   ascii_char    <=  8'h20; // SP : white space
            12 :   ascii_char    <=  8'h20; // SP : white space
            13 :   ascii_char    <=  8'h20; // SP : white space
            14 :   ascii_char    <=  8'h20; // SP : white space
            15 :   ascii_char    <=  8'h20; // SP : white space

            // Line 2
            16 :   ascii_char    <=  8'h56; // V
            17 :   ascii_char    <=  8'h65; // e
            18 :   ascii_char    <=  8'h72; // r
            19 :   ascii_char    <=  8'h69; // i
            20 :   ascii_char    <=  8'h6C; // l
```

```
62                21 :   ascii_char    <=  8'h6F; // o
63                22 :   ascii_char    <=  8'h67; // g
64                23 :   ascii_char    <=  8'h20; // SP : white space
65                24 :   ascii_char    <=  8'h57; // W
66                25 :   ascii_char    <=  8'h6F; // o
67                26 :   ascii_char    <=  8'h72; // r
68                27 :   ascii_char    <=  8'h6C; // l
69                28 :   ascii_char    <=  8'h64; // d
70                29 :   ascii_char    <=  8'h21; // !
71                30 :   ascii_char    <=  8'h20; // SP : white space
72                31 :   ascii_char    <=  8'h20; // SP : white space
73                default: ascii_char  <= 8'h00;  // NULL
74            endcase
75        end
76
77        assign  oASCII_CHAR = ascii_char;
78
79    endmodule
```

11행 ~ 25행 : ASCII 표의 일부로 LCD에 표시할 문자나 숫자에 대한 16진수 형식의 ASCII 값을 나타내는 주석문이다.

34행 ~ 75행 : case 문을 사용하여 LCD 표시부의 지정된 위치에 표시할 ASCII 값을 출력신호인 reg형 ascii_char에 할당한다. 이때 case 문의 조건식으로 사용한 iINDEX는 32개의 문자 위치 중 하나를 지정하는 5비트 2진 코드이다.

❑ LCD의 제어신호와 데이터 신호(DB0~DB7)를 생성하는 LCD 구동회로의 모듈

모듈 7-2d는 그림 7-13의 텍스트 LCD 제어기 회로에서 텍스트 LCD 구동회로를 모델링한 모듈 코드이다. 5비트 2진 카운터를 사용하여 LCD에 출력할 32개의 문자 위치를 지정하고, 유한상태머신(FSM)을 사용하여 LCD 제어신호와 명령어/데이터 신호를 생성한다.

모듈 7-2d

```
/* LCD 제어명령 및 데이터 신호 생성을 위한 FSM */

module  lcd_driver (
    input           iCLK,        // 기준 클록(50MHz) 신호
    input           iRESETn,     // Active-Low 리셋 신호
    input           iDURATION,   // 2ms(500Hz) 주기의 활성화 신호
    input     [7:0] iASCII_CHAR, // index 위치에 해당하는 문자의 ASCII 데이터
    output    [4:0] oINDEX,      // 문자 출력 위치
    output          oLCD_E,      // E 신호
    output          oLCD_RS,     // RS 신호(rs = 0 : 명령어, rs = 1 : 데이터)
    output          oLCD_RW,     // RW 신호 (rw = 0 : 쓰기, rw = 1 : 읽기)
    output    [7:0] oLCD_DB);    // LCD 명령어 및 문자 데이터

    // Define the state of FSM
    localparam   IDLE            = 4'h0;
    localparam   FUNC_SET        = 4'h1;
    localparam   DISP_OFF        = 4'h2;
    localparam   DISP_CLEAR      = 4'h3;
    localparam   DISP_ON         = 4'h4;
```

```
    localparam   MODE_SET        = 4'h5;
    localparam   PRINT_STRING    = 4'h6;
    localparam   LINE2           = 4'h7;
    localparam   RETURN_HOME     = 4'h8;

    localparam   T_PW = 22'd2500000; // LCD 모듈에 전원투입 후 대기시간(50ms)

    reg        [4:0]  index;
    reg               lcd_e;
    reg               lcd_rs;
    reg               lcd_rw;
    reg        [7:0]  lcd_db;

    reg        [3:0]  curr_state;  // 현재 상태 변수
    reg        [3:0]  next_state;  // 다음 상태 변수
    reg        [21:0] cnt_init;
    reg        [4:0]  cnt_timing;  // lcd_e 신호의 펄스 폭 제어를 위한 카운터

    // LCD 모듈에 전원 투입 후 50ms 대기를 위한 카운터
    always @ (posedge iCLK or negedge iRESETn) begin
       if (!iRESETn)
          cnt_init   <= 0;
       else
          if (cnt_init >= T_PW - 1)
             cnt_init   <= T_PW; // 50ms 이후 cnt_init는 T_PW로 고정
          else
             cnt_init   <= cnt_init + 1'b1;
    end

    // FSM의 상태 전환을 위한 순차회로 블록
    always @ (posedge iCLK or negedge iRESETn) begin
       if (!iRESETn)
          curr_state   <= IDLE;
       else
          curr_state   <= next_state;
    end

    // FSM의 상태 결정을 위한 조합회로 블록
    always @ (*) begin
       if (cnt_init < T_PW)
          next_state   = IDLE;
       else if (!iDURATION)
          next_state   = curr_state;
       else
          case (curr_state)
             IDLE         :  next_state   = FUNC_SET;
             FUNC_SET     :  next_state   = DISP_OFF;
             DISP_OFF     :  next_state   = DISP_CLEAR;
             DISP_CLEAR   :  next_state   = DISP_ON;
             DISP_ON      :  next_state   = MODE_SET;
             MODE_SET     :  next_state   = PRINT_STRING;
             PRINT_STRING :  if (index == 15)
                                next_state   = LINE2;
```

```
                           else if (index == 31)
                              next_state   = RETURN_HOME;
                           else
                              next_state   = PRINT_STRING;
            LINE2        :  next_state   = PRINT_STRING;
            RETURN_HOME  :  next_state   = PRINT_STRING;
            default      :  next_state   = IDLE;
         endcase
   end

   // LCD에 출력할 32개 문자 위치의 지정을 위한 카운터
   always @ (posedge iCLK or negedge iRESETn) begin
      if (!iRESETn)
         index   <= 1'b0;
      else
         if (curr_state == PRINT_STRING && iDURATION == 1)
            if (index < 31)
               index   <= index + 1'b1;    // 문자 위치 1씩 증가
            else
               index   <= 0; // 32개 문자 출력이 완료되면 문자 위치 리셋
         else
            index   <= index;
   end

   /* lcd_e 신호에 대해 tsu1(최소 40ns)과 tw(최소 230ns)의 지연/유지시간
      확보를 위한 카운터(tsu1 = 100ns, tw = 500ns로 설정) */
   always @(posedge iCLK or negedge iRESETn) begin
      if (!iRESETn)
         cnt_timing   <= 0;
      else if (iDURATION)
         cnt_timing   <= 0;
      else if(&cnt_timing) // cnt_timing = 5'b1_1111일 때 &cnt_timing = 1
         cnt_timing   <= cnt_timing;
      else
         cnt_timing   <= cnt_timing + 1'b1;
   end

   // FSM의 출력을 위한 조합회로 블록
   always @ (*) begin
      // tsu1 = 5*20ns = 100ns(>40ns), tw = 25*20ns = 500ns(>230ns)
      if (cnt_timing < 5 | cnt_timing > 29)
         lcd_e   = 0;
      else
         lcd_e   = 1;

      case(curr_state)
         IDLE          :  begin
                             lcd_rs   = 1'b0;
                             lcd_rw   = 1'b0;
                             lcd_db   = 8'h01;  // Clear Display
                          end
         FUNC_SET      :  begin
                             lcd_rs   = 1'b0;
```

```
                            lcd_rw   = 1'b0;
                            lcd_db   = 8'h38;  // 8비트 인터페이스, 2줄 표시
                          end
          DISP_OFF    :   begin
                            lcd_rs   = 1'b0;
                            lcd_rw   = 1'b0;
                            lcd_db   = 8'h08;  // Display OFF
                          end
          DISP_CLEAR  :   begin
                            lcd_rs   = 1'b0;
                            lcd_rw   = 1'b0;
                            lcd_db   = 8'h01;  // Clear Display
                          end
          DISP_ON     :   begin
                            lcd_rs   = 1'b0;
                            lcd_rw   = 1'b0;
                            lcd_db   = 8'h0C; // Cursor OFF/ON : 8'h0C/8'h0E
                            //lcd_db   = 8'h0F; // Cursor ON & Char Blink
                          end
          MODE_SET    :   begin
                            lcd_rs   = 1'b0;
                            lcd_rw   = 1'b0;
                            lcd_db   = 8'h06; // 문자 표시, 커서를 우측 이동
                          end
          PRINT_STRING :  begin
                            lcd_rs   = 1'b1;
                            lcd_rw   = 1'b0;
                            lcd_db   = iASCII_CHAR; // 출력할 문자
                          end
          LINE2       :   begin
                            lcd_rs   = 1'b0;
                            lcd_rw   = 1'b0;
                            lcd_db   = 8'hC0; // DD-RAM Addr 설정(2행 1열)
                          end
          RETURN_HOME :   begin
                            lcd_rs   = 1'b0;
                            lcd_rw   = 1'b0;
                            lcd_db   = 8'h80; // DD-RAM Addr 설정(1행 1열)
                          end
          default     :   begin
                            lcd_rs   = 1'b0;
                            lcd_rw   = 1'b0;
                            lcd_db   = 8'h00;
                          end
       endcase
    end

    assign   oINDEX  = index;
    assign   oLCD_E  = lcd_e;
    assign   oLCD_RS = lcd_rs;
    assign   oLCD_RW = lcd_rw;
    assign   oLCD_DB = lcd_db;

```

```
179      /* 아래는 시뮬레이션 시 FSM의 상태를 확인하기 위한 부분으로 합성 안됨 */
180      // synopsys translate_off
181      reg   [18*8-1:0]  STATE;
182
183      always @(*) begin
184         case(curr_state)
185            IDLE            :  STATE   = "IDLE";
186            FUNC_SET        :  STATE   = "FUNC_SET";
187            DISP_OFF        :  STATE   = "DISP_OFF";
188            DISP_CLEAR      :  STATE   = "DISP_CLEAR";
189            DISP_ON         :  STATE   = "DISP_ON";
190            MODE_SET        :  STATE   = "MODE_SET";
191            PRINT_STRING    :  STATE   = "PRINT_STRING";
192            LINE2           :  STATE   = "LINE2";
193            RETURN_HOME     :  STATE   = "RETURN_HOME";
194            default         :  STATE   = "ERROR";
195         endcase
196      end
197      // synopsys translate_on
198
199   endmodule
```

14행 ~ 23행 : 예약어 'localparam'을 사용하여 FSM의 각 상태를 파라미터로 정의한다.

25행 : LCD 모듈에 전원을 투입한 후 초기화를 위해 필요한 약 50ms의 대기 시간을 카운트하기 위한 값(T_PW = 22'd2500000)을 파라미터로 선언한다.

38행 ~ 47행 : LCD 모듈에 전원을 투입한 후 초기화를 위해 필요한 50ms를 대기하는 카운터(cnt_init)이다. 43행에서 카운터의 계수값이 파라미터로 선언한 'T_PW - 1'이 되면 계수값은 cnt_init = 22'd2500000을 유지한다.

49행 ~ 55행 : FSM의 상태 전환을 위한 순차회로 블록으로 클록의 상승엣지에 동기 되어 현재 상태가 다음 상태로 전환된다.

57행 ~ 81행 : FSM의 조합회로 블록으로 현재 상태와 입력 조건에 따라 다음 상태를 결정한다. 입력 조건으로 사용된 iDURATION은 클록의 상승엣지에 동기된 2ms 주기의 활성화 신호로, iDURATION = 1일 때 다음 상태(next_state)가 결정되며, 결정된 다음 상태는 클록의 다음번 상승엣지에서 현재 상태(curr_state)로 전환된다.

84행 ~ 95행 : LCD에 출력할 문자의 위치를 지정하기 위한 카운터로 현재 상태가 curr_state = PRINT_STRING이고 2ms 주기의 활성화 신호(iDURATION)가 High(1)일 때 카운터의 계수값은 1씩 증가한다.

99행 ~ 108행 : 그림 7-12의 타이밍도에서 LCD 모듈의 동작을 제어하는 E 신호를 생성할 때 요구되는 t_{su1}의 최소 지연시간(40ns)과 t_w의 최소 유지시간(230ns)을 확보하기 위한 카운터이다. 2ms 주기의 활성화 신호(iDURATION)가 High(1)일 때 카운터(cnt_timing)의 계수값은 0으로 리셋된 후, 기준 클록의 상승엣지마다 0 ~ 31 범위에서 1씩 증가한다. 이 카운터의 계수값은 113행에서 t_{su1}와 t_w를 설정하는 데 사용된다.

111행 ~ 171행 : FSM의 출력을 결정하는 조합회로 블록으로 클록과 상관없이 현재 상태와 if 문의 조건식(cnt_timing의 계수값 사용) 결과에 따라 LCD의 제어신호(E, RS, $R/\overline{W}$)와 8비트 명령어 또는 데이터 신호(DB)를 결정한다. 113행 ~ 116행에서 카운터(cnt_timing)의 계수값을 사용하여 활성화 신호(iDURATION)가 High(1)로 활성화된 이후 클록 주기의

5배에 해당하는 시간(5[7] × 20ns = 100ns) 동안 lcd_e(oLCD_E)는 oLCD_E = 0을 출력한다. 이후 클록 주기의 25[8]배에 해당하는 시간(25 × 20ns = 500ns)동안 oLCD_E = 1을 출력한 후 다음 활성화 신호가 활성화될 때까지 oLCD_E = 0을 출력한다. 즉, 그림 7-12의 타이밍도에서 LCD 모듈의 동작을 제어하는 E 신호를 생성 시 요구되는 t_{su1} = 100ns, t_w = 500ns을 만족하도록 한다.

> **FSM의 출력 결정 블록**
>
> 일반적으로 조합회로로 모델링하는 데 이는 모델링의 명확성과 간결성을 유지하고 동작의 신뢰성을 확보할 수 있기 때문이다. 출력 결정 블록을 순차회로로 설계할 경우, 출력신호가 상태 전환 후 즉시 갱신되지 않고 클록의 다음 상승엣지에서 갱신되어 현재 상태와 출력의 불일치와 오작동을 발생할 수 있다. 따라서 FSM의 출력 결정 블록을 순차회로로 모델링하는 것은 피하는 것이 좋다.

180행 ~ 197행 : 시뮬레이션 시 FSM의 상태를 쉽게 확인하기 위한 부분으로 '// sysnopsys translate_off' ~ '// synopsys translate_on' 사이에 작성된 내용은 합성되지 않는다. 시뮬레이션 결과에서 'STATE'의 Radix를 ASCII 형식으로 변경하면 FSM의 각 state를 2진 수열 형식이 아닌 'IDLE', 'FUNC_SET' 등과 같이 문자 형식으로 확인할 수 있다.

7.2.2. 텍스트 LCD 제어기 모듈의 테스트벤치와 시뮬레이션

모듈 7-2a ~ 모듈 7-2d를 검증하기 위해 테스트벤치 7-2를 작성하고, 시뮬레이션을 실행한 후 결과를 확인해보자.

> ※ Object 창의 입출력 포트 신호 이외의 관찰 신호 추가
>
> • sim - Default 창에서 최상위 모듈(UTOP) 왼쪽의 ⊞를 누른 후 하위 모듈 UDRV를 선택하면, Objects 창에 하위 모듈의 내부 신호들을 확인할 수 있다. 이들 내부 신호 중 확인할 신호를 선택 후 Wave 창에 드래그 또는 마우스 우측 버튼을 클릭하여 'Add Wave'를 선택하여 Wave 창에 하위 모듈의 신호들을 추가[9]

테스트벤치 7-2

```
/* LCD 제어기 회로의 시뮬레이션을 위한 테스트벤치 */
`timescale  1ns/1ns

module tb_lcd_display;
   localparam  TCLK = 20;  // TCLK = 20 * 1ns = 20ns

   reg          iCLK;
   reg          iRESETn;
   wire         oLCD_E;
   wire         oLCD_RS;
   wire         oLCD_RW;
   wire  [7:0]  oLCD_DB;

   lcd_display   UTOP (
     .iCLK       (iCLK),
```

7) cnt_timing < 5의 조건식의 참(1)을 만족하는 시간은 cnt_timing이 0부터 4까지 5주기에 해당

8) cnt_timing > 29의 조건식이 참(1)을 만족하는 시간은 cnt_timing이 5부터 29까지 25주기에 해당

9) 하위 모듈의 입출력 신호 및 내부 wire형 또는 reg형 신호를 Wave 창에 추가하는 자세한 방법은 부록 Appx2를 참조한다.

```
16          .iRESETn   (iRESETn),
17          .oLCD_E    (oLCD_E),
18          .oLCD_RS   (oLCD_RS),
19          .oLCD_RW   (oLCD_RW),
20          .oLCD_DB   (oLCD_DB));
21
22       initial begin
23          iCLK = 0; iRESETn = 1; #(TCLK/2);
24          iRESETn = 0; #30;   // Active-Low reset
25          iRESETn = 1;
26          #(TCLK*10000000);   // 20ns * (10*10^6) = 200ms
27          $stop;
28       end
29
30       always   #(TCLK/2) iCLK = ~iCLK;  // TCLK/2 = 10 * 1ns = 10ns
31
32    endmodule
```

30행 : always 문을 사용하여 50MHz 기준 클록(주기 TCLK = 20ns)을 생성한다.

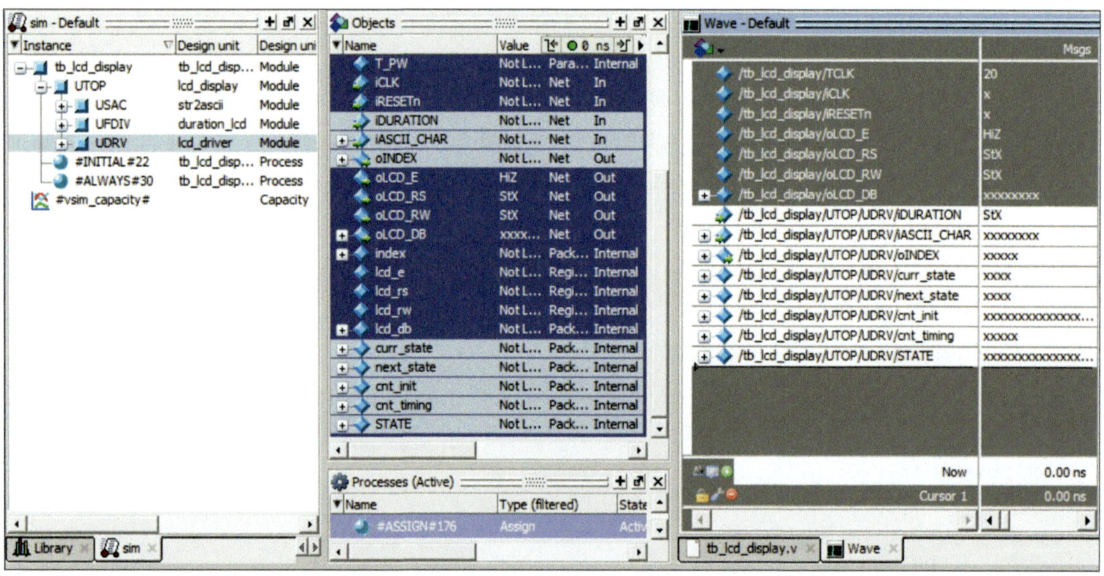

그림 7-14 LCD 제어기의 동작 검증을 위해 하위 모듈의 신호를 Wave 창에 추가한 결과

그림 7-14는 모델링한 LCD 제어기의 동작을 검증하기 위한 관찰 신호로 테스트벤치에서 wire형과 reg형으로 선언한 신호 외 하위 모듈의 내부 신호를 Wave 창에 추가한 결과이다. 하위 모듈의 신호를 Wave 창에 추가하기 위해서는 sim-Default 창에서 최상위 모듈(lcd_display)의 인스턴스 이름인 'UTOP' 왼쪽의 ⊞를 클릭하여 하위 모듈(UDRV)을 선택하고, 동작 확인에 필요한 신호로 iDURATION, iASCII_CHAR, oINDEX, curr_state, next_state, cnt_init, cnt_timing, STATE를 Wave 창에 추가하면 된다. 이외에도 필요한 하위 모듈의 입출력 신호와 내부 wire 또는 reg 신호를 Wave 창에 추가하고 시뮬레이션을 수행하면 하위 모듈의 내부 신호를 시뮬레이션한 결과까지 확인할 수 있다.

하위 모듈의 신호를 모두 추가하였다면, 각 신호를 쉽게 확인할 수 있도록 Radix 메뉴10)를 사용하여 표현 형식을 변경한다. Wave 창의 신호를 선택한 후 우측 마우스를 클릭하면 Radix 메뉴를 사용할 수 있다. 변경하고자 하는 각 신호의 Radix 표현 형식은 표 7-5와 같다. 형식을 변경하지 않은 신호는 기본 표현 형식인 'Global Setting'으로 부호없는 2진수(binary)이다. Radix 설정 후 시뮬레이션을 실행하면 그림 7-15와 같은 시뮬레이션 결과를 볼 수 있다.

표 7-5 관찰하고자 하는 신호의 Radix 설정

Signals	Radix	비고
oLCD_DB	Hexadecimal	제어명령/문자의 ASCII 데이터
iDURATION	-	2ms 주기의 활성화 신호
iASCII_CHAR	ASCII	index_char에 해당하는 문자의 ASCII 데이터
oINDEX	Unsigned	문자 위치 카운터의 계수값
curr_state	Unsigned	FSM의 현재 상태 값
next_state	Unsigned	FSM의 다음 상태 값
cnt_init	Unsigned	전원 투입 후 50ms 대기를 위한 카운터의 계수값
cnt_timing	Unsigned	제어명령/문자 데이터 출력의 수행시간을 고려한 카운터
STATE	ASCII	FSM의 현재 상태를 문자로 표시하기 위한 내부 레지스터 값

시뮬레이션 결과 1

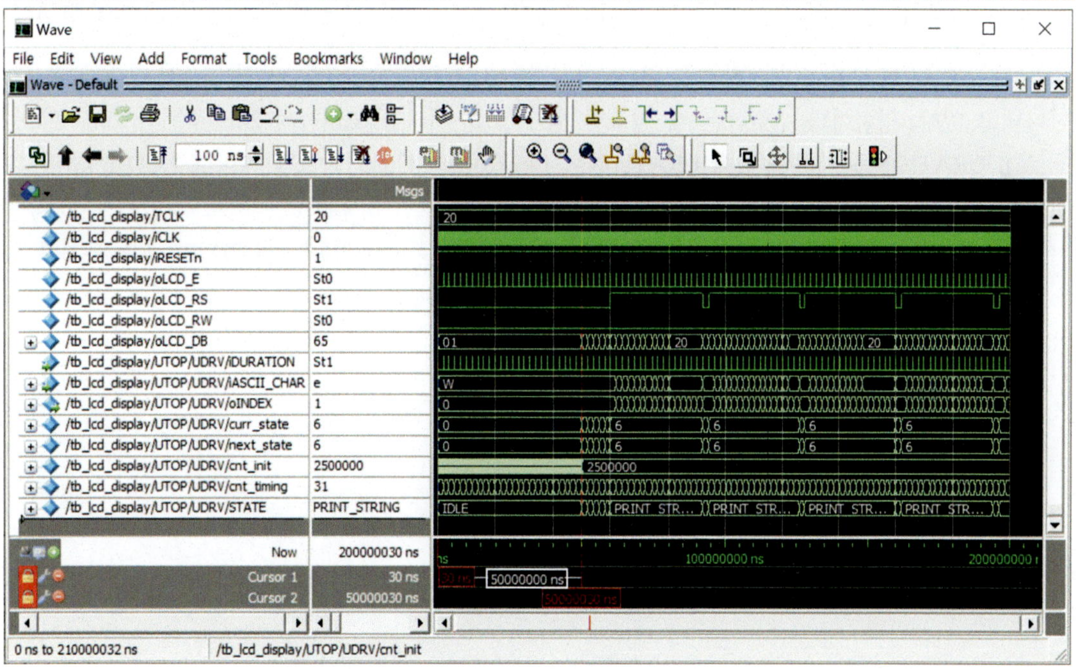

그림 7-15 관찰 신호의 Radix 변경 후 시뮬레이션 실행 결과

10) radix는 라틴어에서 유래한 단어로 숫자 체계나 진법을 의미한다.

❏ LCD 모듈의 동작 설정을 위한 초기화 단계의 신호 분석

초기화 단계로 전원 투입되고 50ms 동안 대기한 후 LCD 모듈의 동작 설정을 위해 쓰기 모드(Write Mode)에서 제어 명령을 전송한다. 이때 LCD 모듈의 제어신호(RS, $R/\overline{W}$, E)는 명령어 전송을 위해 RS = 0, $R/\overline{W}$ = 0, E는 t_{su1}과 t_w를 만족하는 펄스 신호이어야 하며, 8비트 데이터 신호(DB0 ~ DB7)는 동작 설정에 필요한 명령어 코드이다. 즉, 그림 7-12의 타이밍도와 표 7-3에서 레지스터 선택 신호인 RS(oLCD_RS)는 Instruction register를 선택하도록 oLCD_RS = 0, 읽기/쓰기 모드 설정 신호인 $R/\overline{W}$(oLCD_RW)는 쓰기 모드 동작을 위해 oLCD_RW = 0을 출력한다. 이때 동작(읽기/쓰기) 활성화 신호인 E(oLCD_E)는 그림 7-12의 타이밍도에서 요구하는 t_{su1}의 최소 지연시간(40ns)과 t_w의 최소 유지시간(230ns), 그리고 표 7-3의 소요 시간 중 가장 긴 1.53ms를 만족하도록 그림 7-16과 같이 최소 지연시간이 100ns, 쓰기 모드를 활성화하기 위한 펄스 폭(oLCD_E = 1)이 500ns, 그리고 주기가 2ms인 펄스 신호이다.

LCD 모듈의 쓰기 모드에서 명령어 전송을 위한 제어신호

RS(oLCD_RS) = 0

$R/\overline{W}$(oLCD_RW) = 0

E(oLCD_E) = pulse signal(T_E = 2ms, t_{su1} = 100ns, t_w = 500ns)

그림 7-16은 LCD 모듈의 제어신호 중 활성화 신호(oLCD_E)의 타이밍을 나타내고 있다. 현재 Wave 창의 신호 파형은 조밀하게 표현되어 있어 분석이 어려우므로 파형의 확대가 필요하다. 이를 위해 ① ModelSim-Intel의 Add 메뉴의 Cursor를 선택하여 Active Cursor가 나타나도록 한 후 분석하고자 하는 파형의 위치를 클릭하여 Active Cursor를 위치시킨다. ② Active Cursor 확대 아이콘( )을 눌러 파형을 확대한다. ③ Wave 창의 신호 목록 아래의 Insert Cursor 아이콘( )을 눌러 Active Cursor를 추가하면 각 Active Cursor 사이의 간격을 사용하여 신호의 타이밍을 확인할 수 있다.

그림 7-16(a)는 텍스트 LCD 모듈의 제어신호 중 활성화 신호(oLCD_E)의 최소 지연시간(t_{su1})과 최대 유지 시간(t_w) 관련 타이밍을 나타내고 있다. 명령어를 수행하는 데 필요한 최대 소요 시간을 고려하여 2ms 주기와 20ns 펄스 폭을 갖는 활성화 신호로 iDURATION을 사용하며, iDURATION이 Low(0)에서 High(1)가 될 때마다 LCD FSM의 다음 상태가 결정된다. iDURATION = 1이 되면, 텍스트 LCD의 동작 활성화 신호인 oLCD_E는 최소 지연시간(40ns)을 만족하는 100ns 이후에 oLCD_E = 1이 되고, 최대 유지 시간(230ns)을 만족하는 500ns 동안 oLCD_E = 1을 유지한 후 oLCD_E = 0이 된다. $t_1 \sim t_2$는 활성화 신호의 최소 지연시간으로 t_{su1} = 100ns이며, $t_2 \sim t_3$는 최대 유지 시간으로 t_w = 500ns이다. 그림 7-16(b)에서 $t_1 \sim t_2$는 활성화 신호의 주기로 T_E = 2ms이다.

시뮬레이션 결과 2

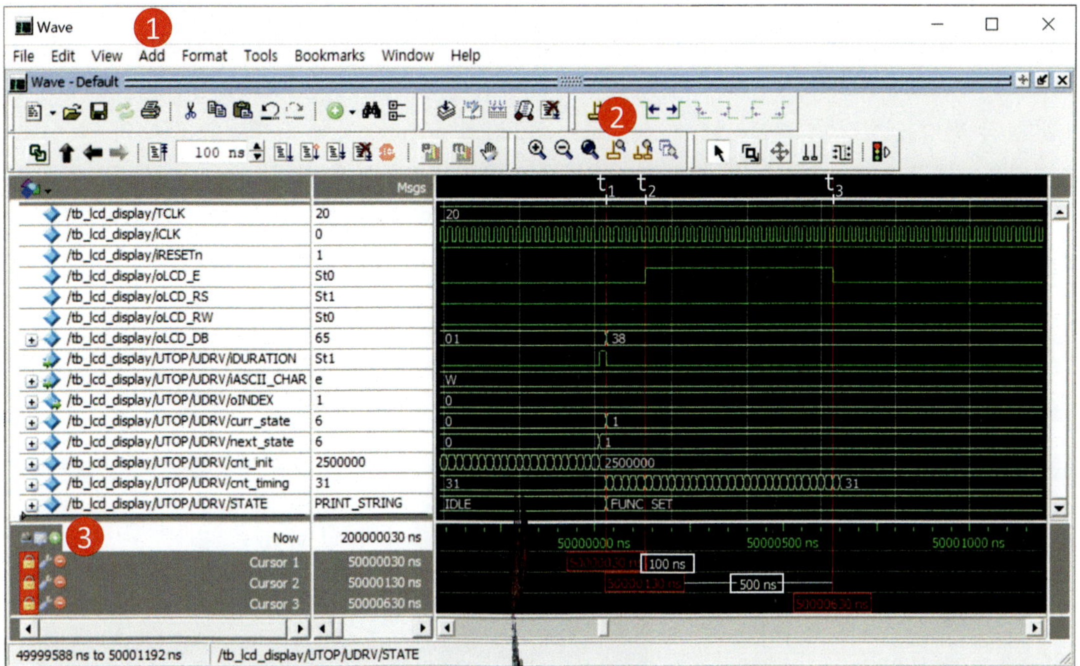

(a) oLCD_E 신호의 최소 지연시간과 최대 유지 시간

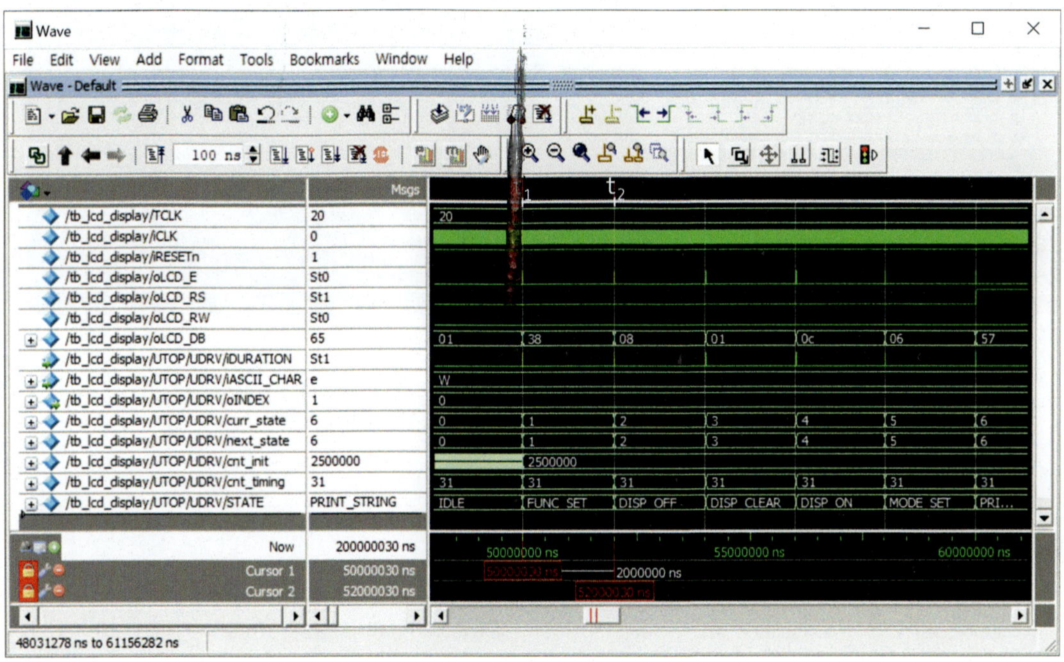

(b) oLCD_E 신호의 주기

그림 7-16 텍스트 LCD 동작 활성화 신호(oLCD_E)의 타이밍

그림 7-17은 LCD 모듈의 동작에 필요한 초기 설정 단계의 시뮬레이션 결과 파형이다. 초기 설정 단계에서 표 7-4의 제어순서에 따라 전원 투입 후 50ms 대기(IDLE), 명령/데이터의 비트 수와 표시할 행 수를 설정하기 위한 명령 전송(FUNC_SET), LCD 화면의 ON/OFF와 LCD 커서의 ON/OFF 및 표시 내용의 깜빡임 등의 설정을 위한 명령어 전송(DISP_OFF, DISP_CLEAR, DISP_ON), 커서 이동 및 표시 내용의 진행 방향 설정(MODE_SET) 등 LCD에 문자를 표시할 때 필요한 동작 환경을 설정한다. 이러한 설정은 모듈 7-2d(lcd_drive.v) 내에 모델링한 FSM의 각 상태에 따라 표 7-3의 제어 명령을 텍스트 LCD 모듈에 전달함으로써 이루어진다. FSM의 현재 상태(curr_state)는 iDURATION 신호의 주기인 2ms마다 변경되는 것을 확인할 수 있다. 표 7-6은 LCD 모듈의 초기 설정 단계에서 FSM의 현재 상태에 따른 제어 명령이다.

시뮬레이션 결과 3

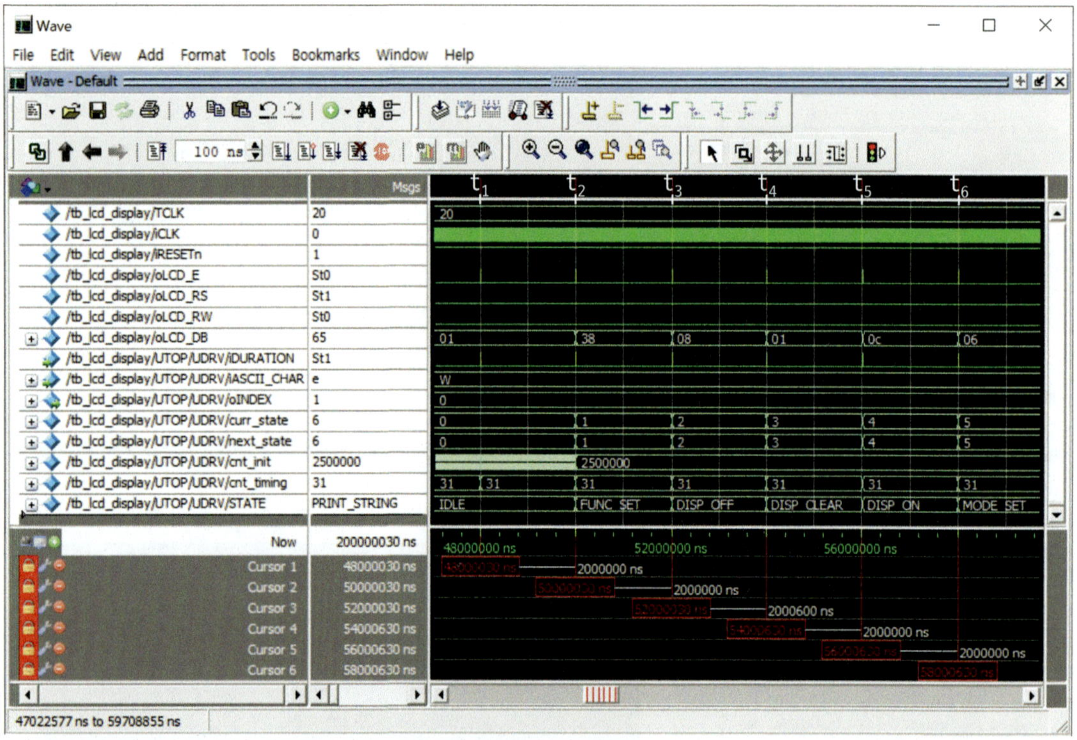

그림 7-17 LCD 동작 설정 단계에 대한 시뮬레이션 결과

표 7-6 LCD 모듈의 초기 설정을 위한 FSM의 현재 상태별 제어 명령

제어 시점	현재 상태	명령어	명령 코드	내용
t_1	IDLE	Clear Display	8'h01	LCD 클리어, 커서를 첫 줄 첫 칸에 위치
t_2	FUNC_SET	Finction set	8'h38	8비트, 2줄 표시
t_3	DISP_OFF	Diplay On/OFF control	8'h08	Display OFF, 커서 OFF
t_4	DISP_CLEAR	Clear Display	8'h01	LCD 클리어, 커서를 첫 줄 첫 칸에 위치
t_5	DISP_ON	Diplay On/OFF control	8'h0C	Display ON, 커서 OFF
t_6	MODE_SET	Entry Mode Set	8'h06	LCD에 문자 표시, 커서를 오른쪽으로 이동

그림 7-17의 시뮬레이션 결과에서 Active Cursor 확대 아이콘()을 사용하여 파형을 확대하면, FSM의 다음 상태(next_state)는 50MHz 기준 클록의 상승엣지에서 iDURATION = 1일 때 할당(결정)된 후 클록의 다음 상승엣지(iDURATION의 하강엣지)에서 현재 상태(curr_state)는 next_state에 할당된 상태로 전환되는 것을 확인할 수 있다. 이때 LCD 모듈의 3개 제어신호 중 레지스터 선택 신호 RS(oLCD_RS)와 읽기/쓰기 모드 설정 신호 $R/\overline{W}$(oLCD_RW)는 그림 7-16(a)에서처럼 현재 상태가 IDLE(curr_state = 4'h0)에서 FUNC_SET(curr_state = 4'h1)으로 전환된 직후 FSM의 현재 상태인 FUNC_SET(curr_state = 4'h1)에 해당하는 출력 oLCD_RS = 0과 oLCD_RW = 0을 내보낸다. 이때 읽기/쓰기 활성화 신호(oLCD_E)는 그림 7-16(b)와 같이 iDURATION = 1로 활성화된 후 기준 클록 주기(20ns)의 5배 시간(100ns)을 지연한 후 활성화(oLCD_E = 1)되어 기준 클록 주기의 25배에 해당하는 시간(500ns)까지 활성화 상태를 유지한다.

❑ 텍스트 LCD에 문자를 표시하는 출력 단계의 신호 분석

그림 7-18은 LCD의 첫 줄에 문자를 표시하는 단계의 신호 파형이다. 첫 줄의 문자 표시 단계에서 FSM의 상태는 16개 문자를 모두 표시할 때까지 PRINT_STRING(curr_state = 4'h6) 상태를 유지한다. 이 단계에서 텍스트 LCD 제어기는 표시하려는 문자의 ASCII 데이터를 LCD 모듈에 전송해야 한다. 앞서 모델링한 LCD 제어기는 표시할 문자의 ASCII 데이터를 모듈 7-2c(str2ascii.v)에 미리 정의해 두고, 문자의 출력 위치를 지정하는 카운터의 계수값(oINDEX)을 LCD 구동 모듈(driver_lcd.v)로부터 입력받아 oINDEX에 해당하는 문자의 ASCII 데이터를 LCD 구동 모듈에 전달한다. 문자 위치를 지정하는 카운터의 계수값인 oINDEX는 현재 상태가 curr_state = PRINT_STRING이고, 명령/데이터 처리에 필요한 소요 시간(2ms)을 주기로 하는 활성화 신호가 iDURATION = 1일 때마다 0부터 15까지 1씩 증가한다.

시뮬레이션 결과 4

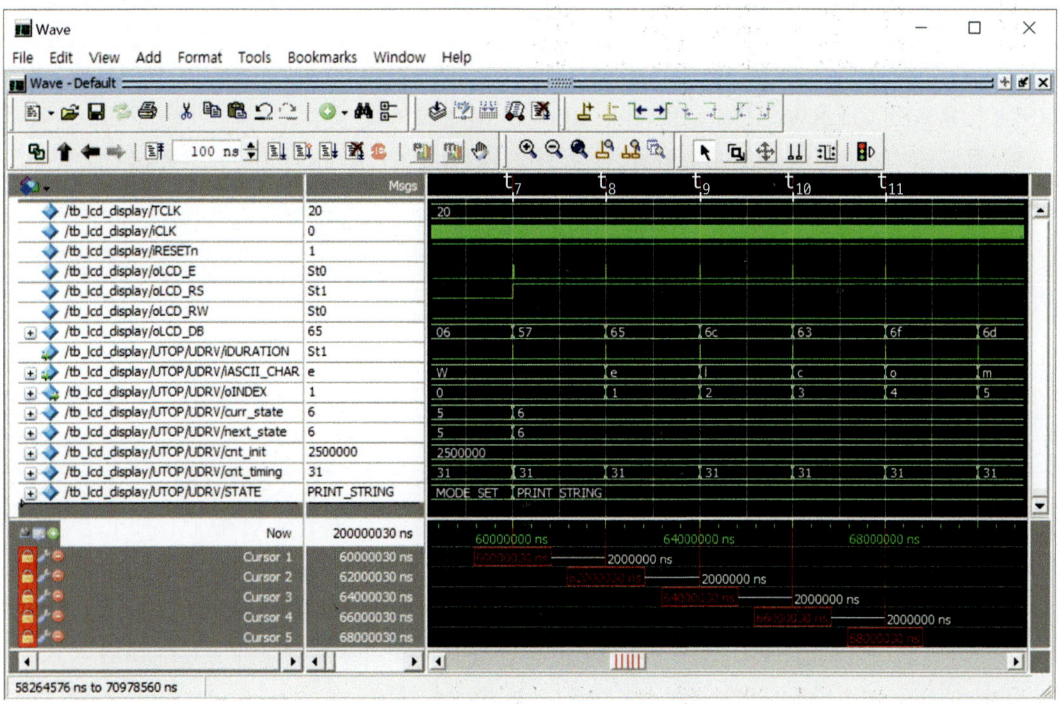

(a) $0 \leq$ oINDEX ≤ 4

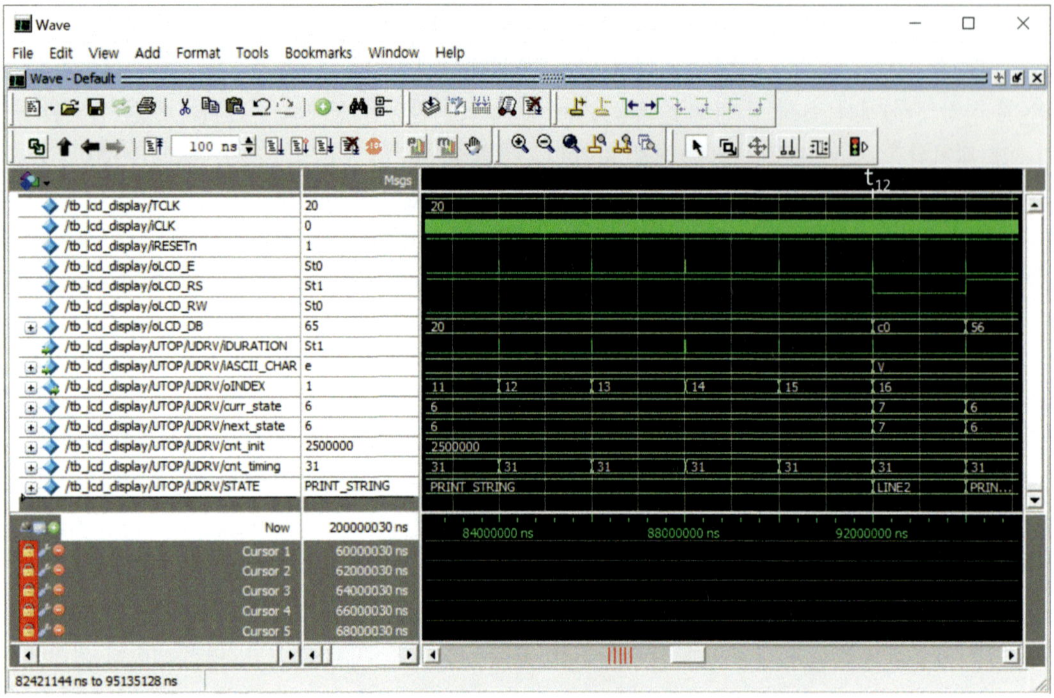

(b) oINDEX = 15(1행 16번째 문자)

그림 7-18 첫 줄(1st line) 문자 표시 단계에 대한 시뮬레이션 결과

첫 줄에 문자를 표시하는 단계에서 LCD 제어기는 표 7-3의 Write Data to CG/DD-RAM에 해당하는 신호들을 출력해야 한다. 이를 위한 LCD의 제어신호로, 쓰기 모드에서 출력하고자 하는 문자의 ASCII 데이터를 전송하기 위해 RS(oLCD_RS) = 1, R/W(oLCD_RW) = 0이 출력되며, E(oLCD_E)는 초기화 설정 단계와 마찬가지로 t_{su1}의 최소 지연시간(40ns)과 t_w의 최소 유지시간(230ns)을 만족하기 위해 최소 지연시간이 100ns이고, 펄스 폭(oLCD_E = 1)이 500ns인 2ms 주기의 펄스 신호가 출력된다.

LCD 모듈의 쓰기 모드에서 문자 데이터 전송을 위한 제어신호

RS(oLCD_RS) = 1

R/$\overline{W}$(oLCD_RW) = 0

E(oLCD_E) = pulse signal(T = 2ms, t_{su1} = 100ns, t_w = 500ns)

RS, R/$\overline{W}$, E 이외의 출력신호인 8비트 명령/데이터 신호(oLCD_DB)는 초기화 설정 단계에서 제어 명령을 전송한 것과 달리 표시하려는 문자에 해당하는 ASCII 데이터를 전송한다. LCD 구동 모듈은 2ms 주기를 갖는 iDURATION이 활성화(20ns 동안 iDURATION = 1 유지)될 때마다 최소 지연시간(t_{su1} = 100ns) 이후 동작 활성화 신호가 oLCD_E = 1이 되면 문자열-아스키 변환기(str2ascii.v)로부터 oINDEX에 해당하는 ASCII 데이터를 넘겨받아 명령/데이터 신호(oLCD_DB)를 출력한다. 이러한 과정은 문자 위치 카운터의 계수값이 oINDEX = 15가 될 때까지 반복되며, 이때 FSM의 상태는 PRINT_STRING(curr_state = 4'h6)을 유지한다. 첫 줄에 문자를 표시하는 단계에서 LCD 모듈로 전송되는 제어신호(oLCD_RS, oLCD_RW)와 명령/데이터 신호(oLCD_DB)는 표 7-7과 같다.

표 7-7 첫 줄에 문자를 표시하는 단계에서 전송되는 LCD 모듈의 제어신호

제어 시점	oLCD_RS	oLCD_RW	oLCD_DB	oINDEX	내용
t_7	1	0	8'h57	0	oINDEX = 0에 해당하는 문자 'W'의 ASCII 데이터
t_8			8'h65	1	oINDEX = 1에 해당하는 문자 'e'의 ASCII 데이터
t_9			8'h6C	2	oINDEX = 2에 해당하는 문자 'l'의 ASCII 데이터
t_{10}			8'h63	3	oINDEX = 3에 해당하는 문자 'c'의 ASCII 데이터
t_{11}			8'h6f	4	oINDEX = 4에 해당하는 문자 'o'의 ASCII 데이터
⋮			⋮	⋮	⋮
t_{12}			8'h20	15	oINDEX = 15에 해당하는 빈칸의 ASCII 데이터

그림 7-19는 LCD의 둘째 줄에 문자를 표시하는 단계의 신호 파형이다. 첫 줄의 문자 표시 단계에서 16개의 문자 출력이 완료되면 문자 위치 카운터의 계수값은 oINDEX = 16이 되고 FSM의 상태는 PRINT_STRING(curr_state = 4'h6)에서 LINE2(curr_state = 4'h7)로 전환된다. LINE2 상태에서 LCD 구동회로는 둘째 줄의 첫 문자 주소($40_{(h)}$)를 지정하는 제어 명령(DD-RAM address setting)을 LCD 모듈에 전송한다. 따라서 쓰기 모드에서 제어 명령을 전달할 수 있도록 LCD 제어 신호는 RS와 R/$\overline{W}$는 oLCD_RS = 0, oLCD_RW = 0이 되고, 동작 활성화 신호(E)가 oLCD_E = 1일 때 8비트 명령/데이터 신호(oLCD_DB)는 텍스트 LCD에서 두 번째 줄의 첫 문자 주소인 $40_{(h)}$을 지정하는 oLCD_DB = 8'hC0(= 8'b1100_0000)이다. 이때 oLCD_DB로 전송되는 8비트 제어 명령어 데이터는 표 7-3에서 알 수 있듯이 최상위 비트는 oLCD_DB[7] = 1이고, 나머지 하위 비트(oLCD_DB[6] ~ oLCD_DB[0])는 DD-RAM의 주소 데이터로 7'b100_0000(= $40_{(h)}$)이다. 주소를 지정하는 제어 명령의 전송 후 LCD의 제어신호는 쓰기 모드에서 출력하고자 하는 문자의 ASCII 데이터를 전송하기 위해 다시 oLCD_RS = 1, oLCD_RW = 0이 된다. 이때 FSM의 상태는 다시 PRINT_STRING(curr_state = 4'h6)으로 전환되어 둘째 줄의 16개 문자를 모두 표시할 때까지 PRINT_STRING 상태를 유지한다. 둘째 줄에 문자를 표시하는 단계에서 LCD 모듈로 전송되는 제어신호(oLCD_RS, oLCD_RW)와 명령/데이터 신호(oLCD_DB)는 표 7-8과 같다.

표 7-8 둘째 줄에 문자를 표시하는 단계에서 전송되는 LCD 모듈의 제어신호

제어 시점	oLCD_RS	oLCD_RW	oLCD_DB	oINDEX	내용
t_{13}	1	0	8'hC0	16	LCD 둘째 줄의 첫 문자 주소 해당하는 제어명령
t_{14}	0	0	8'h56	16	oINDEX = 16에 해당하는 문자 'V'의 ASCII 데이터
t_{15}			8'h65	17	oINDEX = 17에 해당하는 문자 'e'의 ASCII 데이터
t_{16}			8'h72	18	oINDEX = 18에 해당하는 문자 'r'의 ASCII 데이터
t_{17}			8'h69	19	oINDEX = 19에 해당하는 문자 'i'의 ASCII 데이터
⋮			⋮	⋮	⋮
t_{18}			8'h20	31	oINDEX = 31에 해당하는 빈칸의 ASCII 데이터

시뮬레이션 결과 5

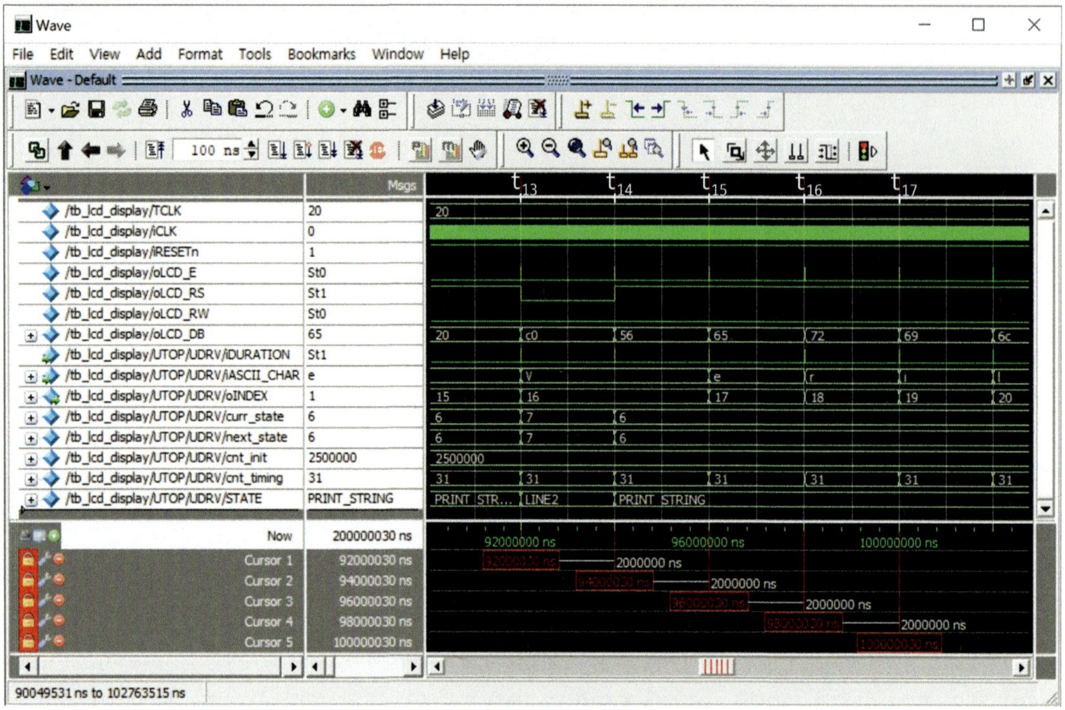

(a) 둘째 줄 첫 문자 주소 전송과 16 ≤ oINDEX ≤ 19

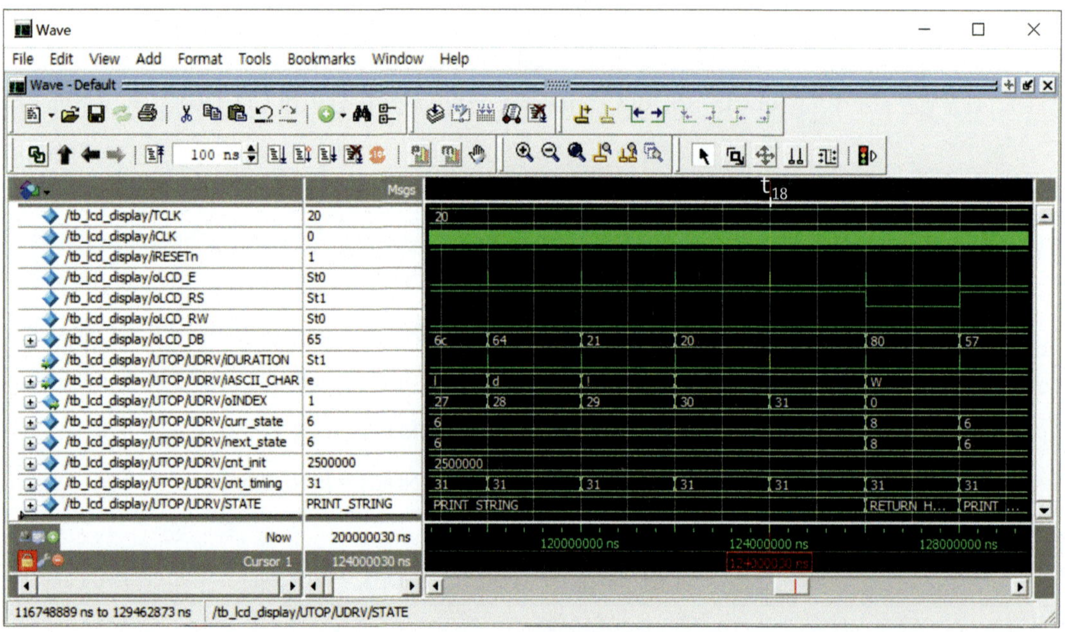

(b) oINDEX = 31(2행 16번째 문자)

그림 7-19 둘째 줄(2st line) 문자 표시 단계에 대한 시뮬레이션 결과

❑ 텍스트 LCD에 32개의 문자 표시를 완료한 후 반복 출력 단계의 신호 분석

그림 7-20은 32개의 문자 출력이 완료된 이후의 시뮬레이션 결과이다. 32개의 문자 출력이 완료되면 문자 위치를 지정하는 카운터의 계수값은 oINDEX = 0으로 리셋(reset)되고, FSM의 상태는 PRINT_STRING(curr_state = 4'h6)에서 RETURN_HOME(curr_state = 4'h8)으로 전환된다. RETURN_HOME 상태에서 LCD 구동회로는 첫 줄의 첫 문자 주소인 $00_{(h)}$을 지정하는 제어 명령을 LCD 모듈에 전송한다. 이때 LCD의 제어신호는 oLCD_RS = 0과 oLCD_RW = 0이며, oLCD_E는 2ms 주기와 20ns 펄스 폭을 갖는 활성화 펄스 신호이다. oLCD_DB는 DD-RAM의 주소를 지정하는 제어 명령으로 LCD 동작 활성화 신호가 oLCD_E = 1이 되면 8비트 명령/데이터 신호는 oLCD_DB = 8'h80을 출력한다. 앞선 단계에서와 마찬가지로 전송되는 첫 줄의 첫 문자 주소를 지정하는 8비트 제어 명령의 형식은 최상위 비트는 oLCD_DB[7] = 1이고 나머지 하위 비트(oLCD_DB[6] ~ oLCD_DB[0])가 주소 데이터(7'b000_0000 = $00_{(h)}$)이므로 oLCD_DB = 8'b1000_0000(= 8'h80)이다. 주소 지정을 위한 제어 명령의 전송이 완료되면 FSM의 상태는 RETURN_HOME(curr_state = 4'h8)에서 다시 PRINT_STRING(curr_state = 4'h6)으로 전환된다. 이후 과정은 앞서 설명한 첫 줄과 둘째 줄에 문자를 표시하는 과정을 반복한다. 32개의 문자 표시를 완료한 후 반복 출력 단계에서 LCD 모듈로 전송되는 제어신호(oLCD_RS, oLCD_RW)와 명령/데이터 신호(oLCD_DB)는 표 7-9와 같다.

시뮬레이션 결과 6

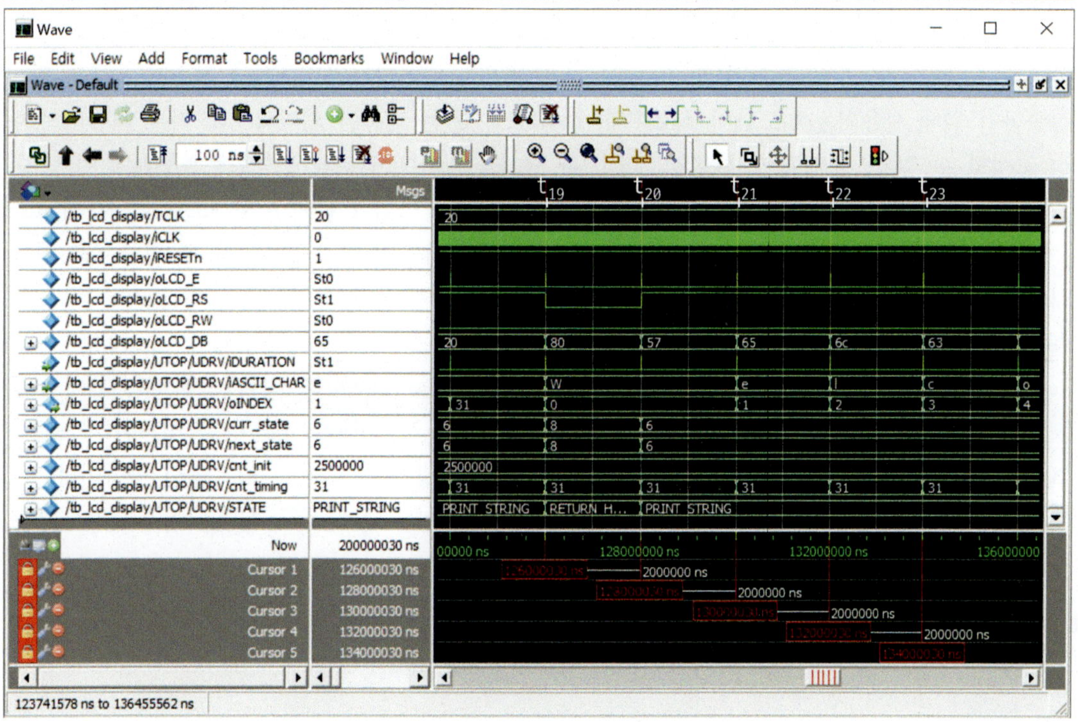

그림 7-20 문자 표시 단계(반복)에 대한 시뮬레이션 결과

표 7-9 32개의 문자를 모두 표시한 후 반복 출력 단계에서 전송되는 제어신호

제어 시점	oLCD_RS	oLCD_RW	oLCD_DB	oINDEX	내용
t_{19}	1	0	8'h80	0	LCD 첫째 줄의 첫 문자 주소 해당하는 제어명령
t_{20}	0	0	8'h57	0	oINDEX = 0에 해당하는 문자 'W'의 ASCII 데이터
t_{21}			8'h65	1	oINDEX = 1에 해당하는 문자 'e'의 ASCII 데이터
t_{22}			8'h6C	2	oINDEX = 2에 해당하는 문자 'l'의 ASCII 데이터
t_{23}			8'h63	3	oINDEX = 3에 해당하는 문자 'c'의 ASCII 데이터
⋮			⋮	⋮	⋮

위에서 시뮬레이션 단계별로 LCD 제어기의 동작을 상세히 설명하려고 노력했다. 최근 FPGA 응용 분야에서 LCD 제어기의 모델링은 일반적이지 않지만, 대부분의 디지털 시스템을 모델링할 때 요구되는 FSM 모델링과 타이밍 제어를 학습하는데 있어 LCD 제어기는 좋은 모델링 주제이다. 따라서 FSM과 타이밍 제어가 필요한 다양한 응용 시스템을 모델링하기 위해서는 앞서 설명한 LCD 제어기의 상세 동작을 이해하는 것이 필요하다.

7.3 UART 통신

UART(Universal Asynchronous Receiver-Transmitter)는 일반적으로 마이크로컨트롤러나 컴퓨터와 주변 장치 사이에서 데이터를 전송하기 위해 사용되는 하드웨어 회로이다. UART의 'U'는 범용을 의미하는데 이는 데이터의 형태나 전송 속도를 직접 구성할 수 있고, 실제 전기 신호의 레벨[11]과 방식을 UART 외부의 구동회로를 사용하여 변경할 수 있기 때문이다. UART는 보통 RS-232C, RS-422, RS-485와 같은 표준 통신 방식과 함께 사용하므로 UART와 RS-232C를 같은 것으로 생각하기도 하지만 각각 다른 개념이다. UART는 데이터를 직렬로 송수신하기 위한 하드웨어 회로이다. UART는 데이터 비트, 시작 비트, 정지 비트, 패리티 비트 등을 처리하는 데에 사용되는 하드웨어 컴포넌트로 데이터 통신에 필요한 하드웨어적인 부분을 담당하며, 주로 마이크로컨트롤러 또는 컴퓨터 칩에 내장되어 있다. 반면 RS-232C(Recommended Standard 232C)는 UART의 전기적인 특성을 규정하는 직렬 통신 인터페이스[12] 표준이다. RS-232C는 시리얼 통신에 필요한 전기 신호 레벨, 신호 전압, 케이블 및 커넥터 규격 등을 정의한 하드웨어 규격이다. 즉, RS-232C는 UART의 하드웨어 회로를 실제 구현하고 연결하는 방법을 정의한 표준 통신 규약이다.

UART와 RS-232C

UART : 통신 규칙에 대한 전기적인 구현 방법, 송수신기 회로의 사양
RS-232C : UART를 사용하여 데이터를 보내기 위한 구체적인 전기적 요구 사항의 정의

RS-232C는 마이크로컨트롤러와 외부 시스템이 데이터를 주고받을 때, 일반적으로 마이크로컨트롤러나 외부 시스템 내부의 신호 레벨과 통신 케이블의 전송 신호 레벨을 맞춰주는 레벨 변환용 소자(MAX232, ADM232 등)를 사용한다.

---

11) 논리 0과 1을 나타내는 전압의 범위

12) 인터페이스(interface) : 두 개 이상의 시스템, 장치 또는 컴포넌트가 상호 작용하기 위한 연결점으로 다른 시스템이 구성 요소 간에 데이터, 신호, 명령 등을 교환하거나 상호 작용하기 위한 규칙, 규격, 또는 프로토콜을 의미한다. 하드웨어적인 케이블, 핀 구성, 전기적 특성 등 물리적 측면 뿐만아니라 API(Application Programming Interface), 데이터 형식 등의 논리적인 측면을 의미하기도 한다.

RS-232C는 마이크로컨트롤러 내부의 TTL 레벨[13] 신호를 먼 거리에 있는 외부 시스템에 보내거나 받을 때 케이블을 통해 전송되는 신호로 ±12V 레벨을 사용한다. 이렇게 전송 신호를 높은 레벨로 변환하는 이유는 통신 케이블의 저항이나 잡음으로 인해 신호가 약해지는 것을 최소화하기 위함이다. TTL 레벨을 사용하는 UART는 주로 마이크로컨트롤러와 직접 연결된 주변 장치 사이의 짧은 거리에서 데이터를 주고받을 수 있지만, RS-232C는 약 15m 이내의 통신에 적합하다. 그러나 통신 속도가 빠를수록 전송 거리가 짧아지는 단점이 있어, 더 먼 거리의 통신을 위해서 RS-422, RS-485와 같이 개선된 방식을 사용하기도 한다. RS-422, RS-485는 수백 미터에서 수십 킬로미터까지의 장거리 통신이 가능하다.

표 7-10 UART, RS-232C, RS-422, RS-485의 비교

표준	최대 통신 거리	전압 레벨	송수신 방식	주요 특징
UART	수 m 이내	0V ~ 5V	1:1	• 짧은 거리 통신에 적합 • 주로 마이크로컨트롤러와 직접 연결된 주변 장치 사이의 통신에 사용
RS-232C	15m 이내	-12V ~ +12V	1:1	• 15m 이내의 통신에 적합 • 컴퓨터와 주변 장치 사이의 통신에 사용
RS-422	수백 m ~ 수십 Km	-5V ~ +5V/ -12V ~ +12V	1:N	• 장거리 통신에 적합 • 산업 자동화 시스템 등에서 사용
RS-485	수백 m ~ 수십 Km	-5V ~ +5V/ -12V ~ +12V	1:N	• 장거리 통신에 적합 • 네트워크 통신 등에서 사용

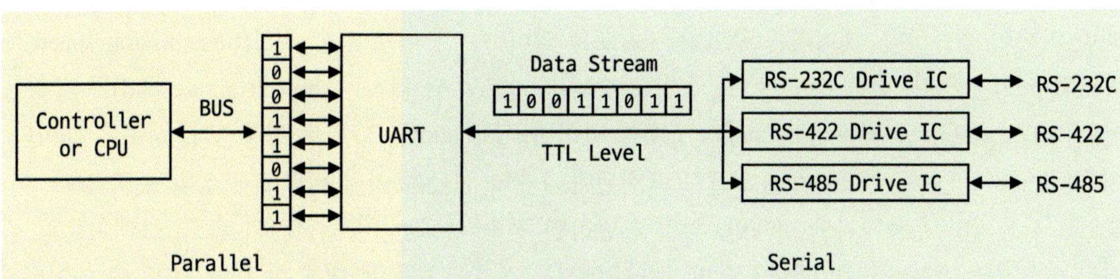

그림 7-21 UART와 RS-232C(RS-422/RS-485) 통신

UART는 컴퓨터와의 통신뿐만 아니라 다양한 주변 장치와 데이터를 주고받는 데 널리 사용된다. 과거에는 컴퓨터나 프린터와 같은 PC 주변 장치에 UART 통신을 위한 RS-232C 포트[14]가 기본적으로 제공되었다. 그러나 최근에는 'Legacy Device 축소'라는 정책으로 RS-232C 포트가 없는 경우가 많다. 그럼에도 불구하고 UART의 편리성과 간편한 송수신 환경(3개의 신호선을 통한 양방향 통신)으로 인해 TTL 레벨의 UART 통신은 여전히 임베디드 시스템이나 컴퓨터와 주변 장치 사이의 데이터 전송을 위해 널리 사용되고 있다. RS-232C 포트가 없는 경우에는 USB 시리얼 변환기 등의 외부 장치를 사용하여 TTL 레벨의 UART 신호를 컴퓨터와 연결할 수 있다.

❑ UART 통신 방식

UART는 하나의 데이터 선(line)을 사용하여 N개의 비트로 구성된 데이터를 하위 비트부터 1비트씩 순차적으로 전송하는

13) TTL 레벨(Transistor-Transistor Logic level) : 디지털 시스템에서 사용하는 논리 0과 1을 표현하는 신호 수준을 말하며, 일반적으로 0V를 low level(0), 전원 전압(보통 5V)을 high leve(1)로 표현한다.

14) RS-232C 포트 : 9개 핀으로 구성된 시리얼 포트

직렬(serial) 통신 방식이다. 또한, 하나의 장치에는 UART 통신을 위한 송신기와 수신기가 함께 내장되어 있어 기본적으로 송신과 수신을 동시에 진행할 수 있는 전이중방식(full duplex)의 통신이 가능하다. 데이터를 주고받기 위해서는 송신기와 수신기를 서로 연결해야 한다. 이를 위해 그림 7-22와 같이 Rx(데이터 수신), Tx(데이터 송신), GND(접지) 신호선으로 송신기와 수신기를 서로 연결해야 한다.

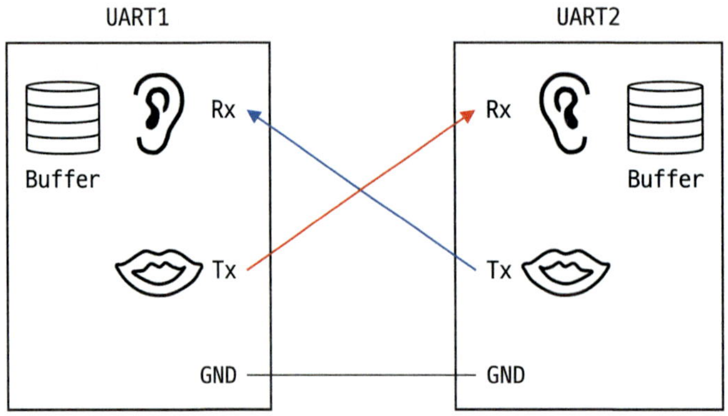

그림 7-22 UART 통신에서 송수신기의 연결

❑ 보레이트

떨어져 있는 두 장치가 데이터 통신을 할 때, 송신기에서 데이터를 빠른 속도로 전송하는데 수신기가 이를 천천히 수신한다면 데이터의 정확한 전달을 보장할 수 없다. 따라서 정확한 데이터 통신을 위해서 송신기와 수신기는 데이터를 주고받는 속도에 대한 약속이 필요하다. 데이터를 주고받는 속도를 의미하는 용어로 전송 속도(transmission speed or data rate)와 보레이트(baud rate)가 있다. 전송 속도는 1초 동안 전송되는 비트 수를 말하며, bps(bit per second)를 단위로 사용한다. 반면, 보레이트는 1초 동안 전송되는 심볼(symbol) 수를 말하며, Bd(baud)를 단위로 사용한다. 심볼은 데이터 전송의 기본 단위로 사용되며, 0과 1로 구성되는 2진 코드로 표현된다. 1개의 심볼은 여러 비트로 구성될 수도 있다. 이 두 용어는 비슷한 개념으로 사용되며 혼용되기도 하지만, 엄밀히 말하면 전송 속도는 비트 단위의 속도, 보레이트는 심볼 단위의 속도를 나타낸다. 초기의 데이터 통신(UART도 마찬가지)에서는 신호의 변화에 대해 한 번에 1비트의 데이터만 전송되었기 때문에 보레이트와 전송 속도는 같은 개념으로 사용되었다. 그러나 통신 기술의 발전으로 인해 신호의 변화에 대해 한 번에 여러 비트의 데이터를 전송할 수 있게 되었고, 이에 따라 보레이트와 전송 속도는 더 이상 같은 의미로 사용할 수 없게 되었다. 보레이트와 전송 속도 사이의 관계는 다음과 같다.

bps = baud rate × number of bit per baud rate
baud rate = 1/T (T = 단위 신호의 주기)

다양한 데이터 통신 방식 중 하나인 UART는 한 번에 1비트씩 전송하므로 데이터 전송의 기본 단위인 심볼은 1비트이다. 만약 9600 보레이트의 속도로 UART 통신을 통해 데이터를 전송한다면, 1초에 9600개의 심볼(비트)을 전송할 수 있다. 따라서 1개의 심볼이 갖는 주기(T)는 1/9600초가 된다. 그림 7-23은 UART 통신에서 심볼의 주기와 보레이트의 관계를 나타내고 있다.

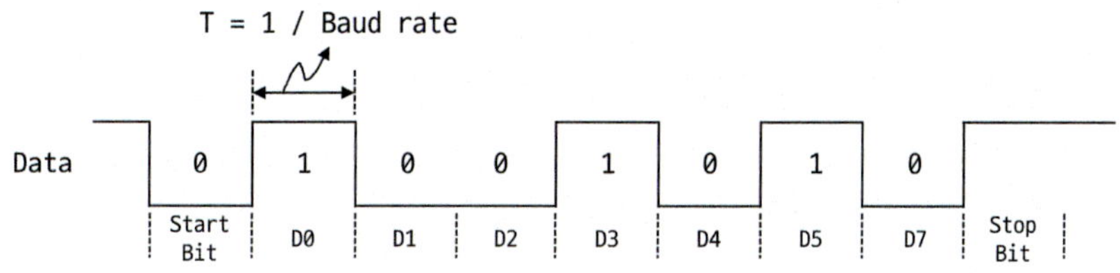

그림 7-23 UART 통신에서 신호의 주기와 보레이트의 관계

전송 속도는 비트 단위로 계산되고, 보레이트는 심볼 단위로 계산된다. 보통 1개의 심볼은 여러 비트로 구성될 수 있으므로 전송 속도와 보레이트는 심볼에 대한 비트 수에 따라 다른 값을 가질 수 있다. 그림 7-24는 심볼의 비트 수에 따른 보레이트와 전송 속도의 비교를 나타내고 있다.

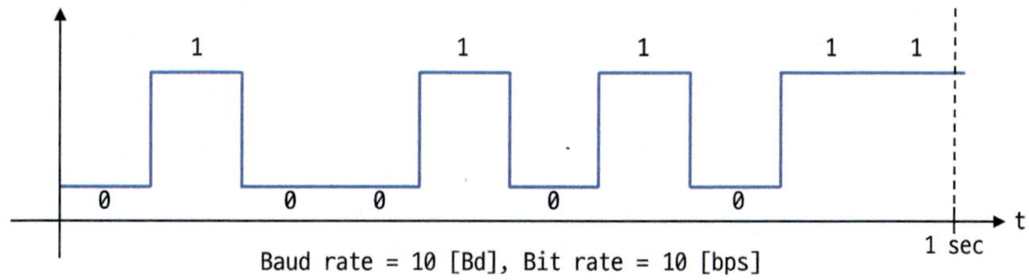

(a) 심볼이 1비트로 구성

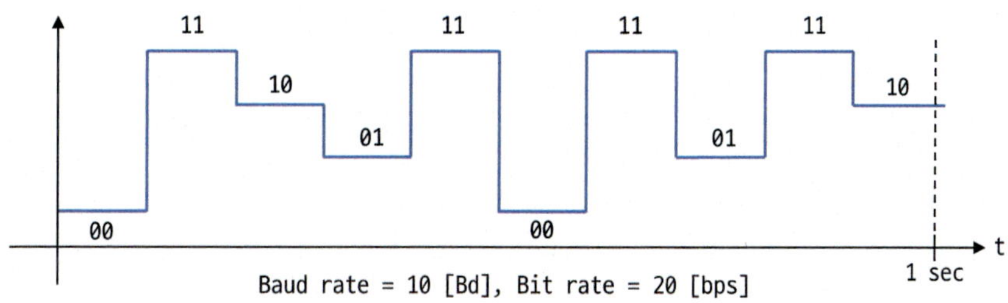

(b) 심볼이 2비트로 구성

그림 7-24 심볼의 비트 수에 따른 보레이트와 전송 속도의 비교

❑ 패킷 포맷

UART 송신기와 수신기의 보레이트를 일치시켜 같은 속도로 데이터를 주고받는다고 해도, 데이터를 주고받는 약속을 지키지 않는다면 정확한 통신이 보장되지 않는다. UART 통신에서 송신기는 항상 데이터를 보내는 것이 아니며, 필요한 경우에만 데이터를 전송한다. 따라서 수신기는 송신기가 데이터를 언제 보내는지, 그리고 데이터의 시작과 끝을 어떻게 구별할 수 있는지에 대한 약속과 더불어 주고받는 데이터의 비트 폭에 대한 합의가 필요하다. 이를 위해 송신기는 데이터를 보내는 시작을 알리기 위해 시작 비트(start bit)로 0(Low)을 사용하고, 데이터의 끝을 표시하기 위해 정지 비트(stop bit)로 1(High)을 사용한다. 또한 바이트(Byte) 단위로 데이터를 수신기에게 전송한다. 이러한 약속을 통해 수신기는 데이터의 시작과 끝을 인식하고, 올바르게 데이터를 수신할 수 있다. UART 통신은 이처럼 약속된 패킷 포맷[15]을 사용하여 데이터를 주고받음으로써 데이터의 신뢰성과 정확성을 유지할 수 있다. 그림 7-25는 8-N-1 UART 프로토콜[16]을 나타내

15) 패킷 포맷(packet format) : 특정 프로토콜에서 사용되는 데이터 구조와 형식으로 통신을 위한 규칙(약속)인 프로토콜에 따라 구성된 실제 데이터의 형식을 말한다.

16) 프로토콜(protocol) : 컴퓨터나 네트워크 장치 사이에서 통신을 위해 정해놓은 규칙과 절차의 집합을 말한다.

고 있다. 여기서 '8'은 데이터 비트의 수를 의미하며, 8비트 데이터를 전송하는 것을 의미한다. 'N'은 패리티 비트(parity bit)[17]를 사용하지 않음을 나타낸다. 패리티 비트는 오류 검출을 위해 사용되는 비트로, 전송된 데이터의 1의 개수가 짝수 또는 홀수인지 여부를 확인하는 역할을 한다. 마지막 '1'은 정지 비트의 수를 나타내며, 기본적으로 1개의 정지 비트를 사용하지만 1.5개 또는 2개의 정지 비트를 선택하여 사용할 수도 있다.

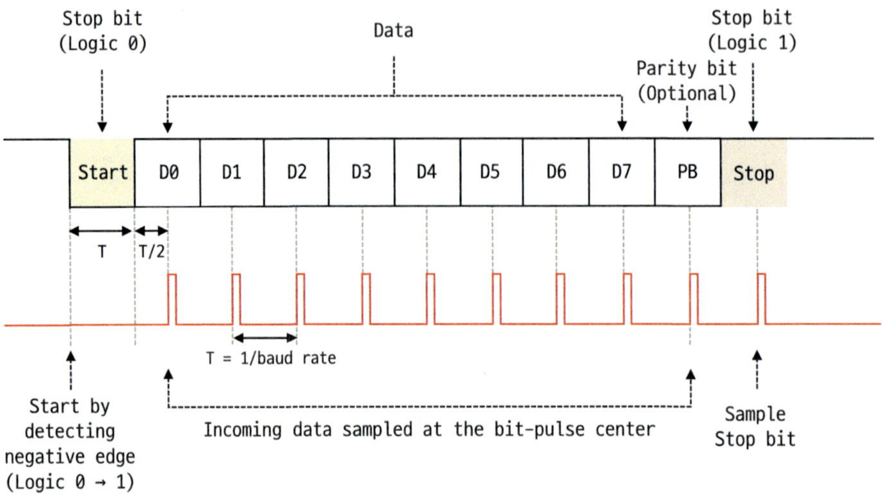

그림 7-25 8bit data, no parity and 1 stop-bit UART Protocol(8-N-1)

송신기에서 데이터를 보내기 위해 시작 비트로 0(Low)을 보내고, 전송하려는 데이터를 약속된 보레이트에 맞춰 최하위 비트(LSB)부터 순차적으로 전송한다. 이때 8-N-1 프로토콜을 사용한다면, 패리티 비트(PB)의 전송은 생략된다. 데이터 전송이 완료되면 정지 비트로 1(High)을 보낸다. 수신기에서는 전송된 데이터가 1→0으로 변하는 하강엣지에서 시작 비트를 검출한다. 이후 전송되는 데이터를 수신하게 되는데 이때 펄스의 중앙에서 데이터를 가져와 수신 버퍼에 하위 비트부터 저장한다.

7.3.1. UART 송신기와 수신기의 모듈

그림 7-26은 UART 통신을 위한 송수신기의 블록도이다. 그림 7-26(a)의 송신기는 대기 상태(IDLE_TX), 시작 상태(START_TX), 송신 상태(DATA_TX), 정지 상태(STOP_TX)로 구성되는 4개의 상태를 가지는 유한상태머신(FSM)를 사용하여 모델링할 수 있다. UART 통신을 위해 8-N-1 프로토콜을 사용할 때 각 상태에서 송신기의 기본 동작은 다음과 같다.

17) 패리티 비트(parity bit)는 전송 과정에서 오류 발생 여부를 검사하기 위해 추가되는 비트로 패리티 비트를 포함하여 전송 데이터의 1의 수가 짝수(짝수 패리티 방식, 0) 또는 홀수(홀수 패리티 방식, 1)가 되도록 한다. 약속된 패리티 방식과 전송된 데이터의 1의 수를 확인하여 오류 여부를 확인한다.

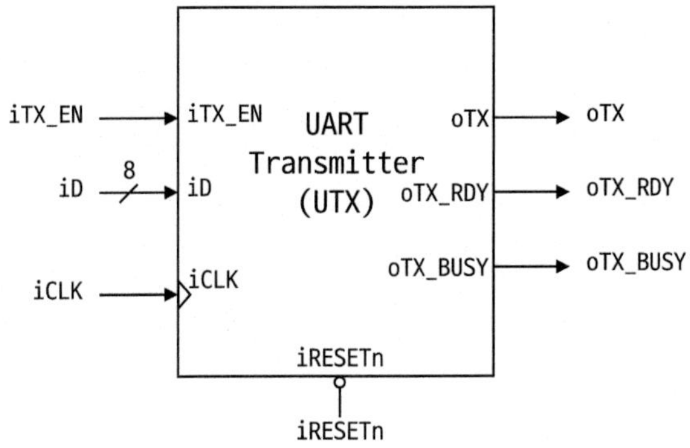

(a) 송신기(transmitter)

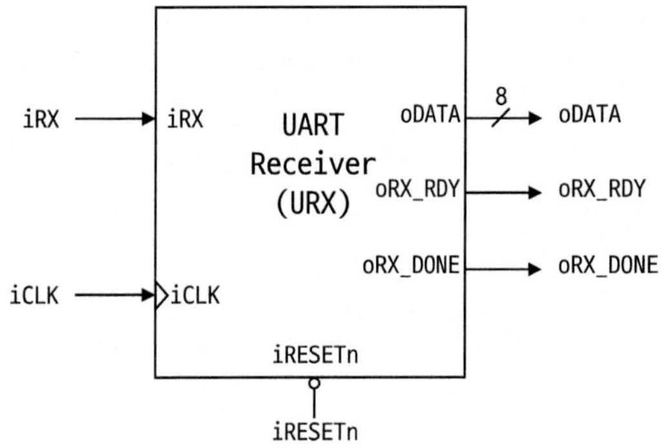

(b) 수신기(receiver)

그림 7-26 UART 통신을 위한 송수신기(transceiver)

❑ 송신기의 기본 동작

① 대기 상태(IDLE_TX):
- 전송 신호(oTX)로 1을 수신기에 전송한다.
- 새로운 데이터를 전송할 준비(iTX_EN = 1)가 되면 시작 상태로 전환된다.

② 시작 상태(START_TX):
- 외부로부터 입력받아 전송할 8비트 데이터(iD)를 송신기 내부 버퍼(buf_tx)에 저장한다.
- 시작 비트(oTX = 0)를 수신기에 전송하고, 설정한 보레이트 주기 동안 유지한다.
- 시작 비트를 전송한 후 데이터 전송을 위해 송신 상태로 전환된다.

③ 송신 상태(DATA_TX):
- 보레이트에 맞춰 외부로부터 입력받아 송신기 내부 버퍼(buf_tx)에 저장해 놓은 8비트 데이터를 하위 비트부터 차례로 전송한다.
- 송신 상태에서는 데이터를 전송 중임을 나타내는 oTX_BUSY 신호가 1로 활성화된다.
- UART 프로토콜에 따라 모든 데이터 비트를 전송한 후, 정지 비트를 전송하기 위해 정지 상태로 전환된다.

④ 정지 상태(STOP_TX):
- 정지 비트(oTX = 1)를 수신기에 전송하고, 설정한 보레이트 주기 동안 유지한다.
- UART 프로토콜에 따라 정지 비트 수를 모두 전송한 후에는 다시 대기 상태 또는 시작 상태(연속적으로 데이터 전송 시)로 돌아간다.

그림 7-26(b)의 수신기도 송신기와 비슷하게 대기 상태(IDLE_RX), 시작 상태(START_RX), 수신 상태(DATA_RX), 정지 상태(STOP_RX)로 구성되는 유한상태머신(FSM)를 사용하여 모델링할 수 있다. 수신기의 기본 동작은 다음과 같다.

❑ 수신기의 기본 동작

① 대기 상태(IDLE_RX):
- 송신기로부터 전송받은 수신 신호(iRX = 1)가 시작 비트(iRX = 0)로 변하는지 감시한다.
- 수신받을 준비가 되었음을 나타내는 신호가 활성화(oRX_RDY = 1)된다.
- 송신기로부터 전송받는 데이터를 임시 저장하는 수신 버퍼를 리셋(buf_rx = 8'b0)한다.

- 시작 비트(iRX = 1 → 0 하강엣지)를 감지하면 시작 상태로 전환된다.

② 시작 상태(START_RX):
- 보레이트에 맞춰 데이터 전송을 위해 수신 상태로 전환된다.

③ 수신 상태(DATA_RX):
- 보레이트 주기의 중앙(수신된 1비트 펄스 신호의 중앙)에서 데이터를 수신하여 수신기 내부 버퍼(buf_rx)에 하위 비트부터 차례로 저장한다.
- UART 프로토콜에 따라 모든 데이터 비트를 수신한 후, 정지 비트를 감지하기 위해 정지 상태로 전환된다.

④ 정지 상태(STOP_RX):
- 보레이트 주기의 중앙, 즉 수신된 1비트 펄스 신호의 중앙에서 정지 비트의 수신 여부를 확인한다.
- 프로토콜에 따라 설정한 정지 비트의 수에 해당하는 정지 비트(iRX = 1)를 감지하면, 수신이 완료(oRX_DONE = 1)되었음을 알리고 다시 대기 상태로 돌아간다.

Quartus Prime에서 프로젝트 마법사를 사용하여 다음과 같이 프로젝트 생성하고, 위의 기본 동작을 참고하여 그림 7-26의 UART 송신기와 수신기를 모델링해보자.

- 프로젝트 디렉토리 : ./projects/ch7/uart/uart_test
- 프로젝트 이름 : uart_test(최상위 설계 엔터티의 이름은 자동 설정됨)
- 타겟 디바이스 설정 : 실습용 키트를 참고하여 설정, 없으면 임의로 설정해도 됨

❑ UART 송수신기의 동작 테스트를 위한 최상위 모듈

모듈 7-3a는 UART 송수신기의 동작 테스트를 위한 최상위 모듈 코드이다. 하위 모듈로 사용된 송신기와 수신기 모듈은 실제 UART 통신에 사용할 수 있다.

모듈 7-3a

```
/* Top Module for UART Transceiver(Tx & Rx) Testing */

module uart_test (
   input   wire        iCLK,       // 기준 클록(50MHz)
   input   wire        iRESETn,    // Active-Low reset
   input   wire        iTX_EN,     // 전송 시작 신호(외부 입력)
   input   wire  [7:0] iD,         // 전송할 데이터(외부 입력)

   output  wire        oTX,        // 1비트 전송 신호
   output  wire        oTX_RDY,    // 송신 가능 상태를 나타내는 신호
   output  wire        oTX_BUSY,   // 송신 중임을 나타내는 신호
   output  wire  [7:0] oDATA,      // 전송받은 8비트 데이터
   output  wire        oRX_RDY,    // 수신 가능 상태를 나타내는 신호
   output  wire        oRX_DONE);  // 수신 완료를 나타내는 신호

   /*
    * Set Parameter CLKS_PER_BIT as follows:
    * CLKS_PER_BIT = (Frequency of clk)/(Frequency of UART)
    * Example: 50MHz Clock, 9600 baud UART
```

```
20         * CLKS_PER_BIT = 50,000,000/9,600 = 5208.333 = 5208
21         */
22
23        parameter   CLKS_PER_BIT = 5208; // 보레이트(9600)를 위한 비트당 클록 수
24        parameter   STOP_BIT     = 1;    // Stip Bit 수 설정(1 or 2)
25
26        // Transmitter
27        uart_tx #(.CLKS_PER_BIT(CLKS_PER_BIT), .STOP_BIT(STOP_BIT)) UTX (
28        /* input          */ .iCLK       (iCLK),     // 기준 클록(50MHz)
29        /* input          */ .iRESETn    (iRESETn),// Active-Low reset
30        /* input          */ .iTX_EN     (iTX_EN), // tx enable signal
31        /* input    [7:0] */ .iD         (iD),       // 전송할 8bit 데이터
32        /* output         */ .oTX        (oTX),      // 1비트씩 전송할 데이터
33        /* output         */ .oTX_RDY    (oTX_RDY),// 송신 가능상태를 나타내는 신호
34        /* output         */ .oTX_BUSY   (oTX_BUSY));// 송신 중임을 나타내는 신호
35
36        // Receiver
37        uart_rx #(.CLKS_PER_BIT(CLKS_PER_BIT), .STOP_BIT(STOP_BIT)) URX (
38        /* input          */ .iCLK       (iCLK),     // 기준 클록(50MHz)
39        /* input          */ .iRESETn    (iRESETn),// Active-Low reset
40        /* input          */ .iRX        (oTX),      // 1비트씩 수신받은 데이터
41        /* output   [7:0] */ .oDATA      (oDATA),    // 전송할 8비트 데이터
42        /* output         */ .oRX_RDY    (oRX_RDY),// 수신 가능상태를 나타내는 신호
43        /* output         */ .oRX_DONE   (oRX_DONE));// 수신 완료를 나타내는 신호
44
45    endmodule
```

16행 ~ 21행 : UART 통신을 위한 보레이트 설정을 위해 기준 클록(iCLK)으로부터 전송 신호의 비트당 클록 수(CLKS_PER_BIT)를 계산하는 방법에 대한 주석문이다.

23행 ~ 24행 : 예약어 'parameter'를 사용하여 보레이트 설정을 위한 전송 신호의 비트당 클록 수(CLKS_PER_BIT)와 프로토콜에 따른 정지 비트 수(STOP_BIT)를 파라미터로 선언한다.

26행 ~ 43행 : 하위 모듈인 송신기 모듈(uart_tx.v)과 수신기 모듈(uart_rx.v)을 인스턴스화한다. 27행과 37행에서 하위 모듈(uart_tx와 uart_rx)을 인스턴스화 할 때, #(.CLKS_PER_BIT(CLKS_PER_BIT), .STOP_BIT(STOP_BIT)와 같은 표현은 모듈 매개변수(module parameter)를 전달하여 컴파일 시 적용하도록 한 것으로 여기서는 이름에 의한 맵핑 방법을 사용하였다.

모듈 매개변수 사용법

- 이름에 의한 맵핑 방법 사용

```
module_name #(.parameter1(parameter1_value), .parameter2(parameter2_value),
             ..., .parameterN(parameterN_value))
             (instance_name(port_list));
```

- 위치에 의한 맵핑 방법 사용

```
module_name #(parameter parameter1 = value1, parameter2 = value2,
             ..., parameterN = valueN)
             (instance_name(port_list));
```

❑ UART 송신기의 모듈

모듈 7-3b는 그림 7-26(a)의 UART 송신기를 4개의 상태를 갖는 FSM을 사용하여 모델링한 모듈 코드이다.

모듈 7-3b

```
/* UART Transmitter '8-N-1'(8 bit data, one stop bit, and no parity bit.*/

/* Set Parameter CLKS_PER_BIT as follows:
 * CLKS_PER_BIT = (Frequency of clk)/(Frequency of UART)
 * Example: 50 MHz Clock, 9600 baud UART
 * (50,000,000)/(9,600) = 5208.333 = 5208 */

module uart_tx #(parameter CLKS_PER_BIT, STOP_BIT) (
   input              iCLK,    // 기준 클록(50MHz)
   input              iRESETn, // Active-Low reset
   input              iTX_EN,  // 전송 시작 신호(외부 입력)
   input   wire [7:0] iD,      // 전송할 데이터(외부 입력)
   output             oTX,     // 전송할 데이터를 1비트씩 출력하는 직렬 신호
   output             oTX_RDY, // 전송 가능 상태를 나타내는 신호
   output             oTX_BUSY);// 송신 중임을 나타내는 신호

   // UART 송신기를 위한 FSM 상태 정의
   localparam   IDLE_TX   = 2'b00;    // IDLE 상태
   localparam   START_TX  = 2'b01;    // 시작 상태
   localparam   DATA_TX   = 2'b10;    // 송신 상태
   localparam   STOP_TX   = 2'b11;    // 정지 상태

   reg          tx;              // 전송할 데이터를 1비트씩 출력하는 직렬 신호
   reg          tx_rdy;          // 송신 준비 확인 신호
   reg          tx_busy;         // 송신 중 확인 신호

   reg   [15:0] cnt_baud_tx;     // 보레이트 동기화 신호의 생성을 위한 카운터
   reg          en_baud_tx;      // 보레이트 동기화 신호
   reg   [2:0]  bit_index;       // 송신할 8비트 데이터의 bit position index
   reg   [7:0]  buf_tx;          // 외부로부터 입력된 데이터를 저장하는 버퍼
   reg   [1:0]  curr_state_tx;   // 송신기의 현재 상태
   reg   [1:0]  next_state_tx;   // 송신기의 다음 상태

   // UART 송신기를 위한 FSM
   // 송신기 FSM의 현재 상태 전환을 위한 순차회로 블록
   always @(posedge iCLK or negedge iRESETn) begin
      if (!iRESETn)
         curr_state_tx   <= IDLE_TX;
      else
         curr_state_tx   <= next_state_tx;
      end

   // 송신기 FSM의 다음 상태 결정을 위한 조합회로 블록
   always @(*) begin
      case (curr_state_tx)
         IDLE_TX    :  if (iTX_EN == 1'b1)              // 송신기 enable 신호
                          next_state_tx    = START_TX;
```

```
                   else
                      next_state_tx   = IDLE_TX;
      START_TX  :  if (!en_baud_tx)
                      next_state_tx   = START_TX;
                   else
                      next_state_tx   = DATA_TX;
      DATA_TX   :  if (!en_baud_tx)
                      next_state_tx   = DATA_TX;
                   else
                      if (bit_index < 7)
                         next_state_tx   = DATA_TX;
                      else
                         next_state_tx   = STOP_TX;
      STOP_TX   :  if (STOP_BIT == 1)       // Stop bit가 1일 경우
                      if (!en_baud_tx)
                         next_state_tx   = STOP_TX;
                      else if (iTX_EN == 1) // 연속 전송 요청 시
                         next_state_tx   = START_TX;
                      else                  // 연속 전송 요청이 없을 때
                         next_state_tx   = IDLE_TX;
                   else                     // Stop bit가 2일 경우
                      if (!en_baud_tx)
                         next_state_tx   = STOP_TX;
                      else if (iTX_EN == 1'd1)
                         next_state_tx   = START_TX;
                      else
                         next_state_tx   = IDLE_TX;
      default   :  next_state_tx   = IDLE_TX;
   endcase
end

// 송신 데이터의 비트 위치 카운터
always @ (posedge iCLK or negedge iRESETn) begin
   if (!iRESETn)
      bit_index   <= 3'd0;
   else
      case(curr_state_tx)
         DATA_TX   :  if (en_baud_tx == 1)
                         if (bit_index < 7)
                            bit_index   <= bit_index + 1;
                         else
                            bit_index   <= 0;
                      else
                         bit_index   <= bit_index;
         default   :  bit_index   <= 0;
      endcase
end

// 외부로부터 입력받은 8비트 데이터의 임시 저장
always @ (posedge iCLK or negedge iRESETn) begin
   if (!iRESETn)
      buf_tx   <= 8'b0;
   else
```

```
        case(curr_state_tx)
          START_TX  :  buf_tx   <= iD; // 전송할 데이터를 내부 버퍼에 저장
          DATA_TX   :  buf_tx   <= buf_tx;
          default   :  buf_tx   <= 8'b0;
        endcase
    end

    // UART 송신기의 보레이트 동기화 신호를 생성하기 위한 카운터
    always @ (posedge iCLK or negedge iRESETn) begin
      if (!iRESETn) begin
        cnt_baud_tx   <= 0;
        en_baud_tx    <= 0;
      end
      else
        case(curr_state_tx)
          IDLE_TX    :  begin
                          cnt_baud_tx   <= 0;
                          en_baud_tx    <= 0;
                        end
          START_TX   :  if (cnt_baud_tx < (CLKS_PER_BIT-1)) begin
                          cnt_baud_tx   <= cnt_baud_tx + 1;
                          en_baud_tx    <= 0;
                        end
                        else begin
                          cnt_baud_tx   <= 0;
                          en_baud_tx    <= 1;
                        end
          DATA_TX    :  if (cnt_baud_tx < (CLKS_PER_BIT-1)) begin
                          cnt_baud_tx   <= cnt_baud_tx + 1;
                          en_baud_tx    <= 0;
                        end
                        else begin
                          cnt_baud_tx   <= 0;
                          en_baud_tx    <= 1;
                        end
          STOP_TX    :  if (STOP_BIT == 1)     // Stop bit가 1개일 경우
                          if (cnt_baud_tx < (CLKS_PER_BIT-1)) begin
                            cnt_baud_tx   <= cnt_baud_tx + 1;
                            en_baud_tx    <= 0;
                          end
                          else begin
                            cnt_baud_tx   <= 0;
                            en_baud_tx    <= 1;
                          end
                        else                      // Stop bit가 2개일 경우
                          if (cnt_baud_tx < (2*CLKS_PER_BIT-1)) begin
                            cnt_baud_tx   <= cnt_baud_tx + 1;
                            en_baud_tx    <= 0;
                          end
                          else begin
                            cnt_baud_tx   <= 0;
                            en_baud_tx    <= 1;
                          end
```

```
            default    :  begin
                              cnt_baud_tx   <= cnt_baud_tx;
                              en_baud_tx    <= en_baud_tx;
                          end
         endcase
   end

   // 송신기 FSM의 출력 결정을 위한 조합회로 블록
   always @(*) begin
      case (curr_state_tx)
         IDLE_TX    :  begin
                           tx   = 1;           // 대기 상태 시 tx = 1 출력
                           if (iTX_EN == 1) begin    // 송신기 활성화
                              tx_rdy    = 1;          // 송신 가능
                              tx_busy   = 0;
                           end
                           else begin                // 송신기 비활성화
                              tx_rdy    = 0;
                              tx_busy   = 0;
                           end
                       end
         START_TX   :  begin
                           tx   = 0;           // 전송 시작 상태 시 tx = 0 출력
                           tx_rdy   = 0;      // Start bit 전송 중
                           tx_busy  = 1;      // 송신 중
                       end
         DATA_TX    :  begin
                           tx   = buf_tx[bit_index]; // 송신 버퍼 데이터 전송
                           tx_rdy   = 0;      // Start bit 전송 중
                           tx_busy  = 1;
                       end
         STOP_TX    :  begin
                           tx   = 1;                    // Stop bit tx = 1 전송
                           if(STOP_BIT == 1)            // Stop bit가 1일 경우
                              if(!en_baud_tx) begin
                                 tx_rdy   = 0;          // 송신 준비 안됨
                                 tx_busy  = 1;          // 송신 중
                              end
                              else begin                // Stop bit 전송 완료 후
                                 tx_rdy   = 1;          // 송신 준비 완료 신호 활성화
                                 tx_busy  = 0;          // 송신 완료
                              end
                           else                         // Stop bit가 2일 경우
                              if(!en_baud_tx) begin
                                 tx_rdy   = 0;          // 송신 준비 안됨
                                 tx_busy  = 1;          // 송신 중
                              end
                              else begin
                                 tx_rdy   = 1;          // 송신 준비 완료 신호 활성화
                                 tx_busy  = 0;          // 송신 완료
                              end
                       end
         default    :  begin
```

```
207                         tx      = tx;
208                         tx_rdy  = tx_rdy;
209                         tx_busy = tx_busy;
210                     end
211         endcase
212     end
213 
214     assign  oTX      = tx;
215     assign  oTX_RDY  = tx_rdy;
216     assign  oTX_BUSY = tx_busy;
217 
218 endmodule
```

08행 : 모듈 매개변수를 사용하여 송신기 모듈 내에서 상수로 취급되는 CLKS_PER_BIT와 STOP_BIT의 값을 할당받는다.

18행 ~ 21행 : localparam은 모듈 내부에서만 사용되는 로컬 상수를 선언하는 데 사용하는 예약어로, 송신기를 위한 FSM의 4개 상태를 정의한다.

36행 ~ 41행 : 송신기 FSM의 상태 전환을 위한 순차회로 블록으로 클록의 상승엣지마다 현재 상태(curr_state_tx)는 다음 상태(next_state_tx)에 할당된 상태로 전환된다.

44행 ~ 77행 : 송신기 FSM의 다음 상태 결정을 위한 조합회로 블록으로 FSM의 다음 상태(next_state_tx)는 현재 상태(curr_state_tx)와 FSM의 제어신호(iTX_EN, oTX_RDY, en_baud_tx, bit_index, STOP_BIT)에 대한 조합회로의 결과로 결정된다. FSM의 출력인 다음 상태는 클록과 상관없이 FSM의 제어신호에 따라 비동기적으로 변한다.

80행 ~ 94행 : 송신기의 외부로부터 입력받은 8비트 데이터의 비트 위치(bit_index)를 결정하는 카운터이다. 현재 상태가 송신 상태(curr_state_tx = DATA_TX)일 때 비트 위치는 최하위 비트(LSB = 0)부터 최상위 비트(MSB = 7)까지 보레이트에 동기되어 1씩 증가한다. 반면, 현재 상태가 대기 상태(IDLE_TX), 시작 상태(START_TX), 정지 상태(STOP_TX)일 때는 항상 LSB를 가리키는 0으로 리셋된다.

97행 ~ 106행 : 송신기의 현재 상태가 시작 상태(curr_state_tx = START_TX)일 때 송신기의 외부로부터 입력받은 8비트 데이터는 송신기 내부의 송신 버퍼(buf_tx)에 저장된다. 이후 전송 상태(curr_state_tx = DATA_TX)가 되면 송신 버퍼에 저장된 데이터는 송신기의 출력을 결정하는 블록(180행 ~ 184행)에서 보레이트에 동기 되어 하위 비트부터 차례로 송신기의 직렬 출력 포트(oTX)를 통해 수신기에 전송된다. 나머지 상태에서 내부 송신 버퍼는 buf_tx = 8'b0으로 초기화된다.

109행 ~ 159행 : 송신기의 보레이트 동기화 신호(en_baud_tx)를 생성하기 위한 카운터이다. 현재 상태가 대기 상태(curr_state_tx = IDLE_TX)일 때 카운터의 계수값(cnt_baud_tx)은 0으로 리셋되고, 보레이트 동기화 신호는 en_baud_tx = 0이 된다. 현재 상태가 시작 상태(curr_state_tx = START_TX)와 전송 상태(curr_state_tx = DATA_TX)일 때 카운터의 계수값은 if 문의 조건식(cnt_baud_tx < (CLKS_PER_BIT-1))이 참이면, 클록의 상승엣지마다 1씩 증가한다. 이때 보레이트 동기화 신호는 en_baud_tx = 0을 유지한다. 반면, 조건식이 거짓이면 카운터의 계수값은 0으로 리셋되고 보레이트 동기화 신호는 en_baud_tx = 1로 활성화된다. 즉, 보레이트 동기화 신호의 주기는 설정한 보레이트 주기가 된다. 현재 상태가 정지 상태(curr_state_tx = STOP_TX)일 때, 정지 비트 수(STOP_BIT)가 1개로 설정되었다면 카운터의 계수값과 보레이트 동기화 신호는 시작 상태와 전송 상태의 경우와 같다. 반면 정지 비트 수(STOP_BIT)가 2로 설정되었다면 보레이트 신호의 주기는 설정한 보레이트 주기의 2배가 된다.

162행 ~ 212행 : 송신기 FSM의 출력 결정을 위한 조합회로 블록이다. 클록과 상관없이 현재 상태와 입력 조건에 따라 FSM의 출력을 결정하는데 이는 동기적인 방식으로 동작한다. 즉, 현재 상태는 클록에 동기화되어 다음 상태로 전환되며, 상태 전환이 완료되는 즉시 출력이 갱신된다. 만약, 출력 결정 블록을 순차회로로 모델링할 경우, 비동기적인 동작이 발생할 수 있다. 즉, 출력신호가 바로 갱신되지 않고 상태 전환에 따라 다음 클록의 상승엣지에서 갱신될 수 있다. 이러한 동작은 출력의 불일치와 오동작을 발생시킬 수 있으므로 FSM의 출력 결정 블록을 순차회로로 모델링하는 것은 피하는 것이 좋다.

❑ UART 수신기의 모듈

모듈 7-3c는 UART 송신기를 모델링한 방법과 유사하게 4개의 상태를 갖는 FSM을 사용하여 그림 7-26(b)의 UART 수신기를 모델링한 모듈 코드이다.

모듈 7-3c

```
/* UART receiver '8-N-1'(8 bit data, one stop bit, and no parity bit.*/

/* Set Parameter CLKS_PER_BIT as follows:
 * CLKS_PER_BIT = (Frequency of clk)/(Frequency of UART)
 * Example: 50 MHz Clock, 9600 baud UART
 * (50,000,000)/(9,600) = 5208.333 = 5208 */

module uart_rx #(parameter CLKS_PER_BIT, STOP_BIT) (
   input          iCLK,       // 기준 클록(50MHz)
   input          iRESETn,    // Active-Low reset
   input          iRX,        // 1비트씩 수신받은 데이터
   output   [7:0] oDATA,      // 전송받은 8비트 데이터
   output         oRX_RDY,    // 수신 가능함을 나타내는 신호
   output         oRX_DONE); // 수신 완료를 나타내는 신호

   // UART 수신기를 위한 FSM 상태 정의
   localparam   IDLE_RX     = 2'b00;       // IDLE 상태
   localparam   START_RX    = 2'b01;       // 시작 상태
   localparam   DATA_RX     = 2'b10;       // 수신 상태
   localparam   STOP_RX     = 2'b11;       // 정지 상태

   reg    [7:0] data;           // 전송받은 8비트 데이터
   reg          rx_rdy;         // 송신 가능 확인 신호
   reg          rx_done;        // 수신 완료를 나타내는 신호

   reg   [1:0]  curr_state_rx; // 수신기의 현재 상태
   reg   [1:0]  next_state_rx; // 수신기의 다음 상태
   reg   [2:0]  bit_index;     // 수신한 8비트 데이터의 bit position index
   reg   [7:0]  buf_rx;        // 외부로부터 수신된 데이터를 저장하는 버퍼
   reg   [15:0] cnt_baud_rx;   // 보레이트 동기화 신호의 생성을 위한 카운터
   reg          en_baud_rx;    // 보레이트 동기화 신호
   reg          en_capture;    // 수신된 펄스 신호의 중앙에서 데이터 획득 신호

   // UART 수신기를 위한 FSM
   // 수신기 FSM의 상태 전환을 위한 순차회로 블록
   always @ (posedge iCLK or negedge iRESETn) begin
```

```
        if (!iRESETn)
            curr_state_rx               <= IDLE_RX;
        else
            curr_state_rx               <= next_state_rx;
    end

    // 수신기 FSM의 다음 상태 결정을 위한 조합회로 블록
    always @ (*) begin
        case (curr_state_rx)
            IDLE_RX    :  if (iRX == 0)         // Start bit detected (rx = tx)
                              next_state_rx   = START_RX;
                          else
                              next_state_rx   = IDLE_RX;
            START_RX   :  if (!en_baud_rx)
                              next_state_rx   = START_RX;
                          else
                              next_state_rx   = DATA_RX;
            DATA_RX    :  if (!en_baud_rx)
                              next_state_rx   = DATA_RX;
                          else
                              if (bit_index < 7) // 수신 버퍼에 데이터 저장 완료
                                  next_state_rx   = DATA_RX;
                              else
                                  next_state_rx   = STOP_RX;
            STOP_RX    :  if (STOP_BIT == 1)        // Stop bit가 1일 경우
                              if (!en_baud_rx)  // Baud rate 확인
                                  next_state_rx   = STOP_RX;
                              else
                                  next_state_rx   = IDLE_RX;
                          else                        // Stop bit가 2일 경우
                              if (!en_baud_rx) // Baud rate 확인
                                  next_state_rx   = STOP_RX;
                              else
                                  next_state_rx   = IDLE_RX;
            default    :  next_state_rx   = IDLE_RX;
        endcase
    end

    // 수신 데이터의 비트 위치 카운터
    always @ (posedge iCLK or negedge iRESETn) begin
        if (!iRESETn)
            bit_index   <= 3'd0;    // 수신 데이터 버퍼의 데이터 저장 위치 리셋
        else
            case(curr_state_rx)
                DATA_RX    :  if (en_baud_rx == 1)
                                  if (bit_index < 7)    // 데이터 수신 중
                                      bit_index   <= bit_index + 1'b1;
                                  else          // 데이터 수신 완료
                                      bit_index   <= 0;
                              else
                                  bit_index   <= bit_index;
                default    :  bit_index   <= 0;
            endcase
```

```
   end

   // 수신된 데이터의 임시 저장
   always @ (posedge iCLK or negedge iRESETn) begin
      if (!iRESETn)
         buf_rx   <= 8'd0;         // 수신기의 수신 버퍼 리셋
      else
         case(curr_state_rx)
            IDLE_RX    :  buf_rx    <= 8'd0;     // 수신기의 수신 버퍼 리셋
            DATA_RX    :  if (en_capture == 1) // 수신 펄스 중앙에서 획득
                             buf_rx[bit_index]   = iRX;  // 수신 데이터 저장
                          else
                             buf_rx[bit_index]   = buf_rx[bit_index];
            default    :  buf_rx    <= buf_rx;
         endcase
   end

   // 수신기의 보레이트 동기화 신호와 데이터 획득 신호의 생성을 위한 카운터
   always @ (posedge iCLK or negedge iRESETn) begin
      if (!iRESETn) begin
         cnt_baud_rx    <= 0;
         en_baud_rx     <= 0;
         en_capture     <= 0;
      end
      else
         case(curr_state_rx)
            IDLE_RX    :  begin               // 수신기 IDLE 상태
                             cnt_baud_rx    <= 0; // Baud rate 카운터 리셋
                             en_baud_rx     <= 0;
                             en_capture     <= 0;
                          end
            START_RX   :  if (cnt_baud_rx < (CLKS_PER_BIT-1)) begin
                             cnt_baud_rx    <= cnt_baud_rx + 1;
                             en_baud_rx     <= 0;

                             // Baud rate 중앙에서 데이터 취득 신호 생성
                             if (cnt_baud_rx == CLKS_PER_BIT/2-1)
                                en_capture     <= 1;
                             else
                                en_capture     <= 0;
                             end
                          else begin
                             cnt_baud_rx    <= 0;
                             en_baud_rx     <= 1;
                             en_capture     <= 0;
                          end
            DATA_RX    :  if (cnt_baud_rx < (CLKS_PER_BIT-1)) begin
                             cnt_baud_rx    <= cnt_baud_rx + 1;
                             en_baud_rx     <= 0;

                             // Baud rate 중앙에서 데이터 취득 신호 생성
                             if (cnt_baud_rx == CLKS_PER_BIT/2-1)
                                en_capture     <= 1;
```

```
                          else
                             en_capture    <= 0;
                       end
                       else begin
                          cnt_baud_rx   <= 0;
                          en_baud_rx    <= 1;
                          en_capture    <= 0;
                       end
         STOP_RX    :  if (STOP_BIT == 1)     // Stop bit가 1개일 경우
                          if (cnt_baud_rx < (CLKS_PER_BIT-1)) begin
                             cnt_baud_rx   <= cnt_baud_rx + 1;
                             en_baud_rx    <= 0;

                             // Baud rate 중앙에서 데이터 취득 신호 생성
                                if (cnt_baud_rx == CLKS_PER_BIT/2-1)
                                   en_capture    <= 1;
                                else
                                   en_capture    <= 0;
                          end
                          else begin
                             cnt_baud_rx   <= 0;
                             en_baud_rx    <= 1;
                             en_capture    <= 0;
                          end
                       else                     // Stop bit가 2개일 경우
                          if (cnt_baud_rx < (2*CLKS_PER_BIT-1)) begin
                             cnt_baud_rx   <= cnt_baud_rx + 1;
                             en_baud_rx    <= 0;

                             // Baud rate 중앙에서 데이터 취득 신호 생성
                             if (cnt_baud_rx == CLKS_PER_BIT/2-1 ||
                                 cnt_baud_rx == CLKS_PER_BIT +
                                 CLKS_PER_BIT/2-2)
                                en_capture    <= 1;
                             else
                                en_capture    <= 0;
                          end
                          else begin
                             cnt_baud_rx   <= 0;
                             en_baud_rx    <= 1;
                             en_capture    <= 0;
                          end
         default    :  begin
                          cnt_baud_rx  <= cnt_baud_rx;
                          en_baud_rx    <= 0;
                          en_capture    <= 0;
                       end
      endcase
end

// 수신기 FSM의 출력 결정을 위한 조합회로 블록
always @ (*) begin
   case (curr_state_rx)
```

```
196             IDLE_RX     :  begin
197                               rx_rdy     = 1'b1;  // 수신 가능 신호 활성화
198                               rx_done    = 1'b0;  // 수신 완료 신호 비활성화
199                               data       = 8'b0;
200                            end
201             START_RX    :  begin
202                               rx_rdy     = 1'b0;  // 수신 가능 신호 비활성화
203                               rx_done    = 1'b0;  // 수신 완료 신호 비활성화
204                               data       = 8'b0;
205                            end
206             DATA_RX     :  begin
207                               rx_rdy     = 1'b0;  // 수신 가능 신호 비활성화
208                               rx_done    = 1'b0;  // 수신 완료 신호 비활성화
209                               data       = 8'b0;
210                            end
211             STOP_RX     :  begin                  // 수신 정지 상태
212                               rx_rdy     = 1'b0;  // 수신 가능 신호 비활성화
213
214                               if (STOP_BIT == 1) begin  // Stop bit = 1로 설정
215                                  data   = buf_rx;       // 수신된 데이터 출력
216
217                                  if (en_baud_rx == 1)   // Baud rate 확인
218                                     rx_done   = 1'b1;   // 수신 완료 신호 활성화
219                                  else
220                                     rx_done   = 1'b0;
221                               end
222                               else begin                // Stop bit = 2로 설정
223                                  data   = buf_rx;       // 수신된 데이터 출력
224
225                                  if (en_baud_rx == 1)   // Baud rate 확인
226                                     rx_done   = 1'b1;   // 수신 완료 신호 활성화
227                                  else
228                                     rx_done   = 1'b0;
229                               end
230                            end
231
232             default     :  begin
233                               rx_rdy     = rx_rdy;
234                               rx_done    = rx_done;
235                               data       = data;
236                            end
237          endcase
238       end
239
240       assign   oDATA      = data;
241       assign   oRX_RDY    = rx_rdy;
242       assign   oRX_DONE   = rx_done;
243
244    endmodule
```

08행 : 모듈 매개변수를 사용하여 수신기 모듈 내에서 상수로 취급되는 CLKS_PER_BIT와 SROP_BIT의 값을 할당받는다.

17행 ~ 20행 : 수신기 모듈 내에서만 사용되는 FSM의 4개 상태를 localparam을 사용하여 정의한다. 이러한 로컬 상수들은

수신기 모듈에 제한되어 있으며, FSM의 상태를 나타내는 값으로 설정한다.

36행 ~ 41행 : 수신기 FSM의 상태 전환을 위한 순차회로 블록으로 클록의 상승엣지마다 현재 상태(curr_state_rx)는 다음 상태(next_state_rx)에 할당된 상태로 전환된다.

44행 ~ 73행 : 수신기 FSM의 다음 상태 결정을 위한 조합회로 블록으로 FSM의 출력인 다음 상태(next_state_rx)는 현재 상태(curr_state_rx)와 FSM의 제어신호(iRX, en_baud_rx, bit_index, STOP_BIT)에 대한 조합회로의 결과로 결정된다. FSM의 출력인 다음 상태는 클록과 상관없이 FSM의 제어신호에 따라 비동기적으로 변한다.

76행 ~ 90행 : 수신된 데이터의 비트 위치(bit_index)를 결정하는 카운터이다. 현재 상태가 수신 상태(DATA_RX)일 때 비트 위치는 최하위 비트(LSB)에 해당하는 0을 시작으로 최상위 비트(MSB)에 해당하는 7까지 보레이트에 동기되어 1씩 증가한다. 반면 현재 상태가 대기 상태(IDLE_RX), 시작 상태(START_RX), 정지 상태(STOP_RX)일 때는 항상 LSB에 해당하는 0으로 리셋된다.

93행 ~ 105행 : 수신기가 수신 상태(DATA_RX)일 때 송신기로부터 전송된 8비트 데이터는 수신기 내부의 수신 버퍼(buf_rx)에 저장된다. 이때 각각의 1비트 수신 데이터는 보레이트에 동기 되어 수신 버퍼의 최하위 비트(LSB)를 시작으로 차례로 최상위 비트(MSB)까지 저장된다. 대기 상태에서 내부 수신 버퍼는 buf_rx = 8'b0으로 초기화되며, 나머지 상태에서는 수신 버퍼에 저장된 데이터를 유지한다.

108행 ~ 191행 : 수신기의 보레이트 동기화 신호와 데이터를 획득하는 신호를 생성하기 위한 카운터이다. 현재 상태가 대기 상태(IDLE_RX)일 때 카운터의 계수값(cnt_baud_rx)은 0으로 리셋되고, 보레이트 동기화 신호(en_baud_rx)와 데이터 획득 신호(en_capture)는 0이 된다. 현재 상태가 시작 상태(curr_state_rx = START_RX)일 때 if 문의 조건식(cnt_baud_rx = (CLKS_PER_BIT-1))이 참이면, 카운터의 계수값은 cnt_baud_rx = 0으로 리셋되고 보레이트 동기화 신호는 en_baud_rx = 1로 활성화된다. 시작 상태에서는 데이터 획득이 필요하지 않으므로 데이터 획득 신호는 en_capture = 0으로 비활성화 값을 유지한다. 현재 상태가 수신 상태(curr_state_rx = DATA_RX)일 때 카운터의 계수값은 if 문의 조건식(cnt_baud_rx < (CLKS_PER_BIT-1))이 참이면, 클록의 상승엣지마다 1씩 증가한다. 이때 보레이트 동기화 신호는 en_baud_rx = 0을 유지한다. 반면, 조건식이 거짓이면 카운터의 계수값는 0으로 리셋되고 보레이트 동기화 신호는 en_baud_rx = 1로 활성화된다. 데이터 획득 신호는 카운터의 계수값이 보레이트 주기의 0.5배에 해당하는 값이 되었을 때 기준 클록의 주기 동안 en_capture = 1로 활성화되었다가 다시 en_capture = 0으로 비활성화된다. 현재 상태가 정지 상태(curr_state_rx = STOP_RX)일 때 정지 비트 수(STOP_BIT)가 1로 설정되었다면 카운터의 동작과 보레이트 동기화 신호, 데이터 획득 신호는 수신 상태(curr_state_rx = DATA_RX)의 경우와 같다. 반면, 정지 비트 수(STOP_BIT)가 2개로 설정되었다면 카운터의 계수값이 보레이트 주기의 2배에 해당하는 값이 될 때까지 클록의 상승엣지마다 1씩 증가한다. 즉, 정지 비트 수가 2일 때 정지 상태에서 보레이트 동기화 신호의 주기는 설정한 보레이트 주기의 2배가 된다. 이때 데이터 획득 신호는 카운터 계수값이 보레이트 주기의 0.5배 또는 1.5배에 해당하는 값이 되면 기준 클록의 주기 동안 en_capture = 1로 활성화 상태를 유지하고, en_capture = 0으로 비활성화 된다.

194행 ~ 238행 : 수신기 FSM의 출력 결정을 위한 조합회로 블록이다. 송신기의 FSM과 유사하게 클록에 상관없이 현재 상태와 입력 조건에 따라 FSM의 출력이 결정된다. 즉, 현재 상태는 클록에 동기화되어 다음 상태로 전환되며, 상태 전환과 함께 현재 상태에 해당하는 출력으로 갱신된다.

7.3.2. UART 송수신기의 테스트벤치와 시뮬레이션

모듈 7-3a ~ 모듈 7-3c를 검증하기 위한 테스트벤치 7-3을 작성하고, 시뮬레이션을 실행한 후 결과를 확인해 보자.

> ※ Object 창의 입출력 포트 신호 이외의 관찰 신호 추가
>
> • sim - Default 창에서 UTOP 왼쪽의 ⊞를 누른 후 하위 모듈 UTX와 URX를 선택하면, Objects 창에 하위 모듈의 내부 신호들을 확인할 수 있다. 이들 내부 신호 중 확인할 신호를 선택 후 Wave 창에 드래그 또는 마우스 우측 버튼을 클릭하여 'Add Wave'를 선택하여 Wave 창에 하위 모듈의 신호들을 추가

테스트벤치 7-3

```
/* UART 송수신기를 위한 테스트벤치(50MHz 기준 클록 사용) */

`timescale 1ns/1ns

module tb_uart_test;
   localparam   TCLK   = 20;   // 50MHz 기준 클록, TCLK = 20*1ns = 20ns

   reg          iCLK;      // 기준 클록(50MHz)
   reg          iRESETn;   // Active-Low reset
   reg          iTX_EN;    // 송신기 활성화 신호
   reg    [7:0] iD;        // 송신기로 전송할 데이터

   wire         oTX;       // 전송할 데이터를 1비트씩 출력하는 직렬 신호
   wire         oTX_RDY;   // 송신 가능함을 나타내는 신호
   wire         oTX_BUSY;  // 송신 중임을 나타내는 신호
   wire   [7:0] oDATA;     // 수신한 8비트 데이터
   wire         oRX_RDY;   // 수신 가능함을 나타내는 신호
   wire         oRX_DONE;  // 수신 완료를 나타내는 신호

   uart_test  UTOP (
      .iCLK       (iCLK),
      .iRESETn    (iRESETn),
      .iTX_EN     (iTX_EN),
      .iD         (iD),
      .oTX        (oTX),
      .oTX_RDY    (oTX_RDY),
      .oTX_BUSY   (oTX_BUSY),
      .oDATA      (oDATA),
      .oRX_RDY    (oRX_RDY),
      .oRX_DONE   (oRX_DONE));

   initial begin
      iD = 8'h01; iCLK = 0;
      iRESETn = 1; iTX_EN = 0; #(TCLK*500);
      iRESETn = 0; #(TCLK*500);  // Active-Low reset
      iRESETn = 1; iTX_EN = 0; #(TCLK*500);
      iTX_EN = 1;
      #(TCLK *2000000);          // 20ns * (2*10^6) = 0.12 sec
```

```
39          $stop;
40       end
41
42       always
43          #(TCLK/2)  iCLK = ~iCLK;   // 50MHz 클록, TCLK/2 = 10ns에서 반전
44
45       always @(posedge oRX_DONE) begin
46          iD   <= oDATA + 1;
47
48          if (oDATA != iD)
49             $display("FAIL: rx data %x does not match tx %x", oDATA, iD);
50          else
51             $display("SUCCESS: rx data %h exactly matches tx data %h",
52             oDATA, iD);
53       end
54
55    endmodule
```

42행 ~ 53행 : always 문을 사용하여 수신 완료 신호(oRX_DONE)의 상승엣지마다 수신기에서 수신된 데이터(oDATA)에 1씩 더해 송신기가 보낼 송신 데이터를 생성한다. 48행 ~ 52행에서 송신한 데이터와 수신된 데이터의 일치 여부를 확인하고 시스템 테스크인 $display를 사용하여 송수신 성공 여부를 Messages 창에 출력한다.

테스트벤치 7-3은 UART 송신기를 사용하여 1씩 증가하는 8비트 2진 데이터(8'h01, 8'h02, 8'h03, ...)를 보내고 수신기가 정확히 받았는지를 확인하기 위한 코드이다. 그림 7-27은 모델링한 UART 송수신기의 동작을 검증하기 위한 관찰 신호로 테스트벤치에서 wire와 reg로 선언한 신호뿐만 아니라 내부 신호를 Wave 창에 추가한 결과이다. 먼저 Object 창에 보이는 테스트벤치의 입출력 신호[18]를 Wave 창에 추가한다. 다음으로 내부 신호를 Wave 창에 추가하기 위해 sim - Default 창에서 인스턴스 이름 'UTOP' 왼쪽의 ⊞를 클릭하여 하위 모듈인 UTX를 선택하고 동작 확인에 필요한 내부 신호로 en_baud_tx, bit_index(UTX), buf_tx, curr_state_tx를, 하위 모듈인 URX를 선택하고 iRX, curr_state_rx, bit_index(URX), buf_rx, en_baud_rx, en_capture를 Wave 창에 추가하면 된다. 이외에도 필요한 하위 모듈의 입출력 신호와 내부 wire 또는 reg 신호를 Wave 창에 추가하고 시뮬레이션을 수행하여 모델링 결과를 확인할 수 있다.

18) 테스트벤치에서 wire와 reg로 선언한 검증할 모듈의 입출력 포트신호를 말한다.

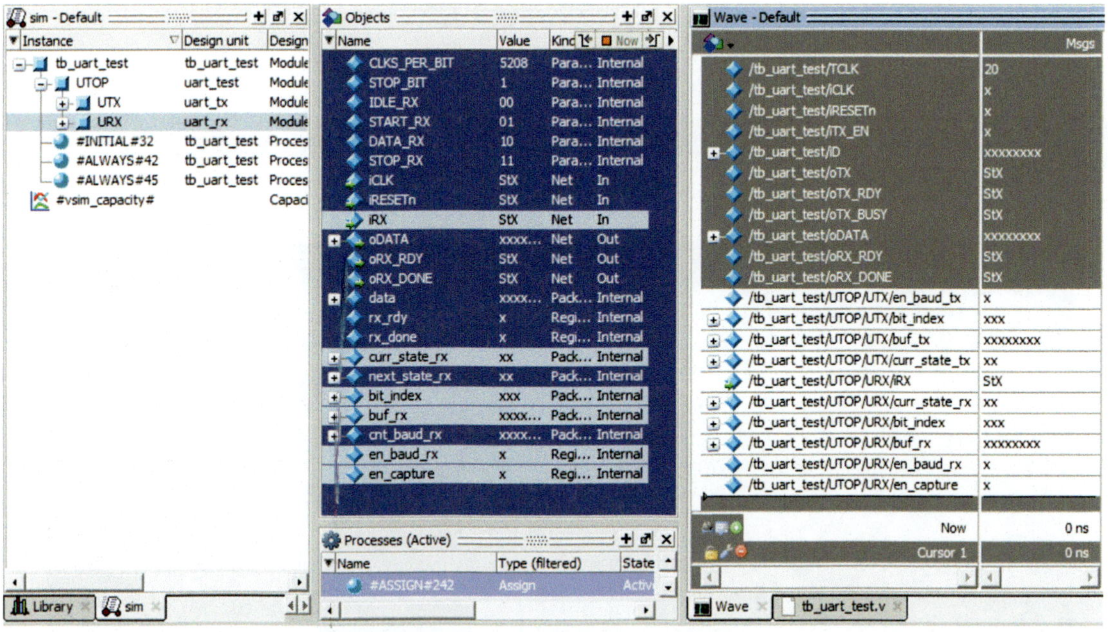

그림 7-27 UART 송수신기의 동작 검증을 위해 관찰 신호를 Wave 창에 추가한 결과

시뮬레이션이 완료되면 결과 파형을 쉽게 분석하기 위해 그림 7-28과 같이 신호들의 순서를 변경한다. 마우스를 사용하여 원하는 위치로 이동시킬 수 있다. 신호의 위치를 이동시킨 후 UTX 및 URX의 bit_index를 'Unsigned'로 Radix 포맷을 변경한다.

표 7-11 Wave 창에 추가한 하위 모듈의 신호

모듈(인스턴스 이름)	신호 이름	신호의 기능
uart_tx (UTX)	en_baud_tx	송신기의 보레이트 동기화 신호
	bit_index	송신기 버퍼의 비트 위치
	buf_tx	외부로부터 입력된 전송 데이터를 저장하는 송신기 버퍼
	curr_state_tx	송신기 FSM의 현재 상태
uart_rx (URX)	iRX	수신기가 1비트씩 수신 받은 데이터
	curr_state_rx	수신기 FSM의 현재 상태
	bit_index	수신기 버퍼의 비트 위치
	buf_rx	수신기가 1비트씩 수신 받은 데이터를 임시로 저장하는 버퍼
	en_baud_rx	수신기의 보레이트 동기화 신호
	en_capture	수신된 1비트 펄스 신호의 중앙에서 데이터를 획득하는 신호

시뮬레이션 결과 1

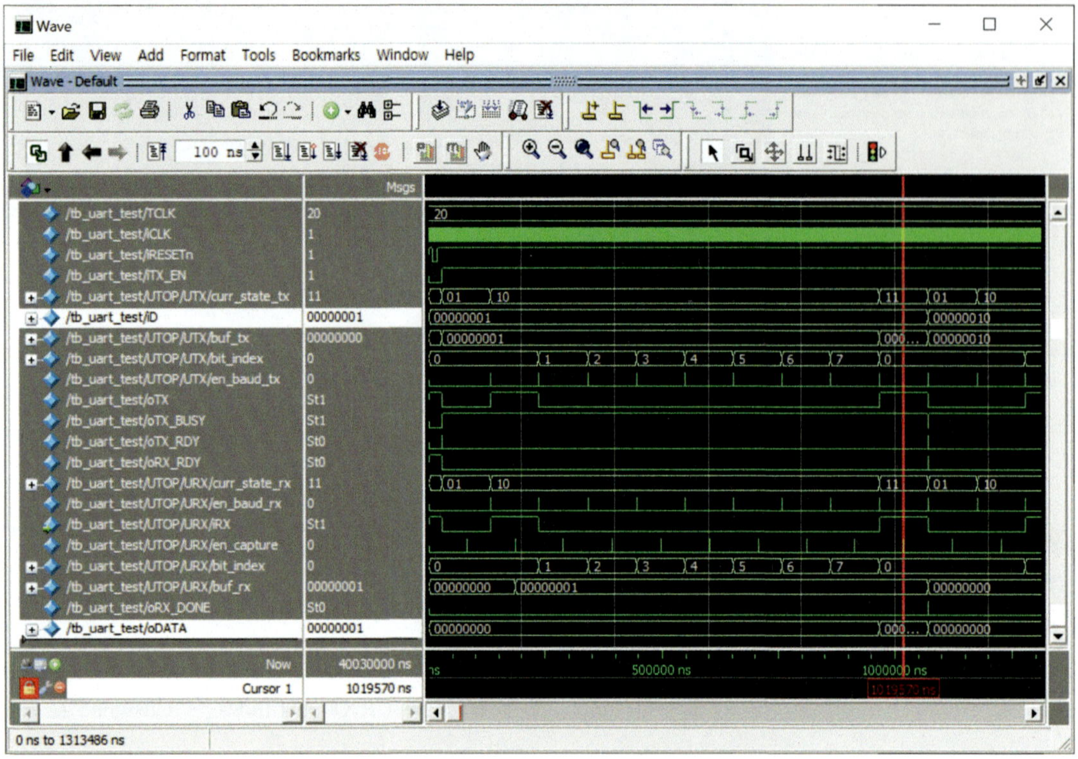

그림 7-28 UART 송수신기에 대한 시뮬레이션 결과(동작)

그림 7-28의 시뮬레이션 결과(입출력 파형)에서 송신기가 새로운 데이터를 전송할 준비(iTX_EN = 0 → 1)가 되면 UTX의 상태는 대기 상태(IDLE = 2'b00)에서 시작 상태(START_RX = 2'b01)가 되고 송신기의 데이터 버퍼(buf_tx)에 전송할 데이터(iD)가 저장된다. 이때 송신기는 시작 비트(start bit)로 oTX = 0을 출력하여 수신기에 데이터의 전송이 시작되는 것을 알린다. 송신기의 보레이트 동기화 신호(en_baud_tx)의 주기 동안 시작 비트(oTX = 0)를 수신기에 보낸 후 시작 상태(START_RX = 2'b01)에서 데이터를 전송하는 전송 상태(DATA_TX = 2'b10)로 전환된다. 전송 상태에서 송신기는 상태 전환 없이 보레이트 동기화 신호에 맞춰 송신 버퍼에 저장된 8비트 데이터를 최하위 비트(LSB)부터 1비트씩 차례로 출력 신호(oTX)를 사용하여 수신기에 전송한다. 송신기가 데이터(시작 비트 포함)를 보내는 동안 데이터 전송 중임을 나타내는 oTX_BUSY는 활성화(oTX_BUSY = 1)되고 8비트 데이터 전송이 완료 후 송신기가 정지 신호(stop bit)인 oTX = 1의 전송을 완료할 때까지 oTX_BUSY = 1을 유지한다.

송신기와 동일한 보레이트로 설정된 수신기에서는 송신기로부터 수신 받은 데이터(iRX)가 시작 비트임을 감지(iRX = 1 → 0)하면, 대기 상태(IDLE_RX = 2'b00)에서 시작 상태(START_RX = 2'b01)로 전환된다. 수신기는 수신 상태(DATA_RX)부터 정지 상태(STOP_RX)까지 송신기가 전송하는 데이터(oTX)를 1비트씩 보레이트에 맞춰 수신 받는다. 이때 수신기는 수신 받는 1비트 데이터 펄스의 중앙에서 데이터를 획득하기 위해 보레이트 주기의 1/2시점에서 활성화되는 en_capture 신호를 사용하여 수신된 데이터를 획득하며, 수신기의 내부 버퍼(buf_rx)에 하위 비트부터 차례로 저장한다. 송신기가 보낸 8비트 데이터를 모두 수신 받았을 때 수신 받은 8비트 데이터를 출력(oDATA)한다.

Wave 창에서 Active Cursor가 위치한 신호의 값이 Msgs 창에 표시되므로 송신기가 전송한 데이터(iD = 8'b0000_0001)와 수신 받은 데이터(oDATA = 8'b0000_0001)가 일치함을 알 수 있다. 수신기에서 수신 받은 8비트 데이터를 출력한 후 기준 클록의 주기 동안 수신 완료 신호 (oRX_DONE = 1)를 활성화한다. 송신기가 다수의 8비트 데이터를 연속적으로 전송할 경우, 송신기의 상태는 정지 상태(STOP_RX = 2'b11)에서 대기 상태(IDLE = 2'b00)로 전환되지 않고 바로 시작 상태(START_RX = 2'b01)로 전환된다. 즉, IDLE_TX → START_TX → DATA_TX → STOP_TX → START_TX → DATA_TX → ...와 같은 순서로 UART FSM의 상태가 전환된다.

시뮬레이션 결과 2

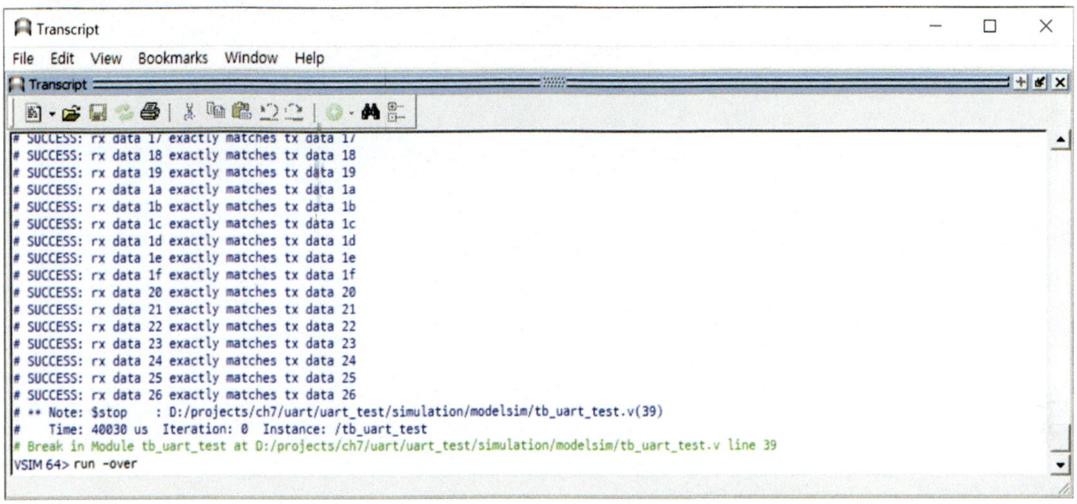

그림 7-29 UART transceiver 회로의 시뮬레이션 결과($display)

그림 7-29는 시스템 태스크[19]인 $display를 사용하여 시뮬레이션이 수행되는 동안 UART 송신기와 수신기의 동작 결과를 메시지로 출력한 결과이다. 송수신 데이터의 비교를 통해 송수신기의 동작이 정확히 이루어졌음을 확인할 수 있다. 이러한 송수신 결과는 그림 7-30과 같이 Zoom out 아이콘(🔍)을 사용하여 시뮬레이션 결과 파형을 축소하고, Active Cursor를 송신기의 정지 상태(STOP_TX = 2'b11)나 수신기의 정지 상태(STOP_RX = 2'b11)에 위치시킨 후 Msgs 창에 표시되는 iD와 oDATA 값을 비교함으로써 확인할 수도 있다. 시뮬레이션 결과로부터 모듈 7-3a ~ 모듈 7-3c는 그림 7-26의 UART 송수신기를 오류 없이 모델링했음을 알 수 있다.

19) 시스템 태스크(system task)의 자세한 내용은 부록 3을 참고하면 된다.

시뮬레이션 결과 3

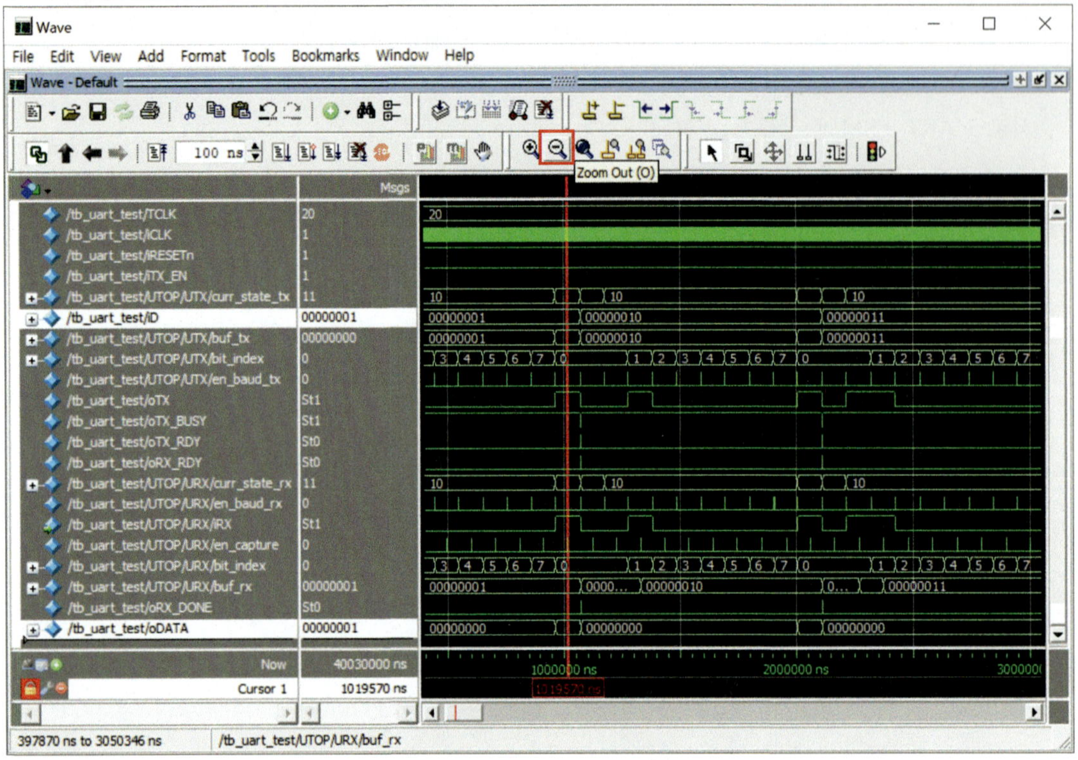

그림 7-30 UART 송수신기의 시뮬레이션 결과(송신 및 수신 데이터 비교)

7.4 디지털 필터

디지털 필터(digital filter)는 디지털 신호 처리(digital signal processing)에 사용되는 시스템으로, 원하는 신호를 분리하거나 잡음을 제거하는 필터링(filtering)을 비롯하여 신호 변환(signal transform), 신호 분석(signal analysis), 영상 처리(image processing) 등 다양한 응용 분야에서 활용된다. 디지털 필터는 일반적으로 2가지 유형, 즉 FIR(Finite Impulse Response, 유한 임펄스 응답) 필터와 IIR(Infinite Impulse Response, 무한 임펄스 응답) 필터로 분류된다. 표 7-12는 2가지 유형의 디지털 필터를 비교한 것이다.

표 7-12 디지털 FIR 필터와 디지털 IIR 필터의 비교

구분	FIR 필터	IIR 필터
구조	비재귀(Non-recursive) 구조	재귀(Recursive) 구조
출력	오직 현재 및 이전 입력에만 의존	이전 입력 및 출력에 모두 의존
위상 특성	선형 위상	비선형 위상
안정성	항상 안정적	일부 조건에서만 안정적
설계 유연성	다양한 방법으로 쉽게 설계 가능	주어진 제약조건에서 설계 가능

구분	FIR 필터	IIR 필터
필터 차수	높은 차수 필요	낮은 차수 필요
계산량	많은 계산량	적은 계산량
시간 지연	필터 차수의 1/2에 해당하는 지연	재귀 구조에 따라 달라짐
유한 어장 오차	제한된 비트 수에 의한 오차가 낮음	제한된 비트 수에 의한 오차가 높음
구현 비용	상대적으로 높은 차수로 고비용 필요	상대적으로 낮은 차수로 저비용 필요

디지털 필터는 임펄스 응답의 길이에 따라 구분되는 2가지 유형 이외에도 필터의 주파수 응답에 따라 4가지 종류로 구분된다. 즉, 통과 대역에 따라 저역통과필터(LPF: Low Pass Filter), 고역통과필터(HPF: High Pass Filter), 대역통과필터(BPF: Band Pass Filter), 대역저지필터(BSF: Band Stop Filter)가 있다. 그림 7-31은 이상적인 진폭 특성을 가질 때 필터 종류별 주파수 응답(frequency response) 특성을 비교한 것이다.

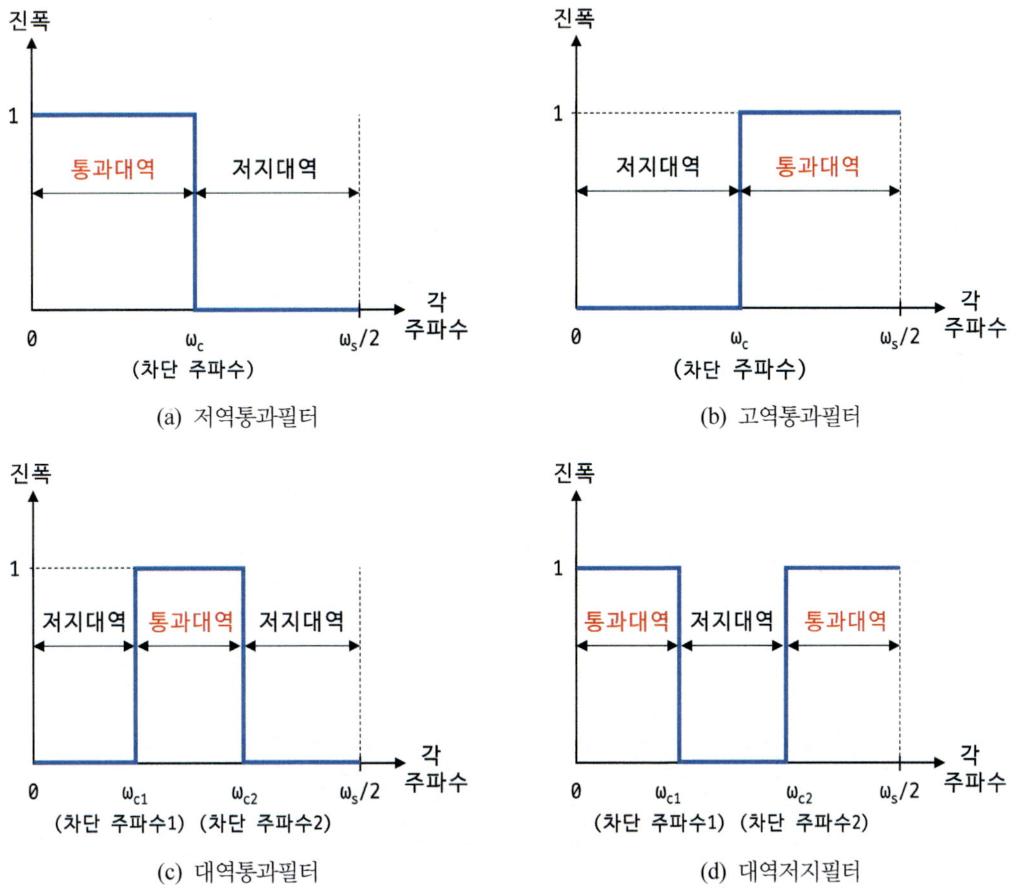

그림 7-31 이상적인 진폭 특성을 갖는 디지털 필터의 종류별 주파수 응답

그림 7-31의 이상적인 필터(ideal filter)는 구현할 수 없으며, 실제 설계하여 사용하는 실용적인 필터(practical filter)는 그림 7-32와 같이 통과대역(pass band)과 저지대역(stop band) 사이에 천이대역(transition band)을 가지며, 천이대역의 폭(width), 통과대역의 리플(ripple) 및 폭, 저지대역의 폭 및 감쇠 정도(attenuation) 등 다양한 설계 사양을 고려해야 한다.

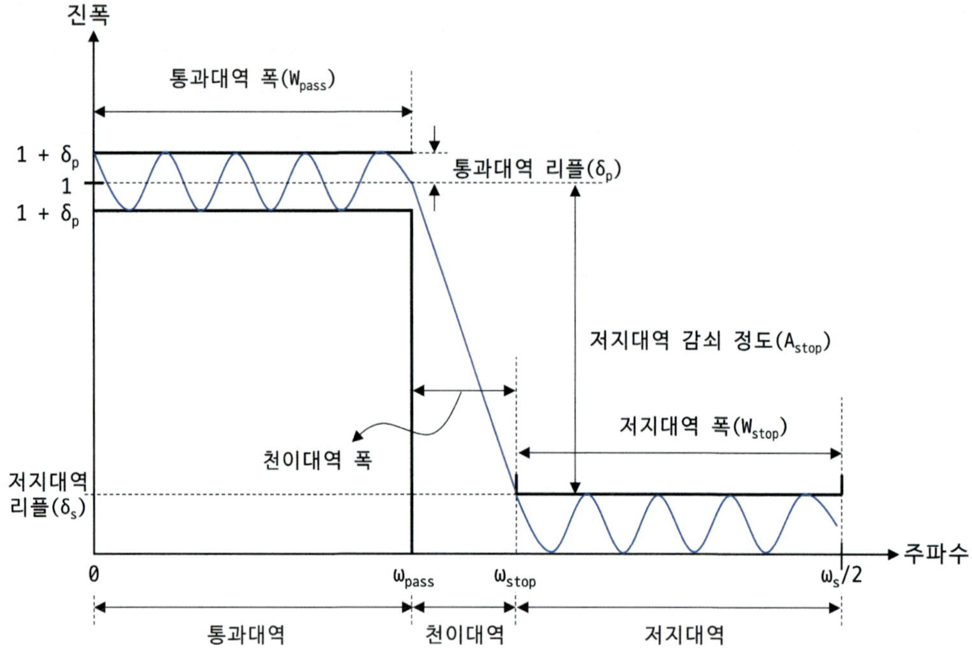

그림 7-32 실용적인 필터의 구현 시 설계 사양

디지털 필터는 일반적으로 다음과 같은 과정을 통해 설계된다. 그림 7-33은 일반적인 디지털 필터의 설계 과정의 순서도이다.

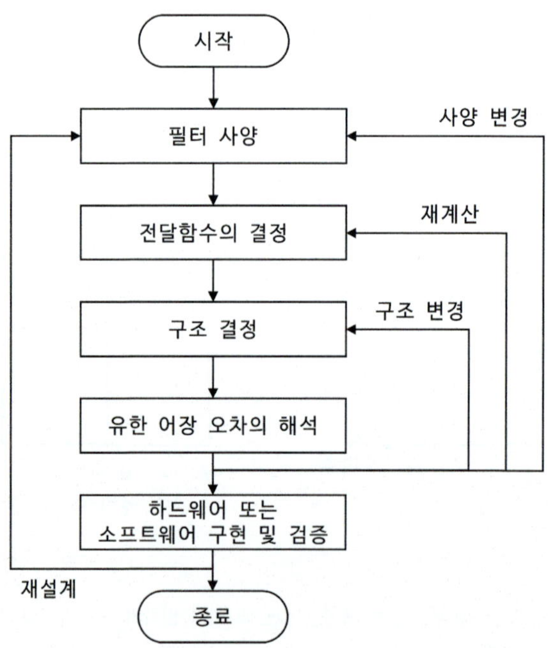

그림 7-33 디지털 필터의 설계 과정의 순서도

① 필터의 설계 사양 결정 :

- 필터의 목적과 요구사항을 분석한다.
- 주파수 응답 특성, 통과 대역폭, 저감 대역폭, 주파수 응답의 감쇠 정도 등을 결정한다.
- 필터의 입출력 범위, 계수 정밀도 등에 대한 사양을 결정한다.

② 전달함수의 결정 :

- 필터의 전달함수를 결정[20]하기 위해 필터의 유형을 선택한다.
- FIR 필터의 경우 주로 창 함수(window function)를 사용하여 필터 계수를 결정하고, IIR 필터의 경우 근사 최적화법, 이득 근사법, 주파수 변환법, 이득-위상 설계법 등 다양한 방법을 사용하여 필터 계수를 결정한다.

③ 구조 결정 :

- 필터의 구조를 결정하고 필요한 계수 및 지연 요소를 결정한다.
- FIR 필터의 경우 계수 길이와 지연 요소의 수를 결정하고, IIR 필터의 경우 재귀 구조와 필요한 상태 변수의 수를 결정한다.

④ 유한 어장 오차의 해석 :

- 제한된 비트 수의 사용으로 발생하는 유한 어장 오차(finite word length error)를 분석하고, 설계 사양에 맞는 오차 한계를 결정한다.
- 유한 어장 오차 해석을 통해 필터 계수의 정밀도와 구조를 조정한다.

⑤ 하드웨어 또는 소프트웨어 구현 및 검증 :

- 설계된 디지털 필터를 하드웨어나 소프트웨어로 구현한다.
- 구현한 필터를 검증하여 설계 사양을 충족하는지 확인한다.

디지털 필터의 설계 방법에 대한 자세한 내용은 이 책의 범위 밖이므로 디지털 신호처리 관련 전공서나 디지털 필터 설계 관련 자료를 참고하자. 여기서는 위의 설계 과정을 통해 결정된 필터 구조(structure) 및 계수(coefficient)를 갖는 디지털 필터를 Verilog HDL을 사용하여 모델링하는 방법에 대해 알아본다.

❑ 모델링할 FIR 반대역 대역통과필터의 계수와 구조

모델링하고자 하는 디지털 FIR 필터는 최소자승(least-squares)법으로 설계된 탭 지연선(tab delay line) 구조의 10차[21] 반대역 저역통과필터(half-band LPF)이다. 반대역 저역통과필터의 이상적인 차단 주파수(cutoff frequency)는 정규화된 주파수($\omega_s/2 = \pi$)에 대해 $\omega_c = \pi/2$이지만, 실제로 설계한 실용적인 필터의 통과대역 주파수는 $\omega_p = 0.45\pi$, 저지대역 주파수는 $\omega_s = 0.55\pi$이다. 그림 7-34는 모델링할 FIR 반대역 저역통과필터의 임펄스 응답이다. FIR 필터의 임펄스 응답(impulse response)은 필터 계수(filter coefficients)[22]에 의해 결정된다. FIR 필터는 입력신호로 임펄스 신호(impulse signal)[23]를 인가했을 때 유한한 길이의 임펄스 응답을 가지며, 이 임펄스 응답의 크기 값은 필터의 계수(h[n])와 같다. 표 7-13은 설계한 FIR 필터의 계수를 소수점 이하 다섯째 자리에서 반올림한 계수이다.

---

20) 디지털 필터의 전달함수는 차분방정식으로 표현되며, 이때 차분방정식의 계수로부터 필터 계수를 결정할 수 있다.

21) FIR 필터의 차수(N)와 필터 계수의 길이(L)는 L = N + 1의 관계를 갖는다.

22) 필터 계수(filter coefficients) : 필터의 임펄스 응답은 필터 계수와 밀접한 관계가 있다. FIR 필터의 임펄스 응답의 크기값은 필터 계수와 같다. 그러나 IIR 필터의 경우는 임펄스 응답의 크기가 무한하며, 필터 계수와는 다르다.

23) 임펄스 신호(impulse signal) : 아주 짧은 시간 동안 발생하며 매우 급격하게 변하는 신호이다.

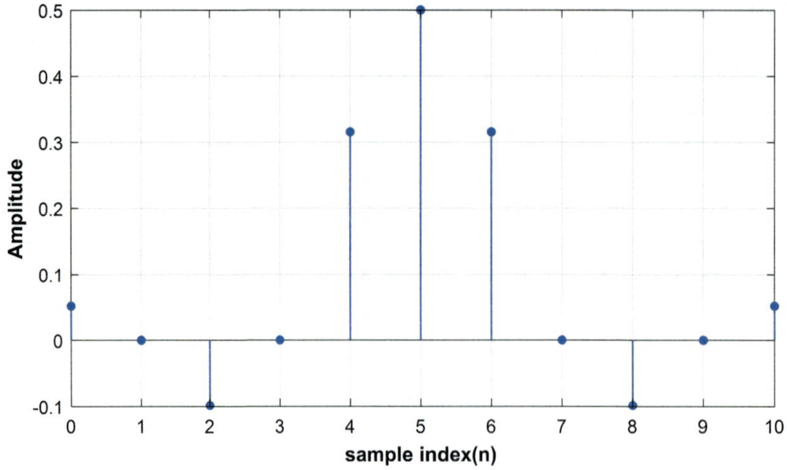

그림 7-34 모델링할 10차 FIR 반대역 저역통과필터의 임펄스 응답(h[n])

표 7-13 모델링할 10차 FIR 반대역 저역통과필터의 계수

필터 계수	계수값
h[0]	0.0516
h[1]	0.0000
h[2]	-0.0986
h[3]	-0.0000
h[4]	0.3158
h[5]	0.5000
h[6]	0.3158
h[7]	-0.0000
h[8]	-0.0986
h[9]	0.0000
h[10]	0.0516

FIR 필터를 구현하는 방법은 다양하지만 가장 기본적인 FIR 필터의 구현 방법인 탭 지연선 구조[24]를 사용하여 시간 지연 블록[25], 덧셈기, 곱셈기만으로 구현할 수 있다. 이 구조는 입력신호를 지연시키는 여러 개의 시간 지연 블록과 각 시간 지연 블록의 출력에 곱해지는 계수로 구성된다. 입력신호는 여러 개의 시간 지연 블록을 통과하면서 시간적으로 지연된다. 각 시간 지연 블록은 이전 시간의 입력을 저장하고, 지정된 지연 시간 후에 출력된다. 시간 지연 블록의 출력은 해당 블록에 대응하는 필터 계수(또는 탭)와 곱해져서 합산된다. 이러한 과정을 여러 개의 시간 지연 블록에서 반복하면서, 입력신호가 전체 필터를 통과하게 되며, 입력신호에 대한 필터링이 이루어진다. 탭 지연선 구조는 구현이 비교적 간단하며, 필터 계수의 조정이 쉬운 장점이 있다. 또한, 필터의 주파수 응답 특성을 정확하게 제어할 수 있는 장점도 있다. 하지만 필터의 길이가 길어질수록 구현에 필요한 지연 블록의 수가 증가하게 되어 연산 및 저장 공간의 요구사항이 증가

24) 탭 지연선(tab delay line) 구조 : 탭(tab)은 필터 계수와 해당 지연된 신호 사이의 연결을 말하며, 여러 개의 tab이 연이어져서 필터의 입력신호가 각 지연 블록을 거쳐 출력까지 전달되는 구조를 형성한다. 이렇게 각각의 tab이 존재하는 필터 구조를 "tapped delay line filter"라고 한다.

25) 시간 지연 블록은 일반적으로 D-플립플롭으로 구현된다.

할 수 있다. 그림 7-35는 모델링할 탭 지연선 구조의 10차 FIR 반대역 저역통과필터이다.

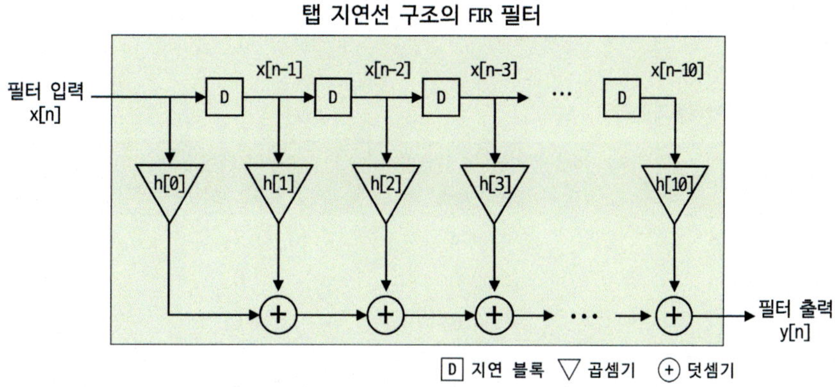

그림 7-35 탭 지연선 구조의 10차 FIR 반대역 저역통과필터

❑ 실수 계수를 갖는 필터의 필터링 연산

그림 7-35에서 디지털 데이터인 입력신호 x[n]은 아날로그 입력신호 x(t)를 일정한 시간 간격으로 샘플링(sampling)하여 시간에 대해 이산화(discretization)하고, 그 결과를 진폭에 대해 이산화하는 양자화(quantization) 과정을 거친 후 2진수로 표현하는 부호화(coding) 과정을 거친 결과이다. 일반적으로 아날로그 신호와 디지털 신호의 관계는 $x(t) = x[nT_S]$와 같이 표현하며, 여기서 t는 연속시간(continuous time), n은 디지털 신호들의 순서를 의미하는 샘플 인덱스(sample index), T_S는 샘플링을 위한 일정한 시간 간격인 샘플링 주기로 $n = t/T_S$이다. 따라서 그림 7-56의 탭 지연선 구조에서 시간 지연 블록(D)에 의한 지연 시간은 입력신호의 샘플(sample)[26] 사이의 간격으로 T_S가 된다. 연속시간 신호를 디지털 신호로의 변환에 대한 자세한 내용은 1장을 참고한다.

그림 7-35에서 디지털 필터의 출력(y[n])은 입력신호(x[n])와 필터 계수(h[n])의 콘볼루션 합(convolution sum) 연산을 통해 구할 수 있다.

$$
\begin{aligned}
y[n] &= \sum_{k=0}^{10} h[k]x[n-k] \\
&= h[0]x[n] + h[1]x[n-1] + h[2]x[n-2] + \cdots + h[10]x[n-10]
\end{aligned}
$$

디지털 필터의 출력을 계산하기 위해서는 필터의 각 계수와 지연된 입력신호를 곱하고 그 결과를 합산해야 한다. 이를 위해 실수 계수를 갖는 필터의 경우, 실수 연산이 필요하다. 실수 연산은 부동 소수점(floating-point) 방식과 고정 소수점(fixed-point) 방식으로 구현할 수 있다. 부동 소수점 방식은 실수를 직접 연산하는 방식이고, 고정 소수점 방식은 실수를 정수 부분과 소수 부분으로 분할하여 각 부분의 정수 연산을 통해 구하는 방식이다. 부동 소수점 방식은 연산 정확도가 높지만, 하드웨어 구현이 복잡하고 처리 속도가 느려질 수 있다. 반면, 고정 소수점 방식은 연산 정확도는 낮을 수 있지만, 부동 소수점 방식보다 간단한 하드웨어 구현과 빠른 처리가 가능하다. 이들 연산 방식을 구현하기 위해서는 별도의 실수 전용 연산기를 추가로 모델링해야 한다. 여기에서는 별도의 실수 전용 연산기를 사용하지 않고, 연산 정확도는 높지 않지만, 간단히 실수 연산을 구현하는 방법을 사용한다. 이를 위해 필터의 실수 계수에 적절한 수를 곱하여 정수화한 후, 이 정수를 다시 2진수로 변환한 필터 계수를 사용하여 실수 연산을 구현한다. 이때 필터 계수의 정수화를 위해 곱하는 수가

26) 입력신호의 샘플(sample) : 샘플링된 신호의 값을 의미한다.

클수록 높은 연산 정밀도를 보장할 수 있지만, 2진수로 변환된 필터 계수의 비트 폭은 정수화된 필터 계수를 표현할 수 있도록 충분히 크게 설정해야 한다. 표 7-14는 표 7-13의 실수 계수에 정수화를 위해 곱하는 수로 128(= 2^7)을 사용하여 8비트 2진수로 변환한 필터 계수이다.

표 7-14 모델링할 10차 FIR 반대역 저역통과필터의 계수

임펄스 응답	실수 필터 계수	스케일링(× 128)한 필터 계수	정수화한 필터 계수	부호있는 2진수로 변환한 필터 계수(8비트)
h[0]	0.0516	6.6048	7	0000_0111
h[1]	0.0000	0.0000	0	0000_0000
h[2]	- 0.0986	-12.6208	-13	1111_0011
h[3]	- 0.0000	0.0000	0	0000_0000
h[4]	0.3158	40.4224	40	0010_1000
h[5]	0.5000	64.0000	64	0100_0000
h[6]	0.3158	40.4224	40	0010_1000
h[7]	- 0.0000	0.0000	0	0000_0000
h[8]	- 0.0986	-12.6208	-13	1111_0011
h[9]	0.0000	0.0000	0	0000_0000
h[10]	0.0516	6.6048	7	0000_0111

정수로 변환한 필터 계수는 8비트 부호있는 2진수(signed binary number)로 첫 번째 비트(MSB)는 부호 비트이다. 8비트 부호 있는 2진수로 표현할 수 있는 범위는 -128 ~ 127이므로 정수화한 필터 계수를 8비트로 표현하는 데 문제가 없다. 1장에서 부호 있는 2진수의 덧셈과 곱셈 연산을 위해 2의 보수를 사용했었다. 따라서 실수 계수를 갖는 FIR 필터의 콘볼루션 합 연산은 2의 보수를 이용한 2진수의 곱셈 연산 및 덧셈 연산을 통해 구할 수 있다.

7.4.1. 10차 FIR 필터의 모듈

Quartus Prime에서 프로젝트 마법사를 사용하여 다음과 같이 프로젝트 생성하고, 그림 7-35를 참고하여 표 7-14와 같이 2진수로 변환한 필터 계수를 갖는 FIR 필터를 모델링해보자.

- 프로젝트 디렉토리 : ./projects/ch7/filter/fir_filter
- 프로젝트 이름 : fir_filter(최상위 설계 엔터티의 이름은 자동 설정됨)
- 타겟 디바이스 설정 : 실습용 키트를 참고하여 설정, 없으면 임의로 설정해도 됨

모듈 7-4

```
/* 10차 FIR 반대역 저역통과필터 */

module fir_filter(
   input               iCLK,       // 기준 클록
   input               iRESETn,    // Active-Low reset
   input               iEN_SMP,    // 샘플링 신호
   input        [7:0]  iSIG,       // 필터 입력신호(signed)
```

```
    output  reg  [15:0] oRESULT);   // 필터 출력신호(signed)

    reg     [7:0]  sgned_coeff   [10:0]; // 부호있는 필터 계수 저장 배열
    reg     [7:0]  sgned_dly_in  [10:0]; // 지연 입력신호 배열
    reg     [15:0] usgned_mult   [10:0]; // 부호없는 곱셈 결과 저장 배열
    reg            sgn_dly_in    [10:0]; // 입력신호의 부호 비트 저장 배열
    reg            sgn_coeff     [10:0]; // 필터 계수의 부호 비트 저장 배열
    reg     [7:0]  usgned_dly_in [10:0]; // 부호없는 지연 입력신호 배열
    reg     [7:0]  usgned_coeff  [10:0]; // 부호없는 필터 계수 배열
    reg     [15:0] sgned_mult    [10:0]; // 부호있는 곱셈 결과 저장 배열
    reg     [19:0] sum;                  // 곱셈 결과의 누적값 저장 벡터

    integer i;  // 정수 변수 선언

    // 필터 계수 초기화
    always @(posedge iCLK or negedge iRESETn) begin
       if(!iRESETn) begin
          sgned_coeff[0]   <= 8'b0000_0111;
          sgned_coeff[1]   <= 8'b0000_0000;
          sgned_coeff[2]   <= 8'b1111_0011;
          sgned_coeff[3]   <= 8'b0000_0000;
          sgned_coeff[4]   <= 8'b0010_1000;
          sgned_coeff[5]   <= 8'b0100_0000;
          sgned_coeff[6]   <= 8'b0010_1000;
          sgned_coeff[7]   <= 8'b0000_0000;
          sgned_coeff[8]   <= 8'b1111_0011;
          sgned_coeff[9]   <= 8'b0000_0000;
          sgned_coeff[10]  <= 8'b0000_0111;
       end
       else
          for (i = 0; i < 11; i = i + 1)
             sgned_coeff[i]   <= sgned_coeff[i];
    end

    // 샘플링 신호에 동기된 지연 입력신호 배열 블록
    always @(posedge iCLK or negedge iRESETn) begin
       if(!iRESETn)
          for (i = 0; i < 11; i = i + 1)
             sgned_dly_in[i]    <= 8'b0;
       else if (iEN_SMP == 1)                 // 샘플링 신호 활성화
          for (i = 10; i > 0; i = i - 1) begin
             sgned_dly_in[i]    <= sgned_dly_in[i - 1]; // 상위 주소로 이동
             sgned_dly_in[0]    <= iSIG;     // 최하위 주소에 iSIG를 저장
          end
       else
          for (i = 10; i > 0; i = i - 1)
             sgned_dly_in[i]    <= sgned_dly_in[i];
     end

    // 지연 입력신호와 필터 계수의 부호 비트 저장
    always @(*) begin
       for (i = 0; i < 11; i = i + 1) begin
```

```
60          sgn_dly_in[i]    = sgned_dly_in[i][7]; // 입력신호의 부호 비트 저장
61          sgn_coeff[i]     = sgned_coeff[i][7];  // 필터 계수의 부호 비트 저장
62       end
63    end
64
65    // 지연 입력신호와 필터 계수가 음수일 때 2의 보수(unsigned data)로 변환
66    always @(*) begin
67       for (i = 0; i < 11; i = i + 1) begin
68          usgned_dly_in[i]    = sgned_dly_in[i][7] ? ~sgned_dly_in[i] + 1 :
69                                sgned_dly_in[i];
70          usgned_coeff[i]     = sgned_coeff[i][7] ? ~sgned_coeff[i] + 1 :
71                                sgned_coeff[i];
72       end
73    end
74
75    // (부호없는 곱셈 연산) 지연 입력신호와 필터 계수의 곱셈
76    always @(*) begin
77       for (i = 0; i < 11; i = i + 1)
78          usgned_mult[i]    = usgned_coeff[i] * usgned_dly_in[i];
79    end
80
81    // 부호있는 곱셈 결과로 변환
82    always @(*) begin
83       for (i = 0; i < 11; i = i + 1)
84          sgned_mult[i]    = (sgn_dly_in[i] ^ sgn_coeff[i]) ?
85                              ~usgned_mult[i]  + 1 : usgned_mult[i];
86    end
87
88    // 부호있는 곱셈 결과의 누적합 연산을 통한 필터 출력 결정
89    always @(*) begin
90       sum     = 20'b0;  // 블록킹 할당문을 사용하여 sum을 0으로 리셋
91       for (i = 0; i < 11; i = i + 1)    // 곱셈 결과 누적
92          sum     = sum + {{4{sgned_mult[i][15]}}, sgned_mult[i]};
93    end
94
95    // 샘플링 신호에 동기되어 필터 출력을 내보냄
96    always @(posedge iCLK or negedge iRESETn) begin
97       if (!iRESETn)
98          oRESULT    <= 16'b0;
99       else if (iEN_SMP == 1)//
100         oRESULT    <= sum[19:4]; // 누적합의 상위 16비트를 출력신호에 할당
101      else
102         oRESULT    <= oRESULT;
103   end
104
105 endmodule
```

10행 ~ 18행 : FIR 필터링을 위한 필터 계수의 초기화, 지연 입력신호, 필터 계수와 지연 입력신호의 연산 결과 등을 위한 레지스터나 배열을 선언한다.

20행 : 38행, 45행 등 소스코드에서 for 문의 조건식, 벡터나 배열의 비트 또는 주소 지정을 위해 사용하는 정수형 변수를

선언한다.

23행 ~ 40행 : 필터 계수 배열 블록으로, Active-Low 리셋 신호가 활성화(iRESETn = 0)되었을 때 8비트 2진수로 변환한 10차 FIR 필터의 부호 있는 계수를 필터 계수 배열에 초기값으로 저장하고, 리셋 신호가 비활성화(iRESETn = 1)되었을 때 저장된 초기값을 유지한다.

43행 ~ 55행 : 지연 입력신호 배열 블록으로, 샘플링 신호(iEN_SMP)에 동기 되어 배열에 저장되어 있던 부호 있는 입력신호를 상위 주소 방향으로 이동하고, 현재 인가된 입력신호(iSIG)를 지연 입력신호 배열의 최하위 주소 위치([7:0] sgned_dly_in [0])에 저장한다.

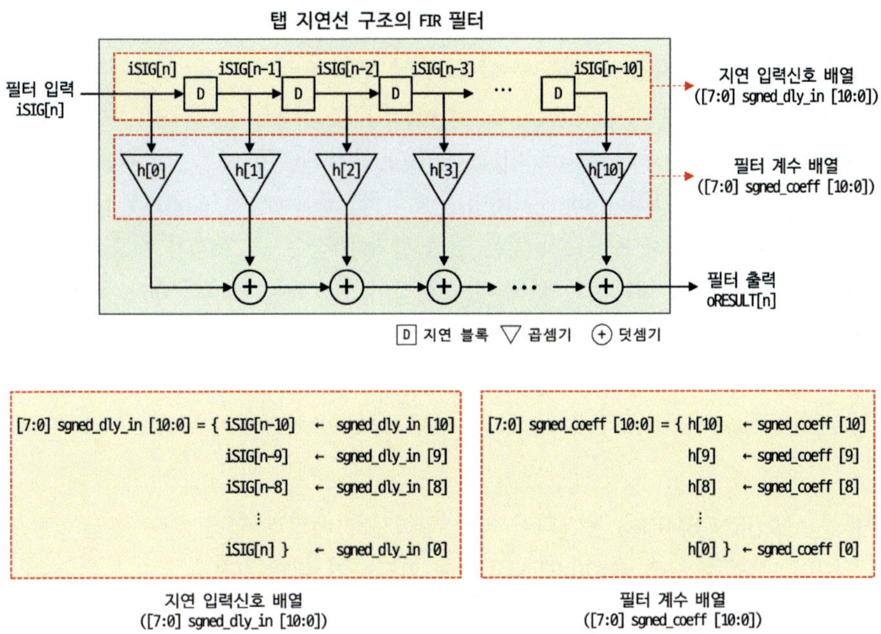

그림 7-36 지연 입력신호 배열과 필터 계수 배열

58행 ~ 63행 : 조합회로 블록으로, 지연 입력신호 배열과 필터 계수 배열에 저장된 데이터의 부호 비트(MSB)를 1비트 데이터 11개를 저장할 수 있는 배열 sgn_dly_in[10:0]과 sgn_coeff[10:0]에 저장한다. 부호 비트를 저장(할당)할 때 블록킹 대입문을 사용한다.

66행 ~ 73행 : 조합회로 블록으로, 조건 연산자를 사용하여 지연 입력신호 배열과 필터 계수 배열에 저장된 데이터의 최상위 비트(MSB)를 확인한 후 음수(MSB = 1)면 2의 보수로 변환된다. 이를 통해 지연 입력신호 배열(sgned_dly_in)과 필터 계수 배열(sgned_coeff)에 저장된 부호 있는 데이터는 부호 없는 8비트 2진수로 변환되어 부호 없는 지연 입력신호 배열(usgned_dly_in)과 부호 없는 필터 계수 배열(usgned_coeff)에 저장된다. 이때 양수(MSB = 0) 데이터는 변환하지 않는다.

76행 ~ 79행 : 조합회로 블록으로, 부호 없는 지연 입력신호 배열(usgned_dly_in)과 부호 없는 필터 계수 배열(usgned_coeff)에 저장된 데이터의 곱셈 연산을 수행한다. 곱셈 연산의 결과는 부호 없는 16비트 정수로 [15:0] usgned_mult [10:0] 배열에 저장된다.

82행 ~ 86행 : usgned_mult에 저장된 부호 없는 곱셈 결과를 부호 있는 곱셈 결과로 변환하는 조합회로 블록이다. 84행

~85행에서 두 배열 sgn_dly_in과 sgn_coeff에는 각각 지연된 입력신호와 필터 계수의 부호 비트가 저장되어 있으며, 두 배열의 같은 주소에 저장된 부호 비트에 대한 배타적 논리합(XOR)을 수행하여 곱셈 결과의 부호를 결정한다. 배타적 논리합 연산은 두 비트가 다를 경우에만 1을 반환한다. 따라서 양수 × 음수(또는 음수 × 양수)에 해당하는 경우 최상위 비트의 배타적 논리합 연산은 0 XOR 1(또는 1 XOR 0) = 1을 반환한다. 이 경우, 지연 입력신호와 필터 계수의 곱셈 결과는 음수에 해당하므로 2의 보수로 변환된다. 반면 XOR의 반환 결과가 0이면 곱셈 결과는 양수이므로 2의 보수로 변환하지 않는다.

89행 ~ 93행 : sgned_mult 배열에 저장되어 있는 11개의 부호 있는 곱셈 결과를 누적하는 조합회로 블록이다. 92행에서 '{4{sgned_mult[i][15]}}'는 부호있는 16비트 곱셈 결과의 부호 비트(MSB)를 4번 복제하여 곱셈 결과의 상위 비트에 결합하여 부호 비트가 확장된 20비트의 벡터를 생성한다. 이러한 부호 확장은 부호 있는 16비트 곱셈 결과를 누적하는 동안 필터 출력의 부호가 올바르게 유지될 수 있도록 한다. 만약 부호 확장을 하지 않았을 때, sum이 10진수 -32768에 해당하는 sum = 16'b1000_0000_0000_0000이고 sgned_mult[i]가 10진수 -1에 해당하는 sgned_mult[i] = 16'b1111_1111_1111_1111이면, sum + sgned_mult[i]는 10진수 -32769에 해당하는 sum + sgned_mult[i] = 17'b1_0111_1111_1111_1111이 된다. 그러나 sum은 16비트 벡터이므로 sum = 16'b0111_1111_1111_1111이 할당된다. 즉, 부호 비트에 해당하는 MSB가 버려져 올바르지 않은 연산 결과(10진수 +32767)가 저장된다. 이러한 올림 수의 발생으로 인한 오버플로우(overflow) 오류를 방지하기 위해 부호 확장이 필요하다. sum의 비트 폭을 20비트 벡터로 선언하고 sum과 sgned_mult[i]의 부호 비트를 확장하면, sum = 20'b1111_1000_0000_0000_0000, sgned_mult[i] = 20'b1111_1111_1111_1111_1111이 된다. 따라서 sum + sgned_mult[i] = 21'b1_1111_0111_1111_1111_1111이 되며, 20비트인 sum에는 MSB가 버려진 sum = 20'b1111_0111_1111_1111_1111이 할당되어 10진수 - 32769에 해당하는 올바른 연산 결과가 저장된다.

96행 ~ 103행 : 샘플링 신호(iEN_SMP)에 동기되어 지연 입력신호 배열과 필터 계수 배열의 부호 있는 곱셈 결과의 최종 누적합(sum)의 상위 16비트를 필터 출력(oRESULT)에 할당하여 내보낸다.

7.4.2. 디지털 FIR 필터의 테스트벤치와 시뮬레이션

모듈 7-4를 검증하기 위해 테스트벤치 7-4를 작성하고, 시뮬레이션을 실행한 후 결과를 확인해보자.

테스트벤치 7-4

```
/* FIR 필터를 위한 테스트벤치 */
`timescale 100ns/10ns

module tb_fir_filter;
  reg          iCLK;     // 1MHz 기준 클록
  reg          iRESETn;  // Active-Low 리셋신호
  reg          iEN_SMP;  // 샘플링 신호
  reg   [7:0]  iSIG;     // 필터 입력
  wire  [15:0] oRESULT;  // 필터 출력

  // 테스트벤치 내부 신호 생성을 위한 자료형 선언
  reg   [18:0] cnt_en_smp;          // 샘플링 주기 카운터
  reg   [11:0] addr;                // 메모리(data_rom) 주소 카운터
  reg   [7:0]  data_rom [0:2047];  // 데이터를 저장하는 ROM
```

```
    integer    file_in, file_out;      // 파일 핸들러

    localparam   TCLK = 10;     // 1MHz 클록의 주기, TCLK = 100ns × 10 = 1us
    localparam   TSMP = 10000; // 100Hz 샘플링 신호의 주기, TSMP = 10ms

    fir_filter  UFIR (          // FIR 필터 모듈 인스턴스화
       .iCLK       (iCLK),
       .iRESETn    (iRESETn),
       .iEN_SMP    (iEN_SMP),
       .iSIG       (iSIG),
       .oRESULT    (oRESULT));

    // 생성할 신호의 초기값 설정
    initial begin
       iCLK          <= 0;  // 클록 초기값
       iRESETn       <= 1;  // Active-Low 리셋 신호 초기값
       cnt_en_smp    <= 0;  // 샘플링 주기 카운터 초기값
       addr          <= 0;  // 메모리 주소 초기값
       #(TCLK)              // 위 초기화 후 대기시간(클록의 주기)
       iRESETn       <= 0;  // Active-Low 리셋 신호 활성화
       #(TCLK)              // 리셋 신호 활성화 후 대기시간(클록의 주기)
       iRESETn       <= 1;  // 리셋 신호 비활성화
       #(TSMP*5000)         // 시뮬레이션 시간(샘플링 주기 × 5000)
       $stop;               // 시뮬레이션 중지
    end

    // 외부 파일로부터 입력신호를 읽어 들여 메모리에 저장
    initial begin
       $readmemb("./data_in.txt", data_rom); // 텍스트 파일로부터 데이터 읽기
    end

    // FIR 필터의 입력신호와 필터 출력신호를 저장할 파일 생성
    initial begin
       file_in  = $fopen("data_in.dat","w");   // 입력 데이터 파일 생성
       file_out = $fopen("data_out.dat","w");  // 출력 데이터 파일 생성
    end

    // 기준 클록 생성
    always begin
       #(TCLK/2)    iCLK   <= ~iCLK; // 5us(TCLK의 반주기)마다 반전
    end

    // 샘플링 신호 생성
    always @(posedge iCLK) begin
       if (cnt_en_smp == TSMP - 1) begin
          cnt_en_smp    <= 0;
          iEN_SMP       <= 1;
       end
       else begin
          cnt_en_smp    <= cnt_en_smp + 1'b1;
          iEN_SMP       <= 0;
```

```
67            end
68        end
69
70        // 샘플링 신호에 동기되어 메모리에 저장된 데이터 읽어 들임
71        always @(posedge iEN_SMP) begin
72            if (addr < 2047) begin
73                iSIG   = data_rom[addr];  // 블록킹 대입문 사용에 주의
74                $display("Address = %d, data_in = %b", addr, iSIG);
75                $fdisplay(file_in,"%d",$signed(iSIG));     //입력신호를 파일에 쓰기
76                $fdisplay(file_out,"%d",$signed(oRESULT));//출력신호를 파일에 쓰기
77                addr       = addr + 1;      // 블록킹 대입문 사용에 주의
78            end
79            else begin
80                $fclose(file_in);  // data_in.dat 파일 닫기
81                $fclose(file_out); // data_out.dat 파일 닫기
82                $stop;              // 시뮬레이션 중지
83            end
84        end
85
86    endmodule
```

02행 : 테스트벤치에서 사용할 참조시간 단위는 100ns, 시간정밀도는 10ns로 지정한다.

16행 : 파일 핸들러[27]인 file_in과 file_out을 정수로 선언한다.

18행 ~ 19행 : 예약어 'localparam'을 사용하여 기준 클록의 주기(TCLK)와 샘플링 신호의 주기(TSMP)를 파라미터로 선언한다.

21행 ~ 26행 : 모델링한 FIR 필터 모듈(fir_filter)을 인스턴스화하고 이름을 사용하여 포트 맵핑한다.

29행 ~ 40행 : 시뮬레이션에 사용되는 신호의 초기값을 설정한다.

43행 ~ 45행 : 시스템 태스크 '$readmemb'를 사용하여 외부 텍스트 파일(data_in.txt)로부터 데이터를 읽어 들여 메모리(data_rom)에 저장한다. '$readmemb'는 주로 초기화 데이터를 메모리에 저장하거나, 초기 상태를 설정하는 데 사용된다. 특히, 시뮬레이션 환경에서 초기 데이터를 읽어 들일 때 유용하게 사용된다.

48행 ~ 51행 : 시스템 태스크 '$fopen'을 사용하여 FIR 필터의 입력신호와 출력신호를 저장할 파일을 생성(open)한다. $fopen는 지정한 파일을 열고, 파일에 대한 핸들러(식별자)를 반환한다. 이후 파일에 대한 작업(읽기, 쓰기 등)을 할 때 이 핸들러를 사용할 수 있다.

54행 ~ 56행 : TCLK/2 = 5μs마다 반전되는 1MHz 기준 클록 신호를 생성한다.

59행 ~ 68행 : 100Hz 샘플링 주파수를 갖는 샘플링 신호(iEN_SMP)를 생성한다.

71행 ~ 84행 : 샘플링 신호(iEN_SMP)의 상승엣지마다 메모리(data_rom)에 저장된 입력신호 데이터를 읽어 들여 iSIG에 할당한다. 74행에서 시스템 태스크(system task) $display를 사용하여 메모리의 주소를 정수 형식으로, 해당 주소에 저장된 데이터(입력신호)를 바이너리 형식으로 Transcript 창에 출력한다. 75행 ~ 76행에서 시스템 태스크 $fdisplay를 사용하

27) 파일 핸들러(file handler)는 파일을 열고, 읽거나 쓸 때 사용되는 식별자를 말한다.

여 디지털 필터의 입력신호(iSIG) 및 출력신호(oRESULT)를 정수로 형식화하여 파일에 저장한다. 이때 시스템 함수(system function) '$signed'[28]를 사용하여 필터 입출력 데이터를 부호 있는 정수형식으로 변환한다. 80행 ~ 81행에서 조건식(addr < 2047)이 거짓(false)일 경우, 시스템 태스크 '$fclose'를 사용해 49행과 50행에서 '$fopen'으로 생성한 파일을 닫는다.

표 7-15 시스템 함수(system function)와 시스템 태스크(system task)

구분	시스템 함수	시스템 태스크
목적	데이터에 대한 형식을 변환하거나 특정 계산 수행	특정한 작업이나 명령을 실행
특징	• 반환값이 있음 • 주로 시뮬레이션에서 사용 • 합성 도구에 따라 일부 함수($signed, $unsigned)는 RTL 수준에서 합성 지원	• 반환값이 없음 • 시뮬레이션에서 사용 • 하드웨어로 합성되지 않음
활용	데이터 변환, 수학적 계산, 타이밍 등	시뮬레이션 제어, 파일 처리, 디버깅 등
종류	$signed, $unsigned, $bitstoreal, $random, $clog2 등	$display, $stop, $fwrite, $readmemb, $fopen, $close 등

❑ 시뮬레이션을 위한 입력신호 생성

시뮬레이션에서 디지털 필터의 입력은 디지털 데이터이다. 이를 위해 서로 다른 진폭과 주파수를 갖는 두 코사인파(cosine wave)의 합으로 구성된 정현파(sinusoidal wave)를 10ms 주기(샘플링 주파수 = 100Hz)로 샘플링한 실수 신호를 생성하고, 적절한 수($128 = 2^7$)를 곱하여 정수화한 후 다시 부호 있는 8비트 2진수(signed 8bits binary number)로 변환한 디지털 입력신호를 사용한다. 100Hz로 샘플링된 정현파 신호는 다음과 같은 신호를 생성했다.

$$\begin{aligned} iSIG[n] &= sig_1[n] + sig_2[n] \\ &= A_1\cos(2\pi f_1 n) + A_2\cos(2\pi f_2 n) \end{aligned}$$

여기서 두 코사인파 $sig_1[n]$과 $sig_2[n]$의 진폭과 주파수는 각각 $A_1 = 0.5$, $A_2 = 0.3$, $f_1 = 10Hz$, $f_2 = 40Hz$이다.

그림 7-37과 같이 정현파 신호를 생성할 때, 생성하는 정현파 신호의 진폭 제한이 필요하다. 앞서 10차 FIR 필터를 모델링한 모듈 7-4에서 부호 있는 입력신호(iSig)의 비트 폭을 8비트로 사용했으므로, 부호 있는 8비트 2진수로 변환된 입력신호가 가질 수 있는 신호값의 범위는 -128 ~ 127이다. 따라서 생성한 정현파 입력신호의 실수값을 정수화하기 위한 적절할 수를 128로 사용할 때 정현파 신호의 진폭은 $-1 \le iSIG[n] < 1$ 범위 내에 있어야 한다. 만약 정현파 입력신호의 진폭을 $|iSIG[n]| > 1$ 이상으로 사용한다면, 연산 정밀도를 높이기 위해 모듈 7-4의 입력신호(iSig)를 비롯하여 곱셈 및 덧셈 연산을 위해 사용한 신호의 비트 폭을 조정할 필요가 있다. 여기에서는 입력신호의 진폭을 $-1 \le iSIG[n] < 1$ 범위 내로 제한하고, 입력신호의 비트 폭을 8비트로 사용한다.

28) $signed는 부호 있는 데이터로 형으로 변환할 때 사용하는 시스템 함수(system function)이다.

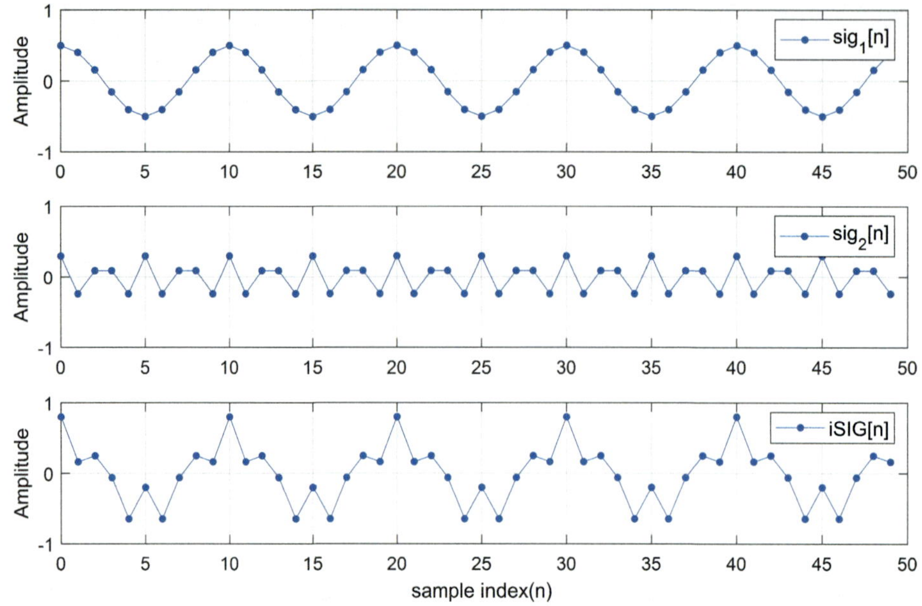

그림 7-37 생성한 정현파 신호(f_s = 100Hz)

표 7-13의 FIR 디지털 필터 실수 계수를 표 7-14의 부호 있는 8비트 2진수로 변환한 방법처럼 생성한 실수 정현파 신호값을 스케일링한 후 8비트 2진수로 변환한 결과는 표 7-16과 같다. 생성한 정현파의 실수 진폭값은 소수점 이하 다섯째 자리에서 반올림한 값에 스케일링을 위해 128(= 2^7)을 곱하고, 정수화를 위해 소수점 이하를 버린 후 부호있는 8비트 2진수로 변환하였다.

표 7-16 부호 있는 8비트 2진수로 변환한 입력신호

구분	생성한 입력신호의 실수값	스케일링(× 128)한 입력신호 값	정수화한 입력신호 값	부호 있는 2진수로 변환한 입력신호 값(8비트)
iSIG[0]	0.8000	102.4000	102	8'b0110_0110
iSIG[1]	0.1618	20.7104	20	8'b0110_0110
iSIG[2]	0.2472	31.6416	31	8'b0001_1111
iSIG[3]	- 0.0618	-7.9104	-7	8'b1111_1001
iSIG[4]	- 0.6472	- 82.8416	- 82	8'b1010_1110
iSIG[5]	- 0.2000	- 25.6000	- 25	8'b1110_0111
iSIG[6]	- 0.6472	- 82.8416	- 82	8'b1010_1110
iSIG[7]	- 0.0618	-7.9104	-7	8'b1111_1001
iSIG[8]	0.2472	31.6416	31	8'b0001_1111
iSIG[9]	0.1618	20.7104	20	8'b0001_0100
iSIG[10]	0.8000	102.4000	102	8'b0110_0110
iSIG[11]	0.1618	20.7104	20	8'b0001_0100
⋮	⋮	⋮	⋮	⋮

아래는 표 7-16의 부호 있는 8비트 바이너리 2진수로 변환한 필터 입력신호(iSIG[n])를 만들기 위해 실수 정현파 신호를 생성하여 텍스트 파일로 저장하는 MATLAB/Octave[29]의 소스코드이다. MATLAB/Octave 이외에도 C언어, Excel 등을 활용하여 생성한 필터 입력신호를 파일로 저장 후 사용해도 된다. 아래의 소스코드를 사용할 때 입력신호 파일은 '프로젝트 디렉토리/simulation/modelsim/'에 'data_in.txt'로 저장된다.

```
% 필터 입력 생성을 위한 MATLAB/Octave code
Ts = 0.01;    % 샘플링 주파수
n = 0:Ts:30;  % sample index
f1 = 10;      % sig1의 주파수, 10Hz
f2 = 40;      % sig2의 주파수, 40Hz

sig1 = 0.5*cos(2*pi*f1*n); % sig1 신호 생성
sig2 = 0.3*cos(2*pi*f2*n); % sig2 신호 생성
iSIG = sig1 + sig2;          % 실수 정현파 신호 생성
iSIG = iSIG(:); % 생성한 실수 정현파 신호를 column vector 형태의 신호로 변환

% 생성한 실수 정현파 신호를 부호있는 8비트 2진수로 변환
iSIG = round(iSIG, 4)30);                  % 소수점 5번째 자리에서 반올림
scaled_iSIG = iSIG*128;                    % 스케일링(x128)
fixed_iSIG = fix(scaled_iSIG);             % 정수화(소수점 이하 버림)
iSIG_bin = dec2bin(fixed_iSIG, 8);   % 정수화된 신호를 부호있는 8비트 2진수 변환

% 부호있는 8비트 2진수로 변화된 정현파 신호를 텍스트 파일로 저장
fid = fopen('.\data_in.txt', 'w');31)
for i = 1:2048
    fprintf(fid, '%8s\n', iSIG_bin(i, :));
end
fclose(fid);
```

29) 유료인 MATLAB을 사용하는 대신, 무료이며 대부분의 MATLAB 명령어와 기능이 호환되는 Octave를 설치하여 사용해도 된다. 최신 버전의 Octave 프로그램은 https://octave.org/download에서 내려받을 수 있다.

30) Octave를 사용할 경우 'round(iSIG*10^4)/10^4'와 같이 수정해야 한다.

31) data_in.txt 파일은 '프로젝트 디렉토리\simulation\modelsim\data_in.txt'에 있어야 한다.

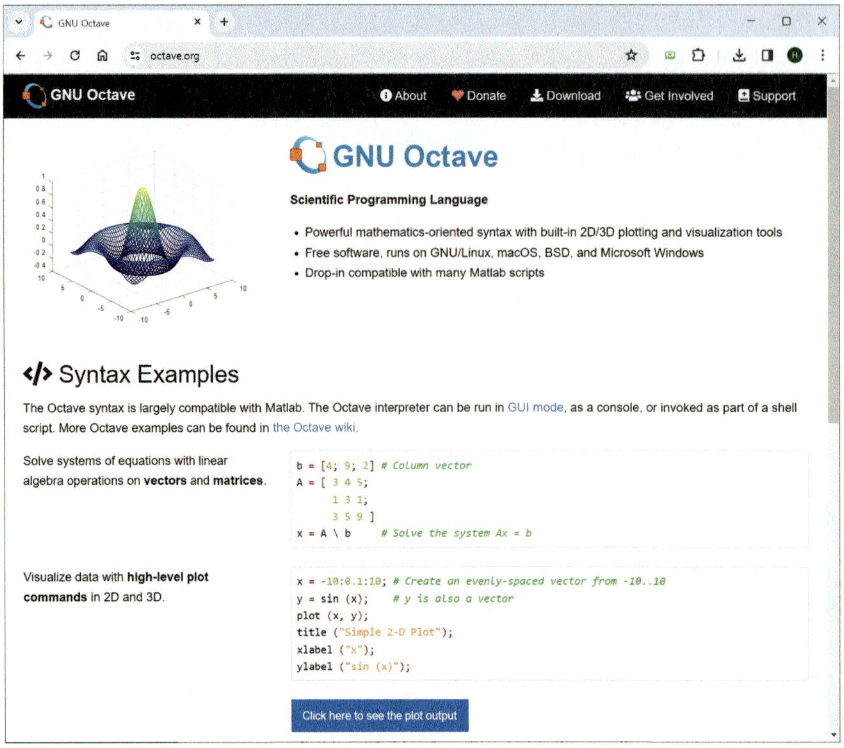

그림 7-38 무료 시뮬레이터인 GNU Octave 홈페이지

그림 7-39는 Wave 창에 시뮬레이션을 위한 관찰 신호를 추가한 결과이다. 테스트벤치 7-4의 reg형 및 wire형 신호 이외에도 인스턴스화한 하위 모듈 UFIR(디지털 필터)의 입출력 신호 및 내부 신호를 표 7-17과 같이 추가하였다.

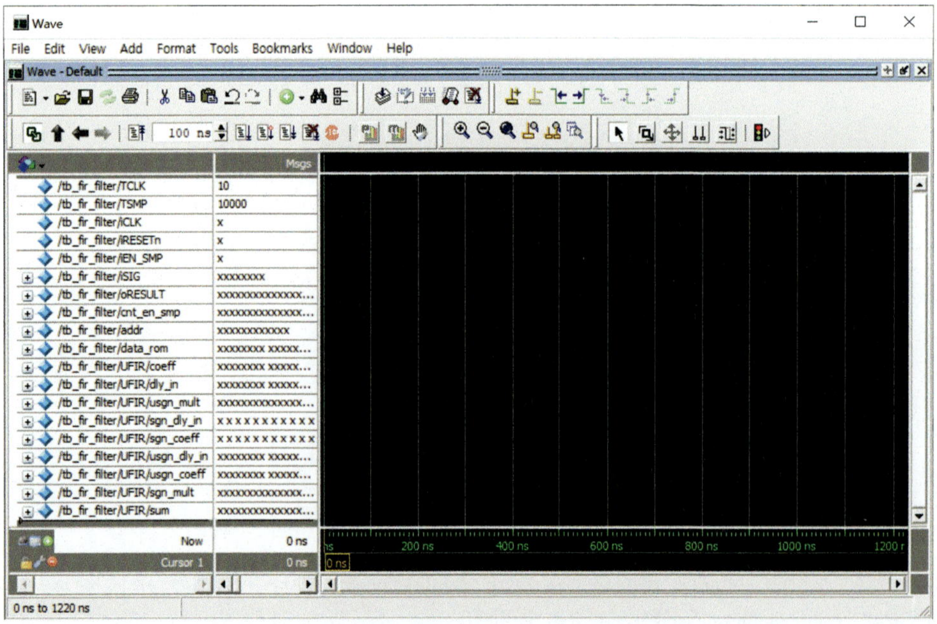

그림 7-39 Wave 창에 추가한 관찰 대상 신호

표 7-17 Wave 창에 추가한 신호와 변경할 Radix 포맷

신호의 이름	변경할 Radix 포맷	용도
TCLK	-	기준 클록 iCLK의 주기
TSMP	-	샘플링 신호(활성화 펄스 신호)의 주기
iCLK	-	기준 클록
iRESETn	-	Active-Low 리셋 신호
iEN_SMP	-	샘플링 신호
iSIG	decimal	필터 입력 신호
oRESULT	decimal	필터 출력 신호
cnt_en_smp	unsigned	샘플링 신호 생성을 위한 카운터의 계수값
addr	unsigned	입력신호를 저장한 메모리의 주소
data_rom	decimal	입력신호를 저장할 메모리 배열
sgned_coeff	decimal	모델링한 디지털 필터의 부호 있는 계수 저장 배열
sgned_dly_in	decimal	부호 있는 지연 입력신호 배열
usgned_mult	unsigned	부호 없는 곱셈 결과 저장 배열
sgn_dly_in	-	입력신호의 부호 비트 저장 배열
sgn_coeff	-	필터 계수의 부호 비트 저장 배열
usgned_dly_in	unsigned	부호 없는 지연 입력신호 배열
usgned_coeff	unsigned	부호 없는 필터 계수 배열
sgned_mult	decimal	부호 있는 곱셈 결과 저장 배열
sum	decimal	부호 있는 곱셈 결과의 누적값(필터 출력신호)

그림 7-40은 표 7-16과 같이 생성한 정현파 입력신호 파일과 테스트벤치 7-4를 사용하여 시뮬레이션을 실행한 결과이다. 시뮬레이션이 완료되면 추가한 신호의 값을 쉽게 확인하기 위해 표 7-17을 참고하여 신호의 표현 형식(radix)을 변경한다.

시뮬레이션 결과 1

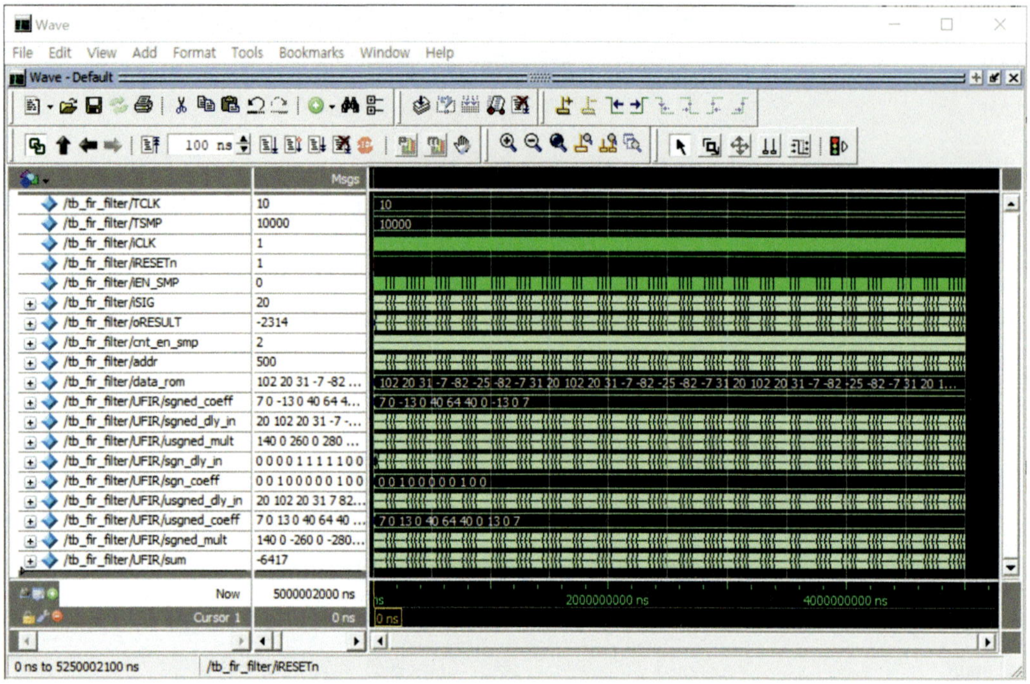

그림 7-40 관찰 대상 신호의 표현 형식(radix)을 변경한 시뮬레이션 결과

❑ 샘플링 주기에 동기되어 인가되는 입력신호와 지연 입력신호

그림 7-41은 샘플링 주기마다 인가되는 필터 입력신호와 지연 입력신호(8×11 배열)를 나타내고 있다. 표 7-16과 같이 생성한 정현파 입력신호는 데이터 파일로부터 읽어 들여 메모리(data_rom)에 저장되어 있다. 10ms 주기의 샘플링 신호(iEN_SMP)가 활성화될 때마다 0부터 2047까지 증가하는 주소(addr)를 사용하여 data_rom에 저장되어 있는 8비트 입력신호를 모델링한 필터에 인가한다. 인가된 입력신호는 시프트 레지스터와 유사하게 동작하는 지연 입력신호 배열 [7:0]sgned_dly_in[10:0][32]에 저장된다. 예를 들어 그림 7-41에서 메모리 data_rom에는 data_rom[0] = 102, data_rom[1] = 20, data_rom[2] = 31, data_rom[3] = -7 ...과 같이 입력신호가 저장되어 있다. 샘플링 신호(iEN_SMP)가 활성화되면, 지연 입력신호 배열의 하위 주소에 저장된 데이터는 상위 주소로 이동하고, 메모리의 0번지 주소(addr = 0)에 저장되어 있는 8비트 입력신호 data_rom[0] = 102가 필터의 입력(iSIG)으로 인가되어 지연 입력신호 배열의 0번지 주소(sgned_dly_in[0])에 저장된다. 따라서 지연 입력신호 배열에 저장된 데이터는 [7:0]sgned_dly_in[10:0] = {0, 0, 0, 0, 0, 0, 0, 0, 0, 0, 102}가 된다. 샘플링 신호의 다음 번 활성화 때 지연 입력신호 배열의 하위 주소에 저장된 데이터는 상위 주소로 이동하고, 메모리 1번지 주소에 저장된 입력신호 data_rom[1] = 20이 필터 입력(iSIG)으로 인가되고, 지연 입력신호 배열은 sgned_dly_in = {0, 0, 0, 0, 0, 0, 0, 0, 0, 102, 20}이 된다. 이러한 동작은 샘플링 신호가 활성화될 때마다 반복되어 지연 입력신호 배열([7:0]sgned_dly_in[10:0])에는 현재부터 과거 11개의 8비트 입력신호가 저장된다.

---

32) 지연 입력신호 배열([7:0]sgned_dly_in[10:0])은 모델링한 필터가 동작을 시작하게 되면, 시스템 클리어(system clear) 동작에 의해 모든 데이터는 0으로 초기화된다.

시뮬레이션 결과 2

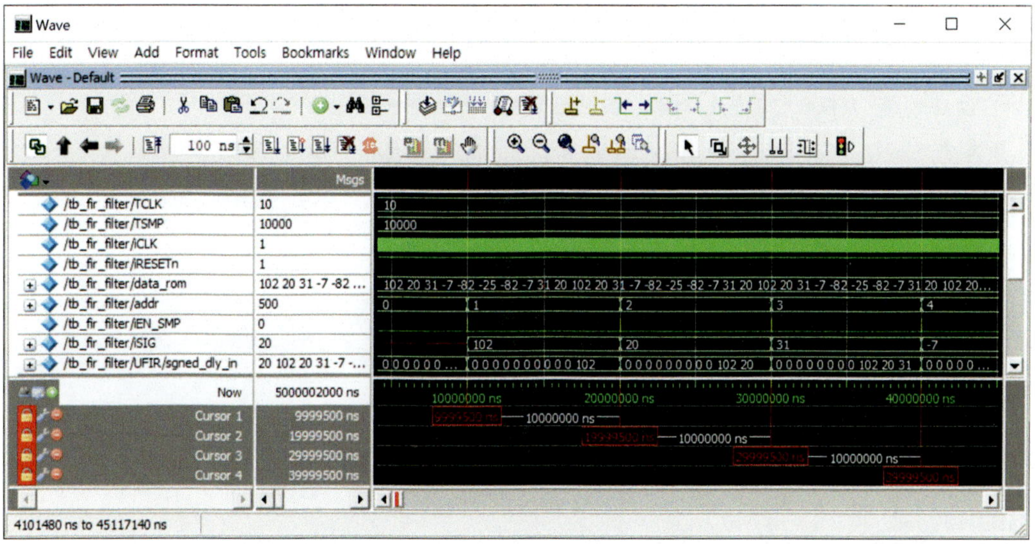

그림 7-41 10ms 주기의 활성화 신호에 동기되어 인가된 입력신호와 지연 입력신호 배열

□ 지연 입력신호와 필터 계수의 부호 비트 저장

그림 7-42는 지연 입력신호 배열에 저장된 데이터와 필터 계수의 부호 비트의 저장 결과를 나타내고 있다. 샘플링 신호가 활성화되었을 때(addr = 11일 때), 지연 입력신호 배열에 저장된 데이터가 sgned_dly_in = {102, 20, 31, -7, -82, -25, -82, -7, 31, 20, 102}이므로 지연 입력신호의 부호 비트 배열에는 sgn_dly_in = {0, 0, 0, 1, 1, 1, 1, 1, 0, 0, 0}이 저장된다. 이때 필터 계수 배열에는 sgned_coeff = {7, 0, -13, 0, 40, 64, 40, 0, -13, 0, 7}이 저장되어 있으므로 필터 계수의 부호 비트 배열에는 sgn_coeff = {0, 0, 1, 0, 0, 0, 0, 0, 1, 0, 0}이 저장된다. 이후 샘플링 신호의 다음번 활성화 때(addr = 12일 때), sgned_dly_in = {20, 31, -7, -82, -25, -82, -7, 31, 20, 102, 20}이므로 sgn_dly_in = {0, 0, 1, 1, 1, 1, 1, 0, 0, 0, 0}이 된다. 그러나 필터 계수는 변하지 않으므로 이전 sgn_coeff = {0, 0, 1, 0, 0, 0, 0, 0, 1, 0, 0}을 유지한다. 이러한 동작은 샘플링 신호가 활성화될 때마다 반복되며, 지연 입력신호 배열과 해당 부호 비트 배열에 저장되는 데이터는 샘플링 신호가 활성화될 때마다 왼쪽 시프트 레지스터(left shift register)의 동작과 유사한 방식으로 저장된다.

시뮬레이션 결과 3

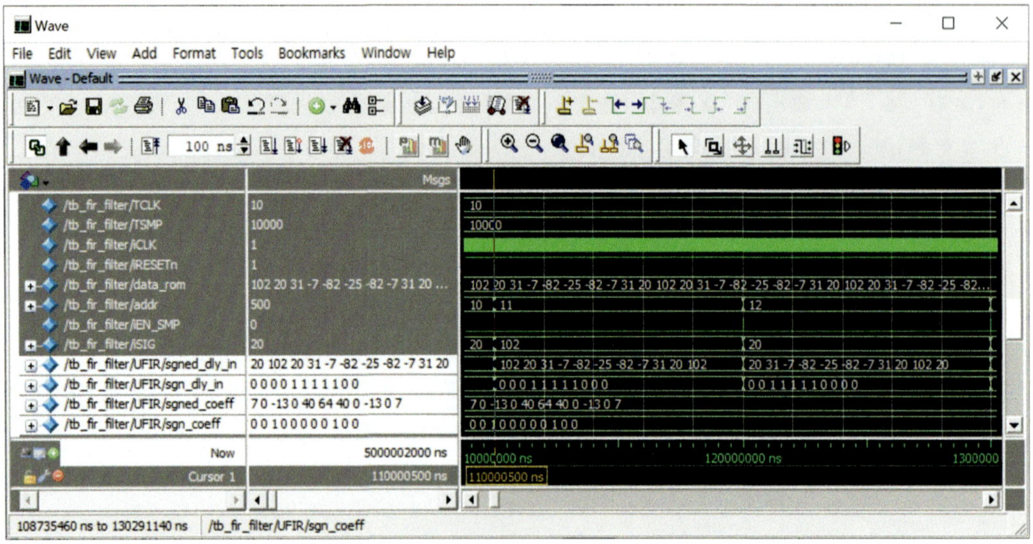

그림 7-42 지연 입력신호 배열에 저장된 데이터와 필터 계수의 부호 비트 저장 결과

❑ 지연 입력신호 배열과 필터 계수 배열에 저장된 음수 데이터의 2의 보수 변환

그림 7-43은 지연 입력신호 배열과 필터 계수 배열에 저장된 데이터가 음수일 때 2의 보수로 변환된 결과를 보이고 있다. 그림 7-43(a)에서 sgned_dly_in과 sgned_coeff는 표현 형식을 'decimal'로 설정했으며, usgned_dly_in과 usgned_coeff는 'unsigned'로 설정했음을 기억하자. 샘플링 신호가 활성화되었을 때(addr = 11일 때), sgned_dly_in = {102, 20, 31, -7, -82, -25, -82, -7, 31, 20, 102}이므로 음수 데이터인 sgned_dly_in[3] = sgned_dly_in[7] = -7, sgned_dly_in[4] = sgned_dly_in[6] = -82, sgned_dly_in[5] = -25는 2의 보수로 변환되어 usgned_dly_in = {102, 20, 31, 7, 82, 25, 82, 7, 31, 20, 102}가 된다. 변환 결과를 쉽게 확인하기 위해 그림 7-43(b)와 같이 sgned_dly_in과 usgned_dly_in의 왼쪽에 있는 ⊞를 클릭하고 펼쳐진 각 주소 데이터의 표현 형식을 'binary'로 변경한다. sgned_dly_in[3]과 sgned_dly_in[7]에 저장되어 있는 8'b1111_1001(부호 있는 10진수 -7에 해당)는 2의 보수로 변환되어, usgned_dly_in[3]과 usgned_dly_in[7]에 8'b0000_0111이 저장된다. 필터 계수 배열에 저장되어 있는 음의 필터 계수에 대한 2의 보수 변환 결과도 위와 같은 방법으로 확인하면 된다.

시뮬레이션 결과 4

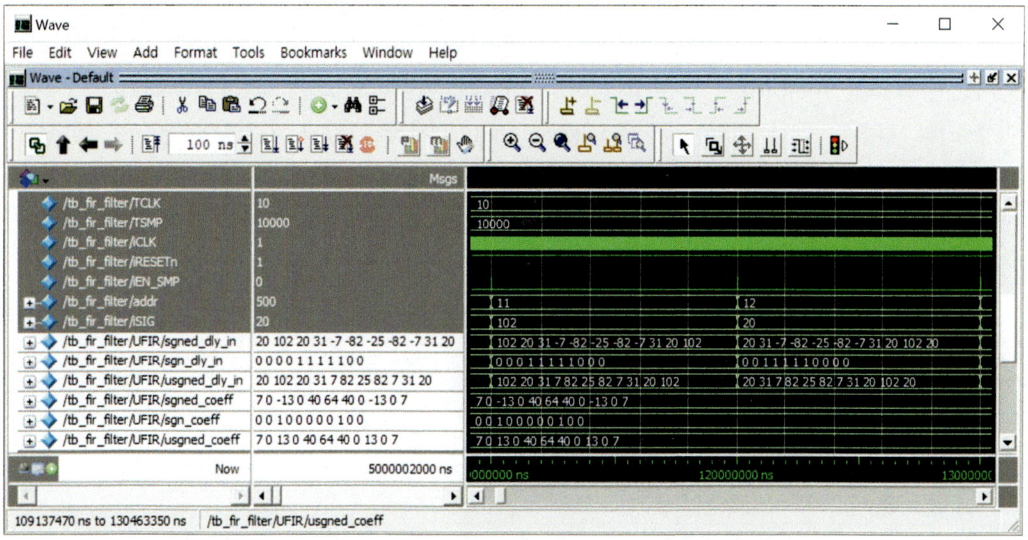

(a) 표현 형식(radix)을 'decimal'과 'unsigned'로 설정

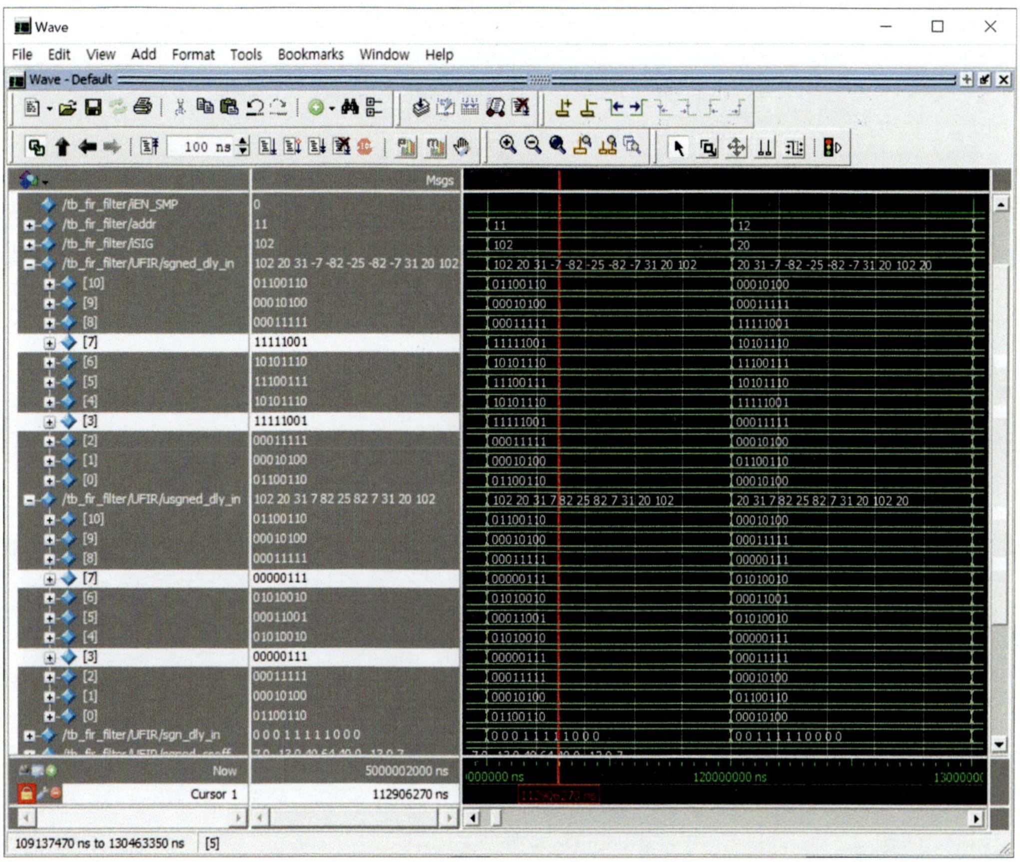

(b) 표현 형식(radix)을 'binary'로 설정

그림 7-43 배열에 저장된 음수 데이터의 2의 보수로 변환한 결과

❑ 음수를 2의 보수로 변환한 지연 입력신호와 필터 계수의 부호 없는 곱셈 연산

그림 7-44는 음수 데이터를 2의 보수로 변환한 지연 입력신호와 필터 계수 사이의 부호 없는 곱셈 연산 결과이다. 같은 주소에 해당하는 usgned_dly_in[i]과 usgned_coeff[i]에 저장된 8비트 데이터의 부호 없는 곱셈 연산 결과는 16비트로 usgned_mult에 저장된다. 그림 7-44(a)에서 두 배열에 저장된 8비트 데이터의 표현 형식은 'unsigend'로 부호 없는 정수이다. 같은 위치(주소)의 정수를 곱한 결과는 배열 usgned_mult에 저장된 값과 일치함을 알 수 있다. 이때 두 배열 usgned_dly_in과 usgned_coeff에 저장된 8비트 데이터의 곱셈 결과는 그림 16비트 데이터 11개를 저장할 수 있는 배열인 [15:0]usgned_mult[10:0]에 저장된다. 그림 7-44(b)와 같이 usgned_mult의 왼쪽에 있는 ⊞를 클릭하고 펼쳐진 각 주소 데이터의 표현 형식을 'binary'로 변경하면, usgned_mult에 저장된 부호 없는 곱셈 결과를 확인할 수 있다.

시뮬레이션 결과 5

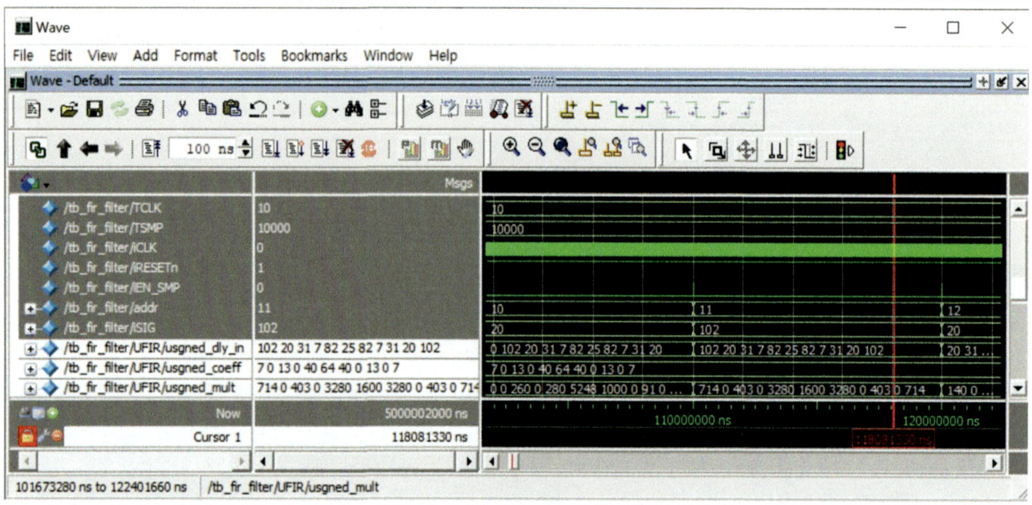

(a) 표현 형식(radix)을 'unsigned'로 설정

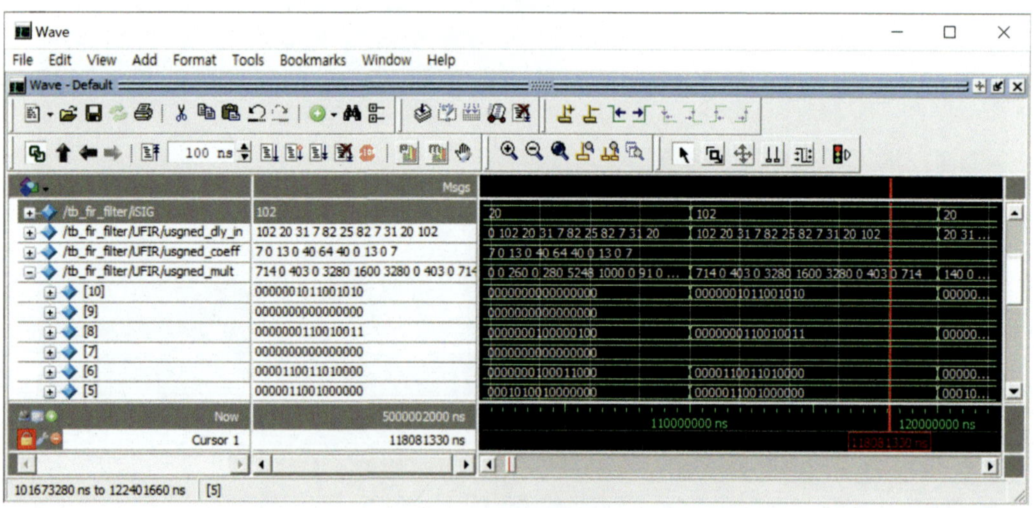

(b) 표현 형식(radix)을 'binary'로 설정

그림 7-44 지연 입력신호와 필터 계수의 부호 없는 곱셈 연산 결과

□ 부호 없는 곱셈 결과를 부호 있는 곱셈 결과로 변환

그림 7-45는 지연 입력신호와 필터 계수의 부호 비트가 저장된 sgn_dly_in과 sgn_coeff를 사용하여 그림 7-44의 부호 없는 곱셈 결과를 부호 있는 곱셈 결과로 변환한 결과이다. sgned_mult의 표현 형식은 'decimal'로 설정되어 있다. 지연된 입력신호와 필터 계수의 부호 비트가 저장되어 있는 두 배열 sgn_dly_in와 sgn_coeff의 같은 주소에 저장된 부호 비트에 대한 배타적 논리합(XOR)을 수행하여 변환 여부가 결정된다. XOR의 반환 결과가 1이면, 양수 × 음수(또는 음수 × 양수)와 같이 두 부호 비트가 서로 다른 경우로 곱셈 결과는 음수이다, 따라서 부호 없는 곱셈 결과는 2의 보수로 변환된다. 반면, XOR의 반환 결과가 0이면 곱셈 결과는 양수이므로 2의 보수로 변환하지 않는다. 예를 들어 그림 7-45(a)의 addr = 11일 때, usgned_mult[2] = usgned_mult[8] = 403에 해당하는 지연 입력신호의 부호는 양수로 sgn_dly_in[2] = sgn_dly_in[8] = 0이고 필터 계수의 부호는 음수로 sgn_coeff[2] = sgn_coeff[8] = 1이다. 따라서 부호 없는 곱셈 결과는 2의 보수로 변환되어 - 403이 sgned_mult에 저장된다. 그림 7-45(b)는 usgned_mult와 sgned_mult의 각 주소에 저장된 데이터의 표현 형식을 'binary'로 설정한 결과이다. 부호 없는 곱셈 결과인 usgned_mult[2] = usgned_mult[8] = 16'b0000_0001_1001_0011는 2의 보수로 변환되어 sgned_mult[2]와 sgned_mult[8]에 sgned_mult[2] = sgned_mult[8] = 16'b1111_1110_0110_1101이 저장된다.

시뮬레이션 결과 6

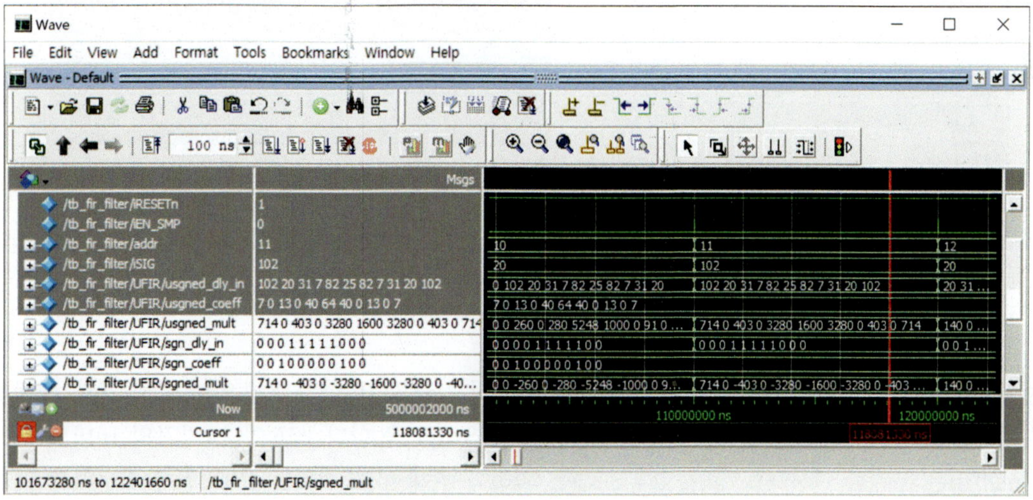

(a) 표현 형식(radix)을 'decimal'로 설정

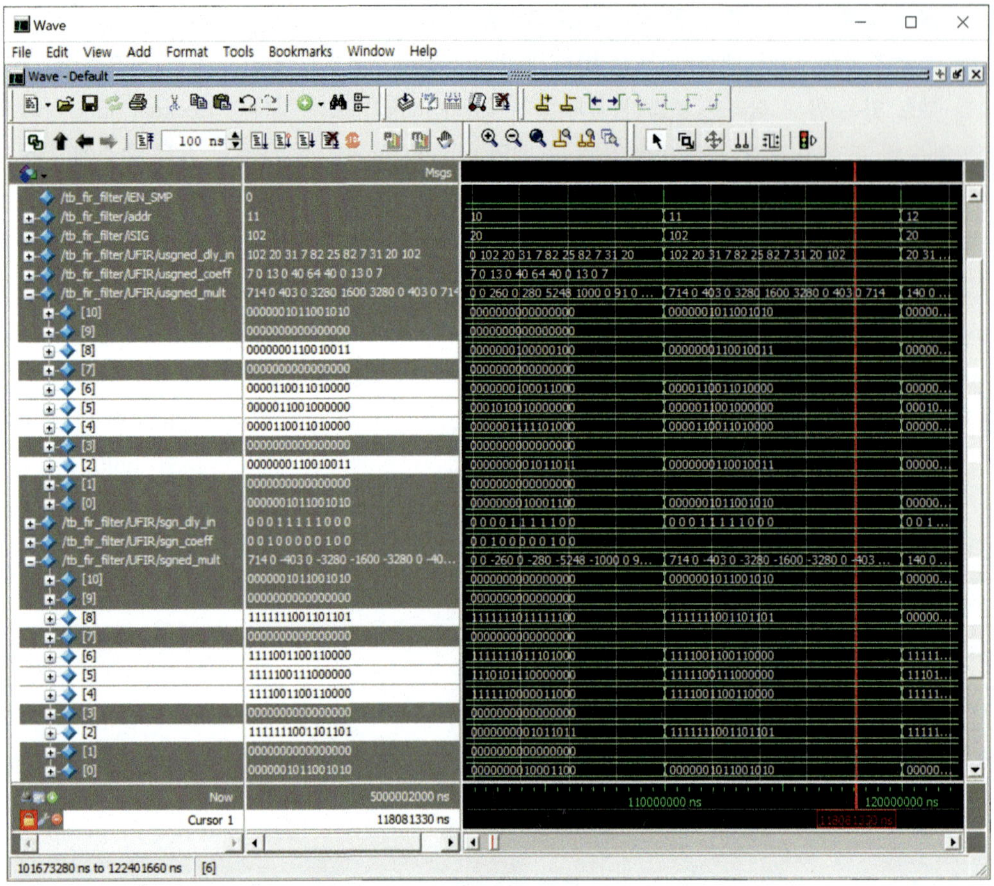

(b) 표현 형식(radix)을 'binary'로 설정

그림 7-45 부호 없는 곱셈 결과를 부호 있는 곱셈 결과로 변환

❑ 필터 출력 결정과 샘플링 신호에 동기된 필터 출력

그림 7-46은 필터 출력을 결정하기 위해 for 문을 사용하여 그림 7-45의 16비트 부호 있는 곱셈 결과 11개를 모두 더한 누적합 연산 결과(sum)와 샘플링 신호에 동기된 필터 출력(oRESULT)을 나타내고 있다. 각각의 16비트 부호 있는 곱셈 결과(sgned_mult[i])는 누적합 연산 시 오버플로우 오류를 피하기 위해 부호 비트를 4비트만큼 확장하고 덧셈 연산을 수행하므로 누적합 결과는 20비트로 벡터 [19:0]sum에 저장(할당)된다. 이때 벡터 [19:0]sum은 누적합 연산을 수행할 때마다 sum = 20'd0으로 초기화한 후 덧셈 연산이 이루어진다는 것을 주의해야 한다. 그림 7-46(a)는 각각의 16비트 부호 있는 곱셈 결과(sgned_mult[i])가 누적합 연산 시 오버플로우 오류를 피하기 위해, 부호 비트를 4비트만큼 확장한 결과를 보여준다.

누적합 연산을 통해 결정된 필터 출력은 샘플링 신호(iEN_SMP)가 활성화될 때 필터 출력(oRESULT)에 할당되어 내보내진다. 그림 7-46(b)에서 11개의 부호 있는 곱셈 연산 결과는 20비트 벡터 sum에 저장되며, 샘플링 신호(iEN_SMP)가 활성화될 때마다 20비트 벡터 sum의 상위 16비트 데이터가 필터 출력(oRESULT)에 할당되어 출력된다. 디지털 필터링 이론에 따르면 1개의 입력신호가 입력되는 즉시 해당 입력이 반영된 1개의 필터 출력이 내보내진다. 이와 같이 동작하도록 필터를 모델링하려면 필터 출력을 할당하는 블록을 순차회로가 아닌 조합회로로 모델링하면 된다. 그러나 타이밍 제어가 요구되는 대부분의 디지털 시스템의 출력은 안정적인 동작을 위해 조합회로가 아닌 순차회로로 모델링된다. 앞서 설계한 디지털 FIR 필터의 출력은 순차회로로 모델링했으므로 샘플링 신호가 활성화되었을 때 내보내지는 현재 필터 출력은 이전 샘플링 신호가 활성화되었을 때 할당받은 누적합 결과가 출력된다. 예를 들어 그림 7-46(a)에서 addr = 11일 때 필터 출력(oRESULT)은 addr = 10일 때 할당받는 누적합 연산 결과(sum = - 6557)로 oRESULT = - 6557이다. 이는 필터링 이론과 비교할 때 샘플링 주기에 해당하는 추가적인 지연이 발생한 것으로 간주될 수 있다.

시뮬레이션 결과 7

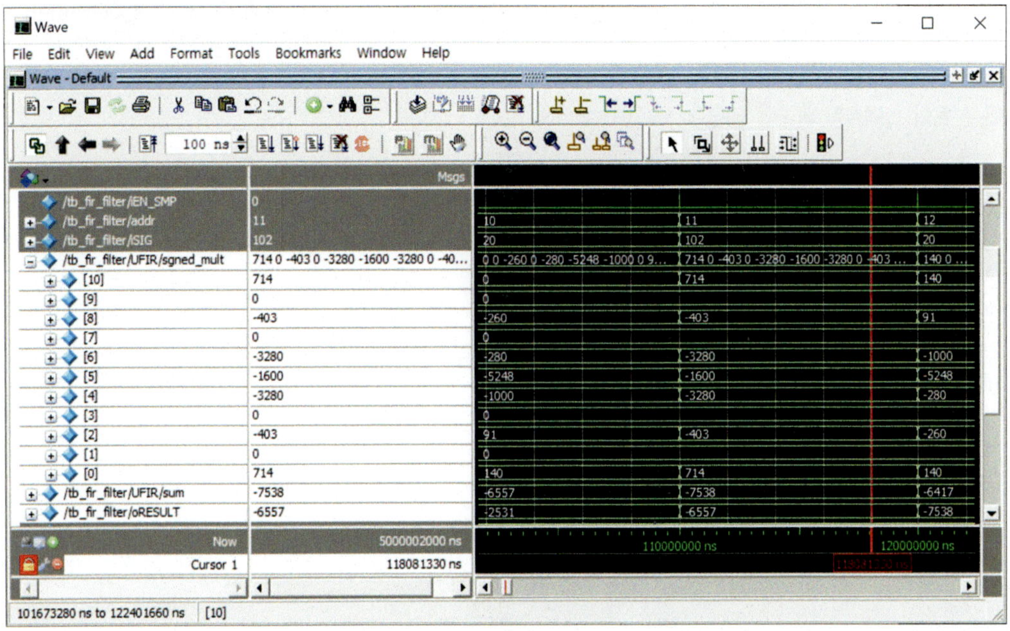

(a) 표현 형식(radix)을 'binary'로 설정

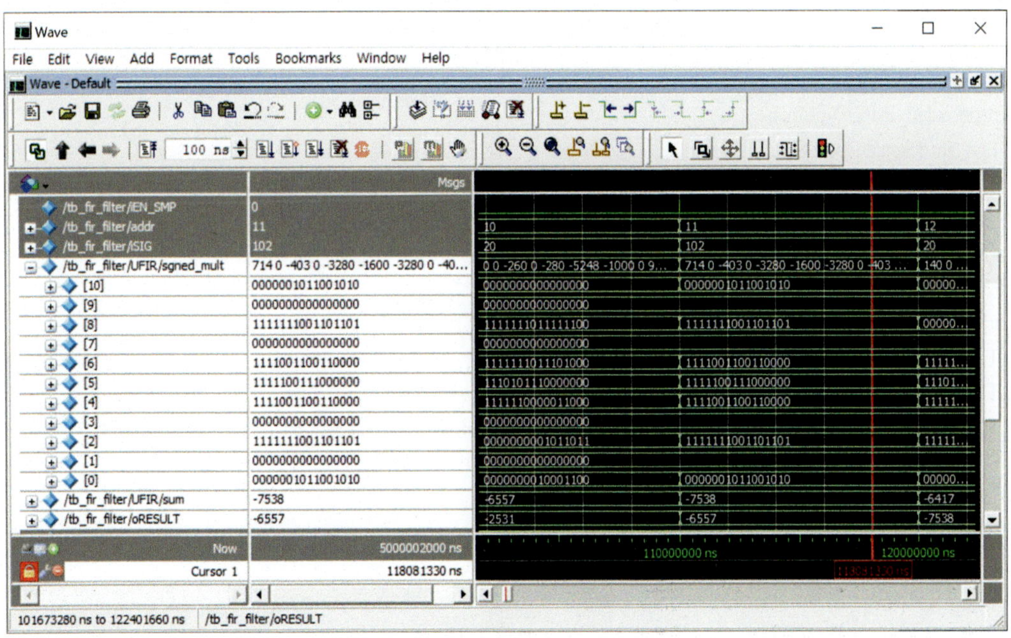

(b) 표현 형식(radix)을 'decimal'로 설정

그림 7-46 필터 출력 결정을 위한 누적합 연산과 샘플링 신호에 동기된 필터 출력

❑ 필터 입출력 신호의 스펙트럼 분석을 통한 필터 성능 확인

앞선 시뮬레이션 결과를 통해 모듈 7-4와 같이 모델링한 디지털 FIR 필터의 단계별 연산 과정에서 오류가 발생하지 않았음을 확인했다. 테스트벤치 7-4를 사용하여 파일(data_in.dat, data_out.dat)로 저장한 필터의 입출력 신호의 스펙트럼 분석을 통해 모델링한 필터의 성능을 확인해 보자. 아래는 파일로 저장한 필터의 입출력 신호를 읽어 들여 입출력 신호의 스펙트럼을 비교하기 위한 MATLAB/Octave의 소스코드이다(Octave를 사용할 경우 일부 코드의 수정이 필요할 수도 있다). 소스코드를 작성한 후 필터의 입출력 신호 파일이 저장되는 디렉토리[33]에 파일 이름을 'plot_spectrum.m'로 저장한다.

% 필터 입출력 신호의 스펙트럼 비교를 위한 MATLAB/Octave code

```
% 파일로 저장한 입출력 신호 읽어 들이기
iSIG = load('.\data_in.dat', '-ascii');
oRESULT = load('.\data_out.dat', '-ascii');

% 샘플링 주파수 설정과 샘플 인덱스 생성
Fs = 100; % 샘플링 주파수 fs = 100Hz
n = [0 : length(iSIG) - 1];

% 입출력 신호의 길이 계산
L_iSIG = length(iSIG);
L_oRESULT = length(oRESULT);

% 실수 입력 신호 및 필터 계수의 정수화를 위해 곱한 스케일링 계수 제거
descaled_iSIG = iSIG/128;
descaled_oRESULT = oRESULT/(128*128);

% 입출력 신호의 고속 푸리에 변환(FFT)
Npoint = 1024; % FFT 연산을 위한 point 수
fft_iSIG = fft(descaled_iSIG, Npoint);
fft_oRESULT = fft(descaled_oRESULT, Npoint);

% 입출력 신호의 단방향 스펙트럼 계산
P2_iSIG = abs(fft_iSIG/L_iSIG).^2;
P1_iSIG = P2_iSIG(1: Npoint/2 + 1);
P1_iSIG(2:end-1) = 2*P1_iSIG(2:end-1);
P2_oRESULT = abs(fft_oRESULT/L_oRESULT).^2;
P1_oRESULT = P2_oRESULT(1: Npoint/2 + 1);
P1_oRESULT(2:end-1) = 2*P1_oRESULT(2:end-1);

% 입출력 신호와 스펙트럼 그리기
FontSize = 16; % 폰트 크기

figure(1)
subplot(221)
```

33) 입출력 신호 파일을 저장할 디렉토리는 'D:\projects\ch7\filter\fir_filter\simulation\modelsim\'이다.

```
plot(n(1:51), descaled_iSIG(1:51),'LineWidth', 1,'MarkerSize',2,...
'MarkerFaceColor',[0 0.45 0.74],'Marker','o','LineStyle','-',...
'Color',[0 0.45 0.74]);
grid on;
xlim([0 50]);
ylim([-1 1]);
xlabel('sample index [n]','FontSize', FontSize);
ylabel('Amplitude','FontSize', FontSize);
set(gca, 'FontSize', FontSize);
title('iSIG in the Time Domain','FontSize', 18);

subplot(222)
plot(n(1:51), descaled_oRESULT(1:51),'LineWidth', 1,'MarkerSize',2,...
'MarkerFaceColor',[0 0.45 0.74],'Marker','o','LineStyle','-',...
'Color',[0 0.45 0.74]);
grid on;
xlim([0 50]);
ylim([-1 1]);
xlabel('sample index [n]','FontSize', FontSize);
ylabel('Amplitude','FontSize', FontSize);
set(gca, 'FontSize', FontSize);
title('oRESULT in the Time Domain','FontSize', 18);

subplot(223)
plot(0 : (Fs/Npoint) : (Fs/2-Fs/Npoint), P1_iSIG(1:Npoint/2),'LineWidth',1,...
'Color',[0 0.45 0.74]);
grid on;
xlabel('frequency [Hz]','FontSize', FontSize);
ylabel('|P(f)|^2','FontSize', FontSize);
set(gca, 'fontsize', FontSize);
title('iSIG in the Frequency Domain','FontSize',18);

subplot(224)
plot(0 : (Fs/Npoint) : (Fs/2-Fs/Npoint), P1_oRESULT(1:Npoint/2), ...
'LineWidth',1,...'Color',[0 0.45 0.74]);
grid on;
xlabel('frequency [Hz]','FontSize', FontSize);
ylabel('|P(f)|^2','FontSize', FontSize);
set(gca, 'FontSize', FontSize);
title('iSIG in the Frequency Domain','FontSize',18);
```

먼저 MATLAB 또는 Octave를 실행하여 위 소스코드 파일을 열고 F5키 또는 실행 아이콘(▶)를 누르면, 그림 7-47과 같은 결과를 확인할 수 있다.

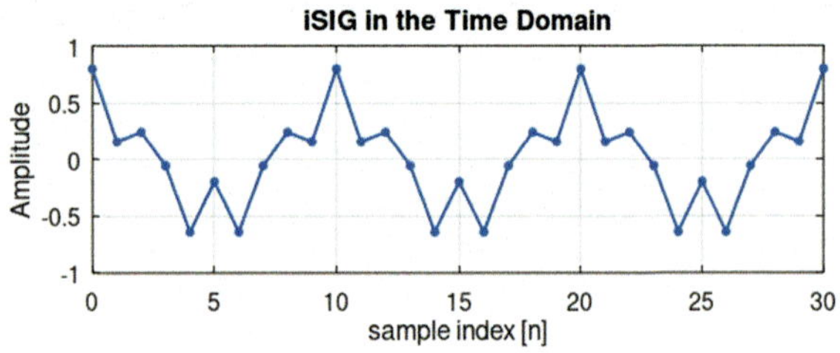

(a) 입력신호(iSIG[n])

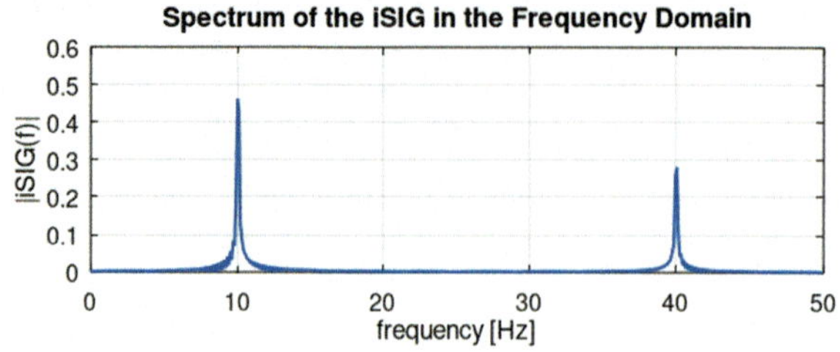

(c) 출력신호(oRESULT[n])

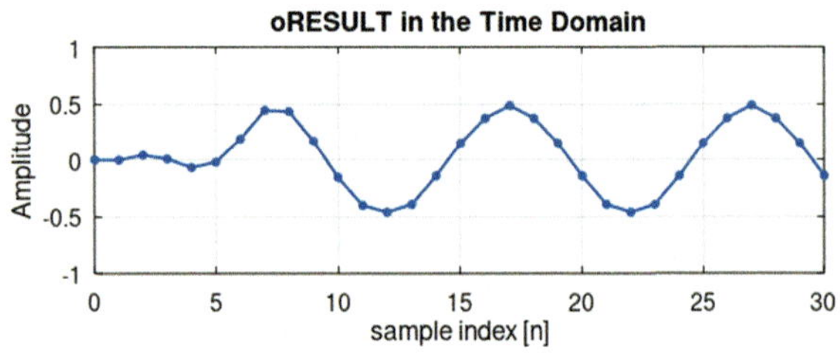

(b) 입력신호의 진폭 스펙트럼

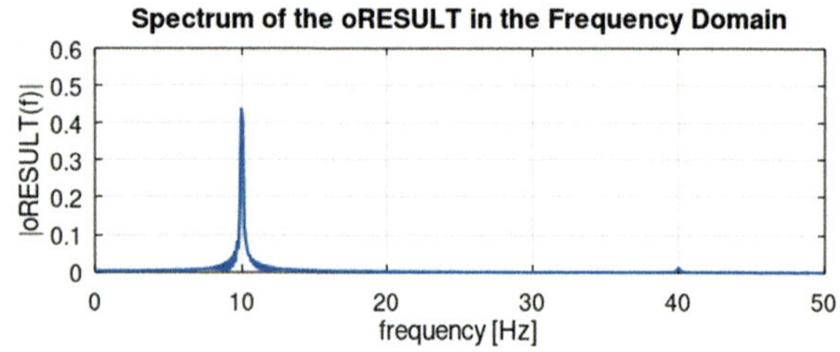

(d) 출력신호의 진폭 스펙트럼

그림 7–47 디지털 FIR 필터의 입력출력 신호와 스펙트럼(Octave ver.8.4.0)

그림 7-47은 디지털 FIR 필터에 인가되는 입력신호(iSIG)와 출력신호(oRESULT)의 시간 영역(time domain)에서의 파형(wave form)과 주파수 영역(frequency domain)에서의 스펙트럼(spectrum)을 나타내고 있다. 그림 7-47(a)는 앞서 생성한 입력신호의 시간 영역 파형을 나타낸 것으로, $iSIG[n] = 0.5\cos(20\pi n) + 0.3\cos(80\pi n)$과 같이 진폭이 0.5인 10Hz 코사인 신호와 진폭이 0.3인 40Hz 코사인 신호를 혼합한 연속시간 신호를 100Hz로 샘플링한 정현파 신호이다. 그림 7-47(b)는 입력신호를 고속 푸리에 변환(FFT)한 결과의 진폭 스펙트럼이다. 입력신호가 10Hz 코사인 신호와 40Hz 코사인 신호의 합으로 구성되어 있으므로 10Hz과 40Hz에서 진폭 스펙트럼이 나타난다.

앞서 모델링한 디지털 FIR 필터는 이상적으로 $\omega_C = \pi/2$의 차단 주파수(cutoff frequency)를 갖는 반대역 저역통과필터(half-band LPF)이다. 샘플링 주파수가 $f_S = 100$Hz일 때, 각 주파수와 주파수의 관계($\omega = 2\pi f$)로부터 차단 주파수는 $f_C = 25$Hz이므로 25Hz 이상의 신호는 제거된다. 그림 7-47(c)는 필터 출력신호의 시간 영역 파형으로 그림 7-47(a)의 입력신호가 반대역 저역통과필터(half-band LPF)를 통과한 신호이다. 입력신호를 구성하는 두 코사인 신호 중 필터의 차단 주파수 이하인 10Hz 신호는 통과하고, 차단 주파수 이상인 40Hz 신호는 차단(제거)되었다. 그림 7-47(d)의 출력신호에 대한 진폭 스펙트럼에서 이러한 결과를 확인할 수 있다. 그림 7-47의 결과로부터 디지털 FIR 필터가 오류 없이 모델링되었음을 알 수 있다.

연습문제

7.1 그림 7-7의 디바운스 입력회로를 모델링한 모듈 7-1c는 푸시버튼을 한번 누를 때마다 기준 클록의 주기에 해당하는 펄스 폭을 갖는 단일 펄스를 출력한다. 푸시버튼을 1초 이상 연속해서 누르고 있을 때, 1초마다 단일 펄스를 출력하는 기능이 추가되도록 모듈 7-1c를 수정하고, 테스트벤치를 작성하여 검증하시오.

7.2 푸시버튼을 짧게 한번 누를 때마다, 또는 1초 이상 연속해서 누르고 있을 때 1초마다 0000부터 9999까지 1씩 증가하는 4자리 BCD 증가 카운터의 계수값을 텍스트 LCD에 다음과 같이 출력하는 회로를 모델링하시오.

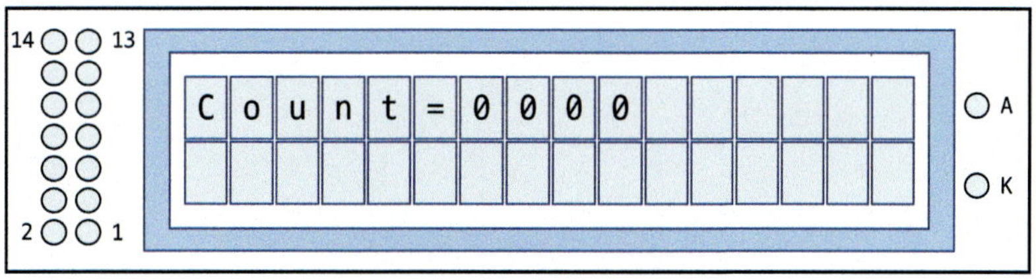

그림 7-48 텍스트 LCD에 출력한 카운터 계수값

7.3 연습문제 7-2에서 모델링한 BCD 증가 카운터의 출력(Count = 카운터값)을 UART 통신을 사용하여 전송 및 수신한 결과를 Message 창에 출력($display 사용)하시오.

7.4 전체 주파수 대역 중 절반 이상의 고주파 대역을 차단시키는 2차 반대역 IIR 저주파 통과 필터(half-band IIR LPF)의 입출력 차분방정식이 다음과 같다.

$$oRESULT[n] = b[0]\cdot iSIG[n] + b[1]\cdot iSIG[n-1] + b[2]\cdot iSIG[n-2] - a[1]\cdot oRESULT[n-1] - a[2]\cdot oRESULT[n-2]$$

여기서,

$$b[0] = 0.1311,\ b[1] = 0.2622,\ b[2] = 0.1311,$$
$$a[1] = -0.7478,\ a[2] = 0.2722$$

8비트 입력신호를 입력받아 필터링 후 16비트 출력신호를 내보내며, 8비트 계수를 사용하는 IIR 필터를 그림 7-49의 Direct-Form I 구조로 모델링하고 테스트벤치를 작성하여 시뮬레이션하시오(입력신호는 표 7-16의 부호 있는 8비트 2진수로 변환한 100Hz 샘플링된 정현파 신호를 사용하고, 그림 7-47과 같이 입출력 신호의 파형과 주파수 스펙트럼을 확인할 것).

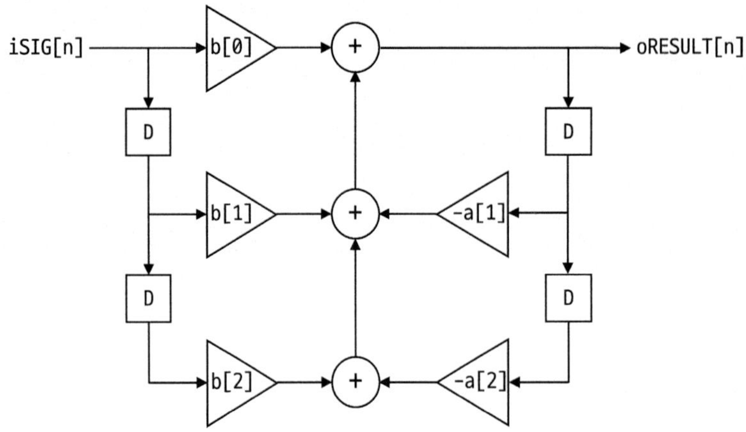

그림 7-49 디지털 IIR 필터의 Direct-Form I 구조

CHAPTER

08 모델링 프로젝트

대부분의 디지털 시스템을 모델링할 때 다양한 조합회로와 순차회로가 사용된다. 이 장에서는 학습한 내용을 통합하여 흥미로운 주제의 모델링 프로젝트를 다룬다. 이러한 프로젝트 학습은 Verilog HDL을 사용한 디지털 시스템 모델링에 대한 실전 경험을 제공하고, 시스템 아키텍처, 회로 모델링, 시뮬레이션, 테스트 및 하드웨어 구현 등에 대한 통합 역량 배양에 도움이 된다.
8장의 모델링 프로젝트는 학습자의 수준에 따라 난이도를 조절할 수 있으며, 팀 프로젝트로 진행할 경우 협업 및 커뮤니케이션 능력을 향상시킬 수 있다. 자신감을 가지고 도전한다면 독자는 분명히 멋진 뮤직 박스와 디지털 시계를 만들 수 있을 것이다.

학습목표

- 조합회로 및 순차회로로 구성되는 다양한 응용 회로를 모델링할 수 있다.
- 시스템 요구사항 분석 및 기능 정의, 회로 모델링 및 검증, 하드웨어 구현 및 테스트 등 디지털 시스템의 모델링 및 구현을 위한 전 과정을 수행할 수 있다.
- 새로운 기능을 추가하고 개선 방향을 제시하여 나만의 작품을 만들 수 있다.
- 프로젝트 수행을 통해 팀원과 협력 및 소통하며 주어진 목표를 성공적으로 완수할 수 있다.

8.1 뮤직 박스 프로젝트

뮤직 박스는 악보에 따라 곡을 연주하는 시스템으로, 음악을 연주하며 아름다운 조각들이 회전하는 장식용, 특별한 기념일이나 이벤트를 위해 음악과 함께 특별한 메시지나 그림이 표시되는 기능을 갖는 선물용, 동작에 따라 음악이 연주되는 어린이 장난감용 등 다양한 응용 분야에서 활용될 수 있다. 그림 8-1은 뮤직 박스의 전체적인 구성도이다. 음계 생성회로는 악보에서 사용한 다양한 옥타브(octave)의 음계(scale)를 생성하며, 악보 연주회로는 이렇게 생성된 음계를 사용하여 악보의 멜로디와 리듬에 따라 곡을 연주한다. 피에조 버저는 악보 연주회로의 출력(전기 신호)으로부터 사람이 들을 수 있는 소리를 발생시키는 작은 스피커 역할을 하는 출력 장치이다.

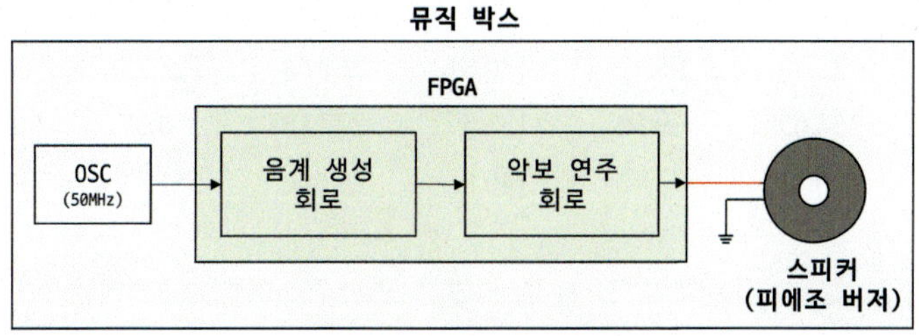

그림 8-1 뮤직 박스 구성도

8.1.1. 음계 생성회로

음계 생성회로는 음악 연주를 위한 가청 주파수 범위 내의 소리(음)를 만들어 내는 회로를 말하며, 오실레이터(OSC)에서 발생한 50MHz 주파수의 클록 펄스를 입력받아 다양한 옥타브의 음계를 생성한다.

❑ 옥타브와 음계의 개념

음계 생성회로를 모델링하기 위해서는 먼저 음악에서의 옥타브와 음계에 대한 개념을 이해할 필요가 있다. 음악에서 옥타브는 음의 높낮이(pitch)를 나타내는 개념으로 일반적으로 1옥타브부터 7옥타브 또는 8옥타브까지 7 ~ 8개의 옥타브를 사용하며, 하나의 옥타브는 7음계 또는 12음계로 구성된다. 음계는 일정한 간격의 서로 다른 주파수를 갖는 음의 집합으로, 7음계는 도(C), 레(D), 미(E), 파(F), 솔(G), 라(A), 시(B)와 같은 계이름을 갖는 7개의 음으로 구성된다. 12음계는 미(E)와 파(F), 시(B)와 도(C) 사이를 제외한 나머지 음 사이에 올림표(#)와 내림표(♭)를 사용하여 중간 음(반음)을 추가로 정의하여 C, C#(= Db), D, D#(= E♭), E, F, F#(= G♭), G, G#(= A♭), A, A#(= B♭), B와 같은 계이름을 갖는 12개의 음으로 구성된다. 이때 C#[1](= D♭)은 C음과 D음 사이의 중간 음으로 C음을 반음 올린 음(C#)과 D음을 반음 내린 음(D♭)은 같은 음이다. 각 옥타브는 서로 다른 음 높이의 같은 이름을 갖는 음계로 구성되므로, 이를 구분하기 위해 계이름 뒤에 옥타브 숫자를 표기한다. 예를 들어 4옥타브의 7음계는 C4, D4, E4, F4, G4, A4, B4로 표기하며, 5옥타브[2]에 대해서는 C5, D5, E5, F5, G5, A5, B5와 같이 표기한다. 이러한 음계를 시각적으로 표현하기 위해 5개의 가로선으로 이루어진 오선지에 음표[3]라는 기호를 사용하여 해당 음 높이의 위치를 표현한다.

그림 8-2 오선지에 온음표를 사용하여 표현한 4옥타브의 12음계

음의 기준은 피아노의 4옥타브 라(A4)이며, 이 음의 주파수는 440Hz이다. 인접한 옥타브의 음계 사이의 주파수는 $2^{(1/12)}$ 배만큼 차이가 나며, 같은 음계에서 옥타브가 올라갈 때마다 주파수가 2배씩 증가하고, 내려갈 때 1/2배씩 감소한다. 따라서 옥타브를 N(1 ≤ N ≤ 8 정수)이라 하고 C부터 B까지의 음을 k(1 ≤ k ≤ 12 정수)라 한다면, 12음계에서 각 음의 주파수 f는 다음과 같이 계산할 수 있다.

$$f = 2^{(N-1)} \times 55 \times 2^{(k-10)/12}\ \text{Hz}$$

표 8-1은 일반적으로 음악을 연주할 때 필요한 1옥타브부터 8옥타브의 7음계 및 12음계의 주파수이다.

표 8-1 옥타브별 음계의 주파수

k	7음계	12음계	옥타브별 주파수(N, Hz)							
			1	2	3	4	5	6	7	8
1	C(도)	C(도)	32.70	65.41	130.81	261.63	523.25	1046.50	2093.00	4186.01
2	-	C#(도#)	34.65	69.30	138.59	277.18	554.37	1108.73	2217.46	4434.92
3	D(레)	D(레)	36.71	73.42	146.83	293.66	587.33	1174.66	2349.32	4698.64

1) 올림표(#)는 샵, 내림표(♭)는 플랫(flat)이라 읽는다.

2) 5옥타브의 음계가 일반적으로 사람이 듣기에 편안한 음계이다.

3) 음표(note)란 악보에서 각 음의 높이와 한 마디에 대해 음이 갖는 길이의 비율을 나타내는 기호를 말한다.

k	7음계	12음계	옥타브별 주파수(N, Hz)							
			1	2	3	4	5	6	7	8
4	-	D#(레#)	38.89	77.78	155.56	311.13	622.25	1244.51	2489.02	4978.03
5	E(미)	E(미)	41.20	82.41	164.81	329.63	659.26	1318.51	2637.02	5274.04
6	F(파)	F(파)	43.65	87.31	174.61	349.23	698.46	1396.91	2793.83	5587.65
7	-	F#(파#)	46.25	92.50	185.00	369.99	739.99	1479.98	2959.96	5919.91
8	G(솔)	G(솔)	49.00	98.00	196.00	392.00	783.99	1567.98	3135.96	6271.93
9	-	G#(솔#)	51.91	103.83	207.65	415.30	830.61	1661.22	3322.44	6644.88
10	A(라)	A(라)	55.00	110.00	220.00	440.00	880.00	1760.00	3520.00	7040.00
11	-	A#(라#)	58.27	116.54	233.08	466.16	932.33	1864.66	3729.31	7458.62
12	B(시)	B(시)	61.74	123.47	246.94	493.88	987.77	1975.53	3951.07	7902.13

❑ 비프음 생성을 위한 주파수 분주기 모델링

표 8-1의 옥타브별 음계 주파수의 클록 신호를 생성하는 주파수 분주기를 모델링하면 음계를 구성하는 다양한 주파수의 음을 생성할 수 있다. 이때 표 8-1의 실수 주파수는 정수화하여 사용한다. 6장에서 기준 클록으로부터 원하는 주파수의 클록을 생성하는 주파수 분주기의 모델링 방법에 대해 알아보았다. 모듈 8-1a는 50MHz의 기준 클록으로부터 5옥타브의 솔(G5)에 해당하는 784Hz의 단일 음을 생성하는 주파수 분주기를 행위 수준으로 모델링한 모듈 코드이다.

모듈 8-1a

```
/* 기준 클록으로부터 5옥타브의 솔(G5) 음을 생성하는 주파수 분주기 */

module gen_sound (
   input    iCLK,       // 기준 클록
   input    iRESETn,    // Activel-Low reset
   output   oNOTE);     // G5 음 출력

   // G5 음의 주기에 해당하는 카운터의 계수값
   localparam     NOTE_G5    = 16'd31887;  // G5   = 784Hz

   reg    [15:0]  cnt_note_g5;
   reg            sig_note_g5;

   // Frequency divider(50MHz → 784Hz)
   always @ (posedge iCLK or negedge iRESETn)  begin
      if (!iRESETn)  begin
         cnt_note_g5   <= 0;
         sig_note_g5   <= 0;
      end
      else if (cnt_note_g5 == NOTE_G5 - 1) begin
         cnt_note_g5   <= 0;
         sig_note_g5   <= ~sig_note_g5;
      end
      else begin
         cnt_note_g5   <= cnt_note_g5 + 1'b1;
         sig_note_g5   <= sig_note_g5;
```

```
            end
        end

        assign   oNOTE    = sig_note_g5;

    endmodule
```

❑ 음계 발생을 위한 음계 생성회로 모델링

음악을 연주하기 위해서는 다양한 옥타브별 음계에 해당하는 음이 필요하며, 일반적으로 12음계를 사용하면 된다. 5옥타브와 6옥타브의 12음계를 갖는 음을 생성하는 음계 생성회로는 그림 8-3과 같이 24개의 주파수 분주기를 사용하여 모델링할 수 있다.

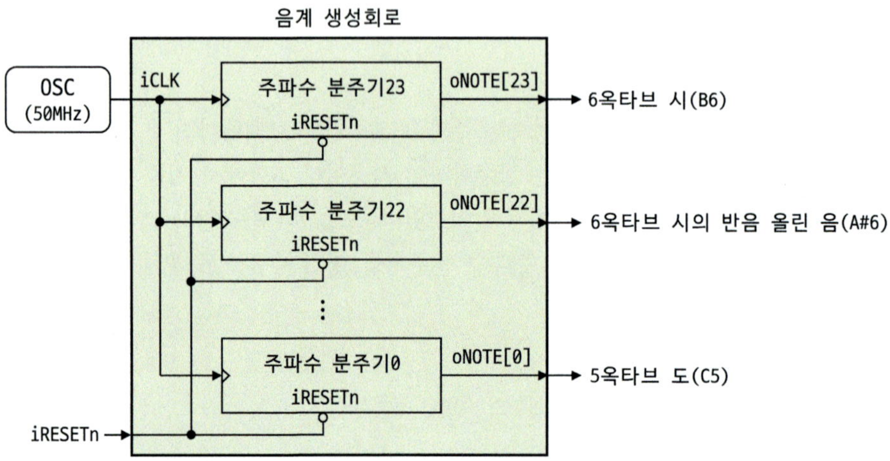

그림 8-3 음계 생성회로

표 8-1과 모듈 8-1a에서 모델링한 단일 음을 생성하는 주파수 분주기를 참고하여 그림 8-3의 음계 생성회로를 모델링하면 모듈 8-1b[4]와 같다. 모듈 8-1b는 생략된 코드 부분이 있으므로 완성이 필요하다.

모듈 8-1b

```
/* 기준 클록으로부터 5옥타브와 6옥타브의 12음계를 생성하는 음계 생성회로 */

module gen_note (
   input   wire        iCLK,      // 기준 클록
   input   wire        iRESETn,   // Active-Low reset
   output  wire [23:0] oNOTE);    // 5옥타브 ~ 6옥타브의 12음계 출력

   // 5-Octave 12음계에 해당하는 주파수 신호를 생성하기 위한 카운터 값
   localparam   NOTE_C5    = 16'd47800,  // C5  = 523Hz
                NOTE_CS5   = 16'd45125,  // C#5 = 554Hz
                NOTE_D5    = 16'd42588,  // D5  = 587Hz
                NOTE_DS5   = 16'd40192,  // D#5 = 622Hz
                NOTE_E5    = 16'd37935,  // E5  = 659Hz
```

4) 모듈 8-1b에서 D5 ~ A#5, C#6 ~ A#6 범위의 음계 생성을 위한 주파수 분주기의 모듈 코드는 생략했다.

```
                NOTE_F5    = 16'd35816,  // F5  = 698Hz
                NOTE_FS5   = 16'd33783,  // F#5 = 740Hz
                NOTE_G5    = 16'd31887,  // G5  = 784Hz
                NOTE_GS5   = 16'd30083,  // G#5 = 831Hz
                NOTE_A5    = 16'd28408,  // A5  = 880Hz
                NOTE_AS5   = 16'd26823,  // A#5 = 932Hz
                NOTE_B5    = 16'd25303;  // B5  = 988Hz

// 6-Octave 음계에 해당하는 주파수 신호를 생성하기 위한 카운터 값
localparam   NOTE_C6    = 16'd23877,  // C6  = 1047Hz
                NOTE_CS6   = 16'd22542,  // C#6 = 1109Hz
                NOTE_D6    = 16'd21276,  // D6  = 1175Hz
                NOTE_DS6   = 16'd20079,  // D#6 = 1245Hz
                NOTE_E6    = 16'd18953,  // E6  = 1319Hz
                NOTE_F6    = 16'd17894,  // F6  = 1397Hz
                NOTE_FS6   = 16'd16891,  // F#6 = 1480Hz
                NOTE_G6    = 16'd15943,  // G6  = 1568Hz
                NOTE_GS6   = 16'd15050,  // G#6 = 1661Hz
                NOTE_A6    = 16'd14204,  // A6  = 1760Hz
                NOTE_AS6   = 16'd13404,  // A#6 = 1865Hz
                NOTE_B6    = 16'd12651;  // B6  = 1976Hz

// 음계에 해당하는 주파수 신호를 생성하기 위한 카운터 레지스터
reg     [15:0] cnt_note_c5, cnt_note_cs5, cnt_note_d5, cnt_note_ds5,
               cnt_note_e5, cnt_note_f5, cnt_note_fs5, cnt_note_g5,
               cnt_note_gs5, cnt_note_a5, cnt_note_as5, cnt_note_b5;

reg     [15:0] cnt_note_c6, cnt_note_cs6, cnt_note_d6, cnt_note_ds6,
               cnt_note_e6, cnt_note_f6, cnt_note_fs6, cnt_note_g6,
               cnt_note_gs6, cnt_note_a6, cnt_note_as6, cnt_note_b6;

// 12음계를 구성하는 각 음 신호를 저장할 레지스터
reg            sig_note_c5, sig_note_cs5, sig_note_d5, sig_note_ds5,
               sig_note_e5, sig_note_f5, sig_note_fs5, sig_note_g5,
               sig_note_gs5, sig_note_a5, sig_note_as5, sig_note_b5;

reg            sig_note_c6, sig_note_cs6, sig_note_d6, sig_note_ds6,
               sig_note_e6, sig_note_f6, sig_note_fs6, sig_note_g6,
               sig_note_gs6, sig_note_a6, sig_note_as6, sig_note_b6;

// Generation of 5-Octave Notes
// Frequency divider(50MHz → 523Hz), NOTE_C5
always @ (posedge iCLK or negedge iRESETn)  begin
   if (!iRESETn)  begin
      cnt_note_c5  <= 0;
      sig_note_c5  <= 0;
   end
   else if (cnt_note_c5 == NOTE_C5 - 1) begin
      cnt_note_c5  <= 0;
      sig_note_c5  <= ~sig_note_c5;
   end
   else begin
      cnt_note_c5  <=  cnt_note_c5 + 1'b1;
```

```
            sig_note_c5  <=  sig_note_c5;
        end
    end

    // Frequency divider(50MHz → 554Hz), NOTE_C#5
    always @ (posedge iCLK or negedge iRESETn)  begin
        if (!iRESETn)  begin
            cnt_note_cs5  <= 0;
            sig_note_cs5  <= 0;
        end
        else if (cnt_note_cs5 == NOTE_CS5 - 1) begin
            cnt_note_cs5  <= 0;
            sig_note_cs5  <= ~sig_note_cs5;
        end
        else begin
            cnt_note_cs5  <=  cnt_note_cs5 + 1'b1;
            sig_note_cs5  <=  sig_note_cs5;
        end
    end

    ... (D5 ~ A#5 음의 생성을 위한 주파수 분주기의 모듈 코드는 생략)
    해당 코드를 작성

    // Frequency divider(50MHz → 988Hz), NOTE_B5
    always @ (posedge iCLK or negedge iRESETn)  begin
        if (!iRESETn)  begin
            cnt_note_b5  <= 0;
            sig_note_b5  <= 0;
        end
        else if (cnt_note_b5 == NOTE_B5 - 1) begin
            cnt_note_b5  <= 0;
            sig_note_b5  <= ~sig_note_b5;
        end
        else begin
            cnt_note_b5  <=  cnt_note_b5 + 1'b1;
            sig_note_b5  <=  sig_note_b5;
        end
    end

    // Generation of 6-Octave Notes
    // Frequency divider(50MHz → 1047Hz), NOTE_C6
    always @ (posedge iCLK or negedge iRESETn)  begin
        if (!iRESETn)  begin
            cnt_note_c6  <= 0;
            sig_note_c6  <= 0;
        end
        else if (cnt_note_c6 == NOTE_C6 - 1) begin
            cnt_note_c6  <= 0;
            sig_note_c6  <= ~sig_note_c6;
        end
        else begin
            cnt_note_c6  <=  cnt_note_c6 + 1'b1;
            sig_note_c6  <=  sig_note_c6;
```

```
120            end
121         end
122
123         ... (C#6 ~ A#6 음의 생성을 위한 주파수 분주기의 모듈 코드는 생략)
124         해당 코드를 작성
125
126         // Frequency divider(50MHz → 1976Hz), NOTE_B6
127         always @ (posedge iCLK or negedge iRESETn)  begin
128            if (!iRESETn)  begin
129               cnt_note_b6  <= 0;
130               sig_note_b6  <= 0;
131            end
132            else if (cnt_note_b6 == NOTE_B6 - 1) begin
133               cnt_note_b6  <= 0;
134               sig_note_b6  <= ~sig_note_b6;
135            end
136            else begin
137               cnt_note_b6  <=  cnt_note_b6 + 1'b1;
138               sig_note_b6  <=  sig_note_b6;
139            end
140         end
141
142      assign      oNOTE = {sig_note_b6, sig_note_as6, sig_note_a6, sig_note_gs6,
143                        sig_note_g6, sig_note_fs6, sig_note_f6, sig_note_e6,
144                        sig_note_ds6, sig_note_d6, sig_note_cs6, sig_note_c6,
145                        sig_note_b5, sig_note_as5, sig_note_a5, sig_note_gs5,
146                        sig_note_g5, sig_note_fs5, sig_note_f5, sig_note_e5,
147                        sig_note_ds5, sig_note_d5, sig_note_cs5, sig_note_c5};
148
149      endmodule
```

06행 : 12음계로 구성되는 옥타브 2개에 해당하는 24개 음을 출력하기 위한 출력 포트의 비트 폭은 '[23:0] oNOTE'과 같이 24비트로 정의한다.

19행 ~ 34행 : 옥타브별 12음계의 각 주파수를 파라미터로 선언한다.

140행 ~ 145행 : 출력신호는 결합연산자를 사용하여 고음인 B6부터 저음인 C5 순으로 결합하여 출력한다.

8.1.2. 악보 연주회로

❑ 음악의 기본 개념

악보 연주회로를 모델링하기 위해서는 먼저 악보에 대한 기본적인 이해가 필요하다. 악보(sheet music)란 일정한 기호를 사용하여 음악을 기록한 것으로, 음을 표시하는 라인과 공간인 보표(staff)[5]가 여러 개 모여서 구성된 것을 말한다. 보표의 종류는 다양하지만 현재 가장 많이 사용하는 보표는 서양음악의 오선보(또는 오선지)다. 음악은 소리(음)와 침묵의 결합으로 만들어지며, 악보에서 소리는 음표(note), 침묵은 쉼표(caesura)라는 기호를 사용하여 일정한 규칙(기보법)에 따라 음의 높낮이, 음(또는 침묵)의 길이 등을 표현한다. 음악을 정확히 악보로 표현하기 위해 음표와 쉼표뿐만 아니라 음자리표(clef)[6], 조표(key signature)[7], 박자표(time signature)[8] 등의 기호를 추가로 사용한다.

5) 서양음악의 오선보 이외에도 국악에서 사용되는 정간보도 등도 보표의 하나이다.

그림 8-4 악보의 구성

음자리표는 악보의 가장 앞에 제시되는 기호로, 음의 자리를 정해주기 위해 사용한다. 표 8-1에서 알 수 있듯이 다양한 옥타브(octave)의 음계를 5개의 선만으로 표현할 수 없으므로 음자리표를 사용한다. 따라서 오선지의 같은 위치에 있는 음표라도 어떤 음자리표를 사용했느냐에 따라 실제 음의 높이는 달라진다.

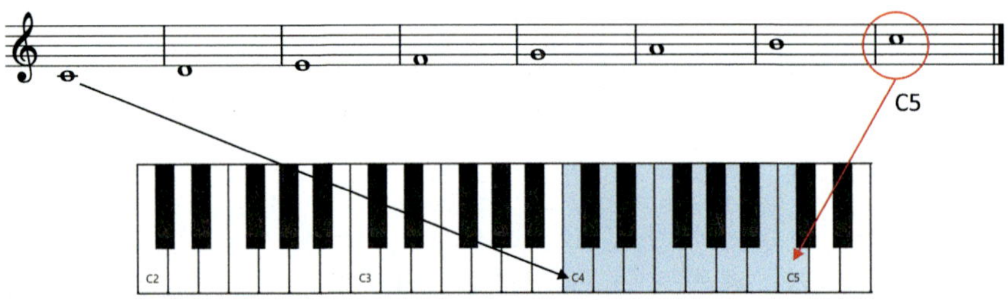

(a) 높은 음자리표

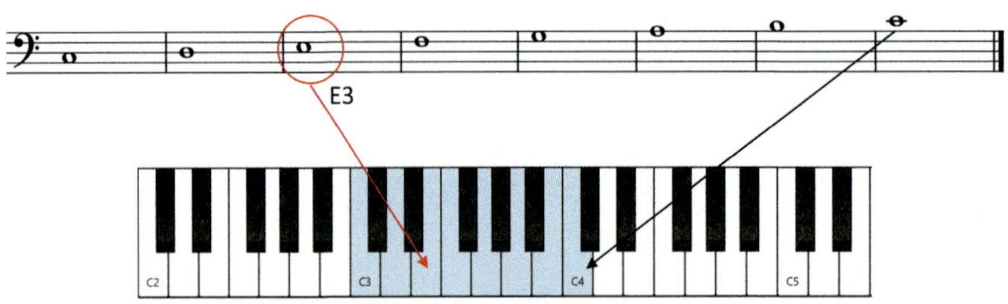

(b) 낮은 음자리표

그림 8-5 높은 음자리표와 낮은 음자리표의 음계

조표는 악보에서 지속적으로 낮거나 높은 상태의 반음(반올린 음 또는 반내린 음)을 나타내기 위해 사용되며, 조표에 따라 곡의 조성[9])이 달라진다. 박자표는 악곡 전체의 시간적 흐름이 어떤 기준과 구조에 의해 진행되는지를 나타내는 기호이다. 곡의 시간적 진행의 최소 단위를 박 또는 비트(beat)라고 하며, 4분음표(♩)는 1비트, 온음표(𝅝)는 4비트 등으로 음표나 쉼표의 길이를 나타내는 단위가 박이다. 박와 박 사이의 간격에 따라 음악의 빠르기인 템포(tempo)가 결정되며,

6) 음자리표(clef) : 절대적인 음높이를 나타내기 위해 오선지 맨 앞에 적은 기호로 높은음자리표(G4 기준), 가온음자리표(C4 기준), 낮은음자리표(F3 기준) 등이 있다.

7) 조표(key signature) : 악곡의 조성을 나타내는 표로 악보의 음자리표와 박자표 사이에 표기하며, 원음보다 반음이 지속적으로 낮거나 높은 상태를 나타내기 위해 #(샾)과 ♭(플랫) 기호를 사용한다.

8) 박자표(time signature) : 분수 형태로 악곡의 박자 종류를 나타내며, 곡의 처음과 박자가 변하는 곳에 표기한다. 곡의 머리에서는 음자리표, 조표, 박자표 순으로 표기한다.

9) 곡에서 올림표(#)와 내림표(♭)로 구분되는 고유한 음계, 즉 으뜸음(주음)을 중심으로 일정한 질서와 체계를 갖추고 있는 음들의 모임을 말한다.

일정한 수의 박이 모이면 박자가 된다. 즉, 4분음표 2개가 모이면 2박자, 3개가 모이면 3박자이다. 마디 내의 박자 수는 박자표로 나타내며, 박자표는 한 마디를 일정한 시간 단위로 나누어 음악의 흐름을 조절하는 기준이나 규칙이 된다. 만약 3/4박자이면 한 마디 안에 4분음표가 3개, 4/8박자이면 한 마디 안에 8분음표가 4개가 있다는 의미이다. 이때 박자표의 분모를 단위 음표라고 한다.

(a) 4분의 2박자　　(b) 4분의 3박자　　(c) 4분의 4박자

그림 8.6 대표적인 박자표

표 8-2는 악보에서 주로 사용되는 대표적인 음표와 쉼표의 종류와 한 마디에서의 길이 비율을 나타내고 있으며, 표 8-3은 이들의 조합인 점 음표와 점 쉼표를 나타내고 있다.

표 8–2 대표적인 음표와 쉼표

음표		쉼표		마디 내 길이 비율	박자(beat)
기호	이름	기호	이름		
𝅝	온음표	𝄻	온쉼표	1	4박자
𝅗𝅥	2분음표	𝄼	2분쉼표	1/2	2박자
♩	4분음표	𝄽	4분쉼표	1/4	1박자
♪	8분음표	𝄾	8분쉼표	1/8	반박자(0.5박자)
𝅘𝅥𝅯	16분음표	𝄿	16분쉼표	1/16	반의 반박자(0.25박자)
𝅘𝅥𝅰	32분음표	𝅀	32분쉼표	1/32	반의 반의 반박자(0.125박자)

표 8–3 점 음표와 점 쉼표

점 음표		점 쉼표		마디 내 길이 비율	박자(beat)
기호	이름	기호	이름		
𝅗𝅥. = 𝅗𝅥 + ♩	점2분음표	𝄼. = 𝄼 + 𝄽	점2분쉼표	1/2 + 1/4	3박자
♩. = ♩ + ♪	점4분음표	𝄽. = 𝄽 + 𝄾	점4분쉼표	1/4 + 1/8	1박자 반
♪. = ♪ + 𝅘𝅥𝅯	점8분음표	𝄾. = 𝄾 + 𝄿	점8분쉼표	1/8 + 1/16	반박자 반
𝅘𝅥𝅯. = 𝅘𝅥𝅯 + 𝅘𝅥𝅰	점16분음표	𝄿. = 𝄿 + 𝅀	점16분쉼표	1/16 + 1/32	반의 반박자 반

악보는 앞서 설명한 여러 보표 작성 기호를 사용하여 음악의 3요소[10]인 리듬(rhythm), 멜로디(melody), 화성(harmony)을 표현하게 된다. 리듬은 음의 지속시간, 속도, 강약의 시간적 변화 또는 흐름을 의미하며, 박자를 기준으로 한다. 멜로디는

10) 일반적으로 서양음악은 리듬, 멜로디, 화성을 모두 사용하는 반면, 동양음악은 리듬과 멜로디를 주로 사용하며, 아프리카 지역의 음악은 리듬적 요소만을 강조하는 편이다.

높낮이가 다른 음들의 시간적 진행에 리듬이라는 요소가 포함된 것을 말한다. 화성은 높이가 다른 둘 이상의 음이 동시에 울려서 생기는 화음(수직적 소리 조합)이 연속적으로 진행(수평적 화음 진행)되는 것이다.

❑ 악보 연주회로의 멜로디 저장 부분 모델링

악보 연주회로를 모델링하려면 연주할 악보를 참고하여 음의 순서(멜로디)와 각 음의 실제 연주 시간을 고려한 배열을 작성해야 한다. 그림 8-7은 'Jingle Bell Rock'이라는 크리스마스 캐럴 악보의 일부로, 악보에 표기한 음계 이름은 이후 소리 발생 장치로 사용하는 피에조 센서의 특성을 고려하여 실제 음계보다 1옥타브 높은 음계의 이름으로 표기했다.

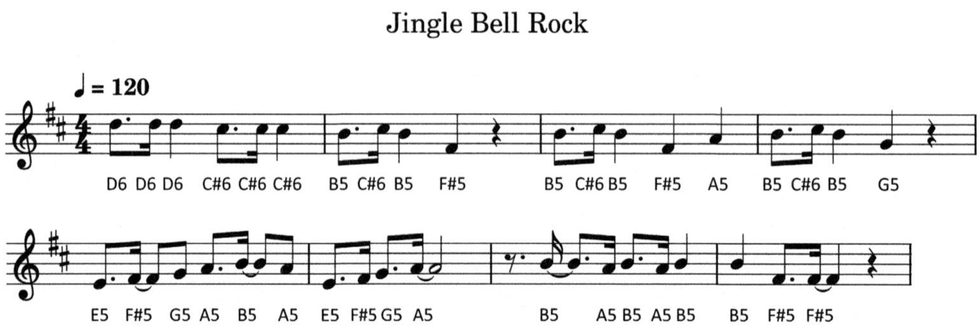

그림 8-7 Jingle Bell Rock 악보의 일부분

악보에서 음표 및 쉼표의 길이는 한 마디 내의 길이 비율이므로 악곡의 빠르기인 템포와는 다르다. 템포는 일반적으로 악보의 첫 마디 위에 메트로놈(metronome) 기호로 표시하며, 그림 8-7에서 박자표 위의 '♩ = 120'이 템포 표시로, ♩ = 120은 1분 동안 단위 음표[11]인 ♩(4분음표)를 120번 연주하라는 의미이다. 따라서 이 악보는 4분음표의 실제 연주시간이 (1/120)분인 빠르기(템포)로 연주해야 한다. 이로부터 각 음표의 실제 연주시간은 다음과 같이 환산할 수 있다.

실제 음 연주 시간 = 1분/BPM[12] × (음표의 길이/단위 음표의 길이)

위의 환산식으로부터 템포가 ♩ = 120인 악보에서 각 음표의 실제 연주시간은 𝅝(온음표) = (1/120)분 × (1/(1/4)) = (1/30)분, 𝅗𝅥(2분음표) = 1/120)분 × ((1/2)/(1/4)) = (1/60)분으로 환산되며, 이와 같은 방법으로 ♩(4분음표) = (1/120)분, ♪(8분음표) = (1/240)분, 𝅘𝅥𝅯(16분음표) = (1/480)분이 된다.

그림 8-1에서 음 발생 회로의 주파수 분주기는 50MHz를 기준 클록을 사용하므로 각 음표의 실제 연주시간을 다음과 같이 파라미터로 선언할 수 있다. 악보에서 붙임줄(tie, ‿)로 연결되지 않은 음을 연주할 때, 각 음을 구분하기 위해 음과 음 사이에 침묵 시간이 필요하다. 이 침묵 시간은 음표의 길이, 템포, 연주자에 따라 다르지만 여기에서는 128분 쉼표에 해당하는 길이로 처리했다.

```
/* 실제 연주시간 = (1분/BPM * (음표의 길이/단위 음표의 길이)
   (FREQ_CLK)MHz 클록 사용 시 (60*FREQ_CLK)/BPM * (음표의 길이/단위 음표의 길이) */

// 실제 연주시간 계산을 위한 파라미터 선언
localparam   FREQ_CLK = 50000000; // 기준 클록의 주파수(50Mhz)
```

11) 박자표의 분모를 단위 음표라고 한다.

12) BPM(Beat Per Minute) : 1분당 단위 음표(1박)의 연주 속도

```
localparam   BPM = 120;   // 템포 = 분당 단위 음표의 박자 수(Beat Per Minute)
localparam   UBEAT = 4; // 단위 음표(ex. 1/2박자 = 2, 1/4 = 4)
localparam   LEN_1_128   = 32'd60*FREQ_CLK/BPM*UBEAT/128, // 음 사이 간격(음 구분 쉼표)
             LEN_1_32    = 32'd60*FREQ_CLK/BPM*UBEAT/32,  // 32분음표
             LEN_1_16    = 32'd60*FREQ_CLK/BPM*UBEAT/16,  // 16분음표
             LEN_1_8     = 32'd60*FREQ_CLK/BPM*UBEAT/8,   // 8분음표
             LEN_1_4     = 32'd60*FREQ_CLK/BPM*UBEAT/4,   // 4분음표
             LEN_1_2     = 32'd60*FREQ_CLK/BPM*UBEAT/3,   // 2분음표
             LEN_1_1     = 32'd60*FREQ_CLK/BPM*UBEAT/1;   // 온음표
```

실제 연주시간을 고려한 멜로디 작성은 악보를 참고하여 각 음표의 높이에 해당하는 주파수와 실제 연주시간을 순서에 맞게 배열에 저장하면 된다. 이때 두 음표가 붙임줄(tie, ‿)로 연결되었을 때는 한 음으로 처리하며, 쉼표의 주파수는 0Hz로 처리한다. 멜로디를 배열에 저장하기 위해서는 먼저 멜로디 배열의 자료형과 크기(비트 폭) 선언이 필요하다. 먼저 이 배열에는 멜로디 데이터가 저장되어야 하므로 reg 형으로 선언해야 한다. 다음으로 배열에 저장되는 데이터 벡터의 비트 폭과 데이터의 수(주소 범위)에 해당하는 배열의 크기를 선언해야 한다. 멜로디 배열에 저장되는 데이터 벡터의 비트 폭은 앞서 음표의 실제 연주시간(LEN_1_1 ~ LEN_1_128)을 파라미터로 선언할 때 사용한 비트 수와 음계 생성회로(gen_note.v)에서 정의한 음계(옥타브별 12개 음표)의 각 음표를 구별하는 데 필요한 비트 수의 합이다. 또한 배열 주소 범위는 악보에 작성된 음표 및 쉼표의 수, 그리고 악보에는 없지만 음과 음 사이의 구분을 위해 추가되는 음 구분쉼표의 수를 모두 합산한 결과에 해당하는 범위이다. 만약 배열의 이름을 array_melody라고 할 때, 배열의 크기 중 데이터 벡터의 비트 폭은 실제 연주시간을 파라미터로 선언할 때 사용한 32비트, 음계 생성회로에서 정의한 2개 옥타브의 24개 음표를 구별하는 데 필요한 5비트의 합인 37비트가 된다. 또한 악보에 작성된 음표 및 쉼표와 음 구분쉼표의 수가 10개라면, 멜로디 배열은 reg [36:0] array_melody [9:0]과 같이 선언하면 된다.

```
localparam   NUM_NOTE = 5;   // 음계 생성회로에서 정의한 음표의 구별을 위한 비트 수
localparam   NUM_LEN = 32;   // 파라미터로 선언한 실제 연주시간의 비트 수
localparam   LEN_MUSIC = 10; // 악보의 음표 수 + 쉼표 수 + 음 간격 수 = 음악의 길이

reg    [NUM_LEN + NUM_NOTE - 1 : 0] array_melody [LEN_MUSIC - 1 : 0];
```

그림 8-8 Jingle Bell Rock 악보의 7번째 마디

그림 8-8의 7번째 마디에 해당하는 멜로디는 점8분쉼표를 시작으로 B5(16분음표)와 B5(점8분음표)가 붙임줄로 연결되어 있으며, A5(16분음표), B5(점8분음표), A5(16분음표), B5(4분음표)로 구성되어 있다. 붙임줄로 연결된 음표는 한 음으로 처리하며, 이때 음의 길이는 각 음표 길이의 합이 된다. 또한 붙임줄로 연결되지 않은 음과 음 사이의 구분을 위해 악보에는 작성되지 않았지만 아주 짧은 쉼표에 해당하는 침묵 시간이 필요하다. 예를 들어 피아노 연주에서 한 건반을 누르고 다른 건반을 누르는 데 필요한 짧은 시간에 해당한다고 볼 수 있다.음 구분을 위한 침묵 간격을 128분쉼표에 해당하는 길이로 처리하였으며, 앞서 파라미터로 정의한 128분쉼표({LEN_1_128, MUTE})를 사용하여 추가[13]하면 된다.

---

13) 쉼표 뒤 음표나, 음표 뒤 쉼표의 사이에는 음 간격을 위한 128분쉼표를 추가하지 않는다.

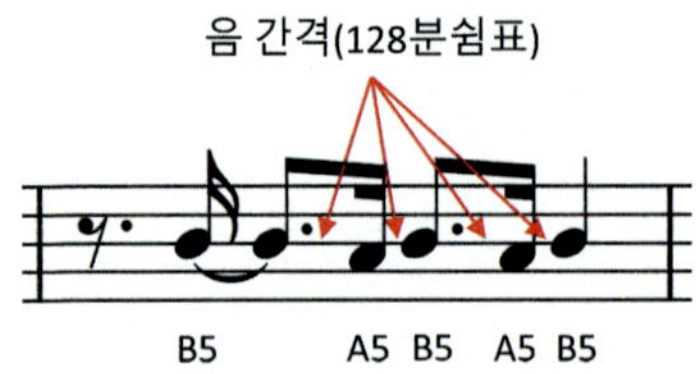

그림 8-9 7번째 마디에서 음 간격을 위해 추가되는 128분쉼표의 위치

그림 8-9의 7번째 마디 멜로디를 array_melody 배열에 저장한다면, 배열의 각 주소에는 음표 및 쉼표, 그리고 음 간격을 위한 음 구분쉼표에 대한 데이터를 {연주 시간, 음 높이}와 같은 형식으로 할당하면 된다.

```
/* 그림 8-8 악보의 7번째 마디에 해당하는 멜로디를 배열에 저장 */

// 멜로디 배열의 크기 결정을 위한 파라미터 선언
localparam   NUM_NOTE = 5;    // 음계 생성회로에서 정의한 음표의 구별을 위한 비트 수
localparam   NUM_LEN = 32;    // 파라미터로 선언한 실제 연주시간의 비트 수
localparam   LEN_MUSIC = 10; // 악보의 음표 및 쉼표 수(10) + 음 간격 수(4)

// 배열 선언
reg    [NUM_LEN + NUM_NOTE - 1 : 0] array_melody [LEN_MUSIC - 1 : 0];

// for 문에서 사용하는 인덱스 변수(i)의 정수 선언
integer       i;

// 연주 시간을 고려한 악보의 멜로디를 배열에 저장
always @ (posedge iCLK or negedge iRESETn) begin
   if (!iRESETn) begin
      for(i = 0; i < LEN_MUSIC; i = i + 1)
         array_melody[i]  <= {LEN_1_1, MUTE};// 배열의 모든 요소값을 쉼표로 초기화
   end
   else if (iSTART) begin // Active-High 푸시버튼 입력, iSTART = 1이면 멜로디 저장
      array_melody[0]    <= {LEN_1_8 + LEN_1_16,            MUTE};   // 쉼표
      array_melody[1]    <= {LEN_1_16 + LEN_1_8 + LEN_1_16, NOTE_B5};// B5(붙임줄)
      array_melody[2]    <= {LEN_1_128,                     MUTE};   // 음 간격(음 구분쉼표)
      array_melody[3]    <= {LEN_1_16,                      NOTE_A5};// A5
      array_melody[4]    <= {LEN_1_128,                     MUTE};   // 음 간격(음 구분쉼표)
      array_melody[5]    <= {LEN_1_8 + LEN_1_16,            NOTE_B5};// B5
      array_melody[6]    <= {LEN_1_128,                     MUTE};   // 음 간격(음 구분쉼표)
      array_melody[7]    <= {LEN_1_16,                      NOTE_A5};// A5
      array_melody[8]    <= {LEN_1_128,                     MUTE};   // 음 간격(음 구분쉼표)
      array_melody[9]    <= {LEN_1_4,                       NOTE_B5};// B5
   end
   else
      for(i = 0; i < LEN_MUSIC; i = i + 1)
         array_melody[i]   <= array_melody[i];
   end
```

array_melody 배열에 할당되는 멜로디 데이터에서 MUTE와 NOTE_B5 등은 이후 파라미터로 정의되는 해당 음의 주파수이다. 이러한 방법을 사용하여 악보의 나머지 멜로디를 실제 연주시간을 고려하여 배열에 저장하면 된다.

그림 8-7의 악보로 작성된 멜로디 데이터를 실제 연주시간을 고려하여 array_melody 배열에 저장하고자 한다면, 멜로디

배열에는 37비트(연주 시간을 위한 32비트와 음표 구별을 위한 5비트) 데이터 74개(음표 37개[14) +쉼표 4개 + 음 구분쉼표 33개)의 저장이 필요하므로, 멜로디 배열은 'reg [36:0] array_melody [73:0]'과 같이 선언되어야 한다.

```
/* 그림 8-7 악보의 멜로디를 배열에 저장 */

// 멜로디 배열의 크기 결정을 위한 파라미터 선언
localparam   NUM_NOTE = 5;   // 음계 생성회로에서 정의한 음표의 구별을 위한 비트 수
localparam   NUM_LEN = 32;   // 파라미터로 선언한 실제 연주시간의 비트 수
localparam   LEN_MUSIC = 74; // 악보의 음표 및 쉼표 수(41) + 음 구분쉼표 수(33)

// 배열 선언
reg     [NUM_LEN + NUM_NOTE - 1 : 0] array_melody [LEN_MUSIC - 1 : 0];
```

❑ 악보 연주회로의 멜로디 연주 부분 모델링

멜로디 연주는 악보로 작성된 음표를 실제 연주시간(음 길이)에 맞춰 순차적으로 연주하면 된다. 연주하고자 하는 멜로디가 [36:0] array_melody [0]부터 [36:0] array_melody [73]까지 순차적으로 저장되어 있을 때, 배열의 각 주소에 저장된 37비트 데이터의 하위 5비트는 음표(또는 쉼표), 상위 32비트는 해당 음표(또는 쉼표)의 실제 연주시간을 나타낸다. 따라서 기준 클록(iCLK)에 동기된 음표(또는 쉼표)의 순서를 결정하는 카운터와 연주 시간을 결정하는 카운터를 사용하여 array_melody[0]에 저장된 음표(또는 쉼표)를 해당 연주 시간 동안 연주한 후 연주 시간을 결정하는 카운터 값을 리셋하고, 다음 주소에 저장된 음표(또는 쉼표)를 연주하도록 2개의 카운터를 사용하여 다음과 같이 모델링을 할 수 있다. 이때 연주 시간은 음악의 길이(음표 및 쉼표, 그리고 음 구분쉼표의 수)에 해당하는 시간 동안 연주해야 하므로 음악의 길이를 확인할 수 있는 활성화 신호를 추가로 사용한다.

```
/* 음표 순서, 연주 시간 계산을 위한 카운터와 연주 활성화 신호 */

reg     [6:0]  index_note;    // 멜로디 배열에 저장된 74개 음표(쉼표) 순서 카운터
reg     [31:0] cnt_length;    // 연주 시간 계산을 위한 카운터
reg            enable_music;

// 악보로 작성한 각 음표의 연주 순서 지정을 위한 카운터
always @(posedge iCLK or negedge iRESETn) begin
   if (!iRESETn)                          // Active-Low reset
      index_note   <= 0;                  // 음표 순서 카운터를 0으로 리셋
   else if (iSTART)                       // 연주 시작 신호(Active-High 입력)
      index_note   <= 0;                  // 음표 순서를 배열의 첫 주소로 지정
   else if (cnt_length == len_note)       // 연주 시간 결정 카운터의 값
      index_note   <= index_note + 1;     // 음표 순서를 증가
   else
      index_note   <= index_note;         // 연주 시간 결정 카운터의 값 유지
end

// index_note로 지정한 음표에 해당 연주 시간값을 len_note에 할당(연속 할당문)
assign   len_note   = array_melody[index_note][36:5];

// 음(쉼)표의 연주 시간값(len_note)을 사용하여 실제 연주시간을 계산하는 카운터
```

---

14) 붙임줄로 연결된 음은 하나의 음으로 처리한다.

```
always @(posedge iCLK or negedge iRESETn) begin
   if (!iRESETn)
      cnt_length   <= 0;  // 연주 시간 결정 카운터를 0으로 리셋
   else if (!enable_music | cnt_length == len_note)
      cnt_length   <= 0;  // 연주 시간 결정 카운터를 0으로 리셋
   else
      cnt_length   <= cnt_length + 1;
end

// 악보로 작성된 음악의 길이(LEN_MUSIC) 동안 연주 신호 활성화(enable_music = 1)
always @(posedge iCLK or negedge iRESETn) begin
   if (!iRESETn)
      enable_music   <= 0;
   else if (iSTART)
      enable_music   <= 1;
   else if (index_note == LEN_MUSIC)
      enable_music   <= 0;
   else
      enable_music   <= enable_music;
end
```

멜로디를 실제 소리로 발생시키기 위해서는 악보에 작성된 음표(또는 쉼표)의 순서에 따라 각 음(또는 침묵) 높이에 해당하는 주파수의 클록 펄스를 실제 연주시간 동안 피에조 버저에 전달하는 회로를 모델링해야 한다. 앞서 실제 연주시간을 계산하기 위한 카운터와 연동하여 음표의 순서를 지정하는 카운터를 모델링했다. 카운터의 계수값과 case 문을 사용하여 멜로디 배열의 각 주소에 저장된 데이터의 하위 5비트에 해당하는 음(array_melody [index_note] [4:0])을 차례로 출력하는 회로를 다음과 같이 모델링할 수 있다. 파라미터 선언부는 악보 연주회로의 입력으로 인가된 음계 생성회로의 출력인 oNOTE로부터 인가받은 24비트 입력(iNOTE, 5옥타브와 6옥타브 음계)에서 연주하고자 하는 음표에 해당하는 비트 위치를 지정하기 위해 선언한다.

```
/* 멜로디 배열에 저장된 악보 연주 */

// 음계 생성회로의 출력(oNOTE)으로부터 인가받은 24개 음계(iNOTE)에서
// 각 음표에 해당하는 비트 위치를 파라미터로 선언
// 5-Octave
localparam   NOTE_C5     = 5'd0;   // C5  = 523Hz
localparam   NOTE_CS5    = 5'd1;   // C#5 = 554Hz
localparam   NOTE_D5     = 5'd2;   // D5  = 587Hz
localparam   NOTE_DS5    = 5'd3;   // D#5 = 622Hz
localparam   NOTE_E5     = 5'd4;   // E5  = 659Hz
localparam   NOTE_F5     = 5'd5;   // F5  = 698Hz
localparam   NOTE_FS5    = 5'd6;   // F#5 = 740Hz
localparam   NOTE_G5     = 5'd7;   // G5  = 784Hz
localparam   NOTE_GS5    = 5'd8;   // G#5 = 831Hz
localparam   NOTE_A5     = 5'd9;   // A5  = 880Hz
localparam   NOTE_AS5    = 5'd10;  // A#5 = 932Hz
localparam   NOTE_B5     = 5'd11;  // B5  = 988Hz

// 6-Octave
localparam   NOTE_C6     = 5'd12;  // C6  = 1047Hz
```

```
localparam   NOTE_CS6    = 5'd13;  // C#6 = 1109Hz
localparam   NOTE_D6     = 5'd14;  // D6  = 1175Hz
localparam   NOTE_DS6    = 5'd15;  // D#6 = 1245Hz
localparam   NOTE_E6     = 5'd16;  // E6  = 1319Hz
localparam   NOTE_F6     = 5'd17;  // F6  = 1397Hz
localparam   NOTE_FS6    = 5'd18;  // F#6 = 1480Hz
localparam   NOTE_G6     = 5'd19;  // G6  = 1568Hz
localparam   NOTE_GS6    = 5'd20;  // G#6 = 1661Hz
localparam   NOTE_A6     = 5'd21;  // A6  = 1760Hz
localparam   NOTE_AS6    = 5'd22;  // A#6 = 1865Hz
localparam   NOTE_B6     = 5'd23;  // B6  = 1976Hz
localparam   MUTE        = 5'd24;  // mute  = 0Hz

reg           sound;

// 악보에 작성된 음표(쉼표)의 순서에 따라 해당 음(쉼)을 출력
// index_note로 지정된 음표에 해당하는 음을 iNOTE로부터 sound에 할당
always @(posedge iCLK or negedge iRESETn) begin
   if (!iRESETn)
      sound   <= 0;
   else if(index_note == LEN_MUSIC)
      sound   <= 0;
   else
      case(array_melody[index_note][4:0])
         MUTE        : sound   <= 0;          // 쉼표 또는 음 간격
         NOTE_C5     : sound   <= iNOTE[0];
         NOTE_CS5    : sound   <= iNOTE[1];
         NOTE_D5     : sound   <= iNOTE[2];
         NOTE_DS5    : sound   <= iNOTE[3];
           :                   :
         NOTE_B6     : sound   <= iNOTE[23];
         default     : sound   <= 0;
      endcase
end

// 멜로디 연주를 위한 출력(피에조 버저에 인가)
assign   oMUSIC   = sound;
```

앞서 모델링한 내용(코드 블록)을 종합하여 작성한 악보 연주회로의 전체 모듈 코드 구성은 다음과 같다.

모듈 8-1c

```
/* 악보 연주 회로 */

module play_score (
   input    wire          iCLK,     // 50MHz 기준 클록
   input    wire          iRESETn, // Active-Low reset
   input    wire          iSTART,   // 뮤직 박스 동작을 위한 시작 신호
   input    wire   [23:0] iNOTE,    // 5-Octave와 6-Octave의 24개 음계 출력
   output   wire          oMUSIC); // 멜로디 연주 출력 신호(피에조 버저 입력)

```

```
    // 음계 생성회로의 출력(oNOTE)으로부터 인가받은 24개 음계(iNOTE)에서
    // 각 음표에 해당하는 비트 위치를 파라미터로 선언
    // 5-Octave
    해당 코드를 작성

    // 각 음(쉼)표의 실제 연주 시간 계산을 위한 파라미터 선언
    // 실제 연주 시간 = (1분/BPM) * (음표의 길이/단위 음표의 길이)
    // (FREQ_CLK)MHz 클록 사용: (60*FREQ_CLK)/BPM*(음표 길이/단위 음표 길이)
    해당 코드를 작성          // 기준 클록의 주파수(50Mhz), FREQ_CLK
    해당 코드를 작성          // 템포 = 분당 단위 음표의 박자 수, BPM
    해당 코드를 작성          // 단위 음표(ex. 1/2박자 = 2, 1/4 = 4), UBEAT
    해당 코드를 작성          // 음 사이 간격, LEN_1_128
    해당 코드를 작성          // 32분음표, LEN_1_32
    해당 코드를 작성          // 16분음표, LEN_1_16
    해당 코드를 작성          // 8분음표, LEN_1_8
    해당 코드를 작성          // 4분음표, LEN_1_4
    해당 코드를 작성          // 2분음표, LEN_1_2
    해당 코드를 작성          // 온음표, LEN_1_1

    // 음계 정의, 악보 관련 파라미터 선언
    해당 코드를 작성   // 음계에 정의한 음표 구별에 필요한 비트 수, NUM_NOTE
    해당 코드를 작성   // 악보로 작성한 음표 수+쉼표 수+음 간격 수, LEN_MUSIC
    해당 코드를 작성   // 실제 연주시간 정의(LEN_1_1)를 위한 비트 수, NUM_LEN

    // 내부 신호의 자료형(wire 또는 reg) 선언
    해당 코드를 작성   // 멜로디 배열, array_melody
    해당 코드를 작성   // 음표(쉼표)의 길이용 카운터 비트 폭, len_note
    해당 코드를 작성   // 연주되는 음악 출력, sound
    해당 코드를 작성   // 연주 시간 계산을 위한 카운터, cnt_length
    해당 코드를 작성   // 멜로디 배열에 저장된 음표 순서 카운터, index_note
    해당 코드를 작성   // 연주 활성화 신호, enable_music
    해당 코드를 작성   // for 문 조건식에서 사용한 인덱스 변수(i)를 정수 선언

    /* 실제 연주 시간을 고려한 악보 작성 */
    // 멜로디 배열의 각 주소에 실제 연주 시간(LEN_1_?)과 음표(NOTE_?)를 저장
    // for 문 사용하여 멜로디 배열(array_melody[i])에 저장
    always @ (posedge iCLK or negedge iRESETn) begin
       해당 코드를 작성
    end

    // 악보로 작성한 각 음표의 연주 순서 지정을 위한 카운터, index_note
    always @(posedge iCLK or negedge iRESETn) begin
       해당 코드를 작성
    end

    // index_note로 지정한 음표의 연주 시간값을 len_note에 할당(연속 할당문)
    해당 코드를 작성

    // 음(쉼)표의 연주 시간값(len_note)과 연주 활성화 신호(enable_music)을
    // 사용하여 실제 연주 시간을 계산하는 카운터, cnt_length
    always @(posedge iCLK or negedge iRESETn) begin
       해당 코드를 작성
    end
```

```

    // 악보로 작성된 음악의 길이(LEN_MUSIC) 동안
    // 연주 신호 활성화(enable_music = 1)
    always @(posedge iCLK or negedge iRESETn) begin
       해당 코드를 작성
    end

    // 악보에 작성된 음표(쉼표)의 순서에 따라 해당 음(쉼)을 출력
    // index_note로 지정된 음표에 해당하는 음을 iNOTE로부터 sound에 할당
    always @(posedge iCLK or negedge iRESETn) begin
       해당 코드를 작성
    end

    // 멜로디 연주를 위한 출력(피에조 버저에 인가)
    해당 코드를 작성

endmodule
```

8.1.3. 뮤직 박스 모델링

그림 8-10은 뮤직 박스의 전체 회로도이다. 음계 생성회로는 50MHz 기준 클록(OSC)을 입력받아 발생시킨 5옥타브와 6옥타브의 24개 음을 24비트 데이터로 출력하여 악보 연주회로의 입력에 인가된다. 만약 더 많은 옥타브의 음을 생성하도록 모델링한다면, 출력의 비트 폭을 증가시키면 된다. 음계 생성회로에서 iSTART는 악보 연주회로의 동작을 시작하도록 하는 Active-High 푸시버튼 입력이다.

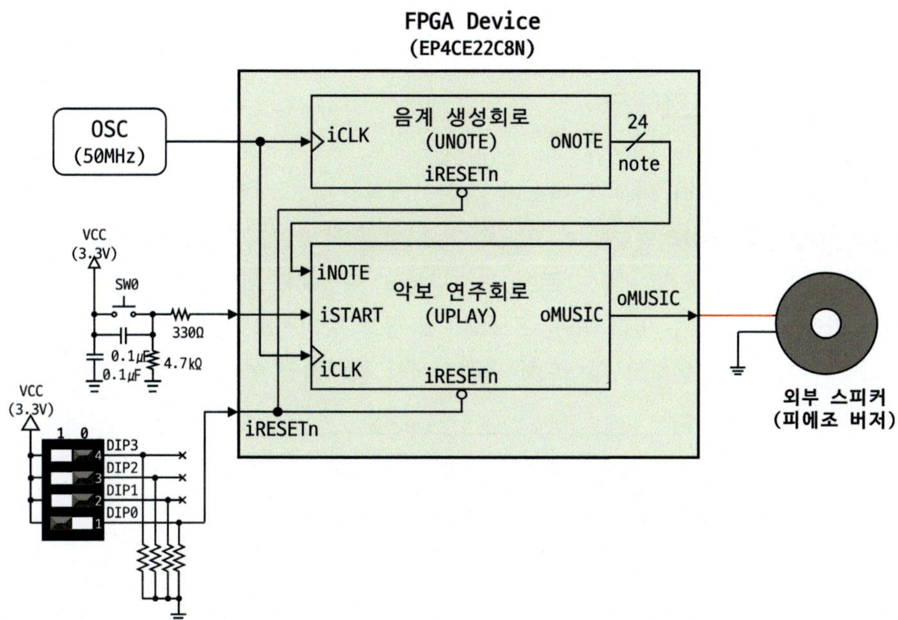

그림 8-10 뮤직 박스 전체 회로도와 FPGA 구현을 위한 학습키트의 핀 연결 정보

뮤직 박스의 최상위 모듈(top-level entity)은 앞서 모델링한 음계 생성회로 모듈과 악보 연주회로 모듈을 인스턴스화하여 다음과 같이 모델링할 수 있다.

모듈 8-1d

```
/* Top Module for Music Box */

module music_box (
   input    iCLK,    // 50MHz 기준 클록
   input    iRESETn, // Active-Low reset
   input    iSTART,  // 뮤직 박스 동작을 위한 시작 신호
   output   oMUSIC); // 멜로디 연주 출력 신호(피에조 버저 입력)

   // 내부 신호의 자료형 선언
      해당 코드를 작성

   // 이름에 의한 포트 맵핑 방법으로 음계 생성회로의 인스턴스화
   gen_note UNOTE (
      해당 코드를 작성 );

   // 이름에 의한 포트 맵핑 방법으로 악보 연주회로의 인스턴스화
   play_score UPLAY (
      해당 코드를 작성 );

endmodule
```

그림 8-10의 뮤직 박스 모델링을 완료하였다면, 학습키트를 사용하여 동작의 정상 여부를 확인한다. 여기에서는 모델링한 뮤직박스를 검증하기 위한 시뮬레이션은 생략했다. 각 모듈의 테스트벤치를 직접 작성하여 모델링한 내용을 검증하기 바란다.

8.2 디지털 시계 프로젝트

디지털 시계는 주파수 분주기, 레지스터, 카운터, 디코더, 유한상태머신 등 다양한 조합회로와 순차회로의 조합으로 구성되며, 여러 기능을 구현하기 위해 통합적인 제어가 필요하다, 디지털 시계 프로젝트는 디지털 논리 회로의 기본 개념에 대한 이해를 바탕으로 디지털 시계의 각 세부 회로를 모델링하고 실제 하드웨어(FPGA)로 구현해 봄으로써 실전에서 사용되는 기술과 접근 방법을 경험할 수 있다. 또한 프로젝트를 통해 창의적으로 문제를 해결하는 능력을 키울 수 있으며, 디지털 시계의 다양한 기능을 구현하고 테스트하는 과정에서 창의적인 아이디어를 발휘할 수 있다.

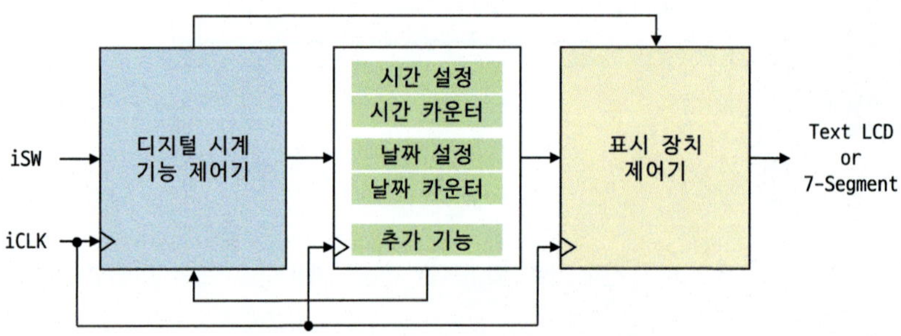

그림 8-11 디지털 시계의 기본 블록도

그림 8-11은 디지털 시계의 기본적인 블록도이다. 디지털 시계 기능 제어기는 외부로부터 인가되는 기준 클록(iCLK)과 푸시버튼 입력(iSW)을 받아 시간 및 날짜와 같은 기본적인 기능과 알람 및 타이머 등의 추가적인 기능을 설정하고 동작을 제어하기 위한 블록이다. 시간/날짜 설정 및 카운터는 기준 클록(iCLK)을 사용하여 시간 및 날짜의 초깃값을 설정하거나 업데이트하기 위한 블록으로 알람 및 타이머 동작에도 관여한다. 디스플레이 장치 제어기는 텍스트 LCD 또는 7-세그먼트에 시간, 날짜, 알람, 타이머 등의 동작 정보를 표시하는 제어 블록이다. 각각의 세부 블록(하위 모듈)에서 입출력 신호의 비트 폭은 구현한 기능과 모델링 방법에 따라 달라질 수 있다.

8.2.1. 디지털 시계 모델링 시 요구 사항

그림 8-11의 디지털 시계를 모델링할 때 요구되는 사항은 다음과 같다.

- 디지털 시계는 기본적으로 시간, 날짜를 표시하는 기능을 가지며, 알람, 타이머, 스톱와치, 원격(UART) 설정 등의 기능을 추가할 수 있도록 가능한 개별 기능 단위로 모델링한다.
- 디지털 시계 기능 제어기는 푸시버튼 입력에 따라 표 8-1의 동작 모드 변경 및 기능 선택 등이 가능하도록 유한상태머신(FSM) 기반으로 모델링한다.
- 시간은 1/100초의 정밀도를 가지며, hh(시) - mm(분) - ss(초)를 표시할 수 있으며, 24h과 12h 표시 전환 및 초깃값 설정이 가능하다.
- 날짜는 yyyy(년) - mm(월) - dd(일) - dow(요일)를 표시할 수 있으며, 날짜 초깃값 설정 가능(요일은 날짜에 따라 자동 계산)하다.
- 알람은 hh(시) - mm(분)을 표시, 초깃값을 설정할 수 있으며, 알람 시간이 되면 별도의 알림 표시(LED 깜빡임, 소리 발생 등)가 가능하다.
- 타이머는 hh(시) - mm(분) - ss(초)를 표시, 초깃값을 설정할 수 있으며, 타이머 시간이 완료되면 별도의 알림 표시(LED 깜빡임, 소리 발생 등)가 가능하다.
- 표시 장치는 텍스트 LCD를 기본으로 하며, 7-세그먼트나 LED 등을 사용할 수 있다.

표 8-4 디지털 시계 기능 제어기의 동작 모드

동작 모드	동작	기타
설정 모드(EDIT mode)	• 디지털 시계 기능 및 동작 모드 선택 • 선택한 기능(시간, 날짜, 알람 등)의 초깃값 설정 • 설정값의 증가, 감소 동작(연속적인 증가 및 감소 동작 포함) • 시간 및 날짜 동작은 해당 기능의 설정 모드를 제외하고 정상적인 업데이트 실행	푸시버튼만 사용 (최대 3개 사용)
실행 모드(PROC mode)	• 선택한 기능 실행	-

8.2.2. 디지털 시계의 기능 제어기 모델링

디지털 시계의 기능 제어기는 푸시버튼 입력에 따라 디지털 시계의 동작 모드 및 기능을 제어하는 모듈로서, FSM을 기반으로 모델링한다.

❑ 푸시버튼 입력 모듈(input_sw.v)

FSM의 정확한 동작을 위해 푸시버튼 입력의 디바운스(debounce) 처리가 필요하다. 7장의 모듈 7-1c(모듈 6-2a, 모듈 7-1b 필요)를 참고하여 푸시버튼을 짧은 시간 동안 눌렀을 때 단일 펄스를 생성하고, 사전에 정의된 시간(0.5초, 2초) 동안 연속적으로 눌렀을 때 주기적인 펄스를 생성하도록 모델링한다. 생성된 단일 및 주기적 펄스는 기준 클록의 주기 동안 High(1) 상태가 되도록 한다. 모듈 7-1c에서 연속적인 입력에 대해 주기적 펄스를 생성하는 기능을 추가한 디바운서 모듈(debouncer_isw.v)의 기본 형태는 다음과 같다.

모듈 8-2a

```
/* 수정된 디바운서 모듈(1개의 Push SW 입력) */

module debouncer_isw (
    input    iCLK,        // 50MHz 기준 클록
    input    iRESETn,     // 리셋
    input    iSW,         // 푸시 스위치 입력

    output   oSW,         // 디바운스 처리된 단일 및 0.5초 주기의 펄스 신호
    output   oCSW         // 연속된 입력에 대한 2초 주기의 tick 신호
    );

    해당 코드를 작성     // 0.5초 상수(TCLK_SHORT) 선언
    해당 코드를 작성     // 2초 상수(TCLK_LONG) 선언

    // 내부 신호의 자료형(wire 또는 reg) 선언
    해당 코드를 작성     // 주파수 분주기(freq_div_10hz)의 10Hz 클록 출력
    해당 코드를 작성     // D-FF의 출력(oQ)과 반전 출력(oQn)
    해당 코드를 작성     // oMYCLK의 주기 동안 High 상태인 단일 펄스
    해당 코드를 작성     // iCLK의 주기 동안 High 상태인 단일 펄스
    해당 코드를 작성     // 짧은 주기의 tick 펄스 생성을 위한 카운터
    해당 코드를 작성     // 긴 주기의 tick 펄스 생성을 위한 카운터
    해당 코드를 작성     // 짧은 주기의 tick 펄스
    해당 코드를 작성     // 긴 주기의 tick 펄스

    // 하위 모듈의 인스턴스화
    freq_div_10hz  UFDIV (          // 주파수 분주기 인스턴스화
        .iCLK       (iCLK),         // 50MHz 클록
        .iRESETn    (iRESETn),      // D-FF의 Active-Low reset
        .oMYCLK     (oMYCLK));      // 10Hz 클록

    d_ff  UDFF1 (                   // 1st D-FF 인스턴스화
        .iCLK       (oMYCLK),       // 10Hz 클록
        .iCLEARn    (iRESETn),      // D-FF의 Active-Low system clear
        .iPRESETn   (1'b1),         // D-FF의 Active-Low preset
        .iD         (iSW),          // D-FF 입력(D)
        .oQ         (q1));          // D-FF 출력(Q)

    d_ff  UDFF2 (                   // 2nd D-FF 인스턴스화
        .iCLK       (oMYCLK),       // 10Hz 클록
        .iCLEARn    (iRESETn),      // D-FF의 Active-Low system clear
        .iPRESETn   (1'b1),         // D-FF의 Active-Low preset
        .iD         (q1),           // D-FF 입력(D)
        .oQn        (qn2));         // D-FF 반전 출력(Q̄)

    d_ff  UDFF3 (                   // 3rd D-FF 인스턴스화
        .iCLK       (iCLK),         // 50MHz 클록
        .iCLEARn    (iRESETn),      // D-FF의 Active-Low system clear
        .iPRESETn   (1'b1),         // D-FF의 Active-Low preset
        .iD         (single_pulse), // D-FF 입력(D)
        .oQ         (q3));          // D-FF 출력(Q)

```

```
    d_ff  UDFF4 (                    // 4th D-FF 인스턴스화
       .iCLK       (iCLK),           // 50MHz 클록
       .iCLEARn    (iRESETn),        // D-FF의 Active-Low system clear
       .iPRESETn   (1'b1),           // D-FF의 Active-Low preset
       .iD         (q3),             // D-FF 입력(D)
       .oQn        (qn4));           // D-FF 반전 출력(Q̄)

    // 짧은 주기 펄스 생성을 위한 카운터(cnt_isw_short)
    해당 코드를 작성

    // 짧은 주기의 tick 신호(펄스) 생성(tick_short)
    해당 코드를 작성

    // 긴 주기 펄스 생성을 위한 카운터(cnt_isw_long)
    해당 코드를 작성

    // 긴 주기의 tick 신호(펄스) 생성(tick_long)
    해당 코드를 작성

    assign  single_pulse = q1 & qn2; // 10Hz의 주기 동안 High인 단일 펄스
    assign  out_pulse = (q3 & qn4);  // iCLK의 주기 동안 High 상태 단일 펄스

    // 디바운스 처리된 펄스 출력
    해당 코드를 작성      // 단일 펄스 + 짧은 주기 펄스(oSW)
    해당 코드를 작성      // 연속된 입력에 대한 긴 주기 펄스(oCSW)

endmodule
```

수정한 디바운서 모듈(debouncer_isw.v)은 1개의 푸시버튼 입력에 대한 디바운서이다. 따라서 3개의 푸시버튼 입력(iSW0, iSW1, iSW2)에 대해 그림 8-12와 같이 수정한 디바운서 모듈(하위 모듈)을 인스턴스화여 구조적으로 모델링한 푸시버튼 입력 모듈을 사용한다.

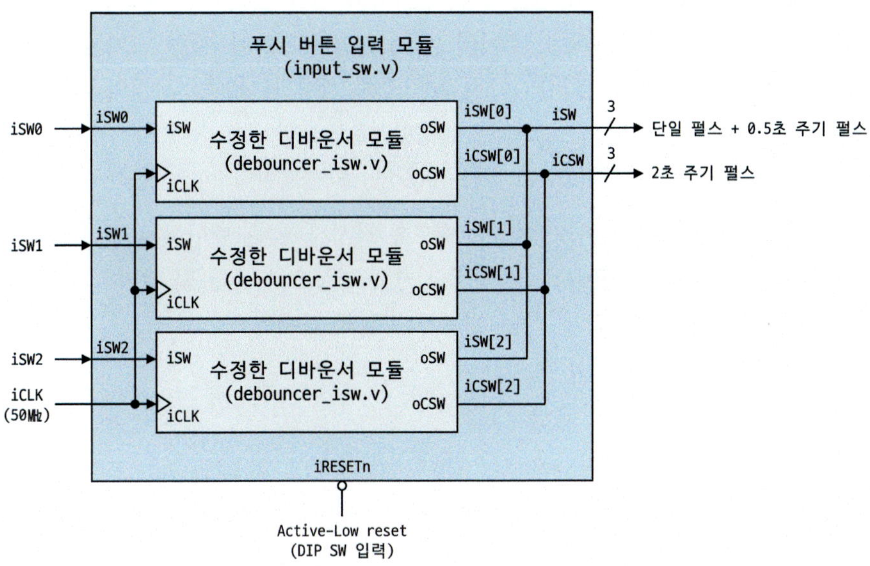

그림 8-12 푸시버튼 입력 모듈

모듈 8-2b

```
/* 수정된 디바운서 모듈을 적용한 3개 푸시버튼 입력 모듈 */

module input_sw (
   input         iCLK,    // 50MHz 기준 클록
   input         iRESETn,// Active-Low reset
   input         iSW0,    // Active-High 푸시버튼 입력
   input         iSW1,    // Active-High 푸시버튼 입력
   input         iSW2,    // Active-High 푸시버튼 입력

   output  [2:0] oSW,     // 3개 푸시버튼 입력 대한 단일 및 0.5초 주기의 펄스
   output  [2:0] oCSW     // 3개 푸시버튼 입력 대한 2초 주기의 tick 펄스
   );

   // 내부 신호의 자료형(wire 또는 reg) 선언
   해당 코드를 작성       // iSW0에 대한 디바운서 출력(wire 선언 생략 가능)
   해당 코드를 작성       // iSW1에 대한 디바운서 출력(wire 선언 생략 가능)
   해당 코드를 작성       // iSW2에 대한 디바운서 출력(wire 선언 생략 가능)

   // 하위 모듈(debouncer_isw)의 인스턴스화
   해당 코드를 작성       // iSW0에 대한 디바운서, 출력 : pulse_sw0, cont_sw0
   해당 코드를 작성       // iSW1에 대한 디바운서, 출력 : pulse_sw1, cont_sw1
   해당 코드를 작성       // iSW2에 대한 디바운서, 출력 : pulse_sw2, cont_sw2

   // 각 푸시버튼 입력에 대한 디바운서 출력을 결합한 출력
   해당 코드를 작성        // 단일 및 0.5초 주기 펄스
   해당 코드를 작성        // 2초 주기 펄스

endmodule
```

❑ FSM 모듈(fsm.v)

그림 8-12의 디지털 시계의 기능 제어기는 앞서 모델링한 푸시버튼 입력 모듈에서 디바운스(debounce) 잡음이 제거된 iSW(단일 펄스 및 0.5초 주기의 펄스)와 iCSW(2초 주기의 펄스)를 입력으로 사용하며, 3가지 상태(IDLE, EDIT, PROC)를 갖는 무어(Moore) FSM으로 모델링한다. 푸시버튼 입력에 의해 선택된 디지털 시계의 기능과 동작 모드는 FSM의 출력으로 내보내진다. 또한 시간 및 날짜 등의 초깃값을 설정할 때 필요한 로드 신호를 출력한다. 로드 신호는 FSM이 EDIT 상태(설정 모드)일 때 1(High)을 출력하고, 그 외는 0(Low)을 출력한다.

FSM은 먼저 모델링 요구사항을 반영하여 무어 FSM의 상태도를 작성한 후, 모델링하는 것이 좋다. 다음에 제시된 FSM의 기본 형식을 참고하여 모델링해보자. 여기에서는 디지털 시계의 기능으로 시간 및 날짜 이외에 알람과 타이머 기능을 추가하였다. 그림 8-13은 모델링할 디지털 시계 기능 제어기 모듈의 블록도이다.

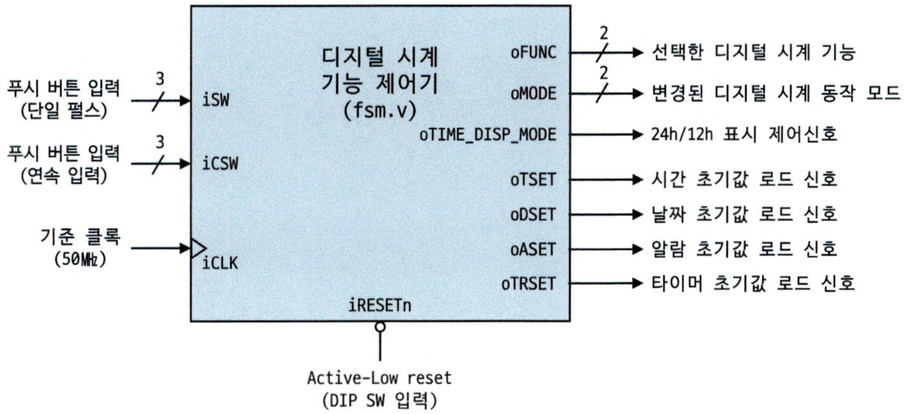

그림 8-13 디지털 시계 기능 제어기 모듈

모듈 8-2c

```
/* 디지털 시계의 기능 및 동작 모드 변경을 위한 Moore FSM 모듈 */

module fsm (
  input          iCLK,       // 50MHz 기준 클록
  input          iRESETn,    // Active-Low reset
  input   [2:0]  iSW,        // 단일 및 0.5초 주기 펄스, {iSW2, iSW1, iSW0}
  input   [2:0]  iCSW,       // 2초 주기 펄스, {iCSW2, iCSW1, iCSW0}

  output  [1:0]  oFUNC,      // 선택한 디지털 시계 기능 출력
  output  [1:0]  oMODE,      // 디지털 시계의 동작 모드 출력
  output         oTIME_DISP_MODE, // 24h/12h 표시 모드 선택을 위한 제어신호
  output         oTSET,      // 시간 설정값 로드 신호
  output         oDSET,      // 날짜 설정값 로드 신호
  output         oASET,      // 알람 설정값 로드 신호
  output         oTRSET      // 타이머 설정값 로드 신호
  );

  // FSM의 기능(iFUNC) 파라미터 정의
  localparam   TIME  = 2'b00, // 시간
               DATE  = 2'b01, // 날짜
               ALARM = 2'b10, // 알람
               TIMER = 2'b11; // 타이머

  // FSM의 동작 모드(iMODE) 파라미터 정의
  localparam   IDLE = 2'b00,
               PROC = 2'b01,
               EDIT = 2'b10;

  // 동작 모드(EDIT/PROC) 변경을 위한 입력 시간 카운터의 계수값 정의
  해당 코드를 작성  // 2초 상수(TMODE) 선언

  // 내부 신호의 자료형(wire 또는 reg) 선언
  해당 코드를 작성  // FSM의 현재 상태(curr_state) 및 다음 상태(next_state)
  해당 코드를 작성  // 디지털 시계의 동작 모드(mode)
```

```
        해당 코드를 작성  // 동작 모드 변경을 위한 제어신호(sel_mode)
        해당 코드를 작성  // 선택된 디지털 시계의 기능(func)
        해당 코드를 작성  // 24h/12h 변경 기능(time_disp_mode)

        /* Moor FSM */
        // Combinational block
        해당 코드를 작성

        // Sequential block with asynchronous reset
        해당 코드를 작성

        // Combinational logic to determine the output of Moore FSM
        해당 코드를 작성

        /* 디지털 시계의 동작 모드 변경을 위한 제어 신호(sel_mode) 생성 */
        // sw1의 연속 입력(2초) 확인
        해당 코드를 작성

        /* 디지털 시계의 기능 선택(PROC 모드에서만 가능) */
        // sw0의 짧은 입력 사용 : func : 00=시간, 01=날짜, 10=알람, 11=타이머
        해당 코드를 작성

        /* 24h/12h 모드 변환을 위한 토글(시간 및 알람 기능에서만 가능) */
        // sw2의 짧은 입력 사용 : time_disp_mode : 0 = 24h, 1 = 12h
        해당 코드를 작성

        // FSM의 출력
        해당 코드를 작성    // 선택한 디지털 시계의 기능 출력(oFUNC)
        해당 코드를 작성    // FSM의 현재 상태를 출력(oMODE)
        해당 코드를 작성    // 24h/12h 표시 모드 제어신호(oTIMER_DISP_MODE)
        해당 코드를 작성    // EDIT 모드일 때 시간 설정값 로드 신호(oTSET) 활성화
        해당 코드를 작성    // EDIT 모드일 때 날짜 설정값 로드 신호(oDSET) 활성화
        해당 코드를 작성    // EDIT 모드일 때 알람 설정값 로드 신호(oASET) 활성화
        해당 코드를 작성    // EDIT 모드일 때 타이머 설정값 로드 신호(oTRSET) 활성화

    endmodule
```

8.2.3. 시간/날짜 설정 및 카운터 모듈 모델링

❏ 시간 설정 블록(time_setting.v)

그림 8-14의 시간 설정 모듈은 선택한 시간 관련 기능(시간, 알람, 타이머)의 초깃값을 설정하기 위한 블록으로, 시간 관련 초깃값(oSET_TIME)은 내부적으로 시-분-초-센티초(hh-mm-ss-cs) 형식을 사용한다. FSM이 설정 모드(iMODE = EDIT)로 진입할 때, 선택 기능이 시간(iFUNC = TIME)이라면 시-분-초(hh-mm-ss), 알람(iFUNC = ALARM)이면 시-분(hh-mm), 타이머(iFUNC = TIMER)이면 시-분-초(hh-mm-ss)의 초깃값을 바이너리(binary) 또는 BCD 코드 형식으로 설정할 수 있다.

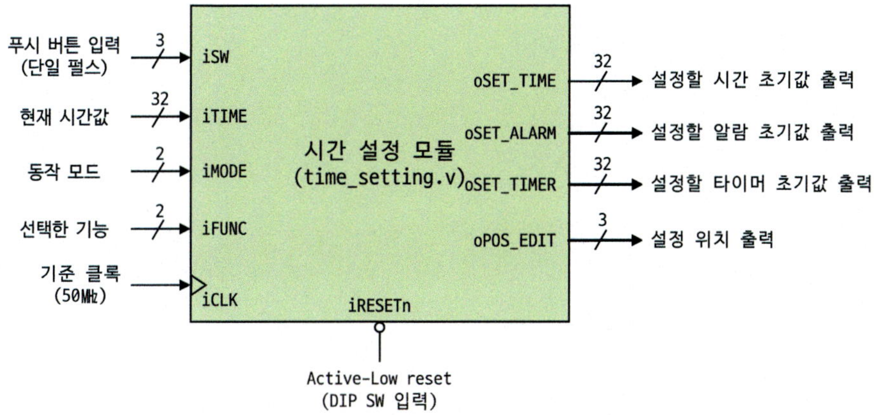

그림 8-14 시간 설정 모듈

선택 기능이 시간(iFUNC = TIME)이면 시간 초깃값은 FSM이 실행 모드(PROC)로 동작하는 동안 현재 시간(iTIME, hh-mm-ss-cs)을 지속적으로 로드하여, 설정 모드(EDIT)로 진입했을 때 사전에 로드한 현재 시간을 이용하여 설정할 수 있도록 한다. 반면, 알람과 타이머의 초깃값은 모두 리셋(00-00 또는 00-00-00)된 시간 형식으로부터 설정한다. 시간 관련 초깃값은 내부적으로 시-분-초-센티초(hh-mm-ss-cs) 형식을 사용하므로 선택한 기능에 대한 초깃값 설정 시 설정 형식 이외의 나머지 초깃값(시간과 타이머일 경우 cs, 알람은 ss-cs)은 00 또는 00-00으로 설정된다.

초깃값 설정은 푸시버튼 입력을 사용하여 설정할 위치로 이동한 후 초깃값을 증가 또는 감소시킨다. FSM이 설정 모드(EDIT)일 때 iSW1의 짧은 입력(단일 펄스 및 0.5초 주기의 펄스)을 사용하여 초깃값의 시(hh), 분(mm), 초(ss)의 위치로 이동하고, iSW0(증가)와 iSW2(감소)의 짧은 입력을 사용하여 초깃값을 증가 또는 감소시킬 수 있도록 한다. 그림 8-14의 블록도와 다음에 제시된 시간 설정 모듈의 기본 형식을 참고하여 모델링해보자. 제시된 모듈 코드에서 각 시간 단위값은 BCD 코드로 모델링한다.

모듈 8-2d

```
/* 시간, 알람, 타이머의 초깃값 설정을 위한 시간 설정 모듈 */

module time_setting (
  input          iCLK,       // 50MHz 기준 클록
  input          iRESETn,    // Active-Low reset
  input   [31:0] iTIME,      // 현재 시간값(BCD), hh-mm-ss-ms
  input   [1:0]  iFUNC,      // 선택한 디지털 시계 기능
  input   [1:0]  iMODE,      // 디지털 시계의 동작 모드
  input   [2:0]  iSW,        // 단일 펄스 + 0.5초 주기 펄스 입력

  output  [31:0] oSET_TIME,  // 설정할 시간값(BCD), hh-mm-ss-cs
  output  [31:0] oSET_ALARM, // 설정할 알람 시간값(BCD), hh-mm-00-00
  output  [31:0] oSET_TIMER, // 설정할 타이머 시간값(BCD), hh-mm-ss-00
  output  [2:0]  oPOS_EDIT   // 초깃값 설정 위치
  );

  // FSM의 기능(iFUNC) 파라미터 정의
  localparam  TIME  = 2'b00, // 시간
              DATE  = 2'b01, // 날짜
```

```
                ALARM = 2'b10, // 알람
                TIMER = 2'b11; // 타이머

    // FSM의 동작 모드(iMODE) 파라미터 정의
    localparam   IDLE = 2'b00,
                 PROC = 2'b01,
                 EDIT = 2'b10;

    // 내부 신호의 자료형(wire 또는 reg) 선언
    해당 코드를 작성        // 시(hour) 설정값 저장
    해당 코드를 작성        // 분(min) 설정값 저장
    해당 코드를 작성        // 초(sec) 설정값 저장
    해당 코드를 작성        // 1/100초(csec) 설정값 저장
    해당 코드를 작성        // 설정할 시간 관련 초깃값의 위치(pos_edit)

    // sw1의 짧은 입력을 사용하여 시간 관련 초깃값 설정 위치(pos_edit) 이동
    // EDIT 모드에서만 가능, 시간: 시~초, 알람: 시~분, 타이머: 시~초까지 이동
    always @(posedge iCLK or negedge iRESETn) begin
       해당 코드를 작성
    end

    // sw0(증가)와 sw2(감소)의 짧은 입력 사용으로 시간 초깃값을 증가/감소
    // EDIT 모드에서만 가능
    // 시간 초깃값은 hour, min, sec, csec에 대해 2자리 BCD 형식
    // 시간 초깃값 로드 : 현재 시간을 초깃값으로 로드 후 설정값 수정
    // 알람 및 타이머 : 0을 초깃값으로 리셋 후 설정값 수정
    always @(posedge iCLK or negedge iRESETn) begin
       해당 코드를 작성
    end

    // FSM의 출력
    해당 코드를 작성      // 선택한 디지털 시계의 기능 출력(oFUNC)
    해당 코드를 작성      // FSM의 현재 상태를 출력(oMODE)
    해당 코드를 작성      // 24h/12h 표시 모드 제어신호(oTIME_DISP_MODE)
    해당 코드를 작성      // 시간 초깃값 설정을 위한 로드 신호(oTSET)
    해당 코드를 작성      // 날짜 초깃값 설정을 위한 로드 신호(oDSET)
    해당 코드를 작성      // 알람 초깃값 설정을 위한 로드 신호(oASET)
    해당 코드를 작성      // 타이머 초깃값 설정을 위한 로드 신호(oTRSET)

endmodule
```

❑ 시간 카운터 모듈(time_counter.v) 및 주파수 분주기 모듈(freq_div_100hz.v)

시간 카운터 모듈은 그림 8-15와 같이 시간 단위(시, 분, 초, 센티초)별 카운터로 모델링할 수 있으며, 센티초(csec) 카운터는 0 ~ 99, 초(sec) 카운터와 분(min) 카운터는 0 ~ 59, 시(hour) 카운터는 0 ~ 23까지의 계수 범위를 갖는다. 센티초 카운터는 모델링 요구사항을 만족하기 위해 외부의 주파수 분주기로부터 인가되는 100Hz 클록에 동기되어 클록의 상승엣지마다 계수값이 1씩 증가한다. 초 카운터, 분 카운터, 그리고 시 카운터는 하위 시간 단위 카운터의 계수값이 최댓값일 때 1씩 증가하도록 모델링한다. 시간 초깃값 설정 신호(iTSET)가 1(High)이면 시간 설정 모듈로부터 출력된 시간 초깃값(iSET_TIME)을 먼저 로드(load)하고, 이후 현재 시간(oTIME)은 업데이트된다. 다음에 제시된 시간 카운터 모듈과 주파수 분주기 모듈의 기본 형식을 참고하여 모델링해보자.

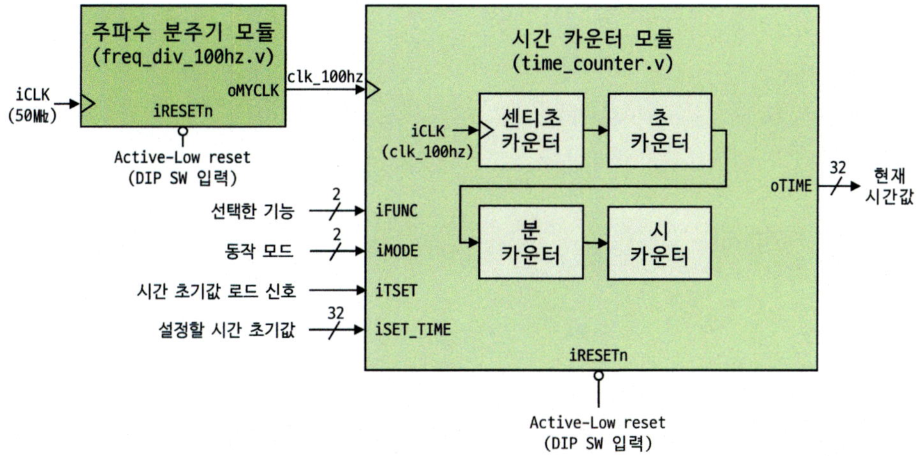

그림 8-15 시간 카운터 모듈과 100Hz 클록을 출력하는 주파수 분주기 모듈

모듈 8-2e

```
/* 현재 시간 업데이트를 위한 시간 카운터 모듈 */

module time_counter (
  input          iCLK,      // 100Hz clock, 주파수 분주기에서 생성한 클록
  input          iRESETn,   // Active-Low reset
  input   [31:0] iSET_TIME, // 시간 초깃값(BCD) : hh-mm-ss-cc
  input   [1:0]  iFUNC,     // 선택한 디지털 시계 기능
  input   [1:0]  iMODE,     // 디지털 시계의 동작 모드
  input          iTSET,     // 시간 초깃값 로드 신호

  output  [31:0] oTIME      // 현재 시간값(BCD) : hh-mm-ss-cc
  );

  // FSM의 기능(iFUNC) 파라미터 정의
  localparam   TIME  = 2'b00, // 시간
               DATE  = 2'b01, // 날짜
               ALARM = 2'b10, // 알람
               TIMER = 2'b11; // 타이머

  // FSM의 동작 모드(iMODE) 파라미터 정의
  localparam   IDLE = 2'b00,
               PROC = 2'b01,
               EDIT = 2'b10;

  // 내부 신호의 자료형(wire 또는 reg) 선언
  해당 코드를 작성        // 시(hour) 카운터
  해당 코드를 작성        // 분(min) 카운터
  해당 코드를 작성        // 초(sec) 카운터
  해당 코드를 작성        // 1/100초(csec) 카운터

  // BCD 형식의 센티초 카운터(csec)
  always @(posedge iCLK or negedge iRESETn) begin
     해당 코드를 작성
```

```
    end

    // BCD 형식의 초 카운터(sec)
    always @(posedge iCLK or negedge iRESETn) begin
       해당 코드를 작성
    end

    // BCD 형식의 분 카운터(min)
    always @(posedge iCLK or negedge iRESETn) begin
       해당 코드를 작성
    end

    // BCD 형식의 시 카운터(hour)
    always @(posedge iCLK or negedge iRESETn) begin
       해당 코드를 작성
    end

    // BCD 형식의 현재 시간값 출력
    해당 코드를 작성        // hh-mm-ss-cs

endmodule
```

모듈 8-2f

```
/* 50Mhz 클록을 입력받아 100Hz 클록을 생성하는 주파수 분주기 */

module  freq_div_100hz (
   input        iCLK,         // 50MHz 기준 클록
   input        iRESETn,      // Active-Low 리셋
   output       oMYCLK);      // 100Hz 클록 출력

   /* ---------------------------------------------------------------- */
   /*  원하는 주파수 생성을 위한 파라미터 값 계산                        */
   /*                                                                  */
   /*  외부 클록의 주파수 : freq_ref = 50,000,000Hz (50MHz)            */
   /*  원하는 클록의 주파수 : freq_myclk = 100Hz                        */
   /*  반주기 카운트 값 : VAL_CNT = freq_ref/(2*freq_myclk)            */
   /*                                                                  */
   /*  Val_CNT 저장에 필요한 비트 수를 확인하여 VAL_CNT를 파라미터 선언  */
   /*  example) localparam   VAL_CNT = 계산한 상수값                    */
   /* ---------------------------------------------------------------- */

   localparam   VAL_CNT = 해당 코드를 작성 // 0.01초에 해당하는 카운터 xs상수

   // 내부 신호의 자료형(wire 또는 reg) 선언
      해당 코드를 작성     // 100Hz 주파수 분주기 카운터
      해당 코드를 작성     // 100Hz 클록

   // Frequency divider (50MHz → 100Hz)
   always @ (posedge iCLK or negedge iRESETn)  begin
      해당 코드를 작성
```

```
    end

    // 주파수 분주기가 생성한 100Hz 클록 출력
        해당 코드를 작성

endmodule
```

❑ 날짜 설정 모듈(date_setting.v)

날짜 설정 블록은 날짜의 초깃값을 설정하기 위한 모듈이다. FSM에 의해 선택된 기능이 날짜(iFUNC = DATE)일 때, 초깃값 형식은 년도-월-일(yyyy-mm-dd)이다. 시간 설정 모듈에서처럼 FSM이 설정 모드(iMODE = EDIT)일 때, iSW1의 짧은 입력(단일 펄스 + 0.5초 주기의 펄스)이 한 번 인가될 때마다 년도(yyyy), 월(mm), 일(dd)은 2자리씩 설정 위치가 이동된다. iSW0(증가)와 iSW2(감소)의 짧은 입력을 사용하여 초깃값을 증가 또는 감소시킬 수 있다. 날짜 설정 블록은 윤년을 확인하는 기능을 추가하여, 2월의 최대 일수가 자동으로 28일 또는 29일로 계산되도록 한다. 또한 FSM이 설정 모드로 진입했을 때, 날짜 초깃값은 현재 날짜값을 시작값으로 사용하여 설정할 수 있도록 한다. 그림 8-16의 블록도와 다음에 제시된 날짜 설정 모듈의 기본 형식을 참고하여 모델링해보자. 제시된 모듈 코드에서 각 날짜 단위는 BCD 코드 형식을 사용한다.

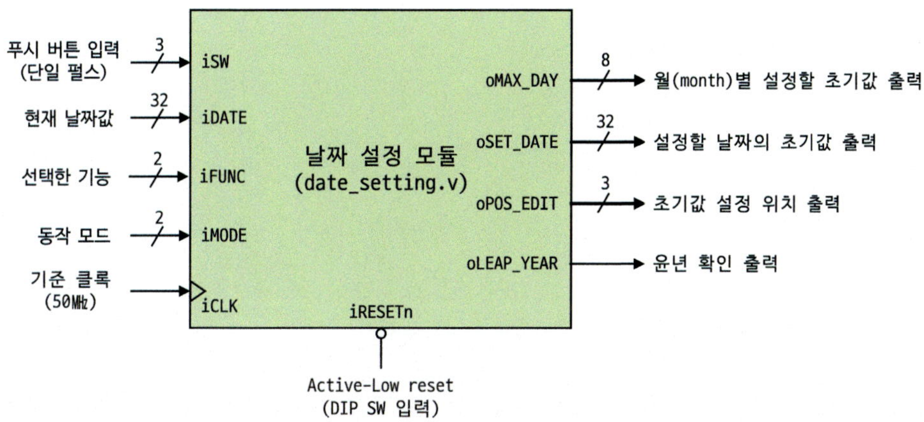

그림 8-16 날짜 설정 모듈

모듈 8-2g

```
/* 날짜의 초깃값 설정을 위한 날짜 설정 모듈 */

module date_setting (
   input          iCLK,      // 50MHz 기준 클록
   input          iRESETn,   // Active-Low reset
   input   [31:0] iDATE,     // 현재 날짜값(BCD), yyyy-mm-dd
   input   [1:0]  iFUNC,     // 선택한 디지털 시계 기능
   input   [1:0]  iMODE,     // 디지털 시계의 동작 모드
   input   [2:0]  iSW,       // 디바운스 처리된 3개의 Active-High 푸시버튼 입력

   output  [31:0] oSET_DATE,  // 설정할 시간값(BCD), yyyy-mm-dd
```

```
    output   [2:0]  oPOS_EDIT, // 초깃값 설정 위치
    output          oLEAP_YEAR, // 윤년 확인(0 = 평년 / 1 = 윤년)
    output   [7:0]  oMAX_DAY    // 월별 최대 일수
    );

    // FSM의 기능(iFUNC) 파라미터 정의
    localparam   TIME  = 2'b00, // 시간
                 DATE  = 2'b01, // 날짜
                 ALARM = 2'b10, // 알람
                 TIMER = 2'b11; // 타이머

    // FSM의 동작 모드(iMODE) 파라미터 정의
    localparam   IDLE = 2'b00,
                 PROC = 2'b01,
                 EDIT = 2'b10;

    // 내부 신호의 자료형(wire 또는 reg) 선언
    해당 코드를 작성    // 4자리 년도(BCD), year
    해당 코드를 작성    // 2자리 월(BCD), month
    해당 코드를 작성    // 2자리 일(BCD), day
    해당 코드를 작성    // 10진수 형식으로 변환된 4자릿수 년도, decimal_year
    해당 코드를 작성    // 날짜 설정 위치, pos_edit
    해당 코드를 작성    // 윤년 확인 신호, leap_year
    해당 코드를 작성    // 월별 최대 일수, max_day

    /* 윤년 확인 */
    // BCD형식의 4자릿수 년도(year)를 10진수 년도(decimal_year)로 변환
    always @(*) begin
      해당 코드를 작성
    end

    // 윤년 확인 신호(leap_year)
    // 윤년 : 100으로 나누어 떨어지지 않고 4 or 400으로 나누어 떨어지는 년도
    always @(*) begin
      해당 코드를 작성
    end

    // 월별 최대 일수(max_day)
    always @(*) begin
      해당 코드를 작성
    end

    // sw1의 짧은 입력을 사용하여 날짜 초깃값 설정 위치(pos_edit) 이동
    // EDIT 모드에서만 가능
    always @(posedge iCLK or negedge iRESETn) begin
      해당 코드를 작성
    end

    // sw0(증가), sw2(감소)의 짧은 입력을 사용하여 날짜 초깃값 증가 또는 감소
    // EDIT 모드에서만 가능하며, 로드된 현재 날짜를 수정하여 초깃값 설정
    // year(4자리 년도), month(2자리 월), day(2자리 일)
    always @(posedge iCLK or negedge iRESETn) begin
      해당 코드를 작성
```

```
    end

    // 시간 설정 모듈의 출력
    해당 코드를 작성    // 설정할 날짜 초깃값 출력(oSET_DATE)
    해당 코드를 작성    // 날짜 초깃값 설정 위치 출력(oPOS_EDIT)
    해당 코드를 작성    // 윤년 확인값(0 = 평년 / 1 = 윤년) 출력(oLEAP_YEAR)
    해당 코드를 작성    // 월별 최대 일수 출력(oMAX_DAY)

endmodule
```

❑ 날짜 카운터 모듈(date_counter.v)

날짜 카운터 모듈은 그림 8-17과 같이 날짜 단위(년도, 월, 일)별 BCD 형식의 카운터와 바이너리 형식의 요일 카운터로 모델링되며, 년도 카운터(year)는 0000 ~ 9999, 월 카운터(month)는 1 ~ 12, 일 카운터(day)는 1 ~ 월별 최대 일수(max_day)까지의 계수 범위를 갖는다.

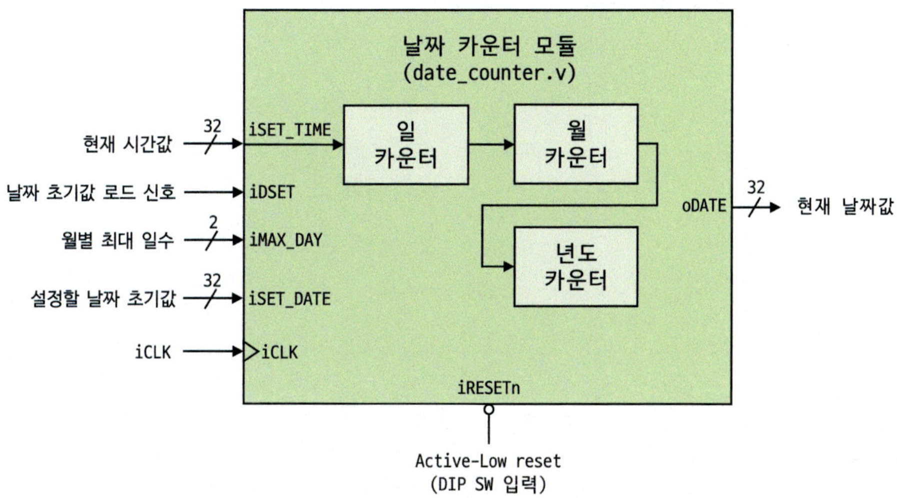

그림 8-17 날짜 카운터 모듈

일(day) 카운터는 시간 카운터(time_counter)로부터 인가되는 현재 시간(iTIME)의 24시간 주기마다 1씩 증가한다. 월 카운터, 년도 카운터는 하위의 날짜 단위 카운터의 계수값이 최댓값일 때마다 1씩 증가하도록 모델링한다. 날짜 초깃값 설정 신호(iDSET)가 High(1)일 때, 날짜 설정 모듈로부터 출력된 날짜 초깃값(iSET_DATE)을 로드(load)한 후 현재 날짜를 업데이트한다. 또한 날짜 설정 모듈처럼 윤년을 확인하는 기능을 사용하여, 2월의 최대 일수가 자동으로 28일 또는 29일로 계산되도록 한다. 다음에 제시된 날짜 카운터 모듈의 기본 형식을 참고하여 모델링해보자.

모듈 8-2h

```
/* 현재 날짜 업데이트를 위한 날짜 카운터 모듈 */

module date_counter (
    input           iCLK,       // 50MHz 기준 클록
    input           iRESETn,    // Active-Low reset
```

```
    input    [31:0] iTIME,      // 현재 시간
    input    [31:0] iSET_DATE,  // BCD 형식의 날짜 초깃값 : yyyy-mm-dd
    input    [7:0]  iMAX_DAY,   // 월별 최대 일수
    input           iDSET,      // 날짜 초깃값 설정을 위한 로드 신호

    output   [31:0] oDATE       // BCD 형식의 현재 날짜+요일 : yyyy-mm-dd
    );

    // 내부 신호의 자료형(wire 또는 reg) 선언
    해당 코드를 작성    // BCD 형식의 4자리 년도, year
    해당 코드를 작성    // BCD 형식의 2자리 월, month
    해당 코드를 작성    // BCD 형식의 2자리 일, day
    해당 코드를 작성    // 10진수 형식으로 변환된 4자릿수 년도, decimal_year
    해당 코드를 작성    // 월별 최대 일수, max_day
    해당 코드를 작성    // 윤년 확인, leap_year

    /* 윤년 확인 */
    // BCD형식의 4자릿수 년도(year)를 10진수 년도(decimal_year)로 변환
    always @(*) begin
       해당 코드를 작성
    end

    // 윤년 확인 신호(leap_year)
    // 윤년 : 100으로 나누어 떨어지지 않고 4 or 400으로 나누어 떨어지는 년도
    always @(*) begin
       해당 코드를 작성
    end

    // 월별 최대 날짜값(max_day)
    always @(*) begin
       해당 코드를 작성
    end

    // BCD 형식의 2자릿수 일 카운터(day)
    always @(posedge iCLK or negedge iRESETn) begin
       해당 코드를 작성
    end

    // BCD 형식의 2자릿수 월 카운터(month)
    always @(posedge iCLK or negedge iRESETn) begin
       해당 코드를 작성
    end

    // BCD 형식의 4자릿수 년도 카운터(year)
    always @(posedge iCLK or negedge iRESETn) begin
       해당 코드를 작성
    end

    // BCD 형식의 현재 날짜(yyyy-mm-dd) 출력
    해당 코드를 작성

endmodule
```

❑ 알람 모듈(alarm.v)

알람 모듈은 현재 시간(iTIME)과 설정한 알람 시간의 일치 여부를 확인하여 알람 동작을 실행하는 모듈이다. 디지털 시계의 기능이 알람으로 선택되었을 때, 시간 설정 모듈(time_setting)에 의해 알람 시간이 설정되도록 한다. 알람 시간 설정을 완료한 후 푸시버튼(SW1)의 짧은 입력을 사용하여 알람 동작 여부(ON/OFF)를 제어할 수 있으며, 알람 동작 제어 신호를 출력하여 텍스트 LCD에 알람 동작의 여부를 표시할 수 있도록 한다. 현재 시간과 설정한 알람 시간이 일치하면, 확인 결과를 출력하여 별도의 출력 장치(LED나 스피커 등)를 사용하여 알람을 표현한다. 알람 기능은 초깃값 설정 및 알람 동작이 ON으로 설정되었다면, 모든 선택된 기능(시간, 날짜, 타이머 등)에서 활성화되도록 해야 한다. 그림 8-18의 블록도와 다음에 제시된 알람 모듈의 기본 형식을 참고하여 모델링해보자.

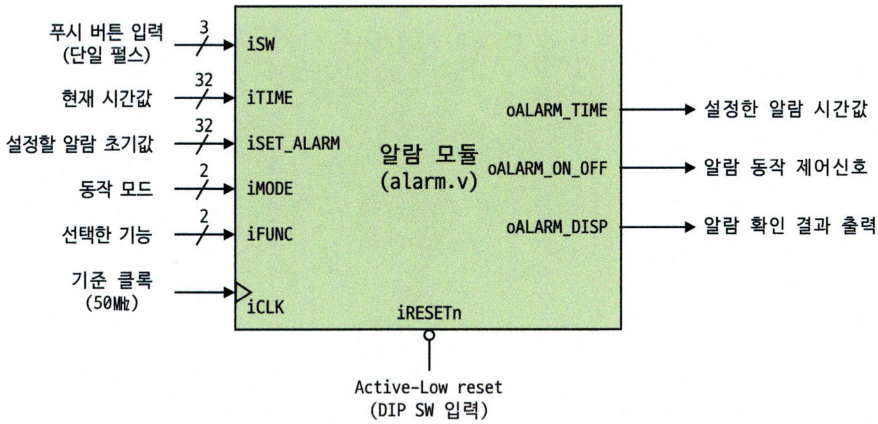

그림 8-18 알람 모듈

모듈 8-2i

```
/* 알람 모듈 */

module alarm (
   input           iCLK,       // 50MHz 기준 클록
   input           iRESETn,    // Active-Low reset
   input    [31:0] iTIME,      // 현재 시간값(BCD), hh-mm-ss-cs
   input    [31:0] iSET_ALARM, // BCD 형식의 알람 시간 설정값 : hh-mm-00-00
   input    [1:0]  iMODE,      // 디지털 시계의 동작 모드
   input    [1:0]  iFUNC,      // 선택한 디지털 시계 기능
   input    [2:0]  iSW,        // 디바운스 처리된 3개의 푸시버튼의 펄스 입력
   input           iASET,      // 알람 설정 신호

   output   [31:0] oALARM_TIME,   // 설정한 알람 시간
   output          oALARM_ON_OFF, // 알람 동작 ON/OFF 출력
   output          oALARM_DISP    // 알람 확인 결과 출력
   );

   // FSM의 기능(iFUNC) 파라미터 정의
   localparam   TIME  = 2'b00, // 시간
                DATE  = 2'b01, // 날짜
```

```
                ALARM = 2'b10, // 알람
                TIMER = 2'b11; // 타이머

    // FSM의 동작 모드(iMODE) 파라미터 정의
    localparam  IDLE = 2'b00,
                PROC = 2'b01,
                EDIT = 2'b10;

    // 내부 신호의 자료형(wire 또는 reg) 선언
    해당 코드를 작성   // 설정한 알람 시간(alarm_time)
    해당 코드를 작성   // 알람 동작 ON/Off 제어신호(alarm_on_off)
    해당 코드를 작성   // 알람 확인 결과(alarm_disp)

    // sw1의 짧은 입력을 사용하여 알람 동작 ON/OFF 제어 신호(alarm_on_off)
    // PROC 모드에서만 동작 가능
    always @(posedge iCLK or negedge iRESETn) begin
      해당 코드를 작성
    end

    // 알람 설정 시간 로드(alarm_time)
    always @(posedge iCLK or negedge iRESETn) begin
      해당 코드를 작성
    end

    // 알람 확인 결과(alarm_disp)
    always @(posedge iCLK or negedge iRESETn) begin
      해당 코드를 작성
    end

    // 알람 동작 제어 및 확인 결과 출력
    해당 코드를 작성   // 설정한 알람 시간
    해당 코드를 작성   // 알람 동작 ON/Off 제어신호 출력
    해당 코드를 작성   // 알람 확인 결과 출력(1 : ON, 0 : OFF)

endmodule
```

❑ 타이머 모듈(timer.v)

타이머 모듈은 설정한 초깃값을 시작으로 다운 카운트 동작을 하는 모듈로 시간 카운터 모듈의 역동작으로 볼 수 있다. 타이머 기능이 선택되었을 때만 설정 및 동작하며, 알람 기능처럼 디지털 시계의 기능이 타이머로 선택되었을 때, 시간 설정 모듈(time_setting)에 의해 타이머 초깃값을 설정할 수 있다. FSM이 타이머 기능의 선택(iFUNC = TIMER)과 실행(iMODE = PROC) 모드일 때, 푸시버튼(SW2)이 입력되면 타이머 동작을 시작하며, 설정한 타이머 시간이 모두 흐르면 타이머 동작 완료 결과를 별도의 출력 장치(LED나 스피커 등)에 출력하도록 모델링한다. 그림 8-19의 블록도와 다음에 제시된 타이머 모듈의 기본 형식을 참고하여 모델링해보자.

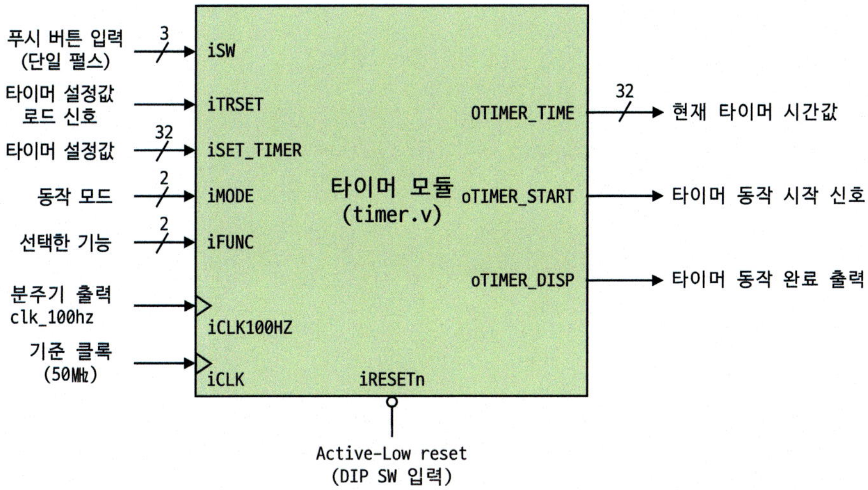

그림 8-19 타이머 모듈

모듈 8-2j

```
/* 타이머 모듈 */

module timer (
   input          iCLK,        // 50MHz 기준 클록
   input          iCLK100HZ,   // 100Hz 클록(주파수 분주기에서 생성)
   input          iRESETn,     // Active-Low reset
   input   [31:0] iSET_TIMER,  // 타이머 초깃값(BCD) : hh-mm-ss-cs
   input   [1:0]  iFUNC,       // 선택한 디지털 시계 기능
   input   [1:0]  iMODE,       // 디지털 시계의 동작 모드
   input   [2:0]  iSW,         // 단일 펄스 + 0.5초 주기 펄스 입력
   input          iTRSET,      // 타이머 설정값 로드 신호

   output  [31:0] oTIMER_TIME, // 현재 타이머 시간값(BCD) : hh-mm-ss-cs
   output         oTIMER_START,// 타이머 동작 시작 제어
   output         oTIMER_DISP  // 타이머 동작 완료 출력
   );

   // FSM의 기능(iFUNC) 파라미터 정의
   localparam   TIME  = 2'b00, // 시간
                DATE  = 2'b01, // 날짜
                ALARM = 2'b10, // 알람
                TIMER = 2'b11; // 타이머

   // FSM의 동작 모드(iMODE) 파라미터 정의
   localparam   IDLE = 2'b00,
                PROC = 2'b01,
                EDIT = 2'b10;

   // 내부 신호의 자료형(wire 또는 reg) 선언
   해당 코드를 작성         // 시 카운터(hour)
   해당 코드를 작성         // 분 카운터(min)
   해당 코드를 작성         // 초 카운터(sec)
```

```
    해당 코드를 작성        // 1/100초 카운터(csec)
    해당 코드를 작성        // 타이머 동작 시작 제어 신호(timer_start)
    해당 코드를 작성        // 타이머 동작 완료(timer_disp)

    // 타이머 동작 시작 제어 신호(timer_start) 및 동작 완료 신호(timer_disp)
    // sw2의 짧은 입력 사용
    // 타이머 동작 시작 : timer_start = 1
    // 타이머 동작 완료 : timer_disp = 1
    always @(posedge iCLK or negedge iRESETn) begin
       해당 코드를 작성
    end

    // BCD 형식의 센티초 감소 카운터(csec)
    always @(posedge iCLK100HZ or negedge iRESETn) begin
       해당 코드를 작성
    end

    // BCD 형식의 초 감소 카운터(sec)
    always @(posedge iCLK100HZ or negedge iRESETn) begin
       해당 코드를 작성
    end

    // BCD 형식의 분 감소 카운터(min)
    always @(posedge iCLK100HZ or negedge iRESETn) begin
       해당 코드를 작성
    end

    // BCD 형식의 시 감소 카운터(hour)
    always @(posedge iCLK100HZ or negedge iRESETn) begin
       해당 코드를 작성
    end

    // 타이머 모듈 출력
    해당 코드를 작성       // BCD 형식의 타이머 시간 출력(oTIMER_TIME)
    해당 코드를 작성       // 타이머 동작 시작 제어 출력(oTIMER_START)
    해당 코드를 작성       // 타이머 동작 완료 출력(oTIMER_DISP)

endmodule
```

8.2.4. 표시 장치 제어기 모델링

디지털 시계의 기능 및 동작 모드, 현재 시간 및 날짜, 알람이나 타이머 등의 동작 상태를 7-세그먼트나 텍스트 LCD 등의 표시 장치에 나타내기 위해서는 해당 표시 장치의 제어기 모듈이 필요하다. 텍스트 LCD는 여러 문자나 숫자 등을 한 번에 출력할 수 있어 디지털 시계에 적합한 표시 장치이다. 디지털 시계가 동작함에 따라 현재 시간 및 날짜 등의 실시간 변화 내용을 LCD에 표시하기 위해서는 7장에서 모델링한 텍스트 LCD 제어기를 위한 문자열-아스키 변환기 모듈(str2asciiv)과 LCD 구동회로 모듈(lcd_driver.v)의 수정이 필요하다.

❑ 디지털 시계를 위한 BCD-to-ASCII 변환기 모듈(bcd2ascii_clock.v)

디지털 시계에서 BCD 코드 형식의 현재 시간 및 날짜와 여러 제어관련 신호 등을 LCD에 표시하기 위해서는 표시할 데이터를 ASCII로 변환하는 것이 필요하다. 또한 현재 날짜를 입력받아 자동으로 요일을 계산하여 LCD에 출력할 수 있도록 잘 알려진 젤러의 합동식(Zeller's congruence)을 모델링한다. 젤러의 합동식은 다음과 같다.

젤러의 합동식(Zeller's congruence)

$$dow = \left(D + \left\lfloor \frac{13(M+1)}{5} \right\rfloor + K + \left\lfloor \frac{K}{4} \right\rfloor + \left\lfloor \frac{J}{4} \right\rfloor - 2J\right) \ mod\ 7$$

dow : 요일(0 = 토요일, 1 = 일요일, 2 = 월요일, ..., 6 = 금요일)
D : 일(day)
M : 월(month)
K : 년도(year) 뒷 2자리
J : 년도(year) 앞 2자리
mod : 나머지 연산(modulo)
$\lfloor x \rfloor$: x보다 크지 않은 최대 정수 연산(floor)

※ 주의 사항
- 1월과 2월을 계산할 때 M에 12를 더한 후 계산(1월 M = 13, 2월 M = 14)
- 1월과 2월은 년도에서 1을 빼고 J와 K를 설정
  예) 2000년 1월 1일 : D = 1, M = 13, J = 19, K = 99

그림 8-20의 블록도와 7장에서 모델링한 모듈 7-2c를 수정하여 모듈 8-2k의 BCD-to-ASCII 변환기 모듈을 모델링해보자.

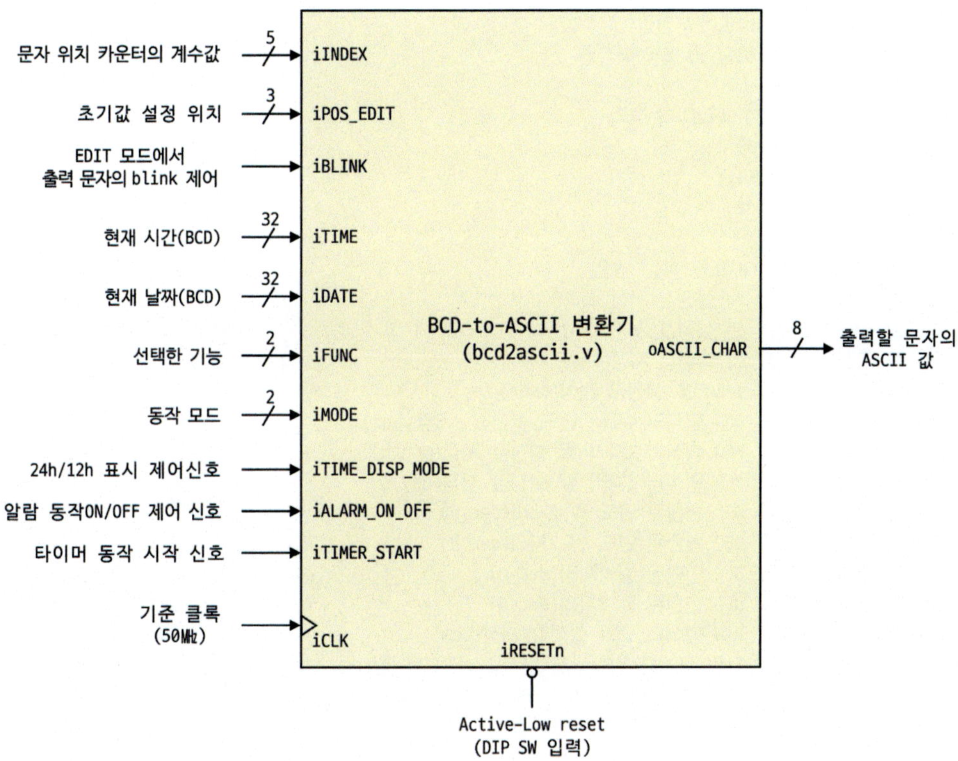

그림 8-20 BCD-to-ASCII 변환기

모듈 8-2k

```
/*  LCD에 표시할 문자를 ASCII 데이터로 변환하는 BCD-to-ASCII 변환기 모듈 */

module bcd2ascii_clock (
   input          iCLK,             // 기준 클록(50MHz) 신호
   input          iRESETn,          // Active-Low 리셋 신호
   input   [4:0]  iINDEX,           // 문자 위치 카운터의 계수값
   input   [2:0]  iPOS_EDIT,        // 초깃값 설정 위치
   input          iBLINK,           // 디지털 시계의 EDIT 모드에서 blink 제어
   input   [31:0] iTIME,            // 시간 관련 BCD 데이터(8자릿수) 입력
   input   [31:0] iDATE,            // 8자릿수 날짜(BCD)+요일(BIN) 입력
   input   [1:0]  iFUNC,            // 선택한 디지털 시계 기능
   input   [1:0]  iMODE,            // 디지털 시계의 동작 모드
   input          iTIME_DISP_MODE,  // 24h/12h 모드 전환 제어 신호
   input          iALARM_ON_OFF,    // 알람 동작 ON/OFF 제어 신호
   input          iTIMER_START,     // 타이머 동작 시작 신호

   output  [7:0]  oASCII_CHAR       // 출력할 문자의 ASCII 값
   );

   // FSM의 기능(iFUNC) 파라미터 정의
   localparam   TIME  = 2'b00, // 시간
                DATE  = 2'b01, // 날짜
                ALARM = 2'b10, // 알람
                TIMER = 2'b11; // 타이머

   // FSM의 동작 모드(iMODE) 파라미터 정의
   localparam   IDLE = 2'b00,
                PROC = 2'b01,
                EDIT = 2'b10;

   // 내부 신호의 자료형(wire 또는 reg) 선언
   해당 코드를 작성      // 시 설정값 저장(hour)
   해당 코드를 작성      // 분 설정값 저장(min)
   해당 코드를 작성      // 초 설정값 저장(sec)
   해당 코드를 작성      // 1/100초 설정값 저장(csec)
   해당 코드를 작성      // BCD 형식의 4자리 년도 설정값 저장(year)
   해당 코드를 작성      // BCD 형식의 2자리 월 설정값 저장(month)
   해당 코드를 작성      // BCD 형식의 2자리 일 설정값 저장(day)
   해당 코드를 작성      // DEC 변환된 년도 앞 2자리(dec_j)
   해당 코드를 작성      // DEC 변환된 년도 뒷 2자리(dec_k)
   해당 코드를 작성      // DEC 변환된 월 2자리(dec_m)
   해당 코드를 작성      // DEC 변환된 일 2자리(dec_d)
   해당 코드를 작성      // BIN 형식의 요일 설정값 저장(dow)
   해당 코드를 작성      // 요일 표시를 위한 3개 문자의 ASCII 저장(dow_char)
   해당 코드를 작성      // 시간 및 날짜(숫자)에 해당하는 BCD 코드 저장(bcd)
   해당 코드를 작성      // 숫자에 해당하는 ASCII 값 저장(ascii_num)
   해당 코드를 작성      // 출력할 문자의 ASCII 값 저장(ascii_char)
   해당 코드를 작성      // 설정할 초깃값의 문자 위치(pos_blink)

/* ------------------------------------------------------------------
```

```
    --                         ASCII HEX TABLE
    --  Hex                     Low Hex Digit
    --  Value  0  1  2  3  4  5  6  7  8  9  A  B  C  D  E  F
    ---------------------------------------------------------------------
    --     2 | SP !  "  #  $  %  &  '  (  )  *  +  ,  -  .  /
    -- H   3 | 0  1  2  3  4  5  6  7  8  9  :  ;  <  =  >  ?
    -- i   4 | @  A  B  C  D  E  F  G  H  I  J  K  L  M  N  O
    -- g   5 | P  Q  R  S  T  U  V  W  X  Y  Z  [  \  ]  ^  _
    -- h   6 | `  a  b  c  d  e  f  g  h  i  j  k  l  m  n  o
    --     7 | p  q  r  s  t  u  v  w  x  y  z  {  |  }  ~ DEL
    ---------------------------------------------------------------------
    -- 예) 위에서 "A"는 4번째 행 1번째 열에 해당하므로 hex value는 8'h41
    -- 다른 도형문자를 사용하려면 사용하는 LCD 모듈의 Datasheet를 참조
*/

    // BIN 형식의 설정 문자의 위치를 LCD의 문자 출력 위치로 변환
    always @(*) begin
        해당 코드를 작성
    end

    // c
    always @(*) begin
        // 시 분할 및 24h <--> 12h 모드 변환
        해당 코드를 작성

        // 분 ~ 센티초 분할
        해당 코드를 작성
    end

    // 현재(설정) 날짜를 각 단위(year, month, day, dow)로 분할하여 로드
    always @(*) begin
        해당 코드를 작성
    end

    /* Zeller's congruence(그레고리력)을 이용한 요일 자동 계산 */
    // BCD 형식의 날짜를 DEC 형식으로 변환
    // dec_j : 년도 앞 2자리(DEC), dec_k : 년도 뒤 2자리(DEC)
    // dec_m : 월 2자리(DEC), dec_d : 일 2자리(DEC)
    always @(*) begin
        해당 코드를 작성
    end

    // 젤러의 합동식(그레고리력, 1582년 10월 15일 이후 적용 가능)
    // 요일(dow) : dow = (1: 일, 2: 월, 3: 화, ..., 6: 금, 0: 토)
    always @(*) begin
        해당 코드를 작성
    end

    // 요일(dow)에 해당하는 3자리 문자의 ASCII 값을 dow_char에 할당
    // 1: SUN, 2: MON, 3: TUE, ... 6: FRI, 0: SAT
    always @ (*) begin
        해당 코드를 작성
    end
```

```
    // LCD의 출력 위치에 표시할 각 숫자(시간 등)의 BCD 코드값을 bcd에 할당
    always @ (*) begin
       해당 코드를 작성
    end

    // bcd 값에 따라 표시할 숫자(시간 등)의 ASCII 값을 ascii_num에 할당
    always @ (*) begin
       해당 코드를 작성
    end

    // 문자 위치별 표시할 시간, 날짜 등의 ASCII 코드를 ascii_char에 할당
    always @ (posedge iCLK or negedge iRESETn) begin
       해당 코드를 작성
    end

    시간 및 날짜 등의 ASCII 변환 결과 출력
    해당 코드를 작성         // ASCII 변환 결과를 oASCII_CHAR에 할당

endmodule
```

❑ 디지털 시계를 위한 LCD 구동회로 모듈(lcd_driver_clock.v)

LCD 구동회로 모듈은 5비트 카운터를 사용하여 텍스트 LCD에 출력할 32개의 문자 위치를 지정하고, 유한상태머신(FSM)을 사용하여 LCD 제어신호와 명령/데이터 신호를 생성한다. 표 7-3에서 제시한 텍스트 LCD 모듈의 제어 명령어를 사용하면 커서 표시, 문자 깜빡임 등 다양한 표현 방법으로 출력 내용을 표시할 수 있다. 그러나 7장의 LCD 구동회로 모듈(모듈 7-2d)은 표현 방법을 초기에 설정한 후 이를 유지하며 문자 등을 출력하도록 모델링했다. 따라서 다양한 제어 명령어를 사용하여 표현하고자 한다면, 기존의 모델링한 내용을 전체적으로 수정해야 한다. 다음에 제시한 모듈 코드에서는 LCD 제어 명령어를 사용하지 않고, 기존 모델링 내용의 수정을 최소화하여 디지털 시계의 출력 장치를 제어할 수 있도록 모델링했다.

모듈 8-2l

```
/* LCD 제어명령 및 데이터 신호 생성을 위한 LCD 구동 회로 모듈 */

module  lcd_driver_clock (
    input             iCLK,        // 기준 클록(50MHz) 신호
    input             iRESETn,     // 리셋 신호(Active-Low)
    input             iDURATION,   // 2ms(500Hz) 주기의 활성화 신호
    input      [7:0]  iASCII_CHAR, // index 위치에 해당하는 문자의 ASCII 데이터
    output     [4:0]  oINDEX,      // 문자 출력 위치
    output            oBLINK,      // 설정할 초깃값의 blink 제어(추가 출력포트)
    output            oLCD_E,      // E 신호
    output            oLCD_RS,     // RS 신호(rs = 0 : 명령어, rs = 1 : 데이터)
    output            oLCD_RW,     // RW 신호 (rw = 0 : 쓰기, rw = 1 : 읽기)
    output     [7:0]  oLCD_DB);    // LCD 명령어 및 문자 데이터

    // Define the state of FSM
    localparam   IDLE           = 4'h0;
```

```
localparam   FUNC_SET       = 4'h1;
localparam   DISP_OFF       = 4'h2;
localparam   DISP_CLEAR     = 4'h3;
localparam   DISP_ON        = 4'h4;
localparam   MODE_SET       = 4'h5;
localparam   PRINT_STRING   = 4'h6;
localparam   LINE2          = 4'h7;
localparam   RETURN_HOME    = 4'h8;

// LCD 모듈에 전원 투입 후 대기 시간 정의
localparam   T_PW = 22'd2500000; // 전원 투입 후 대기 시간(50ms) 상수

// 내부 신호의 자료형(wire 또는 reg) 선언
reg      [4:0]  index;      // LCD의 문자 출력 위치(index)
해당 코드를 작성             // 문자 BLINK를 위한 카운터(cnt_blink)
해당 코드를 작성             // 디지털 시계의 EDIT 모드에서 blink 동작 제어(blink)
reg             lcd_e;      // E 신호(lcd_e)
reg             lcd_rs;     // RS 신호(lcd_rs)
reg             lcd_rw;     // RW 신호(lcd_rw)
reg    [7:0]    lcd_db;     // DB 신호(lcd_db)
reg    [3:0]    curr_state; // 현재 상태 변수(curr_state)
reg    [3:0]    next_state; // 다음 상태 변수(next_state)
reg    [21:0]   cnt_init;   // 전원 투입 후 대기시간을 위한 카운터
reg    [4:0]    cnt_timing; // lcd_e 신호의 펄스 폭 제어를 위한 카운터

// LCD 모듈에 전원 투입 후 50ms 대기를 위한 카운터(cnt_init)
always @ (posedge iCLK or negedge iRESETn) begin
   if (!iRESETn)
      cnt_init   <= 0;
   else
      if (cnt_init >= T_PW - 1)
         cnt_init   <= T_PW; // 50ms 이후 cnt_init는 T_PW로 고정
      else
         cnt_init   <= cnt_init + 1'b1;
end

// FSM의 상태 전환을 위한 순차회로 블록
always @ (posedge iCLK or negedge iRESETn) begin
   if (!iRESETn)
      curr_state   <= IDLE;
   else
      curr_state   <= next_state;
end

// FSM의 상태 결정을 위한 조합회로 블록
always @(*) begin
   if (cnt_init < T_PW)
      next_state   <= IDLE;
   else if (!iDURATION)
      next_state   <= curr_state;
   else
      case (curr_state)
         IDLE         :  next_state   = FUNC_SET;
```

```
            FUNC_SET     :  next_state   = DISP_OFF;
            DISP_OFF     :  next_state   = DISP_CLEAR;
            DISP_CLEAR   :  next_state   = DISP_ON;
            DISP_ON      :  next_state   = MODE_SET;
            MODE_SET     :  next_state   = PRINT_STRING;
            PRINT_STRING :  if (index == 15)
                               next_state   = LINE2;
                            else if (index == 31)
                               next_state   = RETURN_HOME;
                            else
                               next_state   = PRINT_STRING;
            LINE2        :  next_state   = PRINT_STRING;
            RETURN_HOME  :  next_state   = PRINT_STRING;
            default      :  next_state   = IDLE;
         endcase
   end

   // LCD에 출력할 32개 문자 위치의 지정을 위한 카운터(index)
   always @ (posedge iCLK or negedge iRESETn) begin
      if (!iRESETn)
         index   <= 5'b0;
      else
         if (curr_state == PRINT_STRING && iDURATION == 1)
            if (index < 31)
               index   <= index + 1'b1;     // 문자 위치 1씩 증가
            else
               index   <= 0; // 32개 문자 출력이 완료되면 문자 위치 리셋
         else
            index   <= index;
   end

   // 디지털 시계의 EDIT 모드에서 수정 위치의 blink 제어(cnt_blink & blink)
   always @ (posedge iCLK or negedge iRESETn) begin
      해당 코드를 작성
   end


   /* lcd_e 신호에 대해 tsu1(최소 40ns)과 tw(최소 230ns)의 지연/유지시간
      확보를 위한 카운터(cnt_timing) : tsu1 = 100ns, tw = 500ns로 설정 */
   always @(posedge iCLK or negedge iRESETn) begin
      if (!iRESETn)
         cnt_timing   <= 5'b0;
      else if (iDURATION)
         cnt_timing   <= 0;
      else if(&cnt_timing) // cnt_timing = 5'b1_1111일 때 &cnt_timing = 1
         cnt_timing   <= cnt_timing;
      else
         cnt_timing   <= cnt_timing + 1'b1;
   end

   // FSM의 출력을 위한 조합회로 블록
   always @ (*) begin
      // tsu1 = 5*20ns = 100ns(>40ns), tw = 25*20ns = 500ns(>230ns)
```

```
        if (cnt_timing < 5 | cnt_timing > 29)
           lcd_e   = 0;
        else
           lcd_e   = 1;

        case(curr_state)
           IDLE         :  begin
                              lcd_rs   = 1'b0;
                              lcd_rw   = 1'b0;
                              lcd_db   = 8'h01;  // Clear Display
                           end
           FUNC_SET     :  begin
                              lcd_rs   = 1'b0;
                              lcd_rw   = 1'b0;
                              lcd_db   = 8'h38;  // 8비트 인터페이스, 2줄 표시
                           end
           DISP_OFF     :  begin
                              lcd_rs   = 1'b0;
                              lcd_rw   = 1'b0;
                              lcd_db   = 8'h08;  // Display OFF
                           end
           DISP_CLEAR   :  begin
                              lcd_rs   = 1'b0;
                              lcd_rw   = 1'b0;
                              lcd_db   = 8'h01;  // Clear Display
                           end
           DISP_ON      :  begin
                              lcd_rs   = 1'b0;
                              lcd_rw   = 1'b0;
                              lcd_db   = 8'h0C; // Cursor OFF/ON : 8'h0C/8'h0E
                              //lcd_db   = 8'h0F; // Cursor ON & Char Blink
                           end
           MODE_SET     :  begin
                              lcd_rs   = 1'b0;
                              lcd_rw   = 1'b0;
                              lcd_db   = 8'h06; // 문자 표시, 커서를 우측 이동
                           end
           PRINT_STRING :  begin
                              lcd_rs   = 1'b1;
                              lcd_rw   = 1'b0;
                              lcd_db   = iASCII_CHAR; // 출력할 문자
                           end
           LINE2        :  begin
                              lcd_rs   = 1'b0;
                              lcd_rw   = 1'b0;
                              lcd_db   = 8'hC0; // DD-RAM Addr 설정(2행 1열)
                           end
           RETURN_HOME  :  begin
                              lcd_rs   = 1'b0;
                              lcd_rw   = 1'b0;
                              lcd_db   = 8'h80; // DD-RAM Addr 설정(1행 1열)
                           end
           default      :  begin
```

```
                        lcd_rs   = 1'b0;
                        lcd_rw   = 1'b0;
                        lcd_db   = 8'h00;
                    end
        endcase
    end

    // LCD 구동 회로 모듈의 출력
    assign   oINDEX  = index;   // LCD의 문자 출력 위치
    해당 코드를 작성              // 설정 중인 문자의 blink 동작 제어신호
    assign   oLCD_E  = lcd_e;   // E 신호
    assign   oLCD_RS = lcd_rs;  // RS 신호
    assign   oLCD_RW = lcd_rw;  // RW 신호
    assign   oLCD_DB = lcd_db;  // DB 신호

endmodule
```

8.2.5. 디지털 시계의 최상위 엔터티 모델링

앞서 모델링한 단위 모듈을 통합하는 디지털 시계의 최상위 엔터티(top-level entity or top module)의 모듈 코드를 모듈 8-2m에 제시하였다. 모든 하위모듈을 통합한 전체 회로의 블록도를 직접 작성하고, 모듈 8-2m을 참고하여 최상위 엔터티를 모델링해보자.

모듈 8-2m

```
/* 디지털 시계의 최상위 모듈 */

module digital_clock (
    input          iCLK,     // 50MHz clock
    input          iRESETn,  // Active-Low reset
    input          iSW0,     // Active-High 푸시버튼 입력
    input          iSW1,     // Active-High 푸시버튼 입력
    input          iSW2,     // Active-High 푸시버튼 입력

    output         oLCD_E,   // E 신호
    output         oLCD_RS,  // RS 신호(rs = 0 : 명령어, rs = 1 : 데이터)
    output         oLCD_RW,  // RW 신호 (rw = 0 : 쓰기, rw = 1 : 읽기)
    output   [7:0] oLCD_DB,
    output         oALARM_DISP,
    output         oTIMER_DISP
    );

    // FSM의 기능(iFUNC) 파라미터 정의
    localparam   TIME  = 2'b00,
                 DATE  = 2'b01,
                 ALARM = 2'b10,
                 TIMER = 2'b11;

    // FSM의 동작 모드(iMODE) 파라미터 정의
    localparam   IDLE = 2'b00,
```

```
                PROC = 2'b01,
                EDIT = 2'b10;

    // 내부 신호의 자료형(wire 또는 reg) 선언
    해당 코드를 작성        // iSW0 ~ iSW2 입력 대한 단일 및 0.5초 주기 펄스
    해당 코드를 작성        // iSW0 ~ iSW2의 연속 입력에 대한 2초 주기 펄스
    해당 코드를 작성        // 디지털 시계의 선택된 기능
    해당 코드를 작성        // 디지털 시계의 동작 모드
    해당 코드를 작성        // 24h/12h 표현 모드 전환(time_disp_mode)
    해당 코드를 작성        // 시간 설정값 로드 신호(tset)
    해당 코드를 작성        // 날짜 설정값 로드 신호(dset)
    해당 코드를 작성        // 알람 설정값 로드 신호(aset)
    해당 코드를 작성        // 타이머 설정값 로드 신호(trset)
    해당 코드를 작성        // 주파수 분주기에서 생성한 100Hz 클록(clk_100hz)
    해당 코드를 작성        // 설정할 시간 초깃값(set_time)
    해당 코드를 작성        // 윤년 확인 신호(leap_year)
    해당 코드를 작성        // 현재 알람 시간(curr_alarm)
    해당 코드를 작성        // 알람 동작 ON/OFF 제어신호(alarm_on_off)
    해당 코드를 작성        // 타이머 동작 시작 제어(timer_start)
    해당 코드를 작성        // 현재 시간 데이터(curr_time)
    해당 코드를 작성        // 설정할 알람 초깃값(set_alarm)
    해당 코드를 작성        // 설정할 타이머 초깃값(set_timer)
    해당 코드를 작성        // 시간 관련 초깃값의 설정 위치(pos_edit_time)
    해당 코드를 작성        // 설정할 날짜 초깃값(set_date)
    해당 코드를 작성        // 월별 최대 일수(max_day)
    해당 코드를 작성        // 현재 날짜 데이터(curr_date)
    해당 코드를 작성        // 날짜 초깃값의 설정 위치(pos_edit_date)
    해당 코드를 작성        // 알람 확인 결과 출력(alarm_disp)
    해당 코드를 작성        // 현재 타이머 시간(curr_timer)
    해당 코드를 작성        // 타이머 동작 완료 신호(timer_disp)
    해당 코드를 작성        // 2ms(500Hz) 주기의 활성화 신호(duration)
    해당 코드를 작성        // 시간 관련 현재 또는 설정 데이터(disp_time)
    해당 코드를 작성        // 현재 날짜 또는 설정할 날짜 데이터(disp_date)
    해당 코드를 작성        // 시간 관련 또는 날짜 초깃값 설정 위치(pos_edit)
    해당 코드를 작성        // LCD의 문자 위치 카운터 계수값(index)
    해당 코드를 작성        // 설정 위치의 blink 제어신호(blink)
    해당 코드를 작성        // LCD에 표시할 문자의 ASCII값(ascii_char)
    해당 코드를 작성        // LCD 제어신호 : E(lcd_e)
    해당 코드를 작성        // LCD 제어신호 : RS(lcd_rs)
    해당 코드를 작성        // LCD 제어신호 : RW(lcd_rw)
    해당 코드를 작성        // LCD 제어신호 : DB 또는 제어 명령어(lcd_db)

    // 하위 모듈의 인스턴스화
    // 푸시버튼 입력 모듈(input_sw.v)
    해당 코드를 작성

    // 디지털 시계 기능 제어를 위한 무어 유한상태머신 모듈(fsm.v)
    해당 코드를 작성

    // 주파수 분주기 모듈(50MHz --> 100Hz, freq_div_100hz.v)
    해당 코드를 작성

    // 시간 카운터 모듈(time_counter.v)
```

```
    해당 코드를 작성

    // 시간, 알람, 타이머 초깃값 설정 모듈(time_setting.v)
    해당 코드를 작성

    // 날짜 카운터 모듈(date_counter.v)
    해당 코드를 작성

    // 날짜 초깃값 설정 모듈(date_setting.v)
    해당 코드를 작성

    // 알람 모듈(alarm.v)
    해당 코드를 작성

    // 타이머 모듈(timer.v)
    해당 코드를 작성

    // LCD 동작을 위한 활성화 신호 생성 주파수 분주기 모듈(duration_lcd.v)
    해당 코드를 작성

    // BCD-to-ASCII 변환기에 인가할 시간 관련 데이터(현재 시간/설정값) 할당
    // 동작 모드 및 선택 기능에 따라 선택적 할당
    해당 코드를 작성

    // BCD-to-ASCII 변환기에 인가할 날짜 데이터(현재 날짜/설정값) 할당
    // 동작 모드 및 선택 기능에 따라 현재 날짜 or 설정값의 선택적 할당
    해당 코드를 작성

    // BCD-to-ASCII 변환기 모듈에 인가할 시간/날짜 초깃값의 설정 위치 할당
    // 선택 기능에 따라 시간 or 날짜 데이터의 설정 위치 할당
    해당 코드를 작성

    // LCD를 위한 BCD-to-ASCII 변환기 모듈(bcd2ascii_clock.v)
    해당 코드를 작성

    // LCD 구동 회로 모듈(lcd_driver_clock.v)
    해당 코드를 작성

    // 디지털 시계를 위한 최상위 모듈의 출력
    해당 코드를 작성          // 알람 확인 결과를 Active-Low LED에 출력
    해당 코드를 작성          // 타이머 동작 결과를 Active-Low LED에 출력
    해당 코드를 작성          // LCD 제어신호 E 출력
    해당 코드를 작성          // LCD 제어신호 RS 출력
    해당 코드를 작성          // LCD 제어신호 RW 출력
    해당 코드를 작성          // LCD 제어신호 DB 출력

endmodule
```

모델링한 디지털 시계를 FPGA에 Configuration 하면, 시간 및 날짜를 표시하는 시간 기능의 실행 모드로 동작한다. 위에서 제시한 내용을 오류 없이 모델링했다면 표 8-2의 푸시버튼 입력에 따른 디지털 시계의 동작을 확인할 수 있다. 여기에서는 생략했지만 각 하위모듈의 테스트벤치를 직접 작성하여 시뮬레이션을 통해 하위모듈의 기능 및 동작을 검증하기 바란다.

표 8-5 동작 모드별 푸시버튼 입력에 따른 디지털 시계의 동작

동작 모드	푸시버튼		디지털 시계의 동작
실행 모드 (PROC mode)	짧은입력	SW0	기능 선택 : TIME → DATE → ALARM → TIMER → TIME → ...
		SW1	ALARM 기능에서 알람 ON/OFF 토글
		SW2	TIME, DATE, ALLARM에서 24h/12h 표기 모드 토글 TIMER 기능에서 타이머 동작 START/PAUSE 토글
	연속입력	SW0	-
		SW1	해당 기능에서 설정 모드로 집입
		SW2	-
설정 모드 (EDIT mode)	짧은 입력	SW0	초깃값 증가
		SW1	초깃값 설정 위치 이동
		SW2	초깃값 감소
	연속입력	SW1	설정 모드에서 실행 모드로 전환

8장의 모델링 프로젝트는 뮤직 박스와 디지털 시계를 직접 만들면서 Verilog HDL을 능숙하게 다루는 실전 경험을 제공한다. 단순히 지식을 암기하는 것이 아니라, 직접 코딩하고 시뮬레이션하며 문제를 해결하는 과정을 통해 디지털 시스템 설계의 재미와 성취감을 느낄 수 있다. 모델링 프로젝트는 단순히 지식을 배우는 것이 아니라, 직접 만들고 경험하며 배우는 과정이다. 흥미진진한 뮤직 박스 및 디지털 시계의 모델링 프로젝트를 수행해 봄으로써 디지털 시스템 설계 전문가로 성장할 수 있기를 기대한다.

부 록

APPENDIX

Appendix. 1. 모델링한 모듈 및 테스트벤치 리스트

표 APPX. 1-1. 모듈 리스트

장	모듈 번호	모듈 이름	모델링한 모듈 내용
3장	모듈 3-1	text_test	Text Editor를 이용한 AND 게이트 회로의 모델링
5장	모듈 5-2	gates	게이트 프리미티브를 이용한 기본 게이트 회로 모델링
5장	모듈 5-3a	full_adder	assign 문과 비트단위 논리연산자를 이용한 전가산기 모듈
5장	모듈 5-3b	full_adder	always 문, 블록킹 할당문, 비트단위 논리연산자를 이용한 전가산기 모듈
5장	모듈 5-3c	half_adder	그림 5-8a의 반가산기 모듈
5장	모듈 5-3d	full_adder	계층적 설계 개념을 이용한 전가산기 모듈
5장	모듈 5-4a	mux	조건연산자와 assign 문을 사용한 4 × 1 MUX 모듈
5장	모듈 5-4b	mux	if ~ else 문과 always 문을 사용한 4 × 1 MUX 모듈
5장	모듈 5-4c	mux	case 문과 always 문을 사용한 4 × 1 MUX 모듈
5장	모듈 5-5	alu	4비트 산술 논리 장치(ALU) 모듈
5장	모듈 5-6a	encoder	10진-2진 인코더 모듈
5장	모듈 5-6b	decoder	2-to-10 디코더 모듈
5장	모듈 5-7a	comparator	assign 문과 관계연산자를 이용한 4비트 비교기 모듈
5장	모듈 5-7b	comparator	always 문 내부에서 if 문과 관계연산자를 이용한 4비트 비교기 모듈
5장	모듈 5-8a	bin2bcd	always 문과 if 문, for 문을 이용한 binary-to-BCD 변환기 모듈
5장	모듈 5-8b	bcd2ascii	BCD-ASCII 변환기 모듈
6장	모듈 6-2a	d_ff	게이트 프리미티브를 활용한 상승엣지 트리거 D-FF
6장	모듈 6-2b	d_ff	always 문 내부에서 if 문을 이용한 D-FF

장	모듈 번호	모듈 이름	모델링한 모듈 내용
6장	모듈 6-2c	jk_ff	게이트 프리미티브와 D-FF을 이용한 JK-FF
6장	모듈 6-2d	jk_ff	always 문과 case 문을 이용한 SR-FF
6장	모듈 6-3a	sipo	D-FF을 이용한 4비트 SIPO 시프트 레지스터
6장	모듈 6-3b	sipo	조건연산자와 결합연산자를 이용한 4비트 SIPO 시프트 레지스터
6장	모듈 6-3c	sipo	if 문과 시프트 논리연산자를 이용한 4비트 시프트 레지스터
6장	모듈 6-3d	mux2to1	조건연산자와 assign 문을 사용한 2-to-1 MUX 모듈
6장	모듈 6-3e	piso	MUX와 D-FF을 이용한 4비트 PISO 시프트 레지스터 모듈
6장	모듈 6-3f	piso	조건연산자와 결합연산자를 이용한 4비트 PISO 시프트 레지스터 모듈
6장	모듈 6-3g	piso	if 문과 시프트 논리연산자를 이용한 PISO 4비트 시프트 레지스터 모듈
6장	모듈 6-4a	ripple_upcnt	비동기식 4비트 2진 증가형 카운터의 Top 모듈
6장	모듈 6-4b	ripple_upcnt	행위 수준으로 모델링한 비동기식 4비트 2진 증가형 카운터의 모듈
6장	모듈 6-4c	sync_cnt	동기식 4비트 2진 증가/감소형 카운터의 Top 모듈
6장	모듈 6-4d	sync_cnt	행위 수준으로 모델링한 비동기식 4비트 2진 감소형 카운터의 모듈
6장	모듈 6-4e	sync_bcd_cnt	구조적 방법으로 모델링한 동기식 Active-High 카운터의 모듈
6장	모듈 6-4f	sync_bcd_cnt	행위 수준으로 모델링한 동기식 Active-High 카운터의 모듈
6장	모듈 6-5a	freq_div	1MHz 클록으로부터 1Hz 주파수의 클록을 생성하는 주파수 분주기
6장	모듈 6-5b	enable_sig	1kHz 클록으로부터 100Hz 주파수의 활성화 신호를 생성하는 주파수 분주기
6장	모듈 6-6a	fnd_controler	CC-type 4자리 7-세그먼트 제어기의 모듈
6장	모듈 6-6b	counter_4digit	7세그먼트(FND)를 이용한 4자리 BCD 카운터의 Top 모듈
6장	모듈 6-6c	freq_div_fnd	기준 클록으로부터 원하는 주파수의 활성화 신호를 생성하는 주파수 분주기
6장	모듈 6-6d	bcd_cnt	4자리 BCD 증가 카운터
6장	모듈 6-6e	drv_fnd4	CC-type 4자리 7-세그먼트 제어기의 모듈
6장	모듈 6-7a	fsm_mealy	Mealy FSM의 모듈
6장	모듈 6-7b	fsm_moore	Moore FSM의 모듈
7장	모듈 7-1a	debouncer	Push SW 입력에 대해 단일 펄스 출력을 발생하는 Debounce 회로의 Top 모듈
7장	모듈 7-1b	freq_div_10hz	50MHz 클록으로부터 10Hz 클록을 생성하는 주파수 분주기
7장	모듈 7-1c	debouncer_clk	Push SW 입력에 대해 단일 펄스 출력을 발생하는 Debounce 회로의 Top 모듈
7장	모듈 7-2a	lcd_display	Text LCD 제어기의 최상위 엔터티(Top) 모듈
7장	모듈 7-2b	duration_lcd	명령어 처리 소요시간을 위한 2ms(500Hz) 주기의 활성화 신호 생성 모듈
7장	모듈 7-2c	str2ascii	LCD에 표시할 문자를 ASCII 데이터로 변환하는 모듈
7장	모듈 7-2d	lcd_driver	LCD 제어명령 및 데이터 신호 생성을 위한 FSM
7장	모듈 7-3a	uart_test	Top Module for UART Transceiver(Tx & Rx) Testing
7장	모듈 7-3b	uart_tx	UART Transmitter '8-N-1'(8 bit data, one stop bit, and no parity bit

장	모듈 번호	모듈 이름	모델링한 모듈 내용
7장	모듈 7-3c	uart_rx	UART receiver '8-N-1'(8 bit data, one stop bit, and no parity bit
7장	모듈 7-4	fir_filter	10차 FIR 반대역 저역통과필터
8장	모듈 8-1a	gen_sound	기준 클록으로부터 5옥타브의 솔(G5) 음을 생성하는 주파수 분주기
8장	모듈 8-1b	gen_note	기준 클록으로부터 5옥타브와 6옥타브의 12음계를 생성하는 음계 생성 회로
8장	모듈 8-1c	play_score	악보 연주 회로
8장	모듈 8-1d	music_box	Top Module for Music Box
8장	모듈 8-2a	debouncer_isw	수정된 디바운서 모듈(1개의 Push SW 입력)
8장	모듈 8-2b	input_sw	수정된 디바운서 모듈을 적용한 3개 푸시 버튼 입력 모듈
8장	모듈 8-2c	fsm	디지털 시계의 기능 및 동작 모드 변경을 위한 Moore FSM 모듈
8장	모듈 8-2d	time_setting	시간, 알람, 타이머의 초기값 설정을 위한 시간 설정 모듈
8장	모듈 8-2e	time_counter	현재 시간 업데이트를 위한 시간 카운터 모듈
8장	모듈 8-2f	freq_div_100hz	50MHz 클록을 입력받아 100Hz 클록을 생성하는 주파수 분주기
8장	모듈 8-2g	date_setting	날짜의 초기값 설정을 위한 날짜 설정 모듈
8장	모듈 8-2h	date_counter	현재 날짜 업데이트를 위한 날짜 카운터 모듈
8장	모듈 8-2i	alarm	알람 모듈
8장	모듈 8-2j	timer	타이머 모듈
8장	모듈 8-2k	bcd2ascii_clock	LCD에 표시할 문자를 ASCII 데이터로 변환하는 BCD-to-ASCII 변환기 모듈
8장	모듈 8-2l	lcd_driver_clock	LCD 제어명령 및 데이터 신호 생성을 위한 FSM
8장	모듈 8-2m	digital_clock	디지털 시계의 최상위 모듈

표 APPX. 1-2. 테스트벤치 리스트

장	테스트벤치 번호	테스트벤치 이름	모델링한 모듈 내용
3장	테스트벤치 3-1	tb_text_test.v	Text Editor를 이용한 AND 게이트 회로의 테스트벤치
5장	테스트벤치 5-2	tb_gates	기본 게이트 회로의 테스트벤치
5장	테스트벤치 5-3	tb_full_adder	전가산기의 테스트벤치
5장	테스트벤치 5-4	tb_mux	설계한 4 × 1 멀티플렉서의 테스트벤치
5장	테스트벤치 5-5	tb_alu	4비트 ALU의 테스트벤치
5장	테스트벤치 5-6a	tb_encoder	10진-2진 인코더의 테스트벤치
5장	테스트벤치 5-6b	tb_decoder	2진-10진 디코더의 테스트벤치
5장	테스트벤치 5-7	tb_comparator	4비트 비교기의 테스트벤치
5장	테스트벤치 5-8a	tb_bin2bcd	binary-to-BCD 변환기의 테스트벤치
5장	테스트벤치 5-8b	tb_bcd2ascii	BCD-to-ASCII 모듈의 테스트벤치

장	테스트벤치 번호	테스트벤치 이름	모델링한 모듈 내용
5장	테스트벤치 6-2a	tb_d_ff	D-FF의 테스트벤치
5장	테스트벤치 6-2b	tb_jk_ff	JK-FF의 테스트벤치
5장	테스트벤치 6-3a	tb_sipo	4비트 SIPO 시프트 레지스터의 시뮬레이션을 위한 테스트벤치
5장	테스트벤치 6-3b	tb_piso	4비트 PISO 시프트 레지스터의 시뮬레이션을 위한 테스트벤치
5장	테스트벤치 6-4a	tb_ripple_upcnt	비동기식 4비트 2진 증가형 카운터의 시뮬레이션을 위한 테스트벤치
5장	테스트벤치 6-4b	tb_sync_cnt	동기식 4비트 2진 감소/증가형 카운터의 시뮬레이션을 위한 테스트벤치
5장	테스트벤치 6-4c	tb_sync_bcd_cnt	동기식 Active-High BCD 카운터의 시뮬레이션을 위한 테스트벤치
5장	테스트벤치 6-5a	tb_freq_div	기준클록(1MHz) → 원하는 클록(1Hz)을 생성하는 주파수 분주기의 테스트벤치
5장	테스트벤치 6-5b	tb_enable_sig	100Hz 활성화 신호를 생성하는 주파수 분주기의 테스트벤치
5장	테스트벤치 6-6a	tb_fnd_controler	공통 음극 방식의 BCD-7세그먼트 제어기의 테스트벤치
6장	테스트벤치 6-6b	tb_counter_4digit	7세그먼트(FND)를 이용한 4자리 BCD 카운터의 테스트벤치
6장	테스트벤치 6-7a	tb_fsm_mealy	4개의 상태를 갖는 Mealy FSM의 시뮬레이션을 위한 테스트벤치
6장	테스트벤치 6-7b	tb_fsm_moore	4개의 상태를 갖는 Moore FSM의 시뮬레이션을 위한 테스트벤치
7장	테스트벤치 7-1a	tb_debouncer	단일 펄스 출력하는 Debounce 입력회로의 시뮬레이션을 위한 테스트벤치
7장	테스트벤치 7-1b	tb_debouncer_clk	기준 클록 주기의 단일 펄스를 출력하는 Debounce 입력회로의 테스트벤치
7장	테스트벤치 7-2	tb_lcd_display	LCD 제어기 회로의 시뮬레이션을 위한 테스트벤치
7장	테스트벤치 7-3	tb_uart_test	UART 송수신기를 위한 테스트벤치(50MHz 기준 클록 사용)
7장	테스트벤치 7-4	tb_fir_filter	FIR 필터를 위한 테스트벤치

Appendix. 2. 유용한 컴파일러 지시자(Compiler Directives)

1. `timescale

Verilog HDL에서 시뮬레이션 시간 단위와 정밀도를 정의하는 데 사용하는 컴파일러 지시자로 테스트벤치 코드의 맨 앞부분에 선언해야 한다. 시뮬레이션 코드 내의 시간 지연 값을 어떻게 해석해야 하는지 알려준다.

사용법

```
`timescale <time_unit>/<precision>
```

- <time_unit> : 시뮬레이션 시간 단위(예: ps, ns, us, ms, s)
- <precision> : 시뮬레이션 해상도(시간 단위보다 작은 정밀도 단위, 예: ps, fs)

```
/* `timescale의 사용 예시 */

`timescale 1ns/10ps;  // 1ns 시뮬레이션 단위, 10ps 정밀도
```

2. `define / `undef

`define과 `undef는 Verilog HDL에서 텍스트 매크로를 정의하고 해제하는 데 사용되는 컴파일러 지시자다.

사용법

```
`define <name> <text>
```

- <name> : 매크로 이름 (알파벳, 밑줄(_)로 시작하는 문자열)
- <text> : 매크로에 할당할 텍스트

```
/* `define의 사용 예시 */

`define DATA_WIDTH 8

module my_module (
   input logic [DATA_WIDTH-1:0] data_in,
   // ...
);
```

사용법

```
<name>: 해제할 매크로 이름
```

- <name> : 매크로 이름 (알파벳, 밑줄(_)로 시작하는 문자열)
- <text> : 매크로에 할당할 텍스트

```
/* `undef의 사용 예시 */

`define LOG_LEVEL DEBUG
// ... 코드 ...

// 더 이상 LOG_LEVEL 매크로 사용하지 않음
`undef LOG_LEVEL
// ...
);
```

※ define과 parameter(localparam) 선언의 차이

Verilog HDL에서 define과 parameter(localparam)는 모두 상수값을 정의하는 데 사용되지만, 다음과 같은 중요한 차이점이 있다.

표 APPX. 2-1. define과 parameter 선언의 비교

구분	`define	parameter(or localparam)
정의 방식	텍스트 치환	상수 객체 생성
사용 범위	모듈 내	모듈 내/외부(localparam은 모듈 내만)
데이터 유형	문자열	정수, 실수, 논리값 등
치환 방법	매크로 사용 시마다 텍스트 치환	컴파일 후 상수값으로 변환
디버깅	추적 어려움	변수처럼 이름과 값으로 표시
합성	상수값으로 변환	상수 객체 유지(합성 툴마다 다름)
기타	조건부 컴파일 등 다른 용도 가능	상수값 정의에 특화
권장 버전	Verilog 1995	Verilog 2001이후

3. `include

Verilog HDL에서 외부 파일의 내용을 현재 파일에 삽입하는 데 사용하는 컴파일러 지시자로 모듈 내부에 선언하거나 테스트벤치 코드의 맨 앞 또는 내부에 선언한다. 이는 코드 재사용성을 높이고, 대용량의 코드를 분할하여 관리를 쉽게 할 수 있도록 한다.

`include "filename.v"와 같이 선언했을 때, filename.v의 내용은 모듈 코드나 테스트벤치 내에 직접 작성한 것과 같다. `include는 단순히 작성할 내용을 별도의 파일로 분리하고 필요 시 모듈 코드나 테스트벤치에 포함시키는 것이라면, 모듈 인스턴스화는 하위 모듈을 호출하여 상위 모듈에서 논리를 설계하는 데 사용한다는 차이가 있다.

사용법

```
`include "filename.v"  // Verilog 파일 포함
 또는
`include "filename.sv"  // SystemVerilog 파일 포함
```

- filename.v : 포함할 파일의 이름(같은 디렉토리에 있거나 상대/절대 경로 지정)

```
/* `include의 사용하여 상수 정의 파일인 constants.v 파일 내용을 top 모듈에 포함 */

// 상수 정의 파일(constants.v)
`define DATA_WIDTH 32
`define CLOCK_SPEED 100000000

// ... 추가 상수 정의 ...
//-------------------------------------------------------------------


// `include를 사용하여 constants.v 파일 내용을 top 모듈에 포함

module top(
   input    iDATA;
   output   oRESULT;
   );
   `include "constants.v";

   reg [DATA_WIDTH-1:0] data_in;
   reg clk;

   always @(posedge clk) begin
      // constants.v 내에서 정의된 DATA_WIDTH 상수를 사용
      if (data_in > `DATA_WIDTH) begin
         // ... 코드 ...
      end
   end

endmodule
```

Appendix. 3. 시뮬레이션에서 유용한 시스템 태스크(System Tasks)

1. $display

Verilog HDL 시뮬레이션에서 메시지를 출력하는 시스템 태스크로 시뮬레이션 중 변수 값, 시스템 상태 등 다양한 정보를 출력할 수 있다. 출력 내용의 마지막에 줄 바꿈(new line) 제어문자가 자동으로 추가된다.

사용법

```
$display(format_string, arg1, arg2, ...);
```

- format_string : 출력 메시지의 형식을 지정하는 문자열
  "%d" : 10진수 정수 출력
  "%x" : 16진수 정수 출력
  "%s" : 문자열 출력
  "%f" : 실수 출력
- arg1, arg2, ... : 출력할 변수 또는 값

```
/* 테스크벤치에서 $display를 사용한 예시 */

module tb_example;
   reg          clk, reset;
   reg    [7:0] data_in;
   wire   [7:0] data_out;

   // 인스턴스화
   example U0 (
      .iCLK     (clk),
      .iRESETn  (reset),
      .iDATA    (data_in),
      .oRESULT  (data_out)
   );

   initial begin
      clk = 0; reset = 1; #100;
      reset = 0; // Active-Low 리셋
      reset = 1;

      // 입력 생성
      for (int i = 0; i < 256; i++) begin
         data_in = i; #10;

         // iDATA와 oRESULT 값 출력
         $display("iDATA = %d, oRESULT = %d", data_in, data_out);
      end
      $stop;
```

```
   end

   always @(posedge clk) begin
      // clk에 대한 동작
   end

endmodule
```

2. $fdisplay

Verilog HDL 시뮬레이션에서 사용하는 시스템 태스크로 $display와 유사하게 시뮬레이션 중 변수값이나 메시지를 출력하지만, 메시지 창 대신 지정된 파일에 기록하는 데 사용한다.

사용법

```
$fdisplay(file_descriptor, format_string, arg1, arg2, ...);
```

- file_descriptor : $fopen을 사용하여 열린 파일의 식별자
- format_string : 출력 메시지의 형식을 지정하는 문자열
  “"%d” : 10진수 정수 출력
  “%x” : 16진수 정수 출력
  “%s” : 문자열 출력
  “%f” : 실수 출력
- arg1, arg2, ... : 출력할 변수 또는 값

```
/* 테스크벤치에서 $fdisplay를 사용하여 진행 상황을 result.txt에 기록하는 예시 */

module tb_example;
   reg          clk, reset;
   reg   [7:0]  data_in;
   wire  [7:0]  data_out;

   // 인스턴스화
   example U0 (
      .iCLK     (clk),
      .iRESETn  (reset),
      .iDATA    (data_in),
      .oRESULT  (data_out)
   );

   initial begin
      // 시뮬레이션 초기화
      clk = 0; reset = 1; #100;
      reset = 0; // Active-Low 리셋
      reset = 1;
```

```
        // result.txt 파일 열기
        fd = $fopen("result.txt", "w");
        if (fd == 0) begin
           $display("File open error!");
           $stop;
        end

        // 입력 생성
        for (int i = 0; i < 256; i++) begin
           data_in = i; #10;

           // 결과 파일 쓰기
           $fdisplay(fd, "iDATA = %d, oRESULT = %d", data_in, data_out);
        end

        // result.txt 파일 닫기
        $fclose(fd);

        $stop;
    end

    always @(posedge clk) begin
       // clk에 대한 동작
    end

endmodule
```

3. $fopen / $fclose

Verilog HDL 시뮬레이션에서 파일의 입출력을 수행할 때 사용하는 시스템 태스크다.

$fopen는 파일을 열고 파일 식별자를 반환한다. 열린 파일 식별자는 파일에 데이터를 읽거나 쓰는데 사용된다.

$fclose는 열린 파일을 닫는 시스템 태스크로 파일을 닫지 않으면 시뮬레이션 종료 시 자동으로 닫히지만, 생략하지 않고 $fclose를 사용하여 명확하게 닫는 것이 좋다.

사용법

```
integer file_descriptor;
file_descriptor = $fopen(filename, mode_string);
...
$fclose(file_descriptor);
```

- file_descriptor : 파일 식별자 (반환값)
- filename : 열려는 파일의 이름 (문자열)

```
/* 테스크벤치에서 $open으로 파일을 열고, $fclose으로 파일을 닫는 예시 */

module tb_example;
   reg          clk, reset;
   reg    [7:0]  data_in;
   wire   [7:0]  data_out;

   // 인스턴스화
   example U0 (
      .iCLK     (clk),
      .iRESETn  (reset),
      .iDATA    (data_in),
      .oRESULT  (data_out)
   );

   initial begin
      // 시뮬레이션 초기화
      clk = 0; reset = 1; #100;
      reset = 0; // Active-Low 리셋
      reset = 1;

      // result.txt 파일 열기
      fd = $fopen("result.txt", "w");
      if (fd == 0) begin
         $display("File open error!");
         $stop;
       end

       // 입력 생성
       for (int i = 0; i < 256; i++) begin
          data_in = i; #10;

          // 결과 파일 쓰기
          $fdisplay(fd, "iDATA = %d, oRESULT = %d", data_in, data_out);
       end

       // result.txt 파일 닫기
       $fclose(fd);

       $stop;
    end

    always @(posedge clk) begin
       // clk에 대한 동작
    end

 endmodule
```

- mode_string : 파일 열기 모드(문자열)
 "r" : 읽기 모드(기존 파일 읽기)
 "w" : 쓰기 모드(기존 파일 내용 삭제하고 쓰기)
 "a" : 추가 모드(파일 끝에 추가 쓰기)

4. $write

Verilog HDL 시뮬레이션에서 사용하는 시스템 태스크로 시뮬레이션 중 메시지 창에 메시지나 변수값을 출력하는 데 사용된다. 시뮬레이션 과정 중 발생하는 이벤트나 디버깅 정보를 출력하는 용도로 활용된다.

사용법

```
$write(format_string, arg1, arg2, ...);
```

- format_string : 출력 메시지의 형식을 지정하는 문자열
  "%d" : 10진수 정수 출력
  "%x" : 16진수 정수 출력
  "%s" : 문자열 출력
  " %f" : 실수 출력
- arg1, arg2, ... : 출력할 변수 또는 값

```
/* 테스크벤치에서 $write를 사용한 예시 */

module tb_example;
   reg          clk, reset;
   reg    [7:0] data_in;
   wire   [7:0] data_out;

   // 인스턴스화
   example U0 (
      .iCLK     (clk),
      .iRESETn  (reset),
      .iDATA    (data_in),
      .oRESULT  (data_out)
   );

   initial begin
      // 시뮬레이션 초기화
      clk = 0; reset = 1; #100;
      reset = 0; // Active-Low 리셋
      reset = 1;


      // 테스트 시작 메시지
      $write("**테스트 시작**\n");

      // 입력 생성
      for (int i = 0; i < 256; i++) begin
         data_in = i; #10;

         // 입력 데이터를 메시지 창에 출력
         $write("iDATA = %d\n", data_in);
```

```
        // 출력 데이터를 메시지 창에 출력
        $write("oRESULT = %d\n", data_out);
      end

      // 테스트 종료 메시지
      $write("**테스트 종료**\n");

      $stop;
   end

   always @(posedge clk) begin
      // clk에 대한 동작
   end

endmodule
```

5. $fwrite

Verilog HDL 시뮬레이션에서 사용하는 시스템 태스크로 $fopen을 사용하여 열린 파일의 식별자를 사용하여 파일에 데이터를 기록하는 데 사용한다. 주로 시뮬레이션 결과나 디버깅 정보를 파일에 저장하는 용도로 활용된다.

사용법

```
$fwrite(file_descriptor, format_string, arg1, arg2, ...);
```

- file_descriptor : $fopen을 사용하여 열린 파일의 식별자
- format_string : 출력 메시지의 형식을 지정하는 문자열
  "%d" : 10진수 정수 출력
  "%x" : 16진수 정수 출력
  "%s" : 문자열 출력
  "%f" : 실수 출력
- arg1, arg2, ... : 출력할 변수 또는 값

```
/* 테스크벤치에서 $write를 사용한 예시 */

module tb_example;
   reg          clk, reset;
   reg   [7:0]  data_in;
   wire  [7:0]  data_out;

   // 인스턴스화
   example U0 (
      .iCLK     (clk),
      .iRESETn  (reset),
```

```
    .iDATA    (data_in),
    .oRESULT  (data_out)
  );

  initial begin
    // 시뮬레이션 초기화
    clk = 0; reset = 1; #100;
    reset = 0; // Active-Low 리셋
    reset = 1;

    // result.txt 파일 열기 (쓰기 모드)
    fd = $fopen("result.txt", "w");
    if (fd == 0) begin
      $display("File open error!");
      $stop;
    end

    // 입력 생성
    for (int i = 0; i < 256; i++) begin
      data_in = i; #10;

      // 결과 파일 쓰기
      $fwrite(fd, "%d %d\n", data_in, data_out);
    end

    // result.txt 파일 닫기
    $fclose(fd);

    $stop;
  end

  always @(posedge clk) begin
    // clk에 대한 동작
  end

endmodule
```

6. $finish / $stop

Verilog HDL 시뮬레이션에서 사용하는 시스템 태스크다. $finish는 시뮬레이션을 종료하는 데 사용하며, $stop은 시뮬레이션을 일시 중지하는 데 사용한다. $finish는 시뮬레이션이 정상적으로 완료되었거나 에러가 발생하여 더 이상 진행할 필요가 없을 때 사용한다, 반면, $stop은 시뮬레이션 중 필요한 시점에 시뮬레이션 진행을 멈추고 내부 신호 값이나 변수 값을 확인하는 용도로 사용한다.

사용법

```
$finish( [n] );

$stop( [n] );
```

- $finish의 n : (선택적) 종료 상태 코드
  "0" : 기본값, 에러 없이 정상 종료
  "1" : 경고 메시지와 함께 종료 (일반적으로 사용하지 않음)
  "2" : 심각한 에러 메시지와 함께 종료
- $stop의 n : (선택적) 일시 중지 상태 코드
  기본값은 없으며, 특별히 사용하지 않음

```
/* 테스크벤치에서 $finish와 $stop를 사용한 예시 */

// $finish 사용 예
initial begin
   // 시뮬레이션 코드

   // 시뮬레이션 종료
   $finish;
end

// $stop 사용 예
initial begin
   // 시뮬레이션 코드

   // 특정 시점에 시뮬레이션 일시 중지 (디버깅)
   $stop;

   // 시뮬레이션 재시작
   #100;  // 지연 후 시뮬레이션 자동 재시작
end
```

7. $time

Verilog HDL 시뮬레이션에서 사용하는 시스템 태스크로 현재 시뮬레이션 시간을 64비트 정수로 반환한다. 시뮬레이션 진행 상황을 파악하거나, 타이머와 같이 시뮬레이션 시간(시뮬레이션의 시간참조단위)에 따라 동작하는 모듈을 검증할 때 사용한다.

사용법

```
time_value = $time;
```

- time_value: 0부터 시작하는 64비트 정수 변수이며, 현재 시뮬레이션 시간이 저장

```
/* 테스크벤치에서 $time을 사용한 예시 */

initial begin
   // 시뮬레이션 시작 시 시간 출력
   $display("Simulation started at %0d ps", $time);
```

```
    // ... 시뮬레이션 코드 ...

    // 시뮬레이션 종료 시 시간 출력
    $display("Simulation finished at %0d ps", $time);
    $finish;
end

always @(posedge clk) begin
    // 특정 시점 (10ns)에 동작 수행
    if ($time >= 10000) begin
        // ... 동작 코드 ...
    end
end
```

8. $realtime

Verilog HDL 시뮬레이션에서 사용하는 시스템 태스크로 현재 시뮬레이션 시간을 실제 시간 단위로 반환한다. 시뮬레이션 진행 상황을 실제 시간과 연관하여 파악하고, 실제 상황에서 특정 시간 간격으로 이벤트를 발생시킬 때 사용할 수 있다. 실제 시간을 기준으로 시스템 성능을 측정하거나, 시뮬레이션 결과를 실제 시간 축에 따라 분석할 때 사용된다.

사용법

```
real_time_value = $realtime;
```

- real_time_value : 실제 시간 단위 (예: 초, 밀리초)를 나타내는 실수값

```
/* 테스크벤치에서 $time을 사용한 예시 */

initial begin
    // 시뮬레이션 시작 시 시간 출력
    $display("Simulation started at %g ms", $realtime);

    // 1초 간격으로 이벤트 발생
    for (int i = 0; i < 10; i++) begin
        #1000000;  // 1초 지연
        // ... 이벤트 발생 코드 ...
    end

    // 시뮬레이션 종료 시 시간 출력
    $display("Simulation finished at %g ms", $realtime);
    $finish;
end
```

9. $monitor

Verilog HDL 시뮬레이션에서 사용하는 시스템 태스크로 시뮬레이션 중 변수값이 변할 때마다 해당 값을 출력한다.

$monitor는 시뮬레이션 과정을 모니터링하고 디버깅하는 데 유용하게 사용된다.

사용법

```
$monitor(format_string, arg1, arg2, ...);
```

- format_string : 출력 메시지의 형식을 지정하는 문자열
  "%d" : 10진수 정수 출력
  "%x" : 16진수 정수 출력
  "%s" : 문자열 출력
  "%f" : 실수 출력
- arg1, arg2, ... : 출력할 변수 또는 값

```
/* 테스크벤치에서 $monitor를 사용하여 진행 상황을 log.txt에 기록하는 예시 */

module tb_example;
   reg          clk, reset;
   reg   [7:0]  data_in;
   wire  [7:0]  data_out;

   // 인스턴스화
   example U0 (
      .iCLK     (clk),
      .iRESETn  (reset),
      .iDATA    (data_in),
      .oRESULT  (data_out)
   );

   initial begin
      // 시뮬레이션 초기화
      clk = 0; reset = 1; #100;
      reset = 0; // Active-Low 리셋
      reset = 1;

      // log.txt 파일 열기
      $writemem("log.txt", "");

      // 입력 생성
      for (int i = 0; i < 256; i++) begin
         data_in = i; #10;
      end

      // 시뮬레이션 진행 상황 기록
      $monitor("time: %0d, iDATA = %d, oRESULT = %d\n", $time, data_in, data_out);

      // result.txt 파일 닫기
      $closemem("result.txt");
```

```
    $stop;
  end

  always @(posedge clk) begin
    // clk에 대한 동작
  end

endmodule
```

Appendix. 4. ASCII Table

10진수	16진수	문자	10진수	16진수	문자	10진수	16진수	문자	10진수	16진수	문자
0	0x00	NUL	32	0x20	SP	64	0x40	@	96	0x60	`
1	0x01	SOH	33	0x21	!	65	0x41	A	97	0x61	a
2	0x02	STX	34	0x22	"	66	0x42	B	98	0x62	b
3	0x03	ETX	35	0x23	#	67	0x43	C	99	0x63	c
4	0x04	EOT	36	0x24	$	68	0x44	D	100	0x64	d
5	0x05	ENQ	37	0x25	%	69	0x45	E	101	0x65	e
6	0x06	ACK	38	0x26	&	70	0x46	F	102	0x66	f
7	0x07	BEL	39	0x27	'	71	0x47	G	103	0x67	g
8	0x08	BS	40	0x28	(	72	0x48	H	104	0x68	h
9	0x09	HT	41	0x29	)	73	0x49	I	105	0x69	i
10	0x0A	LF	42	0x2A	*	74	0x4A	J	106	0x6A	j
11	0x0B	VT	43	0x2B	+	75	0x4B	K	107	0x6B	k
12	0x0C	FF	44	0x2C	,	76	0x4C	L	108	0x6C	l
13	0x0D	CR	45	0x2D	-	77	0x4D	M	109	0x6D	m
14	0x0E	SOH	46	0x2E	.	78	0x4E	N	110	0x6E	n
15	0x0F	SI	47	0x2F	/	79	0x4F	O	111	0x6F	o
16	0x10	DLE	48	0x30	0	80	0x50	P	112	0x70	p
17	0x11	DC1	49	0x31	1	81	0x51	Q	113	0x71	q
18	0x12	DC2	50	0x32	2	82	0x52	R	114	0x72	r
19	0x13	DC3	51	0x33	3	83	0x53	S	115	0x73	s
20	0x14	DC4	52	0x34	4	84	0x54	T	116	0x74	t
21	0x15	NAK	53	0x35	5	85	0x55	U	117	0x75	u
22	0x16	SYN	54	0x36	6	86	0x56	V	118	0x76	v
23	0x17	ETB	55	0x37	7	87	0x57	W	119	0x77	w
24	0x18	CAN	56	0x38	8	88	0x58	X	120	0x78	x
25	0x19	EM	57	0x39	9	89	0x59	Y	121	0x79	y
26	0x1A	SUB	58	0x3A	:	90	0x5A	Z	122	0x7A	z
27	0x1B	ESC	59	0x3B	;	91	0x5B	[	123	0x7B	{
28	0x1C	FS	60	0x3C	<	92	0x5C	\	124	0x7C	|
29	0x1D	GS	61	0x3D	=	93	0x5D	]	125	0x7D	}
30	0x1E	RS	62	0x3E	>	94	0x5E	^	126	0x7E	~
31	0x1F	US	63	0x3F	?	95	0x5F	_	127	0x7F	DEL

찾아보기

ㄷ

ㄹ

ㅁ

ㅂ

ㅅ

ㅇ

ㅈ

ㅊ

ㅋ

ㅌ